河南科技大学教材出版基金资助

SHUZI TUXIANG CHULI
JISHU JI YINGYONG

数字图像处理
技术及应用

主　编　张丰收　宋卫东　李振伟
副主编　杨晓利　郭静玉

中国水利水电出版社
www.waterpub.com.cn

内 容 提 要

本书系统地讨论了数字图像处理的基本原理、基本方法、算法、实用技术和一些典型的应用。全书共分13章，主要内容包括绪论、数字图像处理的基本原理、图像变换、图像增强、图像恢复与重建、图像压缩编码、图像分割、图像表示与描述、图像匹配与模式识别、医学图像配准与融合、医学图像可视化、数字图像处理技术的应用、计算机辅助检测与计算机辅助诊断(CAD)等。

图书在版编目（CIP）数据

数字图像处理技术及应用 / 张丰收，宋卫东，李振伟主编. -- 北京 : 中国水利水电出版社，2014.9（2022.10重印）
ISBN 978-7-5170-2421-7

Ⅰ. ①数… Ⅱ. ①张… ②宋… ③李… Ⅲ. ①数字图像处理 Ⅳ. ①TN911.73

中国版本图书馆CIP数据核字(2014)第199639号

策划编辑:杨庆川　责任编辑:杨元泓　封面设计:马静静

书　　名	数字图像处理技术及应用
作　　者	主　编　张丰收　宋卫东　李振伟 副主编　杨晓利　郭静玉
出版发行	中国水利水电出版社 (北京市海淀区玉渊潭南路1号D座 100038) 网址:www.waterpub.com.cn E-mail:mchannel@263.net(万水) sales@mwr.gov.cn 电话:(010)68545888(营销中心)、82562819（万水）
经　　售	北京科水图书销售有限公司 电话:(010)63202643、68545874 全国各地新华书店和相关出版物销售网点
排　　版	北京鑫海胜蓝数码科技有限公司
印　　刷	三河市人民印务有限公司
规　　格	184mm×260mm　16开本　25.25印张　646千字
版　　次	2015年4月第1版　2022年10月第2次印刷
印　　数	3001-4001册
定　　价	86.00元

凡购买我社图书，如有缺页、倒页、脱页的，本社发行部负责调换

前　言

数字图像处理是一门综合性学科，它综合了计算机、数学、自动化、光学和视觉心理等众多研究领域的相关知识。数字图像处理技术的应用范围十分广泛，涉及文件处理、办公自动化、生物医学和材料的显微图像、医学影像分析、工业探伤和地质的放射图像、遥感、可视电话、航天航空以及视频和多媒体系统等。随着计算机技术、数字化技术和 Internet 技术的发展和广泛应用，数字图像处理已经成为与国计民生密切相关的应用学科，并在推动社会进步和改善人们生活方面起着十分重要的作用。

本书主要有以下几方面特点：

(1)讨论了经典的数字图像处理理论，重点放在边缘提取、图像分割和特征提取、图像复原与增强、图像变换及压缩编码等方面。使读者对数字图像的处理学科有一个全方面的了解。

(2)注重理论联系实际，各有关章节内容既有一定深度的理论研究，又对典型的应用给出了部分应用实例，以便读者较快进入技术领域。

(3)本书不仅阐述传统的数字处理技术，而且给出了最新的理论研究。

本书内容大致分为 13 章：第 1 章为绪论，简要介绍了数字图像处理的基本概念、研究内容以及应用领域；第 2 章介绍了数字图像处理的基本原理；第 3～6 章主要讨论了数字处理技术的常用方法，如图像变换、图像增强、图像复原与重建、图像压缩编码等；第 7～9 章主要研究了图像的分析方法，如图像分割的方法和技术，它是图像分析的必要准备；第 10～13 章从医学图像的角度研究了数字图像处理在医学图像处理领域的实际用途，如计算机辅助检测与计算机辅助诊断(CAD)等。

本书由张丰收、宋卫东、李振伟担任主编，杨晓利、郭静玉担任副主编，并由张丰收、宋卫东、李振伟负责统稿，具体分工如下：

第 1 章、第 2 章、第 11 章、第 13 章：张丰收(河南科技大学)；

第 5 章、第 6 章、第 8 章：宋卫东(河南科技大学)；

第 3 章、第 7 章、第 10 章：李振伟(河南科技大学)；

第 4 章、第 9 章：杨晓利(河南科技大学)；

第 12 章：郭静玉(河南科技大学)。

本书在编写过程中，参考了大量有价值的文献与资料，吸取了许多人的宝贵经验，在此向这些文献的作者表示敬意。

由于数字图像处理技术是一门迅速发展的学科，新知识、新方法、新技术不断涌现，加之作者自身水平有限，书中难免有错误和疏漏之处，敬请广大读者和专家给予批评指正。

编　者

2014 年 6 月

目　录

第1章　绪　论

1.1　数字图像与数字图像处理

1.1.1　图像

“图”是物体透射或反射光的分布，是客观存在的。“像”是人的视觉系统对图在大脑中形成的印象或认识，是人的感觉。图像是图和像的有机结合，既反映物体的客观存在，又体现人的心理因素；图像也是对客观存在的物体的一种相似性的生动模仿或描述。或者说图像是客观对象的一种可视表示，它包含了被描述对象的有关信息。人们在工作或日常生活中会经常见到图像，比如红外图像、雷达图像、医学图像、照片、绘画、动画、电视画面等都是图像的最直接的例子，它是人们最主要的信息源。据统计，人类从外界获取的信息中约有75%来自视觉，即以图像的形式获取。

人们可以通过各种观测系统从被观察的场景获得图像。观测系统有照相机和摄像机、显微图像摄像系统、卫星多光谱扫描成像系统、合成孔径雷达成像系统、医学成像系统等。从观测系统所获取的图像可以是静止的，如照片、绘画、医学显微图片等；也可以是运动的，如飞行物、心脏图像等视频图像；还可以是三维的，大部分装置都将3D客观场景投影到二维像平面，所得图像是2D的；图像可以是黑白的，也可以是彩色的。

根据图像空间坐标和幅度的连续性可分为模拟图像和数字图像。模拟图像是空间坐标和幅度都连续变化的图像，而数字图像是空间坐标和幅度均用离散的数字表示的图像。数字图像是用一个数字阵列来表示的图像。数字阵列中的每个数字，表示数字图像的一个最小单位，称为像素。通过对每个像素点的颜色，或者是亮度等进行数字化的描述，就可以得到在计算机上进行处理的数字图像。显然，数字图像可以是物理图像，也可以是虚拟图像。

1.1.2　数字图像处理

图像处理就是对图像信息进行加工处理和分析，以满足人的视觉心理需要和实际应用或某种目的（如压缩编码或机器识别）的要求。

数字图像处理就是利用计算机对数字图像进行处理。随着计算机和多媒体技术的迅速发展和普及，数字图像处理技术受到了空前广泛的重视，出现了许多新的应用领域和新的处理方法。它具有精度高、处理内容丰富、方法易变、灵活度高等优点。但是它的处理速度受到计算机和数字器件的限制，一般也是串行处理，因此处理速度较慢。数字图像处理可以理解为以下两方面的操作。

1. 从图像到图像的处理

这类处理是将一幅视觉效果不好的图像进行处理，获得视觉效果好的图像。如图 1-1(a)所示，是一个实际拍摄的大雾天气下的一个场景，我们希望提高画面的清晰度，以便可以观察到场景中的景物细节，提高画面的能见度。为此，我们分析，该图之所以能见度低，是因为在空气中悬浮着许多微小的水颗粒，这些水颗粒在光线的散射下，使景物与镜头（或人眼）之间形成了一个半透明层。这样，如果通过适当的图像处理方法，消除或减弱这层遮挡视线的大雾层，如图 1-1(b)所示，就可以得到一幅清晰的图像。

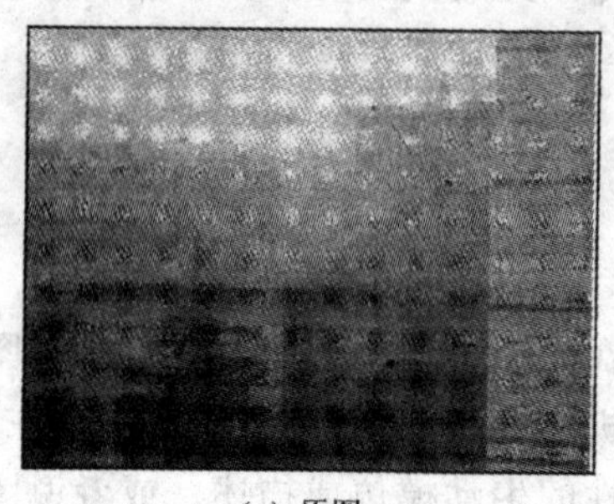
(a) 原图

(b) 处理结果图

图 1-1　图像到图像的处理示例

2. 从图像到非图像的一种表示

这类处理通常又称为数字图像分析。通常是对一幅图像中的若干个目标物进行识别分类后，给出其特性测度。例如，在一幅图像中，拍摄记录下来包含几个苹果和几个橘子等水果的画面，经过对图像的处理与分析之后，可以分检出苹果的个数，以及苹果的大小等。

这种从图像到非图像的表示，在许多的图像分析中起着非常重要的作用。例如，对人体组织切片图像中的细胞分布进行自动识别与分析，给出病理分析报告就是一个在计算机辅助诊断系统中的一个重要的应用。这类方法在图像检测、图像测量等领域中，有着非常广泛的应用。

1.2　数字图像处理的主要研究内容

1.2.1　抽象理解

数字图像处理就是用计算机对各种图像信息进行处理，以期得到某种预期的效果或从图像中提取有用的信息。这里的“计算机”是广义的，它不仅指通用计算机，也指由 DSP，各种专用处理芯片（ASIC）等构成的通用或专用处理系统。而这里的“处理”则有广义和狭义的不同理解，它涉及的内容包括了图像处理，模式识别和计算机视觉中的许多概念和方法。根据抽象程度的不同可把这些处理分为低、中、高三个层次。

低层处理涉及对图像进行加工以改善图像的视觉效果，或对图像数据进行压缩以利于图像的存储和传输。典型的处理方法如:图像对比度增强、边缘锐化、去噪声等。这些都是典型的图像增强处理,处理后的图像可以使人看起来更清楚。对散焦图像或因运动造成的模糊图像的处理则是要去除因散焦或因相机与物体间的相对运动造成的模糊,通常用图像复原技术进行处理。而为了节省传输带宽和存储空间,需要对图像进行压缩编码。为了得到好的视觉效果,需要对人眼视觉系统(HVS)的特点有深入的了解。

中层处理主要是指用某种特殊手段提取、描述和分析图像中所包含的某些特征或特殊的信息,主要目的是便于计算机对图像做进一步的分析和理解,经常作为模式识别、计算机视觉等的预处理。这些特征包括很多方面,例如,图像的频域特征、灰度特征、边界特征、颜色特征、纹理特征、形状特征、拓扑特征以及关系结构等。这种处理过程往往首先要进行图像分割,把感兴趣的对象(Object)从图像中分割出来,然后对它的特征进行测量,并用特征数据来表示,或用一些符号来表示对象或多个对象之间的关系,即图像分割和描述。这里,输入的是图像,输出的则是数据。

高层处理涉及在图像分析中被识别物体的总体理解。通过对图像内容的理解及对场景的解释,进而指导和规划行动。

这三个层次的处理之间的界限有时并不清晰,它们之间有相互联系、相互依存的关系。下层处理结果不好会影响上层的正确识别和理解。反之,若在下层处理时能有效利用上层识别理解的中间结果,则可大大改进下层的处理结果。本书的内容限制在“狭义”的数字图像处理范畴以内,即包括图像增强、复原、压缩、分割和描述等,而不包括识别和理解,后者是模式识别和计算机视觉的经典内容。

1.2.2 “狭义”理解

数字图像处理的主要研究内容,根据其主要的处理流程与处理目标大致可以分为图像信息的描述、图像信息的处理、图像信息的分析、图像信息的编码以及图像信息的显示等几个方面。将这几个方面展开,具体包括如下的研究方向。

1. 图像数字化

图像数字化的目的是将一幅图像以数字的形式进行表示,并且要做到既不失真又便于计算机进行处理。换句话说,图像数字化要达到以最小的数据量来不失真地描述图像信息。

图像数字化包括了采样与量化。所谓采样是将在空间上连续分布的图像转换成离散的图像点,量化是指将图像的亮暗信息以离散的数字来表示。

2. 图像几何变换

图像几何变换的目的是改变一幅图像的大小或形状。例如通过进行平移、旋转、放大、缩小镜像等,可以进行两幅以上图像内容的配准,以便于进行图像之间内容的对比检测。例如,在印章的真伪识别以及相似商标检测中,通常都会采用这类的处理。另外,对于图像中景物的几何畸变进行校正,对图像中的目标物大小测量等,大多也需要图像几何变换的处理环节。

3. 图像变换

图像变换是指通过一种数学映射的方法,将空域中的图像信息转换到如频域、时频域等空间上进行分析的数学手段。最常采用的变换有傅里叶变换、小波变换等。通过二维傅里叶变换可以进行图像的频率特性的分析。通过小波变换,则可以将图像进行多频段分解,通过不同频段的不同处理,可以达到好的效果。

除了以上所述的狭义上的图像变换之外,二维条码技术也是一种图像的变换方法。二维条码相比于一维条码最大的不同就是允许其承载的信息量比较大,因此,可将数字化的,包括图像在内的多媒体信息按照条码的标准转换成二维条码的形式。二维条码是可视(黑白相间的条和块)但不可直接理解的信息(不能直接看出这些条块的含义),因此,作为防伪手段,将可视并可理解的图像信息转换成可视但不可理解的条码信息印刷在产品之上。当对产品进行认证真伪时,对条码进行解码变换,即可获得其中承载的可视且可理解的信息。将该信息与印刷在产品上的可视且可理解的信息进行比较,只有在两者信息一致时,才表明该产品不是仿冒的。

4. 图像增强

图像增强的目的是将一幅图像中有用的信息(即感兴趣的信息)进行增强,同时将无用的信息(即干扰信息或噪声)进行抑制,提高图像的可观察性。图 1-1 所给出的示例,就是一个图像增强的例子。

5. 图像恢复

图像恢复的目的是将退化了的以及模糊了的图像的原有信息进行恢复,以达到清晰化的目的。图像退化是指图像经过长时间的保存之后,因发生化学反应而使画面的颜色以及对比度发生退化改变的现象,或者是因噪声污染等导致画面退化的现象,或者是因为现场的亮暗范围太大,导致暗区或者高光区信息退化的现象;图像的模糊则常常是因为运动以及拍摄时镜头的散焦等原因所导致的。无论是图像的退化还是图像的模糊,本质上都是原始信息部分丢失,或者原始信息相互混叠,或者原始信息与外来信息的相互混叠所造成的,因此,根据退化模糊产生原因的不同,采用不同的图像恢复方法即可达到图像清晰化目的。

6. 图像隐藏

图像隐藏的目的是将一幅图像或者某些可数字化的媒体信息隐藏在一幅图像中。在保密通信中,将需要保密的图像在不增加数据量的前提下,隐藏在一幅可公开的图像之中,同时要求达到不可见性及抗干扰性。

所谓抗干扰性,是指当承载着保密图像的公开图像受到各种恶意攻击,或者经过压缩等处理之后,通过解密方法获得的保密图像损失不大或者基本上没有损失。

图像隐藏技术目前还有一个非常重要的拓展应用,就是数字水印技术。数字水印在维护数字媒体版权方面起着非常重要的作用。数字水印有时允许是可见的,但必须具有抗干扰性,特别是可以抵抗二次水印的添加等。同时数字水印技术已经不仅限于图像的隐藏,而是可以在数字化的多媒体信息之间进行隐藏,如语音中隐藏图像,图像中同时隐藏语音和文字说明等。

7. 图像重建

图像重建的目的是根据二维平面图像数据构造出三维物体的图像。例如,在医学影像技术中的 CT 成像技术,就是将多幅断层二维平面数据重建成可描述人体组织器官三维结构的图像。三维重建技术也成为目前虚拟现实技术以及科学可视化技术的重要基础。

8. 图像编码

图像编码的目的是简化图像的表示方式,压缩表示图像的数据,以便于存储和传输。图像编码主要是对图像数据进行压缩。因为图像信息具有较强的相关特性,因此通过改变图像数据的表示方法,可对图像的数据冗余进行压缩。另外,利用人类的视觉特性,可对图像的视觉冗余进行压缩。由此来达到减小描述图像的数据量的目的。

9.图像识别与理解

所谓图像识别与理解是指通过对图像中各种不同的物体特征进行定量化描述之后,将所期望获得的目标物进行提取,并且对所提出的目标物进行一定的定量分析。要达到这个目的,实际上就是要实现对图像内容的理解,以及对特定目标的一个识别。因此,其核心是要完成依据目标物的特征对图像进行区域分割,获得期望目标所在的局部区域。

图像中目标物的特征描述一般包括了形状特征、纹理特征以及颜色特征等。形状特征有长宽比、圆形度、面积和周长等等。纹理特征则包括了砖墙、布纹这类规则纹理以及如沙滩、草坪这类非规则纹理。

1.3 数字图像处理系统

1.3.1 数字图像处理设备系统

数字图像处理主要依靠计算机对图像数据进行加工。但是在处理以前首先必须把图像信息转换成数据送入计算机,因此必须有图像输入和数字化设备。图像处理完毕后必须把它显示出来或记录成硬拷贝,这就需要有显示及记录设备。所以,一般说来,数字图像处理系统由三大部分组成,即图像输入及数字化设备,图像信息处理设备和图像显示及记录设备,如图 1-2 所示。

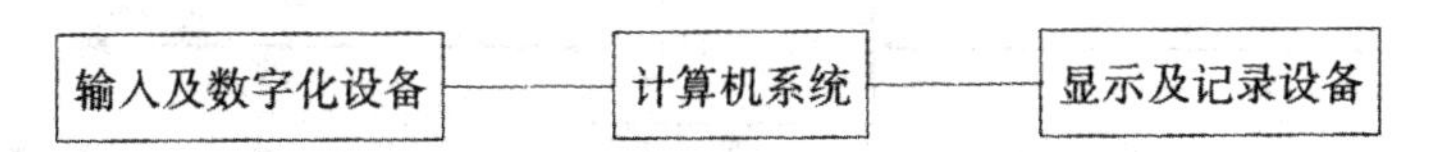

图 1-2 数字图像处理系统的三大组成部分

图像输入设备可以采用电视摄像机、鼓式扫描器或固体器件等等。它们在输入信息的速度、空间分辨率(扫描精度)等方面各有特点,可以根据需要来选用。一个通用的数字图像处理系统也可同时配有几种图像输入设备,以适应不同的需要。图像输入设备一般只起光电转换的作用,即将图像的光强信息转变为模拟电信号。然后,再送到数字化设备,即模数转换器转变为数字图像。模数转换器完成采样和量化两个过程,一般由专用芯片来完成。有些图像输入设备输出的已是数字信号,则可经数字接口直接接入计算机。

图像信息的处理由计算机担任。由于数字图像信息量十分巨大,要求计算机系统运算速度快,存储容量大(包括内存及外存),且有较强的软件功能。根据图像处理系统不同的用途,可以采用不同的计算机系统,从微型计算机到大型计算机;可以是单个计算机,也可以用阵列机、多处理机或计算机网络。专用的图像处理系统的信息处理常常用一片或几片专用芯片来完成。

经过处理以后的图像可以在图像显示器上显示,同时增设专门的交互式控制设备,如数字化仪,鼠标、跟踪球、游戏杆、光笔等。通过这些设备可以把人的作用反馈给计算机,干预和引导计算机的运行,使系统的处理能力大大提高。

图 1-3 是一个通用数字图像处理系统的方框图。

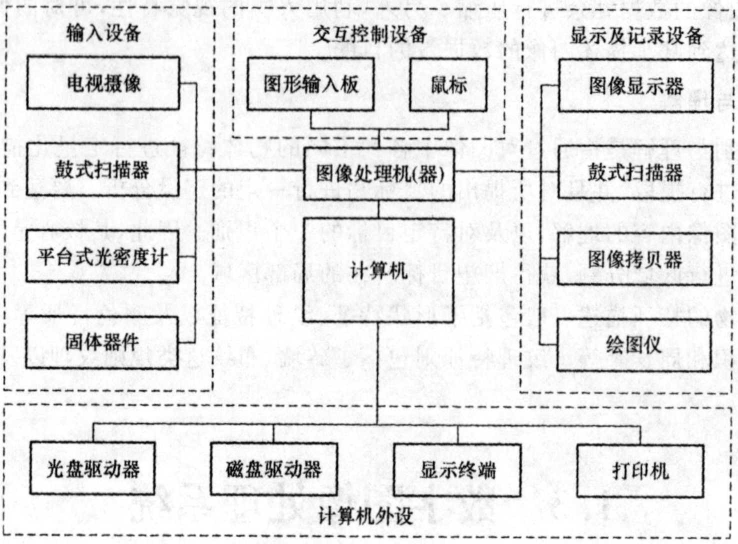

输入设备
电视摄像
鼓式扫描器
平台式光密度计
固体器件
交互控制设备
图形输入板
鼠标
图像处理机(器)
计算机
显示及记录设备
图像显示器
鼓式扫描器
图像拷贝器
绘图仪
光盘驱动器
磁盘驱动器
显示终端
打印机
计算机外设

图 1-3　通用数字图像处理设备系统的组成框图

1.3.2　数字图像处理系统的模块分析

一个基本的数字图像处理系统由图像输入、图像存储、图像输出、图像通信、图像处理和分析 5 个模块组成,如图 1-4 所示。每个模块都有其特定的功能和对应的设备。下面对图 1-4 中的各个模块分别进行分析。

图像通信
图像输入
图像处理和分析
图像输出
图像存储

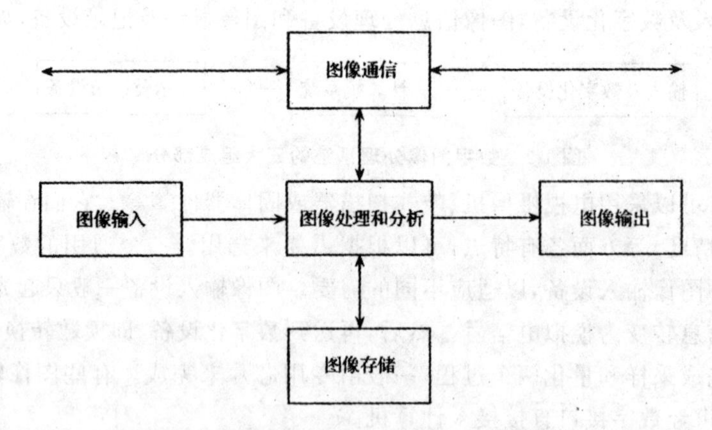

图 1-4　图像处理系统的模块组成示意图

1. 数字图像输入模块

图像输入也称图像采集或图像数字化,它是利用图像采集设备(如数码照相机、数码摄像机等)来获取数字图像,或通过数字化设备(如图像扫描仪)将要处理的连续图像转换成适于计算机处理的数字图像。

2. 数字图像存储模块

图像所包含的信息量非常大,因而存储图像也需要大量的空间。在数字图像处理系统中,大容量和快速的图像存储器是必不可少的。在计算机中,数据最小的度量单位是比特(bit)。存储器的存储量常用字节(1B=1Byte=8bit)、千字节(K Byte,1K=1024)、兆字节(M Byte,1M=1024×1024=1048576)、吉字节(G Byte,1G=1024×1024×1024)、太字节(T Byte,1T=1048576×1048576)等表示。比如存储一幅1024×1024大小的8bit图像就需要1MB的存储器。用于图像处理和分析的数字图像存储器可分为3类:处理和分析过程中使用的快速存储器、在线或联机存储器、不经常使用的数据库(档案库)存储器。

计算机内存就是一种提供快速存储功能的存储器。目前一般微型计算机的内存有256MB、512MB和1GB等。另一种提供快速存储功能的存储器是特制的硬件卡,也叫帧缓存。它可以存储多幅图像并以视频速度(每秒25或30幅图像)读取,也允许对图像进行放大和缩小、垂直和水平翻转等。

硬盘和软盘是小型和微型计算机的必备外部存储器。硬盘给计算机提供了大容量存储介质,但是盘片无法更换,存储的信息也不便于携带。软盘虽然提供了可更换的存储介质,但其容量小、速度慢、易损坏,在现今1.44MB的存储容量远远不能满足图像处理的要求,因而逐步被其他存储设备取代。

闪存盘以闪存记忆体为存储介质,称之为"U盘"。U盘以USB为接口,具有存储容量大、体积小、易携带、保存数据时间长、防磁抗震、性价比高等特点,成为软盘的理想替代品。移动硬盘和U盘的性能类似,其优点是存储容量大、可靠性高、数据保存时间长、数据传输率高、操作简便,而且无需外接电源,以USB为接口。

此外,常用来存储数字图像的外存储器还有CD光盘、DVD光盘、光盘塔、磁带、磁盘阵列(RAID)等。各类海量存储器的特点各不相同,应用环境也有极大差别,因此在实际应用中要根据环境的变化而选择不同的海量存储设备。

3. 数字图像输出模块

在图像分析、识别和理解中,一般需要将处理前后的图像显示出来,以供分析、识别和理解,或将处理结果永久保存。前者称为软拷贝或显示,使用设备包括CRT显示器、液晶显示器和投影仪等。后者称为硬拷贝,使用设备包括照相机、激光拷贝和打印机等。

4. 数字图像通信模块

在许多工程应用领域或日常工作生活中,都会遇到对大量的图像数据进行传输或通信。由于图像数据量很大,而能够提供通信的信道传输率又很有限,这就要求在传输前必须对表示图像信息的数据进行压缩和编码,以减少图像数据量。而实际的图像信息也包含大量的冗余,通过改变图像信息的表示形式,就可达到消除冗余、减少数据量的目的。因此,图像通信模块主要是要对图像进行压缩编码,而图像数据的压缩和编码技术也就成为数字图像处理的关键技术之一。

5. 数字图像处理与分析模块

数字图像处理与分析模块包括处理算法、实现软件和计算机,它是数字图像处理系统的核心。根据要处理图像的数据量的大小、实时性要求及算法的复杂程度,来选择合适的硬件和软件系统,一般包括如下三种形式:

(1)通用图像处理

对于功能要求灵活,图像数据量大,但实时性要求不高的图像处理与分析算法可以在通用计算机上实现,也可以辅之以方便灵活的操作界面。

(2)专用图像处理系统

对于像CT、核磁共振、彩色B超、机场安检等专用影像的处理,可采用能满足实际应用的专用计算机和专用图像处理算法等,来构成专用图像处理系统。

(3)图像处理芯片

将许多图像处理功能集成在一个很小的芯片上,形成专用或通用的图像处理芯片。如富士通于2006年8月推出的MB91683图像处理芯片。它在单芯片上集合了各种图像处理所需要的功能,比如色彩插值、色彩压缩等,其特点是体积小、功能强、价格低、使用方便。可应用于各种数码相机和带有成像功能的手机,也可应用于CT、核磁共振、彩色B超、机场安检等专用影像处理中,通过采用能满足实际应用的专用计算机和专用图像处理算法等,来构成专用图像处理系统。

1.3.3 数字处理系统的不同光照模式

我们知道,最终所成的像取决于光源,光源与对象物的位置关系以及对象物的反射光强度等。光源包括各种人造光源以及白昼自然光,而光源与对象物的位置关系则基本上可以分为如图1-5所示的背光光照、正面光照、斜射光照等几种情况。

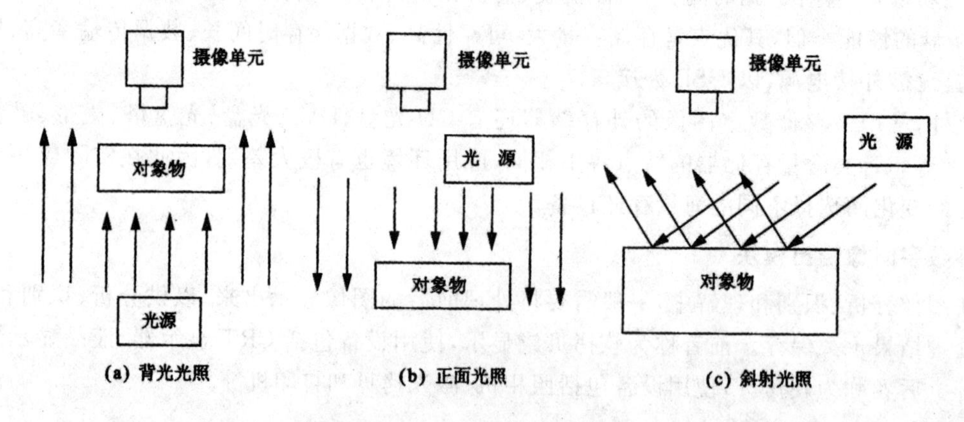

图1-5 光照模式示意图

在背光光照下,由于背景光的强度大于前景(对象物),这时若拍摄人物图像,则人脸的细节部分在图像中所呈现的效果并不是很好。但是,在某些工业自动化生产线上,为了快速获得目标物的定位,不需要对目标物的细节进行观察,此时常常将光源设置为背光照明方式。

在正面光照下,如果目标物有非常光滑的反射表面,如金属表面,并且其表面是凸面,会在画面上产生高光区,高光区部分的颜色等细节均会退化。但是对一般的非特殊光滑表面的物体,正面照射可以获得反映目标物细节的图像。

在斜射光照下,画面会产生光照不均的效果,如果进行景物渲染,是一种非常好的方法。但是,当需要从画面提取相应目标物时,光照不均是阻碍正确获取目标物的一个非常严重的障碍。

1.4　数字图像处理的应用领域

早在1964年,美国喷气推进实验室对“旅行者7号”航天探测器传送的大批月球照片用计算机处理后,得到了清晰逼真的图像,从此就开创了图像处理的先河。20世纪70年代,数字图像处理技术开始应用于医学、地球遥感监测和天文学等领域,其中的CT(计算机断层摄像术)就是图像处理在医学诊断领域最重要的应用之一。

近10年来,数字图像处理技术得到了迅猛发展,并已应用到许多领域,如工业、农业、国防军事、社会和日常生活、生物医学、通信等。今天,几乎不存在与数字图像处理无关的技术领域,而最主要的应用包括如下9个方面。

1. 宇宙探测中的应用

在宇宙探测和太空探索中,有许多星体的图片需要获取、传送和处理,这些都依赖于数字图像处理技术。

2. 通信方面的应用

通信中的应用主要包括图像信息的传输、电视电话、卫星通信、数字电视等。传输的图像信息包括静态图像和动态序列(视频)图像,要解决的主要问题是图像压缩编码。

3. 遥感方面的应用

遥感包括航空遥感和卫星遥感。人们应用数字图像处理技术对通过卫星或飞机摄取的遥感图像进行处理和分析,以获取其中的有用信息。这些应用包括地形、地质、资源的勘测,自然灾害监测、预报和调查,环境监测、调查等。

4. 天气预报方面的应用

天气云图测绘和传输、气象卫星云图的处理和识别等。

5. 考古及文物保护方面的应用

珍贵稀有名画的电子化保存,珍贵文物图片、名画、壁画的辅助恢复等。

6. 工业生产中的应用

将CAD和CAM技术应用于磨具和零件优化设计及制造、印制板质量和缺陷的检测、无损探伤、石油气勘测、交通管制和机场监控、纺织物的图案设计、光的弹性场分析、运动工具的视觉反馈控制、流水线零件的自动监测识别、邮件自动分拣和包裹的自动分拣识别等。

7. 生物医学领域的应用

生物医学是数字图像处理应用最早、发展最快、应用最广泛的领域。主要包括细胞分析、染色体分类、放射图像处理、血球分类、各种CT和核磁共振图像分析、DNA显示分析、显微图像处理、癌细胞识别、心脏活动的动态分析、超声图像成像、生物进化的图像分析等。

8. 军事公安方面的应用

在任何时候,最先进的技术总是先用在军事中,数字图像处理技术也不例外。包括军事目标的侦察和探测、导弹制导、各种侦察图像的判读和识别,雷达、声呐图像处理、指挥自动化系统等。

公安方面的应用包括：现场实景照片、指纹、足迹的分析与鉴别，人像、印章、手迹的识别与分析，集装箱内物品的核辐射成像检测，人随身携带物品的X射线检查等。

9. 新的应用领域

（1）信息安全

用于版权保护和认证的信息隐藏与数字水印技术，用于身份认证的指纹识别、虹膜识别和面部识别等。

（2）图像检索

基于内容的图像检测、识别和检索。

（3）体育运动

运动员动作的分析、评测及优化设计。

总之，目前的趋势表明，数字图像处理技术的应用呈现爆炸式增长，而且将持续相当长的阶段。

第 2 章　数字图像处理的基本原理

2.1　人眼的视觉原理

2.1.1　人眼构造

人眼的构造如图 2-1(a)所示。

1. 瞳孔

人眼是一个直径约为 20mm 的球体，球体外包覆有三层薄膜，最外层是角膜和巩膜。它的正前方 1/6 部分是透明的角膜，不透明的巩膜包覆着眼睛的其他部分。中间层是位于巩膜下面的脉络膜，它包含有血管网，是眼睛的重要滋养源。脉络膜的里层是视网膜。脉络膜的前边(角膜的后面)是不透明的虹膜，虹膜中间有一圆孔称为瞳孔。在虹膜的收缩和扩张下，瞳孔的直径可以在 2～8mm 间调节，从而控制进入人眼内部的光通量，起到照相机中光圈的作用。

2. 晶状体

瞳孔后面是一个扁球形弹性透明体，称为晶状体，相当于照相机中的透镜。在睫状体的作用下，晶状体的曲率可以调节以改变焦距，使不同距离的景物都可以在视网膜上成像。

3. 视细胞

视网膜位于眼球包覆的最里层，其上集中了大量的视细胞，视细胞的作用相当于光敏感器和光电转换器。它对进入人眼的光进行感知，并通过复杂的物理-化学过程，将光能信号转化为生理电信号。

视细胞分为两大类，用于感知不同的光信号。

(1)锥状细胞

在正对晶状体轴线的视网膜上有一个集中了大量锥状细胞的黄斑区(又称视网膜的中央凹)。锥状细胞的直径为 2～6μm，长约 40μm，共达 500 万至 700 万个，它也称为明视细胞，用以在强光上检测亮度和颜色。每个锥状细胞都连接着一根视神经末梢，故分辨率高。每个锥状细胞都连接着一个神经末梢，因此黄斑区的分辨率很高，可以分辨细节和颜色。

(2)杆状细胞

在视网膜的其他部分分布着杆状细胞，其直径为 2～4μm，长约 60μm，共有 7500 万至 15000 万个。它们能在弱光(暗视)下检测亮度信息，但没有色彩的感觉。多个杆状细胞连接着一根视神经末梢，故其分辨率低，仅可分辨景物的轮廓，无色彩感觉。对光具有更高的灵敏度，用以在弱光下检测亮度，依靠眼球的转动使目标落在黄斑区上成像以便看清物体。

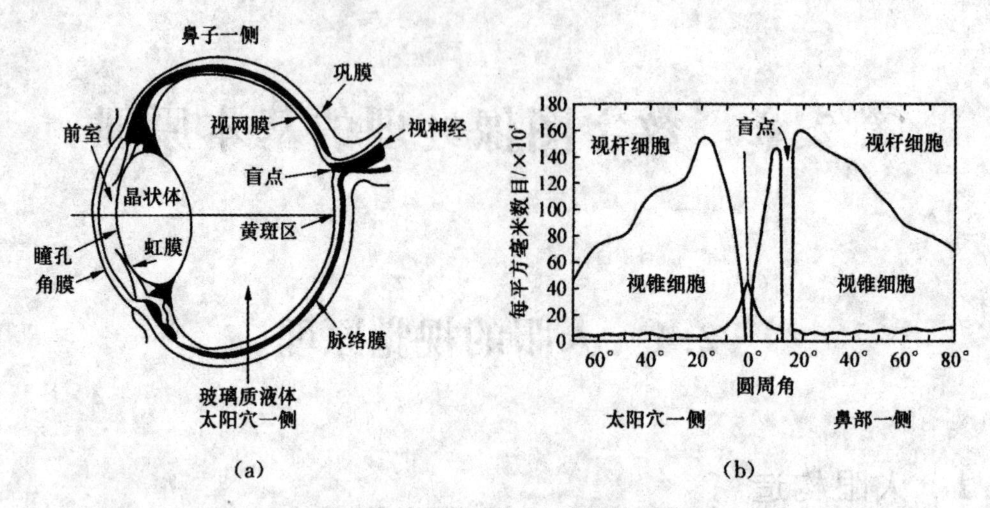

图 2-1　人眼的结构与视细胞的分布

图 2-1(b)示出了视细胞在视网膜上分布的情况，以眼球水平方向上的圆周角作为水平距离的度量，黄斑中心为 0°。在向鼻侧 20°的地方是视神经的汇集点，没有视细胞，成为“盲点”。对于落入盲点中的这部分图像人眼将无法看到。

4. 人眼成像的过程

根据人们对人眼结构和机理的实验研究，总结出人眼成像的过程为视细胞受到光的刺激产生电脉冲，电脉冲沿着神经纤维传递到视神经中枢，由于各细胞产生的电脉冲不同，大脑就形成了景象的感觉，如图 2-2 所示。

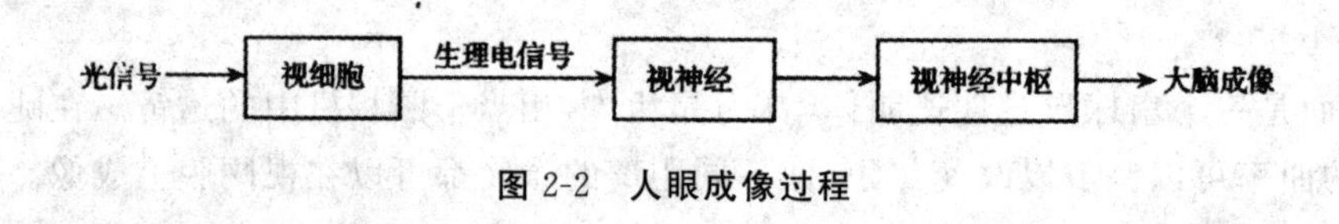

图 2-2　人眼成像过程

2.1.2　人的视觉模型

通过对人眼的生理结构及机理研究，并结合类似的光学成像系统原理，发现人眼类似于一个光学系统，由于神经系统的调节作用，实际要比光学系统复杂得多。人们试图用线性光学成像系统的原理解释某些视觉特性，以建立视觉模型，从而对人眼的机理和成像过程进行定性描述和分析。

目前常用的视觉模型是视觉系统的低通-对数-高通模型，大多数视觉现象都可以用它来解释。其流程图可以用图 2-3 的形式来表示。

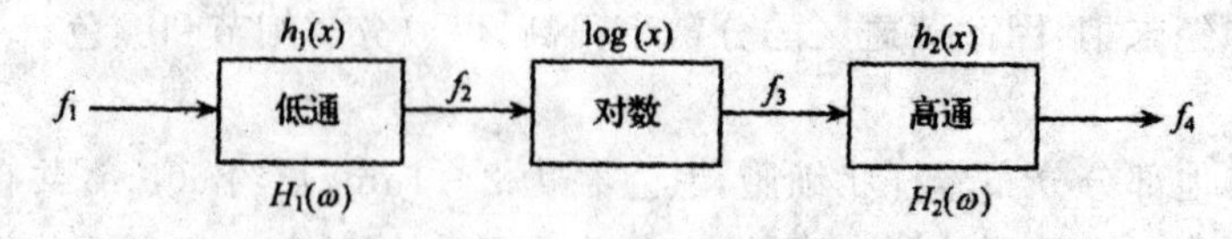

图 2-3　视觉的低通-对数-高通模型

1. 低通

在光刺激经角膜、瞳孔、晶状体等照射到视网膜上的过程中，瞳孔总有一定的尺寸，晶状体总存在一定的光学像差，视细胞本身有一定大小，这些因素就限制了人眼的分辨力，也限制了视觉系统的上限频率，使视觉系统对高频变化起抑制作用。这一阶段等效为一个低通滤波器，如图 2-3中的第一方块。

2. 对数

视细胞对光的响应可视为视觉感知的第二阶段。研究表明，主观亮度感觉和客观亮度之间为单调非线性的对数关系，如图 2-3 中的第二个方块。由于人眼的这种非线性关系，使人眼可以接受宽达 10^8 倍的亮度范围。

3. 高通

如图 2-3 中的第三个方块，由于视神经细胞的侧向抑制作用，其等效于一个高通滤波器。视觉过程的高通滤波特性就反映了侧抑制引起的 Mach 带效应，即在客观亮区的边沿会存在一条主观亮度更亮的光带。

2.1.3　明暗视觉及视觉范围

白天正常光照下人眼对不同波长光在亮度方面敏感程度的曲线如图 2-4 所示，又称明视觉相对视敏函数曲线，其峰值在 555nm 处。明视觉过程主要由锥状细胞完成。这时除了有明暗感觉外，还有彩色感觉。在微弱光线下，整个曲线左移，峰值移到 505nm 附近，这时紫色能见范围扩大而红色能见范围缩小，该曲线称为暗视觉相对视敏函数曲线，如图 2-4 中虚线所示。暗到一定程度，仅有杆状细胞起作用，这时因分辨不出颜色，整个光谱带看上去成为明暗不同的灰度带。

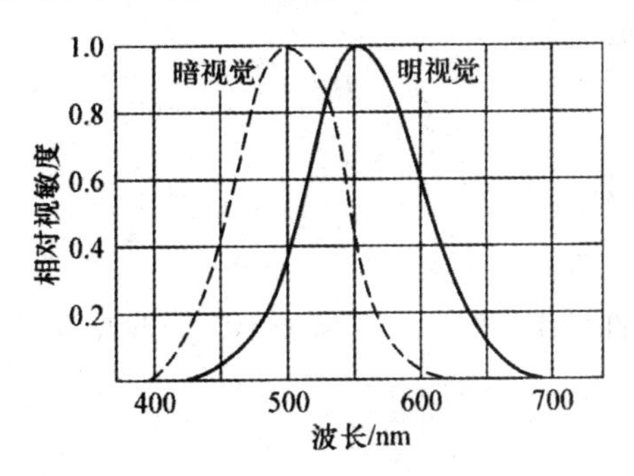

图 2-4　明暗视觉的视敏函数曲线

人眼所能感觉到的亮度范围称为视觉范围。它很宽，可以从 10^{-2} 至 $10^6 cd/m^2$。如图 2-5 所示。人眼是随外来光强弱的自动调节来适应这样宽的亮度范围的。这种调节主要依靠视细胞本身的调节作用，其次是瞳孔的调节作用。

人眼并不能同时感受这样大的亮度范围。当人眼适应了某一环境亮度后，视觉范围就有了一定的限度。在适当的平均亮度下能分辨亮度的上下限之比为 1000∶1；在很低的平均亮度下，这一比值为 10∶1。

人眼对明暗程度所形成的“黑”、“白”感觉具有相对性，还表现在不同环境亮度下对同样亮度的主观感觉并不相同。

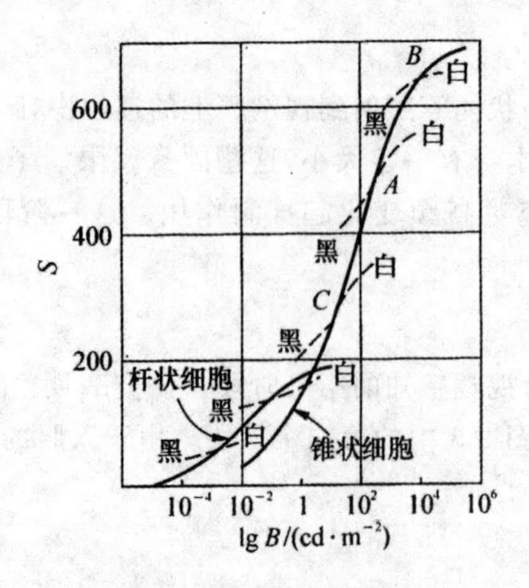

图 2-5 眼睛的亮度感觉

2.1.4 人眼的亮度感觉

根据人眼机理及人的视觉模型，人眼感知的主观亮度与实际的客观亮度之间并非完全相同，但有一定的对应关系，这对数字图像处理结果的表达具有重要的作用。下面讨论人眼亮度感觉中的几种主要特性。

1. 亮度对比度

图像中亮度的最大值与最小值的比值称为对比度，用下式表示：

$$C=\frac{B_{\max}}{B_{\min}} \tag{2-1}$$

有时还采用相对对比度 C_r，定义为：

$$C_r=\frac{B-B_0}{B_0}\times 100\% \tag{2-2}$$

式中，B 为物体亮度；B_0 为背景亮度。

2. 人眼的亮度适应性

人眼是通过自身的适应性调节，来感觉出宽达 10^8 倍的亮度范围的。下面具体分析一下这种适应性的几个方面：

(1)亮适应

环境由暗变亮时，锥状细胞在几秒钟内就恢复了作用，很快分辨出物体的明暗和颜色。这一适应过程约在 3 分钟内达到稳定。

(2)暗适应

从明亮处走入暗处，视觉要经过几分钟才能适应，约 45min 才能稳定。人眼适应暗环境的功能称为暗适应。这时瞳孔直径可由 2mm 扩大到 8mm，进入眼睛的光通量增加到原来的 16 倍，另一方面由锥状细胞起作用转换为由杆状细胞起作用，后者视敏度为前者的 10^4 倍。

(3)局部适应

视网膜上某点或某个局部小区域受强光刺激时，这部分的视敏度就比其他部分的要低。然后再来看均匀亮度的背景时，由于这部分视细胞的视敏度还来不及恢复，就会感到该背景上相应处呈现黑色。

3. 由适应性引起的对比效应

人眼对亮度差别的感觉取决于相对亮度的变化，同时人眼对目标的感觉亮度也与相对亮度有关，而且在客观亮度的突变处，人眼感觉的主观亮度会出现超调现象。

(1)亮度的同时对比效应

人眼对某个区域感觉到的亮度不是简单地取决于该区域的强度，在相同亮度的刺激下，背景亮度不同时，人眼所感觉到的明暗程度也不同。如图 2-6 所示，三个位于中心的正方形具有完全相同的亮度，而背景具有三个不同的亮度。人眼看上去时，会感觉到暗背景中的正方形看起来要亮些，而亮背景中的正方形看起来要暗些。这是由于当目标被白背景包围时，受目标刺激的视细胞受到了周围的在高亮度光刺激下视细胞视敏度下降的影响，它们所产生的亮度感觉有所下降的缘故。所以，视觉的主观亮度取决于视野中心与周围环境之间光照的相对强度。

图 2-6　同时对比效应

同时对比效应可推广到如下几种情况：

①两目标物亮度相同，但人会感觉到背景暗的目标物亮，背景亮的目标物暗。

②人眼观察对比度相近($C_1 \approx C_2$)的两个目标物，会认为两个目标物的亮度接近，这种现象称为亮度恒定现象。

③两个不同亮度的目标物处于不同亮度的背景中，人会按对比度感觉目标物的亮度对比。

在观察彩色图像时，也有类似的情况，即暗背景中的彩色看起来比亮背景中的彩色明亮一些。除亮度对比效应之外，彩色光还有彩色饱和度对比效应和色调对比效应。

(2)彩色色调对比效应

面积相同、色度与亮度相同的橘红色区域分别被黄色和红色背景包围，相比之下会感到黄色背景包围的橘红色偏红，而红色背景包围的橘红色偏黄。

(3)面积对比效应

色度、亮度相同而面积不同的两个彩色区域，面积大的一块会给人以亮度和饱和度都强一些的感觉。

(4)彩色饱和度对比效应

面积相同、色度与亮度相同的红色区域分别被亮度相同的灰色和红色背景包围，相比之下会感觉红色背景包围的红色区域饱和度较低。

4. 马赫带(Mach Band)效应

人眼对于图像上不同空间频率的成分具有不同的灵敏度。实验表明，人眼对于中频的响应较高，对高、低频率的响应较低。由于这一特性，在观察如图 2-7(a)的灰阶条带时，就会显示出马赫带效应。图中是一些不同灰度级的条带，带内亮度均匀，而相邻两条带的亮度相差一个固定值，但人的感觉认为每个条带内的亮度不是均匀分布的，而是感觉到所有条带的左边部分都比右边亮一些，这便是所谓的马赫带效应。由于马赫带效应，相邻条带的边界或图像中亮度的突变处会更加明显。

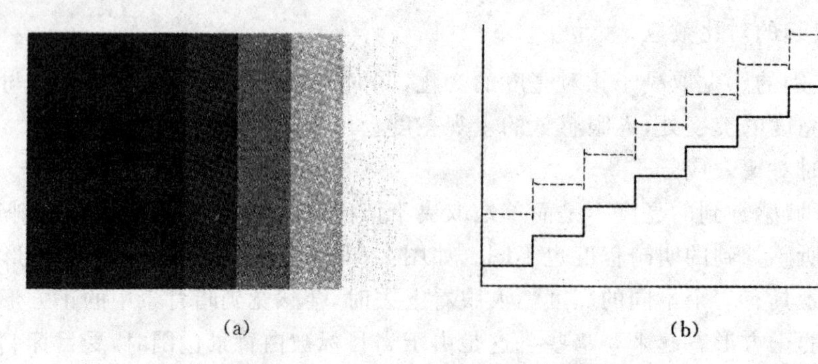

图 2-7 马赫带效应

图 2-7(b)中的实线是实际亮度的变化曲线,显示亮度呈现阶梯状的变化。图 2-7(b)中的虚线是主观亮度的变化曲线,在亮度阶跃处发生了过冲。在观察图像时,马赫带效应具有增强目标轮廓的作用,由人眼判读图像中的特定目标时是一个有利的因素。

马赫带效应的出现,是因为人眼对于图像中不同空间频率具有不同的灵敏度,而在空间频率突变处就出现了"欠调"或"过调"。马赫带效应和同时对比效应证明了亮度不是简单的强度函数。

5. 亮度对比灵敏度

为了获得人眼的亮度对比灵敏度,可做如下两个实验。

[实验 1] 在一个面积较大亮度为 B 的背景上放置一个亮度为 $B+\Delta B$ 的圆形目标,如图 2-8(a)所示。改变 B 的值,测得人眼刚好能分辨的亮度差值对应的 ΔB,画出笔$\frac{\Delta B}{B}-B$ 的关系曲线,见图 2-8(b)。从图中看到,在很宽的 B 值变化范围内,比值$\frac{\Delta B}{B}$近似等于一个常数,约为 0.02。该比值称为韦伯比或对比灵敏度。

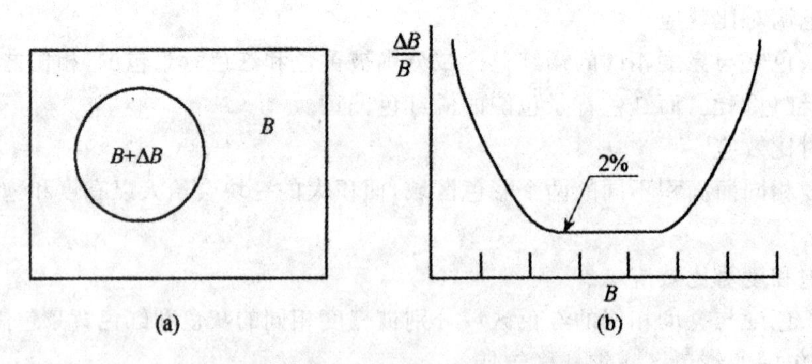

图 2-8 恒定背景下的对比灵敏度试验

[实验 2] 在一个面积较大,亮度为 B_0 的背景上放置一个圆形目标,其一半亮度为 B,另一半亮度为 $B+\Delta B$,见图 2-9(a)。对于一个 B_0 的值,改变 B 的值,同样测得$\frac{\Delta B}{B}$。而对应每一个 B_0 可以得到一条$\frac{\Delta B}{B}-B$ 曲线[图 2-9(b)]。与图 2-8(b)所示相比,韦伯比不仅是 B 的函数,也是 B_0 的函数。在每个 B_0 下,韦伯比保持常数的范围大大缩小了,但韦伯比曲线族的包络就是图 2-8(b)中的

曲线。

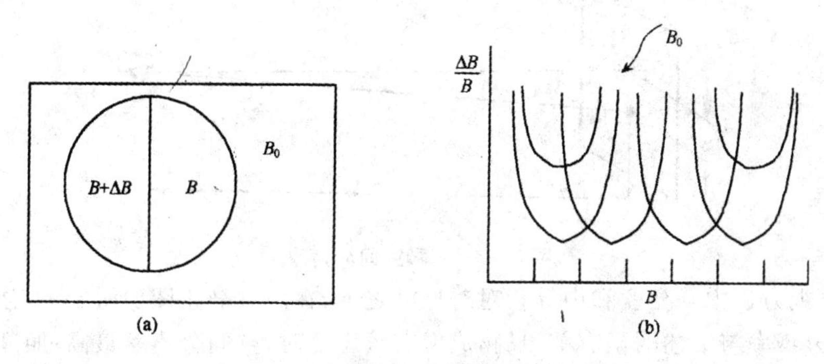

图 2-9　不同背景下的对比灵敏度试验

6. 主观亮度与实际亮度的关系

由人眼的对比灵敏度可知，人眼对亮度差别的感觉取决于相对亮度的变化。若实际的刺激亮度 B 产生 ΔB 的变化，而且这个变化人刚刚能辨别出来，那么，对应的主观感觉亮度 S 的变化 ΔS 有下式成立：

$$\Delta S = K\frac{\Delta B}{B} \tag{2-3}$$

上式两边积分后可得到主观亮度与客观亮度间的关系为：

$$S = K\ln B + K_0 \tag{2-4}$$

上式说明主观感觉与实际刺激亮度成对数关系，式中，K 和 K_0 均为常数。这一规律称为韦伯—费希纳（Weber-Fechner）定律。

7. 人眼亮度感觉的作用

由以上人眼亮度感觉特性可知，若一幅原图像经过处理，恢复后得到重现图像，重现图像的亮度不必等于原图像的亮度，只要保证二者的对比度及亮度层次（灰度级）相同，就能给人以真实的感觉。这就为图像处理奠定了灵活的基础。

2.1.5　人眼的分辨率

人眼分辨景物细节的能力称为人眼的分辨率。它包括空间分辨率、亮度分辨率、时间分辨率和彩色分辨率等。

空间分辨率定义为：人眼对被观察物体上能分辨的相邻最近两点的视角 θ 的倒数。其几何关系如图 2-10 所示，其中 L 表示人眼与景物之间的距离；d 表示不能分辨的相邻最近两点之间的距离；θ 表示视角，以分为单位。可以得到：

$$\frac{d}{2\pi L} = \frac{\theta(\text{分})}{360\times 60} \tag{2-5}$$

可得：

$$\theta = 3438\frac{d}{L}(\text{分}) \tag{2-6}$$

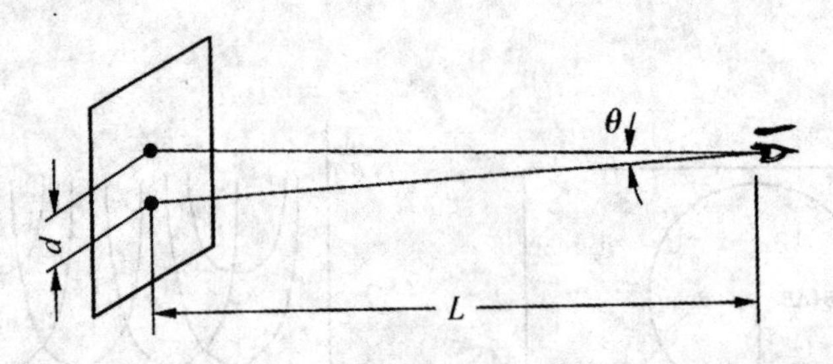

图 2-10 人眼空间分辨率

通常,正常视力在中等亮度和中等相对对比度之下,在观察静止图像时 $\theta \approx 1$ 分。

人眼空间分辨率与下述因素有关:景物成像在黄斑上时,空间分辨率最高;照度太暗,仅杆状细胞起作用,分辨率下降;照度太亮,空间分辨率不会再增加,甚至因“炫目”而降低;相对对比度 C_r 小,即 B 与 B_0 接近,空间分辨率下降。人眼对很细小的“条纹”很难看清楚,就是空间分辨率问题。对于空间分辨率高的部分,要用放大镜才能使人眼看清楚。

亮度分辨率是图像在时间、空间上变化都很缓慢的情况下得到的人眼对亮度变化的分辨能力。人眼对运动很快的目标看不清楚,属于时间分辨率问题。如果时间频率高,则空间分辨率和亮度分辨率都会下降。

空间分辨率、亮度分辨率和时间分辨率是相互联系的,只有三个方面都合适,人眼才能看得清楚。空间分辨率、亮度分辨率和时间分辨率可以进行互换和折中。例如,亮度差别小的,若时间频率很低,人眼会看清楚,若时间频率高,就无法看清;亮度差别很大的,即使有轻微晃动,人眼也能看清楚。当时间频率较高时,人眼对空间对比度的敏感性降低,即对快速运动的物体的细节分辨率降低。当空间频率较高时,人眼对闪烁的敏感度降低。

人眼对彩色空间细节的分辨率低于黑白画面。例如,把刚好能分辨的黑白条纹换成亮度相同、颜色不同的彩色条纹时,就不能分辨出条纹来。换成红绿相间的条纹,会由于人眼的空间混色效应而表现出一片黄颜色。

实验还表明,人眼对不同的颜色构成的彩色细节的分辨率也不同。表 2-1 列出了把黑白细节的分辨率定为 100%时,人眼对各种彩色细节分辨能力的情况。

表 2-1 人眼对彩色细节的分辨能力比较

细节的颜色	黑白	黑绿	黑红	黑蓝	绿红	红蓝	绿蓝
分辨能力/%	100	94	90	26	40	23	19

另外,人眼对色度的变化比对灰度的变化敏感,因此可用伪彩色技术对图像进行增强。

2.1.6 人眼的视觉惰性和闪烁感觉

当有光脉冲刺激人眼时,视觉的建立和消失都需要一定的过程。光源消失后,景物影响会在视觉中保留一段时间,称为视觉暂留或视觉惰性现象。视觉暂留时间在 0.05～0.2s。实验表明,若景物以间歇性光亮重复呈现,只要重复频率大于 20Hz,视觉上始终保留有景物存在的印象。

如果周期性重复的脉冲光源作用到视网膜上,当脉冲光的重复频率不够高时,由于光源在有光和无光间变化时，人眼在亮度感觉上能辨识出它们的差异，因此人眼会产生明暗交替变化的闪烁感觉。

2.1.7　视觉的空间错觉

视觉的空间错觉是人类视觉系统的一个特性。在错觉中，人眼填充上了不存在的信息或错误地感知物体的几何特点。目前对于人眼的这一特性尚未完全了解。图 2-11 中给出了著名的错觉的例子。具体这些例子可以分为两类，一类是基于形状和方向的，如图 2-11(a)、2-11(b)；一类是基于长度和面积的，如图 2-11(c)、2-11(d)。人眼在观察图 2-11(a)时会产生直线有错位的感觉；看到图 2-11(b)中有一个圆；在图 2-11(c)中感觉上面的线段比下面的短，而两条线段是等长的；在图 2-11(d)中感觉左图中心圆比右图中心圆要小，而两个圆实际是大小相同的。

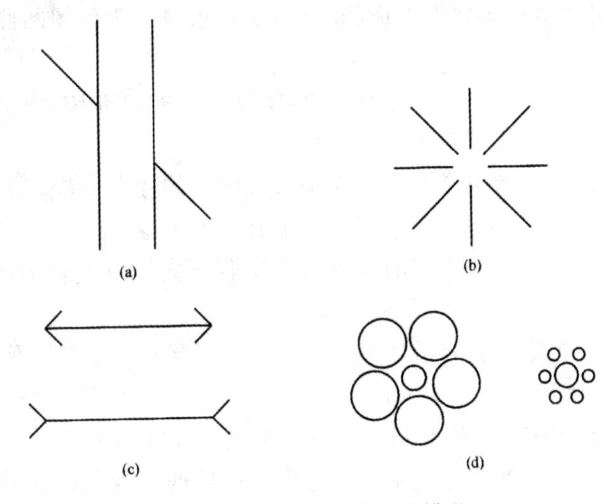

图 2-11　一些典型的视觉错觉

2.2　图像数字化

2.2.1　图像数字化的表现形式

图像的数字化可以使用扫描方式。在扫描黑白原稿时，扫描头采集原稿上每一点的亮度，获得相对应的模拟信号，然后转换成数字信号。如果每个点都用一个字节表示，那么原稿的亮度将会有 256 级。256 级对于黑白照片从高光到暗调范围内视觉能分辨的阶调级数来说已经足够了。如果从原稿水平方向上采集 1000 个样点，从垂直方向上采集 1000 行，这幅原稿扫描的数据量就是 1000×1000 字节，即原稿的数字表示。若原稿扫描时在水平和垂直方向都采集 500 个样本，那么原稿的数据量就是 500×500 字节，是前面原稿数据量的 1/4。

计算机能够显示图形、图像(即图片)、视频等信息。在计算机中，图形、图像和视频也必须用数字化形式来表述。它们的数字化处理过程同声音数字化一样，也要进行采样、量化，形成数字化的图形、图像和视频文件。

(1)图形

图形是一种矢量图。矢量图是用数学的方式来描述一幅图形,它的基本元素是图元,即图形指令。矢量图形的描述包括形状、色彩、位置等。例如,指令 Rect(0,0,200,200)表示从坐标(0,0)开始,首先水平移动 200 个像素点,再垂直移动 200 个像素点,最后形成一个正方形。该指令描述中,所用字符数不到 20 个字节。矢量图形本身就用数字化形式来表述。它存储量小,大小变换时不失真。但对于一幅复杂的彩色照片,很难用数学来描述,因此也难于用矢量图来表示。

(2)图像

图像是一种位图。位图是用像素点来描述一幅图像,其基本元素是像素。位图图像的描述包括图像分辨率和灰度。位图图像文件一般未经过压缩,存储量大,适合于表现含有大量细节的画面。与矢量图形相比,位图放大时,放大的是其中每个像素的点,所以有时看到的是失真的模糊图片。在 Windows 附件中画图软件生成的.bmp 文件就是属于位图图像格式的文件。

描述图像的参数有:

①色彩模式。色彩模式是指图像所使用的色彩描述方法。如 RGB(红、绿、蓝)三基色彩模式、CMYK(青、橙、黄、黑)色彩模式等。

②图像的分辨率。图像是指图像在水平与垂直方向上的像素个数。例如 1024×768 的图像是指该图像水平方向上有 1024 个像素,垂直方向上有 768 个像素。

③灰度级。位图图像中每个像素点的颜色信息用若干数据位来表示,这些数据位的个数称为图像的灰度级。

④图像的数据容量。图像数据容量(字节)=图像水平像素点数×图像垂直像素点数×颜色深度/8。

如一幅 1024×768 分辨率,24 位真彩色的图像数据容量为:1024×768×24/8/1024/1024=2.25MB。图像的分辨率越高、颜色深度越深,则数字化后的图像效果越逼真,图像数据量也越大(参见表 2-2)。

表 2-2　颜色深度与显示的颜色数目之间的关系

颜色深度	颜色总数	图像效果
1	$2(2^1)$	单色图像(黑白两色)
4	$16(2^4)$	16 色图像
8	$256(2^8)$	256 色图像
16	$65536(2^{16})$	HI-Color 图像(实际只显示 32768 种颜色)
24	$16777216(2^{24})$	True Color 图像(真彩色)

(3)视频

视频是由一幅幅单独图像组成的序列按照一定速率连续播放,而形成的动态图像。视频信号一般是指电视信号或从摄像头输出的模拟信号。彩色视频图像信号基于三基色原理,每个像素点由三基色混合而成。视频信号的数字化与声音信号的数字化一样,也要进行采样和量化处理。彩色视频图像 RGB 模拟信号经过彩色坐标变换为 Y,U,V 信号,然后一定的比例采样、A/

D 变换、量化成为数字信号，经过数据压缩，再进行传输或存储。

(4)动画

静止图像帧是一幅幅静态的图像，每一幅都是对前一幅做一小部分修改。动画是通过以每秒 15～20 帧的速度顺序播放静止图像帧，当这些画面连续播放时，就会感觉出连续的动作。

传统的动画制作过程是，每幅画面由动画设计师手工描绘，然后动画摄影师对每张画面进行拍摄加工而成。计算机动画是计算机先完成动画人物的造型，然后通过程序的控制自动生成动画。计算机动画包括二维动画和三维动画。现在，计算机动画制作已经取代了传统的动画制作。

二维和三维动画是基于矢量图形标准实现的动画，通过描述二维图形或三维造型运动特征而形成动态图像。并且不同于视频图像，其特点是存储量小。计算机动画效果可以做到非常逼真，达到以假乱真的效果。在网页设计、计算机游戏、卡通片和电影特技等方面有着广泛的应用。

2.2.2　数字阵列表示

数字图像采用数字阵列表示，阵列中的元素称为像素或像点，像素的幅值对应于该点的灰度级。图 2-12 所示为利用数字阵列来表示一个物理图像的示意图。物理图像被划分为许多小区域(图像元素)。最常见的划分方案是图 2-12 所示的方形采样网格，图像被分割成由相邻像素组成的许多水平线，赋予每个像素位置的数值反映了物理图像对应点的亮度，它们被分为 0～255 个等级。因此，数字图像上的任意一点由该点的横坐标、纵坐标和像素值共同组成。

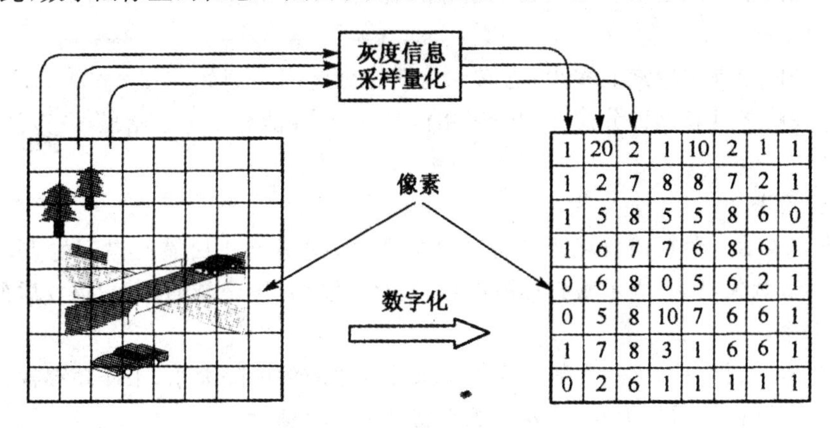

图 2-12　利用数字阵列表示物理图像示意图

2.2.3　采样

采样是指将空域上或时域上连续的图像变换成离散采样点(像素)的集合。由于图像基本上是采取二维平面信息的分布方式来描述的，为了对它进行采样，需要先将二维信号变为一维信号，再对一维信号完成采样。

图 2-13 是图像采样处理过程示意图。将二维图像信号变换成一维图像信号最常用的方法是，首先沿垂直方向按一定间隔，从上到下的顺序沿水平方向以直线扫描的方式，取出各个水平行上的灰度值的一维扫描信息，从而获得图像每行的灰度值阵列。再对一维扫描线信号按一定时间间隔采样得到离散信号。即图像采样是通过先在垂直方向上采样，然后将得到的结果再沿

水平方向采样两个步骤来完成的。经过采样之后得到的二维离散信号的最小单位即为像素。一般情况下，水平方向的采样间隔与垂直方向的采样间隔相同。对于运动图像，首先在时间轴上采样，再沿垂直方向采样，最后沿水平方向采样这三个步骤完成。

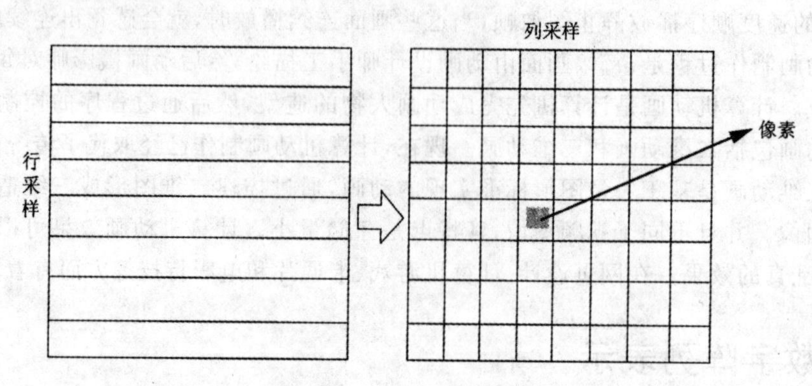

图 2-13　图像采样示意图

对一幅图像采样后，若每行(即横向)像素为 M 个，每列(即纵向)像素为 N 个，则图像大小为 M×N 个像素。如一幅 640×480 的图像，就表示这幅连续图像在长、宽方向上分别分成 640 个和 480 个像素。显然，想要得到更加清晰的图像质量，就要提高图像的采样像素点数，即要使用更多的像素点来表示该图像。

连续图像经过采样之后所获得的数字图像的效果与以下几个评价参数有关。

(1)图像分辨率

采样所获得的图像总像素的多少，通常称为图像分辨率。例如，640×480 图像的总像素数为 307200 个，在购买具有这种分辨率的数码相机时，产品性能介绍上会给出 30 万像素分辨率这一参数。

(2)扫描分辨率

扫描分辨率表示一台扫描仪输入图像的细微程度，指每英寸扫描所得到的点，单位是 DPI (Dot Per Inch)。数值越大，表示被扫描的图像转化为数字化图像越逼真，扫描仪质量也越好。

(3)采样频率

采样频率是指一秒内采样的次数。反映了采样点之间的间隔大小，采样频率越高，采样出的样本越细腻逼真，图像的质量更好，但要求的存储量也随之越大。

(4)采样密度

采样密度是指在图像上单位长度所包含的采样点数。采样密度的倒数是像素间距。

无论是哪种评价参数，在实际上采样时，采样点间隔的选取是一个非常重要的问题，它决定采样后图像的质量。采样间隔的大小取决于原图像中包含的细微亮暗变化。

根据一维采样定理，若一维信号 $g(t)$ 的最大截止频率为 ω，以 $T \leqslant 1/2\omega$ 为采样间隔进行采样，则能够根据采样结果 $g(iT)$ 完全恢复 $g(t)$，即

$$g(t) = \sum_{i=-\infty}^{+\infty} g(iT)s(t-iT) \tag{2-7}$$

其中，

$$s(t) = \frac{\sin(2\pi\omega t)}{2\omega t} \tag{2-8}$$

采样的实现通常是由图像传感元件完成的，它将每个像素位置上的亮度转换成与之相关的连续测量值，然后将该测量值转化成与其成正比的电压值。最后，再在图像传感器后面，跟随一个电子线路的模数转换器，将连续的电压值转化成离散的整数。

根据香农(Shannon)采样定理，只要采样的频率高于或等于原始频率的两倍，就可以完全精确地复原原来的连续信息。如一个镜头可以在焦平面上成像 50 线对/毫米的正弦光栅，只要光敏元件(CCD 或 CMOS)的排列密度达到每毫米 100 个单元就可以完全精确地记录这个影像信息。

当然，如果采样分辨率无法达到满足香农采样定理的条件，则无法获得一个效果好的数字图像。

如图 2-14(a)所示，当分辨率高到满足香农采样定理，则数字图像可以生动地再现原始场景。但是当分辨率较低，不满足香农采样定理，如图 2-14(b)所示，因为信息之间产生了频率混叠，所以画面上的细节信息无法辨认。

(a) 高分辨率数字图像

(b) 低分辨率数字图像

图 2-14　不同分辨率下的采样效果

2.2.4　量化

模拟图像经过采样后，在时间和空间上离散化为像素。但经过采样所得到的像素值即灰度值，仍然是连续量。把采样后所得的各像素的灰度值从模拟量转换到离散量称为图像灰度的量化。一幅图像中不同灰度值的个数称为灰度级，一般为 256 级，所以像素灰度取值范围为 0～255 之间的整数，像素值量化后用一个字节来表示。如图 2-15 所示，把黑-灰-白连续变化的灰度值量化为 0～255 共 256 级灰度值，灰度值的范围为 0～255，表示亮度从深到浅，对应图像中的颜色为从黑到白。

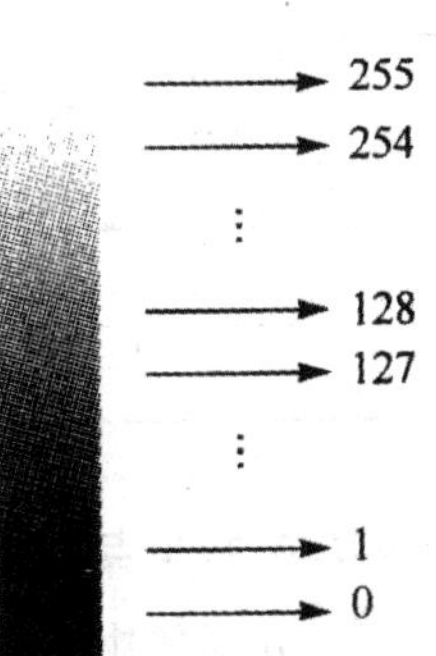

图 2-15　量化示意图

连续灰度值量化为灰度级的方法有两种，一种是等间隔量化，另一种是非等间隔量化。等间隔量化就是简单地把采样值的灰度范围等间隔地分割并进行量化。对于像素灰度值在黑白范围内较均匀分布的图像，这种量化方法可以得到较小的量化误差。该方法也称为均匀量化或线性量化。为了减小量化误差，引入了非均匀量化，它是依据一幅图像具体的灰度值分布的概率密度函数，按总的量化误差最小的原则来进行量化。具体做法是，对那些像素灰度值极少出现的范围，量化间隔取得大些；对图像中像素灰度值频繁出现的灰度值范围，量化间隔取得小些。由于图像灰度值的概率分布密度函数因图像不同而异，所以不可能找到一个适用于各种不同图像的最佳的非等间隔量化方案。因此，实际上一般都采用等间隔量化。

2.2.5 数字化参数的选择及对图像的影响

数字化图像主要由采样点数和灰度级决定。采样点数和灰度级也决定图像的数据量和图像分辨率。

1. 图像采样点数和灰度级

在满足采样定理的条件下，将连续图像采样成 $M\times N$ 个样点。实际上将图像采样为 $N\times N$ 的方阵，以便于处理，同时也将 N 置为 2 的整数次幂，即 $N=2^n$。当然，实际应用中的采样点数一般都超过了采样定理所要求的点数。

量化后的灰度级也取为 $K=2^k$，即一幅数字图像的数据量即为：

$$b=N^2k(bit) \tag{2-9}$$

或

$$B=N^2k/8(Byte) \tag{2-10}$$

表 2-3 给出了数字图像的数据量 B 与 N 和 k 的关系。

表 2-3 数字图像的数据量 *B* 与 *N* 和 *k* 的关系

k/N	8	16	32	64	128	256	512	1024
1	8	32	128	512	2048	8192	32768	131072
2	16	64	256	1024	4096	16384	65536	262144
3	24	96	384	1536	6144	24576	98304	393216
4	32	128	512	2048	8192	32968	131072	524288
5	40	160	640	2560	10240	409960	163840	655360
6	48	192	768	3072	12288	49152	196608	786432
7	56	224	896	3584	14336	57344	229376	917504
8	64	256	1024	4096	13384	65536	262144	1048576
9	72	288	1152	4147	18432	73728	294912	1179648

2. *N* 和 *k* 与图像分辨率的关系

区分图像中目标物细节的程度，称为图像分辨率。图像分辨率包括空间分辨率和幅度分辨率，分别由图像采样和量化决定。

(1)空间分辨率

图像空间分辨率由采样点数(N)决定。当灰度级 K 一定时，采样点数越多(Ⅳ越大)，图像的空间分辨率就越高，图像质量就越好。当 N 减少时，图像中就会出现块状效应，这是因为此时像素块的面积增大。不同采样点数对图像质量的影响如图 2-16 所示。

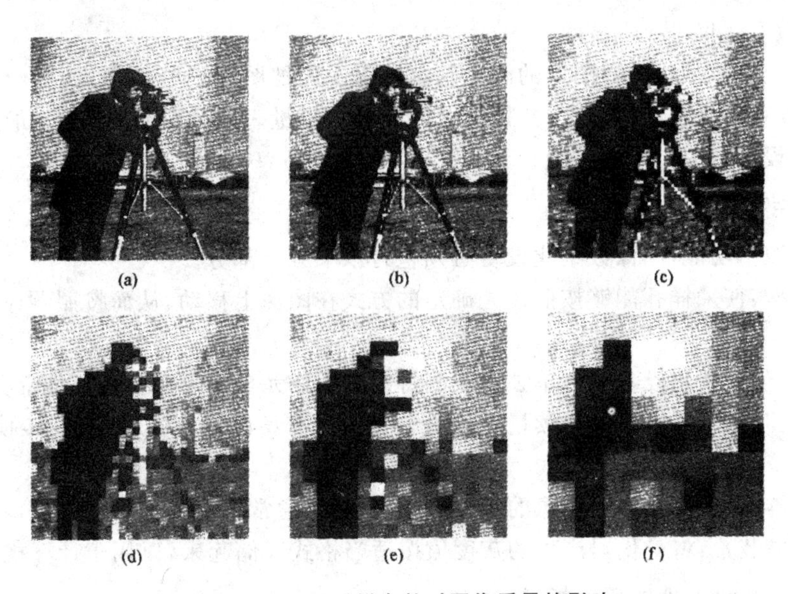

图 2-16　不同采样点数对图像质量的影响

(a)256×256；(b)128×128；(c)64×64；(d)32×32；(e)16×16；(f)8×8

(2)幅度分辨率

图像幅度分辨率由量化级数，即灰度级决定。当采样点数 N 一定时，灰度级数越多，图像幅度分辨率就越高，图像质量就越好；当灰度级 K 减少时，图像中就会出现虚假轮廓，而图像质量就下降。不同灰度级对图像质量的影响见图 2-17。

图 2-17　不同灰度级对图像质量的影响

(a)$K=256$；(b)$K=128$；(c)$K=32$；(d)$K=16$；(e)$K=4$；(f)$K=2$

2.2.6　图像数字化设备

将模拟图像数字化成为数字图像，需要借助图像数字化设备。常见的数字化设备有数码相机、扫描仪和数字化仪等。

采样和量化是数字化一幅图像的两个基本过程。先把图像划分为像素，并给出它们的地址（采样）；然后度量每一像素的灰度，并把连续的度量结果量表示为整数（量化）；最后将这些整数结果写入存储设备。

1. 图像数字化设备构成

为了完成以上功能，图像数字化设备必须包含以下五个部分。

①扫描机构：使采样孔能够按照预先确定的方式在图像上移动，从而按照顺序观测到每一个像素。

②采样孔：使数字化设备能够单独地观测特定的图像元素而不受图像其他部分的影响。

③量化器：将传感器输出的连续量转化为整数值。典型的量化器是 A/D 转换器，它产生一个与输入电压或电流成比例的数值。

④光传感器：通过采样检测图像的每一像素的亮度，通常采用 CCD 阵列。

⑤输出存储装置：将量化器产生的灰度值按适当格式存储起来，以用于计算机后续处理。

2. 图像数字化设备性能评价指标

虽然各种数字化设备的组成不同，但是图像数字化设备的性能可从以下几个方面进行评价。

(1)图像大小

图像大小即数字化设备所允许的最大输入图像的尺寸。

(2)像素大小

采样孔的大小和相邻像素的间距是两个重要的性能指标。如果数字化设备是在一个放大率可变的光学系统上，那么对应于输入图像平面上的采样点大小和采样间距也是可变的。

(3)噪声

数字化设备的噪声水平也是一个重要的设备性能参数。如数字化一幅灰度值恒定的图像，虽然输入亮度是一个常量，但是数字化设备中固有的噪声却会使图像的灰度发生变化。因此数字化设备所产生的噪声是图像质量下降的根源之一，应当使噪声小于图像内的反差点，即对比度。

(4)线性度

在对光强进行数字化时，灰度正比于图像亮度的实际精确程度是一个重要的指标。非线性数字化设备会影响后续过程的有效性。能将图像量化为多少级灰度也是非常重要的参数。图像的量化精度经历了早期的黑白二值图像、灰度图像和现在的彩色与真彩色图像。当然，量化精度越高，存储像素信息需要的字节数也越大，图像文件也越大。

2.2.7 常用图像数字化设备

目前，市场上存在各种不同的图像数字化设备，其中最常用、最普及的图像数字化设备主要是数字相机和扫描仪。

1. 数字相机

数字相机于 20 年前首先在美国出现，用于从卫星向地面传输图片，稍后美国开始研制民用数字相机，数字相机不仅与数字技术有关，而且与传统相机有难以割舍的关系。伴随着信息技术而发展起来的数字图像技术已走向成熟并且逐渐成为主流应用技术，数字相机已不是高不可攀的奢侈品。

(1)数字相机工作原理

数字相机可将景物捕捉到一个专用的半导体芯片上,然后立即转换为数字信息,采用数字信息保存文件。数字相机拍摄过程中,模拟信息转换为数字信息的过程是自动进行的。

数字相机以数字信息代替传统感光材料,影像光线通过镜头、光圈和快门后到达感光的晶片上,晶片感觉到光线的强弱后,产生相应的不同程度的电压,并记录在可转换的硬卡上。数字相机的光敏芯片使用电荷耦合器件(CCD),CCD 器件能对光照做出反应并把反应的强度转换成相应的数值。

数字相机使用 CCD 器件记录影像,然后把 CCD 器件的电子信号转换成数码信号。由于 CCD 器件本身并不分辨色和光,为了获得彩色需滤色片配合使用。具体结构有采用红、绿、蓝滤色片三次分别扫描的,也有采用三组器件配合滤色片,一次同时对红、绿、蓝三色曝光的。根据采用 CCD 阵列的结构不同,又可以分作线性阵列 CCD 和平面阵列 CCD。当光线从红、绿、蓝滤镜中穿过时,把每色光的反应值转换为电信号,然后电信号再转换为数字信号,最后,将得到的数字图像保存在存储器中。

数字图像生成后被传送到相机的另一内部芯片上进行加工处理。该芯片负责把图像转换成相机的内部存储格式,并将生成的图像保存在内部存储器中,最后将存储器中的内容存入数字相机本身的磁盘或计算机中。

对于数字相机来说,其分辨率取决于总像素数。如图 2-18 所示,这种准专业数字相机成为当前的主流相机,一些高档相机可达到 2000 万像素,分辨率高则图像中单位面积得到的信息量多,图像更加细腻。其次是色彩位数,这里所说的"位"数与扫描仪中的位数含义相同,一般的民用相机也可以达到 24bit,专业相机可达到 36bit。

(2)数字相机的类型

摄像机早期有单管机与三管机的区别,尔后摄像管被固体摄像器件 CCD 取代,便有了单片机与三片机的区别。数字相机采用 CCD 作为摄像器件是借鉴了摄像机的技术,也有单片机与三片机的区别。

(a) 数字相机前面板

(b) 数字相机背面板

图 2-18 新一代数字相机

单片 CCD 数字相机的光电传感器每个像素点的位置上分别加上 R、G、B 三种颜色滤色片，通过透镜后的光图像信息，被分别作用在传感器不同的像素点上，并将它们转换为模拟电信号，然后经过 A/D 转换为数字信号，再经过 DSP 处理后保存在存储器中，并通过数字接口或视频接口输出给计算机、打印机或电视机等。

三片 CCD 数字相机利用透镜和分光镜将光图像信息分成 R、G、B 三束单色光，并将它们分别作用在三片 CCD 光电传感器上，三种颜色信息经 CCD 转换为模拟电信号，然后经过 A/D 转换为数字信号，再经过 DSP 处理后保存在存储器内。最后，经数字接口或视频接口输出给计算机、打印机或电视机等。

目前大多数普通数字相机都是单片机，采用 3CCD 结构的都是高档专业数字相机，如 AGFA 的 ACTIONCAM3CCD 型数字相机等。

数字相机的信息是数字化的，数字信息可借助遍及全球的因特网即时传送。并且数字信息的易处理，数字相机的图像可在计算机上任意加工，高性能的微处理器和功能超强的图像处理软件更使得数据量庞大的高质图像处理变得方便快捷并且可节省不少后期投资和维护费用。

2. 扫描仪

目前扫描仪已被广泛应用于各类图形图像处理、出版、印刷、广告制作、办公自动化、多媒体、图文数据库、图文通信、工程图纸输入等许多领域。扫描仪是数字化时代的产物，扫描仪的性能指标主要包括扫描仪的分辨率、最大色彩深度、扫描范围和接口。

扫描仪的工作原理像复印机，利用外部高亮度光源将原稿照亮，原稿的反射光经过反射镜、投射镜和分光镜后成像在 CCD 器件上，CCD 器件与数字相机使用的器件相同。CCD 器件可实现非常高的光学分辨率，有些扫描仪的光学分辨率达到 1200 点/英寸×2400 点/英寸。常用扫描仪有手持扫描仪、滚筒式扫描仪、平板式扫描仪和笔式扫描仪。

(1)手持扫描仪

手持扫描仪是一种价格低廉的小型扫描仪，形状像旧式液压油印机滚筒，需手握在要扫描的照片及纸面上滚动。图形或文字立即转换成数字形式，并以位图文件的格式保存到计算机。手持扫描仪都是串行设备，分辨率较低，扫描的幅面一般不超过4英寸，甚至更小。

(2)平板式扫描仪

平板式扫描仪是最常见的一种扫描仪，用于扫描平面文档，纸张或书报等。它的扫描区域是一块透明的玻璃，幅面从A4～A3不等，将扫描件放在扫描区域之内，扫描件不动，光源通过扫描仪的传动机构作水平移动。发射的光线照在扫描件上经反射或透射后，由接收系统接收并生成模拟信号再通过A/D转换装置转换成数字信号后传送给计算机，再由计算机进行相应的处理，从而完成扫描过程。

大多数平板式扫描仪都能扫描彩色图像，有的平板式扫描仪有自动送纸器和透明胶片模块，自动送纸器可容纳许多张纸，然后自动一张张送入，透明胶片模块有一内置光源，可扫描透明材料。

(3)滚筒式扫描仪

滚筒式扫描仪以一套光电系统为核心，通过滚筒的旋转带动扫描件的运动从而完成扫描工作，是一种专业级的高质量扫描设备，用于处理透明胶片、负片及反光图片等。原始胶片或图片依附在一个快速旋转的光洁玻璃柱面上，扫描仪上集成了一个线性CCD，用它识别扫描内容并转换成数字信息。

滚筒式扫描仪的优点是处理幅面大、精度高、速度快。一般只有专业彩印或广告公司才使用这种扫描仪。目前，滚筒式扫描虽然价格下降很快，但是最高档的扫描仪，价格依然远高于普通扫描仪，并且其占地面积大，因此，难以大范围应用。

(4)笔式扫描仪

笔式扫描仪又称为扫描笔，扫描仪外形与一支笔相似，故因此得其名。笔式扫描仪的扫描宽度大约与四号汉字大小相当，使用时，贴在纸上逐行进行扫描，主要用于文字识别。

2.2.8　CCD摄像机

固体摄像机(CCD摄像机)采用电荷耦合器件作为图像传感器来完成光电转换，现在常用的家庭摄像机普遍采用CCD摄像器件，但在广播电视系统中摄像管摄像机依然应用广泛。

1. CCD摄像器件的工作原理

电荷耦合器件上集成有大量MOS管的超大规模集成电路，它是一种近年来迅速发展起来的新型器件，可用作电荷的存储、转移和电视摄像器件等。CCD器件具有集成度高，工艺简单，价格低廉等特点，并拥有抗图像烧伤、无图像失真、低延迟等特性。

(1)光电荷转换

单个MOS(金属氧化物半导体)电容器的构造如图2-19所示，以氧化法生成二氧化硅薄层作为在P型硅基片绝缘层，在绝缘层上采用多晶硅形成电极，构成一个具有MOS结构的电容器。在电极上施加正电压时，则在P型硅基片的电极下面形成可存储电荷的势阱。因此，光线照射电极时，按光照强弱产生与之成比例的电荷并存储在势阱中。

若MOS电容器上的电压越高，电容器下面所形成的电位阱(势阱)就越深。若在邻近的两个MOS电容的电极上所施加的电压不同，则两个MOS电容的电极下面就会形成不同的电位阱，存储在阱内的电荷在电场的作用下，会从浅阱向深阱区转移，这就是CCD的电荷转换原理。

(2)CCD摄像器件电视信号的形成

CCD摄像器件主要由光敏部分和转移部分组成。其中，光敏部分接受光的照射，根据入射

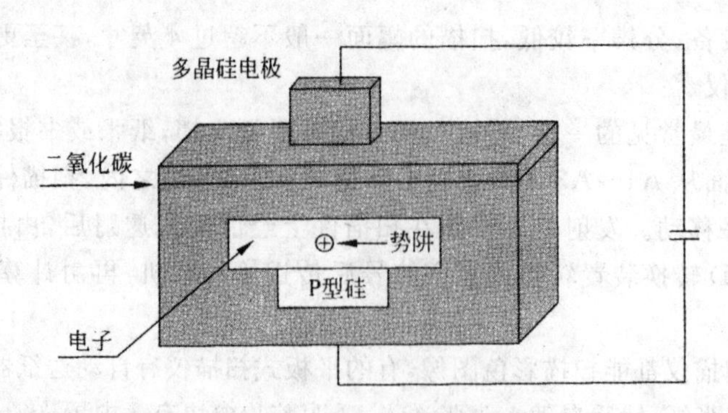

图 2-19　单个 MOS 电容器

光的强度产生相应的电荷。在电荷积累期间，光敏部分产生与入射图像相应的电荷像，而存储在 MOS 电容器中的光电荷，按一定方式被转移到移位寄存器构成的转移部分，并在下一光电荷积累期间按电视信号标准将光电荷信号逐行读出，形成 CCD 摄像器件的电视信号。

(3)CCD 的电荷输出

由于移位寄存器传递的电荷量较小，在输出端获取的信号很弱。因此，应将 MOS 场效应管放大器直接集成在 CCD 的输出端，这样，不仅可以将微弱信号放大，而且减小了容性负载对信噪比的影响。

2. CCD 摄像机类型

CCD 摄像机按不同的分类方法有不同类型，例如 CCD 摄像机既可以按 PAL 制和 NTSC 制分类，也可以按图像信号处理方式划分或按摄像机结构划分。目前 CCD 摄像机大致有以下几大分类方法。

(1)按成像色彩划分

①黑白摄像机。黑白摄像机主要用于光线不足地区及夜间无法安装照明设备的地区，分辨率通常高于彩色摄像机，在仅监视景物的位置或移动时，可选用黑白摄像机。

图 2-20　典型彩色摄像机

②彩色摄像机。适用于景物细部辨别，如辨别衣着或景物的颜色。如图 2-20 所示为一款典型的高清彩色摄像机，一般而言，由于需要表示彩色而使信息量大大增加，彩色摄像机的信息量大约是黑白摄像机的 10 倍左右。

(2)按灵敏度划分

①普通型。正常工作所需照度为 1～3LUX。

②月光型。正常工作所需照度为 0.1LUX 左右。

③星光型。正常工作所需照度为0.01LUX以下。

③红外照明型。原则上可以为零照度，采用红外光源成像。

(3)按分辨率划分

①低档型。影像像素在25万左右，彩色分辨率为330线，黑白分辨率在420线左右。

②中档型。像素在25万～38万之间，彩色分辨率为420线，黑白分辨率在500线左右。

③高档型。影像在38万点以上，彩色分辨率大于或等于480线，黑白分辨率一般为570线以上的高分辨率。

(4)按摄像元件的CCD靶面尺寸划分

①1英寸靶面尺寸为宽12.7mm×高9mm，对角线16mm。

②2/3英寸靶面尺寸为宽8.8mm×高6.6mm，对角线11mm。

③1/2英寸靶面尺寸为宽6.4mm×高4.8mm，对角线8mm。

④1/3英寸靶面尺寸为宽4.8mm×高3.6mm，对角线6mm。

⑤1/4英寸靶面尺寸为宽3.2mm×高2.4mm，对角线4mm。

⑥1/5英寸正在开发之中，尚未推出正式产品。

目前，数字摄像机一般采用了12bit模数转换和大于20bit的高精度数字运算处理技术，信噪比大于63dB，灵敏度为20001×，水平清晰度可达850线，动态增益范围600%，且图像高宽比可实现4∶3和16∶9互换。

2.3　图像灰度直方图

2.3.1　图像灰度直方图概述

灰度直方图是灰度级的函数，描述的是图像中具有该灰度级的像素的频率，是将数字图像中的所有像素，按照灰度值的大小，统计其所出现的频度。灰度直方图的横坐标是灰度级，纵坐标是该灰度出现的频率，也可以采用某一灰度值的像素数占全图像素数的百分比作为纵坐标。灰度直方图上的一个点的含义是，图像中存在的等于某个灰度值的像素个数的多少。直方图反映了一幅图像中的灰度级与出现这种灰度的概率之间的关系，展现了图像最基本的统计特征。这样，通过灰度直方图就可以对图像的某些整体效果进行描述。例如，“这幅图像偏暗”，此时灰度直方图的像素一定大多分布在灰度值较小的部分。

从数学上来讲，图像的灰度直方图是图像各灰度值统计特性与图像灰度值的函数，它反映了图像中每种灰度值出现的频率。从图形上来讲，它是一维曲线，横坐标表示图像中各个像素点的灰度值，纵坐标为图像中各个灰度取值的像素点出现的次数或概率，表征了图像的最基本的统计特征。

下面，我们通过一个简单的例子来体会一下什么是图像的灰度直方图。假设一个非常小的图像，如图2-21所示，是一个4×4大小的图像。统计图像中灰度值为0的像素有1个，灰度值为1的像素有2个，……，灰度值为6的像素有1个。因此，图像的灰度分布如下：

该图的灰度直方图如图2-21(b)所示。

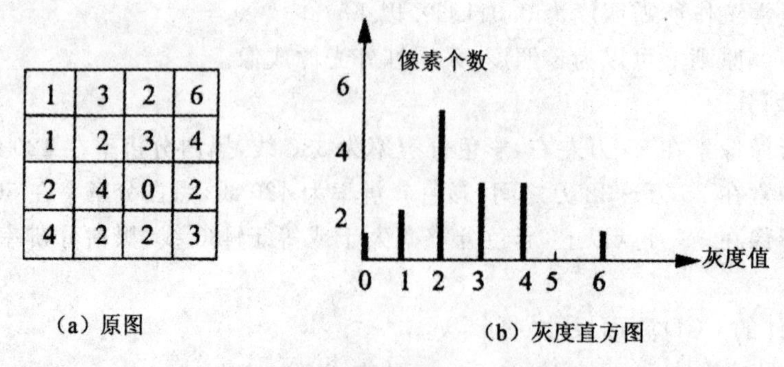

(a) 原图　　(b) 灰度直方图

图 2-21　灰度直方图的概念示意图

通过上面的例子，我们可以知道，数字图像的灰度直方图的计算非常简单。作为图像处理中一种十分重要的图像分析工具，它描述了一幅图像的灰度分布情况。除计算简单之外，这时的直方图信息可以反映图像特性的一维信息。因此，灰度直方图无论在图像分析还是在图像处理方案的提出等方面，均起着非常重要的作用。在进行图像处理的过程中，灰度直方图可以作为引导思路及检验结果的工具。

一幅连续图像中被具有灰度级 D 的所有轮廓线所包围的面积，称为阈值面积函数，表示为 $A(D)$。直方图可定义为：

$$H(D)=-\frac{dA(D)}{dD} \tag{2-11}$$

式中，D 为灰度级；$A(D)$ 为阈值面积函数；$H(D)$ 为直方图。

上式说明，一幅连续图像的直方图是其阈值面积函数的导数的负值。

负号的出现是由于随着 D 的增加 $A(D)$ 在减小。如果将图像看成是一个二维的随机变量，则面积函数相当于其累积分布函数，而灰度直方图相当于其概率分布函数。灰度出现的频率可以视为其出现的概率，所以直方图就对应于概率密度函数(PDF)，而概率分布函数就是直方图的累积和，即概率密度函数的积分。

对于离散函数，规定 ΔD 为 1，则上式变为：

$$H(D)=A(D)-A(D+1) \tag{2-12}$$

设变量 r 为数字图像中像素的灰度级。在图像中，对像素的灰度级做归一化处理，r 的值限定在[0,1]之间。其中，$r=0$ 代表黑，$r=1$ 代表白。对于一幅给定的图像，每一个像素取得[0,1]区间内的灰度级是随机的。可以用概率密度函数 $p(r)$ 来表示原始图像的灰度分布。如果用直角坐标系的横轴代表灰度级，用纵轴代表灰度级的概率密度函数 $p(r)$，则可以针对一幅图像在这个坐标系中做出分布密度曲线。

在离散形式下，用吃代表离散灰度级，用 $p(r_k)$ 表示 $p(r)$，则有：

$$p(r_k)=\frac{n_k}{n},\quad 0\leqslant r_k\leqslant 1,\quad k=0,1,2,\cdots,L-1 \tag{2-13}$$

式中，n_k 为图像 $f(x,y)$ 中具有 r_k 灰度值的像素数；n 为图像中的像素总数；n_k/n 为频数。

根据上述定义，可以设置一个有 L 个元素的数组，其中，数组中元素的个数为 $0,1,2,3,\cdots,L-1$，共 256 个元素，用来表示图像的 256 个灰度级。在直角坐标系中做出 r_k 与 $p(r_k)$ 的关系图形，来获得灰度直方图。它给出了一幅图像中所有像素灰度值的整体描述。图 2-22 所示为一幅图像及其灰度直方图。横坐标为 0～255 灰度等级，纵坐标为等于某个灰度级的像素个数 n_k/n。

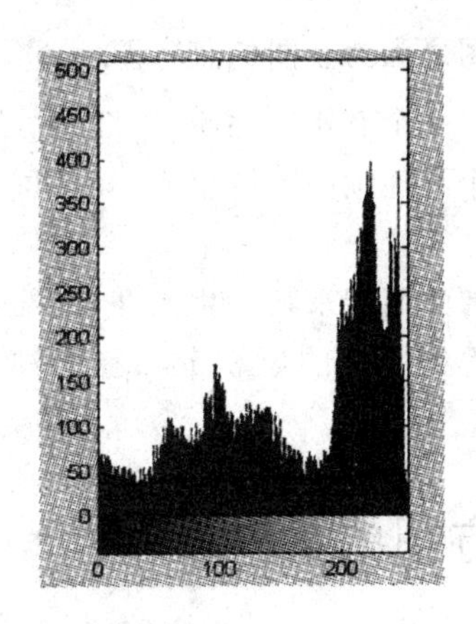

图 2-22　一幅图像及其灰度直方图

2.3.2　直方图的性质

直方图描述了每个灰度级所具有的像素的个数，但是它不能为这些像素在图像中的空间位置提供任何线索。因此，任何一幅特定的图像具有唯一的直方图，但反之不成立。直方图具有如下三个性质。

1. 灰度直方图表征了图像的一维曲线

直方图是一幅图像中各像素灰度值出现次数(或频数)的统计结果，只反映该图像中不同灰度值出现的次数(或频数)，而不能反映某一灰度值像素所在位置。即它只包含了该图像中某一灰度值的像素出现的概率，而丢失了其所在位置的信息。

2. 灰度直方图与图像之间的关系是多对一的映射关系

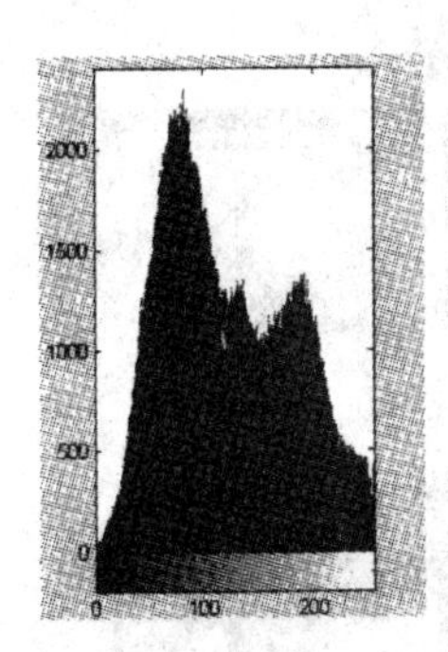

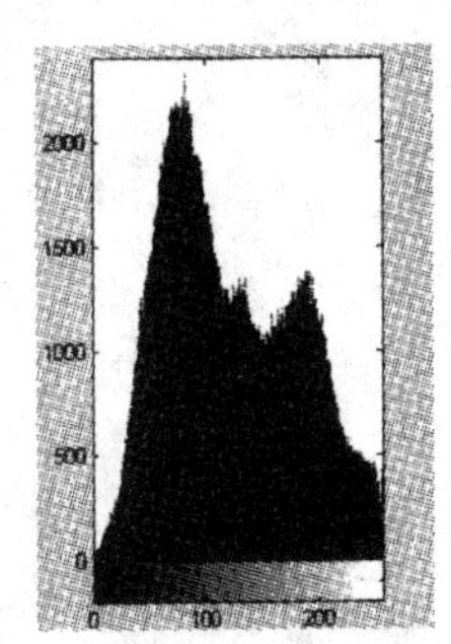

图 2-23　不同图像具有相同的直方图

任一幅图像，都能唯一地确定出一幅与它相对应的直方图，但是不同的图像，可能有相同的直方图。也就是说，图像与直方图之间是多对一的映射关系。因此，通常图像灰度直方图用于对图像进行定性分析。例如，在同一个场景中的若干个视频帧中，运动目标物位置虽然不同，但相邻几帧图像的灰度直方图却是相同的。这一特征可以作为对视频帧进行镜头分割的依据之一。

如图 2-23 所示，不同图像具有相同的直方图。同时，图 2-23 还说明在一幅图像中移动某个物体，图像的直方图不会改变。

3. 子图直方图之和为整图的直方图

直方图还有另一个有用的性质，该性质可以从其定义每一灰度级的像素个数直接得到。如果一幅图像由两个不连续的区域组成，并且每个区域的直方图已知，则整幅图像的直方图是该两个区域的直方图之和。

通过除以图像的面积来归一化灰度直方图可得到图像的概率密度函数(PDF)，对面积进行同样的归一化可得到图像的累积分布函数(CDF)。这些函数在对图像进行统计时是非常有用的。

2.3.3 直方图的简单应用

1. 数字化参数

直方图给出了一个简单的可见的指示，用来判断一幅图像是否合理地利用全部或几乎全部的被允许的灰度级。如图 2-24 所示，如果灰度直方图中，曲线连续平滑，表示被摄景物灰度分布均匀，层次比较丰富[见图 2-24(c)，(d)]。一般一幅数字图像应该利用全部或几乎可能的灰度级，换句话说，一幅图像的灰度直方图上灰度从 0 到 255 均有像素分布。如果图像数字化的级数少于 256，等于增加了量化间隔，那么丢失的信息除非重新数字化图像，丢失的信息将不能被恢复。如图 2-24(a)，(b)所示，因为灰度分布在 58～203 之间，因此其灰度级数为 146。这样，实际上相当于量化级数为 146，因为量化级数的减少，一定导致画面的表现效果不好。另外，如果景物的光照动态范围超出了摄像设备数字化器所能处理的范围，则这些灰度级将被简单地置 0 或 255，由此将在直方图的一端产生尖峰。这时会出现所谓的亮度饱和问题，也降低图像的表现效果。

(a) 原图　(b) 灰度直方图

(c) 原图　(d) 灰度直方图

图 2-24　不同直方图下的图像效果比较

根据以上的分析可知，在数字化时对直方图进行检查是一个好的做法。对直方图的快速检查可以使数字化中产生的问题及早地暴露出来，以免在后续处理中浪费大量的时间。

2. 图像分割阈值的选择依据

图像分割是进行图像识别、图像测量系统中的一个不可缺少的处理环节。依据图像的灰度直方图，对有一些具有特殊灰度分布的图像可以直接选择图像的分割阈值。轮廓线提供了一种确定图像中简单物体边界的有效方法。用轮廓线作为边界的技术称为阈值化。例如，对具有二峰性的灰度直方图的图像，一般可以根据直方图获得有指导意义的阈值。

如图 2-25 所示，双峰直方图可以选择谷底的灰度值作为分割图像中背景与目标的阈值。从某种意义上说，采用两峰之间的最低点的灰度级作为阈值来确定边界是最适宜的。之所以说用两个峰之间的最低点(谷点)的灰度值作为阈值来确定阈值分割是最适宜的，是因为直方图是面积函数的导数。在谷底的附近，直方图的值相对较小，意味着对物体的边界的影响达到最小。如果试图测量物体的面积，选择谷底处阈值将使测量对于阈值灰度变化的敏感性降到最低。

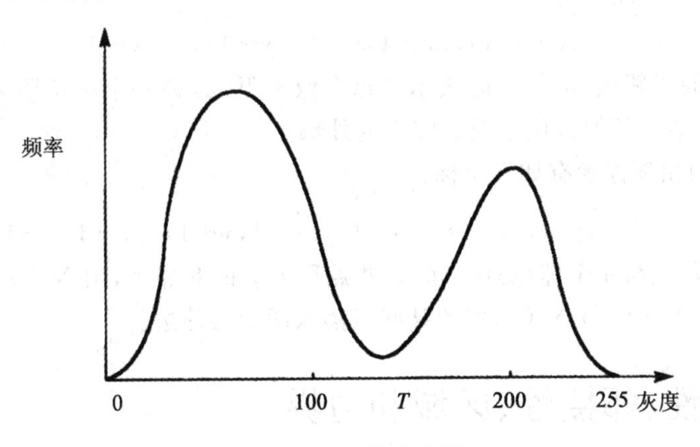

图 2-25　双峰直方图

以肾小球切片图像为例，如图 2-26 所示，原图的灰度直方图具有二峰性[见图 2-26(b)]，左边峰表示了图像中较暗的那部分区域的亮度分布，右边峰则表示了图像中较亮的那部分区域的亮度分布。对这幅图像来说，亮的部分刚好是肾小球切片图像中，包围肾小球的边缘。因此，取分离两个峰的谷点的灰度值为阈值点，就可以得到如图 2-26(c)所示的阈值分割结果。显然，因为这个结果已经得到了包围肾小球的封闭边缘，所以可以很容易地从原图中提取肾小球区域，并进行相应的后续处理与分析。

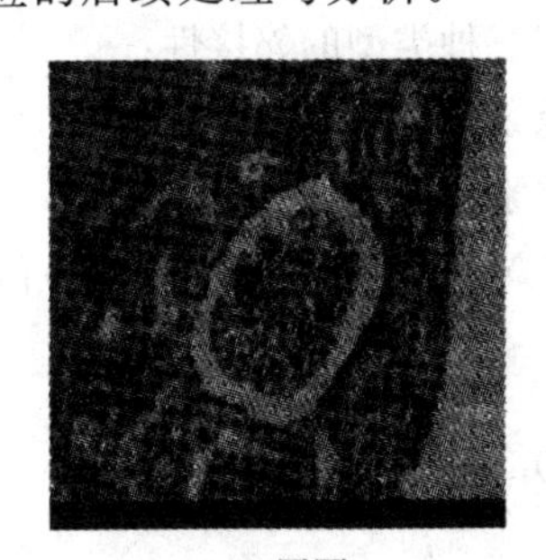

(a) 原图

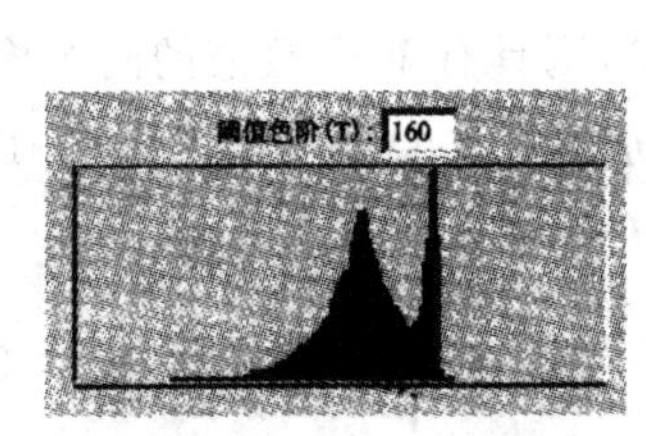

(b) 图(a)的灰度直方图

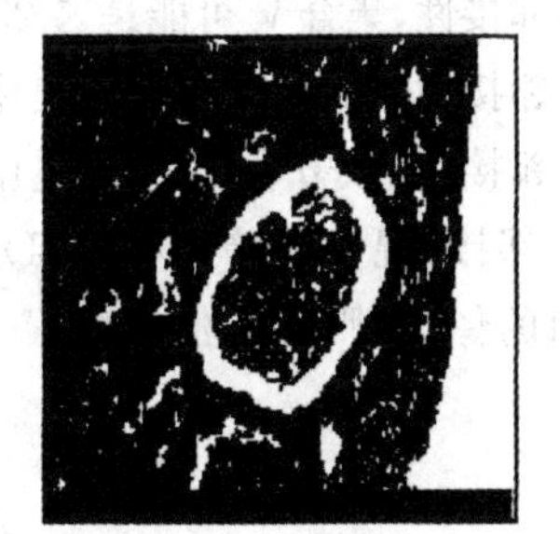

(c) 阈值分割结果

图 2-26　基于灰度直方图的阈值分割示例

2.4 像素间的关系

2.4.1 相邻像素

位于坐标(x,y)的一个像素p有4个水平和垂直的相邻像素，其坐标由下式给出：

$$(x+1,y),(x-1,y),(x,y+1),(x,y-1) \tag{2-14}$$

像素集称为p的4邻域，用$N_4(p)$表示。每个像素距(x,y)一个单位距离，如果(x,y)位于图像的边界，则p的某一邻像素位于数字图像的外部。

p的4个对角的相邻像素有如下坐标：

$$(x+1,y+1),(x+1,y-1),(x-1,y+1),(x-1,y-1) \tag{2-15}$$

并用$N_D(p)$表示。与4个邻域点一起，这些点称为p的8邻域，用$N_8(p)$表示。如果(x,y)位于图像的边界，则$N_D(p)$和$N_8(p)$中的某些点落入图像的外边。

2.4.2 连通性、邻接性、区域和边界

像素间的连通性是一个基本概念，它简化了许多数字图像概念的定义，如区域和边界。为了确定两个像素是否连通，必须确定它们是否相邻以及其灰度值是否满足特定的相似性值。例如，在具有0,1值的二值图像中，两个像素可能是接的，但是仅仅当它们具有同一灰度值时，才能说是连通的。

令V是用于定义邻接性的灰度值集合。在二值图像中，如果把具有1值的像素归入邻接的，则$V=\{1\}$。在灰度图像中，集合V一般包含更多的元素。例如，对于具有可能的灰度值且在0到255范围内的像素邻接性，集合V可能是这256个值的任何一个子集。考虑三种类型的邻接性：

①4邻接：如果q在$N_4(p)$集中，则具有V中数值的两个像素p和q是4邻接的。

②8邻接：如果q在$N_8(p)$集中，则具有V中数值的两个像素p和q是8邻接的。

③m邻接(混合邻接)：如果(Ⅰ)q在$N_4(p)$中，或者(Ⅱ)q在$N_D(p)$中且集合$N_4(p)\cap N_4(p)$没有y值的像素，则具有值的像素p和q是m邻接的。

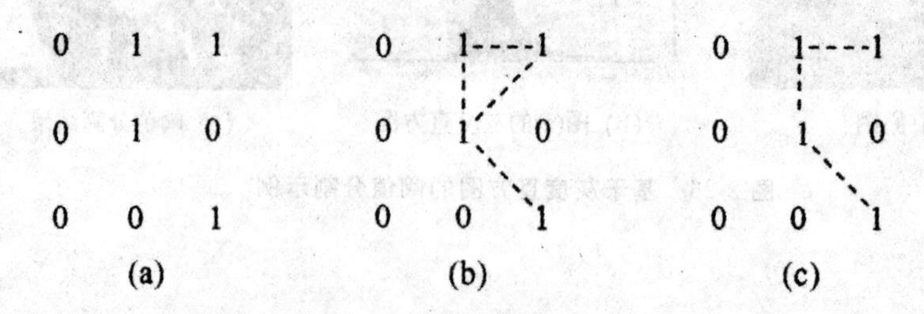

图2-27 (a)像素安排；(b)中心像素的8邻接像素(虚线所示)；(c)m邻接

混合邻接是8邻接的改进。混合邻接的引入是为了消除采用8邻接常常发生的二义性。例如，考虑图2-27(a)对于$y=\{1\}$所示的像素安排。位于图2-27(b)上部的三个像素显示了多重8

邻接，如虚线所示。这种二义性可以通过 m 邻接消除，如图 2-27(c)所示。如果 S_1 中的某些像素与 S_2 中的某些像素邻接，则两个图像子集 S_1 和 S_2 是相邻接的。在这里和下面的定义中，邻接意味着 4，8 或者 m 邻接。

从具有坐标 (x,y) 的像素 P 到具有坐标 (s,t) 的像素 g 的通路（或曲线）是特定的像素序列，其坐标为：

$$(x_0,y_0),(x_1,y_1),\cdots,(x_n,y_n)$$

其中 $(x_0,y_0)=(x,y)$，$(x_n,y_n)=(s,t)$，并且像素 (x_i,y_i) 和 (x_{i-1},y_{i-1}) $(1\leqslant i\leqslant n)$ 是邻接的。在这种情况下，n 是通路的长度。如果 $(x_0,y_0)=(x_n,y_n)$，则通路是闭合通路。可以依据特定的邻接类型定义 4，8 或 m 邻接。例如，如图 2-27(b)所示，东北角和东南角点之间的通路是 8 通路，而图 2-27(c)中的通路是 m 通路。

令 S 代表一幅图像中像素的子集。如果在 S 中全部像素之间存在一个通路，则可以说两个像素 p 和 q 在 S 中是连通的。对于 S 中的任何像素 p，S 中连通到该像素的像素集称为 S 的连通分量。如果 S 仅有一个连通分量，则集合 S 称为连通集。

令 R 是图像中的像素子集。如果 R 是连通集，则称 R 为一个区域。一个区域 R 的边界是区域中像素的集合，该区域有一个或多个不在 R 中的邻点。如果 R 是整幅图像，则边界由图像第一行、第一列和最后一行一列定义。正常情况下，当我们提到一个区域时，指的是一幅图像的子集，并且区域边界中的任何像素都作为区域边界部分全部包含于其中。

边缘的概念在涉及区域和边界的讨论中常常遇到。然而，这些概念中有一个关键区别。一个有限区域的边界形成一条闭合通路，并且是“整体”概念。边缘由具有某些导数值的像素形成。这样，边缘的概念是基于在进行灰度级测量时不连续点的局部概念。把边缘点连接成边缘线段是可能的，并且有时以与边界对应的方法连接线段。但是边缘和边界吻合的一个例外就是二值图像的情况。根据连通类型和所用的边缘算子，从二值区域提取边缘与提取区域边界是一样的。在概念上，把边缘考虑为强度不连续的点和封闭通路的边界是有帮助的。

2.4.3　距离度量

对于像素 p，q 和 z，其坐标分别为 (x,y)，(s,t) 和 (v,w)，如果

①$D(p,q)\geqslant 0$　$[D(p,q)=0$，当且仅 $p=q]$

②$D(p,q)=D(q,p)$

③$D(p,z)\leqslant D(p,q)+D(q,z)$

则 D 是距离函数或度量。

p 和 q 间的欧氏距离定义如下：

$$D_e(p,q)=[(x-s)^2+(y-t)^2]^{\frac{1}{2}} \tag{2-16}$$

对于距离度量，距点 (x,y) 的距离小于或等于某一值 r 的像素是中心在 (x,y) 且半径为 r 的圆平面。

p 和 q 间的距离 D_4 如下式定义：

$$D_4(p,q)=|x-s|+|y-t| \tag{2-17}$$

在这种情况下，距 (x,y) 的 D_4 距离小于或等于某一值 r 的像素形成一个中心在 (x,y) 的菱形。

例如，距(x,y)的D_4距离小于或等于2的像素形成固定距离的下列轮廓：

$$
\begin{matrix}
 & & 2 & & \\
 & 2 & 1 & 2 & \\
2 & 1 & 0 & 1 & 2 \\
 & 2 & 1 & 2 & \\
 & & 2 & &
\end{matrix}
$$

具有$D_4=1$的像素是(x,y)的4邻域。

p和q间的D_8距离定义为下式：

$$D_8(p,q)=\max(|x-s|,|y-t|)$$

在这种情况下，距(x,y)的D_8距离小于或等于某一值r的像素形成中心在(x,y)的方形。例如，距点(x,y)的D_8距离小于或等于2的像素形成下列固定距离的轮廓：

$$
\begin{matrix}
2 & 2 & 2 & 2 & 2 \\
2 & 1 & 1 & 1 & 2 \\
2 & 1 & 0 & 1 & 2 \\
2 & 1 & 1 & 1 & 2 \\
2 & 2 & 2 & 2 & 2
\end{matrix}
$$

具有$D_8=1$的像素是关于(x,y)的8邻域。

注意，p和q之间的D_4和D_8距离与任何通路无关，通路可能存在于各点之间，因为这些距离仅与点的坐标有关。然而，如果选择考虑m邻接，则两点间的D_m距离用点间最短的通路定义。在这种情况下，两像素间的距离将依赖于沿通路的像素值及其邻点值。例如，考虑下列安排的像素并假设p，p_2和p_4的值为1，p_1和p_3的值为0或1：

$$
\begin{matrix}
 & p_3 & p_4 \\
p_1 & p_2 & \\
p & &
\end{matrix}
$$

假设考虑值为1的像素邻接。如果p_1和p_3是0，则p和p_4间最短m通路的长度是2。如果p_1是1，则p_2和p将不再是m邻接，并且m通路的长度变为3。类似地，如果p_3是1，则最短的通路距离也是3。最后，如果p_1和p_3都为1，则p和p_4间的最短m通路长度为4。

2.4.4 基于像素的图像操作

图像以矩阵的形式表示时，矩阵除法无定义。因此，当我们提到类似用一幅图像除另一幅图像的运算时，即在两幅图像相应的像素间执行除法运算。例如，如果f和g是两幅图像，用g除f形成的图像的第一个像素值是用g中的第一个像素去除f中的第一个像素的结果，当然这时假设在g中没有一个像素值为0。其他的算术和逻辑操作也类似地定义为图像中对应像素间的操作。

2.5　图像文件格式

2.5.1　图像文件概述

图像文件描绘了一幅图像的计算机数据。一幅现实世界的图像经由扫描仪、数码摄像机等设备进行原始采集和数字化后，以图像文件的形式存储于计算机的磁盘中，然后才能应用计算机进行处理。随着计算机数字图像处理技术的发展，各领域逐渐出现了流行的图像格式标准，如公共领域常用的 GIF 格式、计算机上的 PCX 格式、动画领域的 TGA 格式和 CAD 领域中的 DXF 矢量格式等。归纳起来，有两种不同的图像格式类型，即位图和矢量图。位图是用数据点来映射表示图像像素点的方式，而矢量图是用线段和形状描述图像的方式。矢量图一般在工程领域中应用，而且与位图之间的转换非常复杂，本书讨论的图像格式特指位图图像格式。

最简单的位图是黑白二值位图，它是数字图像处理早期最常用的格式。一幅图像由一系列二值点组成。随着计算机硬件的迅速发展，在计算机上显示 16 色、256 色甚至十几万种颜色，已经非常容易。可以表现彩色图像的格式也随之设计出来，这些彩色图像文件包含图像的高、宽、分辨率等信息，还包含一个描绘这幅图像的调色板。真彩色图像不需要调色板，但是它的图像文件本身要占据很大的空间。

图像文件数据所占据的空间很庞大，所以很多图像文件格式采用了数据压缩技术。图像文件被压缩后，可以有效地节省存储空间，同时也节省了图像传输的时间。目前，大多数图像格式采用的都是无损压缩。为了节省编码和解码的时间，许多图像格式都将压缩作为一个选项，当表示一个较小的图像时，可以不采用压缩格式。

1. 图像文件的基本特征

图像文件的基本特征如下：

①描述图像高度、宽度和各种物理特征的数据。

②描述图像的位图数据。

③彩色定义：决定颜色数量的每点位(bit)数，彩色平面数，非真彩色图像的调色板。

2. 图像文件的识别信息

图像文件的识别信息除了定义图像的各项参数外，实际上文件本身也需要有一些识别信息，这样才能够供程序分辨出某个文件究竟属于何种图像格式。所以，图像文件的识别信息包括图像识别和文件识别两类数据。通常把这些识别信息都设计成固定的数据结构，并且置于文件的最前端，以方便图像处理程序识别和读取。

(1)图像识别信息

图像识别信息主要包括图像的宽度和高度、数据压缩方式、表示一个图像点所需的位数和调色板数据。不是每个图像文件都有压缩方式代码和调色板数据，当文件的图像数据不超过 256 色时，才会有调色板数据。当图像文件允许采用多种不同的压缩方式时，才需要一个代码作为压缩方式的识别码。另外，各类图像文件会基于个别需要，定义一些其他的识别信息，如打印机的分辨率、图像每行的字节总数等。

(2)文件识别信息

文件识别信息通常包括图像文件的识别码与版本代号。识别码用于判断这个文件属于哪种图像文件格式,例如,PCX 图像文件的识别码为 10(0×0A),GIF 图像文件的识别码则为 GIF。版本代码则用来判断同类文件属于哪一时期的版本。又如,版本代号为 3 的 PCX 图像文件内没有调色板数据,而版本代号为 2、4、5 的 PCX 图像文件内则存放了调色板数据。文件识别信息通常都放在图像文件的前端,称为图像文件的表头。

2.5.2 BMP 图像文件格式

BMP 图像文件是微软公司 Windows 操作系统所规定的标准图像文件格式。在 Windows 系统软件平台中,同时内含了一系列支持 BMP 图像处理的 API 函数。BMP 图像文件格式是计算机上流行的图像文件格式之一。

1. BMP 图像文件的特点

BMP 图像文件的特点如下:

①只存储单色、16 色、256 色和真彩色四种图像数据。

②文件结构与 PCX 文件类似,只能存放一幅图像。

③图像文件排列顺序与一般图像文件不同。

④图像数据可以选择压缩或不压缩处理。Windows 设计了两种压缩方式:RLE4 和 RLE8。RLE4 只能压缩 16 色图像数据,RLE8 则只能压缩 256 色图像数据。

⑤调色板的数据结构特殊。

2. BMP 图像文件的内容

BMP 图像文件结构如图 2-28 所示,可分为三个部分:表头、调色板和图像数据。表头长度固定为 54 个字节。只有真彩色 BMP 图像文件内没有调色板数据,其余不超过 256 种颜色的图像文件都必须设定调色板信息,即使是单色的 BMP 图像文件也不例外。

位图文件头	BITMAPFILEHEADER
位图信息头	BITMAPINFOHEADER
调色板	Palette
位图像素数据	DIB Pixels

图 2-28 BMP 图像文件结构

(1)位图文件头结构

BMP 图像文件的头数据结构含有 BMP 图像文件的类型、大小和打印格式等信息。在 Windows. h 中对其进行了定义:

```
typedef        struct          tagBITMAPFILEHEADER{
WORD           bftype;         '文件类型,位图为 BM 该值是 0x4D42,即字符'BM'
DWORD          bfsize;         '文件大小,以字节为单位
WORD           bfReservedl;    '保留字,值为 0
```

```
WORD            bfReserved2;        '保留字,值为0
WORD            bfoffBits;          '位图阵列偏移量
}BITMAPFILEHEADER;
```

其中,位图阵列偏移量 bfoffBits,单位为字节。由于位图信息头和调色板的长度会根据不同图像而变化,所以可以用这个偏移值迅速地从文件中读取到位图数据。

(2)位图信息头结构

位图信息数据结构含有位图文件的尺寸和颜色等信息。在 Windows. h 中也对其进行了定义:

```
typedef  struct       tagBITMAPINFO{
BITMAPINFOHEADER      bmiHeader;
RGBQUAD               bmiColor[];
}BITMAPINFO;
```

①bmiColor[]是一个颜色表,用于说明位图中的颜色。它由若干个表项组成,每一个表项是一个 RGBQUAD 类型的结构,定义了一种颜色。RGBQUAD 的定义如下:

```
typedef     struct        tagRGBQUAD{
BYTE        rgbBlue;
BYTE        rgbGreen;
BYTE        rgbRed;
BYTE        rgbReserved;      '保留位
}RGBQUAD;
```

在 RGBQUAD 定义的颜色中,蓝色、绿色、红色的亮度分别由 rgbBlue、rgbGreen、rgbRed 来定,rgbReserved 必须为 0。

②bmiHeader 是一个位图信息头(BITMAPINFOHEADER)类型的数据结构,用于说明位图的尺寸。BITMAPINFoHEADER 的定义如下:

```
Typede fstruct                  tagBITMAPINFOHEADER{
DWORD  bisize;                  '该结构的长度,值为40,单位字节
DWORD  biWidth;                 '位图宽度,单位像素
DWORD  biHeight;                '位图高度,单位像素
WORD    biplanes;               '目标设备的级别,值为1
WORD    biBitCount;             '每个像素所占位数(比特数/像素),值为1(单色)、4(16
色)、8(25 色)或 24(真彩色)
DWORD  biCompression;           'BMP 压缩方式,对应值 0,1,2 分别为 BI_RGB(不压
缩),BI_REL8,BI_REL4
DWORD  bisi zeImage;            '位图大小,单位字节
DWORD  biXpel sPerMeter;        '水平分辨率,单位像素/米
DWORD  biYpel sPerMeter;        '垂直分辨率,单位像素/米
DWORD  biclrUsed;               '实际使用颜色数
DWORD  biclrImportant;          '重要颜色索引值
}BITMAPINFOHEADER;
```

BmiColor[]表项的个数由 biBitCount 来定：

当 biBitCount＝1,4,8 时，bmiColor[]分别有 2,16,256 个表项。若某点的像素值为 n，则该像素的颜色为 bmiColor[n]所定义的颜色。

biBitCount＝24 时，bmiColor[]的表项为空。位图阵列的每三个字节代表一个像素，三个字节直接定义了像素颜色中蓝、绿、红的相对亮度，因此省去了 bmiColor[]颜色。

(3)位图阵列数据

位图阵列记录了位图的每一个像素值。在生成位图文件时，Windows 从位图的左下角开始，即从下到上逐行扫描位图，将位图的像素值一一记录下来。这些记录像素值的字节组成了位图阵列。位图阵列有压缩和非压缩两种存储格式。

①压缩格式。Windows 支持 BI_RLE8 及 BI_RLE4 压缩位图存储格式，压缩减少了位图阵列所占用的磁盘空间。

BI_RLE8 压缩格式

当 biCompression＝1 时，位图文件采用此压缩编码格式，压缩编码以两个字节为基本单位。其中第一个字节规定了用两个字节指定的颜色重复画出的连续像素的数目。

BI_RLE4 压缩格式

当 biCompression＝4 时，位图文件采用此种压缩编码格式。BI_RLE4 的压缩编码与 BI_RLE8 的编码方式类似，不同是 BI_RLE4 的一个字节包含了两个像素的颜色。当连续显示时，第一个像素按字节高四位规定的颜色画出，第二个像素按字节低四位规定的颜色画出，直到所有像素都画出为止。

例如，压缩编码 05 67 表示从当前位置开始连续画 5 个像素，5 个像素的颜色分别为 6、7、6、7、6；压缩编码 00 04 45 67 00 00 表示从当前位置开始连续画 4 个像素，4 个像素的颜色分别为 4、5、6、7。最后的 00 是为了保证被转义的字节数是 4 的倍数。

②非压缩格式。在非压缩格式中，位图每个点的像素值一一对应于位图阵列的若干位，位图阵列的大小取决于位图的高度、宽度及位图的颜色数。图 2-29 说明了位图扫描行与位图阵列的关系。

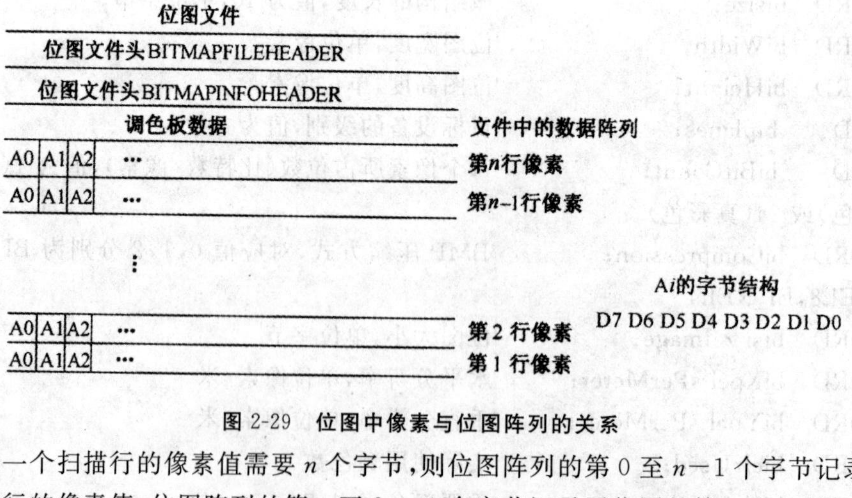

图 2-29　位图中像素与位图阵列的关系

设记录一个扫描行的像素值需要 n 个字节，则位图阵列的第 0 至 $n-1$ 个字节记录了位图的第一个扫描行的像素值，位图阵列的第 n 至 $2n-1$ 个字节记录了位图的第二个扫描行的像素值，依次类推。位图阵列的大小为 $n\times$biHeight。

当(biWidth * biBitCount)Mod 32＝0

n＝(hiWidth * hiBitCount)/8

当(biWidth * biBitCount)Mod 32！＝0

n＝(biWidth * biBitCount)/8＋4

上式中＋4 是为了使一个扫描行的像素值占用位图阵列的字节数为 4 的倍数，不足的位用 0 填充。

设记录第 m 个扫描行的像素值的 n 个字节分别为 A0，A1，A2，…，当 biBitCount＝1 时，A0 的 D7 位记录了位图的第 m 个扫描行的第 1 个像素值，D6 位记录了位图的第 m 个扫描行的第 2 个像素值……D0 位记录了位图的第 m 个扫描行的第 8 个像素值，A1 的 D7 位记录了位图的第 m 个扫描行的第 9 个像素值，D6 位记录了位图的第 m 个扫描行的第 10 个像素值……

biBitCount＝4 时，A0 的 D7 至 D4 位记录了位图的第 m 个扫描行的第 1 个像素值，D3 至 DO 位记录了位图的第 m 个扫描行的第 2 个像素值，A1 的 D7 至 D4 位记录了位图的第 m 个扫描行的第 3 个像素值……

biBitCount＝8 时，A0 记录了位图的第 m 个扫描行的第 1 个像素值，A1 记录了位图的第 m 个扫描行的第 2 个像素值。

biBitCount＝24 时，A0、A1、A2 记录了位图的第 m 个扫描行的第 1 个像素值，A3、A4、A5 记录了位图的第 m 个扫描行的第 2 个像素值。

位图其他扫描行的像素值与位图阵列的对应关系与此类似。

3. 调色板

除了 24 位彩色图像外，其余图像都需要调色板数据。世界的颜色种类是无限的，但计算机显示系统所能表现的颜色数量是有限的。因此，为了使计算机能更好地重现图像，就必须采用一定的技术来管理和取舍颜色。

按照对图像色彩表现能力的不同，现代计算机的显示系统可以分为以下三种。

①VGA：能用 640×480 像素的分辨率同时显示 16 种颜色。

②SuperVGA：能用 640～480 像素的分辨率同时显示 256 种颜色。

③真彩色：能同时显示 256×256×256 种颜色。

真彩色是指计算机显示出来的图像颜色与真实世界中的颜色非常自然逼真，人类的眼睛难以区分它们的差别。通常使用 RGB 表示法来表现真彩色图像。从 $0\sim2^{24-1}$ 之间的每一个值都代表一种颜色的值。在真彩色系统中，每一个像素的值都用 24 位来表示。像素值与真彩色颜色值可一一对应，所以像素值就是所表现的颜色值。但是对于仅能同时显示 16 色或 256 色的系统，每一个像素仅能分别采用 4 位或 8 位来表示，像素值与真彩色值不能一一对应，因此用像素值代表颜色值的方法不能达到最佳效果，而必须采用调色板技术。

调色板是在 16 色或 256 色的显示系统中，由图像中出现最频繁的 16 种或 256 种颜色所组成的颜色表。将这些颜色按 4 位或 8 位，即 0～15 或 255 进行编号，每一个编号代表其中一种颜色。这种颜色编号称为颜色的索引号，4 位或 8 位的索引值与 24 位的颜色值的对应表称为颜色查找表，通常称为调色板。使用调色板的图像叫做调色板图像。它的像素值并不是颜色值，而是颜色在调色板中的索引号。

2.5.3 其他图像文件格式

1. GIF 图像文件格式

GIF(Graphics Interchange Format)格式是在 Web 及其他联机服务上常用的一种文件格式,也是 BBS 上广为流传的文件格式。其目的是在不同的系统平台上交流和传输图像。它常用于 HTML 文档中的索引颜色图像,但图像最大不能超过 64MB,颜色最多为 256 色。GIF 图像文件采取 LZW 压缩算法,有效压缩文件容量,存储效率高,可以节省大量传输时间,并且支持多幅图像定序或覆盖、交错多屏幕绘图以及文本覆盖。GIF 主要是为数据流而设计的一种传输格式,而不是作为文件的存储格式。GIF 有五个主要部分以固定顺序出现,所有部分均由一个或多个块组成。每个块的第一个字节中存放标识码或特征码标识。这些部分的顺序为:文件标志块、逻辑屏幕描述块、可选的“全局”色彩表块(调色板)、各图像数据块和尾块。

GIF 图像交换格式具有以下特点:

①只支持 256 色以内的图像。

②支持透明色,可以使图像浮现在背景之上。

③采用无损压缩存储,在不影响图像质量的情况下,可以生成很小的文件。

④可以制作动画,这是 GIF 文件最突出的一个特点。

GIF 文件的众多特点适应了 Internet 的需要,于是它成了 Internet 上最流行的图像格式之一。GIF 文件的制作也与其他文件不同。首先,要在图像处理软件中制作好 GIF 动画中的每一幅单帧画面,然后再用专门的制作 GIF 文件的软件把这些静止的画面连在一起,设定帧与帧之间的时间间隔,最后再保存成 GIF 格式。

2. TIFF 图像文件格式

标记图像文件格式 TIFF(Tag Image File Format)是现存图像文件格式中最复杂的一种,它提供存储各种信息的完备手段,可以存储专门的信息而不违反格式宗旨,是目前流行的图像文件交换标准之一。TIFF 格式文件的设计考虑了扩展性、方便性和可修改性,因此非常复杂,要求用更多的代码来控制它,结果导致文件读写速度慢,TIFF 代码也很长。TIFF 文件由文件头、参数指针表与参数域、参数数据表和图像数据四部分组成。

TIFF 图像文件格式具有如下特点:

①文件内数据区没有固定的排列顺序。由于标识信息区和图像数据区可以利用标志参数区,所以在文件中可以自由存放,由程序设计者自行安排处置。

②善于利用指针的功能,可以存储多幅图像。

③能接受多项不同的图像颜色模型。除了一般图像处理常用的 RGB 颜色模型外,还能够接受 CMYK、YCbCr 等颜色模型。

④可以存储多份调色板数据。

⑤可以制定私人用的标识信息。

⑥调色板的数据类型和排列顺序特殊。

⑦图像可以分割成几部分存档。

⑧提供多项压缩数据的方法。

3. PCX 图像文件格式

PCX 格式是最早使用的图像文件格式之一。由各种扫描仪扫描得到的图像几乎都能保存为 PCX 格式。PCX 支持 256 种颜色，不如 TIFF 等格式功能强，但结构较简单，存取速度快，压缩比适中，适合于一般软件的使用。

PCX 图像文件由三部分组成：文件头、图像数据和 256 色调色板。PCX 的文件头有 128 个字节，包括版本号，被打印或扫描的图像的分辨率（dpi）与大小（单位为像素），每扫描行的字节数、每像素包含的位图数据和彩色平面数。位图数据用行程长度压缩算法记录数据。

PCX 格式常用于 IBM PC 兼容计算机。大多数 PC 软件支持 PCX 格式的第 5 版。第 3 版文件使用标准的 VGA 调色板，不支持自定义调色板。

PCX 格式支持 RGB、索引颜色、灰度和位图颜色模式，但不支持 alpha 通道。PCX 支持 RLE 压缩方法，图像颜色的位数可以是 1、4、8 或 24。

PCX 文件具有如下特点。

①一个 PCX 图像文件只能存放一幅图像。

②4 色及 16 色 PCX 图像文件可以设定或者不设定调色板数据。

③可以处理多种不同显示模式下的图像数据。

④使用 RLE 压缩原理。

4. JPEG 图像文件格式

JPEG(Joint Photographic Experts Group)是由国际标准化组织(ISO)和国际电报电信咨询委员会(CCITT)为静态图像所建立的第一个国际数字图像压缩标准，主要是为了解决专业摄影师所遇到的图像信息过于庞大的问题。

JPEG 格式支持 24 位颜色，并保留照片和其他连续色调图像中存在的亮度和色相的显著和细微的变化。JPEG 一般基于离散余弦变换的顺序型模式压缩图像。JPEG 通过有选择地减少数据来压缩文件大小，是有损压缩。较高的品质设置导致弃用的数据较少，但是 JPEG 压缩方法会降低图像中细节的清晰度，尤其是包含文字或矢量图形的图像。

由于 JPEG 具有高压缩比和良好的图像质量，因此它广泛应用于多媒体和网络程序中。JPEG 和 GIF 都是 HTML 语法选用的图像格式。

第3章　图像变换

3.1　概　述

数字图像处理方法主要分为两大类：一类方法是在空间域直接对图像进行处理，称为空域法；另一类是变换到变换域对图像进行分析和处理，称为变换域处理法。在变换域法中，频域变换法是应用最为广泛的一种方法。在频域中也有多种变换，如常用的傅里叶变换、拉普拉斯变换、Z变换等，每一种具体变换方法的适应对象和侧重解决的问题各不相同，但无论采用哪种变换，基本目的都相同，即所采用的这种变换一定可以更容易、更方便，或者是更直接、更直观地解决所遇到的图像处理问题。

数字图像处理技术是一门应用性非常强的学科，它既有非常广泛的技术基础，如信息技术、计算机科学、光学技术等学科，也具有严密的数学理论基础。因此，在解决数字图像处理的具体问题时，数学作为图像变换的工具，发挥了重要的作用。

目前，在数字图像处理与分析中，图像增强、图像恢复、图像编码压缩、图像分析与描述等每一种处理手段和方法都要应用图像变换方法。例如，在进行图像低通滤波、高通滤波时，可以借助于傅里叶变换将在空间域中解决的问题转换到频域中解决。图像处理中的变换方法一般都是保持能量守恒的正交变换，而且在理论上，其基本运算是严格可逆的。

本章将围绕变换法在图像处理中的应用，首先讨论傅里叶变换及其相关性质，然后讨论在数字图像处理中具有广泛应用的沃尔什变换、哈达玛变换和小波变换等内容。

3.2　傅里叶变换

3.2.1　连续傅里叶变换

1. 一维连续傅里叶变换

设 $f(x)$ 为变量 x 的连续可积函数，则定义 $f(x)$ 的傅里叶变换为：

$$F(u) = \int_{-\infty}^{\infty} f(x) \mathrm{e}^{-\mathrm{j}2\pi ux} \mathrm{d}x \tag{3-1}$$

式中，j 为虚数单位，u 为频率域变量，x 为空间域变量。从 $F(u)$ 恢复 $f(x)$ 称为傅里叶逆变换，定义为：

$$f(x)=\int_{-\infty}^{\infty}F(u)e^{j2\pi ux}du \tag{3-2}$$

实函数的傅里叶变换,其结果多为复函数。

令 $R(u)$和 $I(u)$分别为的实部和虚部,则

$$F(u)=R(u)+jI(u) \tag{3-3}$$

$$\varphi(u)=\arctan\frac{I(u)}{R(u)} \tag{3-4}$$

$$|F(u)|=\sqrt{R^2(u)+I^2(u)} \tag{3-5}$$

式中,$|F(u)|$称为的傅里叶谱,谱的平方称为的能量谱。u 称为变换域变量,也叫频率域变量。应用欧拉公式,指数项 $e^{j2\pi ux}$ 可展开为:

$$e^{j2\pi ux}=\cos2\pi ux-j\sin2\pi ux \tag{3-6}$$

从欧拉公式可以看出,指数函数可以表达为正弦函数和余弦函数的代数和,利用正弦函数和余弦函数的奇偶特性可以简化式(3-1)傅里叶变换的计算。可以证明,傅里叶变换是正交的,也是完备的。

2. 二维连续傅里叶变换

傅里叶变换可以推广到两个变量连续可积的函数.厂(x,y)。若 F(“,V)是可积的,则存在如下傅里叶变换对,表示为:

$$F(u,v)=\int_{-\infty}^{\infty}\int_{-\infty}^{\infty}f(x,y)e^{j2\pi(ux+vy)}dxdy \tag{3-7}$$

$$f(x,y)=\int_{-\infty}^{\infty}\int_{-\infty}^{\infty}F(u,v)e^{j2\pi(ux+vy)}dxdy \tag{3-8}$$

二维函数的傅里叶谱、相位和能量谱分别表示为:

$$|F(u,v)|=\sqrt{R^2(u,v)+I^2(u,v)} \tag{3-9}$$

$$\varphi(u,v)=\arctan\frac{I(u,v)}{R(u,v)} \tag{3-10}$$

$$E(u,v)=R^2(u,v)+I^2(u,v) \tag{3-11}$$

3. 傅里叶变换的条件

根据连续函数傅里叶变换的定义,其变换公式在数学上是一个积分形式,因此,傅里叶变换应讨论积分变换本身的存在性问题。傅里叶变换在数学上的定义是严密的,它需要满足如下狄利克莱条件:

①具有有限个间断点。

②具有有限个极值点。

③绝对可积。

即只要满足上述条件的函数,其傅里叶变换与逆变换一定是存在的。实际应用中,绝大多数函数都是满足狄利克莱可积条件的。任何图像数字化信号或相关图像信号一般都被截为有限延续且有界的信号(函数),因此,常用的图像信号和函数也都存在傅里叶变换。

4. 典型函数的傅里叶变换

傅里叶变换具有广泛的应用范围和重要的应用价值,特别是诸如冲激函数、直流信号函数、周期函数、矩形信号函数和高斯函数等类型的典型信号和函数,其傅里叶变换在数字图像处理中

具有非常重要的物理意义。

(1)冲激函数 $\delta(x)$

严格意义上讲,冲激函数 $\delta(x)$ 并不严格满足狄利克莱条件,但实际上傅里叶变换的狄利克莱条件是一个充分条件,一些不满足狄利克莱条件的函数也存在傅里叶变换。

冲激函数的傅里叶变换定义如下:

$$F(u)=\int_{-\infty}^{\infty}\delta(x)\mathrm{e}^{-\mathrm{j}2\pi ux}\mathrm{d}x \tag{3-12}$$

根据冲激函数的特性,上式的积分为 1,因此可得:

$$F(u)=1 \tag{3-13}$$

由此可知,单位冲激函数的频谱在整个频率域内等于常数 1,即在这个频率域中频谱是均匀分布的,冲激函数的频谱通常被称为均匀谱或白色谱,如图 3-1 所示。

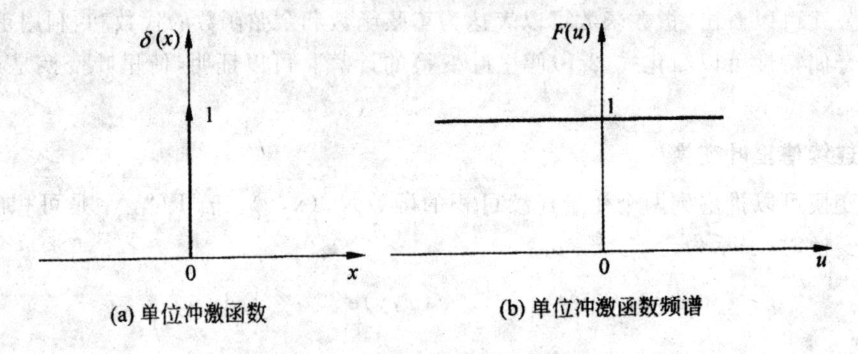

(a) 单位冲激函数　　(b) 单位冲激函数频谱

图 3-1　单位冲激函数及其频谱

(2)单位直流信号

单位直流信号即常数 1,数学函数形式如下:

$$f(x)=1\quad -\infty<x<\infty \tag{3-14}$$

根据冲激函数的性质有:

$$f(x)=\int_{\infty}^{-\infty}\delta(u)\mathrm{e}^{\mathrm{j}2\pi ux}\mathrm{d}u=1 \tag{3-15}$$

所以单位直流信号的傅里叶变换为:

$$F(u)=\int_{-\infty}^{\infty}1\cdot\mathrm{e}^{\mathrm{j}2\pi ux}\mathrm{d}x=\delta(u) \tag{3-16}$$

上式表明,直流信号(常数)的傅里叶频谱是位于 $u=0$ 处的冲激函数,即直流信号的傅里叶变换是原点处的一个脉冲。单位直流信号及其频谱如图 3-2 所示。

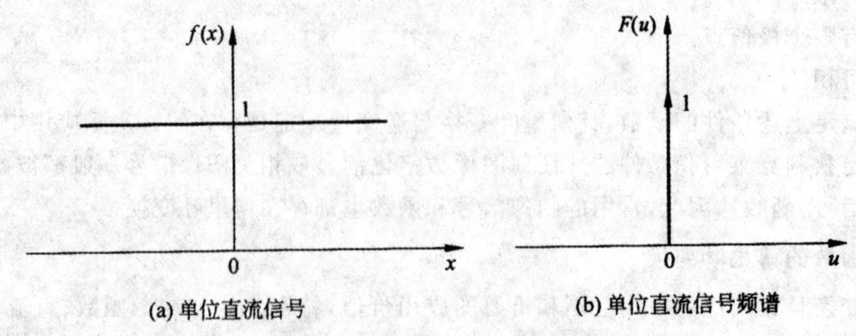

(a) 单位直流信号　　(b) 单位直流信号频谱

图 3-2　单位直流信号及其频谱

(3)周期函数

周期函数中,三角函数不仅是典型的周期信号,而且在工程上具有广泛的应用。以应用广泛的余弦型信号为例,函数形式如下:

$$f(x)=\cos(2\pi fx) \tag{3-17}$$

傅里叶变换为:

$$\begin{aligned} F(u) &= \int_{-\infty}^{\infty} f(x)\mathrm{e}^{-\mathrm{j}2\pi ux}\mathrm{d}x \\ &= \int_{-\infty}^{\infty} \cos(2\pi fx)\mathrm{e}^{-\mathrm{j}2\pi ux}\mathrm{d}x \\ &= \frac{1}{2}\int_{-\infty}^{\infty}[\mathrm{e}^{-\mathrm{j}2\pi(u-f)x}+\mathrm{e}^{-\mathrm{j}2\pi(u+f)x}]\mathrm{d}x \\ &= \frac{1}{2}[\delta(u-f)+\delta(u+f)] \end{aligned} \tag{3-18}$$

上式表明,频率为厂的余弦函数 $\cos(2\pi f)$ 的傅里叶变换是一对脉冲,脉冲分别位于频域的 $u=\pm f$ 处。同理可得,$\sin(2\pi f)$ 的傅里叶变换为:

$$F(u)=\frac{\mathrm{j}}{2}[\delta(u+f)-\delta(u-f)] \tag{3-19}$$

从傅里叶级数理论可知,任何频率为 f 的周期函数都可以表示成频率为 nf 的正弦型函数的累加,因此,周期函数的傅里叶频谱是频域内的一系列等间距冲激。

(4)矩形函数

若函数形式如下:

$$f(x)=\begin{cases} A & |x|\leqslant\frac{T}{2} \\ 0 & |x|>\frac{T}{2} \end{cases} \tag{3-20}$$

该函数的几何意义如图 3-3(a)所示。根据傅里叶变换的定义,其傅里叶变换如下:

$$\begin{aligned} F(u) &= \int_{-\infty}^{\infty} f(x)\mathrm{e}^{-\mathrm{j}2\pi ux}\mathrm{d}x \\ &= \int_{-\frac{T}{2}}^{\frac{T}{2}} A\mathrm{e}^{-\mathrm{j}2\pi ux}\mathrm{d}x \\ &= \frac{A}{\pi u}\sin(\pi uT)\mathrm{e}^{-\mathrm{j}2\pi ux_0} \end{aligned} \tag{3-21}$$

由此可得矩形函数 $f(x)$ 的傅里叶频谱为:

$$|F(u)|=AT\left|\frac{\sin(\pi uT)}{\pi uT}\right| \tag{3-22}$$

这是数字信号处理中的一个典型函数形式,其几何图形如图 3-3(b)所示。该频谱在信号分析、数字图像处理及通信理论中具有非常广泛的应用。

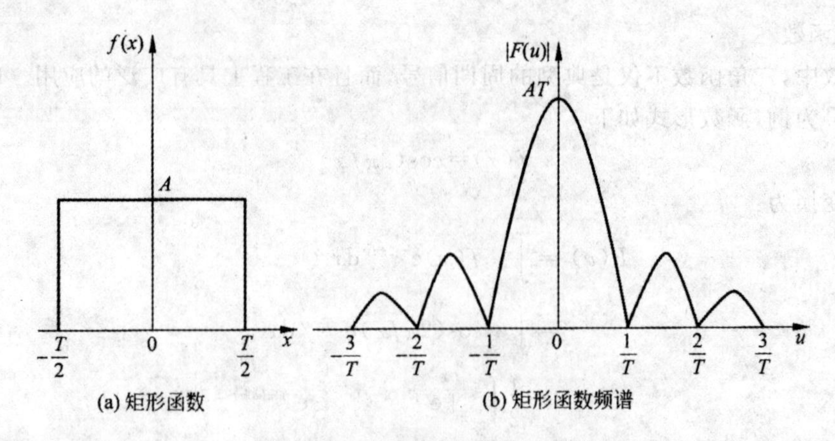

图 3-3　矩形函数及其傅里叶频谱

(5)高斯函数

数学上,高斯函数的定义为:

$$f(x)=\mathrm{e}^{-\pi x^2} \tag{3-23}$$

根据傅里叶变换的定义可得:

$$\begin{aligned}F(u) &= \int_{-\infty}^{\infty} f(x)\mathrm{e}^{-\mathrm{j}2\pi ux}\,\mathrm{d}x \\ &= \int_{-\infty}^{\infty} \mathrm{e}^{-\pi x^2}\mathrm{e}^{-\mathrm{j}2\pi ux}\,\mathrm{d}x \\ &= \int_{-\infty}^{\infty} \mathrm{e}^{-\pi(x^2+\mathrm{j}2\pi ux)}\,\mathrm{d}x \\ &= \mathrm{e}^{-\pi u^2}\int_{-\infty}^{\infty} \mathrm{e}^{-\pi(x+\mathrm{j}u)^2}\,\mathrm{d}x\end{aligned} \tag{3-24}$$

令 $x+\mathrm{j}u=t$,上式可以化为:

$$\begin{aligned}F(u) &= \mathrm{e}^{-\pi u^2}\int_{-\infty}^{\infty} \mathrm{e}^{-\pi t^2}\,\mathrm{d}t \\ &= \mathrm{e}^{-\pi u^2}\end{aligned} \tag{3-25}$$

此式表明,$\mathrm{e}^{-\pi x^2}$ 与 $\mathrm{e}^{-\pi u^2}$ 为傅里叶变换函数对。因此,高斯函数的傅里叶变换依然是高斯函数,这个性质在数字图像处理与分析中具有重要的理论意义。

3.2.2　离散傅里叶变换

1. 一维离散傅里叶变换

前面讨论了一维连续函数 $f(x)$的傅里叶变换,$f(x)$是在$-\infty$到$+\infty$无限区间上连续,函数值 f 是连续的,计算机无法直接对连续函数进行运算。因此,必须对连续函数 $f(x)$进行离散化处理。

若以 Δx 为采样间隔,从$-\infty$到$+\infty$进行等间隔采样,则可将连续函数离散化。一般情况下不会对这无穷多个采样值进行同样的关注,若以某个起点 x_0 开始的采样值是所关注的值,则称该起点 x_0 的采样值为离散采样序列的第 1 个样本值,其余采样点以此类推,$(x_0+\Delta x)$点的采样值为第 2 个采样值,$(x_0+2\Delta x)$点的采样值为第 3 个采样值,……,$[x_0+(N-1)\Delta x]$点处的采

样值为第 N 个采样值。这样就得到了具有 N 个采样值的离散序列。将个采样值排列如下：

$$f(x_0),f(x_0+\Delta x),f(x_0+2\Delta x),\cdots,f[x_0+(N-1)\Delta x]$$

上式序列可以表示为：

$$f(x_0+n\Delta x) \quad n=0,1,2,3,\cdots,N-1$$

由于 x_0 是一个确定的起点时刻，是采样间隔，这两个量都是常量，上述序列的表达式中只有 n 是变量，因此，离散采样序列可以直接表示为 $f(n)$。即：

$$f(n)=f(x_0+n\Delta x) \quad n=0,1,2,3,\cdots,N-1 \tag{3-26}$$

为了和数字图像的其他表示方法一致，可以将 x 代替，即序列可以表示为：

$$f(x)=f(x_0+x\Delta x) \quad x=0,1,2,3,\cdots,N-1 \tag{3-27}$$

由此可得一维离散序列 $f(x)(x=0,1,2,3,\cdots,N-1)$ 的傅里叶变换定义为：

$$F(u)=\sum_{u=0}^{N-1}f(x)\mathrm{e}^{-\mathrm{j}\frac{2\pi ux}{N}} \quad u=0,1,2,3,\cdots,N-1 \tag{3-28}$$

式中，$F(u)=F(u_0+u\Delta u) \quad u=0,1,2,3,\cdots,N-1$。

若已知频率序列 $F(u)(u=0,1,2,3,\cdots,N-1)$，则离散序列 $F(u)$ 的傅里叶逆变换定义为：

$$f(x)=\frac{1}{N}\sum_{x=0}^{N-1}F(u)\mathrm{e}^{-\mathrm{j}\frac{2\pi ux}{N}} \quad x=0,1,2,3,\cdots,N-1 \tag{3-29}$$

$f(x)$ 和 $F(u)$ 称为傅里叶变换对，Δx 和 Δu 分别为空间域采样间隔和频率域采样间隔，两者之间满足如下关系：

$$\Delta x=\frac{1}{N\Delta u} \tag{3-30}$$

令

$$W=\mathrm{e}^{-\mathrm{j}\frac{2\pi}{N}} \tag{3-31}$$

离散傅里叶变换可以写为如下形式。

正变换：

$$F(u)=\sum_{u=0}^{N-1}f(x)W_N^{ux} \quad u=0,1,2,3,\cdots,N-1 \tag{3-32}$$

逆变换：

$$f(x)=\sum_{x=0}^{N-1}F(u)W_N^{ux} \quad x=0,1,2,3,\cdots,N-1 \tag{3-33}$$

根据欧拉公式，傅里叶变换可以写为如下形式：

$$F(u)=\sum_{u=0}^{N-1}f(x)[\cos\frac{2\pi ux}{N}-\mathrm{j}\sin\frac{2\pi ux}{N}] \quad u=0,1,2,3,\cdots,N-1$$

由此可知，离散序列的傅里叶变换依然是离散序列，而且通常情况下是一个复数序列，与连续傅里叶变换类似，可以表示为如下形式：

$$F(u)=R(u)+\mathrm{j}I(u)$$

式中，序列 $R(u)$ 和 $I(u)$ 分别表示离散序列的实序列和虚序列，序列还可以表示为指数形式：

$$F(u)=|F(u)|\mathrm{e}^{\mathrm{j}\varphi(u)} \tag{3-34}$$

式中，

$$|F(u)|=[R^2(u)+I^2(u)]^{\frac{1}{2}} \tag{3-35}$$

$$\varphi(u)=\arctan(\frac{I(u)}{R(u)}) \tag{3-36}$$

$|F(u)|$称为F(u)的模，又称为序列的频谱或傅里叶幅度谱，$\varphi(u)$称为的相角，或称为序列的相位谱。

令

$$E(u)=|F(u)|^2 \tag{3-37}$$

则频谱的平方 $E(u)$称为序列 $f(x)$的能量谱或功率谱。

2. 二维离散傅里叶变换

根据一维离散傅里叶变换的定义和二维连续傅里叶变换理论，对于一个具有 $M\times N$ 个样本值的二维离散序列 $f(x,y)(x=0,1,2,3,\cdots,M-1;y=0,1,2,3,\cdots,N-1)$，其傅里叶变换为：

$$F(u,v)=\sum_{x=0}^{M-1}\sum_{y=0}^{N-1}f(x,y)\mathrm{e}^{-\mathrm{j}2\pi(\frac{ux}{M}+\frac{vy}{N})}$$

$$u=0,1,2,3,\cdots,M-1;v=0,1,2,3,\cdots,N-1 \tag{3-38}$$

式中，$F(u,v)=F(u_0+u\Delta u,v_0+v\Delta v)u=0,1,2,3,\cdots,M-1;v=0,1,2,3,\cdots,N-1$。

若已知频率二维序列 $F(u,v)(u=0,1,2,3,\cdots,M-1;v=0,1,2,3,\cdots,N-1)$，则二维离散序列 $F(u,v)$的傅里叶逆变换定义为：

$$f(x,y)=\frac{1}{MN}\sum_{u=0}^{M-1}\sum_{v=0}^{N-1}F(u,v)\mathrm{e}^{-\mathrm{j}2\pi(\frac{ux}{M}+\frac{vy}{N})}$$

$$x=0,1,2,3,\cdots,M-1;y=0,1,2,3,\cdots,N-1 \tag{3-39}$$

式中，u 是对应于 x 轴的空间频率分量，v 是对应于 y 轴的空间频率分量。$f(x,y)$和 $F(u,v)$称为傅里叶变换对，Δx 和 Δu 分别为空间域采样间隔和频率域采样间隔，两者之间满足如下关系：

$$\begin{cases}\Delta x=\dfrac{1}{M\Delta u}\\ \Delta y=\dfrac{1}{N\Delta v}\end{cases} \tag{3-40}$$

根据欧拉公式，二维离散序列的博里叶变换 $F(u,v)$ 依然是二维离散复数序列，可以表示为如下形式：

$$F(u,v)=R(u,v)+\mathrm{j}I(u,v)$$

式中，序列 $R(u,v)$和 $I(u,v)$分别表示离散序列的实序列和虚序列。则同样可得二维序列的频谱(傅里叶幅度谱)、相位谱和能量谱(功率谱)分别如下：

$$|F(u,v)|=[R^2(u,v)+I^2(u,v)]^{\frac{1}{2}} \tag{3-41}$$

$$\varphi(u,v)=\arctan(\frac{I(u,v)}{R(u,v)}) \tag{3-42}$$

$$E(u)=|F(u)|^2 \tag{3-43}$$

3. 离散傅里叶变换的性质

二维离散傅里叶变换具有许多在数字图像处理中非常有用的性质，充分理解和掌握这些性质是非常必要的。

(1)线性特性

如果二维离散函数 $f_1(x,y)$和 $f_2(x,y)$的傅里叶变换分别为 $F_1(u,v)$和 $F_2(u,v)$，则存在以下线性性质：

$$DFT[k_1f_1(x,y)+k_2f_2(x,y)]=DFT[k_1f_1(x,y)]+DFT[k_2f_2(x,y)]$$
$$=k_1F_1(u,v)+k_2F_2(u,v) \tag{3-44}$$
$$(x=0,1,2,3,\cdots,M-1;y=0,1,2,3,\cdots,N-1)$$
$$(u=0,1,2,3,\cdots,M-1;v=0,1,2,3,\cdots,N-1)$$

应用线性性质时应注意，$k_1F_1(u,v)+k_2F_2(u,v)$不能超过图像显示器所允许的最大值，否则可能造成图像信息损失。

(2)比例性质

如果二维离散函数的傅里叶变换为 $F(u,v)$，则存在以下比例性质：

$$DFT[f(ax+bx)]=\frac{1}{ab}F(\frac{u}{a}+\frac{v}{b})$$
$$(x=0,1,2,3,\cdots,M-1;y=0,1,2,3,\cdots,N-1)$$
$$(u=0,1,2,3,\cdots,M-1;v=0,1,2,3,\cdots,N-1) \tag{3-45}$$

式中，若取

$$\begin{cases}a=-1\\b=-1\end{cases}$$

则比例特性表现为：

$$DET[f(-x,-y)]=F(-u,-v) \tag{3-46}$$

(3)平移性质

如果二维离散函数的傅里叶变换为 $F(u,v)$，则存在以下平移性质：

$$DFT[f(x,y)\mathrm{e}^{\mathrm{j}2\pi(\frac{u_0x}{M}+\frac{v_0y}{N})}]=F(u-u_0,v-v_0)$$
$$(x=0,1,2,3,\cdots,M-1;y=0,1,2,3,\cdots,N-1)$$
$$(u=0,1,2,3,\cdots,M-1;v=0,1,2,3,\cdots,N-1) \tag{3-47}$$

对于逆变换，也存在同样的性质：

$$DFT[f(x-x_0,y-y_0)]=F(u,v)\mathrm{e}^{-\mathrm{j}2\pi(\frac{ux_0}{M}+\frac{vy_0}{N})} \tag{3-48}$$

二维傅里叶变换的移位特性表明，当用 $\mathrm{e}^{\mathrm{j}2\pi(\frac{u_0x}{M}+\frac{v_0y}{N})}$ 乘以，然后再进行乘积的离散傅里叶变换时，可以使空间频率域 $u-v$ 平面坐标系的原点从(0,0)平移到(u_0,v_0)的位置。同样，对于傅里叶逆变换，当用 $\mathrm{e}^{-\mathrm{j}2\pi(\frac{ux_0}{M}+\frac{vy_0}{N})}$ 乘以 $F(u,v)$，并求此乘积的离散傅里叶反变换，可以使空间域 $x-y$ 平面坐标系的原点从(0,0)平移到(x_0,y_0)的位置。逆变换的移位特性还表明，图像平移之后为 $f(x-x_0,y-y_0)$，但平移之后的傅里叶幅度谱没有发生任何变化，而仅仅是相位谱产生了一定的相移特性。

二维离散傅里叶变换的移位特性在数字图像处理中具有重要的应用价值，例如，为方便地观察数字图像的傅里叶变换结果，经常需要将空间频率平面坐标系的原点(0,0)移到$(M/2,N/2)$的位置，此时，可以取值为：

$$\begin{cases}u_0=\dfrac{M}{2}\\v_0=\dfrac{N}{2}\end{cases}$$

根据移位特性，则对应于空间域乘以如下因子：

$$e^{j2\pi(\frac{u_0 x}{M}+\frac{v_0 y}{N})}=e^{j\pi(x+y)}=(-1)^{x+y}$$

这时移位特性表现为：

$$DFT[f(x,y)e^{j2\pi(\frac{u_0 x}{M}+\frac{v_0 y}{N})}]=DFT[(-1)^{x+y}f(x,y)]$$
$$=F(u-u_0,v-v_0) \tag{3-49}$$
$$(x=0,1,2,3,\cdots,M-1;y=0,1,2,3,\cdots,N-1)$$
$$(u=0,1,2,3,\cdots,M-1;v=0,1,2,3,\cdots,N-1)$$

上式表明，若将乘以一个简单的因子$(-1)^{x+y}$，然后对乘积进行傅里叶变换，就可以将空间域频率平面坐标系的原点平移到空间频率域的方阵中心。

(4)可分离性

如果二维离散函数的傅里叶变换为，则存在以下可分离性质：

$$F(u,v)=\sum_{x=0}^{M-1}\sum_{y=0}^{N-1}f(x,y)e^{-j2\pi(\frac{ux}{M}+\frac{vy}{N})}$$
$$=\sum_{x=0}^{M-1}\left\{\left[\sum_{y=0}^{N-1}f(x,y)e^{-j2\pi\frac{vy}{N}}\right]e^{-j2\pi\frac{ux}{M}}\right\} \tag{3-50}$$
$$u=0,1,2,3,\cdots,M-1;v=0,1,2,3,\cdots,N-1$$

二维傅里叶变换的可分离特性表明，一个二维傅里叶变换可通过二次一维傅里叶变换来完成，即第一次先对 y 进行一维傅里叶变换：

$$F(x,v)=\sum_{y=0}^{N-1}f(x,y)e^{-j2\pi\frac{vy}{N}}$$
$$x=0,1,2,3,\cdots,M-1;v=0,1,2,3,\cdots,N-1 \tag{3-51}$$

然后，再在此基础上对 x 进行一维傅里叶变换：

$$F(u,v)=\sum_{x=0}^{M-1}f(x,v)e^{-j2\pi\frac{ux}{M}}$$
$$u=0,1,2,3,\cdots,M-1;v=0,1,2,3,\cdots,N-1 \tag{3-52}$$

上述过程也可以先对进行傅里叶变换，然后再对进行变换，变量分离步骤如图 3-4 所示。

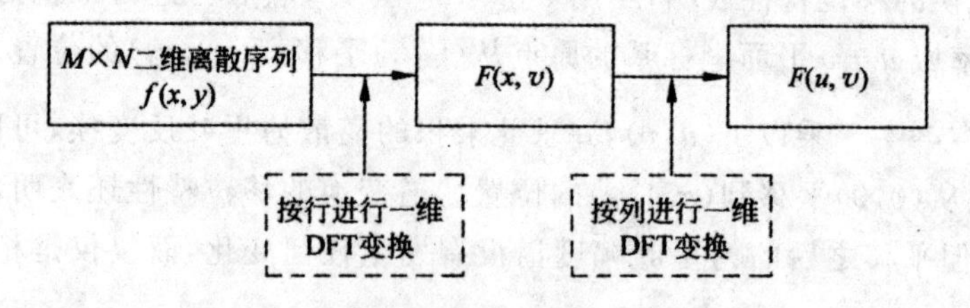

图 3-4　二维离散傅里叶变换的分离特征

根据分离性质可以表示为如下形式：

$$F(u,v)=DFT_y\{DFT_x[f(x,y)]\}=DFT_x\{DFT_y[f(x,y)]\} \tag{3-53}$$

若已知频率二维序列，则二维可分离性对傅里叶逆变换同样适应：

$$f(x,y)=\sum_{u=0}^{M-1}\sum_{v=0}^{N-1}F(u,v)e^{-j2\pi(\frac{ux}{M}+\frac{vy}{N})}$$

$$= \sum_{x=0}^{M-1}\left\{\left[\sum_{y=0}^{N-1}F(u,v)\mathrm{e}^{-\mathrm{j}2\pi\frac{vy}{N}}\right]\mathrm{e}^{-\mathrm{j}2\pi\frac{ux}{M}}\right\}$$

$$x = 0,1,2,3,\cdots,M-1;y = 0,1,2,3,\cdots,N-1 \tag{3-54}$$

逆变换的分离性也同样可以分解为两次一维傅里叶变换：

$$f(x,y)=DFT_u^{-1}\{DFT_v^{-1}[F(u,v)]\} =DFT_v^{-1}\{DFT_u^{-1}\ [F(u,v)]\}$$

$$x=0,1,2,3,\cdots,M-1;y=0,1,2,3,\cdots,N-1 \tag{3-55}$$

(5)周期性

如果二维离散函数的傅里叶变换为，则傅里叶变换及其逆变换存在如下周期特性：

$$F(u,v)=F(u+k_1M,v+k_2N)$$

$$u=0,1,2,3,\cdots,M-1;v=0,1,2,3,\cdots,N-1 \tag{3-56}$$

$$f(x,y)=F(x+k_1M,y+k_2N)$$

$$x=0,1,2,3,\cdots,M-1;y=0,1,2,3,\cdots,N-1 \tag{3-57}$$

式中，k_1，k_2 均为正整数。

(6)共轭对称性

如果二维离散函数的傅里叶变换为，则傅里叶变换存在共轭对称性：

$$F(u,v)=F^*(-u,-v)$$

$$u=0,1,2,3,\cdots,M-1;v=0,1,2,3,\cdots,N-1 \tag{3-58}$$

且

$$|F(u,v)|=|F^*(-u,-v)|$$

$$u=0,1,2,3,\cdots,M-1;v=0,1,2,3,\cdots,N-1 \tag{3-59}$$

(7)旋转不变性

如果二维离散函数的傅里叶变换为，则二维傅里叶变换对之间存在旋转不变性。考虑到极坐标表示二维图形的旋转特性的方便性，为此，将空间域和空间频率域都改为用极坐标表示。在空间域直角坐标与极坐标的变换关系为：

$$\begin{cases}x=r\cos\theta\\y=r\sin\theta\end{cases} \tag{3-60}$$

这样，图像可以表示为 $f(r,\theta)$。同样，空间频率域的采用极坐标可以表示为 $F(\rho,\varphi)$。二维离散傅里叶存在如下旋转特性：

$$DFT[f(r,\theta+\theta_0)]=F(\rho,\varphi+\theta_0) \tag{3-61}$$

即如果旋转一个角度 θ_0，则对应的傅里叶变换也同样旋转相同的角度。反之亦然。

$$IDFT[F(\rho,\varphi+\theta_0)]=f(r,\theta+\theta_0) \tag{3-62}$$

如图 3-5 所示，图(a)为原始图像，图(b)对原始图像进行离散傅里叶变换的结果，图(c)为将原始图像旋转 45°角，图(d)为旋转之后的傅里叶变换，可以看出图(b)与图(d)之间的 45°旋转关系。

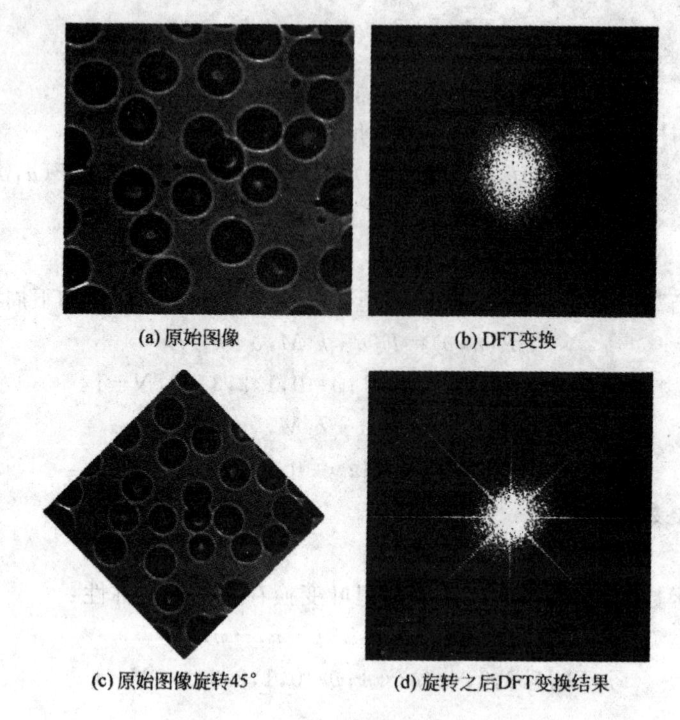

(a) 原始图像　(b) DFT变换

(c) 原始图像旋转45°　(d) 旋转之后DFT变换结果

图 3-5　傅里叶变换的旋转不变性

(8)微分性质

如果二维离散函数的傅里叶变换为,则傅里叶变换具有如下微分性质。

$$DFT\left[\frac{\partial^n f(x,y)}{\partial x^n}\right]=(\mathrm{j}2\pi u)^n F(u,v)$$

$$u=0,1,2,3,\cdots,M-1;v=0,1,2,3,\cdots,N-1 \tag{3-63}$$

$$DFT\left[\frac{\partial^n f(x,y)}{\partial x^n}\right]=(\mathrm{j}2\pi v)^n F(u,v)$$

$$u=0,1,2,3,\cdots,M-1;v=0,1,2,3,\cdots,N-1 \tag{3-64}$$

(9)平均值性质

如果 $M\times N$ 二维离散函数的傅里叶变换为,函数的平均值定义如下:

$$\bar{f}(x,y)=\frac{1}{MN}\sum_{x=0}^{M-1}\sum_{y=0}^{N-1}f(x,y) \tag{3-65}$$

则二维离散傅里叶变换具有如下性质:

$$F(0,0)=\sum_{x=0}^{M-1}\sum_{y=0}^{N-1}f(x,y)=MN\bar{f}(x,y) \tag{3-66}$$

即

$$\bar{f}(x,y)=\frac{1}{MN}F(0,0)$$

也就是说,二维离散函数的平均值等于其傅里叶变换在频率原点处值的 $1/MN$。

(10)卷积定理

如果二维离散函数和 $h(x,y)$ 的傅里叶变换分别为和 $H(u,v)$,则和之间的卷积可以通过其傅里叶变换和进行计算。

如：

$$DFT[f(x,y)*h(x,y)]=F(u,v)H(u,v) \tag{3-67}$$

反过来，也存在如下关系：

$$DFT^{-1}[F(u,v)*H(u,v)]=f(x,y)h(x,y) \tag{3-68}$$

(11)相关定理

如果二维离散函数的傅里叶变换为，则傅里叶变换对自相关和互相关运算分别具有如下特性：

①互相关：

$$f(x,y)\odot h(x,y)\Leftrightarrow F(u,v)H^*(u,v) \tag{3-69}$$

$$F(u,v)\odot H(u,v)\Leftrightarrow f(x,y)h^*(x,y) \tag{3-70}$$

②自相关：

$$f(x,y)\odot f(x,y)\Leftrightarrow F(u,v)F^*(u,v)=|F(u,v)|^2 \tag{3-71}$$

$$|f(x,y)|^2\Leftrightarrow F(u,v)\odot F(u,v) \tag{3-72}$$

(12)帕萨瓦(Parseval)定理

如果二维离散函数的傅里叶变换为，则傅里叶变换具有如下性质：

$$\int_{-\infty}^{\infty}\int_{-\infty}^{\infty}|f(x,y)|^2\mathrm{d}_x\mathrm{d}_y=\int_{-\infty}^{\infty}\int_{-\infty}^{\infty}|F(u,v)|^2\mathrm{d}_u\mathrm{d}_v \tag{3-73}$$

帕萨瓦定理表明，进行二维傅里叶变换后函数的能量没有改变。

3.3 离散余弦变换

DFT 变换是频谱分析的有力工具，但 DFT 变换是基于复数域的运算，因而给实际运算带来了不便。因此，工程上特别需要各种在实数域内的变换，DCT 变换就是其中一种。DCT 变换除了具有一般正交变换的性质之外，还具有许多突出的优点。DCT 变换阵的基向量很近似于 Toeplitz 矩阵的特征向量，很好地体现了人类语音信号及图像信号的相关特性。因此，许多学者认为，在语音和图像信号处理方面，DCT 变换被认为是最佳变换。而且，DCT 变换还可以通过实偶函数的傅里叶变换建立与 FFT 变换之间的关系。

DCT 变换由 Ahmed 和 Rao 于 1974 年首先提出，随后就得到了广泛的应用，在许多领域，DCT 变换被认为是一种准最佳变换。在近年颁布的一系列视频压缩编码的国际标准建议中，都将 DCT 变换作为其中的一个基本处理模块。DCT 变换除上述优点之外，DCT 变换还具有许多特点，如 DCT 为实数变换，变换矩阵确定（与变换对象无关），具有多种快速算法，二维 DCT 还是一种可分离的变换等。

3.3.1 一维 DCT 变换

一维 DCT 的变换核定义为：

$$g(x,u)=C(u)\sqrt{\frac{2}{N}}\cos[\frac{(2x+1)u\pi}{2N}]$$

$$x,u=0,1,2,\cdots,N-1 \tag{3-74}$$

式中，

$$C(u)=\begin{cases}\frac{1}{\sqrt{2}} & u=0\\ 1 & u\neq 0\end{cases} \tag{3-75}$$

若 $f(x)(x=0,1,2,\cdots,N-1)$ 为 N 点离散序列，则一维 DCT 变换的定义如下：

$$F(u)=C(u)\sqrt{\frac{2}{N}}\sum_{u=0}^{N-1}f(x)\cos\left[\frac{(2x+1)ux}{2N}\right]$$
$$u=0,1,2,\cdots,N-1 \tag{3-76}$$

式中，$F(u)$ 是第 u 个余弦变换系数，u 是广义频率变量。

一维 DCT 逆变换定义如下：

$$f(x)=\sqrt{\frac{2}{N}}\sum_{u=0}^{N-1}C(u)F(u)\cos\left[\frac{(2x+1)ux}{2N}\right]$$
$$x=0,1,2,\cdots,N-1 \tag{3-77}$$

根据式(3－28)和式(3－29)可以看出，一维 DCT 正变换与逆变换的核相同。与 DFT 变换一样，DCT 变换也可以写成如下的矩阵形式：

$$F=Gf \tag{3-78}$$

式中，

$$F=[F(0),F(1),F(2),\cdots,F(N-1)]^T \tag{3-79}$$

$$G=\frac{1}{\sqrt{N}}\begin{bmatrix}\sqrt{\frac{1}{N}}[1 & 1 & \cdots & 1]\\ \sqrt{\frac{2}{N}}\left[\cos(\frac{\pi}{2N})\right. & \cos(\frac{3\pi}{2N}) & \cdots & \left.\cos(\frac{(2N-1)\pi}{2N})\right]\\ \sqrt{\frac{2}{N}}\left[\cos(\frac{2\pi}{2N})\right. & \cos(\frac{6\pi}{2N}) & \cdots & \left.\cos(\frac{(2N-1)2\pi}{2N})\right]\\ \vdots & \vdots & \ddots & \vdots\\ \sqrt{\frac{2}{N}}\left[\cos(\frac{(N-1)\pi}{2N})\right. & \cos(\frac{(N-1)3\pi}{2N}) & \cdots & \left.\cos(\frac{(N-1)(2N-1)\pi}{2N})\right]\end{bmatrix} \tag{3-80}$$

$$f=[f(0),f(1),f(2),\cdots,f(N-1)]^T \tag{3-81}$$

3.3.2 二维 DCT 变换

一维 DCT 变换可以很方便地推广到二维 DCT 变换，设二维离散图像序列为 $\{f(x,y)(x=0,1,2,\cdots,M-1;y=0,1,2,\cdots,N-1)\}$，则二维 DCT 正变换核为：

$$g(x,y,u,v)=\sqrt{\frac{2}{MN}}C(u)C(v)\cos\left[\frac{(2x+1)u\pi}{2M}\right]\cos\left[\frac{(2x+1)v\pi}{2N}\right]$$
$$x,u=0,1,2,\cdots,M-1;y,v=0,1,2,\cdots,N-1 \tag{3-82}$$

式中，

$$C(u)=\begin{cases}\frac{1}{\sqrt{2}} & u=0\\ 1 & u\neq 0\end{cases} \tag{3-83}$$

$$C(v)=\begin{cases}\frac{1}{\sqrt{2}} & v=0\\ 1 & v\neq 0\end{cases} \tag{3-84}$$

二维 DCT 正变换为：

$$f(u,v)=\sqrt{\frac{2}{MN}}\sum_{x=0}^{M-1}\sum_{y=0}^{N-1}f(x,y)C(u)C(v)\cos\left[\frac{(2x+1)u\pi}{2M}\right]\cos\left[\frac{(2x+1)v\pi}{2N}\right]$$
$$u=0,1,2,\cdots,M-1;v=0,1,2,\cdots,N-1 \tag{3-85}$$

二维 DCT 逆变换定义形式为：

$$f(x,y)=\sqrt{\frac{2}{MN}}\sum_{x=0}^{M-1}\sum_{y=0}^{N-1}F(u,v)C(u)C(v)\cos\left[\frac{(2x+1)u\pi}{2M}\right]\cos\left[\frac{(2x+1)v\pi}{2N}\right]$$
$$x=0,1,2,\cdots,M-1;y=0,1,2,\cdots,N-1 \tag{3-86}$$

与一维 DCT 变换一样，二维 DCT 变换也可以写成如下的矩阵形式：

$$F=GfG^{T} \tag{3-87}$$

根据式(3-85)和式(3-86)可以看出，二维 DCT 正变换与逆变换的核也相同，而且是可分离的，即可分离以后进行运算：

$$\begin{aligned}g(x,y,u,v)&=\sqrt{\frac{2}{MN}}C(u)C(v)\cos\left[\frac{(2x+1)u\pi}{2M}\right]\cos\left[\frac{(2x+1)v\pi}{2N}\right]\\&=\left\{\sqrt{\frac{2}{M}}C(u)\cos\left[\frac{(2x+1)u\pi}{2M}\right]\right\}\left\{\sqrt{\frac{2}{N}}C(v)\cos\left[\frac{(2x+1)v\pi}{2N}\right]\right\}\\&=g_1(x,u)g_2(y,v)x,u=0,1,2,\cdots,M-1;y,v=0,1,2,\cdots,N-1\end{aligned} \tag{3-88}$$

与 DFT 变换类似，根据可分离性原理，一次二维 DCT 变换，可以通过二次一维 DCT 正变换完成，其算法流程如图 3-6 所示。

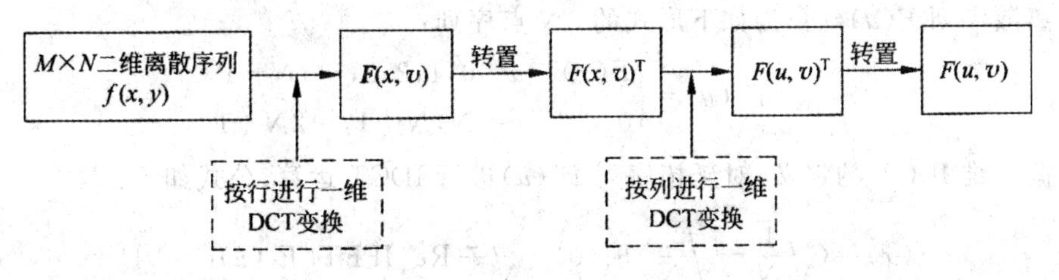

图 3-6　DCT 变换的分离运算流程

3.3.3　DCT 变换的快速算法

DCT 变换也可以根据定义直接进行计算，但计算量非常大，在实际应用中很不方便。目前，基于 DCT 的快速算法有许多种，由于 FFT 算法是一个应用广泛且非常成熟的快速算法，因此许多 DCT 算法也是基于 FFT 的原理建立起来的。具体步骤如下：

①将离散序列 $f(x)$ 延拓为如下形式的 $2N$ 点序列：

$$f_1\begin{cases}f(x) & x=0,1,2,3,\cdots,N-1\\0 & x=N,N+1,\cdots,2N-1\end{cases} \tag{3-89}$$

②根据一维 DCT 的定义，对延拓序列 $f_1(x)$进行 DCT 运算：

当 $u=0$ 时，

$$f(0)=\sqrt{\frac{1}{N}}\sum_{x=0}^{N-1}f(x)\cos\left[\frac{(2x+1)v\pi}{2N}\right] \tag{3-90}$$

当 $u=1,2,3,\cdots,N-1$ 时，

$$\begin{aligned}f(0)&=C(u)\sqrt{\frac{2}{N}}\sum_{x=0}^{N-1}f(x)\cos\left[\frac{(2x+1)u\pi}{2N}\right]\\&=\sqrt{\frac{2}{N}}\sum_{x=0}^{N-1}f(x)\cos\left[\frac{(2x+1)u\pi}{2N}\right]+\sqrt{\frac{2}{N}}\sum_{x=N}^{2N-1}0\cdot\cos\left[\frac{(2x+1)u\pi}{2N}\right]\\&=\sqrt{\frac{2}{N}}\sum_{x=0}^{2N-1}f_1(x)\cos\left[\frac{(2x+1)u\pi}{2N}\right]\\&=\sqrt{\frac{2}{N}}\mathrm{Re}\left\{\sum_{x=0}^{2N-1}f_1(x)\cos\left[\frac{(2x+1)u\pi}{2N}\right]\right\}\\&=\sqrt{\frac{2}{N}}\mathrm{Re}\left\{\mathrm{e}^{-\mathrm{j}\pi\frac{u}{2N}}\sum_{x=0}^{2N-1}f_1(x)\left[\mathrm{e}^{-\mathrm{j}2\pi\frac{ux}{2N}}\right]\right\}\\&=\sqrt{\frac{2}{N}}\mathrm{Re}\{\mathrm{e}^{-\mathrm{j}\pi\frac{u}{2N}}FFT[f_1(x)]\}\end{aligned} \tag{3-91}$$

因此，DCT 快速算法，可以通过对延拓序列进行 FFT 运算完成，即将 N 点的序列 $f(x)$ 延拓为 $2N$ 点的序列后，对序列进行 FFT 运算，再将结果乘以 $\mathrm{e}^{-\mathrm{j}\pi\frac{u}{2N}}$ 并取其实部，然后乘以$\sqrt{\frac{2}{N}}$就是 DCT 运算的结果。

对于 DCT 逆变换（又称为 IDCT），也可以采取类似的方法进行快速运算。

①将离散序列 $F(u)$延拓为如下形式的 $2N$ 点序列：

$$F_1(u)=\begin{cases}F(x) & u=0,1,2,3,\cdots,N-1\\0 & u=N,N+1,\cdots 2N-1\end{cases} \tag{3-92}$$

②根据一维 IDCT 的定义，对延拓序列 $F_1(u)$进行 IDCT 运算，公式如下：

$$f(x)=(\sqrt{\frac{1}{N}}-\sqrt{\frac{2}{N}})F_1(0)+\sqrt{\frac{2}{N}}\mathrm{Re}\{\mathrm{IFFT}[F_1(u)\mathrm{e}^{\mathrm{j}2\pi\frac{ux}{2N}}]\} \tag{3-93}$$

3.3.4 二维 DCT 的频谱分布

如图 3-7 所示，图(a)为原始图像，图(c)为原始图像旋转 45°角的图像，图(b)和图(d)分别为图(a)和图(c)的 DCT 变换。根据该图可以看出，DCT 的频谱分布与 DFT 相差一倍，这是因为 DCT 运算相当于对带有中心偏移的偶函数进行二维 DFT 运算。DCT 运算的点(0,0)对应于频谱的低频成分，点($N-1,N-1$)对应于高频成分，而当频谱图未进行频谱中心平移时，对于同阶 DFT 运算，点($N/2,N/2$)对应于高频成分。

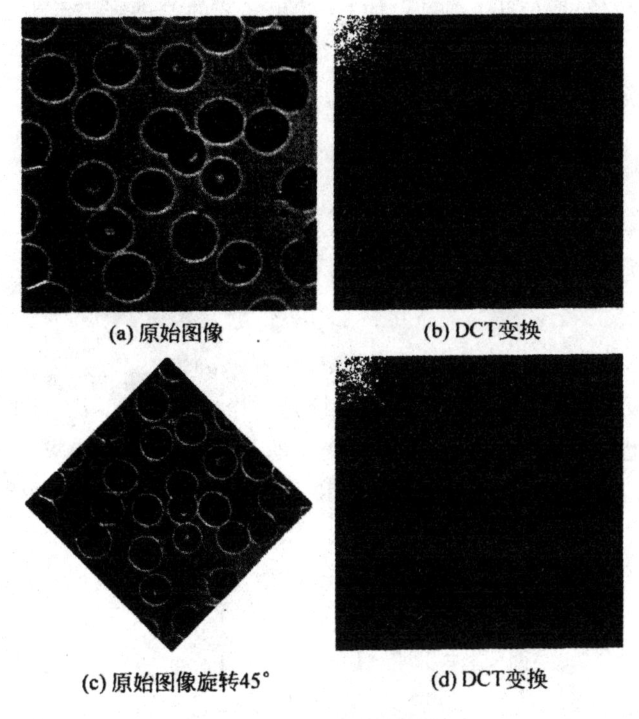

图 3-7　DCT 变换的频谱分布

3.4　沃尔什变换和哈达玛变换

3.4.1　离散沃尔什变换

1. 一维离散沃尔什变换

沃尔什变换与沃尔什函数密切相关。沃尔什函数系是一个完备正交函数系，其值只能取+1和−1。从排列次序上将沃尔什函数分为三种定义方法：一种是按照佩利排列来定义；另一种是按照沃尔什排列来定义(按列率排序)；最后一种是按照哈达玛排列来定义，又称为哈达玛变换。

(1)沃尔什正变换

设 $f(x)$ 表示 N 点的一维离散序列，则一维沃尔什变换定义如下：

$$F(u)=\frac{1}{\sqrt{N}}\sum_{x=0}^{N-1}f(x)(-1)^{\sum\limits_{i=0}^{n-1}b_i(x)b_{n-1-i}(u)}$$

$$u=0,1,2,3,\cdots,N-1 \tag{3-94}$$

其中，一维沃尔什变换核为：

$$g(x,u)=\frac{1}{\sqrt{N}}(-1)^{\sum\limits_{i=0}^{n-1}b_i(x)b_{n-1-i}(u)} \tag{3-95}$$

式中，$u=0,1,2,3,\cdots,N-1$；$x=0,1,2,3,\cdots,N-1$。是沃尔什变换的阶数，$N=2^n$。$b_i(z)$ 是 z

的二进制数的第 i 位数值，取值为 0 或 1。如 $i=6$，由于 6 的二进制表示为 110，因此 $b_0(z)=0, b_1(z)=1, b_2(z)=1$。

(2)沃尔什逆变换

一维离散沃尔什逆变换定义如下：

$$f(x)=\frac{1}{\sqrt{N}}\sum_{u=0}^{N-1}F(u)(-1)^{\sum_{i=0}^{n-1}b_i(x)b_{n-1-i}(u)}$$
$$x=0,1,2,3,\cdots,N-1 \tag{3-96}$$

逆变换的核为：

$$h(x,u)=g(x,u) \tag{3-97}$$

一维沃尔什正、反变换核相同，沃尔什变换核是一个对称阵列，其行和列是正交的。沃尔什正、反变换形式本质上相同，因此，计算沃尔什变换的算法可直接用来求其逆变换。一维沃尔什变换也具有快速算法，简称为 FWT，在形式上和 FFT 算法类似。当 $N=8$ 时，其变换核用矩阵表示如下：

$$G=\frac{1}{\sqrt{8}}\begin{bmatrix}1&1&1&1&1&1&1&1\\1&1&1&1&-1&-1&-1&-1\\1&1&-1&-1&1&1&-1&-1\\1&1&-1&-1&-1&-1&1&1\\1&-1&1&-1&1&-1&1&-1\\1&-1&1&-1&-1&1&-1&1\\1&-1&-1&1&1&-1&-1&1\\1&-1&-1&1&-1&1&1&-1\end{bmatrix} \tag{3-98}$$

2. 二维离散沃尔什变换

(1)二维沃尔什正变换

设 $f(x,y)$ 表示 $M\times N$ 的二维离散序列，则二维沃尔什变换定义如下：

$$F(u,v)=\sum_{x=0}^{M-1}\sum_{y=0}^{N-1}f(x,y)g(x,u,y,v)$$
$$u=0,1,2,3,\cdots,M-1;v=0,1,2,3,\cdots,N-1 \tag{3-99}$$

其中，二维离散沃尔什变换核为：

$$g(x,u,y,v)=\frac{1}{\sqrt{MN}}\sum_{u=0}^{N-1}(-1)^{\sum_{i=0}^{n-1}[b_i(x)b_{n-1-i}(u)]+\sum_{j=0}^{n-1}[b_j(x)b_{n-1-j}(u)]} \tag{3-100}$$

式中，$M=2^m, N=2^n$。

二维离散沃尔什变换的变换核是可分离的，即

$$\begin{aligned}g(x,u,y,v)&=\frac{1}{\sqrt{MN}}\sum_{u=0}^{N-1}(-1)^{\sum_{i=0}^{m-1}[b_i(x)b_{n-1-i}(u)]+\sum_{j=0}^{n-1}[b_j(x)b_{n-1-j}(u)]}\\&=\frac{1}{\sqrt{M}}\sum_{u=0}^{N-1}(-1)^{\sum_{i=0}^{m-1}[b_i(x)b_{n-1-i}(u)]}\frac{1}{\sqrt{N}}\sum_{u=0}^{N-1}(-1)^{\sum_{j=0}^{n-1}[b_j(x)b_{n-1-j}(u)]}\\&=g_1(x,u)g_2(y,v)\end{aligned} \tag{3-101}$$

根据沃尔什变换的定义形式可以得出，二维沃尔什变换具有可分离特性，即一次二维沃尔什

变换可以通过二次一维沃尔什变换来实现。

(2)二维沃尔什逆变换

二维沃尔什逆变换定义如下：

$$f(x,y)=\sum_{u=0}^{M-1}\sum_{v=0}^{N-1}F(u,v)g(x,u,y,v)$$

$$x=0,1,2,3,\cdots,M-1;y=0,1,2,3,\cdots,N-1 \tag{3-102}$$

二维离散沃尔什逆变换核为：

$$g(x,u,y,v)=\frac{1}{\sqrt{MN}}\sum_{u=0}^{N-1}(-1)^{\sum_{i=0}^{m-1}[b_i(x)b_{n-1-i}(u)]+\sum_{j=0}^{n-1}[b_j(x)b_{n-1-j}(u)]} \tag{3-103}$$

式中，$N=2^n$。

二维沃尔什逆变换的核为：

$$h(x,u,y,v)=g(x,u,y,v) \tag{3-104}$$

同样，二维逆变换具有可分离性。二维沃尔什变换也可以表示为矩阵形式：

$$\begin{cases}F=\dfrac{1}{\sqrt{MN}}G_1fG_2\\ f=\dfrac{1}{\sqrt{MN}}G_1FG_2\end{cases} \tag{3-105}$$

式中，G_1 为 $M\times M$ 变换核方阵，G_2 为 $N\times N$ 变换核方阵。

3. 沃尔什变换的频谱分布

二维沃尔什变换也具有能量集中的性质，原始图像数据越是均匀分布，沃尔什变换后的数据越集中于矩阵的边角上，因此，二维沃尔什变换也常用于压缩图像信息。如图 3-8 所示，图(a)为对应于图 3-7(a)的沃尔什变换结果，图(b)为对应于图 3-7(c)的沃尔什变换结果。

(a)原始图像的沃尔什变换

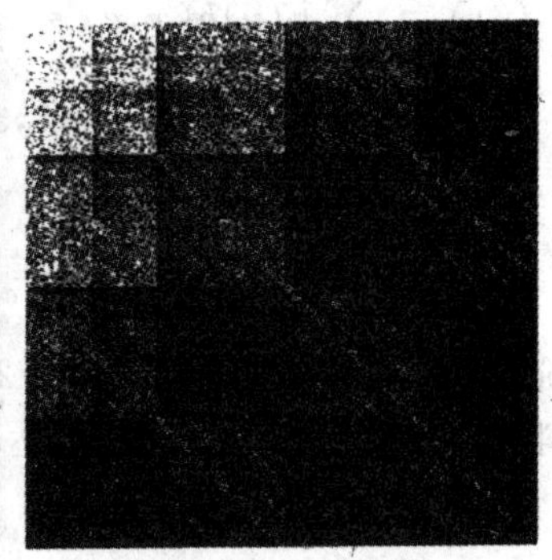
(b)旋转45°沃尔什变换

图 3-8　沃尔什变换的频谱分布

沃尔什变换是将一个函数变换成取值为+1 或−1 的基本函数构成的级数，用它来逼近数字脉冲信号时要比 DFT 有利。因此，它在图像传输，通信技术和数据压缩中获得了广泛的使用。同时，沃尔什变换是实数，所以对工程应用问题，沃尔什变换的存储量比 DFT 少，而且运算速度非常快。

3.4.2 哈达玛变换

哈达玛变换与沃尔什变换十分类似，就其本质而言，哈达玛变换是一种特殊排序的沃尔什变换。因此，有的书上称为沃尔什-哈达玛变换。哈达玛变换矩阵也是一个仅包括+1和−1两个矩阵元素的方阵，任意二行或二列相乘后的各数之和必定为零，即不同的行或不同的列之间都彼此正交，哈达玛变换核矩阵与沃尔什变换不同之处仅仅是行的次序不同。哈达玛变换的最大优点在于它的变换核矩阵具有简单的递推关系，即高阶矩阵可以通过低阶矩阵求出。因此，许多人基于这个特点更愿意应用哈达玛变换。

1. 一维离散哈达玛变换

(1)一维哈达玛正变换

设 $f(x)$ 表示 N 点的一维离散序列，则一维哈达玛变换定义如下：

$$F(u)=\sum_{x=0}^{N-1}f(x)g(x,u)=\frac{1}{\sqrt{N}}\sum_{x=0}^{N-1}f(x)(-1)^{\sum_{i=0}^{n-1}b_i(x)b_i(u)}$$

$$u=0,1,2,3,\cdots,N-1 \tag{3-106}$$

式中，$g(x,u)$ 是一维哈达玛变换的核，定义如下：

$$g(x,u)=\frac{1}{\sqrt{N}}(-1)^{\sum_{i=0}^{n-1}b_i(x)b_i(u)}$$

$$u=0,1,2,3,\cdots,N-1;x=0,1,2,3,\cdots,N-1 \tag{3-107}$$

式中，N 是哈达玛变换的阶数，$N=2^n$。$b_i(z)$ 是 z 的二进制数的第 i 位数值，取值为0或1。

(2)一维哈达玛逆变换

若已知 N 点的一维离散序列 $F(u)$，则可以进行哈达玛逆变换，其定义如下：

$$f(x)=\sum_{u=0}^{N-1}F(u)h(x,u)=\frac{1}{\sqrt{N}}\sum_{u=0}^{N-1}F(u)(-1)^{\sum_{i=0}^{n-1}b_i(x)b_i(u)}$$

$$x=0,1,2,3,\cdots,N-1 \tag{3-108}$$

与正变换相同，$h(x,u)$ 是一维哈达玛逆变换的核，逆变换核与正变换核相等，即

$$h(x,u)=g(x,u)=\frac{1}{\sqrt{N}}(-1)^{\sum_{i=0}^{n-1}b_i(x)b_i(u)} \tag{3-109}$$

哈达玛变换的阶数具有规律性，即按照 $N=2^n$ 规律递升，高阶哈达玛矩阵可以通过低阶哈达玛矩阵的克罗尼科积运算求得，也就是说，哈达玛矩阵具有如下关系：

$$H_1=[1] \tag{3-110}$$

$$H_2=\begin{bmatrix}1 & 1\\ 1 & -1\end{bmatrix} \tag{3-111}$$

$$H_4=\begin{bmatrix}1 & 1 & 1 & 1\\ 1 & -1 & 1 & -1\\ 1 & 1 & -1 & -1\\ 1 & -1 & -1 & 1\end{bmatrix} \tag{3-112}$$

$$H_N=H_{2^n}=H_2\otimes H_{\frac{N}{2}}=\begin{bmatrix}H_N & H_{2^n}\\ H_{\frac{N}{2}} & -H_{\frac{N}{2}}\end{bmatrix} \tag{3-113}$$

采用上述规律求哈达玛变换矩阵要比直接用哈达玛变换核求矩阵快得多,此结论提供了一种快速哈达玛变换,也可以称为FHT。例如,根据哈达玛矩阵的运算规律,可以得出8阶哈达玛矩阵如下:

$$H_8=\begin{bmatrix} H_4 & H_4 \\ H_4 & -H_4 \end{bmatrix}=\frac{1}{\sqrt{8}}\begin{bmatrix} 1 & 1 & 1 & 1 & 1 & 1 & 1 & 1 \\ 1 & -1 & 1 & -1 & 1 & -1 & 1 & -1 \\ 1 & 1 & -1 & -1 & 1 & 1 & -1 & -1 \\ 1 & -1 & -1 & 1 & 1 & -1 & -1 & 1 \\ 1 & -1 & 1 & -1 & 1 & -1 & 1 & -1 \\ 1 & 1 & 1 & 1 & -1 & -1 & -1 & -1 \\ 1 & -1 & 1 & -1 & -1 & -1 & 1 & 1 \\ 1 & -1 & -1 & 1 & -1 & 1 & 1 & -1 \end{bmatrix} \tag{3-114}$$

(3)一维定序哈达玛变换

在哈达玛变换矩阵中,通常将某一列元素符号改变的总次数称为这个列的列率。则前面给出的 $N=8$ 时的变换矩阵 H_8 的8个列的列率分别为0,7,3,4,1,6,2,5。而下面要讨论的定序哈达玛变换的变换矩阵的列率是随 u 的增加而递增的。例如 $N=8$ 时,定序哈达玛变换矩阵的列率从第1列到第8列分别为0,1,2,3,4,5,6,7。

当 $N=2^n$ 时,定序哈达玛正变换核和逆变换核相同,其变换核为:

$$g(x,u)=h(x,u)=\frac{1}{\sqrt{N}}(-1)^{\sum_{i=0}^{n-1}b_i(x)b_i(u)} \tag{3-115}$$

$p_i(u)$按以下递推关系求得:

$$p_0(u)=b_{n-1}(u)$$
$$p_1(u)=b_{n-1}(u)+b_{n-2}(u)$$
$$p_2(u)=b_{n-21}(u)+b_{n-3}(u)$$
$$\vdots$$
$$p_{n-1}(u)=b_1(u)+b_0(u)$$

因此,定序的哈达玛正反变换对为:

$$F(u)=\sum_{u=0}^{N-1}f(x)g(x,u)=\frac{1}{\sqrt{N}}\sum_{x=0}^{N-1}f(x)(-1)^{\sum_{i=0}^{n-1}b_i(x)p_i(u)}$$
$$u=0,1,2,3,\cdots,N-1 \tag{3-116}$$

$$f(x)=\sum_{u=0}^{N-1}F(u)h(x,u)=\frac{1}{\sqrt{N}}\sum_{u=0}^{N-1}F(u)(-1)^{\sum_{i=0}^{n-1}b_i(x)p_i(u)}$$
$$x=0,1,2,3,\cdots,N-1 \tag{3-117}$$

2.二维离散哈达玛变换

一维哈达玛变换可以很方便地推广到二维,其正变换定义如下:

$$\begin{aligned} F(u,v) &= \sum_{x=0}^{M-1}\sum_{y=0}^{N-1}f(x,y)g(x,u,y,v) \\ &= \frac{1}{\sqrt{MN}}\sum_{x=0}^{M-1}\sum_{y=0}^{N-1}f(x,y)(-1)^{\sum_{i=0}^{m-1}[b_i(x)b_i(u)]+\sum_{i=0}^{n-1}[b_j(y)b_i(v)]} \end{aligned} \tag{3-118}$$

$$u=0,1,2,3,\cdots,M-1;v=0,1,2,3,\cdots,N-1$$

逆变换为：

$$f(x,y)=\sum_{u=0}^{M-1}\sum_{v=0}^{N-1}F(u,v)h(x,u,y,v)$$

$$=\frac{1}{\sqrt{MN}}\sum_{u=0}^{M-1}\sum_{v=0}^{N-1}F(u,v)(-1)^{\sum_{i=0}^{m-1}[b_i(x)b_i(u)]+\sum_{i=0}^{n-1}[b_j(y)b_i(v)]} \tag{3-119}$$

$$x=0,1,2,3,\cdots,M-1;y=0,1,2,3,\cdots,N-1$$

二维哈达玛正变换的核为：

$$g(x,u,y,v)=\frac{1}{\sqrt{MN}}\sum_{u=0}^{M-1}\sum_{v=0}^{N-1}(-1)^{\sum_{i=0}^{m-1}[b_i(x)b_i(u)]+\sum_{i=0}^{n-1}[b_j(y)b_i(v)]}$$

$$x,u=0,1,2,3,\cdots,M-1;y,v=0,1,2,3,\cdots,N-1 \tag{3-120}$$

二维哈达玛逆变换核与正变换核相等，即

$$h(x,u,y,v)=g(x,u,y,v) \tag{3-121}$$

二维哈达玛变换核是可分离和对称的，因此一次二维哈达玛变换也可分为两次一维哈达玛变换的计算而实现。二维哈达玛变换也有相应的定序哈达玛变换。

3.5 小波变换

3.5.1 小波变换概述

小波变换是近年来在图像处理中十分受重视的新技术，面向图像压缩、特征检测以及纹理分析的许多新方法，如多分辨率分析、时频域分析、金字塔算法等，都可以归于小波变换的范畴之中。小波变换是一种信号的时间-尺度（时间-频率）分析方法。它具有多分辨率分析的特点，而且在时间域和频率域都具有表征信号的局部特征的能力，是一种窗口面积固定不变，但窗口形状可改变，即时间窗和频率窗的大小都可以改变的时频局部化分析方法。与傅里叶变换相比，小波变换在低频部分具有较高的频率分辨率和较低的时间分辨率，在高频部分具有较高的时间分辨率和较低的频率分辨率，能自动适应时频信号分析的要求，可以聚焦到信号的任意细节。在信号处理和分析、地震信号处理、信号奇异性监测和谱估计、计算机视觉、语音信号处理、图像处理与分析，尤其是图像编码等领域取得了突破性进展，成为一个研究开发的前沿热点。

小波变换的概念是法国地质勘探领域的信号处理工程师 J. Morlet 于 1974 年首先提出的。Morlet 通过物理的直观和信号处理的实际需要经验建立了反演公式，在当时的条件下，如同 1807 年法国的热学工程师 J. B. J. Fourier 提出任一函数都能展开成三角函数的无穷级数的创新概念未能得到著名数学家 J. L. Lagrange，P. S. Laplace 以及 A. M. Legendre 的认可一样。Morlet 所建立的反演公式在当时也未能得到数学家的认可。

在 20 世纪 70 年代，A. Calderon 表示定理的发现以及 Hardy 空间的原子分解和无条件基的深入研究为小波变换的诞生做了理论上的准备，而且 J. O. Stromberg 构造出了历史上非常类似于小波基的信号。著名数学家 Y. Meyer 在 1986 构造出一个真正的小波基，并与 S. Mallat 合作建立了构造小波基的同样方法及多尺度分析，随后，小波变换开始在全球范围内得到了广泛的重视，对小波方法的研究得到了迅速的发展。其中，比利时数学家 I. Daubechies 撰写的《Ten Lectures on Wavelets》对小波的普及起了重要的推动作用。

与傅里叶变换、Gabor 变换相比，小波变换是一个时间和频率的局域变换，因而能有效地从信号中提取信息，通过伸缩和平移等运算功能对函数或信号进行多尺度细化分析，有效解决了傅里叶变换不能解决的许多困难。

在实际应用中，小波变换具有广泛的适应性，特别是对非平稳随机信号，小波变换同样可以适应。因此，小波变换的应用领域十分广泛，包括许多科学研究和应用领域：

①小波分析用于信号与图像压缩是小波分析应用的一个重要方面，如滤波、去噪声、图像压缩、传递等；其主要特点是压缩比高，压缩速度快，压缩后能保持信号与图像的特征不变，且在传递中可以抗干扰。基于小波分析的压缩方法很多，比较成功的有小波变换向量压缩、小波域纹理模型方法等。

②数学领域的许多学科，如信号分析、图像处理、量子力学、理论物理、数值分析、构造快速数值方法、曲线曲面构造、微分方程求解、控制论、军事电子对抗与武器的智能化等。

③在计算机自动分类与识别方面，如音乐与语言的人工合成、分类、识别、医学成像与诊断、地震勘探数据处理、大型机械的故障诊断等。

④小波在信号分析中的应用也十分广泛，它可以用于边界的处理与滤波，时频分析，信噪分离与提取弱信号，求分形指数，信号的识别与诊断以及多尺度边缘检测等。

⑤在工程技术等方面的应用，包括计算机视觉、计算机图形学、曲线设计、湍流、宇宙研究与生物医学等方面。

3.5.2 连续小波变换

线性系统理论中的傅里叶变换是以在两个方向上都无限伸展的正弦曲线波作为正交基函数的。对于瞬态信号或高度局部化的信号，由于这些成分并不类似于任何一个傅里叶基函数，它们的变换系数不是紧凑的，频谱上呈现出一幅比较混乱的构成。这种情况下，傅里叶变换是通过复杂的安排，以抵消一些正弦波的方式构造出在大部分区间都为零的函数而实现的。

为了克服上述缺陷，使用有限宽度基函数的变换方法逐步发展起来了。这些基函数不仅在频率上而且在位置上是变化的，它们是有限宽度的波并被称为小波。基于它们的变换就是小波变换。

1. 连续小波变换的定义

设函数 $f(t)$ 具有有限能量，即 $f(t) \in L^2(R)$，则连续小波变换(CWT)的定义如下：

$$\begin{aligned} W_f(a,b) &= [f, \varphi_{a,b}(x)] = \int_{-\infty}^{+\infty} f(t)\varphi_{a,b}(t)\,\mathrm{d}t \\ &= \int_{-\infty}^{+\infty} f(t)\frac{1}{\sqrt{a}}\varphi\left(\frac{t-b}{a}\right)\mathrm{d}t \quad a > 0, f(t) \in L^2(R) \end{aligned} \tag{3-122}$$

式中，a 为尺度因子，b 为位移因子，函数 $\varphi_{a,b}(t)$ 称为小波。

连续小波变换也称为积分小波变换，积分核为 $\varphi_{a,b}(t) = \int_{-\infty}^{+\infty} \frac{1}{\sqrt{a}}\varphi\left(\frac{t-b}{a}\right)\mathrm{d}t$ 的函数族。若 $a>1$ 则函数 $\varphi(t)$ 具有伸展作用，若 $a<1$ 则函数 $\varphi(t)$ 具有收缩作用。随着 a 的减小，$\varphi_{a,b}(\omega)$ 的支撑区间

也随之变窄，而 $\varphi_{a,b}(\omega)$ 的频谱随之向高频展宽，反之亦然。因此，小波变换可以实现窗口大小的自适应变化。当信号频率升高时，时窗宽度变窄，而频窗宽度则增大，从而有利于提高时域分辨力。

2. 小波的选择

小波 $\varphi(t)$ 的选择不是唯一的，但也不是任意的，$\varphi(t)$ 是具有归一化和单位能量的解析函数，所有小波是通过对基本小波进行尺度伸缩和位移得到的。

①基本小波是一具有特殊性质的函数，它是震荡衰减的，而且通常衰减得很快，在数学上满足积分为零的条件：

$$\int_{-\infty}^{+\infty}\varphi(t)\mathrm{d}t = 0 \tag{3-123}$$

其高阶矩也为 0，即

$$\int_{-\infty}^{+\infty}t^k\varphi(t)\mathrm{d}t = 0 \quad k = 0,1,2,3,\cdots,N-1 \tag{3-124}$$

该条件称为小波的容许条件：

$$C_\varphi = \int_{-\infty}^{+\infty}\frac{|\varphi(\omega)|}{\omega}\mathrm{d}\omega = 0 \tag{3-125}$$

由于 $\varphi(\omega) = \int_{-\infty}^{+\infty}\varphi(t)\mathrm{e}^{-\mathrm{j}\varphi t}\mathrm{d}t, C_\varphi < \infty$，因此，$\varphi(\omega)$ 连续可积：

$$\varphi(0) = \int_{-\infty}^{+\infty}\varphi(t)\mathrm{d}t = 0 \tag{3-126}$$

根据上式可以得出，小波 $\varphi(t)$ 在 t 轴上具有正负取值才可能满足上式的积分为 0，因此，$\varphi(t)$ 应具有振荡性。

②小波 $\varphi(t)$ 的定义域是紧支撑的，即在一个很小的区间之外，小波 $\varphi(t)$ 迅速衰减为 0，也就是说小波函数 $\varphi(t)$ 具有速降性。

综上所述，小波 $\varphi(t)$ 是一种具有振荡性的且迅速衰减的波。

3. 小波变换的逆变换

对于所有的 $f(t),\varphi(t)\in L^2(R)$，则连续小波变换的逆变换定义如下：

$$f(t) = \frac{1}{C_\varphi}\int_{-\infty}^{+\infty}\int_{-\infty}^{+\infty}a^{-2}W_f(a,b)\varphi_{a,b}\mathrm{d}a\mathrm{d}b \tag{3-127}$$

4. 二维小波变换

二维小波变换也分为二维连续小波变换和二维连续小波逆变换。

①二维连续小波变换为：

$$W_f(a,b_x,b_y) = \int_{-\infty}^{+\infty}\int_{-\infty}^{+\infty}f(x,y)\varphi_{a,b_x,b_y}(x,y)\mathrm{d}x\mathrm{d}y \tag{3-128}$$

式中，$\varphi_{a,b_x,b_y}(x,y)$ 为二维连续小波基函数：

$$\varphi_{a,b_x,b_y}(x,y)=\frac{1}{|a|}\varphi\left(\frac{y-b_x}{a},\frac{y-b_y}{a}\right) \tag{3-129}$$

②二维小波变换的逆变换为：

$$f(x,y) = \frac{1}{C_\varphi}\int_{-\infty}^{+\infty}\int_{-\infty}^{+\infty}\int_{-\infty}^{+\infty}a^{-3}W_f(a,b_x,b_y)\varphi_{a,b_x,b_y}(x,y)\mathrm{d}b_x\mathrm{d}b_y\mathrm{d}a \tag{3-130}$$

5. 几种典型的小波

小波 $\varphi(t)$ 的选择是非常灵活的，凡满足条件的函数均可以作为小波函数，其中 Haar 小波、

Mexico Hat 小波和 Morlet 小波是常用的小波函数。

(1) Haar 小波

Haar 小波函数如下：

$$\varphi_H(t)=\begin{cases}1 & 0\leqslant t<\dfrac{1}{2}\\ -1 & \dfrac{1}{2}\leqslant t<1\\ 0 & \text{其他}\end{cases} \tag{3-131}$$

该正交函数是 Haar 于 1990 年提出的函数，对 t 平移可得到：

$$\int_{-\infty}^{+\infty}\varphi_H(t)\varphi_{a,b}(t-n)\mathrm{d}t=0 \quad n=0,\pm 1,\pm 2,\pm 3,\cdots \tag{3-132}$$

Haar 函数波形如图 3-9 所示。

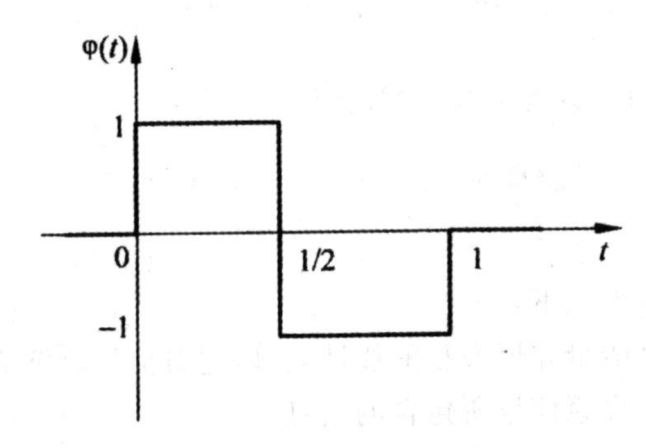

图 3-9 Haar 小波波形

如图 3-10 所示为两个小波 $\varphi_{1,0}(t)$ 和 $\varphi_{1,1}(t)$，该基本小波定义的小波变换称为 Haar 小波变换，是各种常用的小波变换中最简单的一种如上变换形式。

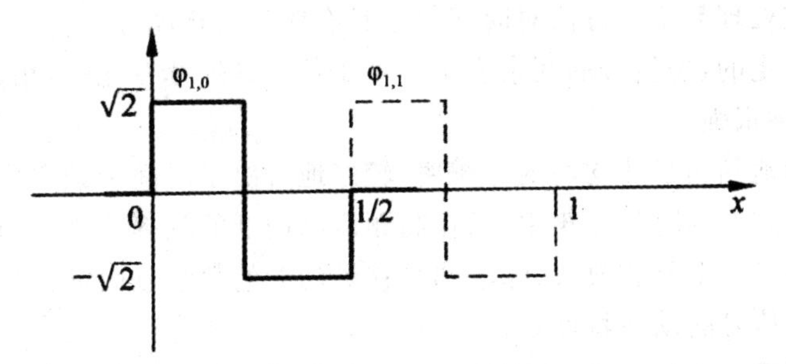

图 3-10 两个 Haar 小波

(2) Mexico Hat 小波

Mexico Hat 小波是 Gauss 函数的二阶导数，其函数形式如下：

$$\varphi(t)=\frac{2}{\sqrt{3}}\pi^{-\frac{1}{4}(1-t^2)}\mathrm{e}^{-\frac{t^2}{2}} \tag{3-133}$$

Mexico Hat 小波也称为 Marr 小波，Mexico Hat 小波是实数函数小波，它的更一般形式由 Gauss 函数的行阶导数定义，即如下形式：

$$\varphi_n(t)=(-1)^n\frac{\mathrm{d}^n}{\mathrm{d}t^n}(\mathrm{e}^{-\frac{|x|^2}{2}}) \tag{3-134}$$

相应的谱为：

$$\varphi_n(\omega)=n(\mathrm{j}\omega)^n \mathrm{e}^{-\frac{|\omega|^2}{2}} \tag{3-135}$$

Mexico Hat 小波的波形如图 3-11 所示。

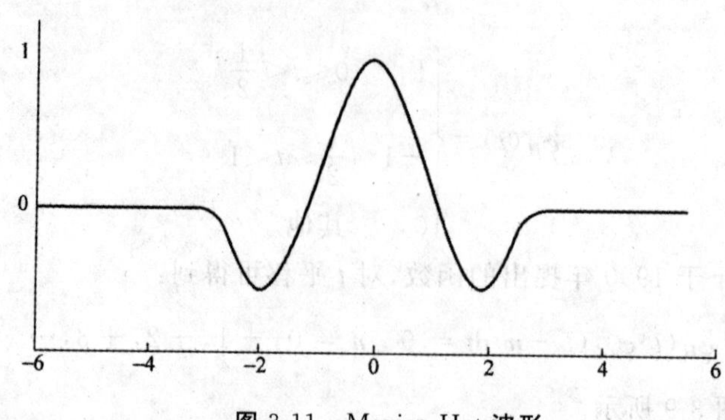

图 3-11　Mexico Hat 波形

(3)Morlet 小波

Morlet 小波是最常用的复数值小波函数，其形式如下：

$$\varphi(t)=-\pi^{-\frac{1}{4}}\left[\mathrm{e}^{-\mathrm{j}\omega_0 t}-\mathrm{e}^{-\frac{\omega_0^2}{2}}\right]\mathrm{e}^{-\frac{t^2}{2}} \tag{3-136}$$

6. 小波变换的性质

小波变换常用的重要特性如下：

①小波变换是一个满足能量守恒方程的线性运算，它将信号分解成对空间和尺度(即时间和频率)的独立贡献，同时又不失原信号所包含的信息。

②小波变换不一定要求是正交的，小波基不唯一。小波函数系的时宽一带宽积很小，且在时间和频率轴上都很集中，即展开系数的能量很集中。

③小波变换将信号分解为在对数坐标中具有相同大小频带的集合，这种以非线形的对数方式而不是以线形方式处理频率的方法对时变信号具有明显的优越性。

④小波变换是稳定的，是信号的冗余表示。由于信号是连续变化的，相邻分析窗的绝大部分是相互重叠的，相关性很强。

⑤小波变换巧妙地利用了非均匀的分辨率，较好地解决了时间和频率分辨率的矛盾；在低频段用高的频率分辨率和低的时间分辨率，而在高频段则用低的频率分辨率和高的时间分辨。

⑥小波变换相当于一个具有放大、缩小和平移等功能的数学显微镜，通过检查不同放大倍数下信号的变化来研究信号的动态特性。

⑦小波变换与傅里叶变换一样，具有统一性和相似性，其正反变换具有完美的对称性，小波变换具有基于卷积和 QMF 的塔形快速算法。

小波变换具有许多重要而又具有应用价值的性质，其中线性特性、平移和伸缩的共变性、微分特性三个常用公式如下。

(1)线性特性

设 $f_1(t)$的小波变换为 $W_{f_1}(a,b)$，$f_2(t)$的小波变换为 $W_{f_2}(a,b)$，对于小波变换则有如下线性关系。

若 $f(t)=k_1 f_1(t)+k_2 f_2(t)$，则有：

$$W_{f_1}(a,b)=k_1 W_{f_1}(a,b)+k_2 W_{f_2}(a,b) \tag{3-137}$$

(2)平移和伸缩特性

设 $f(t)$ 的小波变换为 $W_f(a,b)$，即 $f(t) \Leftrightarrow W_f(a,b)$，则有：

①平移特性：

$$f(t-b_0) \Leftrightarrow W_f(a,b-b_0) \tag{3-138}$$

②伸缩特性：

$$f(a_0 t) \Leftrightarrow \frac{1}{\sqrt{a_0}} W_f(a_0 a, a_0 b) \tag{3-139}$$

(3)微分运算特性

设 $f(t)$ 的小波变换为 $W_f(a,b)$，则有如下微分性质：

$$W_{\varphi_{a,b}}\left(\frac{\partial^n f(t)}{\partial t^n}\right) = (-1)^n \int f(t)\left(\frac{\partial^n}{\partial t^n}\right)[\bar{\varphi}_{a,b}(t)]\mathrm{d}t \tag{3-140}$$

3.5.3 离散小波变换

连续小波变换主要用于理论分析，在数值计算中，需要对小波变换的尺度因子、位移因子进行离散化。离散小波如下：

$$\varphi_{m,n}(t) = \frac{1}{\sqrt{a_0^m}} \varphi\left(\frac{t - nb_0 a_0^m}{a_0^m}\right) = a_0^{-\frac{m}{2}} \varphi(a_0^{-m} t - nb_0) \tag{3-141}$$

由此可得离散小波变换(CWT)如下：

$$[f, \varphi_{m,n}] = a_0^{-\frac{m}{2}} \int_{-\infty}^{+\infty} f(t) \varphi_{m,n}(t) \mathrm{d}t = a_0^{-\frac{m}{2}} \int_{-\infty}^{+\infty} f(t) \varphi(a_0^{-m} t - nb_0) \mathrm{d}t \tag{3-142}$$

3.5.4 频域空间的划分

如果原始信号 $x(t)$ 占据的总频带为 $0 \sim \pi$，设 $H_1(\omega)$、$H_0(\omega)$ 分别为高通和低通滤波器，则经过一级分解后，原始频带被划分为低频带 $0 \sim \pi/2$ 和高频带 $\pi/2 \sim \pi$。对低频带进行第二级分解，又得到低频带 $0 \sim \pi/4$ 和高频带 $\pi/4 \sim \pi/2$。如此重复下去，即每次对该级输入信号进行分解，得到一个低频的逼近信号和一个高频的细节信号，这样就将原始信号进行了多分辨分解。如图 3-12 所示。信号的各级分解都由 2 个滤波器完成，一个低通滤波器 $H_0(\omega)$，一个高通滤波器 $H_1(\omega)$。因为滤波器的设计是根据归一频率进行的，而前一级的信号输出又被 2 抽取过，所以这 2 个滤波器在各级是一样的。这种树形分解便是“由粗及精”的多分辨分析过程。相应的信号重构过程见图 3-13 所示。

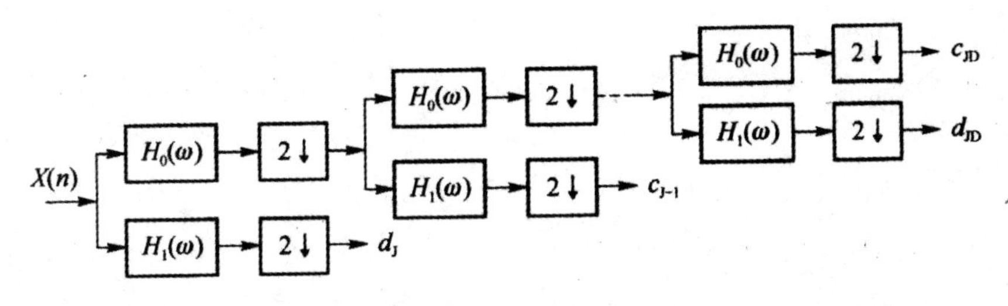

图 3-12 多采样滤波器组信号分解

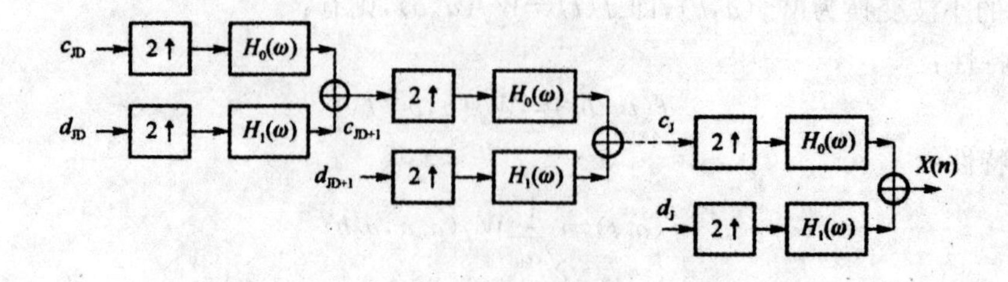

图 3-13　多抽样滤波器组信号重构

图中二通道滤波器组必须是正交的，可通过下面的方程定义：

高通：

$$H_0(\omega) = \sum_k h_k \mathrm{e}^{-jkv} \tag{3-143}$$

低通：

$$H_1(\omega) = \sum_k g_k \mathrm{e}^{-jkv} \tag{3-144}$$

信号分解的迭代过程定义为：

$$c_{j-1,k} = \sum_k h_{n-2k} c_{j,n} \tag{3-145}$$

$$d_{j-1,k} = \sum_k g_{n-2k} d_{j,n} \tag{3-146}$$

信号重构的迭代过程为：

$$c_{j,n} = \sum_k h_{n-2k} c_{j-1,k} + \sum_k g_{n-2k} d_{j-1,k} \tag{3-147}$$

第 4 章　图像增强

4.1　图像增强的点运算

点运算是一种直接灰度映射，是对原始图像中每个像素的灰度值按照某种数学运算法则，转化成一个新的灰度值。点运算是最简单的一种图像增强技术，是其他图像处理运算的基础。在图像处理中，运用点运算可以改变图像数据所占据的灰度值范围。对于一幅输入图像，经过点运算会产生一幅输出图像，输出图像中每个像素点的灰度值仅由相应输入像素点的灰度值确定。因此，点运算不会改变图像内的空间位置关系。

4.1.1　灰度运算

一般成像系统只具有一定的亮度范围，亮度的最大值与最小值的比值称为对比度。由于形成图像的系统亮度有限，所以经常会出现对比度不足的弊病，以致人眼观看图像时的视觉效果很差。而灰度运算可使图像动态范围加大、图像对比度扩展、图像清晰、特征明显，是图像增强的重要手段。灰度运算法又可以分为三种：线性运算、分段线性运算和非线性运算。

1. 线性运算

线性运算是将输入图像的灰度值的动态范围按线性比例拉伸扩展至指定范围或整个动态范围。在曝光不足或曝光过度的情况下，图像灰度可能会局限在一个很小的范围内。这时在显示器上会看到一个模糊不清、似乎没有灰度层次的图像。采用线性运算对图像的每个像素灰度做线性拉伸，将有效地改善图像视觉效果。

假定输入图像 $f(x,y)$ 的灰度范围为 $[a,b]$，希望运算后图像 $g(x,y)$ 的灰度范围扩展至 $[c,d]$，则 $g(x,y)$ 与 $f(x,y)$ 之间的关系函数为：

$$g(x,y)=\frac{d-c}{b-a}[f(x,y)-a]+c \tag{4-1}$$

此关系式可用图 4-1 表示，其中 a,b,c,d 这些分割点根据用户的不同需要来确定。

对于数字图像来说，尽管变换前后像素个数不变，但变换后不同像素之间的灰度差变大，对比度增加，图像的视觉效果必然优于变换前的图像。

若图像中大部分像素的灰度级分布在区间 $[a,b]$，很小部分的灰度级超出了此区间。为改善像素灰度级增强的效果，令

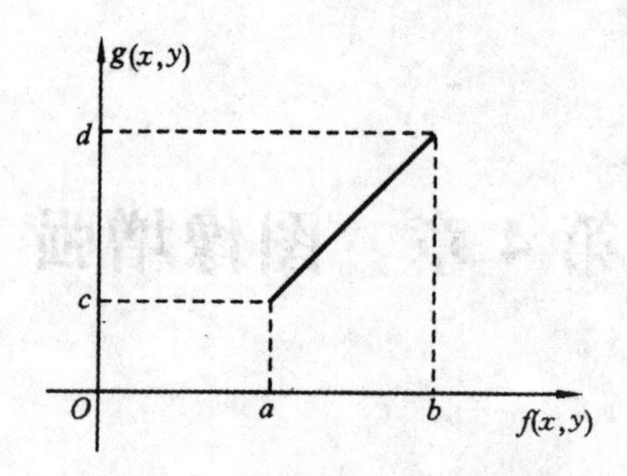

图 4-1　灰度范围的线性变换

$$g(x,y)=\begin{cases} c, & 0<f(x,y)\leqslant a \\ \dfrac{d-c}{b-a}[f(x,y)-a]+c, & a<f(x,y)\leqslant b \\ d, & b<f(x,y)\leqslant M_f \end{cases} \tag{4-2}$$

式中，M_f 是最大的灰度级。

这种运算扩展了区间 $[a,b]$ 的灰度级，但将 $[0,a]$ 和 $[b,M_f]$ 范围内的灰度级分别压缩为 c 和 d，损失了部分信息。在某些实际应用场合中，只要合理选择区间 $[a,b]$，可以允许这种失真的存在。

若要保持 $f(x,y)$ 的低端值和高端值不变，可以采用数学表达式：

$$g(x,y)=\begin{cases} \dfrac{d-c}{b-a}[f(x,y)-a]+c, & a\leqslant f(x,y)\leqslant b \\ f(x,y), & \text{其他} \end{cases} \tag{4-3}$$

对图 4-2(a)所示的图像进行线性变换后得到如图 4-2(b)所示的图像。

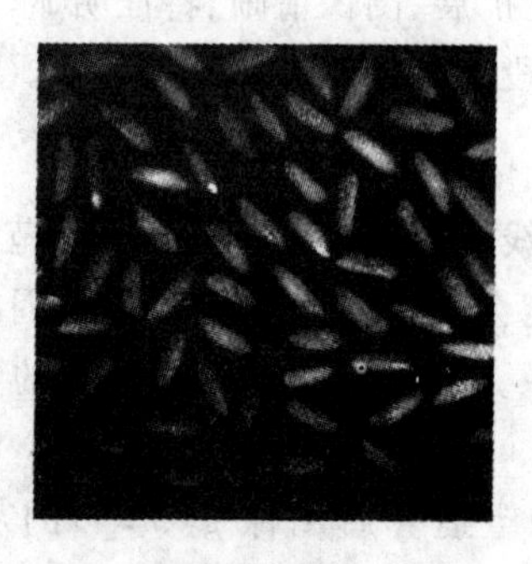

(a)原始图像

(b)灰度运算后图像

图 4-2　线性运算

2. 分段线性运算

为了突出图像中感兴趣的研究对象，要求局部扩展拉伸某一范围的灰度值，相对抑制不感兴趣的灰度区域，即分段线性运算法。如图 4-3 所示给出分段线性运算的示意图，对应的数学表达式为：

$$g(x,y)=\begin{cases}\dfrac{c}{a}f(x,y), & 0\leqslant f(x,y)<a\\ \dfrac{d-c}{b-a}[f(x,y)-a]+c, & a\leqslant f(x,y)<b\\ \dfrac{M_g-d}{M_f-b}[f(x,y)-b]+d, & b\leqslant f(x,y)\leqslant M_f\end{cases}\tag{4-4}$$

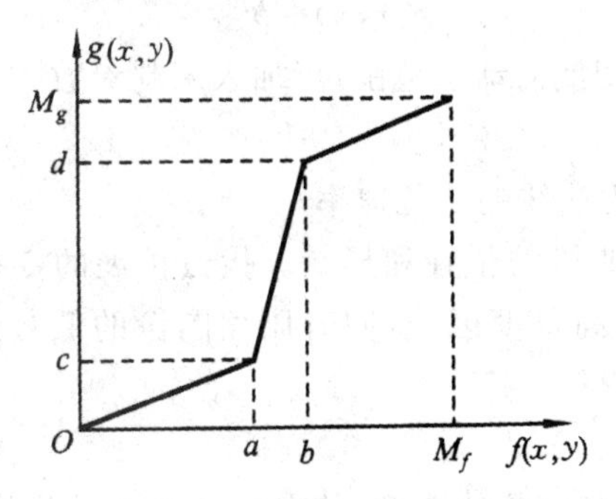

图 4-3　分段线性运算

图中对灰度区间$[a,b]$进行了线性扩展，而对灰度区间$[0,a]$和$[b,M_f]$加以压缩。通过细心调整折线拐点的位置及控制分段直线的斜率，可对任一灰度区间进行扩展或压缩。这种变换适用于在黑色或白色附近有噪声干扰的情况。

3. 非线性灰度运算

非线性点运算是在整个灰度值范围内采用统一的变换函数，利用变换函数的数学性质实现对不同灰度值区间的扩展和压缩。下面讨论对数扩展、指数扩展和位图切割三种非线性扩展运算。

(1)对数扩展

对数扩展的数学表达式为：

$$g(x,y)=\lg[f(x,y)]\tag{4-5}$$

对数的底一般根据需要进行灵活选择，在实际应用中，一般取自然对数运算，其数学表达式为：

$$g(x,y)=\lg[f(x,y)+1]\tag{4-6}$$

式中，C 为尺度比例系数，用于调节动态范围；$f(x,y)+1$ 是为了避免对零求对数。

对数扩展的变换函数曲线如图 4-4(a)所示。

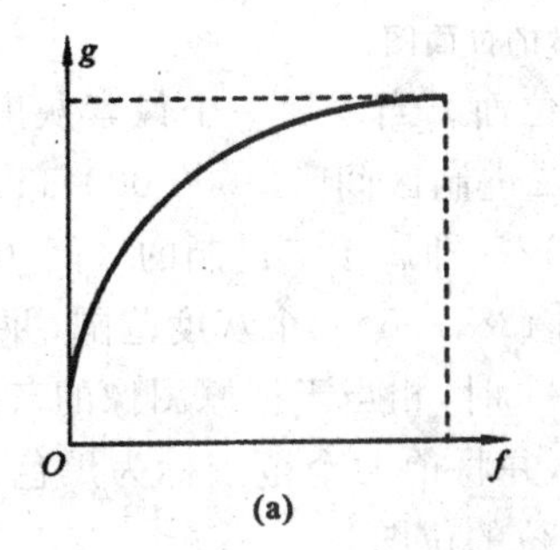

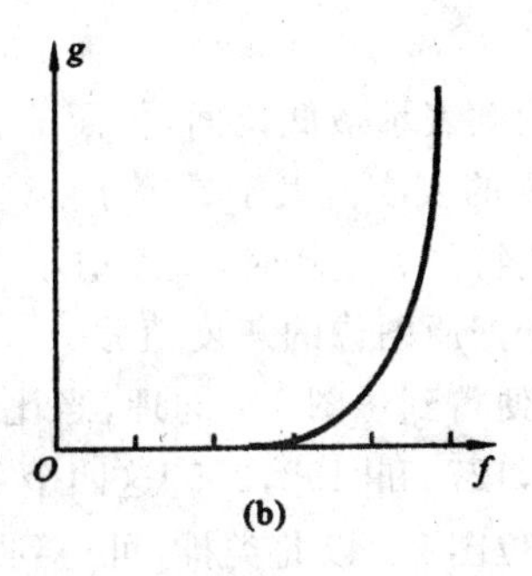

图 4-4　对数扩展和指数扩展的变换函数曲线

对数扩展可以大幅拉伸图像的低灰度区域，同时压缩图像的高灰度区域。当原图像的动态范围较大，且超出某些显示设备允许的显示范围时，需要对原图像进行对数扩展以达到压缩灰度的目的。

(2)指数扩展

指数扩展的数学表达式为：

$$g(x,y)=b^{f(x,y)} \tag{4-7}$$

在实际应用中，为了增加变换的动态范围，可加入调制参数。具体的数学表达式为：

$$g(x,y)=b^{c[f(x,y)-a]}-1 \tag{4-8}$$

式中，a 为曲线的起始位置；c 为曲线的变化速率。

a，b，c 三个参数可以调整曲线的位置和形状。指数扩展的变换函数曲线如图 4-4(b)所示。指数扩展可以大幅拉伸图像的高灰度区域，同时压缩图像的低灰度区域，它的效果与对数扩展相反。

(3)位图切割

对一幅用多个比特表示其灰度值的图像，其中每个比特可看做表示一个二值的平面，称为位面。假定每个图像像素被均匀量化为 B 位，现在希望提取第 n 位并对其进行显示，则图像中像素的灰度值 f 可以表示为：

$$f=k_{B-1}2^{B-1}+k_{B-2}2^{B-2}+\cdots+k_{B-n}2^{B-n}+\cdots+k_1 2+k_0 \tag{4-9}$$

期望输出的灰度值 g 为：

$$g=\begin{cases}1, & k_{B-n}=1\\ 0, & \text{其他}\end{cases}$$

式中，$g=1$ 为白色；$g=0$ 为黑色。

一幅灰度级用 8 bit 表示的图像有 8 个位面，如图 4-5 所示，

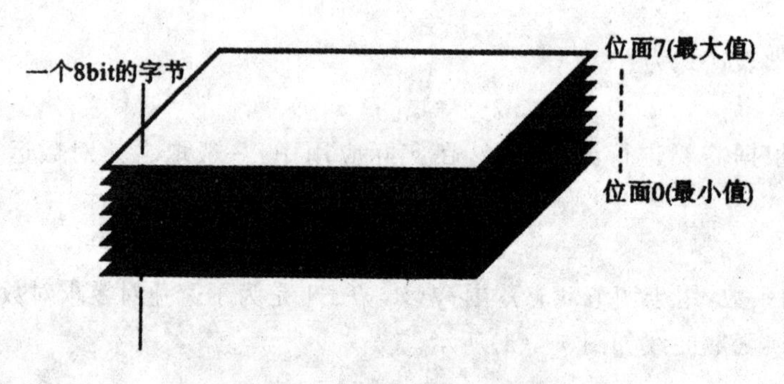

图 4-5　8bit 图像的位面图

通常用位面 0 表示最低位面，位面 7 表示最高位面。当表示一个像素灰度值的最高比特位 $k_7=1$ 时，该像素的灰度值大于或等于 128，即属于二进制区间[10 000 000，11 111 111]；当像素灰度值的最高比特位 $k_7=0$ 时，灰度值小于或等于 127，即属于二进制的区间[00 000 000，01 111 111]。这相当于把原图像的灰度值分成[0，127]和[128，255]两个灰度范围，并将前者标为黑色，后者标为白色，便得到位图 1。同理，当比特位 $k_6=1$ 时，相当于把原图像的灰度值分成[0，63]、[128，191]、[64，127]和[192，255]这四个灰度范围，并将前两个范围标为黑色，将后两个范围标为白色，便得到位图 2。以此类推，可得到其他比特位的位图。

图 4-6 给出了一组位面图实例。图 4-6(a)是一幅 8bit 灰度图像，图 4-6(b)～图 4-6(i)是从

位面 7 到位面 0 的 8 个位面图。其中，前 5 个高位面基本上包含了视觉可见的有意义的信息，其他 3 个位面几乎没有任何视觉信息，只显示图像中很细小的局部，通常可看做噪声。

图 4-6　位面图实例

4.1.2　代数运算

图像的代数运算是指两幅输入图像之间进行点对点的加、减、乘、除运算后得到输出图像的过程。像素间的代数运算在数字图像处理和分析中得到了广泛的应用，有些图像增强技术就是靠对多幅图像进行运算而实现的。下面分别讨论四种代数运算。

1. 加运算

设输入图像为 $f(x,y)$ 和 $g(x,y)$，输出图像为 $h(x,y)$，则两幅图像的加运算的表达式为：

$$h(x,y)=f(x,y)+g(x,y) \tag{4-10}$$

图像的加运算一般用于对同一场景的多幅图像求平均，用平均后的图像代替该场景的实际图像，以便有效地降低随机性噪声的影响。但这种方法只有当噪声可以用同二个独立分布的随机模型描述时才会有效。

2. 减运算

两幅图像的减运算的表达式为：

$$h(x,y)=f(x,y)-g(x,y) \tag{4-11}$$

图像的减运算，又称减影技术，指对同一景物在不同时间拍摄的图像或同一景物在不同波段的图像进行相减。差值图像反映了图像间的差异信息，突出图像中目标的位置和形状的变化。通常在控制环境下，或很短的时间间隔内，可以认为背景是固定不变的，直接使用减运算检测变化及运动的物体。在利用遥感图像进行动态监测时，用差值图像可以发现森林火灾、洪水泛滥，监测灾情变化及估计损失等；用差值图像还能鉴别出耕地及不同的作物覆盖情况。

减影技术可以用在监控系统中。在银行金库内，摄像头每隔一小段时间拍摄一幅图像，并与上一幅图像做差影，如果图像差别超过了预先设置的阈值，说明有异常情况发生，就应该拉响警报。减影技术也能用来监测河口、海岸的泥沙淤积及监视江河、湖泊、海岸等的污染。

减影技术常用在医学图像处理中用以消除图像背景。在血管造影技术中，肾动脉造影术对诊断肾脏疾病就有独特效果。通常的肾动脉造影在造影剂注入后，虽然能够看出肾动脉血管的形状及其分布，但由于肾脏周围血管受到脊椎及其他组织影像的重叠，难以得到理想的游离血管图像。对此，可摄制出肾动脉造影前后的两幅图像，相减后就能把脊椎及其他组织的影像去掉，而仅保留血管图像。

3. 乘运算

两幅图像的乘运算的表达式为：

$$h(x,y)=f(x,y)\cdot g(x,y) \tag{4-12}$$

图像的乘运算可以用来实现掩模处理，即屏蔽掉图像的某些部分。此外，由于时域的卷积及相关运算与频域的乘积运算对应，因此乘法运算有时也可作为一种技巧来实现卷积及相关处理。

4. 除运算

两幅图像的除运算的表达式为：

$$h(x,y)=f(x,y)/g(x,y) \tag{4-13}$$

图像的除运算可用于校正成像设备的非线性影响，在特殊形态的图像处理中常常用到。它可以用来监测两幅图像间的区别，但不是每个像素的绝对差异，而是相应像素值的变化比率。

4.2 空间域图像增强

4.2.1 基本灰度变换

灰度变换是所有图像增强技术中最简单的一类。处理前后的像素值用 r 和 s 分别定义。这些值与 $s=T(r)$ 表达式的形式有关，这里的 T 是把像素值 r 映射到像素值 s 的一种变换。由于处理的是数字量，变换函数的值通常存储在一个一维阵列中，并且通过查表得到从 r 到 s 的映射。对于 8bit 环境，一个包含 T 值的可查阅的表需要有 256 个记录。

如图 4-7 显示了图像增强常用的三类基本函数：线性函数、对数函数和幂次函数。正比函数是最一般的，其输出亮度与输入亮度可互换，唯有它完全包括在图形中。

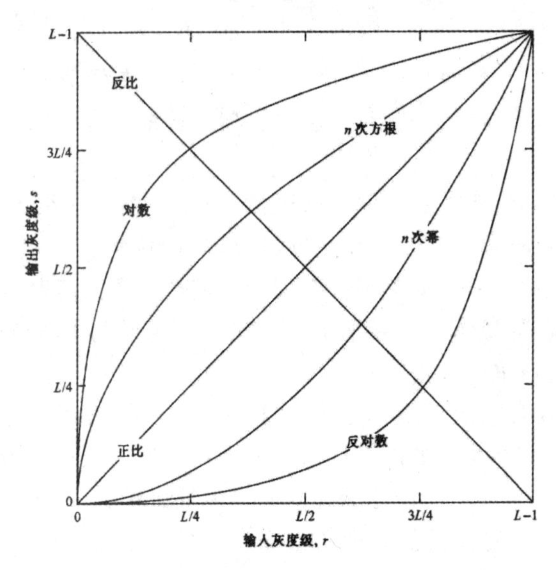

图 4-7　用于图像增强的三类基本灰度变换函数

1. 图像反转

灰度级范围为[0,$L-1$]的图像反转可由示于图 4-7 的反比变换获得，表达式为：

$$s=L-1-r \tag{4-14}$$

用这种方式倒转图像的强度，可产生图像反转的对等图像。这种处理尤其适用于增强嵌入于图像暗色区域的白色或灰色细节，特别是当黑色面积占主导地位时。如图 4-8 所示，原始图像为一乳房的数字 X 照片，可看到有一小块病变。尽管事实上两幅图在视觉内容上都一样，但应注意，在这种特殊情况下，分析乳房组织结构时使用反转图像会容易得多。

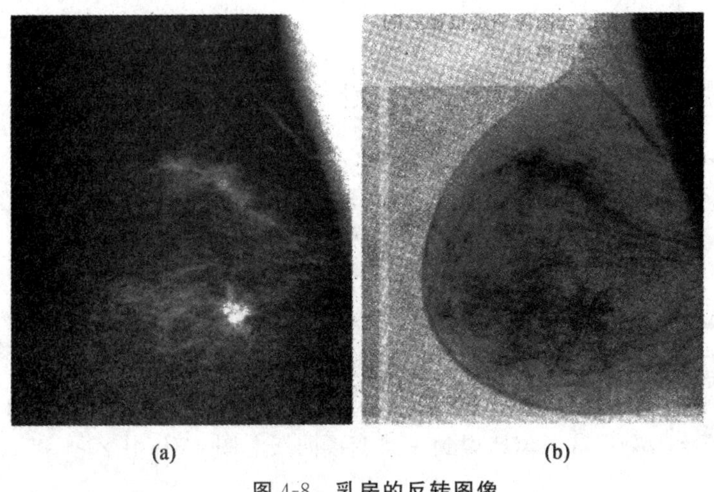

(a)　　(b)

图 4-8　乳房的反转图像

(a)原始数字乳房照片；(b)用式(4-14)反变换得到的反转图像(GE医学系统提供)

2. 对数变换

图 4-7 的对数变换的一般表达式为：

$$s=c\log(1+r) \tag{4-15}$$

式中，c 是一个常数，并假设 $r\geqslant 0$。

对数曲线如图 4-7 所示。此种变换使一窄带低灰度输入图像值映射为一宽带输出值。相对的是输入灰度的高调整值。可以利用这种变换来扩展被压缩的高值图像中的暗像素。相对的是反对数变换的调整值。

一般对数函数的所有曲线都能完成图像灰度的扩散/压缩。在很大程度上压缩了图像像素值的动态范围，其应用的一个典型例子是傅里叶频谱，它的像素值有很大的动态范围。现在，我们只注意图像频谱的特征。频谱值的范围从 0 到 106 甚至更高的情况是不常见的。当计算机处理像这样的无误数字时，图像显示系统通常不能如实地再现如此大范围的强度值。最后的效果是有很多细节会在典型的傅里叶频谱显示时丢失。

为了说明对数变换，图 4-9(a)显示了值为 $0\sim1.5\times10^6$ 的傅里叶频谱。当这些值在一个 8bit 的系统中被线性标度而显示时，最亮的像素将成为显示的重点，频谱中的低值将损失掉。这种显示重点的效果在图 4-9(a)中相对小的图像范围里鲜明地体现出来了，而作为黑色则观察不到。若不用这种方法显示数值，可以先对光谱值处理。图 4-9(b)显示了线性调节这个新范围并在同样的 8bit 显示系统中显示频谱的结果。与光谱直接显示相比，这幅图像的细节可见程度在这些图像中是很显然的。关于图像处理的出版物中所看到的绝大多数傅里叶频谱都用这种方式调整过。

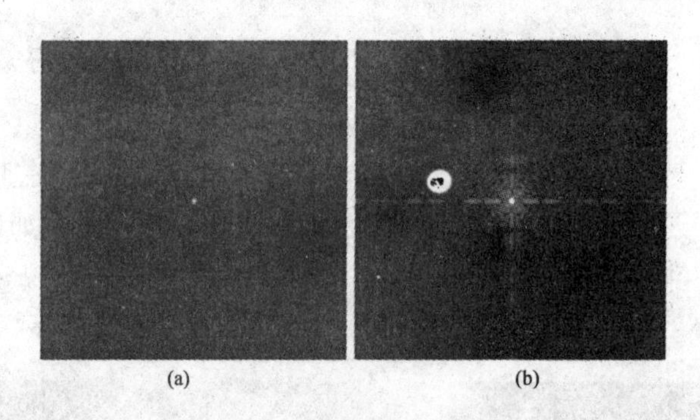

图 4-9　图像的对数变换

(a)傅里叶频谱；(b)对式(4-15)取 $c=1$，应用了对数变换的结果

3. 幂次变换

幂次变换的基本形式为：

$$s=cr^{\gamma} \tag{4-16}$$

式中，c 和 γ 为正常数。

考虑到偏移量，上式也可以写为 $s=c(r+\varepsilon)^{\gamma}$。偏移量通常是显示标定的衍生，一般在式(4-16)中忽略掉。作为 r 的函数，s 对于 γ 的各种值绘制的曲线见图 4-10。与对数变换的情况类似，幂次曲线中 γ 的部分值把输入窄带暗值映射到宽带输出值。输入高值时亦成立。然而，与对数函数不同的是，随着 γ 的变化将简单地得到一组变换曲线。图 4-10 中 $\gamma>1$ 和 $\gamma<1$ 产生的曲线有相反的效果。

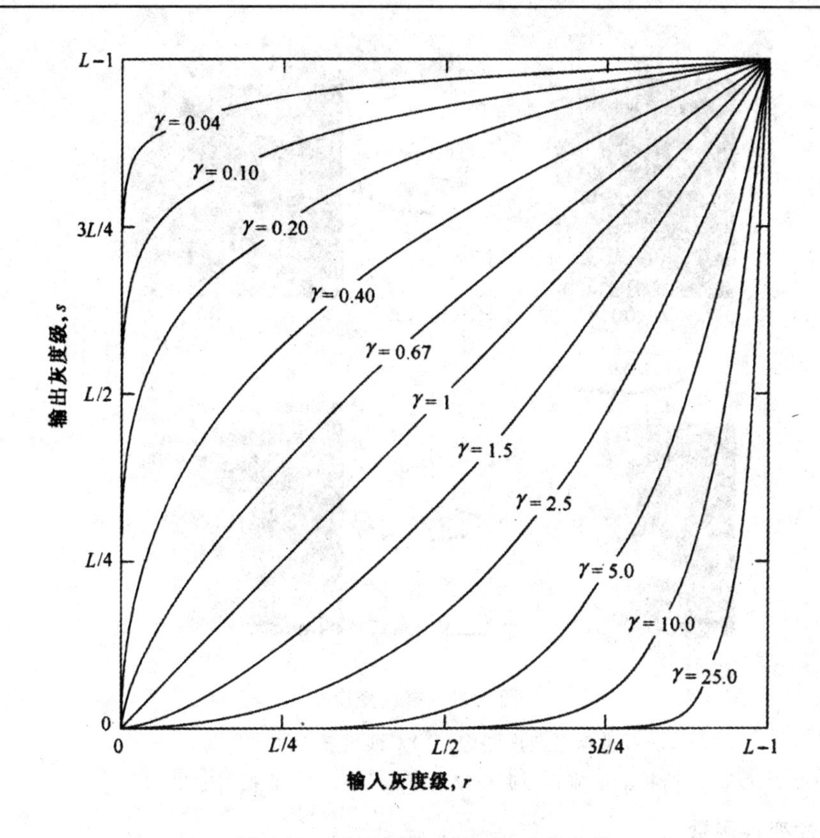

图 4-10　对于各种 γ 值 $s=cr^{\gamma}$ 的曲线

用于图像获取、打印和显示的各种装置根据幂次规律产生响应。习惯上，幂次等式中的指数是指伽马值，用于修正幂次响应现象的过程称为伽马校正。例如，阴极射线管(CRT)装置有一个电压-强度响应，这是一个指数变化范围为 1.8～2.5 的幂函数。在图 4-10 中，用 $\gamma=2.5$ 的参考曲线，这样的显示系统倾向于产生比希望的效果更暗的图像。这个结果可由图 4-11 进行说明。图 4-11(a)在 CRT 监视器上显示了一个简单的灰度线性楔形输入。CRT 显示器的输出比输入暗，如图 4-11(b)所示。在这种情况下伽马校正需要做的只是将图像输入到监视器前进行预处理，其结果如图 4-11(c)所示。当输入到同样的监视器时，这一伽马校正的输入将产生接近于原图像的输出，如图 4-11(d)所示。类似的分析可用于其他图像装置，如扫描仪和打印机。

伽马校正对在计算机屏幕上精确显示图像是很重要的。不恰当的图像修正会被漂白或变得更暗。随着数字图像在因特网上商业应用的增多，在过去几年里，伽马校正逐渐变得越来越重要。对于成百上千万的网民浏览的流行网站，为其创作图像是经常的事。有些计算机系统甚至配有部分伽马校正。当在网站中存储图像时，一种可能方法是用伽马值对图像进行预处理，此伽马值表示了在开放的市场中，在任意给定时间点，各种型号的监视器和计算机系统所期望的“平均值”。

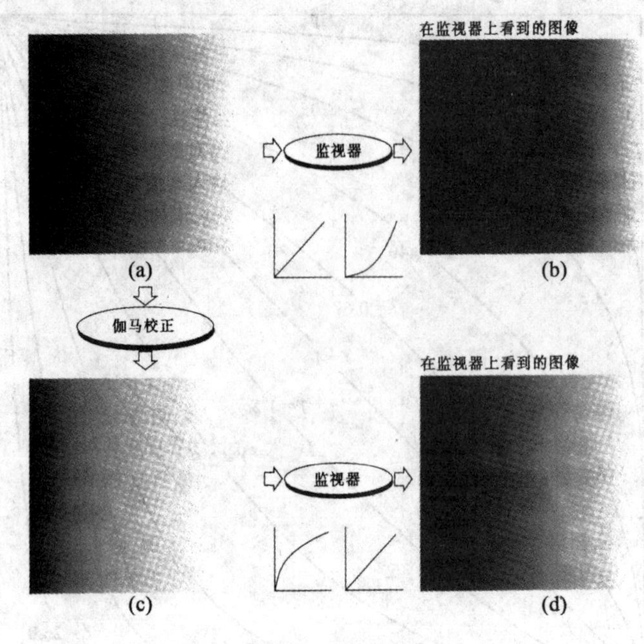

图 4-11　幂次变换

(a)线性楔形灰度图像;(b)对线性楔形灰度图像的监视器响应;(c)伽马校正楔形图像;(d)监视器输出

4. 分段线性变换函数

分段线性函数主要优势在于其形式可任意合成。事实上,有些重要变换的实际应用可由分段线性函数描述。分段线性函数的主要缺点是需要更多的用户输入。对比拉伸最简单的分段线性函数之一是对比拉伸变换。低对比度图像可由照明不足、成像传感器动态范围太小,甚至在图像获取过程中透镜光圈设置错误引起。对比拉伸的思想是提高图像处理时灰度级的动态范围。

图 4-12(a)是对比拉伸的典型变换。点(r_1,s_1)和(r_2,s_2)的位置控制了变换函数的形状。如果$r_1=s_1$且$r_2=s_2$,则变换为一线性函数,将产生一个没有变化的灰度级。若$r_1=r_2$,$s_1=0$且$s_2=L-1$,则变换变为阈值函数,并产生二值图像。(r_1,s_1)和(r_2,s_2)的中间值将产生输出灰度级不同程度展开的图像,因而影响其对比度。一般情况下,假定$r_1\leqslant r_2$且$s_2\leqslant s_2$,函数则为单值单调增加。这样将保持灰度级的次序,因此避免了在处理过的图像中产生人为的亮度错误。

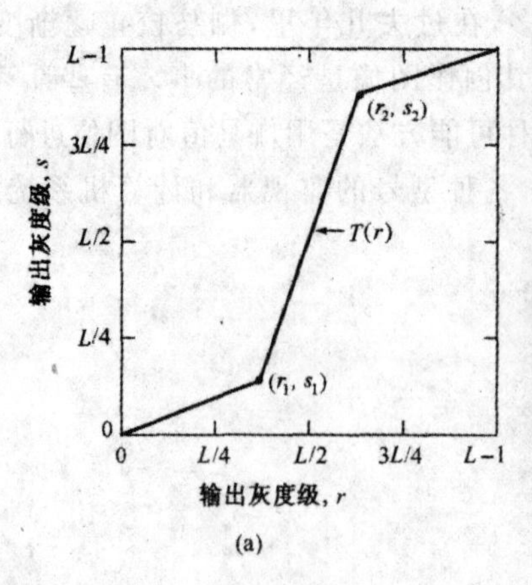

(a)

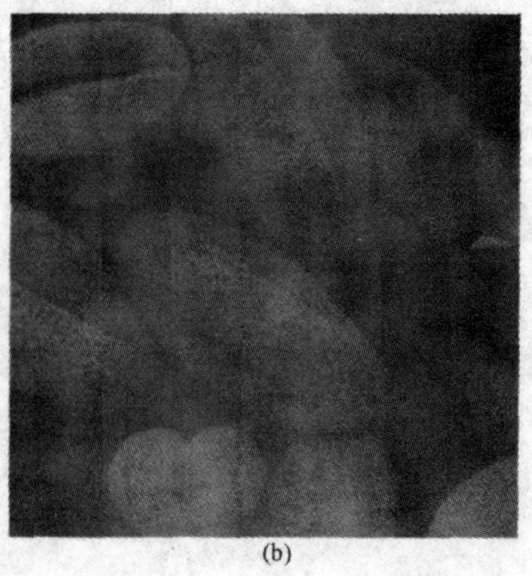

(b)

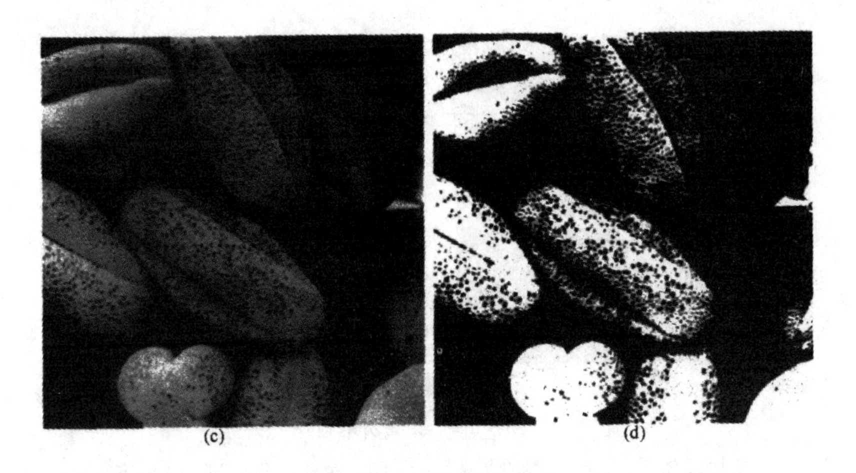

图 4-12 对比度拉伸

(a)变换函数的形式;(b)低对比度图像;

(c)对比度拉伸的结果;(d)门限化的结果

图 4-12(b)为一幅 8bit 低对比度图像。图 4-12(c)为对比拉伸后的效果,设$(r_1,s_1)=(r_{min},0)$且$(r_2,s_2)=(r_{max},L-1)$,其中 r_{min}和 r_{max}代表图像中灰度级的最小值和最大值。因此,变换函数把灰度级由原范围线性地拉伸至饱和范围$[0,L-1]$。最后,图 4-12(d)显示了使用这种阈值函数的效果。原始图像为电子显微镜扫描的放大约 700 倍的花粉图像。

(1)灰度切割

在图像中提高特定灰度范围的亮度通常是必要的,其应用包括增强特征和增强 X 射线图中的缺陷。有许多方法可以进行灰度切割,但是它们中的大多数是两种基本方法的变形。其一就是在所关心的范围内为所有灰度指定一个较高值,而为其他灰度指定一个较低值。如图 4-13(a)所示,这个变换产生了一个二值图像。基于图 4-13(b)所示变换的第二种方法使所需范围的灰度变亮,但是仍保持了图像的背景和灰度色调。图 4-13(c)表示一个灰度图像,图 4-13(d)表示使用了图 4-13(a)的变换后的结果。图 4-13 显示的两种变换的不同很容易阐明。

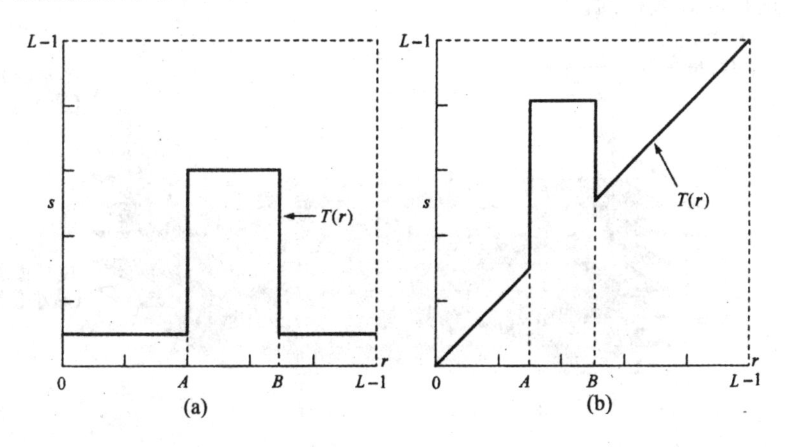

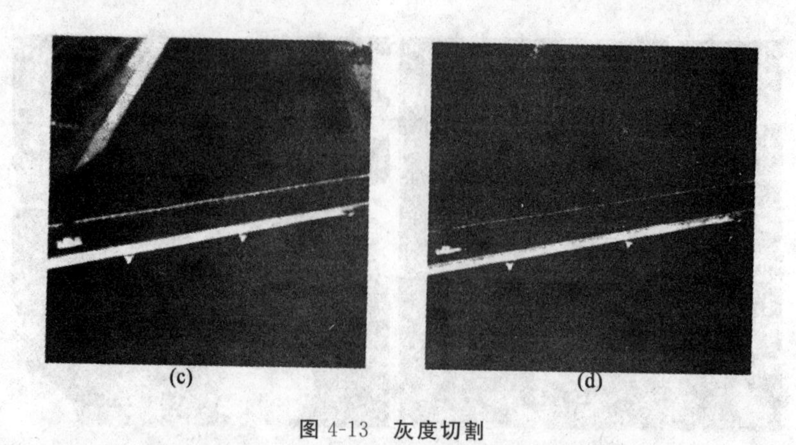

图 4-13　灰度切割

(a)这一变换加亮了[A,B]范围的灰度级,所有其他灰度减小为一个恒定灰度级;
(b)这一变换加亮了[A,B]范围的灰度,但保持所有其他灰度级不变;
(c)一幅图像;(d)使用(a)变换的结果

(2)位图切割

位图切割不提高灰度范围的亮度,而是通过对特定位提高亮度,对整幅图像的质量仍然是有贡献的。设图像中的每个像素都由 8bit 表示,假设图像由 8 个 1bit 平面组成,其范围从最低有效位的位平面 0 到最高有效位的位平面 7。在 8bit 字节中,平面 0 包含图像中像素的最低位,而平面 7 则包含最高位,图 4-14 说明了这些概念:图 4-16 显示了在图 4-15 中描述的各种位平面。较高阶位包含了在视觉上很重要的大多数数据。其他位平面对图像中的更多微小细节有作用。把数字图像分解为位平面,对于分析每一位在图像中的相对重要性是有用的,这是一个用来辅助决定量化一个像素的位数是否充足的过程。

就 8bit 图像的位平面抽取而言,说明用一个灰度阈值变换函数处理输入图像可以获得位平面 7 的二值图像并不困难。该灰度阈值变换函数:①把图像中 0 和 127 间的所有灰度映射到一个灰度级;②把 128 到 255 间的灰度映射为另一种灰度级。在图 4-16 中以位平面 7 表示的二值图像就是通过这种方式获得的。

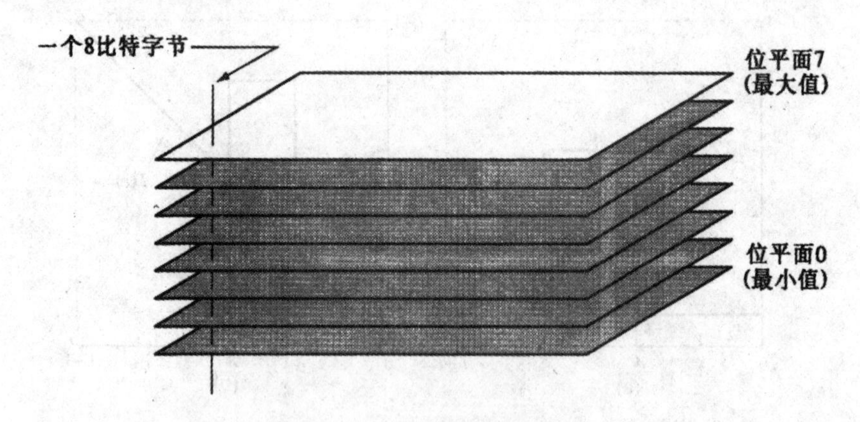

图 4-14　8bit 图像的位平面表示

图 4-15　一幅 8bit 分形图像(分形是数学表达式产生的图像)

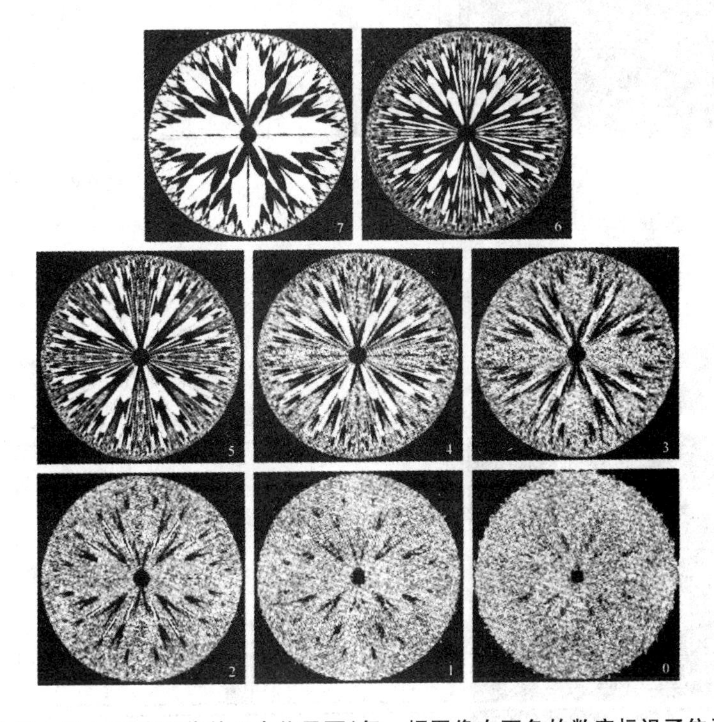

图 4-16　图 4-15 中图像的 8 个位平面(每一幅图像右下角的数字标识了位平面)

4.2.2　直方图处理

灰度级为[0,$L-1$]范围的数字图像的直方图是离散函数 $h(r_k)=n_k$,其中 r 是第 k 级灰度,n_k 是图像中灰度级为 r_k 的像素个数。经常以图像中像素的总数来除它的每个值,以得到归一化的直方图。直方图由 $P(r_k)=n_k/n$ 给出,其中 $k=0,1,\cdots,L-1$。

直方图是多种空间域处理技术的基础。直方图操作能有效地用于图像增强,讨论直方图在图像增强中的处理作用,如图 4-17 是图 4-12 的以四个基本灰度级特征做出的花粉图像。图的右侧显示了这些图像相应的直方图。每个直方图的水平轴对应灰度级值 r_k,纵轴对应于 $h(r_k)=n_k$ 的值或归一化后为 $P(r_k)=n_k/n$ 的值。

在偏暗图像中，直方图的组成成分集中在灰度级低的一侧。明亮图像的直方图则倾向于灰度级高的一侧。低对比度图像的直方图窄而集中于灰度级的中部。对于黑白图像，这意味着暗淡，好像灰度被冲淡了一样。最后我们看到，在高对比度的图像中，直方图的成分覆盖了灰度级很宽的范围，而且像素的分布没有太不均匀，只有少量垂线比其他的高许多。直观可以得出结论，若一幅图像的像素占有全部可能的灰度级并且分布均匀，则这样的图像有高对比度和多变的灰度色调。它的净作用是出现一幅灰度级丰富且动态范围大的图像。

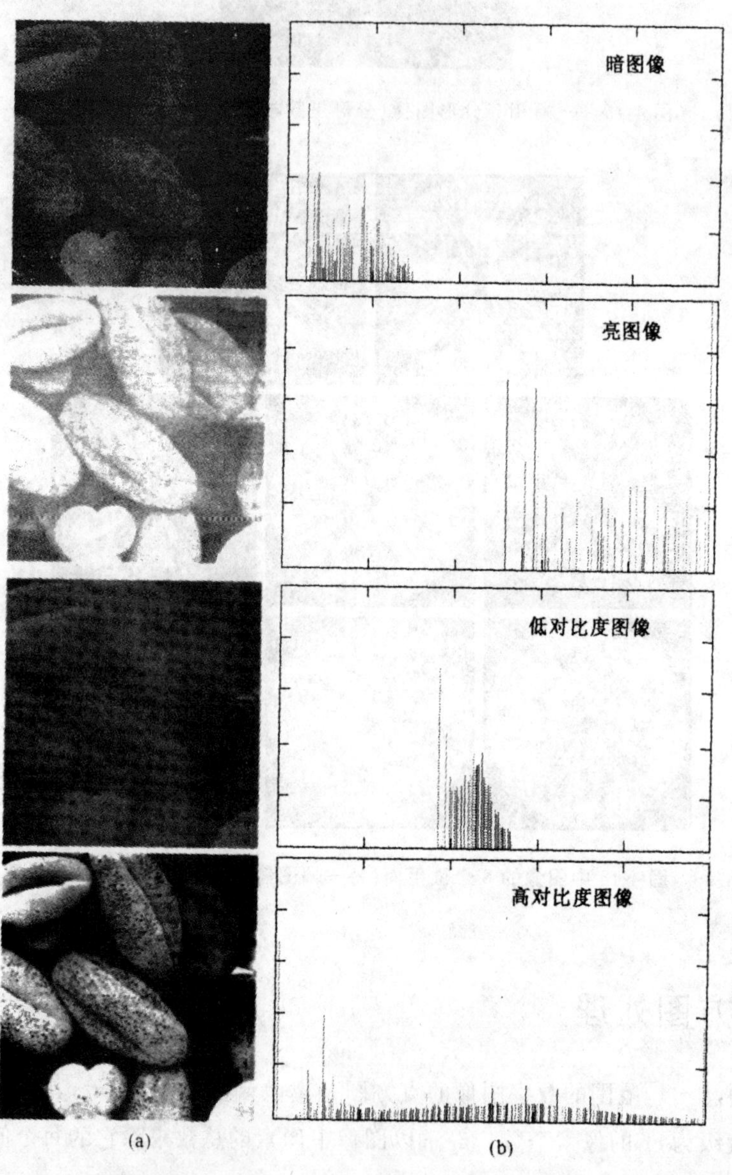

图 4-17　四个基本图像类型(暗、亮、低对比度和高对比度)及它们相对应的直方图

(原图像由澳大利亚国立大学生物科学研究学院的 Roger H 博士提供)

1. 直方图均衡化

考虑连续函数并用变量 r 代表待增强图像的灰度级。在前面的讨论中，假设 r 被归一化到

区间[0,1]，且 $r=0$ 表示黑色及 $r=1$ 表示白色。然后，考虑一个离散公式并允许像素值在区间 $[0,L-1]$ 内。

对于任一满足上述条件的 r，我们将注意力集中在变换形式上：

$$s=T(r) \quad 0\leqslant r\leqslant 1 \tag{4-17}$$

在原始图像中，对于每个像素值 r 产生一个灰度值 s。显然，可以假设变换函数 $T(r)$ 满足以下条件：

①$T(r)$ 在区间 $0\leqslant r\leqslant 1$ 中为单值且单调递增。

②当 $0\leqslant r\leqslant 1$ 时，$0\leqslant T(r)\leqslant 1$。

条件①中要求 $T(r)$ 为单值是为了保证反变换存在，单调条件保持输出图像从黑到白的顺序变换函数不单调增加将导致至少有一部分亮度范围被颠倒，从而在输出图像中产生一些反转灰度级。最后，条件②保证输出灰度级与输入有同样的范围。图 4-18 给出了满足这两个条件的一个变换函数的例子。由 s 到 r 的反变换可以表示为：

$$r=T^{-1}(r) \tag{4-18}$$

从例子中可得出，即使 $T(r)$ 满足条件①和②，相应的函数 $T^{-1}(r)$ 也可能不为单值。

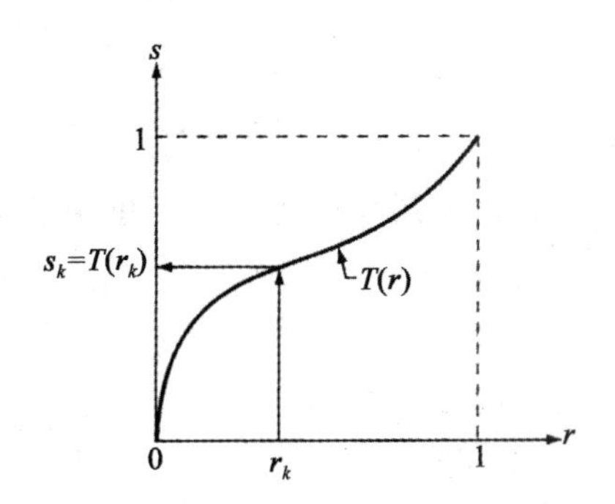

图 4-18　单值单调递增的灰度级变换函数

一幅图像的灰度级可被视为区间[0,1]的随机变量。随机变量的一个最重要的基本描述是其概率密度函数(PDF)。令 $p_r(r)$ 和 $p_s(s)$ 分别代表随机变量 r 和 s 的概率密度函数。此处带有下标的 $p_r(r)$ 和 $p_s(s)$ 用于表示不同的函数。由基本概率理论得到一个基本结果：如果 $p_r(r)$ 和 $T(r)$ 已知，且 $T^{-1}(r)$ 满足条件①，那么变换变量 s 的概率密度函数 $p_s(s)$ 可由以下简单公式得到：

$$p_s(s)=p_r(r)\left|\frac{\mathrm{d}r}{\mathrm{d}s}\right| \tag{4-19}$$

因此，变换变量 s 的概率密度函数由输入图像的灰度级 PDF 和所选择的变换函数决定。

在图像处理中一个尤为重要的变换函数如下所示：

$$s = T(r) = \int_0^r p_r(w)\mathrm{d}w \tag{4-20}$$

式中，w 是积分变量。式(4-20)的右部为随机变量 r 的累积分布函数(CDF)。因为概率密度函数永远为正，并且函数积分是一个函数曲线下的面积，所以它遵循该变换函数是单值单调增加的条件，因此满足条件①。类似地，区间[0,1]上变量的概率密度函数的积分也在区间[0,1]上，因此也满足条件②。

给定变换函数 $T(r)$，通过式(4-19)得到 $p_s(s)$。从基本微积分学可知关于上限的定积分的

导数是该上限的积分值，即

$$\begin{aligned}\frac{\mathrm{d}s}{\mathrm{d}r} &= \frac{\mathrm{d}T(r)}{\mathrm{d}r} \\ &= \frac{d}{\mathrm{d}r}\left[\int_0^r p_r(w)\mathrm{d}w\right] \\ &= p_r(r)\end{aligned} \tag{4-21}$$

用这个结果代替 $\mathrm{d}r/\mathrm{d}s$，代入式(4-19)，取概率密度为正，得到：

$$\begin{aligned}p_s(s) &= p_r(r)\left|\frac{\mathrm{d}r}{\mathrm{d}s}\right| \\ &= p_r(r)\left|\frac{1}{p_r(r)}\right| \\ &= 1 \qquad\qquad 0 \leqslant s \leqslant 1\end{aligned} \tag{4-22}$$

因为 $p_s(s)$是概率密度函数，在这里可以得出，区间[0,1]以外它的值为0，这是因为它在所有 s 值上的积分等于1。我们看到式(4-22)中给出的 $p_s(s)$形式为均匀概率密度函数。

对于离散值，我们处理其概率与求和，而不是概率密度函数与积分。一幅图像中灰度级“出现的概率近似为：

$$p_r(r_k) = \frac{n_k}{n} \quad k = 0,1,2,\cdots,L-1 \tag{4-23}$$

式中，n_k 是灰度级为 r_k 的像素个数，L 为图像中可能的灰度级总数。式(4-20)中变换函数的离散形式为：

$$\begin{aligned}s_k &= T(r_k) \\ &= \sum_{j=0}^{k} p_r(r_j) \\ &= \sum_{j=0}^{k} \frac{n_j}{n} \quad k = 0,1,2,\cdots,L-1\end{aligned} \tag{4-24}$$

因此，已处理的图像由通过式(4-24)，将输入图像中灰度级为 r_k 的各像素映射到输出图像中灰度级为 s_k 的对应像素得到。r_k 的函数 $p_r(r_k)$的曲线称为直方图。式(4-24)给出的变换称为直方图均衡化或直方图线性化。

从 s 回到 r 的反变换形式表示为：

$$r_k = T^{-1}(s_k) \quad k = 0,1,2,\cdots,L-1 \tag{4-25}$$

只要灰度级 $r_k(k=0,1,2,\cdots,L-1)$均出现于输入图像，就可看出式(4-25)的反变换满足此节前面给出的条件①和②。

直方图均衡化的示意图如图 4-19 所示。

图 4-19　直方图均衡化示意图

(a)图 4-17 的图像;(b)直方图均衡化的结果;(c)相应的直方图

2. 直方图匹配(规定化)

直方图均衡化能自动地确定变换函数,该函数寻求产生有均匀直方图的输出图像。但是对于某些应用,采用均匀直方图的基本增强并不是最好的方法。有时可以指定希望处理的图像所具有的直方图形状。这种用于产生处理后有特殊直方图的图像的方法,称为直方图匹配或直方图规定化处理。

(1)方法的推导

在连续灰度级 r 和 z 中,令 $p_r(r)$ 和 $p_z(z)$ 为它们对应的连续概率密度函数。在这里,r 和 z 分别代表输入和输出图像的灰度级。从输入图像估计 $p_r(r)$,而 $p_z(z)$ 为希望输出图像具有的规定概率密度函数。

令 s 为一随机变量,且有

$$s = T(r) = \int_0^r p_r(w)\mathrm{d}w \tag{4-26}$$

式中,w 为积分变量。我们发现这个表达式为式(4-20)直方图均衡化的连续形式。然后假设定义随机变量 z,且有

$$G(z) = \int_0^z p_z(t)\mathrm{d}t = s \tag{4-27}$$

式中，t 为积分变量。由这两个等式可得到 $G(z)=T(r)$，因此 z 必须满足下列条件：

$$z=G^{-1}(s)=G^{-1}[T(r)] \tag{4-28}$$

变换函数 $T(r)$ 由式(4-26)得到，$p_r(r)$ 由输入图像估值。类似地，变换函数 $G(z)$，因 $p_z(z)$ 已知，而由式(4-27)得到。

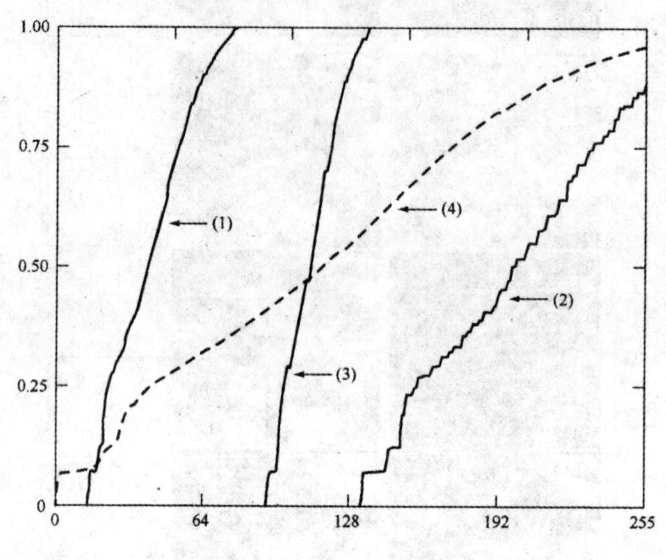

图 4-20　直方图匹配推导

用式(4-24)，从图 4-19(a)中的图像直方图得到的变换函数(1)到(4)。

设满足前面所述条件①和②的 G^{-1} 存在，式(4-26)到式(4-28)说明用下列步骤可由输入图像得到一个有规定概率密度函数的图像：

首先由式(4-26)求得变换函数 $T(r)$；然后由式(4-27)求得变换函数 $G(z)$；再求得反变换函数 G^{-1}；最后对输入图像的所有像素应用式(4-28)得到输出图像。这样得到的新图像灰度级具有事先规定的概率密度函数 $p_z(z)$。

尽管刚才讨论的步骤在理论上可直接进行，但在实践中得到 $T(r)$ 和 G^{-1} 却不太可能。在离散情况下，仅仅与所希望的直方图近似是可以得到的。即使用很粗糙的近似也可以得到非常有用的结果：

$$\begin{aligned} s_k &= T(r_k) \\ &= \sum_{j=0}^{k} p_r(r_k) \\ &= \sum_{j=0}^{k} \frac{n_j}{n} \quad k=0,1,2,\cdots,L-1 \end{aligned} \tag{4-29}$$

式中，n 为图像中像素数总和，n_j 灰度级为 r_j 的像素数量，L 为离散灰度级的数量。类似地，式(4-27)的离散表达式由给定的直方图 $p_z(z_i)(i=0,1,2,\cdots,L-1)$ 得到，且有形式：

$$v_i = G(z_k) = \sum_{i=0}^{k} p_z(z_i) = s_k \quad (i=0,1,2,\cdots,L-1) \tag{4-30}$$

正如连续情况，我们寻找满足等式的 z 值。为后续讨论清楚起见，这里给出了变量 v_k。最后，式(4-28)的离散形式由下式给出：

$$z_k = G^{-1}[T(r_k)] \quad k=0,1,2,\cdots,L-1 \tag{4-31}$$

或由式(4-29)得到：

$$z_k = G^{-1}[s_k] \quad k=0,1,2,\cdots,L-1 \tag{4-32}$$

式(4-29)到式(4-32)是数字图像直方图匹配的基本公式。式(4-29)是基于原始图像直方图，从原始图像灰度级到对应灰度级 s_k 的映射，该原始图像的直方图从图像的像素计算得到。式(4-30)从给定的直方图 $p_z(z)$ 计算变换函数 G。最后，式(4-31)或等价的式(4-32)给出了此直方图的图像所希望的灰度级(的近似)。前两式因其各个量均已知而很容易实现。式(4-32)可直接实现，但需要附加说明。

(2)实现

为了知道直方图匹配实际上如何进行，考虑图 4-21(a)并暂时忽略此图和图 4-21(c)的联系。图 4-21(a)显示了一假设的由给定图像得到的离散变换函数 $s=T(r)$。图像中第一个灰度级 r_1 映射到 s_1，第 2 个灰度级 r_2 映射到 s_2，……，第 k 个灰度级 r_k 映射到 s_k 等等。如果现在停止，并为输入图像的每个像素值用上述方法进行映射，根据式(4-24)，则会输出直方图均衡化了的图像。

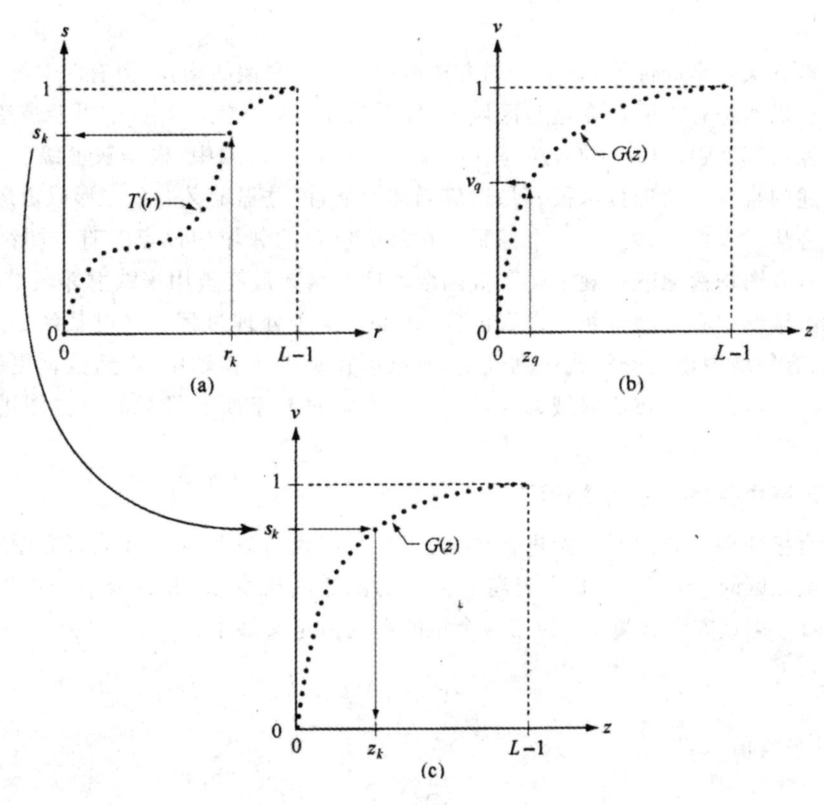

图 4-21　直方图匹配实现示意图

(a)经 $T(r)$ 从 r_k 到 s_k 映射的图解；(b)经 $G(z)$ 从 z_q 映射到其相应的值 v_q；(c)从 s_k 到其相应的值 z_k 的逆映射

为了执行直方图匹配，必须再进行一步操作。图 4-21(b)是一个由给定直方图 $p_z(z)$ 用式(4-30)得到的一个假设的变换函数 G。对于每个 z_q，这个变换函数得到一个对应的值 v_q。这个映射由图 4-21(b)的箭头符示出。相反，若已知任意 v_q 值，可以由 $G-1$ 得到对应的值 z_q。根据这幅图，可以倒转箭头符方向而由 v_q 映射到 z_q。式(4-30)的定义可知根据对应的下标有 $v=s$，因此可以确切地利用这种处理找到任意对应于 s_k 的值 z_k，z_k 是从等式 $s_k=T(r_k)$ 计算得来的，这一思想示于图 4-21(c)。

因为的确不知道 z 的值，所以要用某种迭代方案由 s 找到 z。因为 $v_k=s_k$，由式(4-30)可知，所找的 z 值必须满足等式 $G(z_k)=s_k$。定义的迭代方案如下：

$$(G(\hat{z})-s_k)\geqslant 0 \tag{4-33}$$

式中，$\hat{z}$ 是区间 $[0,L-1]$ 中的最小整数；$k=0,1,2,\cdots,L-1$。

对刚才实现的直方图匹配的操作步骤可总结如下：

①求出已知图像的直方图。

②利用式(4-29)对每一灰度级 r_k 预计算映射灰度级 s_k。

③利用式(4-30)从给定的 $p_z(z)$ 得到变换函数 G。

④利用式(4-35)定义的迭代方案对每个 s_k 值预计算值。

⑤对于原始图像的每个像素，若像素值为 r_k，则将该值映射到其对应的灰度级 s_k，然后映射灰度级 s_k。到最终灰度级 z_k。

3. 局部增强

直方图处理方法是全局性的，这个全局方法适用于整个图像的增强，但有时对图像小区域细节的局部增强也仍然是有用的。在这些区域中，像素数在全局变换的计算中可能被忽略，因为它们没有必要确保局部增强。解决的方法是在图像每个像素的邻域中，根据灰度级分布设计变换函数。以前描述的直方图处理技术很容易适应局部增强，该过程定义一个方形或矩形的邻域，并把该区域的中心从一个像素移至另一个像素。在每个位置的邻域中该点的直方图都要计算，并且得到的不是直方图均衡化就是规定化变换函数。这个函数最终被用来映射邻域中心像素的灰度。然后相邻区域的中心被移至相邻像素位置，并重复这个处理过程。当对某区域进行逐像素转移时，由于只有邻域中新的一行或一列改变，所以可在每一步移动中，以新数据更新前一个位置获得的直方图。这种方法相比邻域每移动一个像素就对基于所有像素的直方图进行计算，有明显的优点。

4. 在图像增强中使用直方图统计法

尽管可以直接使用直方图对图像进行增强，但是我们也可以利用直接从直方图获得的统计参数。令 r 表示在区间 $[0,L-1]$ 上代表离散灰度的离散随机变量，并且令 $p(r_i)$ 代表对应于 r 的第 i 个值的归一化直方图分量。r 的第 n 个矩的平均值定义如下：

$$\mu_n=\sum_{i=0}^{L-1}(r_i-m)^n p(r_i) \tag{4-34}$$

式中，m 是 r 的平均值：

$$m=\sum_{i=0}^{L-1}r_i p(r_i) \tag{4-35}$$

由式(4-33)和式(4-34)导出 $\mu_0=1$，$\mu_1=0$，其二阶矩的表达式如下：

$$\mu_2(r)=\sum_{i=0}^{L-1}(r_i-m)^2 p(r_i) \tag{4-36}$$

对于图像增强，我们考虑平均值和方差的两种用途。全局平均值和方差是对整幅图像进行度量，并是对整幅图像强度和对比度的初步粗调整。这两种方法更强大的应用是在局部增强中，局部平均值和方差作为实施改变的基础，而这种改变依靠图像中对每个像素预先定义的区域的图像特性。

令(x,y)为某一图像中像素的坐标，令S_{xy}表示一确定大小的邻域，其中心在(x,y)。根据式(4-35)，在S_{xy}中像素的平均值m。可通过下式计算：

$$m_{S_{xy}} = \sum_{(s,t)\in S_{xy}} r_{s,t} p(r_{s,t}) \tag{4-37}$$

式中，$r_{s,t}$L是在邻域中坐标(s,t)处的灰度；$p(r_{s,t})$是与灰度值对应的邻域归一化直方图分量。在式(4-36)中，区域S_{xy}中像素的灰度级方差由下式给出：

$$\sigma^2_{S_{xy}} = \sum_{(s,t)\in S_{xy}} [r_{s,t} - m_{S_{xy}}]^2 p(s,t) \tag{4-38}$$

局部平均值是对邻域S_{xy}中的平均灰度值的度量，方差(或标准差)是邻域中对比度的度量。

4.2.3　用算术/逻辑操作增强

图像中的算术/逻辑操作主要以像素对像素为基础在两幅或多幅图像间进行。例如，两幅图像相减产生一幅新图像，这幅新图像在坐标(x,y)处的像素值与那两幅进行相减处理的图像中同一位置的像素值有所不同。通过使用硬件和软件，就可以实现对图像像素的算术，逻辑操作，这种操作可以一次处理一个点，也可以并行进行，即全部操作同时进行。

对图像的逻辑操作同样也是基于像素的。我们关心的只是“与”、“或”、“非”逻辑算子的实现，这三种逻辑算子完全是函数化的。换句话说，任何其他逻辑算子都可以由这三个基本算子来实现。当我们对灰度级图像进行逻辑操作时，像素值作为一个二进制字符串来处理。例如，对一个8bit的黑色像素值进行“非”处理，就会产生一个白色像素值。中间值也是用同样的方法处理得出的：将所有的1变为0，反之亦然。另外，逻辑非算子执行与反比变换相同的功能。如图4-22所示，“与”操作和“或”操作通常作为模板，即通过这些操作可以从一幅图像中提取子图像。在“与”和“或”图像模板中，亮的代表二进制码1，黑的代表二进制码0。模板处理有时可以作为一种感兴趣区(ROI)处理。就增强而言，模板主要用于分离要处理的区域，这时突出一个区域来区别图像的其他区域。

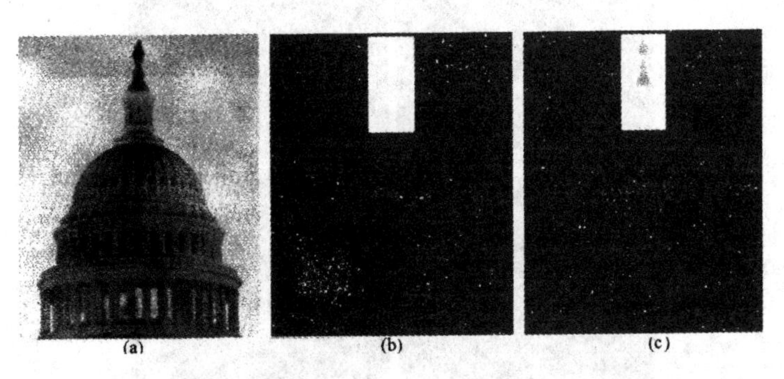

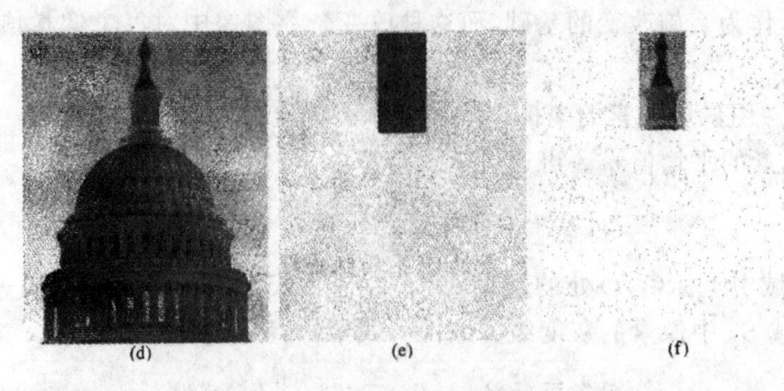

图 4-22 “与”和“或”的操作

(a)原图像;(b)“与”图像模板;(c)对图像(a)和(b)进行“与”操作的结果;

(d)原图像;(e)“或”图像模板;(f)对图像(d)和(e)进行“或”操作的结果

在四种算术操作中,减法与加法在图像增强处理中最有用。

1. 图像减法处理

两幅图像 $f(x,y)$ 与 $h(x,y)$ 的差异表示为:

$$g(x,y)=f(x,y)-h(x,y) \tag{4-39}$$

图像的差异是通过计算这两幅图像所有对应像素点的差而得出的。减法处理最主要的作用就是增强两幅图像的差异。一幅图像的高阶比特面会携带大量的可见相关细节,低阶比特面则分布着一些细小的细节。图 4-23(a)显示了前述用于说明比特面概念的分形图像。图 4-23(b)显示了从原始图像中去除四个最后有效比特面的结果。这两幅图像在视觉上几乎完全一样,只是图 4-23(b)中的灰度值存在极小的变化,使整个对比度稍微有所下降。这两幅图像对应像素间的差别示于图 4-23(c)。因为两幅图像之间的差异太小,当用 8bit 显示时,表示差异的图 4-23(c)几乎是全黑的。可以选择直方图均衡化的方法,但做一个近似幂率变换也同样能做到这一点。处理的结果如图 4-23(d)所示。这幅图像很好地说明了将低阶比特面设置为 0 的效果。

图 4-23 图像的加法处理

(a)原分形图像;(b)把 4 个低阶比特面置 0 的结果;

(c)(a)和(b)之间的差别;(d)直方图均衡后的差值图像

2. 图像平均处理

考虑一幅将噪声 $\eta(x,y)$ 加入到原始图像 $f(x,y)$ 中所形成的带有噪声的图像 $g(x,y)$，即这里假设每个坐标点上的噪声都不相关且均值为零。我们处理的目标就是通过累加一组噪声图像 $\{g_i(x,y)\}$ 来减少噪声。

如果噪声符合上述限制，会得到对 K 幅不同的噪声图像取平均形成的图像 $\bar{g}(x,y)$，即

$$\bar{g}(x,y)=\frac{1}{K}\sum_{i=1}^{k}g_i(x,y) \tag{4-40}$$

那么

$$E\{\bar{g}(x,y)\}=f(x,y) \tag{4-41}$$

$$\sigma^2_{\bar{g}(x,y)}=\frac{1}{K}\sigma^2_{\eta(x,y)} \tag{4-42}$$

其中，在所有坐标点上，$E\{\bar{g}(x,y)\}$ 是 $\bar{g}$ 的期望值，$\sigma^2_{\bar{g}(x,y)}$ 与 $\sigma^2_{\eta(x,y)}$ 分别是 $\bar{g}$ 与 η 的方差。在平均图像中，任何一点的标准差为：

$$\sigma_{\bar{g}(x,y)}=\frac{1}{\sqrt{K}}\sigma_{\eta(x,y)} \tag{4-43}$$

当 K 增加时，在各个 (x,y) 位置上像素值的噪声变化率将减小。由于 $E\{\bar{g}(x,y)\}=f(x,y)$，这就意味着随着在图像均值处理中噪声图像使用量的增加，$\bar{g}(x,y)$ 越来越趋近于 $f(x,y)$。在实际应用中，为了防止在输出图像中引入模糊及其他人为影响，图像 $g_i(x,y)$ 必须被配准。

4.2.4 空间滤波基础

某些邻域处理工作是操作邻域的图像像素值以及相应的与邻域有相同维数的子图像的值。这些子图像可称为滤波器、掩模、核、模板或窗口。在滤波器子图像中的值是系数值，而不是像素值。

滤波的概念来源于在频域对信号进行处理的傅里叶变换。空间滤波的机理示于图 4-24。该处理就是在待处理图像中逐点地移动掩模。在每一点 (x,y) 处，滤波器在该点的响应通过事先定义的关系来计算。对于线性空间滤波，其响应由滤波器系数与滤波掩模扫过区域的相应像素值的乘积之和给出。图 4-24 所示为 3×3 的掩模，在图像中的点 (x,y) 处，用该掩模线性滤波的响应 R 为：

$$\begin{aligned}R=&w(-1,-1)f(x-1,y-1)+w(-1,0)f(x-1,y)+\cdots\\&+w(0,0)f(x,y)+\cdots+w(1,0)f(x+1,y)+w(1,1)f(x+1,y+1)\end{aligned} \tag{4-44}$$

一般来说，在 $M\times N$ 的图像 f 上，用 $m\times n$ 大小的滤波器掩模进行线性滤波由下式给出：

$$g(x,y)=\sum_{s=-a}^{a}\sum_{t=-b}^{b}w(s,t)f(x+s,y+t) \tag{4-45}$$

式中，$a=(m-1)/2$ 且 $b=(n-1)/2$。为了得到一幅完整的经过滤波处理的图像，必须对 x 和 y 依次应用公式。这样就保证了对图像中的所有像素进行了处理。

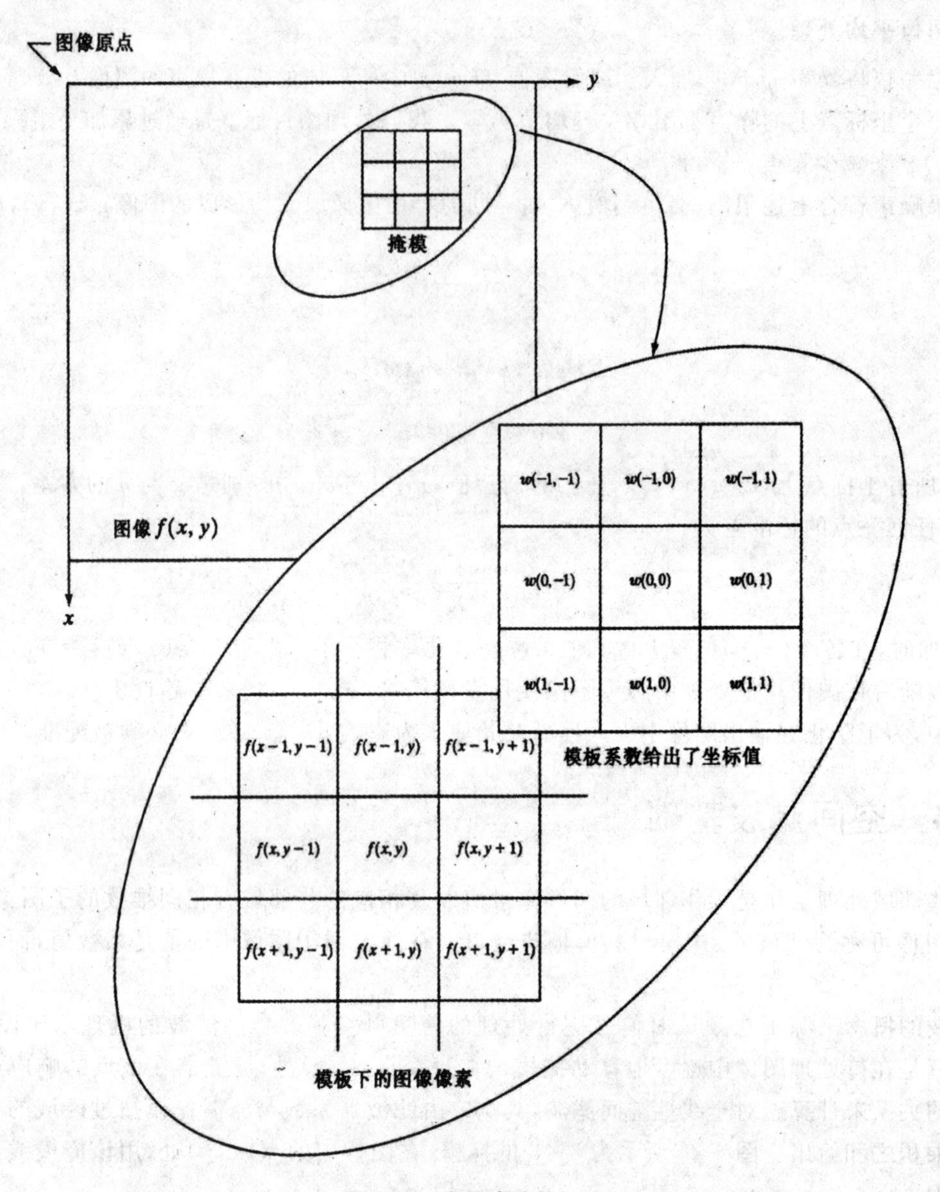

图 4-24 空间滤波的机理

（放大的图显示了一个 3×3 掩模和其覆盖的图像部分，图像部分从掩模下移出，以便于观看）

对图像中任一点(x,y)进行 $m\times n$ 掩模处理所得的响应，实践中通常用如下形式简化表达形式：

$$R = w_1 z_1 + w_2 z_2 + \cdots + w_{mn} z_{mn} = \sum_{i=1}^{mn} w_i z_i \tag{4-46}$$

式中，w 为掩模系数，z 为与该系数对应的灰度值，mn 为掩模中包含的像素点总数。对于图 4-25 所示的 3×3 掩模，图像中任意一点(x,y)的响应由下式给出：

$$R = w_1 z_1 + w_2 z_2 + \cdots + w_9 z_9 = \sum_{i=1}^{9} w_i z_i \tag{4-47}$$

因为在图像处理方面的文献中会经常看到该公式，所以对这一简单的公式应给予特别注意。

w_1	w_2	w_3
w_4	w_5	w_6
w_7	w_8	w_9

图 4-25　一般 3×3 空间滤波掩模的另一种表示

非线性空间滤波处理也是基于邻域处理，且掩模滑过一幅图像的机理与刚刚论述的一样。然而，一般说来，滤波处理取决于所考虑的邻域像素点的值。利用非线性滤波器可以有效地降低噪声，这种非线性滤波器的基本函数是计算滤波器所在邻域的灰度中值。中值计算是非线性操作。

实现空间滤波邻域处理时的一个重要考虑因素是，当滤波中心靠近图像轮廓时发生的情况。考虑一个简单的 $n \times n$ 大小的方形掩模，当掩模中心距离图像边缘为 $(n-1)/2$ 个像素时，该掩模至少有一条边与图像轮廓相重合。如果掩模的中心继续向图像边缘靠近，那么掩模的行或列就会处于图像平面之外。有很多方法可以处理这种问题。最简单的方法是将掩模中心点的移动范围限制在距离图像边缘不小于 $(n-1)/2$ 个像素处。这种做法将使处理后的图像比原始图像稍小，但滤波后的图像中的所有像素点都由整个掩模处理。如果要求处理后的输出图像与原始图像一样大，则用全部包含于图像中的掩模部分滤波所有像素。通过这种方法，图像靠近边缘部分的像素带将用部分滤波掩模来处理。另一种方法是在图像边缘以外再补上一行和一列灰度为零的像素点，或者将边缘复制补在图像之外。补上的那部分经过处理后去除。这种方法保持了处理后的图像与原始图像尺寸大小相等，但是补在靠近图像边缘的部分会带来不良影响，这种影响随着掩模尺寸的增加而增大。

4.2.5　平滑空间滤波器

平滑滤波器用于模糊处理和减小噪声。模糊处理经常用于预处理，例如在提取大的目标之前去除图像中的一些琐碎细节、桥接直线或曲线的缝隙。通过线性滤波器和非线性滤波器的模糊处理可以减小噪声。

平滑线性空间滤波器的输出是包含在滤波掩模邻域内像素的简单平均值。因此，这些滤波器也称为均值滤波器。

平滑滤波器用滤波掩模确定的邻域内像素的平均灰度值代替图像中每个像素点的值，减小了图像灰度的“尖锐”变化，常见的平滑处理应用就是减噪。然而，由于图像边缘也是由图像灰度尖锐变化带来的特性，所以均值滤波处理还是存在着不希望的边缘模糊的负面效应。均值滤波器的主要应用是去除图像中的不相干细节，“不相干”是指与滤波掩模尺寸相比较小的像素区域。

图 4-26 显示了两个 3×3 的平滑滤波器。第一个滤波器产生掩模下的标准像素平均值。图

4-26 所示的第二种掩模也称为加权平均,使用这一术语是指用不同的系数乘以像素,因此,从权值上看,一些像素比另一些更重要。对于图 4-26(b)所示的 3×3 掩模,处于掩模中心位置的像素比其他任何像素的权值都要大,因此在均值计算中给定的这一像素显得更重要,而距离掩模中心较远的其他像素就显得不太重要。由于对角项离中心比离正交方向相邻的像素更远,所以它的重要性比与中心直接相邻的四个像素低。把中心点加强为最高,而随着距中心点距离的增加减小系数值,是为了减小平滑处理中的模糊。我们也可以采取其他权重达到相同的目的。然而,图 4-26(b)掩模中的所有系数的和应该为 16,这很便于计算机的实现,因为它是 2 的整数次幂。在实践中,由于这些掩模在一幅图像中所占的区域很小,通常很难看出使用图 4-26 的各种掩模或用其他类似手段平滑处理后的图像之间的区别。

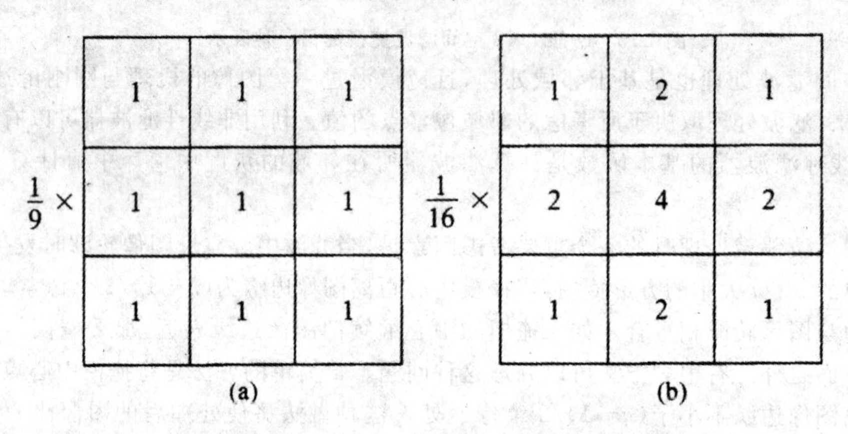

图 4-26 两个 3×3 平滑(均值)滤波器掩模

(每个掩模前面的乘数等于它的系数值的和,以计算平均值)

一幅 $M\times N$ 的图像经过一个 $m\times n$ 的加权均值滤波器滤波的过程可由下式给出:

$$g(x,y)=\frac{\sum_{s=-a}^{a}\sum_{t=-b}^{b}w(s,t)f(x+s,y+t)}{\sum_{s=-a}^{a}\sum_{t=-b}^{b}w(s,t)} \tag{4-48}$$

可以理解为一幅完全滤波的图像是由对 $x=0,1,2,\cdots,M-1$ 和 $y=0,1,2,\cdots,N-1$ 执行式(4-48)得到的。式(4-48)中的分母部分简单地表示为掩模的系数总和,而且因为它是一个常数,只需计算一次就可以了。这个比例参数在滤波处理完成之后一般乘以输出图像的所有像素。

空间均值处理的重要应用是,为了对感兴趣的物体得到一个粗略的描述而模糊一幅图像,这样那些较小物体的强度就与背景混合在一起了,较大物体变得像"斑点"而易于检测。掩模的大小由那些即将融入背景中的物件尺寸来决定。作为实例,考虑图 4-27(a),它是绕地球轨道上的 Hubble 望远镜拍摄的一幅图像。图 4-27(b)显示了应用 15×15 的均值滤波器掩模对该图像处理后的结果。图片中的一些部分或者融入背景中,或者其亮度明显减小了。用等于模糊图像最高亮度 25%的阈值以及阈值函数处理的结果示于图 4-27(c)。用原图像比较经过处理的结果,可以看到考虑图像中最大、最亮目标的表达方式是非常合理的。

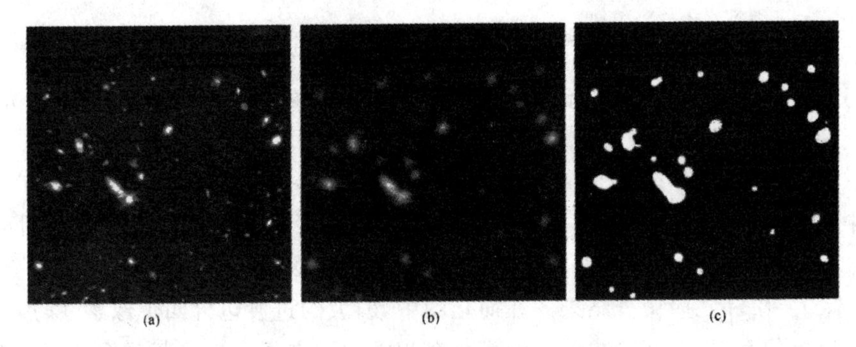

图 4-27　图像的掩膜和阀值处理

(a)取自 Hubble 太空望远镜的图像;(b)由 15×15 均值掩模处理过的图像;(c)对图(b)进行阈值处理的结果

4.2.6　锐化空间滤波器

锐化处理的主要目的是突出图像中的细节或者增强被模糊了的细节,这种模糊不是由于错误操作造成的,就是特殊图像获取方法的固有影响。图像锐化处理的方法多种多样,其中也包括多种应用,从电子影像和医学成像到工业检测和军事系统的制导等等。

1. 基础

我们将分别讨论基于一阶和二阶微分的细节锐化滤波器。为了说明简单,主要集中讨论一阶微分的性质。我们最感兴趣的微分性质是恒定灰度区域(平坦段)、突变的开始点与结束点(阶梯和斜坡突变)及沿着灰度级斜坡处的特性。这些类型的突变可以用来对图像中的噪声点、细线与边缘模型化。此外这些图像特性过渡期的微分性质也很重要。

对于一阶微分的任何定义,都必须保证以下几点:

①在平坦段(灰度不变的区域)微分值为零。

②在灰度阶梯或斜坡的起始点处微分值非零。

③沿着斜坡的微分值非零。

任何二阶微分的定义也类似:

①在平坦区微分值为零。

②在灰度阶梯或斜坡的起始点处微分值非零。

③沿着斜坡的微分值非零。

因为我们处理的是数字量,其值是有限的,故最大灰度级的变化也是有限的,变化发生的最短距离是在两相邻像素之间。对于一元函数 $f(x)$,表达一阶微分的定义是一个差值:

$$\frac{\partial f}{\partial x}=f(x+1)-f(x) \tag{4-49}$$

这里,为了与对二元图像函数 $f(x,y)$求微分时的表达式保持一致,使用了偏导数符号。对二元函数,我们将沿着两个空间轴处理偏微分。当前讨论的空间微分的应用并不影响我们试图采用的任何方法的本质。

类似地,用如下差分定义二阶微分:

$$\frac{\partial^2 f}{\partial x^2}=f(x+1)+f(x-1)-2f(x) \tag{4-50}$$

很容易证实这两个定义满足前面讨论的一阶、二阶微分的条件。为了解这一点，研究图 4-28 的例子，并强调一下在图像处理中一阶和二阶微分间的相同及不同点。

图 4-28(a)是一幅简单图像，其中包含各种实心物体、一条线及一个单一噪声点。图 4-28(b)是沿着中心并包含噪声点的此图像的水平剖面图。这张剖面图是将要用以说明该图的一维函数。图 4-28(c)所示的是简化的剖面图，在这张图中我们取了足够多的点，以便于分析噪声点、线及物体边缘的一阶和二阶微分结果。在简化图中，斜坡的过渡包含四个像素，噪声点是一个单一像素，线有三个像素，而灰度阶梯的过渡变化在相邻像素之间发生。灰度级数目简化为只有 8 个等级。

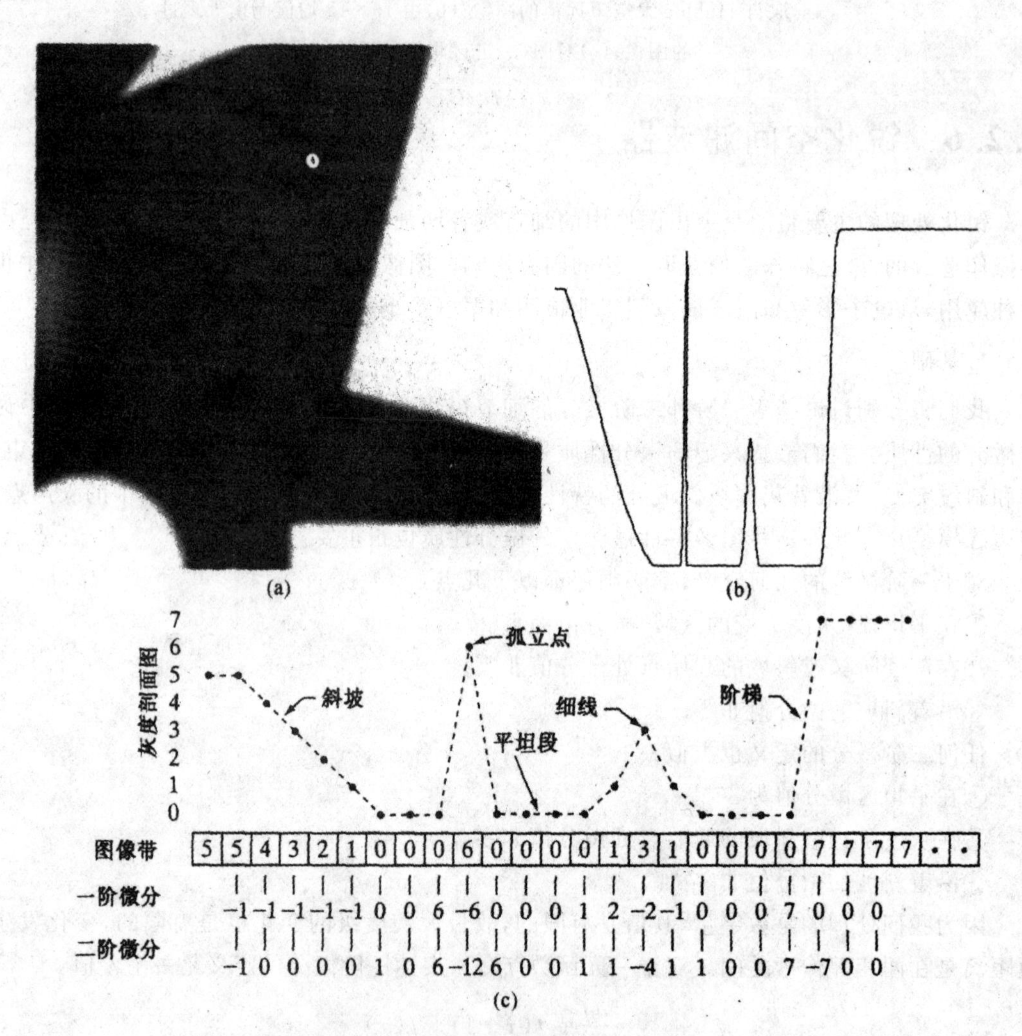

图 4-28　图像的一阶和二阶微分

(a)一幅简单图像；(b)沿图像中心并且包含孤立噪声点的一维水平灰度剖面图；(c)简化的剖面图(用虚线连接点以简化描述)

下面从左向右横穿剖面图，讨论一阶和二阶微分的性质。首先，沿着整个斜坡，一阶微分值都不是零，而经二阶微分后，非零值只出现在斜坡的起始处和终点处。因为在图像中，边缘类似这种类型的过渡，即一阶微分产生较粗的边缘，而二阶微分则细得多。我们再来讨论孤立的噪声点。在该噪声点及周围点上，二阶微分比一阶微分的响应强得多。在进行锐度变化增强的处理中，二阶微分比一阶微分更好，所以可预料在进行细节增强处理时二阶微分比一阶微分强得多。细线可以看成一个细节，基本可以看到两种微分处理后的同样区别。如果这条细线的最大灰度值与孤立点相同，那么经二阶微分后的响应对于后者更强烈。最后，在本例中，灰度阶梯上的两种微分结果相同。我们还注意到，二阶微分有一个过渡，即从正回到负。在一幅图像中，该现象表现为双线。另外，如果细线的灰度与阶梯相同，那么对于二阶微分处理的响应，细线要比阶梯强。

总之，通过比较一阶微分处理与二阶微分处理的响应，可得出以下结论：①一阶微分处理通常会产生较宽的边缘；②二阶微分处理对细节有较强的响应，如细线和孤立点；③一阶微分处理一般对灰度阶梯有较强的响应；④二阶微分处理对灰度级阶梯变化产生双响应。还可注意到，二阶微分在图像中灰度值变化相似时，对线的响应比对阶梯强，且点比线响应强。

在大多数应用中，对图像增强来说，二阶微分处理比一阶微分好一些，因为形成增强细节的能力好一些。由于这一原因及实现和扩展都简单，对于图像增强，我们开始注意应用二阶微分处理。尽管一阶微分在图像处理中主要用于边缘提取，但它们在图像增强中也起着很大作用。事实上，与二阶微分结合起来应用，可以达到更好的增强效果。

2. 基于二阶微分的图像增强——拉普拉斯算子

可以看出，最简单的各向同性微分算子是拉普拉斯算子，一个二元图像函数 $f(x,y)$ 的拉普拉斯变换定义为：

$$\nabla^2 f=\frac{\partial^2 f}{\partial x^2}+\frac{\partial^2 f}{\partial y^2} \tag{4-51}$$

因为任意阶微分都是线性操作，所以拉普拉斯变换也是一个线性操作。

为了更适合于数字图像处理，这一方程需要表示为离散形式。通过邻域处理有多种方法定义离散变换。考虑到有两个变量，因此，在 x 方向上对二阶偏微分采用下列定义：

$$\frac{\partial^2 f}{\partial x^2}=f(x+1,y)+f(x-1,y)-2f(x,y) \tag{4-52}$$

类似地，在 y 方向上为：

$$\frac{\partial^2 f}{\partial y^2}=f(x,y+1)+f(x,y-1)-2f(x,y) \tag{4-53}$$

式(4-51)中的二维拉普拉斯数字实现可由这两个分量相加得到：

$$\nabla^2 f=[f(x+1,y)+f(x-1,y)+f(x,y+1)+f(x,y-1)]-4f(x,y) \tag{4-54}$$

这个公式可以用图 4-29(a)所示的掩模来实现，它们给出了以 90°旋转的各向同性的结果。

0	1	0
1	-4	1
0	1	0

(a)

1	1	1
1	-8	1
1	1	1

(b)

0	−1	0
−1	4	−1
0	−1	0

(c)

−1	−1	−1
−1	8	−1
−1	−1	−1

(d)

图 4-29 掩模

(a)执行式(4-56)定义的离散拉普拉斯变换所用的滤波器掩模；

(b)用于执行该公式的扩展掩模，它包括对角线邻域；

(c)和(d)其他两种拉普拉斯的实现

对角线方向也可以加入到离散拉普拉斯变换的定义中，只需在式(4-54)中添入两项，即两个对角线方向各加一个。每个新添加项的形式与式(4-52)或式(4-53)类似，只是其坐标轴的方向沿着对角线方向。由于每个对角线方向上的项还包含一个$-2f(x,y)$，所以现在从不同方向的项中总共应减去$-4f(x,y)$。执行这一新定义的掩模如图 4-29(b)所示。这种掩模对 45°增幅的结果是各向同性的。图 4-29 所示的另外两个掩模在实践中也经常使用。这两个掩模也是以拉普拉斯变换定义为基础的，只是其中的系数与这里所用到的符号相反而已。它们产生了等效的结果。但是，当拉普拉斯滤波后的图像与其他图像合并时，则必须考虑符号上的差别。

图 4-30 是用拉普拉斯算子锐化图像的效果。其中图(a)是原始图像，图(b)是锐化后的图像，两幅图像对比可以看出锐化后图像的轮廓和边缘线加粗，图像的某些细节变得比较明显。通常拉普拉斯算子比较适合改善因光线的漫反射而造成的图像模糊。

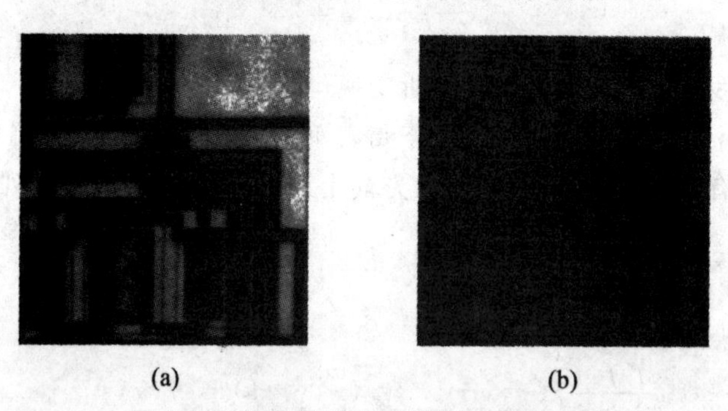

(a) (b)

图 4-30 拉普拉斯算子锐化图像的效果

上述两类算子的运算结果可能出现负值，常用的处理方法有以下三种。

①取绝对值：这种方法简单易行，能够保留边缘的幅度信息，但是丢失了变化的方向信息。

②负值按零处理：方法简单，但会丢失负向变化的全部信息。

③按照线性关系进行动态范围调整：保持处理前后的动态范围一致性，运算比较复杂，但是能够较为完整地保存其中的信息。

4.2.7 混合空间增强法

为了实现一个满意的结果，对给定的图像增强目标需要应用多种互补的图像增强技术。在本节中，我们通过一个例子来说明怎样将本章中提到的多种图像增强方法结合起来，以完成复杂的增强任务。

图 4-31(a)所示的图像是一幅人体骨骼扫描图像，常用来检查人体疾病，如感染和肿瘤。我们的目标是通过图像锐化突出骨骼的更多细节来增强图像。由于图像灰度的动态范围很窄并且伴随着很高的噪声，所以很难对其进行增强。对此采取的策略是，首先用拉普拉斯变换突出图像中的小细节，然后用梯度法突出其边缘。平滑过的梯度图像将用于掩蔽拉普拉斯图像，对此稍后会简短说明。最后，我们通过灰度变换来扩展图像的灰度动态范围。

图 4-31(b)显示了用图 4-29(d)的掩模得到的原始图像的拉普拉斯变换结果。该图像用拉普拉斯法进行图像锐化。然后，简单地将图 4-31(a)与图 4-31 (b)相加就可以得到一幅经过锐化处理的图像。只要看一下图 4-31 (b)中的噪声水平，就可以预料到，如果将图 4-31 (a)和图 4-31 (b)相加，会导致相当多的噪声，这一点可以在图 4-31 (c)中得到证实。于是可立刻睡到，减少噪声的方法是使用中值滤波器。然而，中值滤波器是一种非线性滤波器，它有可能隐变图像的性质。这在医学图像处理中是不能接受的。

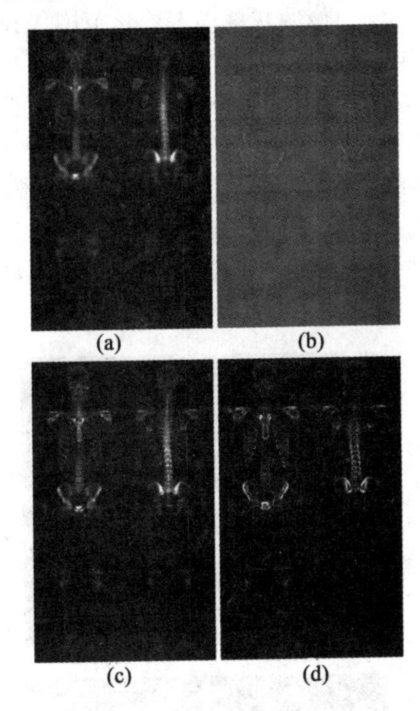

图 4-31　混合空间增强法实例

(a)全身骨骼扫描图像；(b)图(a)的拉普拉斯变换；

(c)(a)和(b)相加得到的锐化图像；(d)(a)的 Sobel 处理

另一种方法就是使用原始图像梯度变换的平滑形式形成的一个掩模。这种方法的动机很直接，并且基于一阶和二阶微分性质。拉普拉斯变换作为一种二阶微分算子，在图像细节的增强处理方面有明显的优点，但拉普拉斯变换与梯度变换相比会产生更多的噪声。其中，那些位于平滑区内的噪声非常显眼而令人讨厌。梯度变换在灰度变化的区域的响应要比拉普拉斯变换更强烈，而梯度变换对噪声和小细节的响应要比拉普拉斯变换弱，而且可以通过均值滤波器对其进行平滑处理而进一步降低。这时，对梯度图像进行平滑处理并用拉普拉斯图像与它相乘。在这种情况下，可以将平滑化的梯度变换看成一个模板图像。处理后的结果在灰度变化强的区域仍然保留细节，而在灰度变化相对平坦的区域则减少噪声。这种处理可以粗糙地看成将拉普拉斯变换与梯度变换的优点相结合。将结果加到原始图像上，就可以得到最终的锐化图像，甚至可用于提升滤波。

图 4-31 (d)显示了原始图像经过 Sobel 梯度变换的结果。Sobel 图像的边缘要比拉普拉斯图像的边缘突出许多。图 4-31(e)所示的平滑后的梯度图像是用一个 5×5 的均值滤波器获得的。为了以同一方式显示这两幅拉普拉斯图像，两幅梯度图像，均被标定过了。由于梯度图像的最小可能值为 0，所以标定的梯度图像的背景呈黑色，而不像标定的拉普拉斯图像那样呈灰色。图 4-31(d)和图 4-31(e)比图 4-31(b)亮许多的事实再次证明，带有重要边缘内容的图像梯度值通常比拉普拉斯图像的值高很多。

拉普拉斯与平滑后的梯度图像乘积的结果示于图 4-31(f)。强边缘的优势和可见噪声的减少，是用一个平滑后的梯度图像掩蔽拉普拉斯变换图像的关键目标。将乘积图像与原始图像相加就得到了图 4-31(g)所示的锐化图像。与原始图像相比，在图像的大部分中，锐化处理过的图像细节的增加都很明显，包括肋骨、脊椎骨、骨盆以及颅骨。单独使用拉普拉斯变换或者梯度变换是不可能达到这种类型的改进效果的。

以上讨论的锐化过程没有影响图像的灰度动态变化范围。我们进行增强处理的最后一步就是扩大锐化图像的灰度动态范围。有很多可以完成这一目标的灰度变换函数。对像本例中这样灰度分布比较暗的图像进行直方图均衡化的效果似乎并不好。直方图规定化可能是一种解决方法，但待处理图像的暗灰特性用平方律变换更好。将这幅图像与图 4-31(g)相比较，可以看到图 4-31(h)中出现了许多重要的新细节，特别在手腕、手掌、脚踝和脚掌区域。人体的整个骨架也清晰可见，包括手臂骨和腿骨。我们还注意到人体轮廓及人体组织有较弱的清晰度，这是由于通过扩大灰度动态范围显现细节的同时也增大了噪声，但图 4-31(h)与原始图像相比还显示出显著的视觉效果的改进。

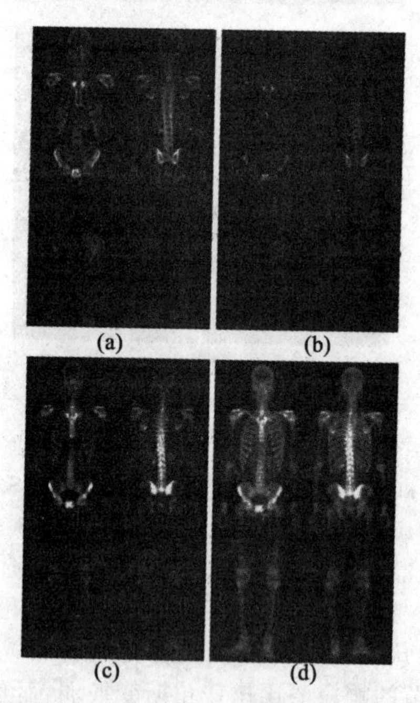

图 4-31(续)　混合空间增强法实例

(e)用 5×5 均值滤波平滑的‰l 图像；(f)由(c)和(e)相乘形成的掩蔽图像；
(g)由(a)和(f)求和得到的锐化图像；(h)对(g)应用幂律变换得到的最后结果。
(h)和(g)与(a)比较(原图像由 GE 医学系统提供)

刚才讨论的方法是有代表性的处理形式，为了达到那些只用一种方法无法实现的效果，可以把多种方法结合起来。如果一些细节作为进一步分析一幅或一系列图像的线索，则在加强它们时，增强图像是非常有用的。而在其他领域，增强处理后的结果可能就是最终的“产品”。

在印刷工业、基于图像的产品检测、法证领域、显微处理领域、监视以及其他领域会发现，许多情况下增强的主要目标是得到一幅较高视觉细节内容的图像。

4.3　频域图像增强

4.3.1　基本实现思想和实现方法

由傅里叶频谱的特性可知，$u=v=0$ 时的频率成分对应于图像的平均灰度级。当从傅里叶变换的原点离开时，低频对应着图像的慢变化分量，比如一幅图像中较平坦的区域；进一步离开原点时，较高的频率开始对应图像中变化越来越快的灰度级，它们反映了一幅图像中物体的边缘和灰度级突发改变部分的图像成分。频率域图像增强基于这种机理，通过对图像的傅里叶频谱进行低通滤波来滤除噪声，通过对图像的傅里叶频谱进行高通滤波突出图像中的边缘和轮廓。

设 $f(x,y)$ 为输入图像，$F(u,v)$ 为输入图像的傅里叶变换，$H(u,v)$ 为转移函数（也称为滤波函数），$G(u,v)$ 为对 $F(u,v)$ 进行频率域滤波后的输出结果，$g(x,y)$ 为经频率域滤波后的输出图像，则有：

$$G(u,v)=F(u,v)H(u,v) \tag{4-55}$$

$$g(x,y)=F^{-1}[G(u,v)] \tag{4-56}$$

在式(4-55)中，H 和 F 的相乘定义为二维函数逐元素的相乘，也即 H 的第 1 个元素乘以 F 的第 1 个元素，H 的第 2 个元素乘以 F 的第 2 个元素，依此类推。被滤波的图像可以由 $G(u,v)$ 的傅里叶反变换 F^{-1} 结果得到。通常情况下转移函数都为实函数，所以其傅里叶反变换的虚部为 0。

综上所述，频率域图像增强的步骤如下：

①首先用 $(-1)^{(x+y)}$ 乘以输入图像，进行中心变换。

②对上一步的计算结果图像 $(-1)^{(x+y)}f(x,y)$ 进行二维傅里叶变换，求出 $F(u,v)$。

③用设计的转移函数 $H(u,v)$ 乘以 $F(u,v)$，按式(4-55)求出 $G(u,v)$。

④求步骤③的计算结果的傅里叶反变换，即计算 $F^{-1}[G(u,v)]$。

⑤取步骤④的计算结果的实部。

⑥用 $(-1)^{(x+y)}$ 乘以步骤⑤的计算结果，就可得到通过频率域增强后的图像 $g(x,y)$。

以上过程可简要地描述为图 4-32 所示。

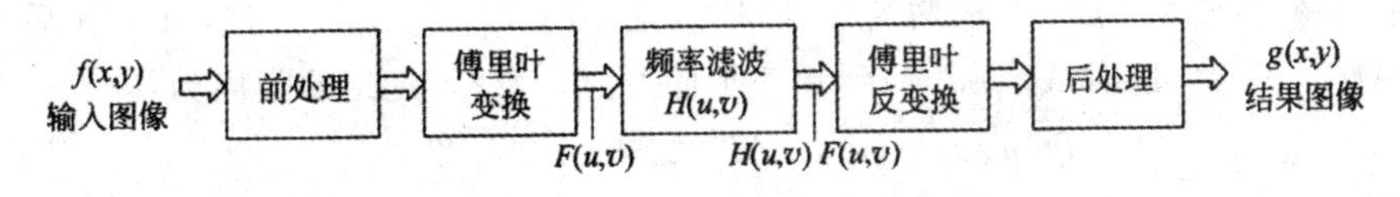

图 4-32　频率域图像增强步骤

在图 4-32 中,前处理和后处理除了对输入图像乘以$(-1)^{(x+y)}$外,也可能包括将输入图像向最接近的偶数维数转换(以便图像有合适的变换中心)、灰度级标定、输入向浮点的转换、输出向 8 位整数格式的转换等。

从以上过程也可知道,频率域图像增强的关键是转移函数 $H(u,v)$的设计。

关于转移函数的设计,比较笼统的说法是,频率域在很大程度上凭直观指定滤波器。比较具体的说法是:一般利用频率成分和图像外表之间的对应关系选择频率滤波器。更为一般的方法是利用基于数学和统计准则的近似设计二维数字滤波器。

我们知道,对于大小为 $M\times N$ 的函数 $f(x,y)$和 $h(x,y)$,其卷积形式表示为:

$$f(x,y)*h(x,y)=\frac{1}{\sqrt{MN}}\sum_{m=0}^{M}\sum_{n=0}^{N}f(m,n)h(x-m,y-n) \tag{4-57}$$

用 $F(u,v)$和 $H(u,v)$分别表示 $f(x,y)$和 $h(x,y)$的傅里叶变换,则有傅里叶变换对:

$$f(x,y)*h(x,y)\Leftrightarrow F(u,v)H(u,v) \tag{4-58}$$

$$F(u,v)*H(u,v)\Leftrightarrow f(x,y)h(x,y) \tag{4-59}$$

也即,空间域的卷积在频率域简化为相乘,频率域的卷积在空间域简化为相乘。

基于以上原理,可以先通过滤波实验构造合适的频率滤波器,然后将其变换到空间域,在空间域实施实际的滤波运算。

下面各小节将根据实际应用中对滤波性能的要求,来探讨转移函数的设计及有关问题。

4.3.2 频率域低通滤波

图像中的噪声和边缘对应于傅里叶频谱的高频部分,选择能使低频通过、使高频衰减的转移函数 $H(u,v)$,就可以根据式(4-57)实现低通滤波,达到滤除噪声的目的。下面讨论理想低通滤波器、巴特沃斯低通滤波器和高斯低通滤波器三种滤波器的有关概念和滤波原理。

1.理想低通滤波器

最简单的低通滤波器是“截断”傅里叶变换中的所有高频成分,这些成分处在距变换原点的距离比指定距离仇远得多的位置。这种滤波器称为二维理想低通滤波器(ILPF),其转移函数定义为:

$$H(u,v)=\begin{cases}1, & D(u,v)\leqslant D_0\\ 0, & D(u,v)>D_0\end{cases} \tag{4-60}$$

式中,D_0 是指定的 1 个非负整数,$D(u,v)$是(u,v)点距频率矩形中心的距离。并且

①如果图像为 $f(x,y)$,则对 $f(x,y)$进行傅里叶变换后的频率平面的原点在(0,0),这时从点(u,v)到频率平面原点(0,0)的距离为:

$$D(u,v)=(u^2+v^2)^{1/2} \tag{4-61}$$

②如果图像 $f(x,y)$的尺寸为 $M\times N$,则对$(-1)^{(x+y)}f(x,y)$进行傅里叶变换后的频室平而的原点存$(M/2,N/2)$,这时从点(u,v)到频率平面原点$(M/2,N/2)$的距离为:

$$D(u,v)=[(u-M/2)^2+(v-N/2)^2]^{1/2} \tag{4-62}$$

理想低通滤波器的含义为,在半径为 D_0 的圆内,所有的频率没有衰减地通过该滤波器;而在此半径的圆之外的所有频率完全被衰减掉。所以 D_0 称为截止频率。

图 4-33(a)显示了 $H(u,v)$ 作为 u 和 v 函数的三维透视图，该透视图的含义是：只有那些位于该圆柱体内的频率范围的信号才能通过，而位于此半径的圆之外的所有频率完全被衰减掉，图 4-33(b)将 $H(u,v)$ 作为图像显示。本章所考虑的滤波器是关于原点辐射状对称的。这意味着从原点沿着半径线延伸的距离函数的横截面足以满足一个指定的滤波器，如图 4-33(c)所示。图 4-33(c)给出了理想低通滤波器的转移函数 H 的横截面图，其中横轴用于表示离原点的径向距离。通过将横截面绕原点旋转 360°即可得到完整的理想低通滤波器转移函数，也即图 4-33(a)所示的转移函数 H 的透视图。

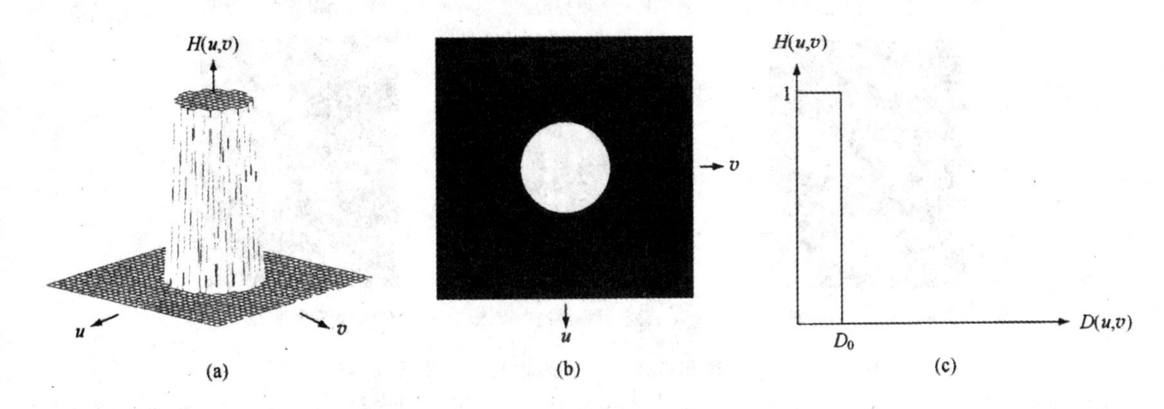

图 4-33　理想低通滤波器的转移函数横透视图、滤波器和截面图

(a)理想低通滤波器变换函数的透视图；(b)以图像显示的滤波器；(c)滤波器的径向横断面

在本节中讨论的低通滤波器，可用具有相同截止频率的函数研究其特性而加以比较。建立一组标准截止频率位置的方法是计算包含指定总图像功率值 P_T 的范围。这个值是将每个点 (u,v) 的功率谱成分相加得到的：其中 $u=0,1,2,\cdots,M-1$，$v=0,1,2,\cdots,N-1$ 即

$$P_T = \sum_{u=0}^{M-1}\sum_{v=0}^{N-1} P(u,v) \tag{4-63}$$

如果变换被中心化、原点在频率矩形中心的半径为 r 的圆包含 $a\%$ 的功率，其中

$$a = 100\left[\sum_u \sum_v P(u,v)/P_T\right] \tag{4-64}$$

则总和取处于圆之内或边界线上的 (u,v) 值。

需要说明的是：理想低通滤波器的数学意义是十分清楚的，利用计算机对其进行模拟也是可行的，但在实际中用电子元件实现直上直下的理想低通滤波器是不可能的，所以才将其称为“理想”低通滤波器。

图 4-34(a)是一幅包含了全部细节的原始图像；图 4-34(b)是它的傅里叶频谱图，利用其截止频率半径分别为，10、20、40 和 80 确定的理想低通滤波器对原图像进行低通滤波，所得的图像分别为图 4-34(c)至图(f)。根据式(4-64)计算可知，图(c)至图(f)分别包含了原图像中 95.5%、97.9 %、99.0%和 99.6%的能量。

图 4-34(c)至图(f)的结果说明：

①傅里叶频谱图的低频分量主要集中在中心。

②指明了以截止频率为半径的圆内的图像功率与图像总功率的量级关系。

③说明了高频成分对于表现图像的轮廓和细节是十分重要的。

图 4-34(c)仅滤除掉占总能量的 4.5%的高频分量，图像就变得十分模糊，并有明显的振铃

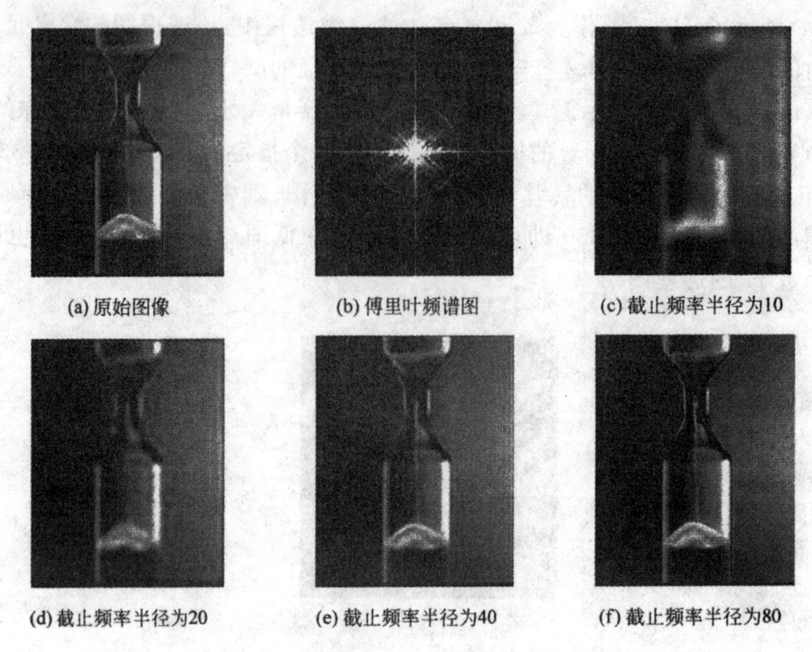

图 4-34 频率域理想低通滤波器的滤波效果及低频特性分析

效应；图 4-34(d)仅滤除掉占总能量的 2.1％的高频分量，图像仍存在着一定程度的模糊和振铃效应；当图 4-34(e)仅滤除掉占总能量的 1.0％的高频分量时，图像视觉效果才变得尚可接受；而当图 4-34(f)仅滤除掉占总能量的 0.4％的高频分量时，图像才变得与原图像几乎一样。

2. 巴特沃斯低通滤波器

一个 n 阶的巴特沃斯低通滤波器的转移函数定义为：

$$H(u,v)=\frac{1}{1+[D_0/D(u,v)]^{2n}} \tag{4-65}$$

式中，D_0 为截止频率，$D(u,v)$是频率平面从原点到点(u,v)的距离。

图 4-35(a)给出了阶数分别为 1、2 和 3 的巴特沃斯低通滤波器的转移函数 H 的横截面图。巴特沃斯低通滤波器的转移函数 H 的透视图如图 4-35(b)所示，该透视图的含义是：只有那些位于该草帽型体内的频率范围的信号才能通过，而位于草帽型体外的频率成分都将被滤除掉。由图可见，巴特沃斯低通滤波器在高低频率间的过渡比较平滑。

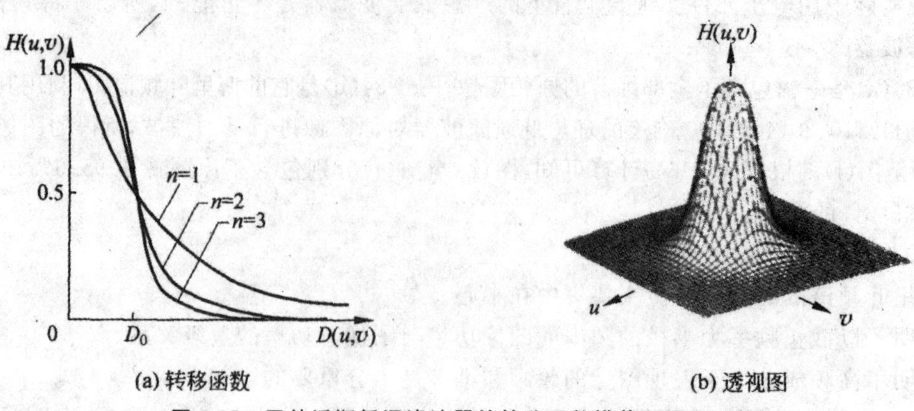

图 4-35 巴特沃斯低通滤波器的转移函数横截面图和透视图

一般情况下是取当 H 的最大值降到某个百分比时对应的频率为截止频率。在式(4-65)中，当 $D(u,v)=D_0$ 时，$H(u,v)=0.5$。一个常用的方法是，取 H 降到最大值的 $1/\sqrt{2}$ 时的频率为截止频率。

3. 高斯低通滤波器

由于高斯函数的傅里叶变换和反变换均为高斯函数，并常常用来帮助寻找空间域与频率域之间的联系，所以基于高斯函数的滤波具有特殊的重要意义。

一个二维的高斯低通滤波器的转移函数定义为：

$$H(u,v)=\mathrm{e}^{-v^2(u,v)/2\sigma^2} \tag{4-66}$$

式中，$D(u,v)$ 是频率平面从原点到点 (u,v) 的距离；σ 表示高斯曲线扩展的程度。当 $\sigma=D_0$ 时，可得到高斯低通滤波器的一种更为标准的表示形式：

$$H(u,v)=\mathrm{e}^{-D^2(u,v)/2D_0^2} \tag{4-67}$$

式中，D_0 是截止频率；$D(u,v)=D_0$ 时，H 下降到其最大值的 0.607 处。

图 4-36(a)给出了 $D_0=10$、$D_0=20$ 和 $D_0=40$ 的高斯低通滤波器的转移函数 H 的横截面图。高斯低通滤波器的转移函数 H 的透视图如图 4-36(b)所示，该透视图的含义是：只有那些位于该草帽型体内的频率范围的信号才能通过，而位于草帽型体外的频率成分都将被滤除掉。

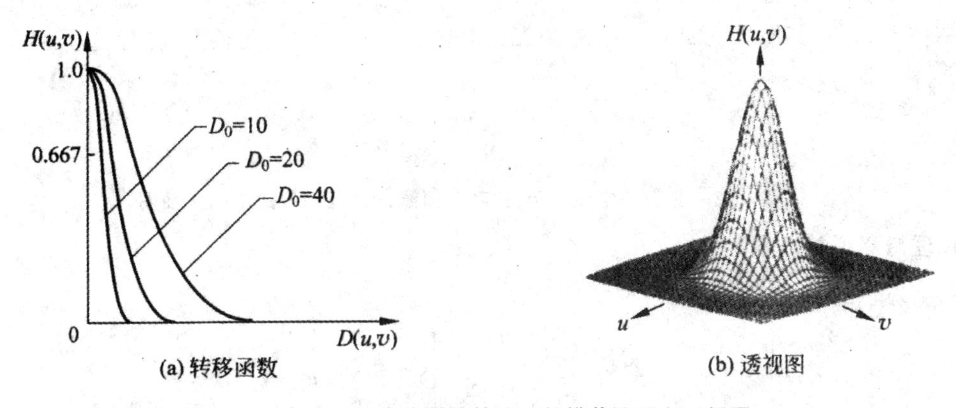

图 4-36　高斯低通滤波器的转移函数横截面图和透视图

与巴特沃斯低通滤波器相比，高斯低通滤波器没有振铃现象。另外在需要严格控制低频和高频之间截止频率过渡的情况下，选择高斯低通滤波器更合适一些。

在频率域中，滤波器越窄，滤除掉的高频成分就越多，滤波后的图像就越模糊。这一特性正好对应于在空间域中，滤波器越宽(模板尺寸越大)，平滑后的图像就越模糊。

4.3.3　频率域高通滤波

图像中的边缘和灰度的陡峭变化与傅里叶频谱的高频部分有关，图像的锐化能够加强高频分量和衰减低频成分。同理，通过选择相应的转移函数 $H(u,v)$，就可以实现高通滤波。

本节中的滤波器函数是对前面讨论的理想低通滤波器的精确反操作，即本节讨论的高通滤波器的传递函数可由如下关系式得到：

$$H_{hp}(u,v)=1-H_{1p}(u,v) \tag{4-68}$$

式中，$H_{1p}(u,v)$是相应低通滤波器的传递函数。也就是说，被低通滤波器衰减的频率能通过高通滤波器，反之亦然。

在本节中，我们考虑的是理想的、巴特沃思型和高斯型三种高通滤波器。正如前面章节所示，在频域和时域分别说明这些滤波器的特性。与前面类似，我们看到巴特沃思型滤波器为理想滤波器的尖锐化和高斯型滤波器的完全平滑之间的一种过渡。图 4-37 说明了这些滤波器在空间域的形状。

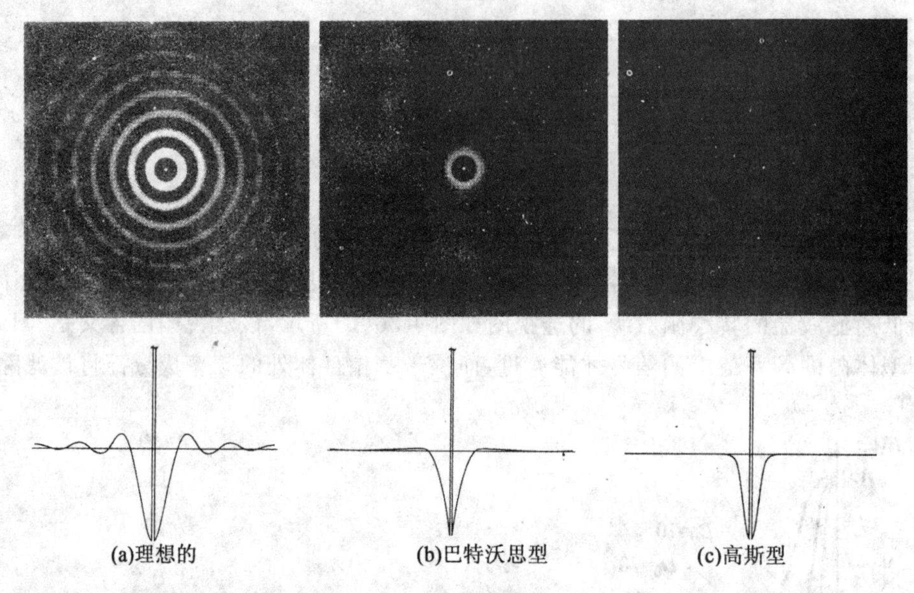

图 4-37　典型的空间表示，三种高通滤波器及相应的灰度剖面图

1. 理想高通滤波器

一个理想的高通滤波器的转移函数定义如下：

$$H(u,v)=\begin{cases}1, & D(u,v)\leqslant D_0 \\ 0, & D(u,v)>D_0\end{cases} \tag{4-69}$$

式中，D_0 是截止频率；$D(u,v)$是频率平面从原点到点(u,v)的距离。

理想高通滤波器的含义为，将以半径为 D_0 的圆周内的所有频率置零，而让圆周外的所有频率毫不衰减地通过。

图 4-38(a)给出了理想高通滤波器的转移函数 H 的横截面图；图 4-38(b)给出了转移函数 H 的透视图，该透视图的含义是：只有那些位于该圆柱体外的频率范围的信号才能通过，而位于圆柱体内的频率成分都将被滤除掉。

与理想低通滤波器一样，在实际中用电子元件实现直上直下的理想高通滤波器是不现实的，所以才将其称为“理想”高通滤波器。

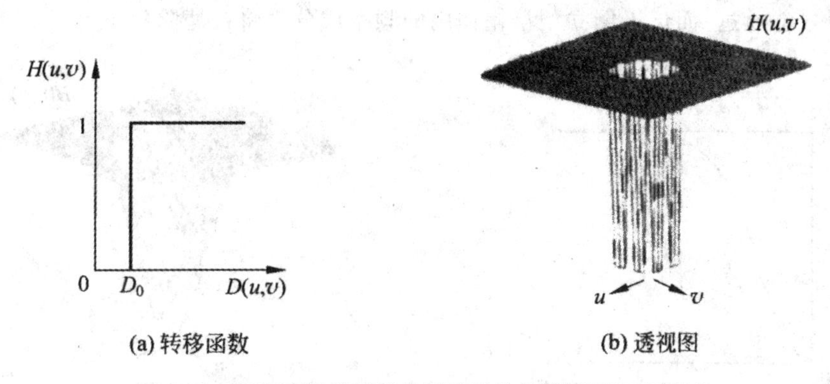

(a) 转移函数　　(b) 透视图

图 4-38　理想高通滤波器的转移函数横截面图和透视图

2. 巴特沃斯高通滤波器

一个 n 阶的巴特沃斯高通滤波器的转移函数定义为：

$$H(u,v)=\frac{1}{1+[D_0/D(u,v)]^{2n}} \tag{4-70}$$

式中，D_0 为截止频率，$D(u,v)$是频率平面从原点到点(u,v)的距离。

图 4-39(a)给出了阶数为 1 的巴特沃斯高通滤波器的转移函数 H 的横截面图。巴特沃斯高通滤波器的转移函数 H 的透视图如图 4-39(b)所示，该透视图的含义是：只有那些位于该倒立型草帽体外的频率范围的信号才能通过，而位于倒立型草帽体内的频率成分都将被滤除掉。与巴特沃斯低通滤波器一样，巴特沃斯高通滤波器在高低频率间的过渡比较平滑。

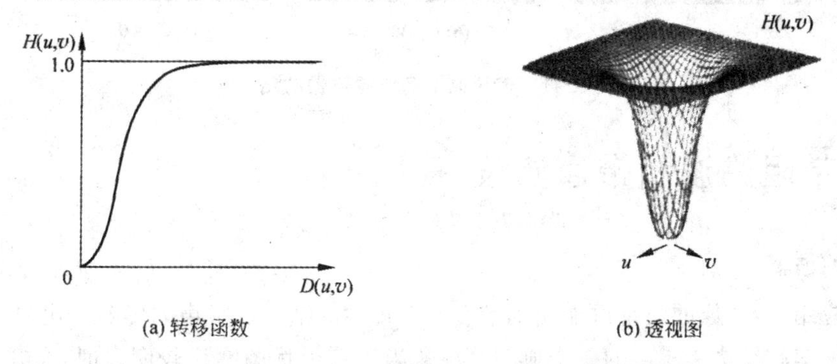

(a) 转移函数　　(b) 透视图

图 4-39　巴特沃斯高通滤波器的转移函数横截面图和透视图

与巴特沃斯低通滤波器一样，一般情况下是取当 H 的最大值降到某个百分比时对应的频率为截止频率。

3. 高斯高通滤波器

一个截止频率距离原点为 D。的高斯高通滤波器的转移函数定义为：

$$H(u,v)=1-\mathrm{e}^{-v^2(u,v)/2\sigma^2} \tag{4-71}$$

式中，D_0 为截止频率，$D(u,v)$是频率平面从原点到点(u,v)的距离。

图 4-40(a)给出了典型的高斯高通滤波器的转移函数 H 的横截面图；图 4-40(b)给出了该高斯高通滤波器转移函数 H 的透视图，该透视图的含义是：只有那些位于该倒立型草帽体外的频

率范围的信号才能通过，而位于倒立型草帽体内的频率成分都将被滤除掉。

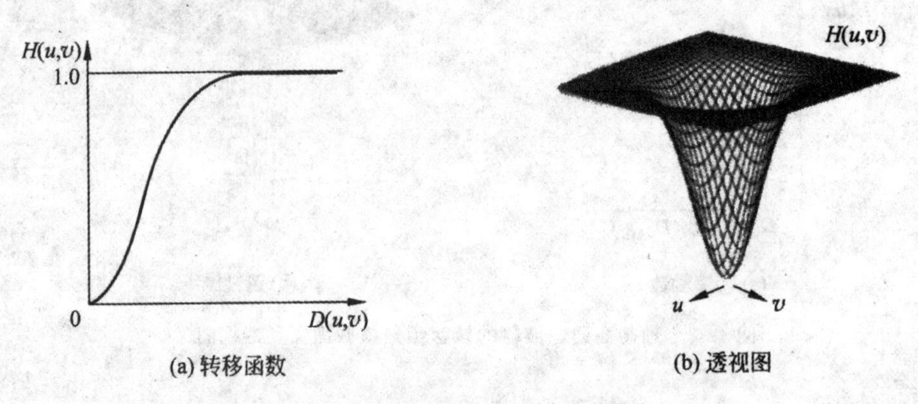

(a) 转移函数　　(b) 透视图

图 4-40　高斯高通滤波器的转移函数横截面图和透视图

图 4-41 给出了用高斯型高通滤波器实现的高通滤波的结果。可以看出，随着 D_0 值的增大，增强效果更加明显，即使对于微小的物体和细线条，用高斯滤波器滤波后也比较清晰。

(a) 原图　　(b) D_0=30　　(c) D_0=60

图 4-41　使用高斯高通滤波器的结果

4.3.4　带阻滤波和带通滤波

1. 带阻滤波器

在某些应用中，图像的质量可能受到带有一定规律的结构性噪声的影响。比如，图像上叠加有正弦干扰图案就是这类噪声的一个典型情况。当正弦干扰图案比较明显时，会在图像的频谱平面上出现两个比较明显的对称点。像这种用于消除以原点为中心的给定区域内的频率，或用于阻止以原点为对称中心的一定频率范围内信号通过的问题，就可以用带阻滤波器实现。

一个用于消除以某点为中心，以 D 为半径的圆域上的带阻滤波器，可以通过把以原点为中心的高通滤波器平移到该点得到，设该带阻滤波器的中心为点(u_0,v_0)，半径为 D_0，则其传递函数定义为：

$$H(u,v)=\begin{cases}1, & D(u,v)\leqslant D_0\\0, & D(u,v)>D_0\end{cases}\tag{4-72}$$

其中，

$$D(u,v)=\{(u-u_0)^2+(v-v_0)^2\}^{\frac{1}{2}}\tag{4-73}$$

由于傅里叶变换的共轭对称性要求带阻滤波器必须成对出现，所以，一个用于消除以(u_0, v_0)为中心，以 D_0 为半径的对称区域内的所有频率的理想带阻滤波器的转移函数定义为：

$$H(u,v)=\begin{cases}1, & D_1(u,v)\leqslant D_0 \quad \text{或} \quad D_2(u,v)\leqslant D_0 \\ 0, & \text{其他}\end{cases} \tag{4-74}$$

其中，

$$D_1(u,v)=\left[(u-u_0)^2+(v-v_0)^2\right]^{1/2} \tag{4-75}$$

$$D_2(u,v)=\left[(u+u_0)^2+(v+v_0)^2\right]^{1/2} \tag{4-76}$$

利用上述构建带阻滤波器的思路还可以把前面所讲的几种高通滤波器转变为带阻滤波器，例如一种竹阶径向对称的巴特沃斯带阻滤波器的传递函数可定义为：

$$H(u,v)=\frac{1}{1+\left[\dfrac{D(u,v)W}{D^2(u,v)-D_0^2}\right]^{2n}} \tag{4-77}$$

式中，W 为阻带带宽，D_0 为阻带中心半径。

图 4-42 给出了一二个典型的带阻滤波器的转移函数 H 的透视图，该透视图的含义是：只有那些位于两个立方体外的频率范围的信号才能通过，而位于两个立方体内的频率成分都将被滤除掉。

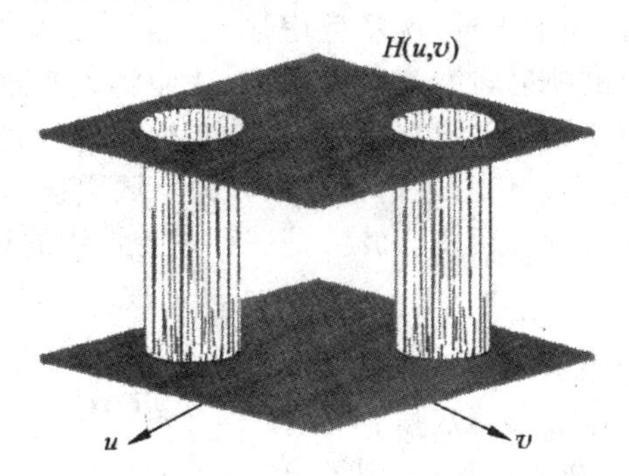

图 4-42　理想带阻滤波器的转移函数的透视图

2. 带通滤波器

带通滤波器与带阻滤波器相反，它允许以原点为对称中心的一定频率范围内的信号通过，而将其他频率衰减或抑制。理想的带通滤波器的转移函数可定义为：

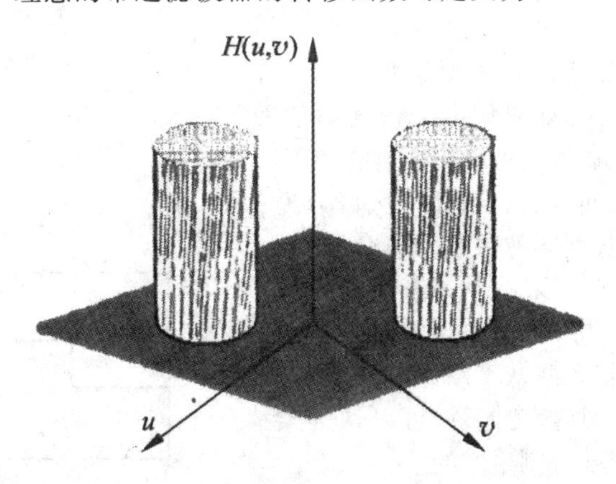

图 4-43　理想带通滤波器的转移函数的透视图

$$H(u,v)=\begin{cases}1, & D_1(u,v)\leqslant D_0 \quad \text{或} \quad D_2(u,v)\leqslant D_0 \\ 0, & \text{其他}\end{cases} \tag{4-78}$$

带通滤波器也可以通过对相应的带阻滤波器进行“翻转”获得。若设 $H'(u,v)$ 为带阻滤波器的传递函数，则对应的带通滤波器的传递函数 $H(u,v)$ 可定义为：

$$H(u,v)=1-H'(u,v) \tag{4-79}$$

图 4-43 是一个典型的带通滤波器的转移函数 H 的透视图，该透视图的含义是：只有那些位于两个立方体内的频率范围的信号会被通过，而位于两个立方体外的频率成分都将被滤除掉。

4.4 彩色图像增强

4.4.1 伪彩色增强

伪彩色增强的处理对象是灰度图像，是将一幅灰度图像变换为彩色图像。由人眼的生理特性可以知道，人眼识别和区分灰度差异的能力是很有限的，一般只有三四十级，但识别和区分色彩的能力却很大，可达数百种甚至上千种，伪彩色增强就是利用人眼的这一生理特性，将一幅具有不同灰度级的图像通过一定的映射转变为彩色图像，从而将人眼难以区分的灰度差异变换为极易区分的色彩差异。因为原始图像并没有颜色，将其变为彩色的过程实际上是一种人为控制的着色过程，所以称为伪彩色增强。伪彩色增强可以分为空域增强和频域增强两种，在这两种算法中，密度分分割法、伪彩色变换法和频率滤波法是三种较为常用的算法。

1. 密度分层法

密度分割是伪彩色增强中最简单最基本的方法而又最常用的一种方法，它是对图像的灰度值动态范围进行分割，使分割后的每一灰度值区间，甚至于每一灰度值本身对应某一种颜色。该算法将灰度图像 $f(x,y)$ 中任意一点 (x,y) 的灰度值看作该点的密度函数。算法的基本过程是：首先，假定把一幅图像看作一个二维的强度函数，则可以用 1 个平行于图像坐标平面的平面个灰度值区间。如果再对每个区间赋予某种颜色，就可以将原来的灰度图像变换成只有 2 种颜色的图像。更进一步，如果用多个密度切割平面对图像函数进行分割，那么就可以将图像的灰度值动态范围切割成多个区间；然后，给每一区域分配一种颜色，这样就将一幅灰度图像映射为彩色图像。每个区间赋予某种颜色，则原来的一幅灰度图像就可以变成一幅彩色图像。特别地，如果将每个灰度值都划分成 1 个区间，如将 8bit 灰度图像划分成 256 区间，就是索引图像，从这个意义上讲，可以认为索引图像是由灰度图像经密度分割生成的。

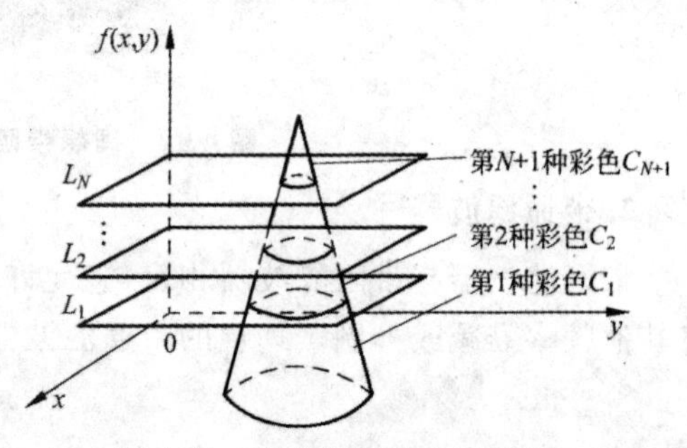

图 4-44　密度分层法空间示意图

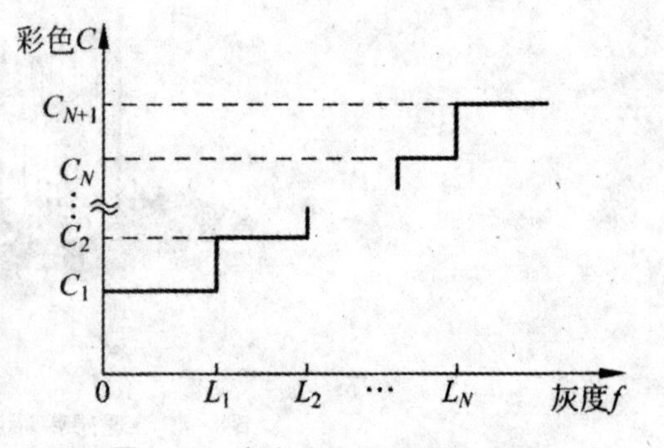

图 4-45　密度分层法平面示意图

图 4-44 和图 4-45 给出了密度分层法的空间和平面示意图。

图 4-46 给出了利用该算法进行伪彩色增强的示例，其中 $N=4$，图 4-46(a)为灰度图像，图 4-46(b)为得到的伪彩色图像。

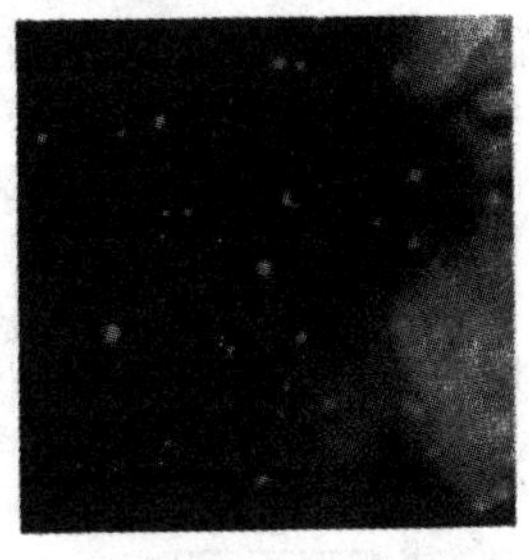

(a) 原灰度图像

(b) 得到的伪彩色图像

图 4-46　密度分层法增强示例

由图 4-46(b)的伪彩色增强图像可以看出，密度分层法只是简单地把分割的灰度区域与各彩色进行映射，所以得到的伪彩色图像的颜色数受到分割层数 N 的限制。密度切割平面之间可以是等间隔的，也可以是不等间隔的，而且切割平面的划分也应依据具体的应用范围和研究对象而确定。

2. 伪彩色变换

密度分割法实质上是通过一个分段线性函数实现从灰度到彩色的变换，每个像元只经过一个变换对应到某种颜色。与密度分割不同，伪彩色变换则将每个像元的灰度值通过 3 个独立变换分别产生红、绿、蓝 3 个分量图像，然后将其合成为一幅彩色图像。3 个变换是独立的，但在实际应用中这 3 个变换函数一般取同一类的函数，如可以取带绝对值的正弦函数，也可以取线性变换函数。

图 4-47 给出了一组经典的变换函数，灰度值范围为$[0,L]$，每个变换取不同的分段线性函数。可以看出，最小的灰度值(0)对应蓝色，中间的灰度值($\frac{L}{2}$)对应绿色，最高的灰度值(L)对应红色，其余的灰度值则分别对应不同的颜色。

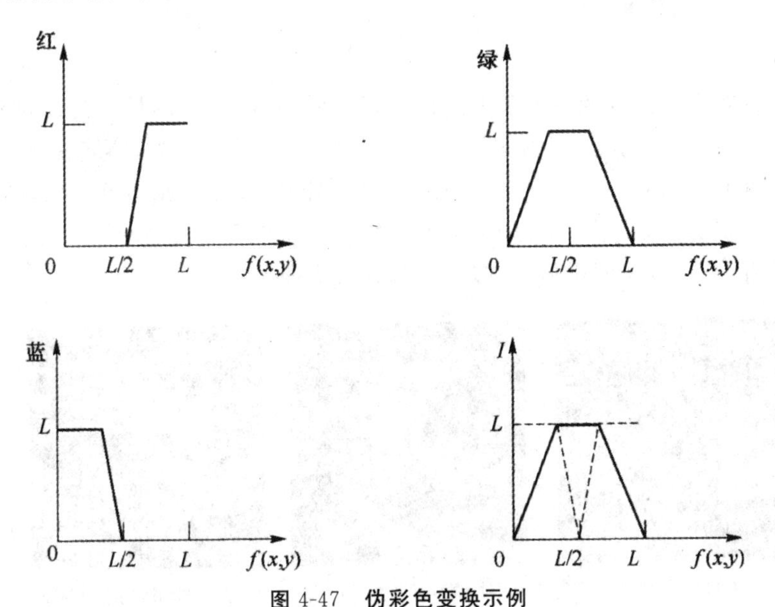

图 4-47　伪彩色变换示例

3. 频域滤波

伪彩色变换是直接在空间域对灰度进行变换，而频域滤波技术则是在图像的频率域对频率分量进行处理，然后将其反变换到空间域。图 4-48 给出了频域滤波的示意图，首先将灰度图像从空间域经傅里叶变换变换到频率域；然后用 3 个不同传递特性的滤波器（如高通、带通、带阻、低通）将图像分离成 3 个独立分量，对每个范围内的频率分量分别进行反变换，再进行一定的后处理（如调节对比度或亮度）；最后将其合成为一幅伪彩色图像。伪彩色变换和密度分割是将每一灰度值经过一定的变换与某一种颜色相对应；而频域滤波则是在不同的频率分量与颜色之间经过一定的变换建立了一种对应关系。

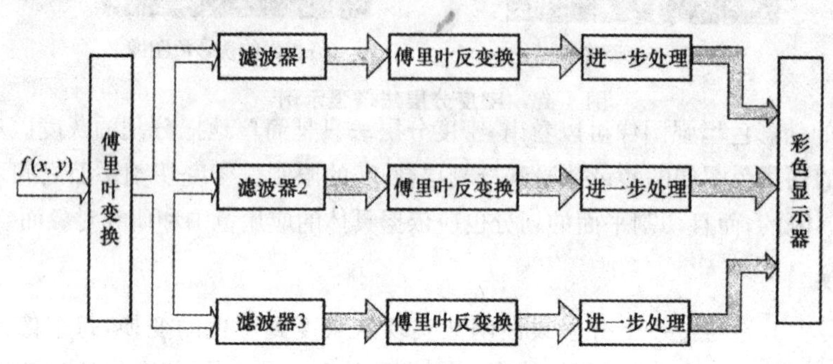

图 4-48 频域滤波法伪彩色增强

4.4.2 真彩色增强

真彩色增强的处理对象是具有 2^{24} 种颜色的彩色图像。为了避免破坏图像的彩色平衡，真彩色的增强通常选择在 HSI 模型下进行。依据选择增强分量和增强目的的不同，可将真彩色增强分为亮度增强、色调增强和饱和度增强 3 种。

1. 亮度增强

亮度增强是仅对彩色图像的亮度分量进行处理的增强方法，它的目的是通过对图像亮度分量的调整，使得图像在合适的亮度上提供最大的细节。图 4-49 所示为对彩色图像的亮度分量使用对比度拉伸和直方图均衡的方法进行增强的示例。图 4-49(a)为原彩色图像，图 4-49(b)为使用对比度拉伸法得到的结果图像，图 4-49(c)为使用直方图均衡法得到的结果图像。对比结果图像和原图像可以看出，通过亮度增强，图像的细节有所增强。

(a) 原彩色图像

(b) 对比度拉伸的增强图像

(c) 直方图均衡的增强图像

图 4-49 真彩色图像的亮度增强示例

2. 色调增强

色调增强是通过增加颜色间的差异来达到图像增强的目的，一般可以通过对彩色图像每个点的色度值加上或减去一个常数来实现。由于彩色图像的色度分量是一个角度值，因此对色度分量加上或减去一个常数，相当于图像上所有点的颜色都沿着图 4-50 的彩色环逆时针或顺时针旋转一定的角度，对于整幅图像就会偏向“冷”色调或“暖”色调，如果加或减过大的角度，会使图像产生剧烈的变化。此外，色度增强还可以采用线性变换的形式，当变换函数的斜率大于 1 时，色度增强可以扩大相应光谱范围内颜色的差别。需要注意的是，由于色相是用角度来表示的，因此，处理色相分量图像的操作必须考虑灰度级的“周期性”，即对色调值加上 120°和加上 480°是相同的。

图 4-50 所示为对彩色图像进行色调增强的示例。图 4-50(a)为原彩色图像，图 4-50(b)为对原彩色图像每个像素点的色度值加上 120°得到的结果。图 4-50(c)为对原彩色图像每个像素点的色度值减去 120°得到的结果，可以看到原图像中红色的点，现在变为蓝色了。

(a)原彩色图像

(b)色度值加120°的结果

(c)色度值加120°的结果

图 4-50　真彩色图像的色度增强示例

3. 饱和度增强

饱和度增强可以使彩色图像的颜色更为鲜明。饱和度增强可以通过对彩色图像每个点的饱和度值乘以一个大于 1 的常数来实现；反之，如果对彩色图像每个点的饱和度值乘以小于 1 的常数，则会减弱原图像颜色的鲜明程度。图 4-51 为进行饱和度增强的示例。图 4-51(b)对原彩色图像(即图 4-50(a))每个像素点的饱和度值乘以 3 后得到的结果，图 4-51(c)为对原彩色图像每个像素点的饱和度值乘以 0.3 后得到的结果。与原彩色图像图 4-51(a)相比，图 4-51(b)中各点的颜色较原图像鲜明，图 4-51(c)中各点的颜色没有原图像的鲜明。此外，饱和度增强还可以使用非线性的点运算，但要求非线性点变换函数在原点为零。需要注意的是，变换饱和度接近于零的像素饱和度，可能会破坏原图像的彩色平衡。

(a)原彩色图像

(b)饱和度值乘以3的结果

(c)饱和度值乘以0.3的结果

图 4-51　真彩色图像的饱和度增强示例

4.4.3 假彩色增强

假彩色增强与伪彩色增强不同，它是从一幅初始的彩色图像或者从多谱图像的波段中生成增强的彩色图像的一种方法，其实质是从一幅彩色图像映射到另一幅彩色图像，由于得到的彩色图像不再能反映原图像的真实色彩，因此称为假彩色增强。假彩色的应用十分广泛，例如，画家通常把图像中的景物赋以与现实不同的颜色，以达到引人注目的目的；对于一些细节特征不明显的彩色图像，可以利用假彩色增强将这些细节赋以人眼敏感的颜色，以达到辨别图像细节的目的。此外，在遥感技术中，利用假彩色图像可以将多光谱图像合成彩色图像，使图像看起来逼真、自然，有利于对图像进行后续的分析与解译。

一般，假彩色增强的线性表达式如式(4-80)所示。可以看出，式(4-80)是一个从原图像到新图像的线性坐标变换。

$$\begin{bmatrix} G_R \\ G_G \\ G_B \end{bmatrix} = \begin{bmatrix} k_{11} & k_{12} & k_{13} \\ k_{21} & k_{22} & k_{23} \\ k_{31} & k_{32} & k_{33} \end{bmatrix} \begin{bmatrix} f_R \\ f_G \\ f_B \end{bmatrix} \tag{4-80}$$

第 5 章　图像复原与重建

5.1　概　述

在图像的摄取、传输、储存和处理过程中，不可避免地会有一些失真而导致图像退化。图像退化的典型表现为图像模糊、失真、有噪声等。造成图像退化的因素主要有以下八个方面：

①辐射、大气湍流等造成的图像的畸变。

②成像系统的像差、畸变、有限带宽等造成图像的失真。

③拍摄时，相机与景物之间相对运动造成的照片模糊。

④底片感光、图像显示时会造成记录显示失真。

⑤携带遥感仪器的飞机或卫星运动的不稳定等因素会造成照片的几何失真。

⑥成像系统中存在的噪声干扰。

⑦模拟图像在数字化的过程中因损失部分细节而造成图像质量下降。

⑧镜头聚焦不准产生的散焦模糊。

图像复原是一种改善图像质量的技术，目的是使退化的图像尽可能恢复到原来的样子。图像复原方法是，首先用数学模型描述图像的退化过程；然后在退化模型的基础上，通过求其逆过程的模式计算，从退化图像中较准确地求出真实图像，恢复图像的原始信息。

可见，图像复原主要取决于对图像退化过程的先验知识所掌握的精确程度。图像复原的一般过程为：

分析退化原因→建立退化模型→反向推演→恢复图像

图像复原和图像增强都是以改善图像的质量为目的。但图像增强不考虑图像是如何退化的，只通过试探各种技术增强图像的视觉效果。因此，图像增强可以不考虑增强后的图像是否失真，只要感官舒适即可。而图像复原需要知道图像退化的机制和过程的先验知识，据此找出一种相应的逆过程解算方法，从而得到复原的图像。如果图像退化，要先做复原处理，再做增强处理。

5.2　图像退化模型

进行图像恢复的基本思路就是找出使原图像退化的因素，将图像的退化过程模型化，并据此采用相反的过程对图像进行处理，从而尽可能地恢复出原图像来。但通常情况下是无法得知或想象出原图像本来面目的，所以进行图像恢复需要弄清楚使原图像退化的因素和图像质量降低的物理过程，以及与退化现象有关的知识（先验的或后验的），建立原图像的退化模型。因此精确的图像建模是有效恢复图像的关键。

5.2.1 常见退化现象的物理模型

图 5-1 给出了 4 种常见的退化现象的物理模型示意图。

①图 5-1(a)是一种非线性退化模型。一般在摄影过程中,由于曝光量和感光密度的非线性关系,便会引起这种非线性退化。

②图 5-1(b)是一种空间模糊退化模型。在光学成像系统中,由于光穿过孔径时发生的衍射作用可用这种模型来表示。

③图 5-1(c)是一种由于目标或成像设备旋转或平移而引起的退化模型。

④图 5-1(d)是一种由于叠加了随机噪声而引起的退化模型。

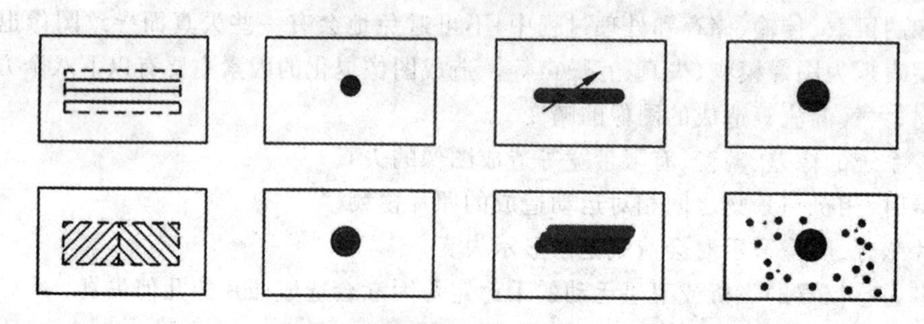

图 5-1 常见的退化现象的物理模型

5.2.2 图像退化模型的表示

设 $f(x,y)$ 是一幅原图像,图像的退化过程可以理解为一个作用于原图像 $f(x,y)$ 的系统 H,或理解为施加于原图像 $f(x,y)$ 上的一个运算 H;同时数字图像也常会因受一些随机误差,也即噪声而退化,它与一个加性噪声 $n(x,y)$ 联合作用导致产生退化图像 $g(x,y)$。根据这个模型恢复图像就是要在给定 $g(x,y)$ 和代表退化的 H 的基础上得到对 $f(x,y)$ 的某个近似的过程(假设已知 $n(x,y)$ 的统计特性)。也就是说,图像的退化常常是运算 H 和噪声的联合作用,由此可得到图像的退化模型如图 5-2 所示。

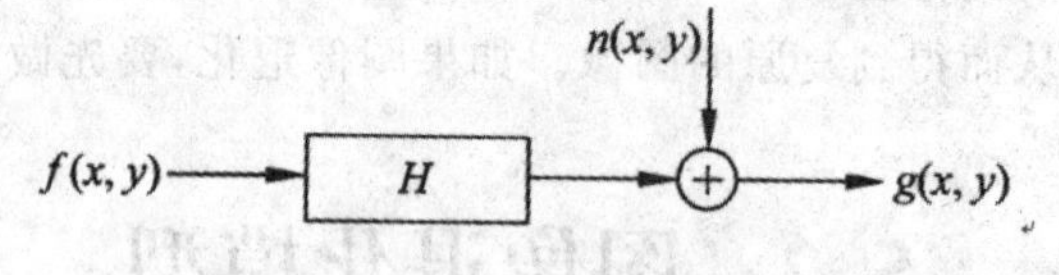

图 5-2 简单适用的图像退化模型

并可以表示为如下的关系:

$$g(x,y)=H[f(x,y)]+n(x,y) \tag{5-1}$$

首先假设 $n(x,y)=0$,考虑 H 可有如下 4 个性质:

①线性:如果令 k_1 和 k_2 为常数,$f_1(x,y)$ 和 $f_2(x,y)$ 为 2 幅输入图像,则:

$$H[k_1f_1(x,y)+k_2f_2(x,y)]=k_1H[f_1(x,y)]+k_2H[f_2(x,y)] \tag{5-2}$$

②相加性：式(5-2)中，如果 $k_1=k_2=1$，则变成：

$$H[f_1(x,y)+f_2(x,y)]=H[f_1(x,y)]+H[f_2(x,y)] \tag{5-3}$$

通过式(5-3)可以得出，线性系统对2个输入图像之和的响应等于它对2个输入图像响应的和。

③一致性：式(5-2)中如果 $f_2(x,y)=0$，则变成：

$$H[f_1(x,y)]=k_1H[f_1(x,y)] \tag{5-4}$$

通过式(5-4)可以得出，线性系统对常数与任意输入乘积的响应等于常数与该输入的响应的乘积。

④位置(空间)不变性：如果对任意 $f(x,y)$ 以及 a 和 b，有：

$$H[f(x-a,y-b)]=g(x-a,y-b) \tag{5-5}$$

通过式(5-5)可以得出，线性系统在图像任意位置的响应只与在该位置的输入值有关，与位置本身无关。

5.2.3　连续函数的退化模型

根据冲激函数 δ 的筛选性质，可将 $f(x,y)$ 表示为：

$$f(x,y)=\int_{-\infty}^{+\infty}\int_{-\infty}^{+\infty}f(\alpha,\beta)\delta(x-\alpha,y-\beta)\,\mathrm{d}\alpha\mathrm{d}\beta \tag{5-6}$$

式中，$\delta(x-\alpha,y-\beta)$ 定义为不在原点的二维 δ 函数，当 $x=\alpha,y=\beta$ 时，则：

$$\delta(x-\alpha,y-\beta)=\infty \tag{5-7}$$

当 $x\neq\alpha$、$y\neq\alpha$ 时，则：

$$\delta(x-\alpha,y-\beta)=0 \tag{5-8}$$

设退化模型中的 $n(x,y)=0$，则有：

$$g(x,y)=H\cdot f(x,y)=\int_{-\infty}^{+\infty}\int_{-\infty}^{+\infty}H[f(\alpha,\beta)\delta(x-\alpha,y-\beta)]\,\mathrm{d}\alpha\mathrm{d}\beta \tag{5-9}$$

由于 $f(\alpha,\beta)$ 与 x、y 无关，由线性齐次性可得：

$$g(x,y)=\int_{-\infty}^{+\infty}\int_{-\infty}^{+\infty}f(\alpha,\beta)H\delta(x-\alpha,y-\beta)\,\mathrm{d}\alpha\mathrm{d}\beta \tag{5-10}$$

令 $h(x,\alpha,y,\beta)=H\delta(x-\alpha,y-\beta)$，$h(x,\alpha,y,\beta)$ 称为 H 的冲激响应，它表示系统 H 对坐标 (α,β) 处的冲激函数 $\delta(x-\alpha,y-\beta)$ 的响应。在光学中，冲激为一个光点，一般也称 $h(x,\alpha,y,\beta)$ 为点扩散函数。由此可得

$$g(x,y)=\int_{-\infty}^{+\infty}\int_{-\infty}^{+\infty}f(\alpha,\beta)h(x-\alpha,y-\beta)\,\mathrm{d}\alpha\mathrm{d}\beta \tag{5-11}$$

从式(5-11)可见，由于把退化过程看成一个线性空间不变系统，因此系统输出的降质图像 $g(\alpha,\beta)$ 应为输入图像和系统冲激响应的卷积积分。

对式(5-11)两边进行傅里叶变换，并由卷积定理可得：

$$G(u,v)=H(u,v)F(u,v) \tag{5-12}$$

式中，$G(u,v)$、$F(u,v)$ 分别是 $g(x,y)$、$f(x,y)$ 的二维傅里叶变换，函数 $H(u,v)$ 称为退化系统的传递函数，它是退化系统冲激响应 $h(x,y)$ 的傅里叶变换。

在考虑加性噪声的情况下，连续函数的退化模型可表示为：

$$g(x,y)=\int_{-\infty}^{+\infty}\int_{-\infty}^{+\infty}f(\alpha,\beta)\delta(x-\alpha,y-\beta)\mathrm{d}\alpha\mathrm{d}\beta+n(x,y) \tag{5-13}$$

或

$$G(u,v)=H(u,v)F(u,v)+N(u,v) \tag{5-14}$$

式中，$N(u,v)$为噪声函数$n(u,v)$的傅里叶变换。

大多数情况下都可以利用线性系统理论近似地解决图像复原问题。当然在某些特定的应用中，讨论非线性、空间可变性的退化模型更具普遍性，也会更加精确，但在数学上求解困难。因此，本章只讨论线性空间不变的退化模型。

5.2.4 离散退化模型

为了有效地建立一个数字图像恢复系统，有必要定量地描述物理成像系统、图像数字化仪和图像显示器的图像退化效应。但一般为了简单起见，通常假设物理成像系统的光谱波长响应和时域响应的特征可以从空间和点的特征分离出来，所以下面有关图像离散退化模型的讨论只考虑空间和点的特征。

1. 一维离散退化模型

设$f(x)$是具有A个均匀采样值的二维离散函数，$h(x)$为具有C个均匀采样值的系统脉冲响应，$g(x)$是系统的输出函数。当利用卷积计算$g(x)$时，由A个样本表示的函数$f(x)$与由C个样本表示的另一个函数$h(x)$进行卷积将得到$A+C-1$个样本序列。由于离散卷积和离散傅里叶变换均是针对周期函数定义的，为了避免离散卷积的周期性序列之间发生相互重叠现象，必须对函数$f(x)$和$h(x)$进行周期性延拓，并取$M=A+C-1$，则有：

$$f_e(x),x=0,1,2,\cdots,M-1 \tag{5-15}$$

$$h_e(x),x=0,1,2,\cdots,M-1 \tag{5-16}$$

也即

$$f_e(x)=\begin{cases}f(x), & 0\leqslant x\leqslant A-1\\ 0, & A\leqslant x\leqslant M-1\end{cases} \tag{5-17}$$

$$h_e(x)=\begin{cases}h(x), & 0\leqslant x\leqslant C-1\\ 0, & C\leqslant x\leqslant M-1\end{cases} \tag{5-18}$$

这时，$f_e(x)$和$h_e(x)$均成为周期长度为M的周期性离散函数，且它们两者的卷积为：

$$g_e(x)=\sum_{m=0}^{M-1}f_e(m)h_e(x-m),\quad x=0,1,2,\cdots,M-1 \tag{5-19}$$

若设

$$f=[f_e(0),f_e(1),f_e(2),\cdots,f_e(M-1)]^{\mathrm{T}} \tag{5-20}$$

$$h=[h_e(0),h_e(1),h_e(2),\cdots,h_e(M-1)]^{\mathrm{T}} \tag{5-21}$$

则可以将式(5-19)改写成矩阵表示形式：

$$g=Hf=\begin{bmatrix}g_e(0)\\ g_e(1)\\ \vdots\\ g_e(M-1)\end{bmatrix}=\begin{bmatrix}h_e(0) & h_e(-1) & \cdots & h_e(-M+1)\\ h_e(1) & h_e(-1) & \cdots & h_e(-M+2)\\ \vdots & \vdots & \ddots & \vdots\\ h_e(M-1) & h_e(M-2) & \cdots & h_e(0)\end{bmatrix}\begin{bmatrix}f_e(0)\\ f_e(1)\\ \vdots\\ f_e(M-1)\end{bmatrix} \tag{5-22}$$

根据 $h_e(x)$ 的周期性可知有 $h_e(x)=h_e(x+M)$，所以可以将式(5-21)中的 H 进一步写成

$$H=\begin{bmatrix} h_e(0) & h_e(M-1) & h_e(M-2) & \cdots \\ h_e(1) & h_e(0) & h_e(M-1) & \cdots \\ \vdots & \vdots & \ddots & \vdots \\ h_e(M-1) & h_e(M-2) & h_e(M-3) & \cdots \end{bmatrix} \tag{5-23}$$

从式(5-23)可以看出，矩阵 H 不但是一个方阵，而且是一个循环矩阵。也即，每一行都是前一行(规定第一行的前一行是最末行)循环右移一位的结果，最右端的元素循环右移一位后移到最左端。

2. 二维离散退化模型

把上述的讨论可直接推广到二维空间，就可以用来研究图像退化模型的离散表示形式。

设 $f(x,y)$ 具有 $A\times B$ 个均匀采样值，$h(x,y)$ 具有 $C\times D$ 个均匀采样值，并把它们都周期性地延拓成 $M\times N$ 个样本。则：

$$f_e(x)=\begin{cases} f(x), & 0\leqslant x\leqslant A-1 \text{ 且 } 0\leqslant y\leqslant B-1 \\ 0, & A\leqslant x\leqslant M-1 \text{ 且 } B\leqslant y\leqslant N-1 \end{cases} \tag{5-24}$$

$$h_e(x)=\begin{cases} h(x), & 0\leqslant x\leqslant C-1 \text{ 且 } 0\leqslant y\leqslant D-1 \\ 0, & C\leqslant x\leqslant M-1 \text{ 且 } D\leqslant y\leqslant N-1 \end{cases} \tag{5-25}$$

这时，$f_e(x,y)$ 和 $h_e(x,y)$ 均成为在 x 和 y 方向上周期长度分别为 M 和 N 的二维周期性离散函数，且它们两者的卷积为：

$$g_e(x,y)=\sum_{m=0}^{M-1}\sum_{n=0}^{N-1} f_e(m,n)h_e(x-m,y-n)$$
$$x=0,1,2,\cdots,M-1;y=0,1,2,\cdots,N-1 \tag{5-26}$$

5.2.5　图像的离散退化模型

如果把式(5-1)中的噪声项 $n(x,y)$ 也离散化，并周期性地延拓成 $M\times N$ 个样本，并记为 $n_e(x,y)$，则退化图像的二维离散模型就可以表示为：

$$g_e(x,y)=\sum_{m=0}^{M-1}\sum_{n=0}^{N-1} f_e(m,n)h_e(x-m,y-n)+n_e(x,y)$$
$$x=0,1,2,\cdots,M-1;y=0,1,2,\cdots,N-1 \tag{5-27}$$

并进一步可以将式(5-27)表示成矩阵形式：

$$\boldsymbol{g}=\boldsymbol{Hf}+\boldsymbol{n} \tag{5-28}$$

也即

$$g=\begin{bmatrix} H_0 & H_{M-1} & H_{M-2} & \cdots \\ H_1 & H_0 & H_{M-1} & \cdots \\ H_2 & H_1 & H_0 & \cdots \\ \vdots & \vdots & \vdots & \ddots \\ H_{M-1} & H_{M-2} & H_{M-3} & \cdots \end{bmatrix} \begin{bmatrix} f_e(0) \\ f_e(1) \\ f_e(2) \\ \vdots \\ f_e(MN-1) \end{bmatrix} + \begin{bmatrix} n_e(0) \\ n_e(1) \\ n_e(2) \\ \vdots \\ n_e(MN-1) \end{bmatrix} \tag{5-29}$$

其中，$\boldsymbol{g}$、$\boldsymbol{f}$ 和 $\boldsymbol{n}$ 都是 $MN\times 1$ 维向量；$\boldsymbol{H}$ 是 $MN\times MN$ 矩阵，且 $\boldsymbol{H}$ 矩阵由 $M\times M$ 个方块阵 $\boldsymbol{H}_j$ 组成，每个方块阵 $\boldsymbol{H}_j$ 都是 $N\times N$ 的矩阵。$\boldsymbol{H}$ 是关于方块阵元素 $\boldsymbol{H}_j$ 的循环矩阵，方块阵 $\boldsymbol{H}_j$ 是一种

循环矩阵。且

$$H_j=\begin{bmatrix} h_e(j,0) & h_e(j,N-1) & h_e(j,N-2) & \cdots \\ h_e(j,1) & h_e(j,0) & h_e(j,N-1) & \cdots \\ h_e(j,2) & h_e(j,1) & h_e(j,0) & \cdots \\ \vdots & \vdots & \vdots & \ddots \\ h_e(j,N-1) & h_e(j,N-2) & h_e(j,N-3) & \cdots \end{bmatrix} \tag{5-30}$$

上述离散退化模型都是在线性和空间不变性的前提条件下推导出来的。因此，在此条件下，图像复原的问题在于，给定退化图像 $g(x,y)$，并已知退化系统的冲激响应 $h(x,y)$ 和相加性噪声 $n(x,y)$，根据 $\boldsymbol{g}=\boldsymbol{Hf}+\boldsymbol{n}$ 如何估计出理想图像 $f(x,y)$。但是对于实用大小的图像来说，这一过程是非常繁琐的。例如，若 $M=N=512$，$\boldsymbol{H}$ 的大小为 $M^2\times N^2=262144\times262144$。可见，为了计算得到 $\boldsymbol{f}$，则需求解 262144 个联立线性方程组，计算量非常庞大。因此需要研究一些算法以便简化复原运算的过程，利用 $\boldsymbol{H}$ 的循环性质即可大大减少计算工作量。

5.3 图像的代数复原法

图像复原的目的是在假设具备有关 g、H 和 n 的某些知识的情况下，寻求估计原图像 f 的方法。这种估计应在某种预先选定的最佳准则下，具有最优的性质。

本节集中讨论在均方误差最小意义下，原图像 f 的最佳估计，因为它是各种可能准则中最简单易行的。事实上，由它可以导出许多实用的恢复方法。

5.3.1 无约束复原

由式(5-1)可得退化模型中的噪声项为：

$$n=g-Hf \tag{5-31}$$

当对 f 一无所知时，有意义的准则函数是寻找一个 n，使得 $H\hat{f}$ 在最小二乘意义上近似于 g，即要使噪声项的函数尽可能小，也就是使

$$n^2=g-H\hat{f}^2 \tag{5-32}$$

为最小。这一问题可等效地看成求准则函数：

$$J(\hat{f})=g-H\hat{f}^2 \tag{5-33}$$

关于 $\hat{f}$ 最小的问题。

令

$$\frac{\partial J(\hat{f})}{\partial \hat{f}}=2H'(g-H\hat{f})=0 \tag{5-34}$$

可推出：

$$\hat{f}=(H'H)^{-1}H'g \tag{5-35}$$

令 $M=N$，则 H 为一方阵，并设 H^{-1} 存在，则式(5-44)化为：

$$\hat{f}=H^{-1}(H')^{-1}H'g=H'g \tag{5-36}$$

式(5-36)给出的就是逆滤波恢复法。对于位移不变产生的模糊，可以通过在频率域进行去

卷积加以说明。即

$$\hat{F}=\frac{G(u,v)}{H(u,v)} \tag{5-37}$$

若 $H(u,v)$ 有 0 值，则 H 为奇异的，无论 H^{-1} 或 $(H'H)^{-1}$ 都不存在。这会导致恢复问题的病态性或奇异性。

5.3.2　约束最小二乘复原

为了克服恢复问题的病态性质，常需要在恢复过程中施加某种约束，即约束复原。令 Q 为 f 的线性算子，约束最小二乘法复原问题是使形式为 $\|Q\hat{f}\|^2$ 的函数，在约束条件 $\|g-H\hat{f}\|^2=\|n\|^2$ 时为最小。这可以归结为寻找一个 $\hat{f}$，使下面准则函数最小：

$$J(\hat{f})=\|Q\hat{f}\|^2+\lambda\|g-H\hat{f}\|^2-\|n\|^2 \tag{5-38}$$

式中，λ 为一个常数，称为拉格朗日系数。

按一般求极小值的解法，令 $J(\hat{f})$ 对 $\hat{f}$ 夕的导数为 0，则有：

$$\frac{\partial J(\hat{f})}{\partial \hat{f}}=2QQ\hat{f}-2\lambda H'(g-H\hat{f})=0 \tag{5-39}$$

解得：

$$\hat{f}=(H'H+\gamma QQ)^{-1}H'g \tag{5-40}$$

式中，$\gamma=1/\lambda$。这是求约束最小二乘复原图像的通用方程式。

通过指定不同的 Q，可以得到不同的复原图像。下面根据通用方程式给出几种具体恢复方法。

1. 能量约束恢复

若取线性运算：

$$Q=I \tag{5-41}$$

则得：

$$\hat{f}=(H'H+\gamma I)^{-1}H'g \tag{5-42}$$

此解的物理意义是在约束条件为式(5-32)时，复原图像能量 $\|\hat{f}\|$ 为最小。也可以说，当用 g 复原 f 时，能量应保持不变。事实上，上式完全可以在 $\hat{f}'\hat{f}=g'g=c$ 的条件下使 $\|g-H\hat{f}\|$ 为最小推导出来。

2. 平滑约束恢复

把 $\hat{f}$ 看成 x、y 的二维函数，平滑约束是指原图像 $\hat{f}(x,y)$ 为最光滑的，那么它在各点的二阶导数都应最小。顾及二阶导数有正负，约束条件是应用各点二阶导数的平方和最小。Laplacian 算子为：

$$\frac{\partial^2 f(x,y)}{x^2}+\frac{\partial^2 f(x,y)}{y^2}=f(x+1,y)+f(x-1,y)+f(x,y+1)+f(x,y-1)-4f(x,y) \tag{5-43}$$

则约束条件为：

$$\sum_{x=0}^{M-1}\sum_{y=0}^{N-1}[f(x+1,y)+f(x-1,y)+f(x,y+1)+f(x,y-1)-4f(x,y)]^2 \tag{5-44}$$

取最小。

式(5-42)还可用卷积形式表示为：

$$\bar{f}(x,y)=\sum_{x=0}^{M-1}\sum_{y=0}^{N-1}f(x-m,y-n)C(m,n) \tag{5-45}$$

式中，

$$C(m,n)=\begin{vmatrix}0 & 1 & 0\\ 1 & -4 & 1\\ 0 & 1 & 0\end{vmatrix} \tag{5-46}$$

于是，复原就是在约束条件式(5-41)下使$\|c\hat{f}\|$为最小。令 $Q=C$，最佳复原解为：

$$\hat{f}=(H'H+\gamma C'C)^{-1}H'g \tag{5-47}$$

3. 均方误差最小滤波(维纳滤波)

将 f 和 n 视为随机变量，并选择 Q 为：

$$Q=\boldsymbol{R}_f^{1/2}\boldsymbol{R}_n \tag{5-48}$$

使 $Q\hat{f}$ 最小。其中 $\boldsymbol{R}_f=\varepsilon\{ff'\}$ 和 $\boldsymbol{R}_n=\varepsilon\{nn'\}$ 分别为信号和噪声的协方差矩阵。可推导出：

$$\hat{f}=(H'H+\gamma\boldsymbol{R}_f^{-1}\boldsymbol{R}_n)^{-1}H'g \tag{5-49}$$

一般情况下，$\gamma\neq1$ 时为含参维纳滤波；$\gamma=1$ 时为标准维纳滤波。在用统计线性运算代替确定性线性运算时，最小二乘滤波将转化成均方误差最小滤波。尽管两者在表达式上有着类似的形式，但意义却有本质的不同。在随机性运算情况下，最小二乘滤波是对一族图像在统计平均意义上给出最佳恢复的；而在确定性运算的情况下，最佳恢复是针对一幅退化图像给出的。

5.4 图像的频域复原法

5.4.1 逆滤波恢复法

对于线性位移不变系统而言，有：

$$\begin{aligned}g(x,y)&=\int_{-\infty}^{\infty}\int_{-\infty}^{\infty}f(\alpha,\beta)\delta(x-\alpha,y-\beta)\mathrm{d}\alpha\mathrm{d}\beta+n(x,y)\\&=f(x,y)*h(x,y)+n(x,y)\end{aligned} \tag{5-50}$$

上式两边进行傅里叶变换得：

$$G(u,v)=F(u,v)H(u,v)+N(u,v) \tag{5-51}$$

式中，$G(u,v)$、$F(u,v)$、$H(u,v)$和 $N(u,v)$分别是 $g(x,y)$、$f(x,y)$、$h(x,y)$和 $n(x,y)$的二维傅里叶变换。$H(u,v)$称为系统的传递函数，从频率域角度看，它使图像退化，因而反映了成像系统的性能。

通常在无噪声的理想情况下，式(5-51)可为：

$$G(u,v)=F(u,v)H(u,v) \tag{5-52}$$

则

$$F(u,v)=G(u,v)/H(u,v) \tag{5-53}$$

式中，$1/H(u,v)$称为逆滤波器。对式(5-53)再进行傅里叶逆变换可得到 $f(x,y)$。但实际上碰

到的问题都有噪声，因而只能求 $F(u,v)$ 的估计值 $\hat{F}(u,v)$，

$$\hat{F}(u,v)=F(u,v)+\frac{N(u,v)}{H(u,v)} \tag{5-54}$$

做傅里叶逆变换得：

$$\hat{f}(x,y) = f(x,y)+\int_{-\infty}^{+\infty}[N(u,v)H^{-1}(u,v)]\mathrm{e}^{\mathrm{j}2\pi(ux+vy)}\mathrm{d}u\mathrm{d}v \tag{5-55}$$

这就是逆滤波复原的基本原理。其复原过程可归纳如下。

①对退化图像 $g(x,y)$ 做二维离散傅里叶变换，得到 $G(u,v)$。

②计算系统点扩散函数 $h(x,y)$ 的二维傅里叶变换，得到 $H(u,v)$。

这一步值得注意的是，通常 $h(x,y)$ 的尺寸小于 $g(x,y)$ 的尺寸。为了消除混叠效应引起的误差，需要把 $h(x,y)$ 的尺寸延拓。

③按式(5-52)计算 $\hat{F}(u,v)$。

④计 $\hat{F}(u,v)$ 的傅里叶逆变换，求得 $\hat{f}(x,y)$。

若噪声为0，则采用逆滤波恢复法能完全再现原图像。若噪声存在，而且在 $H(u,v)$ 很小或为0时，则噪声被放大。这意味着退化图像中小噪声的干扰在 $H(u,v)$ 较小时，会对逆滤波恢复的图像产生很大的影响，有可能使恢复的图像 $\hat{f}(x,y)$ 和 $f(x,y)$ 相差很大，甚至面目全非。

为此改进的方法如下：

①在 $H(u,v)=0$ 及其附近，人为地设置 $H^{-1}(u,v)$ 的值，使 $N(u,v)*H^{-1}(u,v)$ 不会对 $\hat{F}(u,v)$ 产生太大影响。图5-3给出了 $H(u,v)$、$H^{-1}(u,v)$ 和改进的滤波器 $H_1(u,v)$ 的一维波形，从中可以看出与正常逆滤波的差别。

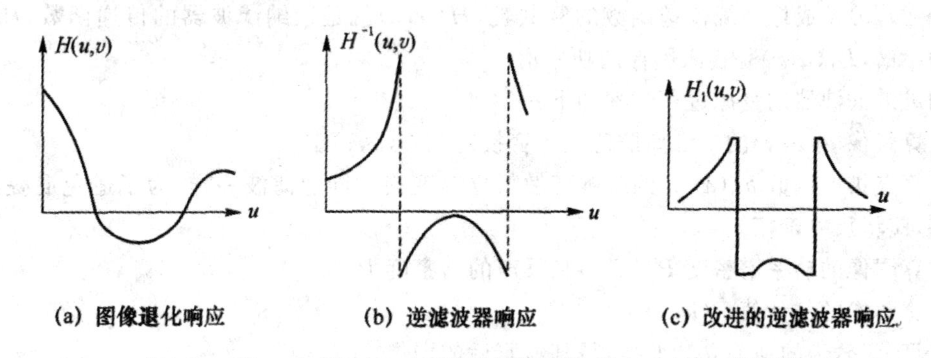

图5-3 $H(u,v)$、$H^{-1}(u,v)$ 和改进的滤波器 $H_1(u,v)$ 的一维波形

②使 $H^{-1}(u,v)$ 具有低通滤波性质。即

$$H^{-1}(u,v)=\begin{cases}\dfrac{1}{H(u,v)} & D\leqslant D_0\\ 0 & D>D_0\end{cases} \tag{5-56}$$

式中，D_0 为逆滤波器的截止频率；$D=\sqrt{u^2+v^2}$。

5.4.2 维纳滤波复原方法

逆滤波复原方法数学表达式简单，物理意义明确，但存在上面讲到的缺点，且难以克服。因此，在逆滤波理论基础上，不少人从统计学观点出发，设计了一类滤波器用于图像复原，以改善复

原图像的质量。

维纳(Wiener)滤波也叫最小二乘方滤波，是一种有约束的恢复处理方法，也是频域恢复处理中的一种，它是使原始图像与恢复图像之间的均方差最小的恢复方法。Wiener 滤波恢复的思想是在假设图像信号可近似看作平稳随机过程的前提下，按照使恢复的图像与原图像 $f(x,y)$ 的均方差最小的原则来恢复图像。

图像恢复准则为 $f(x,y)$ 和 $\hat{f}(x,y)$ 之间的均方误差 e^2 达到最小，即

$$\mathrm{e}^2=\min E\{[f(x,y)-\hat{f}(x,y)]^2\} \tag{5-57}$$

当采用线性滤波来恢复图像时，问题变为寻找点扩散函数 $h_w(x,y)$，使

$$\hat{f}(x,y)=h_w(x,y)*g(x,y) \tag{5-58}$$

或

$$\hat{F}(u,v)=H_w(u,v)G(u,v) \tag{5-59}$$

满足式(5-57)的图像恢复准则。

由 Andrews 和 Hunt 推导的满足这一要求的传递函数为：

$$H_w(u,v)=\frac{H*(u,v)}{|H(u,v)^2|+\dfrac{P_n(u,v)}{P_f(u,v)}} \tag{5-60}$$

则有：

$$\hat{F}(u,v)=\frac{H*(u,v)}{|H(u,v)|^2+\dfrac{P_n(u,v)}{P_f(u,v)}}G(u,v) \tag{5-61}$$

式中，$H*(u,v)$ 是成像系统传递函数的复共轭，$H(u,v)$ 就是维纳滤波器的传递函数，$P_n(u,v)$ 是噪声功率谱，$P_f(u,v)$ 是输入图像的功率谱。

采用维纳滤波器的复原过程步骤如下：

①计算图像 $g(x,y)$ 的二维离散傅立叶变换得到 $G(u,v)$。

②计算点扩散函数 $h_w(x,y)$ 的二维离散傅立叶变换。同逆滤波一样，为了避免混叠效应引起的误差，应将尺寸延拓。

③估算图像的功率谱密度 $P_f(u,v)$ 和噪声的谱密度 $P_n(u,v)$。

④计算图像的估计值 $\hat{F}(u,v)$。

⑤计算 $\hat{F}(u,v)$ 的逆傅立叶变换，得到恢复后的图像 $\hat{f}(x,y)$。

这一方法有如下特点：

①当 $H(u,v)\to 0$ 或幅值很小时，分母不为零，不会造成严重的运算误差。

②在信噪比高的频域，即 $P_n(u,v)\leqslant P_f(u,v)$ 时，

$$H_w(u,v)=\frac{1}{H(u,v)} \tag{5-62}$$

③在信噪比很小的频域，即 $|H(u,v)|\leqslant P_n(u,v)/P_f(u,v)$ 时，

$$H_w(u,v)=0 \tag{5-63}$$

对于噪声功率谱 $P_n(u,v)$，可在图像上找一块恒定灰度的区域，然后测定区域灰度图像的功率谱作为 $P_n(u,v)$。

图 5-4 为维纳滤波器应用实例，图(a)是航拍得到的受大气湍流严重影响的城市图像，图(b)是用维纳滤波器恢复出来的图像，城市景物变得清晰可辨。

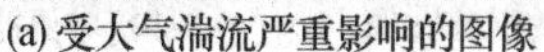

(a) 受大气湍流严重影响的图像　(b) 用维纳滤波器恢复出来的图像

图 5-4　维纳滤波器的应用

前面两种滤波方法是在频域中进行的，也是线性滤波方法，可以看到在去除噪声的同时也使图像的边缘变得模糊了。中值滤波是一种去除噪声的非线性处理方法，它是由图基(Turky)在1971 年提出的。在某些条件下可以做到既去除噪声又保护图像边缘。中值滤波对图像边缘有较好的保护作用，但是它也有其固有的缺陷，如果使用不当，会损失许多图像细节。实验表明，中值滤波对椒盐噪声的滤除非常有效，但对点、线等细节较多的图像却不太实用。

选用退化的标准检测图像 Lina 为处理对象，如图 5-5 所示。分别用逆滤波、维纳滤波和加权中值滤波对退化图像进行处理，图 5-6 所示为恢复的图像。其中加权中值滤波选用的滤波窗口为 5×5，权重为 7。

图 5-5　退化图像

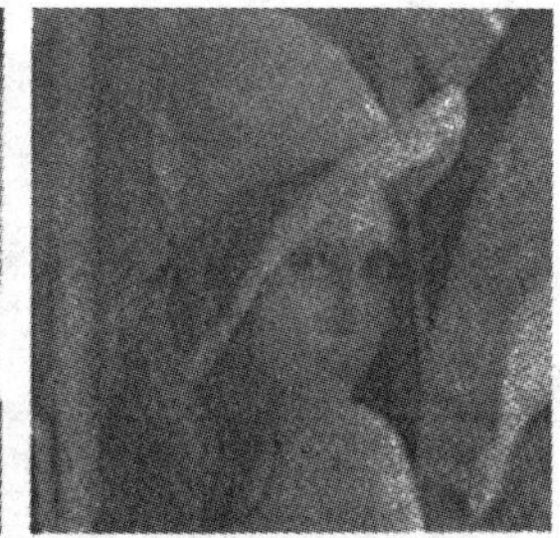

(a) 逆滤波　(b) 维纳滤波　(c) 加权中值滤波

图 5-6　图像复原

从图 5-6 可以看到逆滤波、维纳滤波恢复的效果基本上满意，而中值滤波恢复的效果不太好。而且由于维纳滤波在进行恢复时对噪声进行了处理，因此其恢复效果要比逆滤波要好，尤其是退化图像的噪声干扰较强时效果更为明显。同时可以看出中值滤波方法并不适合此种退化图像。

选用含有椒盐噪声的退化图像 Lina，如图 5-7 所示。用加权中值滤波进行恢复，滤波窗口为

3×3,权重为5。

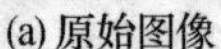

(a) 原始图像　(b) 含有椒盐噪声的退化图像　(b) 加权中值滤波图像

图 5-7　中值滤波

从图5-7可以看出来加权中值滤波对椒盐噪声非常有效。

5.4.3 去除由匀速运动引起的模糊

在获取图像过程中,由于景物和摄像机之间的相对运动,往往造成图像的模糊。其中匀速直线运动所造成的模糊图像的恢复问题更具有一般性和普遍意义。因为变速的、非直线的运动在某些条件下可以看成是匀速的、直线运动的合成结果。

设图像 $f(x,y)$ 有一个平面运动,令 $x_0(t)$ 和 $y_0(t)$ 分别为在 x 和 y 方向上运动的变化分量,t 表示运动的时间。记录介质的总曝光量是在快门打开到关闭这段时间的积分。则模糊后的图像为:

$$g(x,y)=\int_0^T f[x-x_0(t),y-y_0(t)]\mathrm{d}t \tag{5-64}$$

式中,$g(x,y)$ 为模糊后的图像。式(5-62)就是由目标物或摄像机相对运动造成图像模糊的数学模型。令 $G(u,v)$ 为模糊图像 $g(x,y)$ 的傅里叶变换,对其两边傅里叶变换得:

$$\begin{aligned}G(u,v)&=\int_{-\infty}^{+\infty}\int_{-\infty}^{+\infty}g(x,y)\mathrm{e}^{-\mathrm{j}2\pi(ux+vy)}\mathrm{d}x\mathrm{d}y\\&=\int_{-\infty}^{+\infty}\int_{-\infty}^{+\infty}\left\{\int_0^T f[x-x_0(t),y-y_0(t)]\mathrm{d}t\right\}\mathrm{d}x\mathrm{d}y\end{aligned} \tag{5-65}$$

改变式(5-65)的积分次序,则有:

$$G(u,v)=\int_0^T\left\{\int_{-\infty}^{+\infty}\int_{-\infty}^{+\infty}f[x-x_0(t),y-y_0(t)]\mathrm{e}^{-\mathrm{j}2\pi(ux+vy)}\mathrm{d}x\mathrm{d}y\right\}\mathrm{d}t \tag{5-66}$$

由傅里叶变换的位移性质,可得:

$$\begin{aligned}G(u,v)&=\int_0^T F(u,v)\mathrm{e}^{-\mathrm{j}2\pi[ux_0(t)+vy_0(t)]}\mathrm{d}t\\&=F(u,v)\int_0^T\mathrm{e}^{-\mathrm{j}2\pi[ux_0(t)+vy_0(t)]}\mathrm{d}t\end{aligned} \tag{5-67}$$

令

$$H(u,v)=\int_0^T\mathrm{e}^{-\mathrm{j}2\pi[ux_0(t)+vy_0(t)]}\mathrm{d}t \tag{5-68}$$

由式(5-67)可得:

$$G(u,v)=H(u,v)F(u,v) \tag{5-69}$$

式(5-69)是已知退化模型的傅里叶变换式。若 $x(t)$、$y(t)$的性质已知,传递函数可直接由式(5-68)求出。因此,$f(x,y)$可恢复出来。下面直接给出沿水平方向和垂直方向匀速运动造成的图像模糊的模型及其恢复的近似表达式。

①由水平方向匀速直线运动造成的图像模糊的模型及其恢复用以下两式表示:

$$g(x,y)=\int_0^T f\left[\left(x-\frac{at}{T}\right),y\right]\mathrm{d}t \tag{5-70}$$

$$f(x,y)\approx A-mg'[(x-ma),y]+\sum_{k=0}^{m}g'[(x-ka),y],\quad 0\leqslant x,y\leqslant L \tag{5-71}$$

式中,a 为总位移量;T 为总运动时间;m 是$\frac{x}{a}$的整数部分; $L=ka$(k 为整数)是 x 的取值范围;$A=\frac{1}{k}\sum\limits_{k=0}^{K-1}f(x+ka)$。

式(5-79)和式(5-80)的离散式如下:

$$g(x,y)=\sum_{t=0}^{T}f\left[\left(x-\frac{at}{T}\right),y\right]\cdot\Delta x \tag{5-72}$$

$$\begin{aligned}f(x,y)\approx{}&A-m\frac{g[(x-ma),y]-g[(x-ma-1),y]}{\Delta x}\\&+\sum_{k=0}^{m}\frac{g[(x-ka),y]-g[(x-ma-1),y]}{\Delta x},\quad 0\leqslant x;y\leqslant L\end{aligned} \tag{5-73}$$

②由垂直方向匀速直线运动造成的图像模糊模型及恢复用以下两式表示:

$$g(x,y)=\sum_{t=0}^{T}f\left[x,\left(y-\frac{bt}{T}\right)\right]\cdot\Delta y \tag{5-74}$$

$$\begin{aligned}f(x,y)\approx{}&A-m\frac{g[x,(y-ma)]-g[x,(y-ma-1)]}{\Delta y}\\&+\sum_{k=0}^{m}\frac{g[x,(y-ka)]-g[x,(y-ma-1)]}{\Delta y}\end{aligned} \tag{5-75}$$

图 5-8 所示的是沿水平方向匀速运动造成的模糊图像的恢复处理示例。

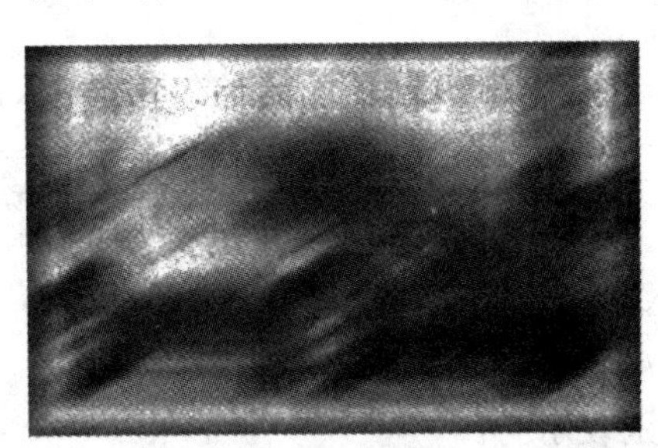

(a) 模糊图像

(b) 恢复后的图像

图 5-8　水平匀速运动模糊图像的恢复

5.5 几何失真的校正

图像可能会因成像传感器自身引起的失真、图像传感器承载工具的旋转或姿态的偏差、图像采集或传输过程中受到电磁干扰等，而出现几何失真或几何畸变。如图 5-9 展示的非线性的透视失真、枕形失真和桶形失真等就是最直观的例子。

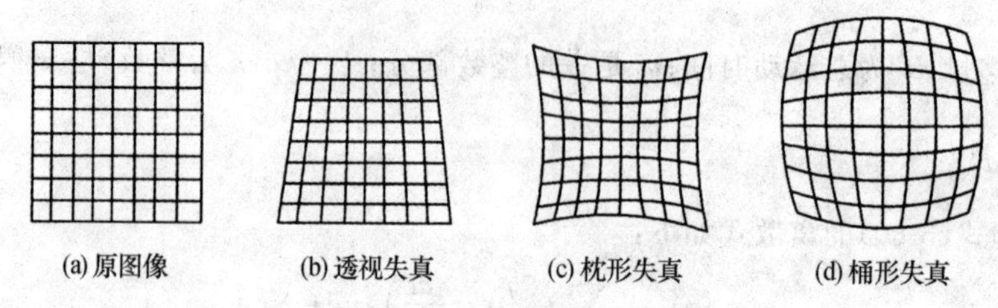

(a) 原图像　(b) 透视失真　(c) 枕形失真　(d) 桶形失真

图 5-9　几种典型的几何失真

图像的几何畸变在广义上属于一种图像退化现象，需要通过几何变换来修正图像中像素之间的空间联系，也即进行几何校正来消除类似于上述所列的各种失真。

在数字图像处理中，对图像的几何失真校正一般分为两步。首先是对图像进行坐标变换，也即对图像平面上的像素坐标位置进行校正或重新排列，以恢复其原空间关系；其次是进行灰度级插值，也即对空间变换后的图像的像素赋予相应的灰度值，以恢复其原空间位置上的灰度值。

5.5.1 坐标的几何校正

图像的几何失真可以用原始图像和畸变图像坐标之间的关系来描述。设原图像 $f(x,y)$ 的坐标是 x 和 y，几何畸变了的图像 $g(x',y')$ 的坐标为 x' 和 y'，则两个坐标之间的关系可以用如下变换描述为：

$$\begin{cases} x'=X(x,y) \\ y'=Y(x,y) \end{cases} \tag{5-76}$$

其中，$X(x,y)$ 和 $Y(x,y)$ 分别表示引起图像平面上位于 (x,y) 处的像素的坐标位置发生变化的单值映射变换函数。

对于线性失真，$X(x,y)$ 和 $Y(x,y)$ 可分别表示为：

$$X(x,y)=a_0+a_1x+a_2y. \tag{5-77}$$

$$Y(x,y)=b_0+b_1x+b_2y \tag{5-78}$$

对于非线性二次失真，$X(x,y)$ 和 $Y(x,y)$ 可分别表示为：

$$X(x,y)=a_0+a_1x+a_2y+a_3xy+a_4x^2+a_5y^2 \tag{5-79}$$

$$Y(x,y)=b_0+b_1x+b_2y+b_3xy+b_4x^2+b_5y^2 \tag{5-80}$$

式中，a_i、b_i 为待定系数。

如果已知 $X(x,y)$ 和 $Y(x,y)$ 的解析表达形式，理论上可以用相反的变换把几何畸变的失真图像 $g(x',y')$ 恢复为 $f(x,y)$。然而在实际中，产生几何畸变的映射函数一般是事先无法知道的，所以在恢复过程中需要在输入图像（失真图像）和输出图像（校正后的图像）上找一些其位置已知的点(称为控制点),然后利用这些控制点建立两幅图像的其他像素点的空间位置的对应关系。

图 5-10 给出了失真图像和相应的校正图像的四边形区域及其对应的像素点的关系。

假设四边形区域中的几何失真过程可用如下的双线性方程对来表示为:

$$X(x,y)=a_0+a_1x+a_2y+a_3xy \tag{5-81}$$

$$Y(x,y)=b_0+b_1x+b_2y+b_3xy \tag{5-82}$$

把以上两个公式代入式(5-76)可得:

$$x'=a_0+a_1x+a_2y+a_3xy \tag{5-83}$$

$$y'=b_0+b_1x+b_2y+b_3xy \tag{5-84}$$

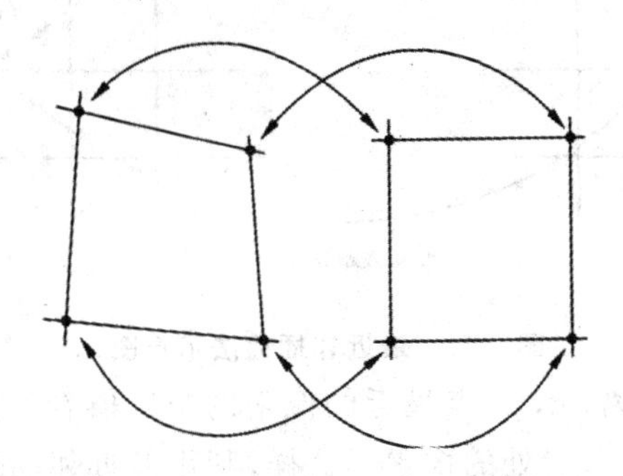

图 5-10　失真图像与校正后的图像的像素点的对应关系

对于图 5-10 中的两个四边形来说,已知的对应点有 4 组共 8 个,根据式(5-83)和式(5-84)可有:

$$x'_1=a_0+a_1x_1+a_2y_1+a_3x_1y_1 \tag{5-85}$$

$$x'_2=a_0+a_1x_2+a_2y_2+a_3x_2y_2 \tag{5-86}$$

$$x'_3=a_0+a_1x_3+a_2y_3+a_3x_3y_3 \tag{5-87}$$

$$x'_4=a_0+a_1x_4+a_2y_4+a_3x_4y_4 \tag{5-88}$$

和

$$y'_1=b_0+b_1x_1+b_2y_1+b_3x_1y_1 \tag{5-89}$$

$$y'_2=b_0+b_1x_2+b_2y_2+b_3x_2y_2 \tag{5-90}$$

$$y'_3=b_0+b_1x_3+b_2y_3+b_3x_3y_3 \tag{5-91}$$

$$y'_4=b_0+b_1x_4+b_2y_4+b_3x_4y_4 \tag{5-92}$$

求解由上述 8 个关系式组成的方程组即可解出 8 个待定的系数 a_i、b_i,$i=1,2,3,4$。再把这些系数带人由上述 8 个关系式组成的方程组,就建立了校正四边形区域内所有像素点的空间变换公式(模型)。在图像的几何畸变校正中,往往需要足够多的对应点,以产生覆盖整个图像的四边形集,运用以上方法即可得到每一个四边形的系数集。

5.5.2　灰度值恢复

对于数字图像来说,不管是原图像 $f(x,y)$,还是产生了几何畸变的失真图像 $g(x',y')$,其像素值都应定义在整数坐标上,也即 x、y、x'、y'都应是整数值。然而在图像恢复过程中,根据确定的待定系数建立的空间变换模型计算出的 x'和 y'可能是非整数值,这样用非整数值的坐标位置

(x',y')确定的一个到 g 的映射就会没有灰度定义，所以就要用其周围的整数坐标位置上的像素值来推算该非整数坐标位置的像素值，实现这种功能的技术就称为灰度插值。

最简单的灰度插值是最近邻插值，也叫零阶插值。图 5-11 给出了最近邻插值的示意图。图 5-11 的左边假设是理想的原始非失真图像，右边是产生了几何畸变的失真图像。由于失真，原图像中整数坐标点(x,y)就会映射到失真图像中的非整数坐标位置(x',y')，但 g 在该点是没有定义的。

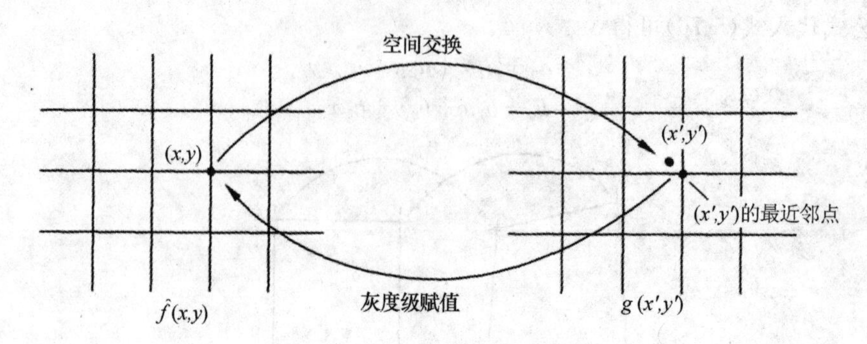

图 5-11　最近邻插值法示意图

所谓最近邻插值，就是将离(x',y')点最近的像素的灰度值看作是(x',y')点的灰度值赋给理想非失真图像 $\hat{f}(x,y)$的位于(x,y)处的像素。这样，利用最近邻插值法对图像几何畸变进行校正的步骤就可归结如下。

①确定理想非失真图像和失真图像上的四边形及其对应点，并利用式(5-83)和式(5-84)建立方程组及其变换公式，把整数坐标(x,y)映射到非整数坐标(x',y')。

②选择与(x',y')相邻最近的整数坐标。

③把第②步确定的整数坐标处的像素值赋给位于(x,y)处的像素。

最近邻插值法的实现比较简单，但是不够精确。双线性内插法是一种比较实用的方法，二维函数内差也是实际中常用的方法。

5.6　图像重建

5.6.1　断层摄影图像的获取

断层摄影图像的获取通常采用发射接收方式，即以平行的 X 射线照射从各个不同的方向照射目标物体，并记录每一方向的透射场，如图 5-12 所示，X 射线源产生平行的 X 射线对目标物体进行照射，设其入射光强度为 I_0，接收器阵列得到透射光强度为 $I(t,\theta_1)$。依次类推，X 源和 X 射线接收器沿中心转一个角度到 θ_2，又可以得到一组投影数据 $I(t,\theta_2)$，从 0°到 180°每隔一定间隔改变 θ，则得一组投影向量。

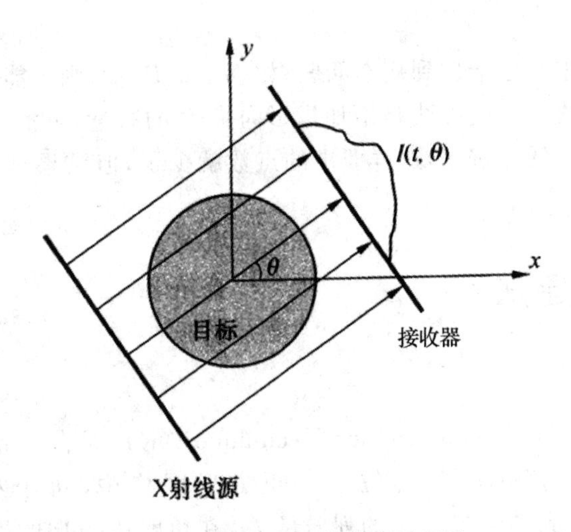

图 5-12　断层摄影图像获取示意图

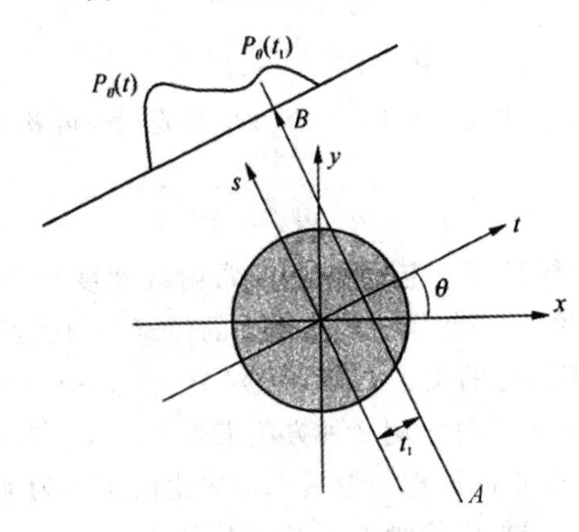

图 5-13　图像在 θ 角的投影 $\boldsymbol{P}_\theta(t)$ 示意图

图像的投影在数学上可以描述如下。如图 5-13 所示，令 $f(x,y)$ 表示图像函数，穿过 $f(x,y)$ 的一条线称为射线。$f(x,y)$ 沿某一射线的积分称为射线积分，而射线积分的集合则组成投影。

若从坐标原点向射线作一垂线，以此垂线作为新坐标的一个轴 t，并构成新坐标系 (t,s)，可以看出 (t,s) 坐标系仅是 (x,y) 坐标系旋转 θ 角的结果，二者存在下列变换关系：

$$\begin{bmatrix} t \\ s \end{bmatrix} = \begin{bmatrix} \cos\theta & \sin\theta \\ -\sin\theta & \cos\theta \end{bmatrix} \begin{bmatrix} x \\ y \end{bmatrix} \tag{5-93}$$

因而射线积分可以表达为：

$$\boldsymbol{P}_\theta(t_1) = \int_{AB} f(x,y)\mathrm{d}x\mathrm{d}y = \int_{sm}^{sm} f(t_1,s)\mathrm{d}s \tag{5-94}$$

沿一组垂直于 t 的射线积分，即形成了 $f(x,y)$ 在口角位置的平行投影，二维函数 $\boldsymbol{P}_\theta(t_1)$ 也叫 $f(x,y)$ 的雷顿(Radon)变换，相应的重建过程也称 Radon 反变换。

断层成像技术就是从不同射线角度口，不同检测器的位置的许多投影值 $\boldsymbol{P}_\theta(t_1)$ 重建原始图像 $f(x,y)$ 的过程，$f(x,y)$ 反应了 (x,y) 处的密度。

在实际过程中，角度不可能无限多，检测元素也是有限的，设从 0 到 180 度每隔 3 度求一次投影，则共有 60 个投影向量，记作 P 个投影向量，每个向量 N 维，则共有 PN 个投影值，需要求

解 $N \times N$ 个 $f(m,n)$。

和图像复原一样，重建也会碰到病态问题，如 $N=2$，$P=2$，则不能从 4 个投影值唯一地解出 A，B，C 和 D 4 个像素值。解决办法是增加投影向量 P 的数量，可消去不定性；或者根据先验知识加上约束条件；或者降低分辨率，这样要求的点数就少了，但结果是重建的图像分辨率也相应地降低。

5.6.2 代数重建法

1. 算法原理

代数重建法(Algebraic Reconstruction Technique，ART)是在离散域中重建图像。

设要重建的图像 $[f(m,n)]_{N\times N}$ 位于一正方形网格中，每个小方格表示一像素。将 $[f(m,n)]_{N\times N}$ 按行堆叠成一个 $N^2\times 1$ 的列向量 $\boldsymbol{f}$。在角度 θ_k 方向的投影向量为 $\boldsymbol{P}_k$(设为 N 维，即有 N 个检测器)

$$\boldsymbol{P}_k=(P_{k1},\cdots,P_{kN})^{\mathrm{T}} \tag{5-95}$$

若共有 N_θ 个投影向量，把这些 $\boldsymbol{P}_k(K=1,\cdots,N_\theta)$ 堆叠起来，可构成维数为 $N_\theta\times N$ 的列向量 $\boldsymbol{P}$，即

$$\boldsymbol{P}=(\boldsymbol{P}_1^{\mathrm{T}},\boldsymbol{P}_2^{\mathrm{T}},\cdots,\boldsymbol{P}_{N_\theta}^{\mathrm{T}})^{\mathrm{T}} \tag{5-96}$$

在代数重建方法中，设射线具有一定的宽度，通常射线宽度与小方格宽度相等。显然，对第 N_θ 个投影方向的某个投影值的大小起作用的截面上的像素与射线经过的几何位置有关。

如图 5-14 所示，在射线束扫过的位置上的像素对 $P_{ki}=(i=1,\cdots,N)$ 投影值都有影响。而射线束外对 P_{ki} 无影响，其影响的大小可以用 2 种方法来表示。

第一种：以射线束扫过该像素的面积与像素面积之比值来作为加权因子。

第二种：不管加权因子，射线扫中像素中心点为 1，认为此像素对 P_{ki} 有影响，反之为 0。

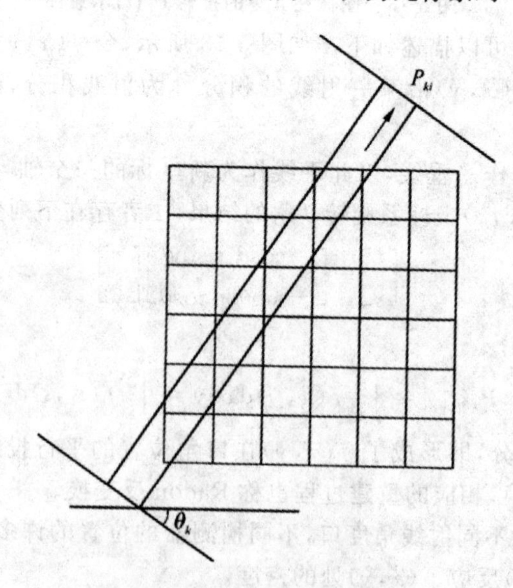

图 5-14 代数重建的各种参数

若用 b_{ij} 来表示像素 j 对第 i 个投影值的影响，这里

$$j = mN + n, \quad m,n = 0,\cdots,N; j = 0,\cdots,N^2 - 1 \tag{5-97}$$

$$i = kN + l, \quad k = 0,\cdots,N_\theta; l = 0,\cdots,N \tag{5-98}$$

则按第一种表示法 $b_{i,j}=0$(线外),或者 $0<b_{i,j}\leqslant 1$;按第二种表示法,射线扫中像素中心时 $b_{i,j}=1$,未被扫中 $b_{i,j}=0$。在离散情况下,射线的积分用累加和表示,则第 i 条射线得到的投影值为:

$$P_i = \sum_{j=1}^{N^2} b_{i,j} f_j \tag{5-99}$$

由于只有那些与射线相交的像素才对累加和做出贡献,因此大多数权系数 $b_{i,j}$ 都为零。若用矩阵形式表示,则投影值与像素衰减系数间的关系为:

$$\boldsymbol{P} = [\boldsymbol{B}]\boldsymbol{f} \tag{5-100}$$

式中,$\boldsymbol{P}$ 为 $N_\theta \times N = M$ 维列向量,$\boldsymbol{f}$ 为 N^2 维列向量,$[\boldsymbol{B}]$是个 $M\times N^2$ 维的巨大矩阵,也是个稀疏矩阵。若 $B_{i,j}=(0/1)$表示更方便,但用面积比更合理。由 $\boldsymbol{P}=[\boldsymbol{B}]\boldsymbol{f}$ 可知投影的过程是已知 $\boldsymbol{f}$ 求 $\boldsymbol{P}$ 的过程,即求加权和的过程。而重建截面的过程是个求解线性方程组的过程。但是,这一方程组十分庞大,直接求解是困难的。而且,即使 $N_\theta=N$,$[\boldsymbol{B}]$成为方阵,也不一定有唯一解,即病态问题,这时可用先验知识,如截面的吸收在邻点较均匀等,加约束条件来正则化。按常规的方法不一定有唯一解,但可以在某种意义下求得最优解。

2. 投影迭代法

投影迭代法的迭代公式为

$$\boldsymbol{f}^{(k)} = \boldsymbol{f}^{(k-1)} + \frac{\hat{\boldsymbol{P}}_j - \boldsymbol{b}_j \boldsymbol{f}^{(k-1)}}{\boldsymbol{b}_j^{\ 2}} \boldsymbol{b}_j = \boldsymbol{f}^{(k-1)} + \Delta \boldsymbol{f}^{(k)} \tag{5-101}$$

式中,$\boldsymbol{f}=(f_1,f_2,\cdots,f_{N^2})$,$\boldsymbol{f}^{(k)}$ 表示 $\boldsymbol{f}$ 的第 k 次迭代值,$\hat{\boldsymbol{P}}_j$ 为沿第 j 条射线实际测得的投影值,$\boldsymbol{b}_j=(b_{j1},b_{j2},\cdots,b_{jN^2})$。迭代求解的思路是先对 N^2 个 $f(m,n)$赋初始值 $\boldsymbol{f}^{(0)}$,然后求一条射线的投影值 $p_j^{(0)}$,可求得观测投影向量 $\hat{\boldsymbol{P}}_j$ 与估计的向量 $\boldsymbol{p}_j^{(0)}$ 之差值,据此求得 $\Delta f^{(0)}$ 来修正投影路径上有关像素的值,得 $\Delta f^{(1)}$。对所有射线重复以上过程,即完成第一次迭代。重复以上过程直到收敛,即修正量 $\Delta f^{(k)}$ 小到允许的程度。

综合上面的思想,可以归纳出迭代步骤如下:

①任意设定初始截面值 $\boldsymbol{f}^{(0)}$,常设为 0,也可以根据先验知识来设定,设 $k=0$。

②通过 $\boldsymbol{P}^{(k)}=[\boldsymbol{B}]\boldsymbol{f}^{(k)}$,求出 $\boldsymbol{P}^{(k)}$。

③由观测向量 $\hat{\boldsymbol{P}}$ 和 $\boldsymbol{P}^{(k)}$ 可以求得 $\Delta\boldsymbol{P}^{(k)}=\hat{\boldsymbol{P}}-\boldsymbol{P}^{(k)}$;

④用式(5-110)对 $\boldsymbol{f}^{(k)}$ 进行修正得 $\boldsymbol{f}^{(k+1)}$(对所有射线进行,即 $j=1,\cdots,M$)。

⑤$k=k+1$,返回②直到收敛。

5.6.3 傅里叶变换法

对大多数重建算法来说,傅里叶变换方法是重建技术的基础。而傅里叶变换重建是以投影层析定理为基础的。这一定理可以描述如下:图像 $f(x,y)$在 θ 角度的平行投影 $\boldsymbol{P}_\theta$ 的傅里叶变换 $\boldsymbol{S}_\theta(\omega)$等于 $f(x,y)$的傅里叶变换 $F(u,v)$的一个层面,且与轴 ω_1 的夹角为 θ_k,即 $F(\omega,\theta)$。换句话说,平行投影 $\boldsymbol{P}_\theta$ 的傅里叶变换提供了 $f(x,y)$的傅里叶变换 $F(u,v)$沿直线 AB 的值,如图 5-15 所示。

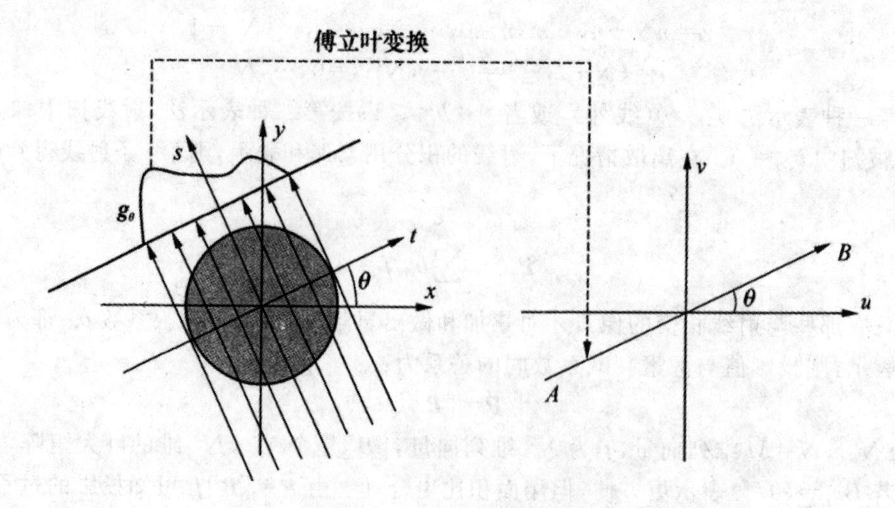

图 5-15 Fourier 层析理示意图

为了证明投影层析定理，令 $F(u,v)$ 为图像 $f(x,y)$ 的傅里叶变换，即

$$F(u,v)=\int_{-\infty}^{\infty}\int_{-\infty}^{\infty}f(x,y)\exp[-\mathrm{j}2\pi(\omega_1 x+\omega_2 y)]\mathrm{d}x\mathrm{d}y \tag{5-102}$$

设 $\boldsymbol{S}_\theta(\omega)$ 是投影 $\boldsymbol{P}_\theta$ 的傅里叶变换，

$$\boldsymbol{S}_\theta(\omega)=\int_{-\infty}^{\infty}\boldsymbol{P}(t)\exp(-\mathrm{j}\omega t)\mathrm{d}t \tag{5-103}$$

现在我们观察 (u,v) 平面中直线 $v=0$ 上的值，即

$$\begin{aligned}F(u,0)&=\int_{-\infty}^{\infty}\int_{-\infty}^{\infty}f(x,y)\exp[-\mathrm{j}2\pi ux]\mathrm{d}x\mathrm{d}y\\&=\int_{-\infty}^{\infty}\left[\int_{-\infty}^{\infty}f(x,y)\mathrm{d}y\right]\exp[-\mathrm{j}2\pi ux]\mathrm{d}x\\&=\int_{-\infty}^{\infty}\boldsymbol{P}_0(t)\exp(-\mathrm{j}\omega t)\mathrm{d}t==S_\theta(\omega)\end{aligned} \tag{5-104}$$

上式结果表明，对垂直于 x 轴所测得的投影 $\boldsymbol{P}_\theta(t)$ 所作的傅里叶变换等于轴 u 上物体函数的傅里叶变换，推广到 θ 不等于 0 的情况，可以导出类似结果。

设 $\boldsymbol{F}(\omega,\theta)$ 是 $F(u,v)$ 沿 θ 方向的值，$\boldsymbol{S}_\theta(\omega)$ 是投影 $\boldsymbol{P}_\theta(t)$ 的傅里叶变换，则有：

$$\boldsymbol{F}(\omega,\theta)=\boldsymbol{S}_\theta(\omega) \tag{5-105}$$

首先把 x-y 坐标轴旋转一个角度 θ，形成 t-s 轴，(t,s) 与 (x,y) 坐标的关系如前面所述为：

$$\begin{bmatrix}t\\s\end{bmatrix}=\begin{bmatrix}\cos\theta & \sin\theta\\-\sin\theta & \cos\theta\end{bmatrix}\begin{bmatrix}x\\y\end{bmatrix} \tag{5-106}$$

以 t,s 来重写(5-103)，

$$\boldsymbol{S}_\theta(\omega)=\int_{-\infty}^{\infty}\boldsymbol{P}(t)\mathrm{e}^{-\mathrm{j}\omega t}\mathrm{d}t=\int_{-\infty}^{\infty}\left[\int_{-\infty}^{\infty}f(t,s)\mathrm{d}s\right]\mathrm{e}^{-\mathrm{j}\omega t}\mathrm{d}t \tag{5-107}$$

变换到 (x,y) 坐标，得到：

$$\begin{aligned}\boldsymbol{S}_\theta(\omega)&=\int_{-\infty}^{\infty}\int_{-\infty}^{\infty}f(x,y)\exp[-j\omega(x\cos\theta+y\sin\theta)]\mathrm{d}x\mathrm{d}y\\&=F(\omega\cos\theta+\omega\sin\theta)\end{aligned} \tag{5-108}$$

很明显，在时间域内旋转 θ 角度对应于在频率域内旋转 θ 角度，因此，推广后的一般关系式，以极坐标 (ω,θ) 来写出，就变为：

$$\boldsymbol{F}(\omega,\theta)=\boldsymbol{S}_\theta(\omega) \tag{5-109}$$

由此可见，如果逐一对 $\theta_1,\theta_2,\cdots,\theta_k$ 各个方向上的投影进行傅里叶变换，我们就能获得 $F(u,v)$ 在这些角度的径线上的值，如图 5-16 所示。

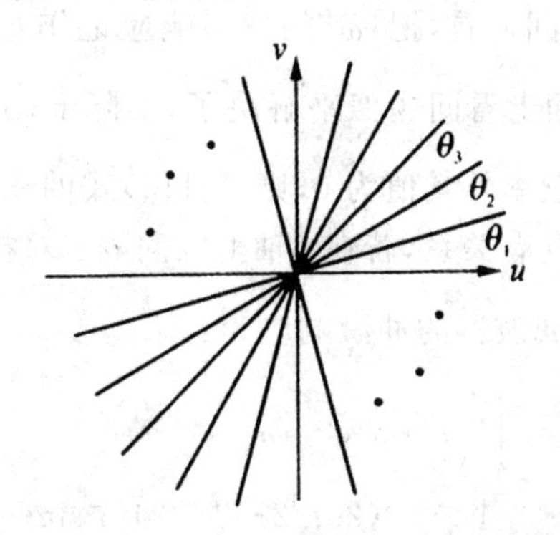

图 5-16 $F(u,v)$在不同角度径线上的取值

因此，当投影数量足够多时，就能求得 $F(u,v)$ 在 (u,v) 平面上所有点的值，从而利用傅里叶反变换就可以重建图像 $f(x,y)$。在离散情况下，我们只能取得 $F(u,v)$ 在有限数目径线上有限个值。在进行傅里叶反变换之前，要根据有限的 $\boldsymbol{F}(\omega,\theta)$ 离散值通过插值以求得 $F(u,v)$ 在矩形网格点上的值。由于 $\boldsymbol{F}(\omega,\theta)$ 的数值点离开原点越远就越稀疏，插值的误差也越大。这意味着重建图像的高频分量的误差要比低频分量大。

5.6.4 滤波-反投影法

目前 CT 所采用的算法均为滤波-反投影法，因为它有很高的精度，且能够快速实现。滤波-反投影法又称卷积-反投影法。本节主要讨论平行投影数据的算法。

如前所述，若 (ω,θ) 表示 (u,v) 平面上的极坐标，利用极坐标与平面坐标的关系，可将傅里叶反变换写成如下形式：

$$\begin{aligned} f(x,y) &= \int_0^{2\pi}\int_0^{\infty} F(\omega,\theta)\exp[\mathrm{j}\omega(x\cos\theta+y\sin\theta)]\omega\mathrm{d}\omega\mathrm{d}\theta \\ &= \int_0^{\pi}\int_0^{\infty} F(\omega,\theta)\exp[\mathrm{j}\omega(x\cos\theta+y\sin\theta)]\omega\mathrm{d}\omega\mathrm{d}\theta \\ &\quad + \int_0^{\pi}\int_0^{\infty} F(\omega,\theta+\pi)\exp[\mathrm{j}\omega(x\cos(\theta+\pi)+y\sin(\theta+\pi))]\omega\mathrm{d}\omega\mathrm{d}\theta \end{aligned} \tag{5-110}$$

把关系 $F(\omega,\theta+\pi)=F(-\omega,\theta)$ 和 $t=x\cos\theta+y\sin\theta$ 带入上式可以得到：

$$\begin{aligned} f(x,y) &= \int_0^{2\pi}\left[\int_0^{\infty} F(\omega,\theta)\,|\omega|\,\mathrm{e}^{\mathrm{j}\omega t}\mathrm{d}\omega\right]\mathrm{d}\theta \\ &= \int_0^{2\pi}\left[\int_0^{\infty} S_\theta(\omega)\,|\omega|\,\mathrm{e}^{\mathrm{j}\omega t}\mathrm{d}\omega\right]\mathrm{d}\theta \end{aligned} \tag{5-111}$$

为把上式表示为滤波反投影形式，必须把等式分成两步不同的操作。

第一步是在每一个角度护对投影数据进行滤波，如下式：

$$Q_\theta(t) = \int_{-\infty}^{\infty} \boldsymbol{S}_\theta(\omega)\,|\omega|\,\mathrm{e}^{\mathrm{j}\omega t}\mathrm{d}\omega \tag{5-112}$$

第二步，经滤波的投影再作反投影，以获得原始的目标函数：

$$f(x,y)=\int_0^{\pi}\boldsymbol{Q}_\theta(x\cos\theta+y\sin\theta)\mathrm{d}\theta \tag{5-113}$$

综上所述，只要将投影 $\boldsymbol{P}_\theta(t)$ 在频域乘 $|\omega|$，即作高通滤波，求得滤波投影 $\boldsymbol{Q}_\theta(t)$，然后作反投影就可以获得 $f(x,y)$。若从空间域看，把 $|\omega|$ 的冲激响应记作 $h(t)$，高通滤波为 $\boldsymbol{P}_\theta(t)*h(t)$，其中 $h(t)=\int_{-\infty}^{\infty}|\omega|\mathrm{e}^{\mathrm{j}\omega t}\mathrm{d}\omega$，表面上看问题似乎解决了，实际上(5-113)式是物理上不可实现的。但若认为 $\boldsymbol{S}_\theta(\omega)$ 是限带，在 $\pm\Omega$ 频率外其值为 0，则(5-113)式的积分就在 $(-\Omega,\Omega)$ 之间可以实现了。此 Ω 与投影函数的采样精度有关系，若在 t 轴上以间隔 τ 对投影数据采样，τ 足够小，使之满足：$2\Omega\leqslant\frac{2\pi}{\tau}$，则没有混迭。这时滤波器的冲激响应为：

$$\begin{aligned}h(t)&=\int_{-W}^{W}H(\omega)\mathrm{e}^{\mathrm{j}\omega t}\mathrm{d}\omega\\&=\frac{1}{2\tau^2}\left[\frac{\sin(2\pi t/2\pi)}{2\pi t/2\tau}\right]-\frac{1}{4\tau^2}\left[\frac{\sin(\pi t/2\pi)}{\pi t/2\tau}\right]^2\end{aligned} \tag{5-114}$$

但这样的高通滤波器有较大的过冲，可以通过加窗函数来使 f 响应在高端略低。

第 6 章　图像压缩编码

6.1　概　述

6.1.1　图像数据压缩的必要性与可能性

数据压缩最初是信息论研究中的一个重要课题。在信息论中，数据压缩被称为信源编码。但近年来，数据压缩不仅限于编码方法的研究与探讨，已逐步形成较为独立的体系。它主要研究数据的表示、传输、变换和编码方法，目的是减少存储数据所需的空间和传输所用的时间。

随着计算机与数字通信技术的迅速发展，特别是网络和多媒体技术的兴起，图像编码与压缩作为数据压缩的一个分支，已受到越来越多的关注。

从本质上来说，图像编码与压缩就是对图像数据按一定的规则进行变换和组合，从而达到以尽可能少的代码(符号)来表示尽可能多的信息。图像数字化之后，其数据量是庞大的。例如，一幅中分辨率像素 640 像素×480 像素的彩色图像(24 bit/像素)，其数据量约为 921.6KB。如不进行编码压缩处理，一张存储 600M 字节的光盘仅能存放 20s 左右的 640 像素×480 像素的图像画面。又如在 Internet 上，传统的基于字符界面的应用逐渐被能够浏览图像信息的 WWW (World Wide Web)方式所取代。虽然 WWW 很漂亮，但是图像信息的数据量太大了，本来就已经非常紧张的网络宽带变得不堪重负，使得 World Wide Web 会变成 World Wide Wait。

总之，大数据量的图像信息会给存储器的存储容量、通信干线信道的带宽以及计算机的处理速度提出更高的要求。仅靠靠增加存储器容量，提高信道带宽以及计算机的处理速度等方法来解决这个问题是不现实的。没有图像编码技术的发展，大容量图像信息的存储与传输是难以实现的，多媒体、信息通信技术也难以获得实际应用和推广。因此，图像数据在传输和存储中，数据的压缩是必不可少的。

因为一般图像中存在很大的冗余度，所以图像数据的压缩是可能的。但到底能压缩多少，除了和图像本身存在的冗余度多少有关外，很大程度取决于对图像质量的要求。例如广播电视要考虑艺术欣赏，对图像质量要求就很高，用目前的编码技术，即使压缩比达到 3∶1 都是很困难的。而对可视电话，因画面活动部分少，对图像质量要求也低，可采用高效编码技术，使压缩比高达 1500∶1 以上。目前高效图像压缩编码技术已能用硬件实现实时处理，在广播电视、工业电视、电视会议、可视电话、传真和互联网、遥感等多方面得到应用。

6.1.2 图像压缩编码的概念

图像压缩编码就是图像数据的压缩和编码表示，是通过消除上面所提到的冗余来设法减少表达图像信息所需数据的比特数。从统计意义上来说，就是将图像数据转化为尽可能不相关的数据集合。图像压缩编码系统主要包括图像编码和图像解码两部分。前者就是对图像信息进行压缩和编码，在存储、处理和传输前进行，也称图像压缩。后者是对压缩图像进行解压以重建原图像或其近似图像。

6.1.3 图像的信息冗余

图像数据的压缩是基于图像存在冗余这种特性。压缩就是去掉信息中的冗余，即保留不确定的信息，去掉确定的信息(可推知的)；也就是用一种更接近信息本身的描述代替原有冗余的描述。数字图像的冗余主要表现为以下几种形式：空间冗余、时间冗余、信息熵冗余、结构冗余、知识冗余和视觉冗余。

1. 空间冗余

图像内部相邻像素之间存在较强的相关性所造成的冗余叫作空间冗余，也称为像素相关冗余。在同一幅图像中，规则物体或规则背景的物理表面特性具有的相关性，这种相关性会使它们的图像结构趋于有序和平滑，表现出空间数据的冗余。邻近像素灰度分布的相关性很强。

2. 时间冗余

对于动画或电视图像所形成的图像序列(帧序列)，相邻两帧图像之间有较大的相关性，其中有很多局部甚至完全相同，或变化极其微细，这就形成了数据的时间冗余。

3. 信息熵冗余

信息熵冗余也称为编码冗余，如果图像中平均每个像素使用的比特数大于该图像的信息熵，则图像中存在冗余，这种冗余称为信息熵冗余。为表达图像数据需要使用一系列符号，如字母、数字等，使用这些符号根据一定的规则来表达图像就是对图像进行编码。在这里对每个信息或事件所附的符号序列称为码字，而每个码字里的符号个数称为码字的长度。当使用不同的编码方法时，得到的码字及其长度都会不同。

设定义在[0,1]区间的离散随机变量 f_k 代表图像的灰度值，每个灰度值 f_k 以概率出现，表示为：

$$p_s(f_k)=\frac{n_k}{n} \quad (k=0,1,\cdots,L-1) \tag{6-1}$$

式中，L 为灰度级数；n_k 为第七个灰度级出现的次数；n 为图像中像素的总个数。

如果设用来表示 f_k 的每个数值的比特数是 $l(f_k)$，那么为表示每个像素所需的平均比特数为：

$$L_{\text{avg}} = \sum_{k=0}^{L-1} l(f_k)p_s(f_k) \tag{6-2}$$

根据式(6-2)，如果用较少的比特数表示出现概率较大的灰度级，而用较多的比特数表示出现概率较小的灰度级，得到的平均比特数 L_{avg} 就比较小。如果不能使 L_{avg} 达到最小，那么就说明存在编码冗余。一般来说，如果编码时没有充分利用编码对象的概率特性就会产生编码冗余。

编码所用符号构成的集合称为码本。自然码是最简单的二元码本，这时对每个信息或事件所附的码是从 2^m 个，m 比特的二元码中选出来的一个。如果用自然码表示一幅图像的灰度值，则由式(6-2)得到的 L_{avg} 总数为 m。在实际图像中，某些灰度级出现的概率必定要大于其他灰度级，如果用自然码，它对出现概率大和出现概率小的灰度级都赋予相同数量的比特数，不能使 L_{avg} 达到最小，从而产生编码冗余。

4. 结构冗余

有些图像存在纹理或图元(分块子图)的相似结构(例如布纹图像等)，这就是图像结构上的冗余。

5. 知识冗余

对有些图像的理解与某些知识有相当大的相关性。例如，对某一类军舰或飞机图像的理解可以由先验知识和背景知识得到，只要抓住了它们的某些特征就能加以识别而无需更多的数据量，这一类称为知识冗余。

6. 视觉冗余

人类视觉对于图像场的任何变化并不是都能感知的。如果因为噪声的干扰使图像产生的畸变不足以被视觉感知，则认为这种图像仍然足够好。事实上，人眼的一般分辨能力约为 2^6 灰度等级，而一般图像的量化采用 2^8 灰度等级，把这类冗余称为视觉冗余。

6.1.4 图像压缩方法分类

目前图像编码压缩的方法很多，其分类方法根据出发点不同而有差异。

根据解压重建后的图像和原始图像之间是否具有误差，图像编码压缩分为无误差(亦称无失真、无损、信息保持)编码和有误差(有失真或有损)编码两大类。无损编码中删除的仅仅是图像数据中冗余的数据，经解码重建的图像和原始图像没有任何失真，常用于复制、保存十分珍贵的历史、文物图像等场合；有损编码是指解码重建的图像与原图像相比有失真，不能精确地复原，但视觉效果上基本相同，是实现高压缩比的编码方法，数字电视、图像传输和多媒体等常用这类编码方法。

根据编码的作用域划分，图像编码分为空间域编码和变换域编码两大类。但是，近年来，随着科学技术的飞速发展，许多新方法和新理论不断涌现，特别是受通信、多媒体技术、信息高速公路建设等的刺激，一大批新的图像压缩编码方法应运而生，其中有些是基于新的理论和变换，有些是两种或两种以上方法的组合，有的既在空间域也在变换域进行处理，可将这些方法归属于其他方法。图 6-1 为图像编码压缩技术分类。

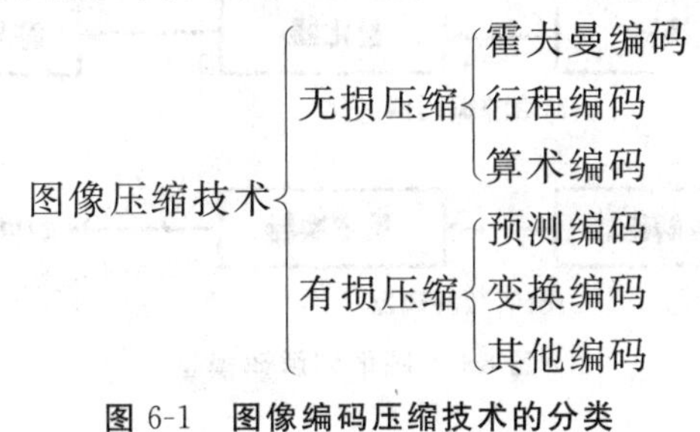

图 6-1 图像编码压缩技术的分类

6.2 图像编码的基本理论

6.2.1 图像编解码模式

1. 信息传输系统模型

信息传输系统的模型如图 6-2 所示,它主要由图中的三个虚线框这三部分组成。第一部分称为编码器,包括信源编码和信道编码。信源编码主要是减少或消除信源中的数据冗余,也就是对信源进行压缩处理。而信道编码主要是解决信息在信道传输中的可靠性问题。因为信道中一般都不可避免地存在噪声和干扰,通过信道编码使信号在传输过程中不出错或少出错,既使出了错也要有能力检出错误或纠正错误。第二部分为信号传输,首先通过调制把数字信号(编码值)变成某种形式的模拟信号,以实现远距离高速传输,到了接收方(称为信宿)后再解调(还原)出数字信号。信号在传输过程中不可避免地要受到噪声或干扰的影响。解调出的数字信号被送入解码器。(先信道解码,后信源解码),解码重建输出的信息。如果输出信息与输入信息(源信息)完全相同,则称系统是无失真的或信息保持型的。否则,输出信息会有一定失真,即输出是输入的近似,我们称系统是信息损失或限失真型的。

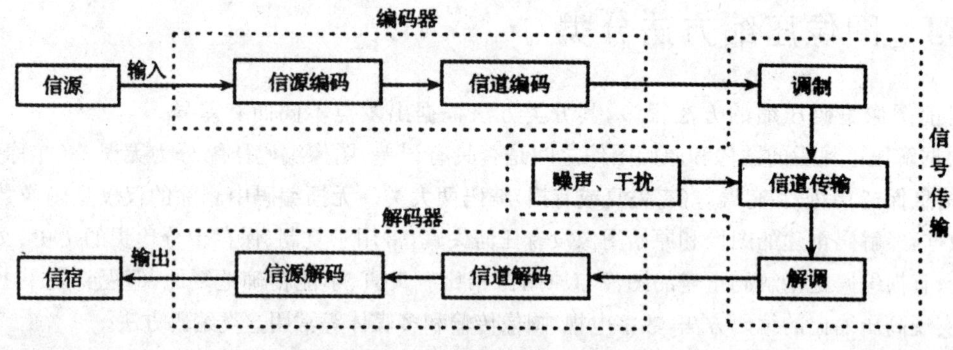

图 6-2 信息传输系统模型

2. 图像编解码模型

图像压缩编码主要是用来解决解决图 6-3 中的信源编码问题,其目的是为了减少或消除图像中的数据冗余,实现图像数据的压缩。

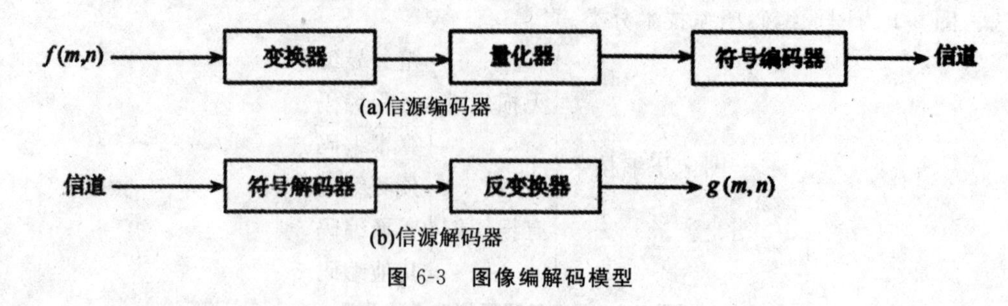

图 6-3 图像编解码模型

在图6-3所示的信源编码器中，变换器对输入数据进行转换，以改变数据的描述形式，减少或消除像素间的冗余。这步操作通常是可逆转的，并且可能直接或通过与符号编码器结合来减少表示图像的数据。

根据给定的保真度准则，量化器降低变换器输出的精度，以便减少心理视觉冗余。这一步的操作有信息损失，因此是不可逆的，对应的压缩是有损或失真型的。对于无损（无失真）压缩，这一步必须略去。

信源编码的最后阶段是符号编码器，一般采用变长码来表示经过变换和量化的数据集合，即用最短的码字表示出现频率（直方图）最高的数据，以减少编码1冗余。这一步的操作也是可逆转的。

如图6-3(a)所示为信源编码的三步操作，但并不是所有图像压缩系统都必须包括这三种操作。比如无损压缩时，必须去掉量化器，另外有些压缩技术常把其中的二步或三步操作结合起来。

如图6-3(b)所示给出的信源解码器仅包含符号解码器和反变换器两部分，它们分别作为符号编码器和变换器的逆操作。因为量化操作导致了不可逆的信息损失，所以信源解码器中不包含对量化的逆操作。

6.2.2　图像保真度准则

图像编码结果减少了数据量，提高了存储和传输的速度。实际应用时需要将编码结果解码，恢复成图像的形式才能使用。根据解码图像对原始图像的保真程度，图像压缩的方法可以分为两大类：信息保存型和信息损失型。信息保存型在图像的压缩和解压缩的过程中没有信息损失，得到的解码图像与原始图像完全相同。信息损失型可以取得很高的压缩比。但是不能通过解码恢复原图像。需要一种测度描述解码图像对于原始图像的偏离程度，这种测度一般称为保真度准则。

1. 客观保真度准则

(1)均方根(RMS)误差

常用的准则是输入图像和输出图像的均方根误差。令$f(x,y)$表示输入图像，$\hat{f}(x,y)$表示对输入图像压缩编码和解码后的近似图像，则$f(x,y)$和$\hat{f}(x,y)$之间的误差可以表示为：

$$e(x,y)=\hat{f}(x,y)-f(x,y) \tag{6-3}$$

设图像的大小为$M\times N$，则$f(x,y)$和$\hat{f}(x,y)$之间的均方根误差为：

$$e_{\mathrm{rms}}(x,y)=\left[\frac{1}{MN}\sum_{x=0}^{M-1}\sum_{y=0}^{N-1}\left[\hat{f}(x,y)-f(x,y)\right]^2\right]^{1/2} \tag{6-4}$$

(2)均方根信噪比($\mathrm{SNR}_{\mathrm{rms}}$)

如果将$\hat{f}(x,y)$看作原始图像$f(x,y)$和噪声信号$e(x,y)$的和，那么解压图像的均方根信噪比为：

$$\mathrm{SNR}_{\mathrm{rms}}=\sqrt{\frac{\sum_{x=0}^{M-1}\sum_{y=0}^{N-1}\hat{f}(x,y)^2}{\sum_{x=0}^{M-1}\sum_{y=0}^{N-1}\left[\hat{f}(x,y)-f(x,y)\right]^2}} \tag{6-5}$$

实际使用中常将 SNR_{rms} 归一化并用分贝(dB)表示。令

$$\bar{f}=\sum_{x=0}^{M-1}\sum_{y=0}^{N-1}f(x,y) \tag{6-6}$$

则有

$$\mathrm{SNR}=10\lg\left\{\frac{\sum_{x=0}^{M-1}\sum_{y=0}^{N-1}[f(x,y)-\bar{f}]^2}{\sum_{x=0}^{M-1}\sum_{y=0}^{N-1}[\hat{f}(x,y)-f(x,y)]^2}\right\} \tag{6-7}$$

(3)峰值信噪比(PSNR)

如果令 $f_{\max}=\max[f(x,y)](x=0,1,\cdots,M-1;y=0,1,\cdots,N-1)$,可得到

$$\mathrm{PSNR}=10\lg\left\{\frac{f_{\max}^2}{\sum_{x=0}^{M-1}\sum_{y=0}^{N-1}[\hat{f}(x,y)-f(x,y)]^2}\right\} \tag{6-8}$$

2. 主观保真度准则

客观保真度准则提供了一种简单和方便的评估信息损失的方法。因为大多数解码以后的图像是供人们观看的。所以用主观的方法来衡量图像的质量在某种意义上更为有效。

例如,评价经过解码的图像序列可以采用表 6-1 提供的主观质量评价标准。

表 6-1 解码图像序列质量评价

等级	评价	说明
1	优秀	图像清晰质量好
2	良好	图像较清晰,有轻微马赛克但是不影响使用
3	可用	图像有干扰但不影响观看
4	差	大面积马赛克几乎无法观看
5	不能使用	图像质量很差,不能使用

6.3 无损压缩编码

无损压缩在压缩后不丢失信息,即对图像的压缩、编码、解码后可以不失真地复原原图像。我们把这种压缩编码称为无损压缩编码,简称无损编码,或称无失真编码、信息保持编码或熵保持编码。

6.3.1 信息量

使用语言、文字、图像都是为了传达信息,只是图像中包含很大的信息量而已。因此,信息的目的是传达。一个信息若能传达给我们许多原来未知的内容,我们就认为这个信息很有意义,信息量大;反之,一个信息传达给我们的是已经确知的东西,则这个传达就失去了意义,信息量就为

零。所以，信息论中关于信息量是按该信息所传达的事件的随机性来度量的。

如果某随机事件 x 出现的概率为 $P(x)$，则此事件 x 包含的信息量为：

$$I(x)=\log_a \frac{1}{P(x)}=-\log_a P(x) \tag{6-9}$$

若 $a=2$，则信息量单位为比特(bit)，即：

$$I(x)=-\log_2 P(x)\quad (\text{比特}) \tag{6-10}$$

若 $a=e$，则为奈特(nat)；若 $a=10$，则为哈特(hart，以纪念 hartley)。

一般以 2 为底取对数，由此定义的信息量等于描述该信息所用的最少二进制位数。

由式(6-10)可知，若 $P(x)=1$，则 $I(x)=0$，此时事件的随机性为 0(不随机)，所以信息量就为 0。

6.3.2　信源的熵

简单的信息系统模型如图 6-4 所示。其中信息的来源称为信源，信源发出信息后通过信道传送到接收方，称为信宿。

图 6-4　一个简单的信息系统模型

若信源由 J 个符号组成信源集：$A=\{a_1,a_2,\cdots,a_J\}$，对应各符号出现的概率为 $P(A)=\{P(a_1),P(a_2),\cdots,P(a_J)\}$，且 a_i 与 $a_j(i\neq j)$不相关，则该信源的平均随机程度或平均信息量就称为信源的熵，表示为：

$$H(A)=-\sum_{i=1}^{J}P(a_i)\log_2 P(a_i) \tag{6-11}$$

式(6-11)实际上就是信源中每个符号的信息量按其出现概率相加的结果。具体到数字图像中，a_i 相当于灰度级 i，$P(a_i)$相当于灰度级 i 出现的频数(概率)，即直方图。信源的熵则表示图像各灰度级的平均比特数或图像信源的平均信息量。

6.3.3　基本编码定理

1. 无失真编码定理

在无干扰条件下，存在一种无失真的编码方法，使编码的 L_{avg} 与信源的熵 $H(A)$任意的接近。即

$$L_{avg}=H(A)+\varepsilon,\ \forall\varepsilon>0 \tag{6-12}$$

式中，$H(A)$为下限，即 $L_{avg}\geqslant H(A)$。这就是 Shannon 的无失真编码定理。该定理.为我们指出了无失真编码所需要的平均码字长下限，我们要想方设法寻找最优编码方法，使编码 L_{avg} 等于或接近于 $H(A)$。但如果 $L_{avg}<H(A)$，肯定会出现失真。

同时，该定理也为我们提供了一个评价无失真编码的标准。因此，我们可给出描述无失真编码性能的几个参数：

(1)编码效率

$$\eta=\frac{H(A)}{L_{\text{avg}}} \tag{6-13}$$

(2)冗余度

$$R_D=(1-\eta)\times 100\% \tag{6-14}$$

(3)压缩比

$$C_R=\frac{m}{L_{avg}} \tag{6-15}$$

式中,m 为采用自然编码时的码长。此时,式中分母 L_{avg} 有下限,则对应最大压缩比为:

$$(C_R)_{\max}=\frac{m}{L_{\text{avg}}} \tag{6-16}$$

从上述关于信息量的概念我们知道,信源中的符号(简称信符)的出现概率越大,该信符包含的信息量就越少,则需要短码字就能表示,反之对出现概率小的信符,其信息量就大,也就需要长码字来描述,这样就引出了变字长编码定理。

2. 变字长编码定理

在变字长编码中,对出现概率 $P(a_i)$ 大的信符 a_i 赋予短码字,而对 $P(a_j)$ 小的 a_j 赋予长码字。如果码字长度严格按照所对应信符的出现概率大小逆序排列,则编码的平均码长不会大于任何其他排列方式。即:

若 $P(a_i)\geqslant P(a_j)\geqslant P(a_k)\geqslant\cdots$,则 $l(a_i)\leqslant l(a_j)\leqslant l(a_k)\leqslant\cdots$。

6.3.4 霍夫曼编码法

霍夫曼(Huffman)编码是霍夫曼于 1952 年提出的一种无损编码方法,该方法完全依据信源字符出现的概率来构造其码字,对出现概率大的字符使用较短的码字,而对出现概率低的字符使用较长的码字,从而达到压缩数据的目的。霍夫曼编码有时又称为最佳编码(一般直接称为霍夫曼编码),是消除编码冗余最常用的方法,最初主要用于文本文件压缩。霍夫曼编码是一种变长编码(VLC),同时也是一种无失真编码,属于熵编码范畴。在具有相同信源概率分布的前提下,它的平均码字长度比其他任何一种有效编码方法都短。

1. 霍夫曼编码算法

霍夫曼编码是以信源字符的概率分布为基础的,若理论上并不知道信源字符的概率分布,那么可以根据对大量数据进行统计所得到的统计分布来近似代替。通过统计数据代替实际概率分布,有可能导致实际应用时霍夫曼编码无法达到最佳编码效能,应用中可以根据输入数据序列自适应地匹配信源概率分布的方法,这样能在一定程度上能改进霍夫曼编码的性能。

实现霍夫曼编码的基本步骤如下:

①统计信源字符序列中各符号出现的概率,将各字符出现的概率按由大到小的顺序排列。

②把最小的两个概率相加合并为新的概率,与其他概率重新按由大到小的顺序排列。

③重新排列后,将两个最小概率相加合并成新的概率,即重复步骤②直到最后两个概率之和为 1.0。

④对每个概率相加的组合中,概率小的指定为 1 ,概率大的指定为 0(或者概率大的指定为 1,小的指定为 0),若两者相等,则可以指定任意一个为 0,而另一个为 1。

⑤找出由每一个信源字符到达概率为1.0处的路径，顺序记录沿路径的每一个1和0的数字编码。

⑥反向写出编码，即为该信源字符的霍夫曼编码。

2. 霍夫曼编码实例

霍夫曼编码的具体过程通过下列一个实例来详细说明。

［例6.1］　设一幅灰度级为8的图像中，各灰度级分别用S_0、S_1、S_2、S_3、S_4、S_5、S_6、S_7，表示，对应的概率分别为0.40、0.18、0.10、0.10、0.07、0.06、0.05、0.04。现对其进行霍夫曼编码。

编码过程如图6-5所示。

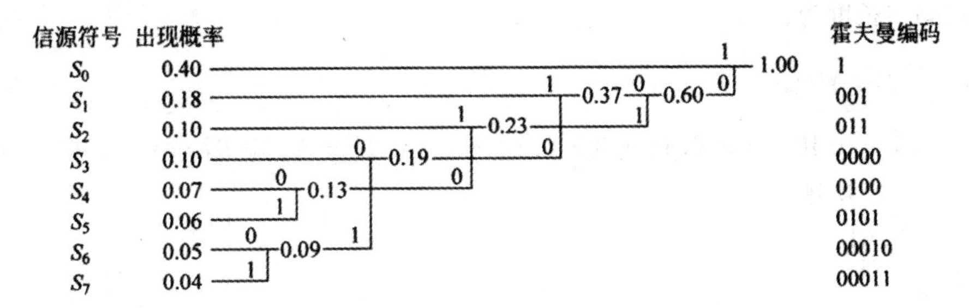

图6-5　霍夫曼编码过程

具体步骤如下：

①首先对信源概率由大到小排序，排列为：0.40，0.18，0.10，0.10，0.07，0.06、0.05、0.04。

②0.04和0.05是最小的两个概率，合并成新的概率0.09，与其他概率重新排序0.40，0.18，0.10，0.10，0.09，0.07，0.06。

③重新排序的概率中，最小的两个概率为0.06和0.07，合并成新的概率0.13，组成新的概率序列与其他概率重新排序0.40，0.18，0.13，0.10，0.10，0.09。

④对重新排序的概率选出两个最小的概率0.09和0.10，相加得0.19，组成新的概率序列0.40，0.19，0.18，0.13，0.10。

⑤对重新排序的概率选出两个最小的概率0.10和0.13，相加得0.23，组成新的概率序列0.40，0.23，0.19，0.18。

⑥对重新排序的概率选出最小的两个概率0.18和0.19，相加得0.37，组成新的概率序列0.40，0.37，0.23。

⑦对重新排序的概率选出最小的两个概率0.23和0.37，相加得0.60，组成新的概率序列0.60，0.40。

⑧已形成只有最后两个概率0.40和0.60相加之和等于1.0。

⑨写出路径编码。根据以上步骤可以得出如图6-5所示编码图形。按编码一般步骤，从第一个符号开始或者从最后一个符号开始进行路径的0或1数字编码。若从最后一个符号开始，首先给最后相加的两个概率0.40和0.60分配码字，由于0.60＞0.40，因此概率0.60的路径为0，而0.40的路径为1。以此类推，给每次相加的两个概率的路径分配码字0或1，最后得到如图6-5所示的编码，

⑩形成霍夫曼编码。以对应概率为0.18的字符S_1为例，在从0.18到1.0的路径上，S_1沿路径编码依次为1、0、0，反向写出编码即为001，因此，字符S_1的霍夫曼编码为001。

上述霍夫曼编码方法形成的码字是可识别的，即能够保证一个符号的码字不会与另一个符

号的码字的前几位相同。

3. 霍夫曼编码的效率

①图像信息熵为：

$$H(A)=-\sum_{i=0}^{N}P(a_i)\log_2 P(a_i)$$
$$=-(0.40\times\log_2 0.40+0.18\times\log_2 0.18+2\times 0.10\log_2 0.10+0.07\times\log_2 0.07+0.06\times\log_2 0.06+0.05\times\log_2 0.05+0.04\times\log_2 0.04)$$
$$=2.55$$

②平均码字长度为：

$$L_{\mathrm{avg}}=\sum_{i=1}^{N}l(a_i)P(a_i)$$
$$=1\times 0.40+3\times 0.18+3\times 0.10+4\times 0.10+4\times 0.07+4\times 0.06+5\times 0.05+5\times 0.04$$
$$=2.61$$

③效率为：

$$\eta=\frac{H(A)}{L_{\mathrm{avg}}}=\frac{2.55}{2.61}=0.978$$

④冗余度为：

$$R_D=(1-\eta)\times 100\%=2.2\%$$

通过例 6.1 的计算结果，可得如表 6-2 所示的霍夫曼编码效能表。

表 6-2 霍夫曼编码结果

信源符号	出现概率	霍夫曼码字	码字长度
S_0	0.40	1	1
S_1	0.18	001	3
S_2	0.10	011	3
S_3	0.10	0000	4
S_4	0.07	0100	4
S_5	0.06	0101	4
S_6	0.05	00010	5
S_7	0.04	00011	5
编码效能		信息熵	$H(A)=2.55$
		平均码长	$L_{\mathrm{avg}}=2.61$
		编码效率	$\eta=0.978$

若 8 个灰度级按如表 6-2 所示第 2 列的概率出现，即分别以 2 的负幂次方，且非均匀分布的概率出现，则其霍夫曼编码效果如表 6-3 所示。

表 6-3　非均匀概率分布霍夫曼编码效能

信源符号	出现概率	霍夫曼码字	码字长度
S_0	2^{-1}	1	1
S_1	2^{-2}	01	2
S_2	2^{-3}	001	3
S_3	2^{-4}	0001	4
S_4	2^{-5}	00001	5
S_5	2^{-6}	000001	6
S_6	2^{-7}	0000001	7
S_7	2^{-7}	0000000	7
编码效能	信息熵		$H(A)=1.984\ 375$
	平均码长		$L_{avg}=1.984\ 375$
	编码效率		$\eta=100\%$

6.3.5　香农一费诺编码法

由于霍夫曼编码方法中的信源缩减过程很复杂，当信符个数较多时十分不便。为此 shannon 和 Fano 提出了另一种类似的变长编码方法。相比于霍夫曼编码方法，该方法更方便、快捷，有时也能达到最优性能。具体编码方法是：

①将信符 x_i 按出现概率 P_i 由大到小排列：

$$X=\begin{Bmatrix} x_1 & x_2 & \cdots & x_n \\ P_1 & P_2 & \cdots & P_n \end{Bmatrix}, P_1 \geqslant P_2 \geqslant \cdots \geqslant P_n \tag{6-17}$$

②将 X 分成两个子集：

$$X_1=\begin{Bmatrix} x_1 & x_2 & \cdots & x_k \\ P_1 & P_2 & \cdots & P_k \end{Bmatrix} \tag{6-18}$$

$$X_2=\begin{Bmatrix} x_{k+1} & x_{k+2} & \cdots & x_n \\ P_{k+1} & P_{k+2} & \cdots & P_n \end{Bmatrix} \tag{6-19}$$

并且保证：

$$\sum_{i=1}^{k} P_i \approx \sum_{j=k+1}^{n} P_j \tag{6-20}$$

成立或差不多成立。

③给两个子集赋不同的码元值，如 X_1 中的符号赋“0”，X_2 中的符号就赋“1”，也可以反过来。

④重复②、③，即对每个子集再一分为二，并分别赋予不同码元值，直到每个子集仅含一个信符为止。

6.3.6 算术编码

算术编码是20世纪60年代初期Elias提出的，由Rissanen和Pasco首次介绍了它的实用技术，是另一种变字长无损编码方法。算术编码是信息保持型编码，与霍夫曼编码不同，它无需为一个符号设定一个码字，可以直接对符号序列进行编码。算术编码既有固定方式的编码，也有自适应方式的编码。自适应方式无需事先定义概率模型，可以在编码过程中对信源统计特性的变化进行匹配，因此对无法进行概率统计的信源比较合适，在这点上优于霍夫曼编码。在信源符号概率比较接近时，算术编码比霍夫曼编码效率高，但算术编码的算法实现要比霍夫曼编码复杂。在最新的JPEG2000标准中主要采用算术编码进行熵编码。

1. 算术编码基本原理

理论上，用霍夫曼方法对源数据流进行编码可达到最佳编码效果。但由于计算机中存储、处理的最小单位是“位”，因此，在一些情况下，实际压缩比与理论压缩比的极限相去甚远。例如源数据流由X和Y两个符号构成，它们出现的概率分别是2/3和1/3。理论上，根据字符X的熵确定的最优码长为：

$$H(x)=-\log_2\left(\frac{2}{3}\right)=0.585\text{bit} \tag{6-21}$$

字符Y的最优码长为：

$$H(x)=-\log_2\left(\frac{1}{3}\right)=1.58\text{bit} \tag{6-22}$$

若要达到最佳编码效果，相应于字符X的码长为0.585位，字符Y的码长为1.58位。在计算机中，非整数位是不可能出现的。硬件的限制使得编码只能按“位”进行。用霍夫曼方法对这两个字符进行编码，得到X、Y的代码分别为0和1。显然，对于概率较大的字符X不能给予较短的代码。这就是实际编码效果不能达到理论压缩比的原因所在。

算术编码没有延用数据编码技术中用一个特定的代码代替一个输入符号的一般做法，它把要压缩处理的整段数据映射到一段实数半开区间[0,1)内的某一区段，构造出小于1且大于或等于0的数值。这个数值是输入数据流的唯一可译代码。

2. 算术编码实例

算术编码的方法通过下列一个实例来详细说明。

[例6.2]　一个5符号信源$A=\{a_1a_2a_3a_2a_4\}$，各字符出现的概率和设定的取值范围如表6-4所示。

表6-4　各字符出现的概率和设定的取值范围

字　符	概　率	范　围
a_3	0.2	[0.0,0.2)
a_1	0.2	[0.2,0.4)
a_2	0.4	[0.4,0.8)
a_4	0.2	[0.8,1.0)

“范围”给出了符号的赋值区间。这个区间是根据符号发生的概率划分的。具体把 $a_1a_2a_3a_4$ 分配在哪个区间范围，对编码本身没有影响，只要保证编码器和解码器对符号的概率区间有相同的定义即可。为讨论方便起见，假定有

$$N_s = F_s + C_l \times L \tag{6-23}$$

$$N_e = F_e + C_r \times L \tag{6-24}$$

式中，N_s 为新子区间的起始位置；F_s 为前子区间的起始位置；C_l 为当前符号的区间左端；N_e 为新子区间的结束位置；C_r 为当前符号的区间右端；L 为前子区间的长度。

根据上述区间的定义，若数据流的第一个符号为 a_1，由符号概率取值区间的定义可知，代码的实际取值范围在[0.2,0.4)之间，亦即输入数据流的第一个符号决定了代码最高有效位取值的范围。然后继续对源数据流中的后续符号进行编码。每读入一个新的符号，输出数值范围就将进一步缩小。读入第二个符号 a_3，取值范围在区间[0.4,0.8)内。但需要说明的是由于第一个符号 a_2 已将取值区间限制在[0.2,0.4)的范围中，因此 a_3 的实际取值是在前符号范围[0.2,0.4)的[0.4,0.8)处，由式(6-23)和式(6-24)计算，符号 a_3 的编码取值范围为[0.28,0.36)。也就是说，每输入一个符号，都将按事先对概率范围的定义，在逐步缩小的当前取值区间上按式(6-23)和式(6-24)确定新的范围上、下限。继续读入第三个符号 a_1 受到前面已编码的两个字符的限制，它的编码取值应在[0.28,0.36)中的[0.0,0.2)内，即[0.28,0.296]。重复上述编码过程，直到输入数据流结束。最终结果如表 6-5 所示。

表 6-5　算术编码的最终结果

输入字符	区间长度	范　围
a_1	0.2	[0.2,0.4)
a_2	0.08	[0.28,0.36)
a_3	0.016	[0.28,0.296)
a_2	0.0064	[0.2864,0.2928)
a_4	0.00128	[0.2915,0.2928]

据此可知，随着符号的输入，代码的取值范围越来越小。当字符串 $A=\{a_1a_2a_3a_2a_4\}$ 被全部编码后，其范围在[0.2915,0.2928]内。换句话说，在此范围内的数值代码都唯一对应于字符串“$a_1a_2a_3a_2a_4$”。我们可取这个区间的下限 0.2915 做为对源数据流“$a_1a_2a_3a_2a_4$”进行压缩编码后的输出代码，这样，就可以用一个浮点数表示一个字符串，达到减少所需存储空间的目的。

按这种编码方案得到的代码，其解码过程的实现比较简单。根据编码时所使用的字符概率区间分配表和压缩后的数值代码所在的范围，可以很容易地确定代码所对应的第一个字符。在完成对第一个符号的解码后，设法去掉第一个字符对区间的影响，再使用相同的方法找到下一个符号。重复如上的操作，直到完成解码过程。

6.3.7　无损预测编码

预测编码的基本思想是通过仅对每个像素中提取的新信息编码，来消除像素之间的冗余。这里一个像素的新信息定义为该像素的当前或现实值与其预测值的差值。

一个无损预测编码系统主要由一个编码器和一个解码器组成，它们各有一个相同的预测器，如图 6-6 所示。

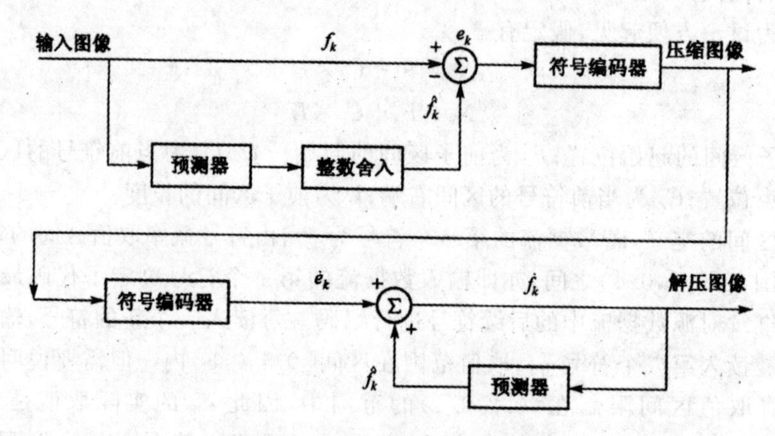

图 6-6　无损预测编码系统

当输入图像的像素序列 $f_k,k=1,2,\cdots$ 逐个进入编码器时，预测器根据若干个过去的输入产生对当前输入像素的预测值，也称为估计值。将这个预测值进行整数舍入，得到预测器的输出值 $\hat{f}_k$，则由此产生的预测误差表示为：

$$e_k=f_k-\hat{f}_k \tag{6-25}$$

预测误差可以用符号编码器，借助变长码进行编码用以产生压缩图像数据流的下一个元素。利用解码器，根据接收的变长码字重建预测误差 e_k，则解压缩图像的像素序列表示为：

$$f_k=e_k+\hat{f}_k \tag{6-26}$$

可以利用预测器将对原始图像序列的编码转换成对预测误差的编码。由于在预测比较时，预测误差的动态范围会远小于原始图像序列的动态范围，所以对预测误差的编码所需的比特数会大大减少，这是预测编码可以获得数据压缩结果的原因。

在大多数情况下，可通过将 m 个先前的像素进行线性组合得到预测值：

$$\hat{f}_k = R\left[\sum_{i=1}^{m} a_i f_{k-i}\right] \tag{6-27}$$

式中，m 为线性预测器的阶；R 为舍入函数；a_i 为预测系数。

下标 k 为图像序列的空间坐标，在一维线性预测编码中，设扫描沿行进行，式(6-27)可以表示为：

$$\hat{f}_k(x,y)= R\left[\sum_{i=1}^{m} a_i f(x-i,y)\right] \tag{6-28}$$

由式(6-28)得，一维线性预测 $\hat{f}_k(x,y)$ 仅是当前行扫描到的先前像素的函数。在二维线性预测编码中，预测是对图像从左向右、从上向下进行扫描时所扫描到的先前像素的函数。在三维线性预测编码中，预测基于上述像素和前一帧的像素。预测误差的概率密度函数一般用零均信不相关拇普拉斯概率密度函数表示为：

$$P_e(e)=\frac{1}{\sqrt{2}\sigma_e}\exp\left[\frac{-\sqrt{2}\,|e|}{\sigma_e}\right] \tag{6-29}$$

式中，σ_e 是 e 的标准差。

6.4　有损压缩编码

与前面讨论的无损压缩编码不同,有损编码是以在图像重构的准确度上做出让步而换取压缩能力增加的概念为基础的。如果产生的失真(可能是明显可见的,也可能不很明显)是可以容忍的,则压缩能力上的增加就是有效的。实际上,许多种有损编码技术有能力根据压缩比率超过 100∶1 的数据重构实际上不可区分的单色图像,并且生成的图像与对原图进行 10∶1 到 50∶1 压缩的图像之间没有本质上的区别。单色图像的无差错编码很少能在数据压缩上得到大于 3∶1 的结果。

6.4.1　有损预测编码

有损预测编码与无损预测编码这两种方法之间的主要区别在于是否存在图 6-7 中的量化器模块。量化器的作用是将预测误差映射到有限个输出 $\dot{e}_k$ 中,$\dot{e}_k$ 决定了有损预测编码中的压缩量和失真量。有损预测编码系统组成如图 6-7 所示。

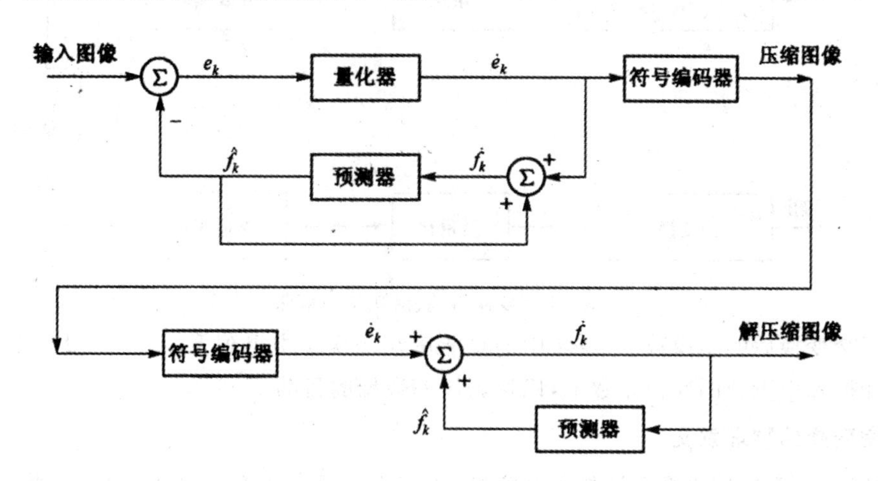

图 6-7　有损预测编码系统组成

解码器的输出 $\dot{f}_k$ 表示为:

$$\dot{f}_k = \dot{e}_k + \hat{f}_k \tag{6-30}$$

式中,$\hat{f}_k$ 为过去预测值;$\dot{e}_k$ 为量化误差函数;$\dot{f}_k$ 为解码器的输出。

如图 6-7 所示的闭环结构可以防止在解码器的输出端产生误差。

最简单的有损预测编码方法是德尔塔调制方法,其预测器和量化器分别定义为:

$$\hat{f}_k = a\hat{f}_{k-1} \tag{6-31}$$

$$\dot{e}_k = \begin{cases} +c, e_k > 0 \\ -c, \text{其他} \end{cases} \tag{6-32}$$

式中,a 为预测系数;c 为一个正的常数。

因为量化器的输出可用单个位符表示,符号编码器只用长度固定为 1bit 的码字,码率是1 比特/像素。

6.4.2 图像的变换编码

变换编码主要包括 DFT 变换、K-L 变换、WHT 变换、DCT 变换和小波变换编码等，变换编码因为其独特的编码效果，已经成为一种得到广泛应用的图像压缩编码方法。

1. 变换编码的基本原理

图像变换编码的基本思想是将空域中描述的图像数据经过某种变换，如 DFT 变换、DCT 变换、K-L 变换等二维正交变换，转换到新的变换域中进行描述，在变换域中达到改变能量分布的目的，将图像能量在空间域的分散分布，变为在变换域中的相对集中分布，从而实现对信源图像数据的有效压缩。

如图 6-8 所示为变换编码的基本流程，图像数据经过某种变换、量化和编码（通常为变长编码）后由信道传输到接收端，接收端进行相反的处理，即解码、反量化以及逆变换，然后输出原图像数据。

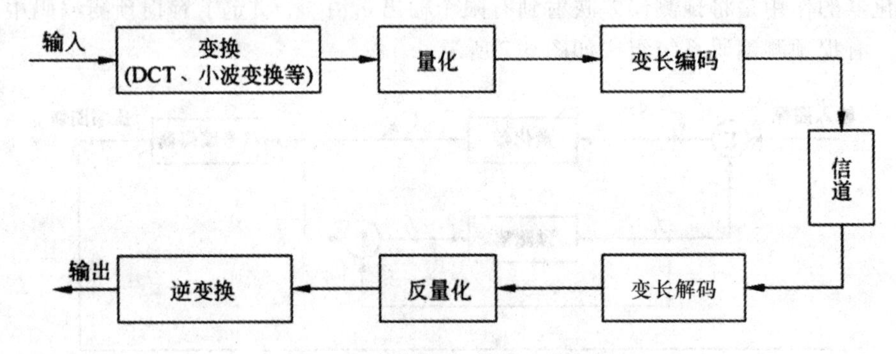

图 6-8 变换编码、解码工作框图

经过正交变换后的图像数据，空域中的总能量在变换域中得到保持，但能量将会重新分布，并集中在变换域中少数的变换系数上，以达到压缩数据的目的。

2. 正交变换的物理意义

一般情况下，变换编码都会选择正交变换，正交变换是一种数据处理手段，它将被处理的图像信源数据按照正交变换规则映射到另一个域进行处理。由于图像是以二维矩阵表示的，所以在图像编码中多采用二维正交变换形式。图像数据正交变换后不改变信源的熵值，变换前后图像的信息量没有损失，完全可以通过对应的逆变换得到原来的图像数据。但统计分析表明，经过正交变换后，数据的分布规律发生了很大的改变，像素之间的相关性下降，变换系数向新坐标系中的少数坐标集中，一般集中于少数的直流或低频分量的坐标点。变换编码将统计上高度相关的像素所构成的矩阵通过正交变换，变成统计上彼此较为独立，甚至达到完全独立的变换系数矩阵，以达到压缩数据的目的，这就是图像变换。

如果将整个图像作为一个二维矩阵，则变换处理运算量太大，处理起来不现实。所以在实际应用中，先将一幅图像分割成若干小的图像子块，如 8×8 或 16×16 小方块，各图像子块的像素值都可以看成为一个二维数据矩阵，变换是以这些图像子块为单位进行的。

如图 6-9 所示，x_1 和 x_2 分别表示两个像素的亮度取值，对于图 6-9(a)所表示的阴影区域而言，相邻像素之间存在相关性，绝大多数相邻两像素灰度值接近或相等，阴影部分表示像素 x_1 和

x_2 同时出现相近亮度值的可能性。x_1，x_2 的相关性愈强，阴影部分就会越扁长，这时图像在 x_1，x_2 方向上的能量都较大。x_1，x_2 的相关性愈弱，则阴影部分呈圆形状，说明 x_1 处于某一亮度值时，x_2 可能出现在不相同的任意亮度值上。

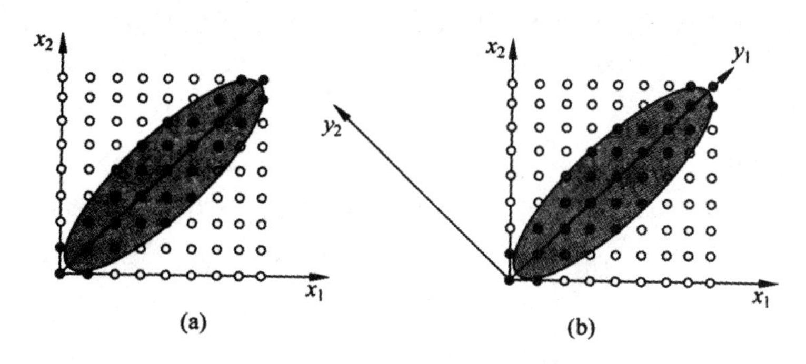

图 6-9　正交变换的物理概念

图 6-9(b)表示，若对该数据进行正交变换，几何上即相当于坐标系逆时针旋转 45°，成为 y_1 与 y_2 坐标系，阴影部分正好处于 y_1 轴附近。若阴影部分越长，则在 y_1 轴上的投影就愈大，而在 y_2 轴上的投影就越小，这表明图像的能量都集中分布在 y_1 方向上。

通过图 6-9 可知，变换前 x_1 和 x_2 存在较大的相关性，能量分布集中在直线 $x_1=x_2$ 附近。变换后，能量集中在 y_1 方向上，无论阴影部分在 y_1 轴上怎样变化，y_2 轴上的变化都非常小，这说明 y_1 和 y_2 之间的相关性减少，像素之间表现出独立性。因此，经过对图像信源数据进行正交变换，图像数据的相关性降低，通过在新的变换域中选择合理的量化方法就能达到压缩图像数据的目的。

3. 变换类型与子块大小的选择

由数字信号处理理论可知，K-L 变换是所有正交变换中以性能最优的，经 K-L 变换后各变换系数在统计上不再相关，其协方差矩阵为对角阵，因而大大减少了图像原始数据的冗余度。因此，K-L 变换能完全消除图像子块内像素间的相关性，若舍弃一些特征值较小的变换系数，那么所引起的均方误差是所有正交变换中最小的。由于 K-L 变换是以原始图像各子块协方差矩阵的特征向量作为变换后的基向量，因此 K-L 变换的基对不同图像是不同的，与编码对象的统计特性有关，这种变换基的不确定性使得 K-L 变换在应用中不方便。因此，尽管 K-L 变换具有许多主要优点，但一般只用于进行理论上的比较。

应用最早、非常成熟的变换是 DFT 变换，其性能接近于最佳，且具有快速算法。DFT 变换不足之处是：图像子块的变换系数在边界处不连续而造成恢复后的图像子块边界也不连续（即存在 Gibbs 现象），于是由子图像构成的整幅图像将呈现隐约可见的以图像子块为形状的小块状结构，图像的质量受到影响，导致其应用也在一定程度受到影响。

图像变换中应用得最多的变换编码是 DCT 变换。DCT 变换的性能与 K-L 变换的性能非常接近，并且变换矩阵与图像内容无关。根据 DCT 变换的特点，可以避免 DFT 变换中图像子块边界处产生的跳跃与不连续现象。目前，JPEG、MPEG、H. 263 等国际编码标准都选择采用 DCT 变换模块。

与 DCT 变换比较而言，沃尔什变换的算法更简单，因而运算速度较快，适用于高速实时系统，而且实现该算法的硬件结构简单，其缺点是没有 DCT 变换的性能好。

在确定变换方式之后,还需要选择变换块的大小。由于压缩的依据是基于子块内图像像素间的相关性,若子块选得太小,则不利于压缩比的提高。理论上,子块越大,计入的相关像素就越多,压缩比就越大。但如果子块过大,则计算量太大,同时考虑到距离较远的像素间相关性并不高,实际上过大的子块对压缩比的提高效果反而不好。因此,图像变换中一般选择采用 8×8 和 16×16 大小的子块。

4. 方法步骤

(1)原始图像分块

在图像正交变换编码中,根据编码的具体要求,将图像划分为 $N \times N$ 若干的子块,即:

$$X=\begin{bmatrix} x_{00} & x_{01} & \cdots & x_{0N-1} \\ x_{10} & x_{11} & \cdots & x_{1N-1} \\ x_{20} & x_{21} & \cdots & x_{2N-1} \\ \vdots & \vdots & \ddots & \vdots \\ x_{N-10} & x_{N-11} & \cdots & x_{N-1N-1} \end{bmatrix}$$

N 取值一般为 8 或 16。图像分块之后,应同时根据编码的性能要求,综合考虑相关要素,选择变换矩阵 $\boldsymbol{A}$ 对各图像子块进行相应的正交变换。

设 Y 表示变换域中的图像数据,则可表示为:

$$\boldsymbol{Y}=\boldsymbol{AX} \tag{6-33}$$

(2)变换域采样

根据一定的准则,对变换域中的系数进行合理的取舍。

(3)系数量化

系数在变化之后是不相关的,因此具有更大的独立性和有序性,利用量化使图像数据得到压缩。量化是产生有损压缩的原因,因此应选择合适的量化方法,以使量化失真最小。均方误差是衡量各种变换编码效能的一个重要准则,该准则可在较高的压缩比和一定的允许失真度之间寻求一个较理想的、可用的变换编码方式。

均方误差定义为:

$$e = E\left[\sum_{i=0}^{N-1}\sum_{j=0}^{N-1}(y_{ij}-\hat{y}_{ij})^2\right] \tag{6-34}$$

式中,$\hat{y}_{ij}$ 为 y_{ij} 的量化值。

(4)解码与反变换

在变换编码系统的接收端对所接收的比特流进行解码,分离出各变换系 $\hat{y}_{ij}$,并进行系数的舍入,被舍弃的系数均以 0 代替,并进行逆变换运算,恢复各图像子块及整幅图像。

6.5 图像压缩编码标准

图像编码技术的发展给图像信息的处理、存储、传输和广泛应用提供了可能性,但要使这种可能性变为现实,还需要做很多工作。因为图像压缩编码只是一种基本技术,所以只能把待加工的数据速率和数字图像联系起来。然而数字图像存储和传输在压缩格式上需要国际广泛接受的标准,使不同厂家的各种产品能够兼容和互通。目前,图像压缩标准化工作主要由国际标准化组织(ISO)、国际电工委员会(IEC)和国际电信联盟(ITU-T)进行，在他们的主持下形成的专家组征求一些大的计算机及通信设备公司、大学和研究机构所提出的建议，然后以图像质量、压缩性能和实际约束条件为依据，从中选出最好的建议，并在此基础上作出一些适应国际上原有的不同制式的修改，最后形成相应的国际标准。

6.5.1 JPEG 标准

1986 年，JPEG 联合图片专家小组，主要任务是研究静态图像压缩算法的国家标准。

1987 年用 Y∶U∶V=4∶2∶2、像素 16 比特、宽度为 4∶3 的电视图像进行了测试，选择三个方案进行行评选，其中 8×8 的 DCT 方案得分最高，它制定的以自适应离散余弦变换编码(ADCT)为基础的“连续色调静止图像压缩编码” JPEG 标准于 1991 年 3 月正式提出。JPEG 标准描述了关于连续色调(即灰度级或彩色)静态图像的一系列压缩技术，由于图像中涉及数据量和心理视觉冗余，因此 JPEG 采用基于变换编码的有损压缩方案。

JPEG 标准的目标和适应性如下所述。

①适用于任何连续色调的数字图像，对彩色空间、分辨率、图像内容等没有任何限制。

②采用先进的算法，图像的压缩保真度可在较大范围内调节，可以根据应用情况进行选择。

③压缩/还原的算法复杂度适中，使软件实现时(在一定处理能力的 CPU 上)能达到一定的性能，硬件实现时成本不太高。

1. 无损压缩编码

为了满足像传真机、静止画面的电话电视会议等应用领域的要求，JPEG 选择了一种简单的线性预测技术，即 DPCM 作为无损压缩编码的方法。这种方法简单、易于实现，重建的图像质量好，其编码器如图 6-10 所示。

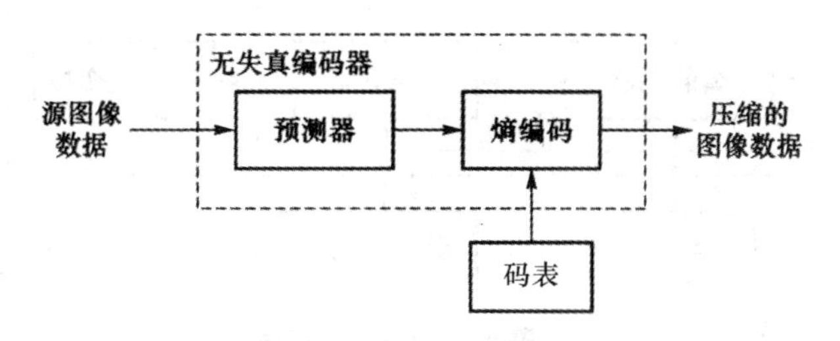

图 6-10　JPEG 无损编码器

图中，预测器的 3-邻域预测模型如图 6-11 所示，以 A,B,C 分别表示当前取样点 X 的 3 个相邻点 a,b,c 的取样值，则预测器可按式(6-35)进行选择。然后，预测值与实际值之差再进行无失真的熵编码，编码方法可选用霍夫曼法和二进制算术编码。

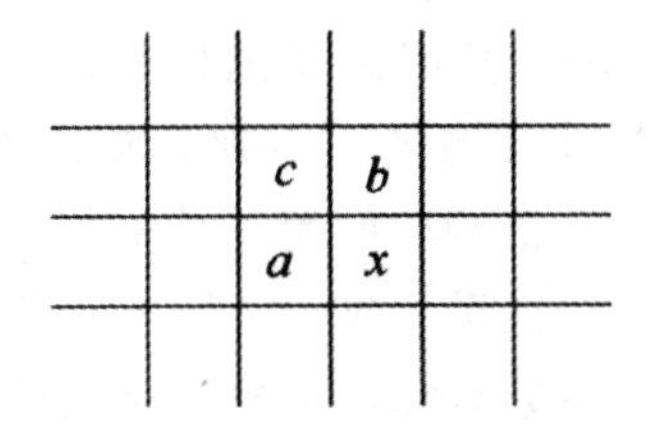

图 6-11　预测值区域

$$
\text{预测值}=\begin{cases} A & 1 \\ B & 2 \\ C & 3 \\ A+B-C & 4 \\ A+(B-C)/2 & 4 \\ B+(A-C)/2 & 4 \\ (A+B)/2 & 4 \end{cases} \tag{6-35}
$$

2. 基于 DCT 的顺序编码模式

源图像中的所有 8×8 子图像进行 DCT 变换；然后再对 DCT 系数进行量化，并分别对量化以后的系数进行差分编码和游程长度编码；最后再进行熵编码。整个压缩编码过程如图 6-12 所示。图 6-13 表示基于 DCT 的顺序解码过程。这 2 个图表示的是一个单分量的压缩编码和解码过程。对于彩色图像，可以看作多分量进行压缩和解压缩过程。

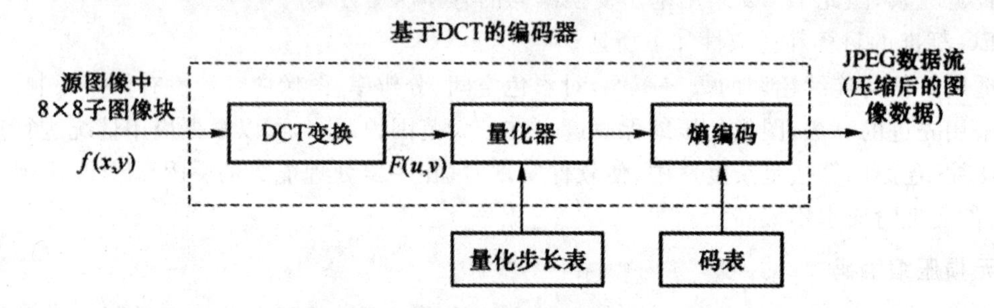

图 6-12　基于 DCT 的顺序编码过程

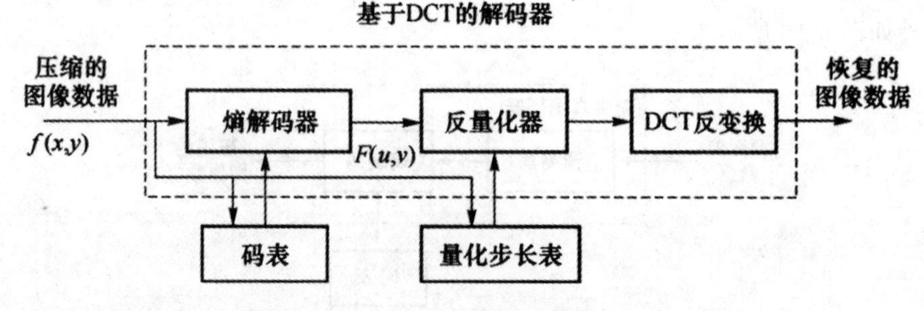

图 6-13　基于 DCT 的顺序解码过程

整个压缩编码的处理过程大致如下。

(1)离散余弦变换

图像数据块分割为 8×8 子块之后，即以 8×8 子块为单位顺序进行二维 DCT 变换。在变换前要将数字图像采用数据从无符号整数转换到带正负号的整数，即把范围为$[0,2^8-1]$的整数映射为$[-2^{8-1}-1,2^8-1]$范围内的整数。这时的子图像采样精度为 8bit，以这些数据作为 DCT 的输入，在解码器的输出端经 IDCT 后，得到一系列 8×8 图像数据块，并须将其位数范围由$[-2^{8-1}-1,2^8-1]$再变回到$[0,2^8-1]$范围内的无符号整数，才能重构图像。对每个 8×8 的数据块进行 DCT 变换后，所获得 64 个变换系数代表了该图像子块的频率成分，其中低频分量集中在左上角，高频分量分布在右下角。系数矩阵左上角的系数称为直流(DC)系数，它代表了数据块的平均值，其余 63 个系数为交流(AC)系数

(2)系数量化

DCT 变换输出的数据 F(u,v)还必须进行量化处理。这里所说的量化并非 A/D 转换,而是指从一个数值到另一个数值范围的映射,其目的是为了减少 DCT 系数的幅值,增加零值,以达到压缩数据的目的。JPEG 采用线性均匀量化器,将 64 个 DCT 系数分别除以它们各自相应的量化步长(量化步长范围是 1～255),四舍五入取整数。64 个量化步长构成了一张量化步长表,供选用。

系数量化的目的是在保证图像质量的前提下,去除那些视觉影响不大的信息。由于不同频率的基信号(余弦函数)对人眼视觉的作用不同,因此可以根据不同频率的视觉范围值来选择不同的量化步长。通常人眼总是对低频成分比较敏感,所以量化步长较小;对高频成分人眼不太敏感,所以量化步长较大。量化处理的结果一般都是低频成分的系数比较大,高频成分的系数比较小,甚至大多数是 0。表 6-6 和表 6-7 分别给出了 JPEG 推荐的亮度和色度量化步长。

量化处理是压缩编码过程中图像信息产生失真的主要原因。

表 6-6　JPEG 推荐的亮度量化步长表

16	11	10	16	24	40	51	61
12	12	14	19	26	58	60	55
14	13	16	24	40	57	69	56
14	17	99	29	51	87	80	62
18	22	37	56	68	109	103	77
24	35	55	64	81	104	113	92
49	64	78	87	103	121	120	101
72	92	95	98	112	100	103	99

表 6-7　JPEG 推荐的色度量化步长表

17	18	24	47	99	99	99	99
18	21	26	66	99	99	99	99
24	26	56	99	99	99	99	99
47	66	99	99	99	99	99	99
99	99	99	99	99	99	99	99
99	99	99	99	99	99	99	99
99	99	99	99	99	99	99	99
99	99	99	99	99	99	99	99

(3)DC 系数的差分编码与 AC 系数的游程长度编码

DCT 变换产生的 64 个系数中,DC 系数实际上等于源子图像中 64 个采样值的均值,源图像是被划分成许多 8×8 图像进行 DCT 变换处理的,相邻子图像的 DC 系数有较强的相关性。JPEG 把所有子图像量化以后的 DC 系数集合在一起,采用差分编码的方法表示,即用两相邻的

DC 系数的差值($\Delta_j = DC_j - DC_{j-1}$)来表示。

子图像中其他 63 个交流 AC 系数量化后往往会出现较多的零值,JPEG 标准采用游程编码方法对 AC 系数进行编码。DCT 系数变化后,构成一个稀疏矩阵,用 Z 形扫描将其变成一维数列,将有利于熵编码。Z 形扫描的顺序如图 6-14 所示。

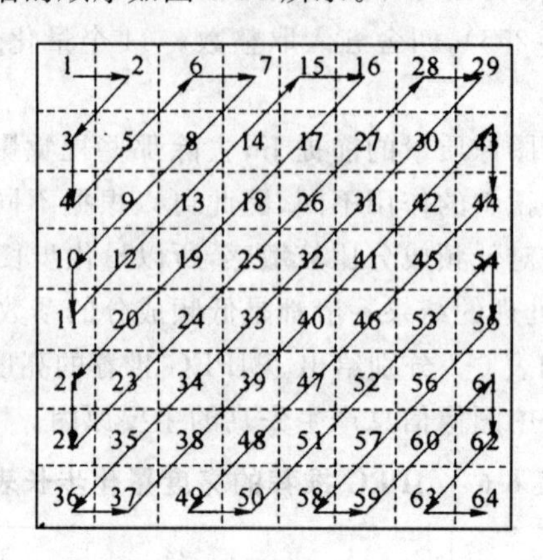

图 6-14　AC 系数进行游程长度编码的 Z 形扫描顺序

(4)熵编码

对 DCT 量化系数进行熵编码,进一步压缩码率,这里可以采用霍夫曼编码或算术编码。

3. 渐进式 DCT 方式编码

基于 DCT 的顺序模式编码是对每一幅图像子块(8×8 子块)按从左到右,从上到下的顺序一次扫描完成编码,而渐进式 DCT 方式编码模式是对每一幅图像子块的编码要经过若干次扫描才能完成。第一次只进行较粗糙的图像扫描压缩,并以相对于总的传输时间快得多的时间传输粗糙图像,重建质量较低的可识别图像。在随后的扫描中再对图像进行较细的压缩,且仅传递新增加的信息,重建一幅质量提高的图像,这样不断累进,直到获得满意的图像为止。累进的方式可采用频谱选择法或按位逼近法。

(1)频谱选择法

在每一次扫描中,只对 DCT 的 64 个变换系数中的某些频带的系数进行编码、传递,而其他频带的系数编码与传递在随后的扫描中进行,直到全部 DCT 系数处理完毕为止。

(2)位逼近法

按 DCT 量化系数的有效位方向,即表示系数精度的位数方向分段渐进编码。第一次扫描只取最高有效位的 n 位编码和传递,然后再对其余位进行编码和传递。

6.5.2 JPEG 2000 标准

JPEG 2000 的编码变换采用小波变换为主的多分辨编码模式,是具有更高压缩率和很多新功能的新型静态图像压缩标准。JPEG 2000 正式名称为 ISO/IEC15444,由 JPEG 组织制定。

1. JPEG 2000 的主要组成

JPEG 2000 具有很多 JPEG 所没有的优势。它将 JPEG 的四种模式(顺序模式、渐进模式、无损模式和分层模式)集成到一个标准中。JPEG 2000 主要由六个部分组成。第一部分为编码的核心部分，是公开并可免费使用的，它具有最小的复杂性却可以满足 80%以上的图像压缩应用需求，其地位相当于 JPEG 标准的基本系统。第二至第六部分则定义了压缩技术和文件格式的扩展部分，其中，第二部分为编码扩展，第三部分为 Motion JPEG 2000（即 MJP2），第四部分为一致性测试，第五部分为参考软件，第六部分是关于混合图像文件格式方面的内容和方法。

图 6-15 是采用了以上新技术的 JPEG 2000 的基本模块组成，其中包括预处理、DWT、量化、自适应算术编码以及码流组织等多个模块。

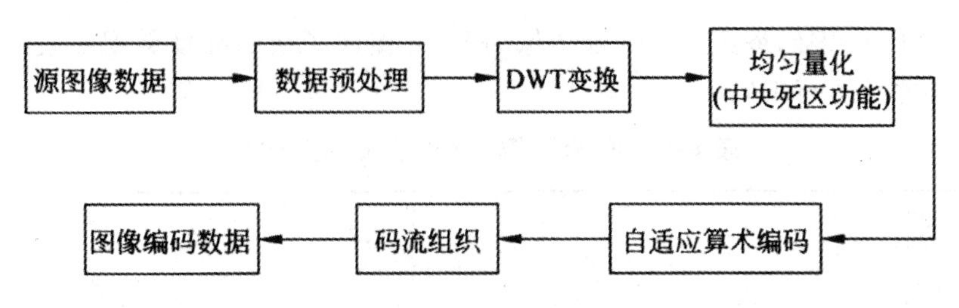

图 6-15　JPEG 2000 的基本模块组成

2. JPEG 2000 编/解码原理

在 JPEG 2000 压缩的恢复过程中，任何图像质量或尺寸都可以从结果码流中解压出来。即只需要压缩一次，但是却有多种解码方式来得到恢复图像，同时该压缩方法中任何能被解压缩的图像都可以被再次压缩并进行存储。如果要在当前压缩图像基础上再形成一个分辨率或质量更低的压缩图像，可以直接生成，而不需要将原来图像解压缩再重新压缩实现。JPEG 2000 支持多种类型的渐进传输，当接收的码流增多时，图像解压缩生成的图像质量会逐渐提高。JPEG 2000 的编码块是相互独立的，因此可以允许编码器任意选择不同的形状和尺寸进行优先处理。现在，JPEG 2000 已经被广泛应用到互联网、电子商务、数字摄影、遥感、医疗图像等方面。

JPEG 2000 图像编码系统基于 David Taubman 提出的 EBCOT 算法，使用小波变换，采用两层编码策略，对压缩位流分层组织，不仅可获得较好的压缩效率，而且压缩码流具有较大的灵活性。其编码器和解码器的原理框图如图 6-16 和图 6-17 所示

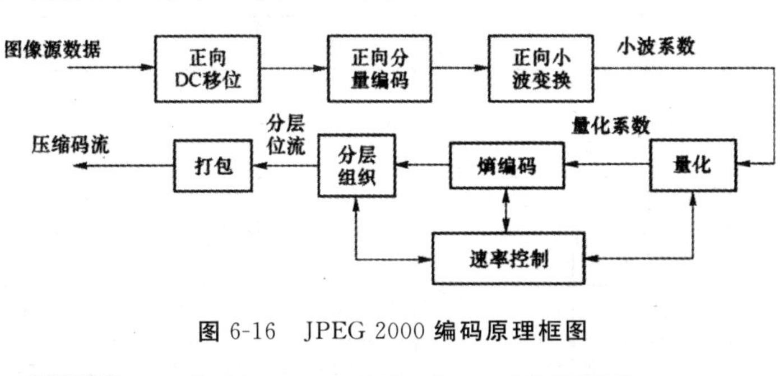

图 6-16　JPEG 2000 编码原理框图

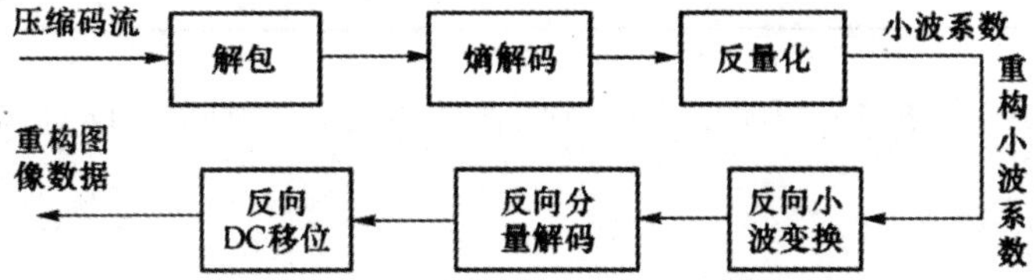

图 6-17　JPEG 2000 解码原理框图

在编码时，首先对源图像进行离散小波变换，根据变换后的小波系数特点进行量化。将量化

后的小波系数划分成小的数据单元——码块，对每个码块进行独立的嵌入式编码。将得到的所有码块的嵌入式位流，按照率失真最优原则分层组织，形成不同质量的层。对每一层，按照一定的码流格式打包，输出压缩码流。

解码过程相对比较简单。根据压缩码流中存储的参数，对应于解码器各部分进行逆向操作，输出重构图像数据。

3. JPEG 编码实例

［例 6.3］ JPEG 编码举例。设一幅图像的 8×8 图像子块的亮度数据如表 6-8 所示，试对其按 JPEG 基本系统进行编码。

表 6-8 原始图像 8×8 子块亮度数据

98	92	95	80	75	82	68	50
97	91	94	79	74	81	67	49
95	89	92	77	72	79	65	47
93	87	90	75	70	77	64	45
91	85	88	73	68	75	64	43
89	83	86	71	66	73	59	41
87	81	84	69	64	71	57	39
85	79	82	67	63	69	55	37

根据 JPEG 编码原理，基本系统编码过程的主要步骤如下：

①对原始图像 8×8 子块的亮度数据进行 DCT 变换，结果如表 6-9 所示。

表 6-9 原始图像 8×8 子块 DCT 系数表

591	106	−18	28	−34	14	18	3
35	0	0	0	0	0	0	0
−1	0	0	0	0	0	0	0
3	0	0	0	0	0	0	0
−1	0	0	0	0	0	0	0
0	0	0	0	0	0	0	0
−1	0	0	0	0	0	0	0
0	0	0	0	0	0	0	0

②DCT 变换以后，用表 6-6 所示的亮度量化表对如表 6-9 所示的 DCT 系数矩阵进行量化，结果如表 6-10 所示。

表 6-10　DCT 系数量化结果

37	10	−2	2	−1	0	0	0
3	0	0	0	0	0	0	0
0	0	0	0	0	0	0	0
0	0	0	0	0	0	0	0
0	0	0	0	0	0	0	0
0	0	0	0	0	0	0	0
0	0	0	0	0	0	0	0
0	0	0	0	0	0	0	0

③对量化结果表按规定顺序进行 Z 形扫描，并对表 6-9 中的一个 DC 及五个非零 AC 系数进行编码。

④求 DC 系数编码。Z 形扫描结果的第一个系数为 DC 系数。假设前一亮度数据块的 DC 系数为 17，则差分值为 20(37−17)，SSSS 为 3，其前缀码字为“110”，尾码即为 20 的 5 位二进制原码“10100”，从而 DC 系数的编码为“11010100”。

⑤求 AC 系数编码。通过计算得该 8×8 子块全部编码如下：

1101010010111010011111111001010111111101011010

共有 46 位编码，而原始图像子块需要 8×8×8=512 位，由此可得压缩比为 11∶1。

6.5.3　MPEG 标准

1987 年，ISO 和 CCITT 成立了“活动图像专家组”(Moving Picture Expert Group)，任务是制定用于数字存储媒介中活动图像及伴音的编码标准。1991 年 11 月提出了 1.5 Mbps 的编码方案。1992 年通过了 ISO 11172 号建议，即 MPEG 标准。MPEG 标准包含 3 个标准子，即 MPEG 系统标准、MPEG 视频标准和 MPEG 音频标准。MPEG 系统标准是用来解决视频流和音频流的多路复用和同步等问题，MPEG 视频和音频主要研究视频信号和音频信号的压缩和解压缩技术。

1. MPEG-1 标准

MPEG-1 标准为 1.5 Mbps 数字存储媒体上的活动图像及其伴音的编码。它主要包括系统、视频、音频、一致性、参考软件五部分，这五部分的简单描述如下。

MPEG-1 系统：主要描述如何将符合该标准的视频和音频的一路或多路数据流与定时信息相结合，形成单一的复合流。

MPEG-1 视频：主要描述视频编码方法，以便存储压缩的数字视频。

MPEG-1 音频：描述高质量的音频的编码表示和高质量音频信号的解码方法。

一致性：描述测试一个编码码流是否符合 MPEG-1 码流的方法。

参考软件。

MPEG-1 的目的是满足各种存储媒体对压缩视频的统一格式的需要，可用于 625 线和 525

线电视系统，对传输速率 1.5Mbps 的存储媒体提供连续的、活动图像编码表示，如 VCD、光盘及计算机磁盘存储等。下面仅讨论视频和系统部分。

(1)编码图像格式

MPEG-1 处理对象是逐行扫描的图像，对于交织的图像源，编码前必须先转换为交织格式。输入的视频信号必须是数字化的一个亮度信号和两个色差信号（Y，C_b，C_r），经过预处理和格式转换选择一个合适的窗口、分辨率和输入格式，要求色差信号和亮度信号在垂直和水平方向按 2∶1进行抽样。MPEG-1 编码技术的选择是基于高质量的连续活动图像、高压缩比以及对编码比特流的随机操作需求之间的平衡。

(2)编解码

MPEG-1 没有规定编码过程，仅规定了比特流的语法和语义，以及解码器中的信号处理。在有 B 帧时，要有两个帧存储器分别存储过去和将来的两个参考帧，以便进行双向运动补偿。编码器设计必须在图像质量、编码速率及编码效率之间进行综合考虑，选择合适的编码工作模式和控制参数。在一些具体模块的实现上，标准开放，例如运动矢量的估计算法、图像的刷新机制、编码控制等可以根据情况由设计者自行选用。

编码时输入的视频信号的每一幅图像都包括一个亮度分量和两个色差分量，编码器必须首先为每帧选择其类型。如果用到 B 帧，则编码时必须对图像的顺序先进行调整，因为 B 帧在预测时要利用它过去的 I 帧和 P 帧作为参考帧。编码时的基本单元是宏块，它包括六个 8×8 的子块，其中四个是亮度块，剩下的一个是色差信号 Cr，另一个是色差信号 Cb。宏块是运动补偿预测的基本单元、最小的量化步长选择单元及编码控制单元。对于每个宏块，要决定它的编码模式，然后进行相应的处理。子块则是 DCT、量化以及 Z 形扫描和 VLC 编码输出的基本单元。

解码是编码的逆操作，由于无需运动估计，因此比编码简单，只需根据接收到的码流的语义进行相应的处理即可。

(3)编码视频流的结构

MPEG-1 编码视频比特流的构成共分为六层，从上往下依次为序列层、图像组层、图像层、宏块条层、宏块层和最低的块层。由若干相连的宏块可以组成宏块条层，并且设置同步标志，便于在解码端实现重同步；由若干图像帧可以组成图像组层，形成便于随机存取的单元；由若干图像组可组成视频序列，便于形成特定的视频节目。

2. MPEG-2 标准

MPEG-2 标准是 MPEG 工作组在 1995 年制定的第二个国际标准，即通用的活动图像及其伴音的编码标准 ISO/IEC 13818。它主要包括以下几个部分：

①系统。

②视频。

③音频。

④一致性。

⑤参考软件。

⑥数字存储媒体的命令与控制。

⑦高级音频编码。

⑧l0bit 视频编码。

⑨实时接口。

对于视频部分，作为一个通用的编码标准，MPEG-2 比 MPEG-1 具有更广泛的适应范围，可适应于标准数字电视、高清电视，同时也包括 MPEG-1 的工作范围。MPEG-2 的解码器可以对 MPEG-1 码流进行解码，并在其基础上增加了一些新的编码技术，MPEG-2 规定了四种图像的运动预测和补偿方式，引入了空间可分级性、时间可分级性以及信噪比 SNR 可分级性三种编码的可分级性。因此，有人认为，MPEG-1 已经成为 MPEG-2 的一个子集。

3. MPEG-4 标准

MPEG-4 是一个适应各种多媒体应用的"试听对象的编码"标准，国际编号是 ISO/IEC 14496，它具有版本 1 和版本 2 两个版本。版本 1 于 1998 年 10 月通过，包括如下七个部分：

①系统。

②视觉信息。

③音频。

④一致性。

⑤参考软件。

⑥多媒体传送集成框架。

⑦MPEG-4 工具（视频）优化软件。

版本 2 于 1999 年 12 月通过，是 MPEG-4 的扩展部分。MPEG-4 规定了各种音频视觉对象的编码，除了包括自然的音频视频对象以外，还包括图像、文字和 3D 图形以及合成话音和音乐等。MPEG-4 的编码可以适应多种媒体的应用需求，它通过描述场景对象的空间位置和时间关系等，来建立多媒体场景，并将它与编码的对象一起传输。由于对各个对象进行独立的编码，因此可以达到很高的压缩效率，同时也为在接收端根据需要对内容进行操作提供了可能，可适应现在多媒体应用中的人机交互需求。

6.5.4　H.261/H.263 标准

1. H.261 标准

H.261 是 1990 年由 CCITT 制定的序列灰度图像压缩标准，该标准主要应用到电视图像信号的编码中，其视频编码信号的传输速度为 p×64kb/s（p=1～30），故该标准也称为 p×64 标准。该标准的输入输出信号格式根据 p 取值的不同而不同，在 p=1 或 2 时只支持 QCIF 格式，而当 p≥6 时可支持 CIF 格式。编码算法分为帧内与帧间两种情况。对于图像序列中的第一帧图像采用帧内变换编码，类似于 JEPG 中的 DCT 压缩；帧间编码采用混合编码方法，通过运动补偿预测，当预测误差超过设定的阈值，对误差进行压缩。

2. H.263 标准

H.263 称为低码率图像编码国际标准，在 H.261 的基础上，以混合编码为核心，并且比 H.261支持更多的原始图像分辨率。由于其运动补偿精度为半像素，以及在编码算法和矢量预测算法等方面进行了改进，使得它的性能优于 H.261。

6.5.5 H.264标准

前面讲述的H.261是最早出现的实用视频编码建议。以后出现的H.262、H.263及MPEG-1、MPEG-2、MPEG-4等视频编码标准,都有一个共同的不断追求的目标,即在尽可能低的码率下获得尽可能好的图像质量。而且随着对图像传输需求的增加,如何适应不同信道传输特性的问题也日益显现出来。为了解决这些问题,三大国际标准化组织联手制定了视频新标准H.264。

H.264视频压缩算法与MPEG-4相比,压缩比可提高近30%。H.264采用统一的VLC符号编码,高精度、多模式的位移估计,基于4×4块的整数变换、分层的编码语法等措施,使得H.264的算法具有很高的编码效率,在相同的重建图像质量下,比H.263节约50%左右的码率,更适合窄带传输。加强了对各种信道的适应能力,采用了"网络友好的"的结构和语法,有利于对误码和丢包的处理;应用目标范围较宽,以满足不同速率及不同传输和存储场合的需求;它的基本系统是开放的,使用无需版权。为了对各种视频压缩标准进行比较,表6-11总结了视频压缩标准发展历程。

表6-11 视频压缩标准发展历程

标 准	发布日期	标 题	应用场合
H.261	1990年12月	Video Code. Audio Visual Services at p×64kbps(p×64kbps的音频业务的编解码)	ISDN(综合业务数字网)
JPIG	1991年9月	Progressive Bi-level Image Compression(用于二值图像的累进压缩编码)	传真等
JPEG	1992年10月	Digital Compression Codion of Continuous-toneStill Image(连续色调静态图像的数字压缩编码)	数字照相、图像,视频编辑等
MPEG-1	1992年11月	Coding Of Moving Pictures aⅡd Associated Audio foDigitaJStorage Media up t0 1.5 Mbps(面向数字存储的运动图像及其伴音的通用编码)	VCD、光盘存储、家用视频、视频监控等
MPEG-2	1994年11月	Ceneric Coding of Moving Pictures and Associated Audioinformation(运动图像及其伴音的通用编码)	数字电视、DVD、高清晰度电视、卫星电视等
H.263 H.263+	1996年3月 1998年1月	Video Coding for Low Bit Rate Communication(低比特率通信的视频编码)	桌面可视电话、移动视频等
MPEG-4	1999年5月	Coding of Audio-Visual Objects(音频视频对象的通用编码)	IP网、交互式视频、移动通信、专业视频等
H.263++	2000年11月	Video Coding for Low Bit Rate Communication(低比特率通信的视频编码)	桌面可视电话、移动视频等
JPEG2000	2000年12月	PEG2000 Image Coding System(下一代静态图像编码标准)	数字照相、IP网、移动通信、传真、电子商务等
H.264	2003年3月	MPGE-4-10/AVC(Advanced Video Code)(先进视频编码)	数字视频存储以及IPTV、数字卫星广播、手机

H.264标准的主导思想与现有的视频编解码标准是一致的，都是基于块的混合编码方法。不同之处是其运用了大量不同的技术，使得其视频编码性能远远优于其他任何标准。H.264标准采用了与已经制定的视频编码标准相类似的一些编解码方法。

1. 几项基本技术

(1)对每个视频利用图像空间域的相关性

对图像分块进行变换、量化和熵编码，消除图像的空间冗余。这增加了帧内预测，提高了压缩率。

(2)利用时域相关性

时域上的相关性存在于那些连续图像的块之间，这就使得在编码的时候只需编码那些差值即可。

2. H.264与其他编码方法的不同之处

①采用4×4像素块的整数DCT变换，逆变换过程中没有匹配错误的问题。

②运动补偿块的大小采用可变形式，H.264采用了不同大小和形状的宏块分割与亚分割的方法。一个宏块的16×16亮度值可以按照16×16、16×8、8×16或8×8进行分割，运动补偿块的大小采用可变形式，可以从16×16、16×8、8×16、8×8、8×4、4×8、4×4中选择，采用这样的方式比只用16×16方式提高了15%的编码效率。

③采用多参考帧进行预测，比单参考帧的方法节省10%的传输码率，并且有利于码流的错误恢复。

④运动矢量的精度可以达到1/4像素或者1/8像素，与整数精度的空间预测相比，可以提高20%的编码效率。

⑤采用VLC或基于上下文的自适应二进制算术编码算法，后者可以提高大约10%的编码效率。

⑥为了消除块效应，采用基于4×4的边界去块滤波器，从而提高了图像的主观质量。

⑦场编码模式。在H.264中，对于一帧图像，可以按照帧的模式，也可以按照场的模式进行编码。把一帧图像拆成两场图像，其中的一场采用帧内编码，而另一场则利用前一场的信息进行运动补偿编码，这样就能够提高压缩效率，尤其是在存在剧烈水平方向运动的场景下压缩效率更高。在一些特殊的情况下，图像的一部分适合采用帧模式编码，而另一部分适合采用场模式编码，因此，H.264支持宏块级的自适应场帧模式转换。

3. H.264标准的主要内容

(1)算法的分层结构

H.264编码算法总体上分为视频编码层和网络适配层两层，前者是完成对视频内容的有效描述；后者是完成在不同网络上视频数据的打包传输。根据传输通道或存储介质的特性对VCL输出进行适配。VCL采用的是基于块的编码算法，算法灵活，编码效率高。编码处理的输出是VCL数据(用码流序列表示编码的视频数据)，VCL在传输或存储之前先映射到NAL单元，每个NAL单元包含原字节序列，接着的一组数据对应编码视频数据或NAL头信息。用NAL单元序列来表示编码视频序列，并将NAL单元传输到基于分组交换的网络或码流传输链路或存储到文件中。H.264定义VCL和NAL的目的是为了适配特定的视频编码特性和特殊的传输特性。这种双层结构扩展了 H.264 的应用范围，它几乎涵盖了目前大部分的视频业务，如有线电视、数字电视、视频电话、视频会议、视频点播、交互媒体、流媒体业务等。H.264 的双层结构框架如图 6-18 所示。

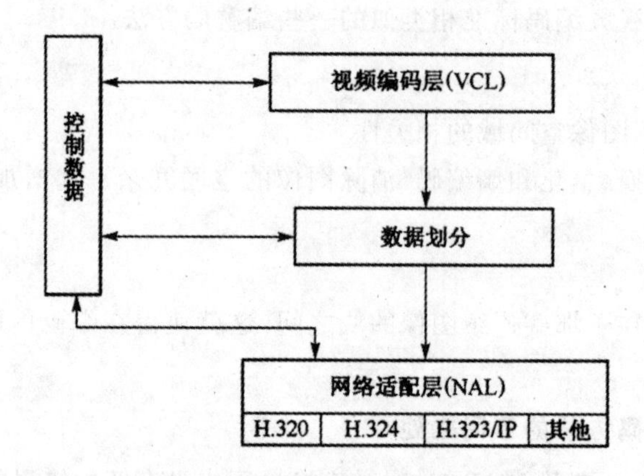

图 6-18　H.264 的双层结构框架

(2) VCL 数据组织

H.264 支持逐行扫描的视频序列和隔行扫描的视频序列，取样率定为 4∶2∶0。VCL 仍然采用分层结构，视频流由图像帧组成，一个图像帧既可以是一场图像(对应隔行扫描)，也可以是一帧图像(对应逐行扫描)，图像帧由一个或多个片组成，片由一个或多个宏块组成，一个宏块由 4 个 8×8 (或 16×16)亮度块、2 个 8×8 色度块。H.264 没有给出每个片包含多少宏块的规定，因此每个片所包含的宏块数目是不固定的。片是最小的独立编码单元，这有助于防止编码数据的错误扩散。每个宏块可以进一步划分为更小的子宏块。宏块是独立的编码单位，而片在解码端可以被独立解码。

H.264 给出了两种产生片的方式。当不使用灵活宏块顺序(FMO)时，按照光栅扫描顺序，即从左至右、从上至下的顺序，把一系列的宏块组成片。使用 FMO 时，根据宏块到片的映射图，把所有的宏块分到多个片组，每个片组内按照光栅扫描顺序把该片组内的宏块分成一个或多个片。FMO 可以有效地提高视频传输的抗误性能。

4. 档次

H.264 标准分为基本档次、主要档次和扩展档次，以适用于不同的应用。基本档次支持包含 I 片和 P 片的编码序列，应用在视频电话、视频会议和无线视频通信等领域。主要档次除支持基本档次的功能外，还支持 B 片、交替视频和基于算术编码的熵编码方法以及加权预测，主要应用领域是广播媒体，例如数字电视、存储数字视频等。扩展档次主要用于网络视频流媒体领域。

5. 编解码器结构

H.264 的编解码器框图如图 6-19 所示。除了去块滤波器和帧内预测外，大部分的功能模块和 H.263 的相同。不同之处在于每个功能模块的实现上。

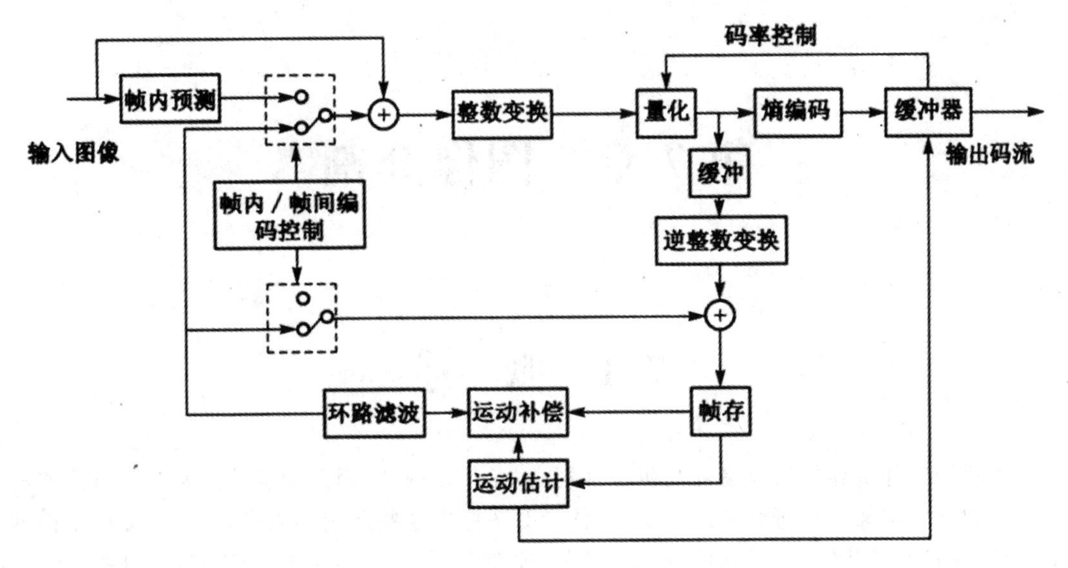

图 6-19　H.264 的编解码器框图

第7章　图像分割

7.1　概　述

人类感知外部世界的两大途径是听觉和视觉，尤其是视觉，因此图像信息是非常重要的一类信息。人们在对图像进行研究和应用中，往往会对图像中某些部分感兴趣，这些目标通常占据一定的区域，并且在某些特性(如灰度、轮廓、颜色、纹理等)上和周围的图像有差别。这些特性差别可能非常明显，也可能很细微，以致人眼觉察不出来。计算机图像处理技术的发展，使得人们可以通过计算机来获取与处理图像信息。现在，图像处理技术已成功地应用于许多领域，其中，纸币识别、车牌识别、文字识别、指纹识别等已为大家所熟悉。如图7-1所示，图像识别的基础是图像分割，其作用是把反映物体真实情况的、占据不同区域的、具有不同特性的目标区分开来，并形成数字特征。图像分割是图像识别和图像理解的基本前提步骤，图像分割质量的好坏直接影响后续图像处理的效果，甚至决定其成败，因此，图像分割的作用是至关重要的。

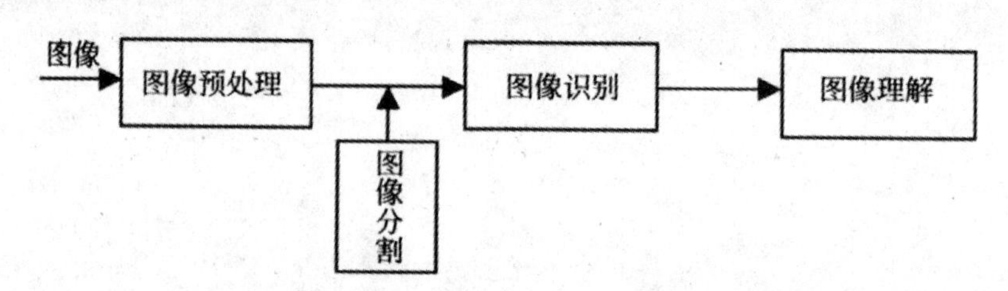

图7-1　图像分割在整个图像处理过程中的作用

7.1.1　图像分割的含义

图像分割就是依据图像的灰度、颜色、纹理和边缘等特征，把图像分成各自满足某种相似性准则或具有某种同质特征的连通区域的集合的过程，对图像分割比较严格的定义可描述如下。

设R代表整个图像区域，对R的分割可看作将R分成若干个满足以下5个条件的非空子集(子区域)$R_1,R_2,\cdots,R_n$。

①$\bigcup_{i=1}^{n}R_i=R$。即分割成的所有子区域的并应能构成原来的区域R。

②对于所有的i和j及$i\neq j$，有$R_i\cap R_j=\varnothing$。即分割成的各子区域互不重叠。

③对于$i=1,2,\cdots,n$；有$P(R_i)=\text{TRUE}$。即分割得到的属于同一区域的像素应具有某些相同的特性。

④对于$i\neq j$，有$P(R_i\cup R_j)=\text{FALSE}$。即分割得到的属于不同区域的像素应具有不同的

性质。

⑤对于 $i=1,2,\cdots,n;R_i$ 是连通的区域。即同一子区域内的像素应当是连通的。

7.1.2　图像分割的依据和方法

图像分割的依据是各区域具有不同的特性,这些特性可以是灰度、颜色和纹理等。而灰度图像分割的依据是基于相邻像素灰度值的不连续性和相似性。也即,子区域内部的像素一般具有灰度相似性,而在区域之间的边界上一般具有灰度不连续性。所以灰度图像的各种分割算法可据此分为利用区域间灰度不连续的基本边界的算法和利用区域内灰度相似性的基于区域的算法。

灰度图像分割是图像分割研究中最主要的内容,其本质是按照图像中不同区域的特性,将图像划分成不同的区域。

7.2　基于边缘检测的分割

基于边缘检测的图像分割方法的基本思路是先确定图像中的边缘像素,然后就可把它们连接在一起构成所需的边界。

7.2.1　图像边缘

由于自然景物中物体、背景和区域的物理形状、几何特性(如方向和深度)、材质特性及其反射系数的不同,导致了图像中灰度的突变,并在图像中形成一个个不同的区域。图像边缘意味着图像中一个区域的终结和另一个区域的开始,图像中相邻区域之间的像素集合构成了图像的边缘。进一步讲,图像的边缘是指图像灰度发生空间突变的像素的集合。

尽管边缘在数字图像处理和分析中具有重要作用,但是到目前为止,还没有关于边缘被广泛接受和认可的精确的数学定义。一方面是因为图像的内容非常复杂,很难用纯数学方法进行描述,另一方面则是因为人类对本身感知目标边界的高层视觉机理的认识现在处于模糊之中。

目前,具有对边缘的描述性定义,即两个具有不同灰度的均匀图像区域的边界,即边界反映局部的灰度变化。局部边缘是图像中局部灰度级以简单(即单调)的方式作极快变换的小区域。这种局部变化可用一定窗口运算的边缘检测算子来检测。边缘的描述包含以下几个方面:

①边缘法线方向——在某点灰度变化最剧烈的方向,与边缘方向垂直。

②边缘方向——与边缘法线方向垂直,是目标边界的切线方向。

③边缘强度——沿边缘法线方向图像局部的变化强度的量度。

图像的边缘具有方向和幅度两个特征。沿边缘走向,像素值变化比较平缓,而沿垂直于边缘的走向,像素值则变化比较剧烈。这种剧烈的变化或者呈阶跃状,或者呈屋顶状,分别称为阶跃状边缘和屋顶状边缘。阶跃状边缘两边的灰度值有明显变化,而屋顶状边缘位于灰度增加和减小的交界处。另一种是由上升阶跃和下降阶跃组合而成的脉冲状边缘剖面,主要对应于细条状的灰度值突变区域。一般常用一阶和二阶导数来描述和检测边缘。图 7-2 分别给出了具有阶跃状、脉冲状和屋顶状边缘的图像，图像沿水平方向灰度变化的边缘曲线的剖面，边缘曲线的一阶和二阶导数的变化规律的示例。

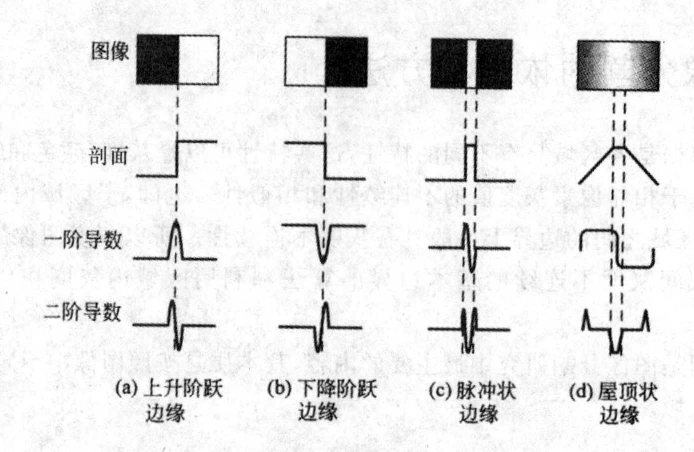

图 7-2　图像边缘及其导数曲线规律示例

根据图 7-2(a)和 7－2(b)可知，阶跃边缘曲线的一阶导数在边缘处呈极值，所以可用一阶导数的幅度值来检测边缘的存在，且幅度值一般对应边缘位置。阶跃边缘曲线的二阶导数在边缘处呈“零交叉”，所以也可用二阶导数的过零点检测边缘位置，并可用二阶导数在过零点附近的符号确定边缘像素在图像边缘的暗区或亮区。

根据图 7-2(c)可知，脉冲状边缘曲线的一阶导数在脉冲的中心处呈“零交叉”，所以可用一阶导数的过零点检测脉冲的中心位置。脉冲边缘曲线的二阶导数在边缘处和中心处均呈极值，所以可以用二阶导数的幅度值来检测边缘的存在，且两个相位相同的幅度值一般对应边缘位置。

根据图 7-2(d)可知，屋顶状边缘曲线的一阶导数在边缘处呈“零交叉”，二阶导数呈极值。一般可用一阶导数的过零点确定屋顶位置。

可以通过对它们求导数来确定图像中的边缘，而利用微分算子可计算出导数。对于数字图像来说；通常是利用差分来近似微分。但由于差分算子是一种具有方向性的算子，也即用差分算子检测边缘时，必须使差分方向和边缘方向垂直，所以人们希望寻找一种没有方向性的算子。

7.2.2　梯度边缘检测

图像中灰度值或色彩急剧变化之处，即为物体的边缘，在灰度值变化比较剧烈之处进行微分运算，就可以得出区别于其他处的较大数值，因此，可以利用各种微分运算进行边缘检测。边缘检测算子就是通过检查每个像素点的邻域并对其灰度变化进行量化来达到边界提取的目的，而且大部分的检测算子还可以确定边界变化的方向。

1. Roberts 边缘算子

Roberts(罗伯特)边缘检测算子是一种利用局部差分方法寻找边缘的算子，Roberts 梯度算子所采用的是对角方向相邻两像素值之差，算子形式如下：

$$\begin{cases} \Delta_x f(x,y)=f(x,y)-f(x-1,y-1) \\ \Delta_y f(x,y)=f(x-1,y)-f(x,y-1) \end{cases} \tag{7-1}$$

上述算子对应的两个 2×2 模板如图 7-3 所示。实际应用中，实际应用中，图像中的每个像素点都用这两个模板进行卷积运算，为避免出现负值，在边缘检测时常取其绝对值。

1	0
0	−1

(a)

0	1
−1	0

(b)

图 7-3　Roberts 算子模板

如图 7-4 所示，图(a)为原始图像，图(b)为采用 Roberts 算子对图(a)进行边缘检测的结果。

(a)

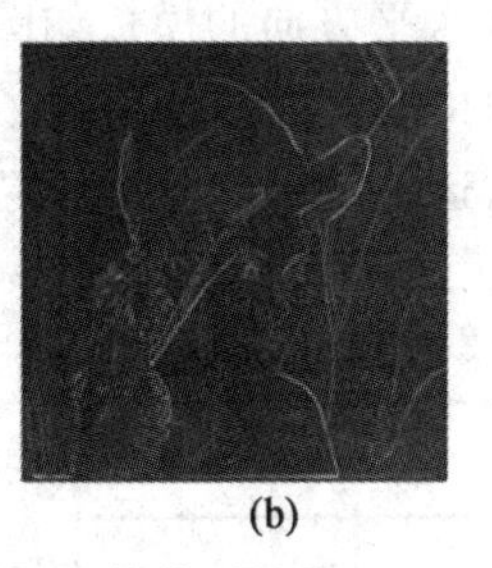
(b)

图 7-4　Roberts 算子边缘检测结果

2. Prewitt 边缘算子

Prewitt(普瑞维特)边缘检测算子是一种利用局部差分平均方法寻找边缘的算子，它体现了三对像素点像素值之差的平均概念，算子形式如下：

$$\begin{cases}\Delta_x f(x,y)=[f(x+1,y+1)+f(x,y+1)+f(x-1,y+1)] \\ \qquad\qquad -[f(x+1,y-1)+f(x,y-1)+f(x-1,y-1)] \\ \Delta_y f(x,y)=[f(x-1,y-1)+f(x-1,y)+f(x-1,y+1)] \\ \qquad\qquad -[f(x+1,y-1)+f(x+1,y)+f(x+1,y+1)]\end{cases} \tag{7-2}$$

Prewitt 边缘检测算子的两个模板如图 7-5 所示，它的使用方法同 Sobel 算子一样，得到的结果也是一幅边缘图像。

−1	−1	−1
0	0	0
1	1	1

(a)

1	0	−1
1	0	−1
1	0	−1

(b)

图 7-5　Prewitt 算子模板图

图 7-6 是采用 Prewitt 算子对图 7-4(a)进行边缘检测的结果。

图 7-6　Prewitt 算子边缘检测结果

3. Sobel 边缘算子

Sobel(索贝尔)边缘算子所采用的算法是先进行加权平均,然后进行微分运算,算子的计算方法如下:

$$\begin{cases} \Delta_x f(x,y)=[f(x-1,y+1)+2f(x,y+1)+f(x+1,y+1)] \\ \qquad\qquad -[f(x-1,y-1)+2f(x,y-1)+f(x+1,y-1)] \\ \Delta_y f(x,y)=[f(x-1,y-1)+2f(x-1,y)+f(x-1,y+1)] \\ \qquad\qquad -[f(x+1,y-1)+2f(x+1,y)+f(x+1,y+1)] \end{cases} \tag{7-3}$$

Sobel 算子垂直方向和水平方向的模板如图 7-7 所示,前者可以检测出图像中的水平方向的边缘,后者则可以检测图像中垂直方向的边缘。实际应用中,每个像素点取两个模板卷积的最大值作为该像素点的输出值,运算结果是一幅边缘图像。

−1	−2	−1
0	0	0
1	2	1

(a)

−1	0	1
−2	0	2
−1	0	1

(b)

图 7-7　Sobel 算子模板

Sobel 算子的优点是具有一定的噪声抑制能力,在检测阶跃边缘时可以得到至少两个像素的边缘宽度。图 7-8 为采用 Sobel 算子对图 7-4(a)进行边缘检测的结果。

图 7-8　Sobel 算子边缘检测结果

4. 拉普拉斯边缘算子

在利用一阶导数的边缘检测算子进行边缘检测时,有时会出现因检测到的边缘点过多而导致边缘(线)过粗的情况。通过去除一阶导数中的非局部最大值就可以检测出更细的边缘,而一阶导数的局部最大值对应着二阶导数的零交叉点。所以通过找图像的二阶导数的零交叉点就能找到精确的边缘点。

拉普拉斯算子是一个二阶导数算子,其算子的形式如下:

$$\begin{cases} \Delta^2 f(x,y)=f(x+1,y)+f(x-1,y)+f(x,y+1)+f(x,y-1)-4f(x,y) \\ \Delta^2 f(x,y)=f(x-1,y-1)+f(x,y-1)+f(x+1,y-1)+f(x-1,y) \\ \qquad\qquad +f(x+1,y)+f(x-1,y+1)+f(x,y+1) \\ \qquad\qquad +f(x+1,y+1)-8f(x,y) \end{cases} \tag{7-4}$$

拉普拉斯边缘检测算子的模板如图 7-9 所示，模板的基本特征是中心位置的系数为正，其余位置的系数为负，且模板的系数之和为零，通过与上述三个算子的比较，可以看出该算子不能检测出边缘的方向性信息，因此，它较少直接用于边缘检测。

0	−1	0
−1	4	−1
0	−1	0

(a)

−1	−1	−1
−1	8	−1
−1	−1	−1

(b)

图 7-9 Laplacian 算子模板

图 7-10 是采用 Laplacian 算子对图 7-4(a)进行边缘检测的结果，与 Sobel 算子相比 Laplacian 算子能使噪声成分得到加强，对噪声更敏感。

图 7-10 Laplacian 算子边缘检测结果

5. Kirsch 边缘算子

Kirsch(凯西)边缘检测算子需要求出 $f(x,y)$8 个方向的平均差分的最大值，其 8 个方向模板如图 7-11 所示，该算子可以检测出边缘的方向性信息，并能较好地抑制边缘检测的噪声。

5	5	5
−3	0	−3
−3	−3	−3

(a)

−3	5	5
−3	0	5
−3	−3	−3

(b)

−3	−3	5
−3	0	5
−3	−3	5

(c)

−3	−3	−3
−3	0	5
−3	5	5

(d)

−3	−3	−3
−3	0	−3
5	5	5

(e)

−3	−3	−3
5	0	−3
5	5	−3

(f)

5	−3	−3
5	0	−3
5	−3	−3

(g)

5	5	−3
5	0	−3
−3	−3	−3

(h)

图 7-11 Kirsch 算子模板

图 7-12 是采用 Kirsch 算子对图 7-4(a)进行边缘检测的结果。

图 7-12　Kirsch 算子边缘检测结果

7.2.3　霍夫变换

霍夫(Hough)变换的基本思想是将图像空间 $X-Y$ 变换到参数空间 $P-Q$,利用图像空间 $X-Y$ 与参数空间 $P-Q$ 的点一线对偶性,通过利用图像空间 $X-Y$ 中的边缘数据点去计算参数空间 $P-Q$ 中的参考点的轨迹,从而将不连续的边缘像素点连接起来,或将边缘像素点连接起来组成封闭边界的区域,从而实现对图像中直线段、圆和椭圆的检测。

设在图像空间 $X-Y$ 中,所有过点(x,y)的直线都满足方程:

$$y=px+q \tag{7-5a}$$

式中,p 为斜率;q 为截距。

若把式(7-5a)改写成:

$$q=-px+y \tag{7-5b}$$

且假设 p 和 q 是人们感兴趣的变量,而 x 和 y 是参数,则式(7-5b))表示的是参数空间 $P-Q$ 中过点(p,q)的一条直线,其斜率和截距分别为$-p$ 和 q。

一般地,对于任意的 i 和 j,设图像空间 $X-Y$ 中同时过点(x_i,y_i)和点(x_j,y_j)的直线方程分别为:

$$y_i=px_i+q \tag{7-6}$$

$$y_j=px_j+q \tag{7-7}$$

则式 (7-6)与式(7-7)相对应的在参数空间 $P-Q$ 中同时过点(p,q)的直线分别为:

$$q=-px_i+y_i \tag{7-8}$$

$$q=-px_j+y_j \tag{7-9}$$

由此可见,图像空间 $X-Y$ 中的一条直线(因为两点可以决定一条直线)和参数空间 $P-Q$ 中的一点相对应;反之,参数空间 $P-Q$ 中的一点和图像空间 $X-Y$ 中的一条直线相对应,如图 7-13所示。

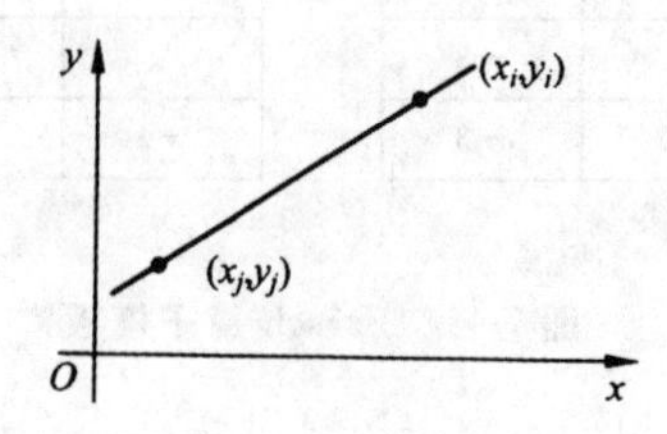

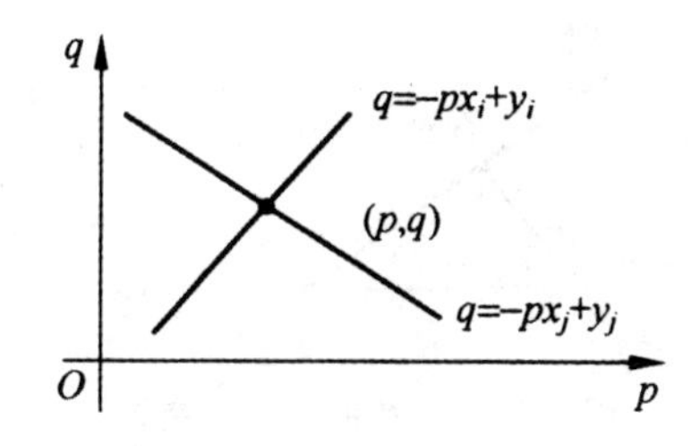

图 7-13 图像空间直线与参数空间点的对偶性

把上述结论推广到更一般的情况可知，如果图像空间 $X-Y$ 中的直线 $y=px+q$ 上有 n 个点，那么这些点对应参数空间 $P-Q$ 上的一个由 n 条直线组成的直线簇，且所有这些直线相交于同一点，如图 7-14(a)所示。同理，当把图像空间 $X-Y$ 中的直线 $y=px+q$ 上的 n 个点映射到极坐标时，这些点就对应极坐标空间 $O-\rho\theta$ 上的 n 条正弦曲线，且所有正弦曲线相交于一点，如图 7-14(b)所示。进一步讲就是，在图像空间中的共线点对应于参数空间中的相交线；反之，在参数空间中相交于同一点的所有直线，在图像空间中都有共线的点与之对应，这也即所谓的点一线对偶性。根据这种点一线对偶性，当给定图像空间中的一些点时，就可以通过霍夫变换确定连接这些点的直线，从而把图像空间中的直线(也即共线点)的检测问题转换到参数空间中直线簇的相交点的检测问题。

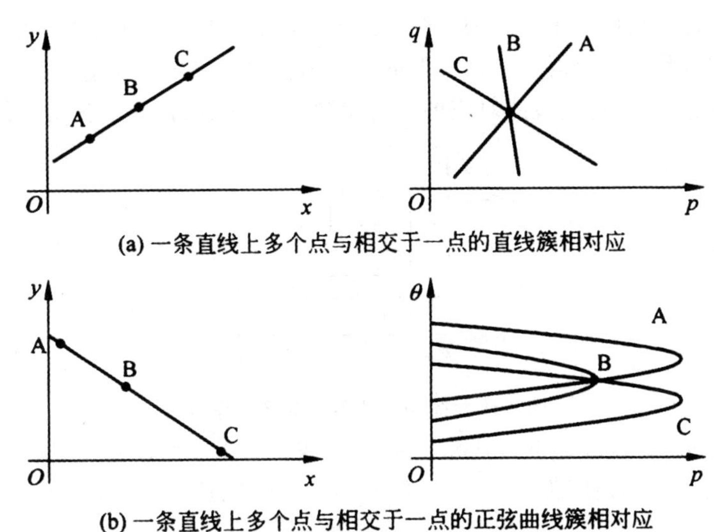

图 7-14 霍夫变换示意图

在实际中，当用式(7-5a)表示的直线方程接近竖直或为垂直时，则会由于参数空间中 p 和 q 的值接近无穷大或为无穷大而无法表示，所以一般通过极坐标方程进行霍夫变换，也即用直线 L 的法向参数来描述该直线

$$\rho=x\cos\theta+y\sin\theta=\sqrt{x^2+y^2}\sin\left(\theta+\arctan\frac{x}{y}\right) \tag{7-10}$$

式中，ρ 为直角坐标系的原点到直线 L 的法线距离；θ 为该法线(直线 L 的垂线)与 x 轴的正向夹角，如图 7-15 所示。

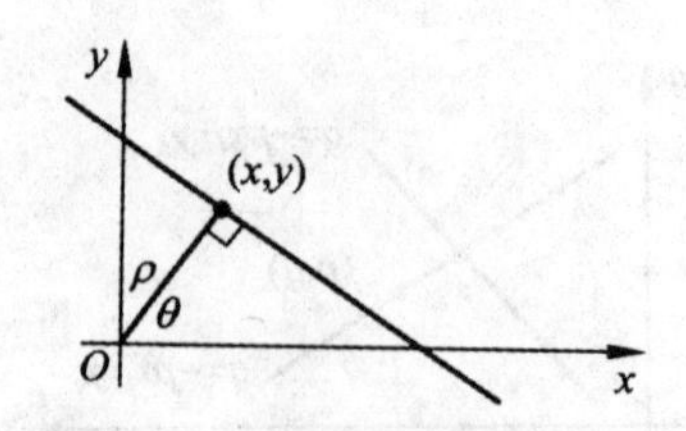

图 7-15　直线的极坐标表示

在式(7-10)的意义下,图像空间 $X-Y$ 中的一条直线就与极坐标空间 $O-\rho\theta$ 中的一点一一对应;反之,图像空间 $X-Y$ 中的一点与极坐标空间 $O-\rho\theta$ 中的一条正弦曲线相对应。也就是说,当图像坐标(笛卡儿坐标)空间转换到极坐标空间后,霍夫变换就由原来的点-直线对偶变成了点-正弦曲线对偶,这样就把图像空间中的直线检测转化为新的参数空间中的正弦曲线的交点的检测了。

在实际应用中,将参数空间 $O-\rho\theta$ 离散化成一个累加器阵列(也就是将参数空间细分成一个网格阵列,其中的每一个格子对应一个累加器),如图 7-16 所示。按照式(7-10)把图像空间 $X-Y$中的每一点(x,y)映射到参数空间 $O-\rho\theta$ 对应的一系列累加器中。也即,对于图像空间 $X-Y$中的每一个点,按照式(7-10)就会得到它在参数平面 $O-\rho\theta$ 中所对应的曲线,凡是曲线经过的格子,其对应的累加器值加 1。由于通过同一格子的曲线所对应的点(近似)共线,于是格子对应的累加器的累加数值就等于共线的点数。这样,如果图像空间中包含有若干条直线,则在参数空间中就有同样数量的格子对应的累加器的累加值会出现局部极大值。通过检测这些局部极大值,就可以分别确定出与这些直线对应的一对参数(ρ,θ),从而检测出各条直线来。

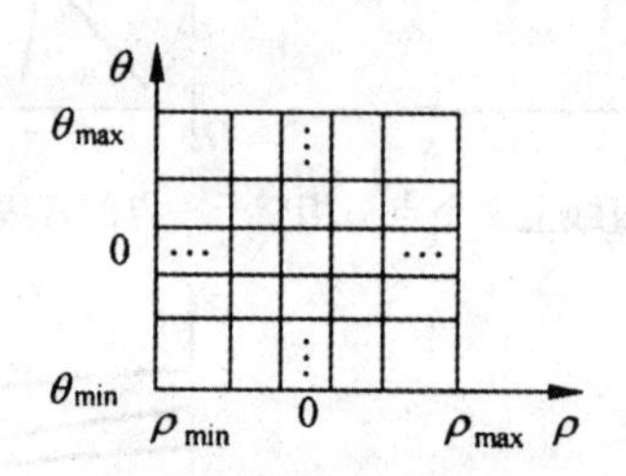

图 7-16　将 $\rho\theta$ 平面细分成网格阵列

角 θ 取值范围为$\pm 90°$,以 x 轴为基准。因此,参考图 7-15,水平线的夹角 $\theta=0°$,ρ 等于正的 x 截距。同样,垂直直线的角度为 $\theta=90°$,ρ 等于正的 y 截距;或 $\theta=-90°$,ρ 等于负的 y 截距。

7.3 基于阈值的分割

7.3.1 基于阈值的分割方法

基于阈值的图像分割方法是提取物体与背景在灰度上的差异,把图像分为具有不同灰度级的目标区域和背景区域的一种图像分割技术。

1. 阈值化分割方法

一般情况下，当图像由较亮的物体和较暗的背景组成，且物体与背景的灰度有较大差异时，该图像的灰度直方图会呈现出类似于图 7-17 所示的两个峰值的情况。图中位于偏右（对应于灰度值大）的部分反映了物体的灰度分布，位于偏左（对应于灰度值小）的部分反映了背景的灰度分布。

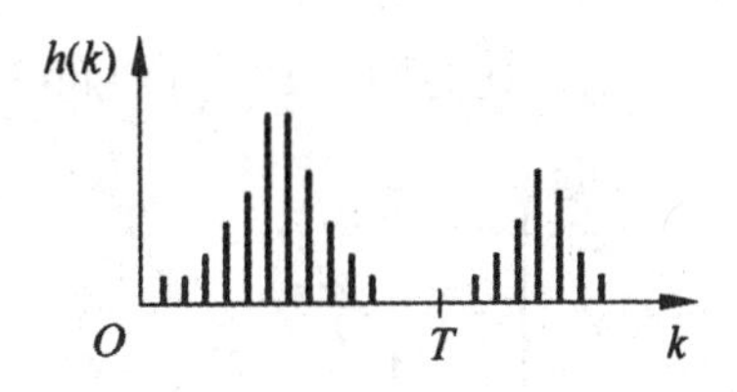

图 7-17　基于单一阈值的灰度直方图

此时，从背景中提取物体的方法显然先选取位于两个峰值中间的谷底对应的灰度值 T 作为灰度阈值，然后将图像中所有像素的灰度值与这个阈值进行比较，所有＞阈值 T 的像素点认为是组成物体的点，称为目标点；而那些≤阈值 T 的像素点认为是组成背景的点，称为背景点。也即对于图像 $f(x,y)$，利用单阈值 T 分割后的图像可定义为：

$$g(x,y)=\begin{cases}1,f(x,y)\geqslant T\\0,f(x,y)<T\end{cases}\tag{7-11}$$

与上述情况相反的是从亮的背景上分割出暗的物体的情况，并定义为：

$$g(x,y)=\begin{cases}1,f(x,y)\leqslant T\\0,f(x,y)>T\end{cases}\tag{7-12}$$

图 7-18 可以被看成是在较暗的背景上有两个较亮的物体的直方图，且有约定如下。

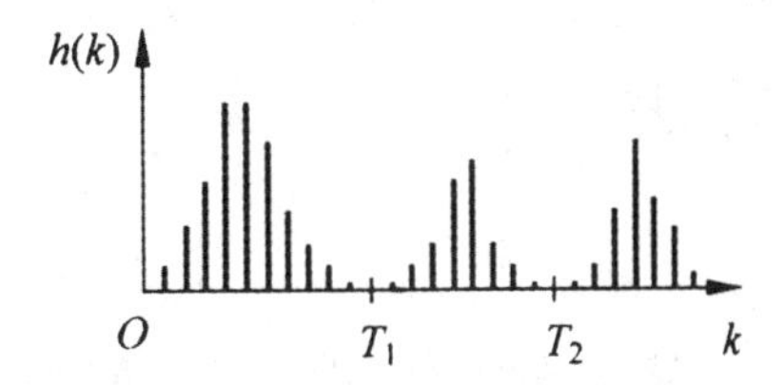

图 7-18　基于多域分割的灰度直方图

当 $f(x,y)\leqslant T_1$ 时，为背景（序号为 1）。

当 $T_1<f(x,y)\leqslant T_2$ 时，为物体甲（序号为 2）。

当 $T_2<f(x,y)$时，为物体乙（序号为 0）。

更一般地，对于将一幅图像 $f(x,y)$按多个阈值分割成多个区域的情况，可将其定义为：

$$g(x,y)=\begin{cases}k,T_{k-1}<f(x,y)\leqslant T_k\\1,f(x,y)\leqslant T_1\\0,T_k<f(x,y)\end{cases}\tag{7-13}$$

其中，$T_1,T_2,\cdots,T_k$ 为 k 个不同的分割阈值。

2. 半阈值化分割方法

半阈值化方法是将比阈值大的亮像素的灰度级保持不变，而将比阈值小的暗像素变为黑色；或将比阈值小的暗像素的灰度级保持不变，而将比阈值大的亮像素变为白色。利用半阈值化方法分割后的图像可定义为：

$$g(x,y)=\begin{cases} f(x,y), f(x,y)\geqslant T \\ 0, f(x,y)<T \end{cases} \tag{7-14}$$

或

$$g(x,y)=\begin{cases} f(x,y), f(x,y)\leqslant T \\ 255, f(x,y)>T \end{cases} \tag{7-15}$$

并可以将式(7-14)和式(7-15)分别表述为图 7-19 的(a)和(b)的形式。

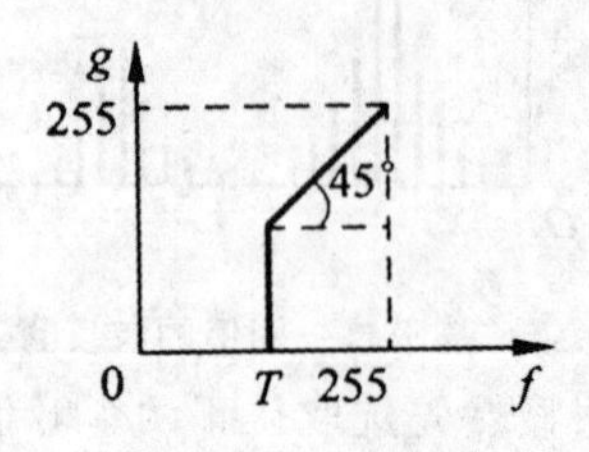

(a) 式 (7-14) 的图示

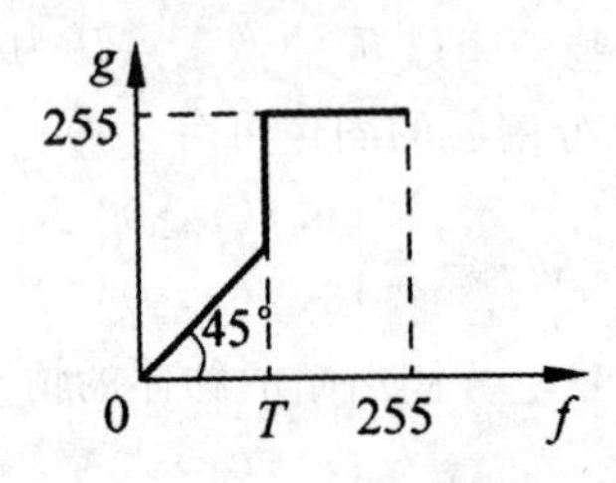

(b) 式 (7-15) 的图示

图 7-19　半阈值化的图示

7.3.2 其他阈值选取方法

1. 迭代式阈值选取

迭代式阈值选取方法的基本思路是：开始时选择一个阈值作为初始估计值，然后按某种策略不断地改进这一估计值，直到满足给定的准则为止。在迭代过程中，关键之处在于选择什么样的阈值改进策略。好的阈值改进策略应该具备两个特征：一是能够快速收敛，二是在每一个迭代过程中，新产生阈值优于上一次的阈值。迭代式阈值选取过程可描述如下。

①选取一个初始阈值 T。

②利用阈值 T 把给定图像分割成两组图像，记为 R_1 和 R_2。

③计算 R_1 和 R_2 均值 μ_1 和 μ_2。

④选择新的阈值 T，且

$$T=\frac{\mu_1+\mu_2}{2}$$

⑤重复第②～④步，直至 R_1 和 R_2 均值 μ_1 和 μ_2 不再变化为止。

2. 全局阈值的选取

如果图像中的背景具有同一灰度值，或背景的灰度值在整个图像中可近似看作接近于某一恒定值;而图像中的物体为另一确定的灰度值,或近似看作接近于另一恒定值[如图 7-20(a)所示],或与背景有明显的灰度级区别[如图 7-20(b)所示],则可使用一个固定的全局阈值一般会取得较好的分割效果。

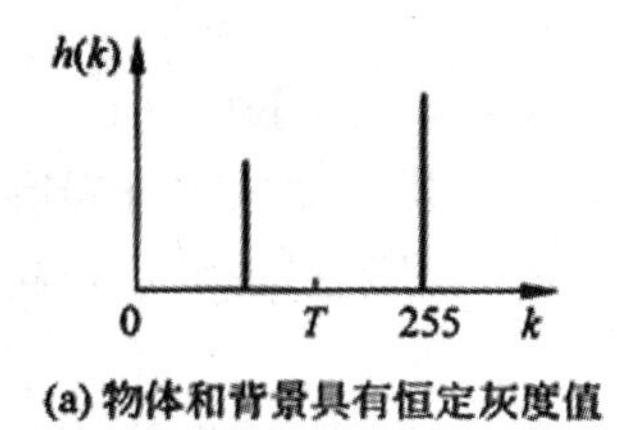

(a) 物体和背景具有恒定灰度值

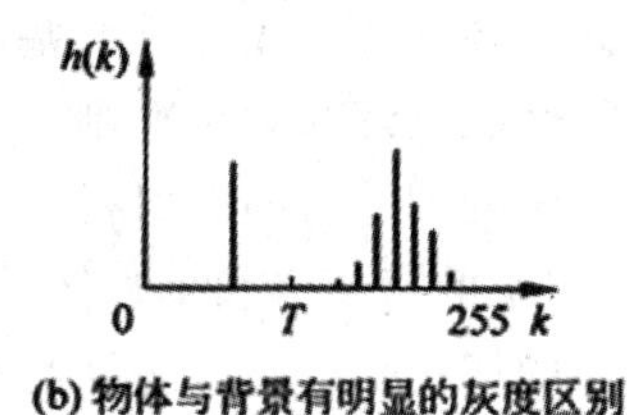

(b) 物体与背景有明显的灰度区别

图 7-20 全阈值选取示例

3. 类二值图像的阈值选取

在实际中有一些图像可以看作是具有均匀灰度的物体放在另一个与其不同亮度的背景上,比如效果不是很好的二值图像、手写或打印的文本样本扫描成的图像等。这种图像的共同特征是他们可看作是一幅类二值图像(由于各像素的灰度值不都是 0 或 255,所以不能将它们完全归为二值图像)。这样,当大约已知被处理的类二值图像灰度分布的百分比时,就可通过试探的方法选取阈值,直到阈值化后的图像效果达到最佳(即阈值化的图像的灰度分布比例与实际的灰度分布比例一致)时为止。比如,若估计一个印刷文本图像中的文字约占全页纸的 20%,就可以选择一个与其对应的灰度阈值对该文本图像进行阈值化处理,并通过多次更改阈值,使其分割效果达到最佳,也即使灰度值小于阈值的像素点数达到总像素数的近 20%。

7.4 基于区域的分割

基于区域的图像分割是根据图像的灰度、纹理、颜色和图像像素统计特征的均匀性等图像的空间局部特征,把图像中的像素划归到各个物体或区域中,进而将图像分割成若干个不同区域的一种分割方法。

7.4.1 区域生长

区域生长是一种根据事先定义的准则将像素或子区域聚合成更大区域的过程。基本方法是以一组“种子”点开始,将与种子性质相似(诸如灰度级或颜色的特定范围)的相邻像素附加到生长区域的每个种子上。

正如在例 7.1 中显示的,通常根据所解决问题的性质而选择一个或多个起点。当一个先验信息无效时,这一过程将对每个像素计算相同的特性集,最终这个特性集在生长过程中用于将像素归入某个区域。如果这些计算的结果呈现了不同簇的值,则那些由于自身的性质而处在这些簇中心附近的像素可以作为种子。

相似性准则的选择不仅取决于面对的问题,还取决于有效图像数据的类型。例如,对地观测卫星成像非常依赖颜色的使用。如果没有彩色图像本身固有的可用信息,这个问题会变得非常棘手,甚至无法解决。如果图像是单色的,必须用一组基于灰度级和空间性质的描绘子(如矩或纹理)对区域进行分析。

如果有关连通性和相邻性的信息没有用于区域生长过程,则单个描绘子会产生错误的结果。

区域生长的另一个问题是用公式描述一个终止规则。基本上,在没有像素满足加入某个区域的条件时,区域生长就会停止。灰度级、纹理和颜色准则都是局部性质,都没有考虑到区域生长的“历史”。其他增强了区域生长算法处理能力的准则利用了待选像素和已加入生长区的像素间的大小和相似性等概念(比如待选像素的灰度级和生长区域的平均灰度级之间的比较),以及生长区域的形状。这些类型的描绘子的使用是以假设能得到预期结果的模型至少有一部分有效为基础的。

[例 7.1]　区域生长在焊缝检测中的应用

图 7-21(a)显示了一幅焊缝(水平深色区域)的 X 射线图像,图像中含有几条裂缝和孔隙(横向通过图像中间部位的亮白色条纹)。我们希望用区域生长的方法将有缺陷的焊接区域分离出来。这些分割的特性可以应用于检测、过去研究的数据库,以及控制自动焊接系统及其他很多方面。

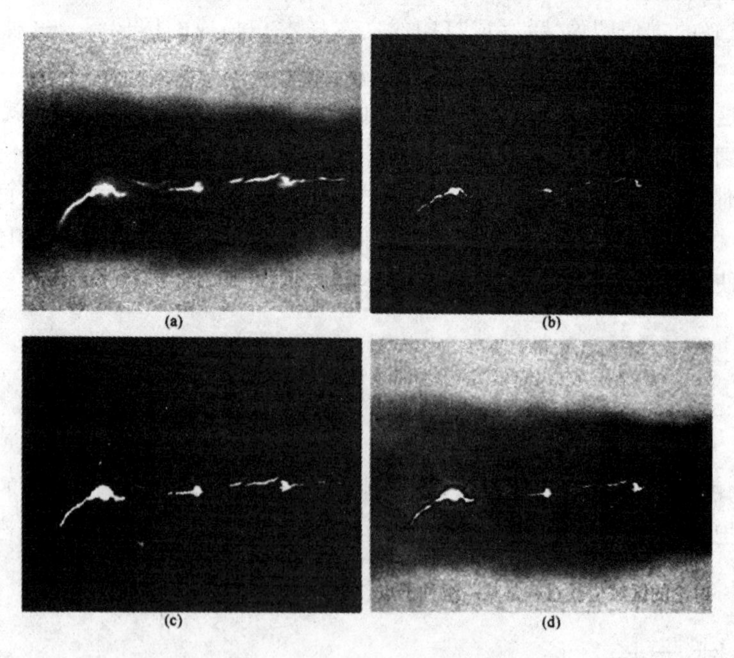

图 7-21　焊缝的 X 射线图像

(a)显示有缺陷的焊缝的图像;(b)种子点;(c)区域生长的结果;

(d)对有缺陷的焊缝区域进行分割得到的边界(用黑色表示)

(原图由 X－TEK 系统有限公司提供)

工作步骤如下：

(1)决定初始的种子点

在这个应用中,我们知道表现有缺陷的焊缝的像素趋向于取允许的最大数字值(此时为255)。根据这一信息,我们选择所有值为255的像素作为起点。图7-21(b)显示了从原图中提取出来的点。注意,很多点聚集为种子区。

(2)区域生长选定准则

这个特定的例子中,我们为一个像素是否能添加到某一区域制定两个标准：

①任何像素和种子之间的灰度级绝对差必须小于65,这个数字是根据图7-22所示的直方图得来的,这个绝对差表示直方图横轴数值255和从左边开始第一个主要波谷的位置所代表的值之间的差,这个波谷表示在暗的焊缝区域中具有的最高灰度级。

②要添加入某个区域的像素必须与此区域中至少一个像素是8连通的。如果某个像素被发现与多于一个区域相联系,就将这些区域合并在一起。图7-21(c)显示了从图7-21(b)中的种子开始并使用上一段中定义的准则得到的区域。将这些区域的边界叠加到原图中[见图7-21(d)]则显示出:区域生长过程确实以可接受的精确度对有缺陷的焊缝进行了分割。值得注意的是,这一过程不必指定任何终止规则,因为区域生长的准则足以分离出我们关心的特征。

图7-22中显示的直方图是具有“清晰的”多峰直方图的很好的例子。从这幅图可知,即使具有更规范的直方图,多级门限处理也是一个困难的命题。应用连通性是解决这类问题的基础。

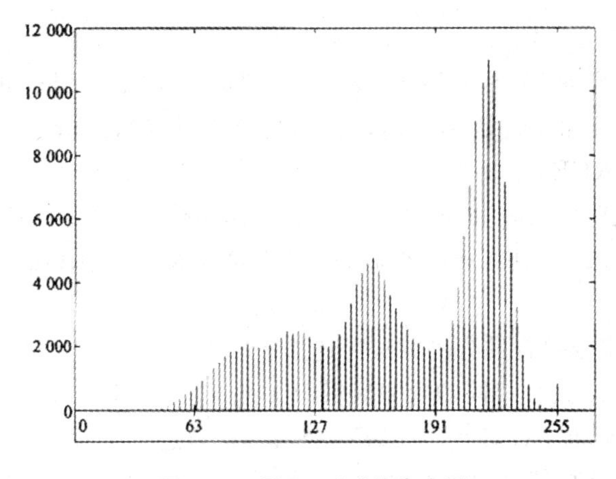

图7-22　图7-21(a)的直方图

7.4.2 分裂合并法

分裂合并分割法是从整个图像出发,根据图像和各区域的不均匀性,把图像或区域分裂成新的子区域;根据毗邻区域的均匀性,把毗邻的子区域合并成新的较大区域。分裂合并分割法的基础是图像四叉树表示法。

1.图像四叉树

如果把整幅图像分成大小相同的4个方形象限区域,并接着把得到的新区域进一步分成大小相同的4个更小的象限区域,如此不断继续分割下去,就会得到一个以该图像为树根,以分成的新区域或更小区域为中间结点或树叶结点的四叉树(见图7-23)。

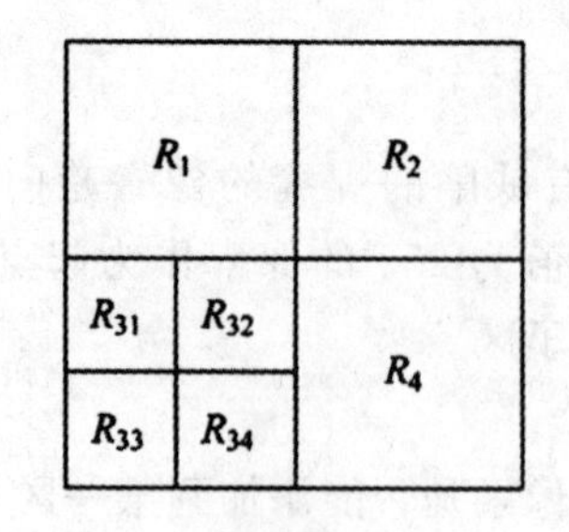

(a) 图像R

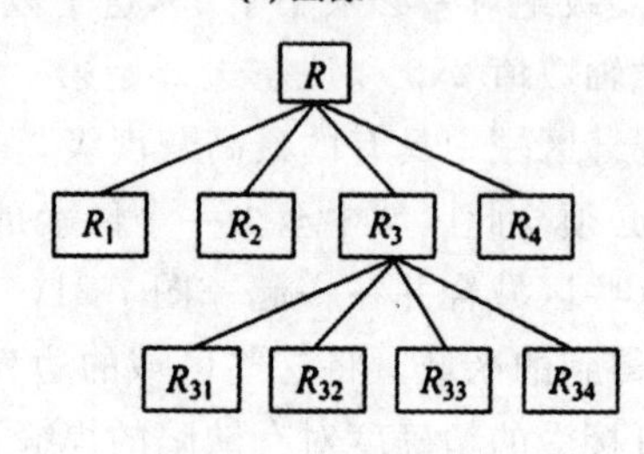

(b) 图像R的四叉树示例

图 7-23　图像的四叉树表示

2. 分裂合并分割法

令R表示整幅图像区域(树根),用R_i表示分割成的一个图像区域;并假设同一区域R_i中的所有像素满足某一相似性准则(认为它们具有相同的性质)时,$P(R_i)$=TRUE,否则$P(R_i)$=FALSE。当$P(R_i)$=TRUE时,不再进一步分割该区域;$P(R_i)$=FALSE时,就将这4个区域中的每一个再次分为4个区域,如此不断继续下去。在这种分割过程中,必定存在R_h的某个子区域R_j与R_l的某个子区域R_k具有相同性质,也即$P(R_j \cup R_k)$=TRUE,这时就可以把R_j和R_k合并组成新的区域。

综上所述,就可以将分裂合并分割方法描述如下。

①将图像R分成4个大小相同的象限区域R_i,i= 1, 2,3,4。

②对于任何的R_i,如果$P(R_i)$=FALSE,则将该R_i再进一步拆分成4个更小的象限区域。

③如果此时存在任意相邻的两个区域R_j和R_k使$P(R_j \cup R_k)$=TRUE成立,就将R_j和R_k进行合并。

④当无法再进行聚合或拆分时操作停止。

图 7-24 给出了一个二值图像的分裂过程示例。黑色框形式的结点表示该区域中的像素都为黑色,白色框形式的结点表示该区域中的像素都为白色,这两种结点对应的图像区域不能再进一步拆分;灰色框形式的结点表示该区域中的像素有白色和黑色两种类型的像素,需要继续拆分。

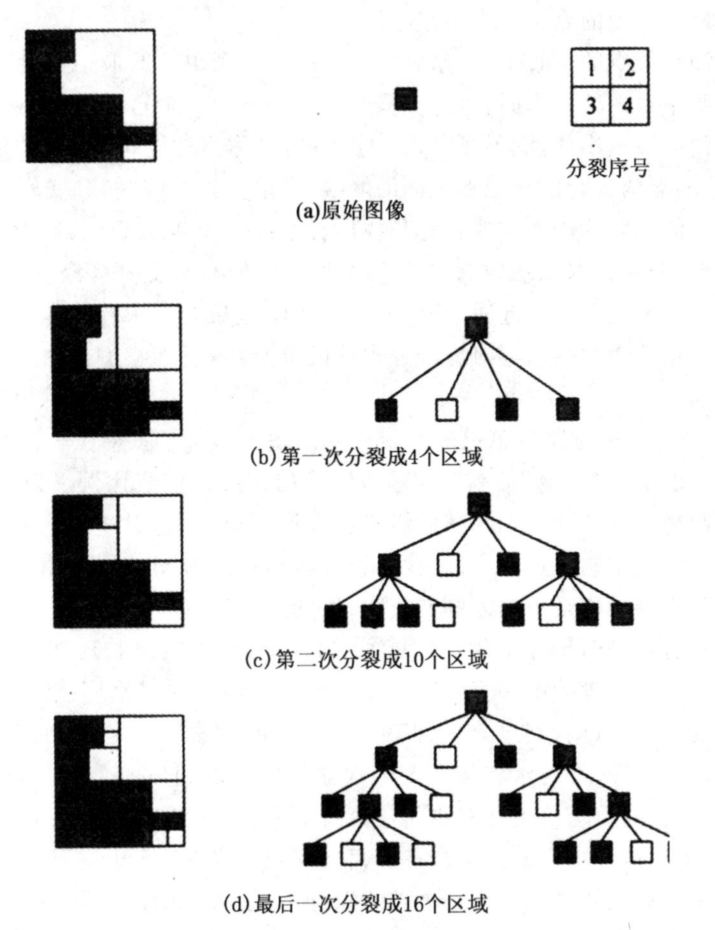

(a)原始图像

(b)第一次分裂成4个区域

(c)第二次分裂成10个区域

(d)最后一次分裂成16个区域

图 7-24　利用四叉树进行分裂合并分割图像示例

若是对灰度图像进行分割，进行同一区域内相似度量度的一种可行标准是：假设当同一区域 R_i 内至少有 80％的像素满足式(7-16)时，$P(R_i)=\text{TRUE}$；否则，就要对其进行进一步的分裂。

$$|z_j - m_i| \leqslant 2\sigma_i \tag{7-16}$$

式中，z_j 为区域 R_i 内的第 j 个像素的灰度值；m_i 为区域 R_i 内所有像素的灰度值的均值；σ_i 为区域 R_i 内所有像素的灰度值的标准差。

如果在式(7-16)的条件下有 $P(R_i)=\text{TRUE}$，则将 R_i 内所有像素的灰度值置为 m_i。

7.5　基于分水岭的分割

7.5.1　基本概念

分水岭概念是以对图像进行三维可视化处理为基础的，其中两个是坐标，另一个是灰度级。对于这样一种“地形学”的解释，我们考虑三类点：

①属于局部性最小值的点。

②当一滴水滴在某点的位置上时，水一定会下落到一个单一的最小值点。

③当水处在某个点的位置上时，水会等概率地流向不止一个这样的最小值点。

对一个特定的区域最小值，满足条件②的点的集合称为这个最小值的“汇水盆地”或“分水岭”。满足条件③的点的集合组成地形表面的峰线，术语称为“分割线”或“分水线”。

基于这些概念的分割算法的主要目标是找出分水线。基本思想是：假设在每个区域最小值的位置上打一个洞，并且让水以均匀的上升速率从洞中涌出，从低到高淹没整个地形。当处在不同汇聚盆地中的水将要聚合在一起时，修建的大坝将阻止聚合。水将只能达到大坝的顶部处于水线之上的程度。这些大坝的边界对应于分水岭的分割线，所以它们是由分水岭算法提取出来的(连续)边界线。

用图 7-25 作为辅助来对这些思想进一步解释。图 7-25(a)显示了一个简单的灰度级图像。图 7-25(b)是地形图，其中“山峰”的高度与输入图像的灰度级值成比例。为了易于解释，这个结构的后方被遮蔽起来。这是为了不与灰度级值相混淆，三维表达对一般地形学是很重要的。为了阻止上升的水从这些结构的边缘溢出，我们想像将整幅地形图的周围用比最高山峰还高的大坝包围起来。最高山峰的值是由输入图像灰度级可能具有的最大值决定的。假设在每个区域最小值中打一个洞[见图 7-25(b)中的深色区域]，并且让水以均匀的上升速率从洞中涌出，从低到高淹没整个地形。被水淹没的第一个阶段如图 7-25(c)所示，这里水用浅灰色表示，覆盖了对应于图中深色背景的区域。可看到水分别在第一和第二汇水盆地中上升[见图 7-25(d)和图 7-25(e)中]。由于水持续上升，最终水将从一个汇水盆地中溢出到另一个中。图 7-25 (f)中显示了溢出的第一个征兆。这里，水确实从左边的盆地溢出到右边的盆地，并且两者之间有一个短“坝”(由单像素构成)，阻止这一水位的水聚合在一起。由于水位不断上升，实际的效果要超出我们所说的。在两个汇水盆地之间显示了一条更长的坝，另一条水坝在右上角，如图 7-25 (g)所示。这条水坝阻止了盆地中的水和对应于背景的水的聚合。这个过程不断延续，直到达到水位的最大值(对应于图像中灰度级的最大值)。水坝最后剩下的部分对应于分水线，这条线就是要得到的分割结果。

对于这个例子，在图 7-25 (h)中显示为叠加到原图上的 1 像素宽的深色路径。注意，一条重要的性质就是分水线组成一条连通的路径，由此给出了区域之间的连续边界。

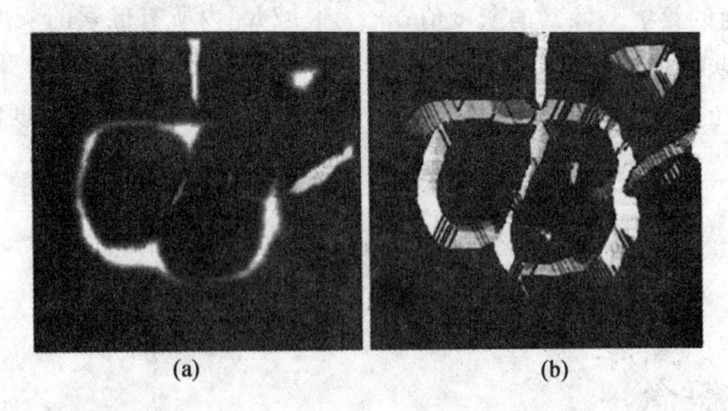

(a) (b)

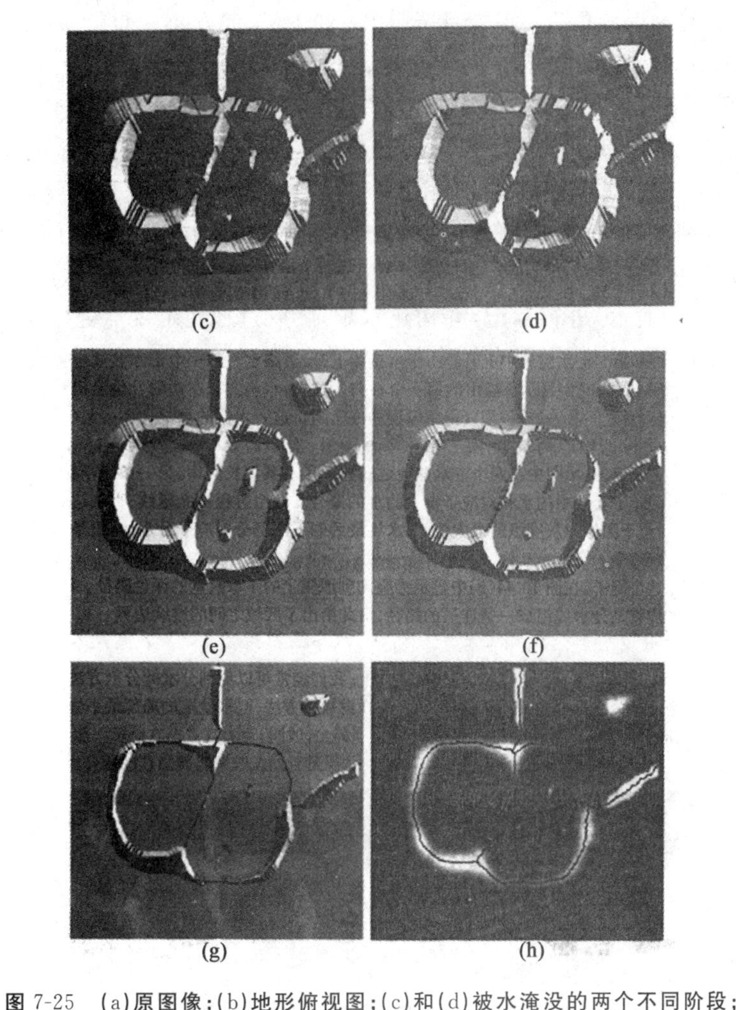

图 7-25　(a)原图像;(b)地形俯视图;(c)和(d)被水淹没的两个不同阶段;
(e)进一步淹没的结果;(f)汇水盆地的水开始聚合(它们之间有一条短水坝);
(g)长一些的水坝;(h)最后的分水线(分割)(由 CMM/Ecole des Mines de Paris 的 S. Beucher 博士提供)

分水岭分割法的主要应用是从背景中提取近乎一致(类似水滴)的对象。那些在灰度级上变化较小的区域的梯度值也较小。因此,实际上,我们经常可以见到分水岭分割方法与图像的梯度有更大的关系,而不是图像本身。有了这样的表示方法,汇水盆地的局部最小值就可以与对应于所关注的对象的小的梯度值联系起来了。

7.5.2　水坝的构造

水坝的构造是以二值图像为基础的,这种图像属于二维整数空间。构造水坝的方法之一就是使用数学形态学中的形态膨胀。

下面我们通过一个例子说明如何通过形态膨胀的方法构造水坝。设存在两个汇水盆地 B_1 和 B_2,M_1 和 M_2 分别是这两个汇水盆地 B_1 和 B_2 的区域极小值的点,B_1^{n-1} 表示经过第 $n-1$ 次形态膨胀后汇水盆地 B_1 中被淹没的所有点的集合,B_2^{n-1} 表示经过第 $n-1$ 形态膨胀后汇水盆地

B_2 中所有被淹没的所有点的集合。B^{n-1} 表示 B_1^{n-1} 和 B_2^{n-1} 的合集。

图 7-26 说明了如何使用形态膨胀构造水坝。图 7-26(a)两个灰色的区域分别为第 $n-1$ 次形态膨胀后的两个连通分量 B_1^{n-1} 和 B_2^{n-1}，图上的数字表示形态膨胀的次数。这两个连通分量最后融合为一个连通分量，实线框表示该连通分量。图 7-26(b)为用于膨胀的结构元素，阴影部分为原点。使用图 7-26(b)结构元素膨胀图 7-26(a)中的两个连通分量。膨胀过程必须满足两个条件：膨胀必须在图 7-26(a)实线框所给出的连通分量的范围内进行；膨胀过程将在引起内部的两个连通分量汇聚的点上停止。经过五次形态膨胀如图 7-26(c)所示，这两个连通分量开始汇聚，对汇聚点(网纹方格表示)进行标记，并构建水坝，膨胀过程在汇聚点处停止。经过 10 次的膨胀，满足上述两个条件的点构成了只有一个像素宽度的连通路径(网纹方格表示)。这就是我们所希望得到的水坝(分水线)。水坝的高度通常设定为图像的最大灰度加上 1。

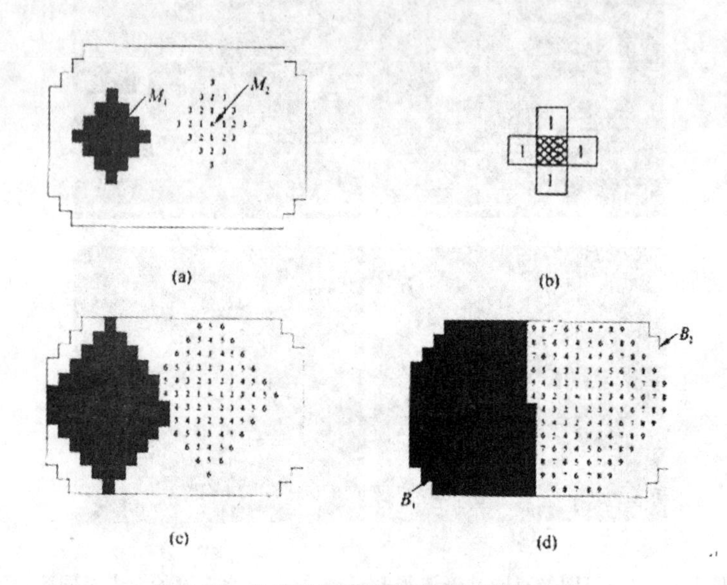

图 7-26 利用形态膨胀构建水坝过程示例

7.5.3 分水岭分割算法

令 $M_1,M_2,\cdots,M_K$ 为表示图像 $f(i,j)$ 的 K 个局部最小值点，$B_1,B_2,\cdots,B_K$ 分别表示 $M_1,M_2,\cdots,M_K$ 所对应的各汇水盆地中所有点的集合，B_k^n 表示在第 n 个阶段汇水盆地 B_k 中所有被淹没的点的集合，B^n 表示所有 B_k^n 的合集。$f_{\min}$ 和 $f_{\max}$ 代表图像 f 的最小值和最大值。根据上述定义，得到公式

$$B^n = \bigcup_{k=1}^{K}(B_k^n) \tag{7-17}$$

而所有的汇水盆地的合集为：

$$B^{f_{\max}+1} = \bigcup_{k=1}^{K}(B_k) \tag{7-18}$$

$T(n)$表示图像中被水淹没的点的集合，即

$$T(n) = \{(i,j) \mid f(i,j) < n\}$$

则有

$$B_k^n = Bk \cap T(n) \tag{7-19}$$

这样可以构造一个对应于原图的二值化图像，若原图的点$(i,j) \in T(n)$，则该点设为0，否则为1。这样通过“0”的数目可以知道在第n阶段处于水位之下的点的数目。下面具体介绍分水岭算法的步骤。

(1)图像预处理并提取图像的局部最小值点

由于噪声和其他如梯度的局部不规则性等因素的影响，造成图像中存在大量隐含的局部最小值。如果不进行处理，则分割所得到的最终区域会过多，这称为“过度分割”，其对结果有时会毫无用处。因此为了将很小的细节对图像的影响降至最低，可以用一个平滑滤波器对图像进行平滑滤波。对处理过的图像提取局部最小值点$M_1, M_2, \cdots, M_K$。

(2)令起始汇水盆地的合集$B^{f_{\max}+1} = T(f_{\min}+1)$

算法进入递归过程，将水位以整数量$n = f_{\min}+1$到$n = f_{\max}+1$增加，记录每一阶段处于水位之下的点$T(n)$。设第n个阶段，$T(n)$中有Q个连通分量B_q^n，其中$q \leqslant Q$。设第$n-1$阶段已经构造好B^{n-1}。对于每个q，比较连通分量B_q^n和B^{n-1}，二者关系有3种可能：

①$B_q^n \cap B^{n-1}$为空。

②$B_q^n \cap B^{n-1}$包含B^{n-1}的一个连通分量。

③$B_q^n \cap B^{n-1}$包含B^{n-1}中多余一个的连通分量。

当满足条件①时，则将B_q^n作为新的汇水盆地并入B^{n-1}；当满足条件②时，则将B_q^n与B^{n-1}中相应的部分合并；当满足条件③时，则需要在B_q^n内建立分水线，用以阻止盆地间的水汇合，具体的构造方法参照本节的水坝构造部分。当所有的B_q^n比较完成，则构成第n阶段的B^n。

(3)后处理阶段

该阶段对分割的结果进行处理，通常按照一定的合并准则合并一些无用的小区域，以减少过度分割。

[例7.2]　分水岭分割算法的说明

分别考虑图7-27(a)和图7-27(b)中显示的图像和它的梯度。应用刚才讨论的分水岭算法得到图7-27(c)中显示的梯度图像的分水线(白色路径)。这些分割的边界叠加在原图上示于图7-27(d)。

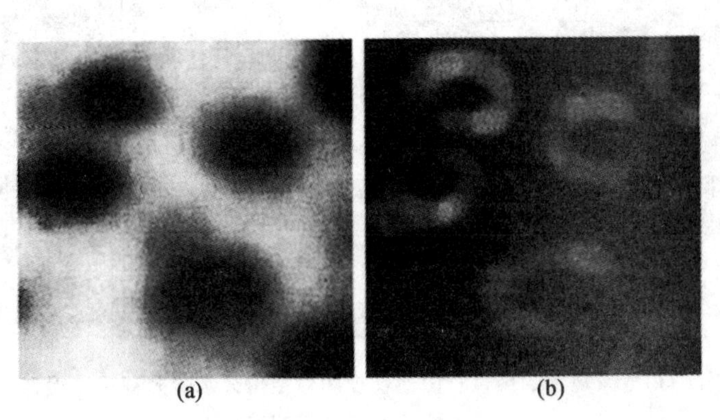
(a)　(b)

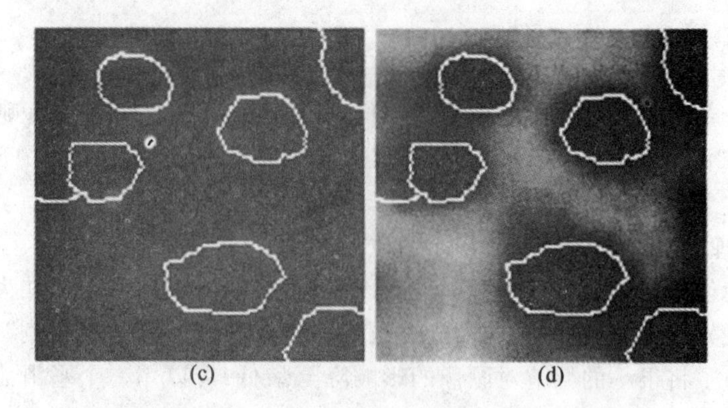

图 7-27 (a)带有斑点的图像;(b)梯度图像;(c)分水线;
(d)叠加于原图的分水线(由 CMM/EcoledesMinesdeParis 的 S. Beucher 博士提供)

7.5.4 应用标记

直接以前一节中讨论的形式使用分水岭分割算法,通常会由于噪声和其他诸如梯度的局部不规则性的影响造成过度分割。如图 7-28 所示,过度分割足以令所用的算法得到的结果变得毫无用处。此时,过度分割意味着分割区域过多。一个较实际的解决方案是通过合并预处理步骤来限制允许存在的区域的数目,这些预处理步骤是为将附加知识应用于分割过程而设置的。

用于控制过度分割的方法是以标记的概念为基础的。一个标记是属于一幅图像的连通分量。与背景相联系的外部标记,与重要对象相联系的内部标记。选择标记的典型过程包括两个主要步骤:①预处理;②定义一个所有标记必须满足的准则集合。为了对此进行说明,再次考虑图 7-28(a)。导致图 7-28(b)中过度分割结果的一部分原因是大量隐含的最小值。由于这些区域的尺寸很小,所以这些最小值中有很多是不相关的细节。在这种特殊情况下,采取一种合适的预处理方案:将很小的细节对图像的影响降至最低的有效方法是用一个平滑滤波器对图像进行过滤。

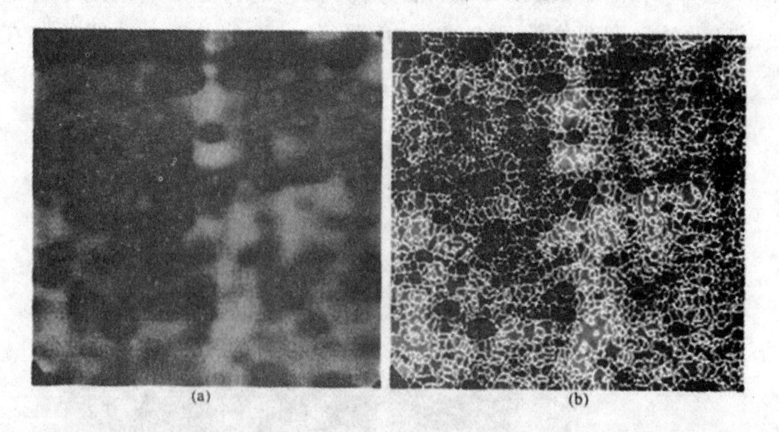

图 7-28 (a)电泳现象的图像;(b)对梯度图像使用分水岭分割算法得到的结果,
过度分割现象很明显
(由 CMM/EcoledesMinesdeParis 的 S. Beuchert 博士提供)

假设在此时将内部标记定义为以下几点

①被更高“海拔”点包围起来的区域。

②区域中的点组成一个连通分量。

③所有属于这个连通分量的点具有相同的灰度级值。

在图像经过平滑处理之后，满足这些定义的内部标记以图7-29(a)中浅灰色的斑点状区域表示。下一步，对平滑处理后的图像使用分水岭算法，并限制这些内部标记只能是允许的局部最小值。图7-29(a)显示了得到的分水线。将这些分水线定义为外部标记。注意，沿着分水线的点是很好的背景候选点，因为它们经过相邻标记之间的最高点。

图7-29(a)中显示的外部标记有效地将图像分割成不同区域。每个区域包含一个唯一的内部标记和部分背景。问题是因此变为将每个这样的区域一分为二：单一的对象和它的背景。我们对这个简单的问题能够应用多种在本章前面讨论过的分割技术。另一种简单方法是对每个单独区域使用分水岭分割算法。也就是说，我们只求得平滑后的图像的梯度，见图7-26(b)，然后约束算法只对包含特定区域中标记的分水岭进行操作。使用这种方法得到的结果显示于图7-29(b)中。比图7-28(b)有很大的改善。

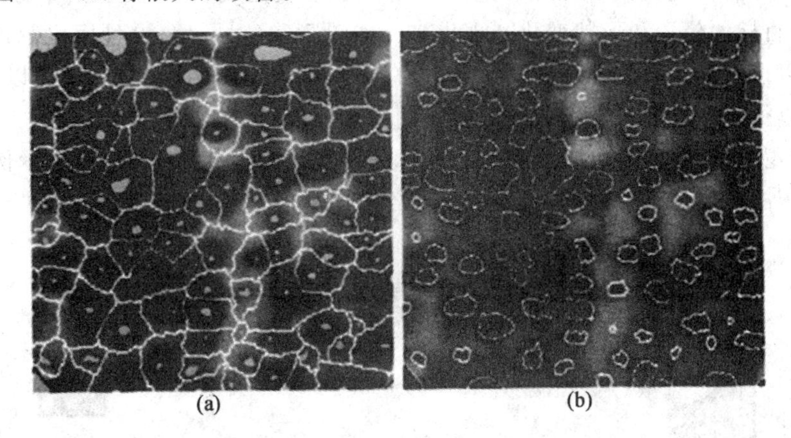

图7-29　(a)显示有内部标记(浅灰色区域)和外部标记(分水线)的图像；
(b)分割的结果，注意其相对于图7-27(b)的改进之处
(由CMM/EcoledesMinesdeParis的S. Beucher博士提供)

7.6　基于运动的分割

运动目标分割的目的是在序列图像中将变化区域从背景中分割出来。由于光照的变化、背景混乱运动的干扰、运动目标的影子、摄像机的抖动以及运动目标的自遮挡和互遮挡现象的存在，这些都给运动目标的正确检测带来了极大的挑战，同时由于运动目标的正确检测与分割影响运动目标能否被正确跟踪和分类，因此成为计算机视觉研究中的一项重要的、具有现实意义的课题，此外，目标的运动图像序列为低信噪比情况下的目标检测提供了比目标静止时更多的信息，可以利用图像序列检测出单帧图像中很难检测的目标。

总结关于运动目标检测的研究，大致可分为以下两类：

①摄像头随着运动目标移动,始终保持目标在图像的中心附近,如装在卫星或飞机上的监视系统。

②摄像头相对处于静止状态,只对视场内的目标进行检测、定位,如监视某一路口车流量等的监控系统。

运动图像的分割可直接利用时空图像的灰度和梯度信息进行分割,也可采用在两帧视频图像间估计光流场进行。前者称为直接方法,后者称为间接方法。下面将介绍这几种运动目标的分割方法。

7.6.1 差分法运动分割

当背景图像不是静止时,无法用背景差值法检测和分割运动目标,此时,检测图像序列相邻两帧之间变化的另一种简单方法是直接比较两帧图像对应像素点的灰度值。在序列图像中,通过逐像素比较可直接求取前后两帧图像之间的差别。假设照明条件在多帧图像间基本不变化,那么差分图像不为0处表明该处的像素发生了移动。也就是说,对时间上相邻的两幅图像求差,可以将图像中目标的位置和形状变化凸现出来。如图7-30(a)所示,设目标比背景亮,则在差分的图像中,可以得到在运动前为正值的区域,而在运动后为负值的区域,这样可以获得目标的运动矢量,也可以得到目标上一定部分的形状。如果对一系列图像两两求差,并把差分图像中值为正或负的区域逻辑合起来,就可以得到整个目标的形状。图7-30(b)给出一个示例,将长方形区域逐渐下移,依次划过椭圆目标的不同部分,将各次结果组合起来,就得到完整的椭圆目标。

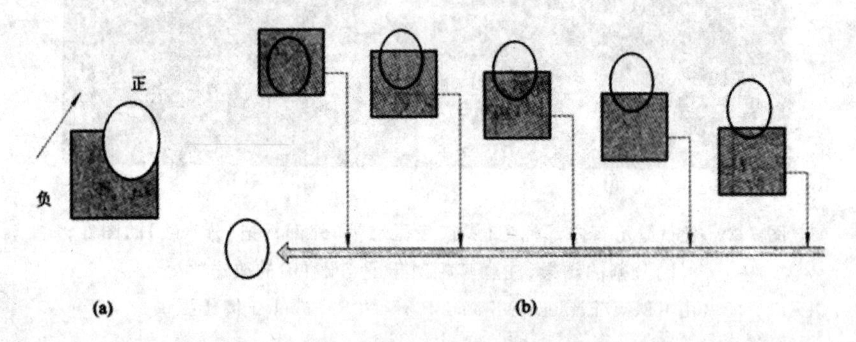

图7-30 差分法运动分割示例

图像运动时会发生变化。运动估计算法中一个基本依据是图像强度的变化,可以用序列中相邻时间的一对图像的差来表示强度的相对变化。在这种最简单的形式下,帧 $f(x,y,j)$ 与帧 $f(x,y,k)$ 之间的变化可用一个二值差分图像 $D_f(x,y)$ 表示:

$$D_f(x,y)=\begin{cases}1 & |f(x,y,j)-f(x,y,k)|>T \\ 0 & \text{其他}\end{cases} \tag{7-20}$$

式中,T 为阈值。

在应用视觉系统中,检测运动目标常用差分图像的方法,一般有两种情况如下:

(1)减背景法

减背景差分法是当前图像与固定背景图像的差分。能很好地检测出运动目标,然而自然景物环境不会完全静止(例如,风吹动树枝或树叶,太阳位置改变导致阴影的变化),因此该方法抑制噪声能力较差。这种目标检测方法的优点是计算简单、易于实时,位置准确,但它要求背景绝对静止或基本无变化(噪声较小),不适用于摄像头运动或者背景灰度变化很大的情况,因而适用场合有限。另外其不足之处还在于受环境光线变化的影响较大,在非受控环境下需要加入背景图像更新机制。

(2)相邻帧差分法

相邻帧差分法是指当前图像(时间间隔 Δt)之间的差分。而相邻帧差分法对运动目标很敏感,但检测出的物体的位置不精确,其外接矩形在运动方向上被拉伸,这实际上由相对运动与物体位置并非完全一致引起的。

7.6.2 光流场运动分割

基于光流场计算方法可知,在光流场中,不同的物体会有不同的速度,大面积背景的运动会在图像上产生较为均匀的速度矢量区域,这为具有不同速度的其他运动物体的分割提供了方便。

给图像中的每一像素点赋予一个速度向量,就形成了图像运动场。在运动的一个特定时刻,图像上某一点 P_i 对应三维物体上某一点 P_0,这种对应关系可以由投影方程得到。在透视投影情况下,图像上一点与物体上对应一点的连线经过光学中心,该连线称为图像点连线,如图 7-31 所示。

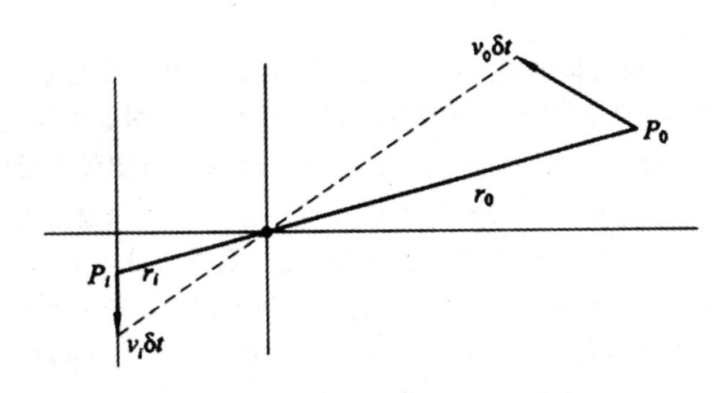

图 7-31 三维物体上一点运动的二维投影示意图

设物体上一点 P_0 相对于摄像机具有速度 v_0,从而在图像平面上对应的投影点 P_i 具有速度 v_i。在时间间隔 δt 时,点 P_0 运动了 $v_0\delta t$,图像点 P_i 运动了 $v_i\delta t$。速度可表示为:

$$v_0=\frac{\mathrm{d}r_0}{\mathrm{d}t},v_i=\frac{\mathrm{d}r_i}{\mathrm{d}t} \tag{7-21}$$

其中,r_0 和 r_i 之间的关系为:

$$\frac{1}{f'}r_i=\frac{1}{r_0\cdot\hat{z}}r_0 \tag{7-22}$$

式中,f' 为图像平面到光学中心的距离;$\hat{z}$ 为 z 轴的单位矢量。

式(7-22)只是用来说明三维物体运动与在图像平面投影之间的关系的。而我们关心的是图像亮度的变化,以便从中得到关于场景的信息。

当物体运动时,在图像上对应物体的亮度模式也在运动。光流是指图像亮度模式的表现(或视在)运动。使用"表现运动"这个概念的主要原因是光流无法由运动图像的局部信息唯一地确定,比如亮度比较均匀的区域或亮度等值线上的点都无法唯一地确定起点的运动对应性,但运动时是可以观察到的。

在理想情况下，光流对应于运动场，但这一命题不总是对的。对于一个非常均匀的球体，由于球体表面是曲面，因此在某一光源照射下，亮度呈现一定的空间分布(或叫明暗模式)。当球体在摄像机前面绕中心轴旋转时，明暗模式并不随着表面运动，所以图像也没什么变化，此时光流在任意地方都等于零，然而，运动场却不等于零。如果球体不动，而光源运动，明暗模式运动将随着光源运动。此时光流不等于零，但运动场为零，因为物体没有运动。一般情况下可以认为光流与运动场没有太大的区别，因此允许根据图像运动来估计相对运动。

7.7 彩色图像分割

彩色图像分割就是利用图像的彩色信息，将图像分割为一些感兴趣区域的图像处理方法。彩色图像的分割可以看作是灰度图像分割向彩色空间的一种扩展和延伸。在彩色图像的分割中需要依据不同的分割要求选择不同的彩色模型和分割方法。本节分别介绍采用 HSI 模型和 RGB 模型的彩色图像分割方法。

7.7.1 HSI 模型的彩色图像分割

如果希望基于彩色分割一幅图像，并且想在单独的平面上执行处理，会很自然的首先想到 HIS 空间。HSI 模型反映了人们观察彩色的方式，I 分量包含了图像的强度或亮度信息，H（色度）和 S（饱和度）分量包含了图像的彩色信息。由于 HSI 模型将图像的彩色分量和强度分量进行了分离，使得单独在某一分量平面对彩色图像按照图像的彩色信息进行分割处理成为可能。下面就是用饱和度图像作为模板，利用彩色图像的色度分量进行分割的一个示例。

图 7-32(a)所示为一幅彩色图像，分割的目的是得到图像中花瓣的红色区域。图 7-32(b)～(d)所示为图像的 H、S 和 I 分量。通过观察图 7-32 (b)和图 7-32 (c)可以发现，该区域具有较高的色调值和饱和度值，为了得到较好的分割效果，可以利用图像的饱和度图像作为模板。图 7-32(e)为对饱和度图像利用门限法得到的二值图像，门限值为最大饱和度的 30%(门限的设定通过观察饱和度图像的直方图来确定)。图 7-32 (f)为以图 7-32 (e)为模板，对色调图像进行处理得到的结果图像，它的直方图如图 7-32 (g)所示，灰度尺度在[0,1]范围内，在直方图中感兴趣的值在灰度标尺的最高端，接近 1.0。以 0.9 为门限值门限化图 7-32 (f)，得到的二值图像如图7-32 (h)所示。图 7-32 (h)就是对图 7-32 (a)的彩色图像进行分割的结果。

(a) 彩色图像

(b) 图(a)的H分量

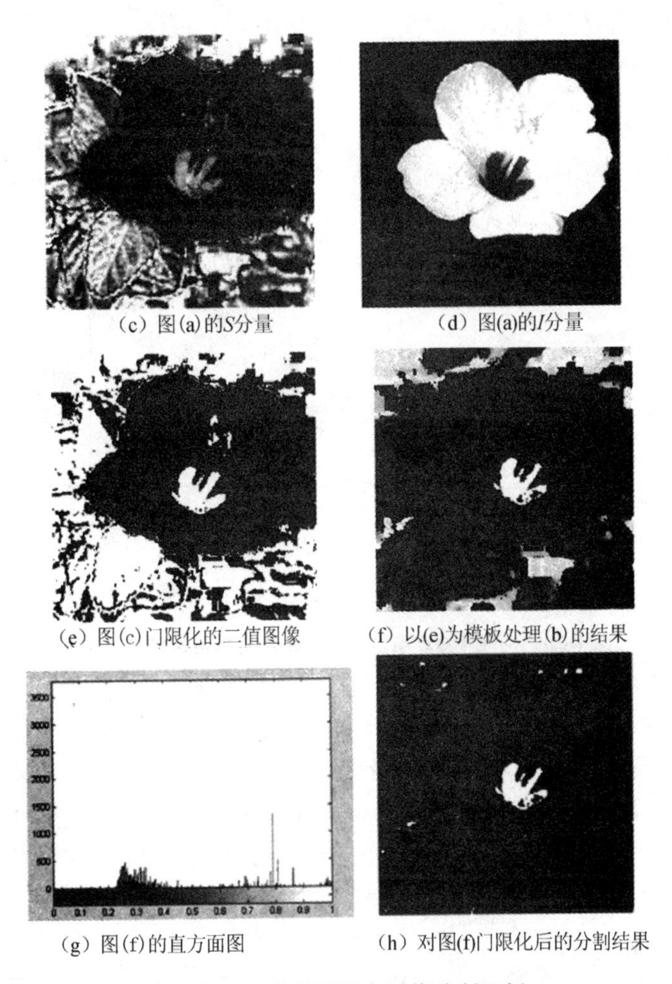

(c) 图(a)的S分量　(d) 图(a)的I分量

(e) 图(c)门限化的二值图像　(f) 以(e)为模板处理(b)的结果

(g) 图(f)的直方面图　(h) 对图(f)门限化后的分割结果

图 7-32　HSI 模型彩色图像分割示例

从算法的过程来看，利用 HSI 模型进行分割比较简单，但是对比图 7-29 中的原图像图(a)和结果图像图(h)可以看到所得到的结果还不够精确，包含了一些不相关的区域。为了得到更精确的分割结果，可采用 RGB 彩色模型的分割方法。

7.7.2　RGB 模型的彩色图像分割

正如这一节多次提到的，虽然在 HIS 空间的工作更直观，但分割是这样一个区域，为了获得更好的分割结果，需要采用 RGB 彩色模型进行分割。在 RGB 模型中各像素点的颜色用 RGB 彩色向量表示。假设某一感兴趣区域内彩色的“平均”用向量 a 表示，分割的目标是对给定图像中每个 RGB 像素进行分类，因为在确定范围会有会有某种颜色或没有这种颜色。为了执行这一比较，有一个相似性度量是必要的，其中最常见的是欧几里德距离，为了表示简便，令 z 代表 RGB 空间中的任意一点，如果它们之间的距离小于特定的阈值 D_0，则称 z 和 a 是相似的，z 和 a 之间的欧几里德距离定义为：

$$
\begin{aligned}
D(z,a) &= |z-a| \\
&= [(z-a)^T(z-a)]^{\frac{1}{2}} \\
&= [(z_R-a_R)^2+(z_G-a_G)^2+(z_B-a_B)^2]^{\frac{1}{2}}
\end{aligned} \tag{7-23}
$$

其中下标 R,G,B 表示向量 z 和 a 的 R,G,B 分量。$D(z,a)\leqslant D_0$ 的点的轨道是半径为 D_0 的实心球，如图 7-33(a)所示。包含在球内部和表面上的点符合特定的彩色准则；球外面上的点则不符合准则。在图像中对这两类点集编码，比如说黑或白，产生一幅二值分割图像。

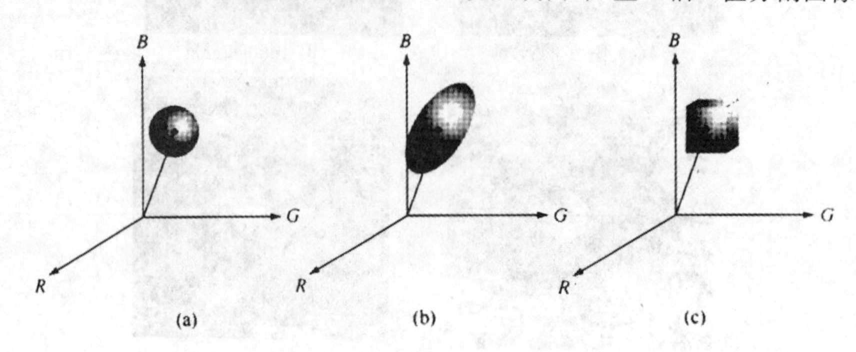

图 7-33　对于 RGB 向量分割，封闭数据范围的 3 种方法

对于相似程度的判断，欧几里德距离的一个有用推广为：

$$
\begin{aligned}
D(z,a) &= |z-a| \\
&= [(z-a)^T+C^{-1}(z-a)]^{\frac{1}{2}}
\end{aligned} \tag{7-24}
$$

其中 $\boldsymbol{C}$ 为要分割的彩色样本值的协方差矩阵。$D(\boldsymbol{z},\boldsymbol{a})\leqslant D_0$ 的点的轨道描述了一个实心的三维球体[见图 7-33(b)]，其具有的最大特点是，主轴在最大数据范围的方向旋转。从式(7-24)可以看出，当 $\boldsymbol{C}$ 等于单位矩阵 $\boldsymbol{I}$ 时，则 3×3 单位矩阵[见式(7-24)]简化为式(7-23)。分割与前一节所描述的类似。

因为距离是正的和单调的，所以可用距离的平方运算来代替，这样就避免了开方运算。然而，即使不计算平方根，执行式(7-24)或(7-23)的计算代价也很高。折中方案是使用边界盒，如图 7-33(c)所示。在该方法中，盒的中心在 $\boldsymbol{a}$ 上，沿每一彩色轴的尺度选择与沿每个轴取样的标准差成比例，标准差的计算只使用一次样本彩色数据。

(a)利用RGB模型分割　(b)利用欧几里德距离分割　(c)利用Mahalanobis分割

图 7-34　RGB 模型彩色图像分割示例

为了便于比较，图 7-34 给出了对图 7-32 中的图(a)利用 RGB 模型进行分割的例子。其中图 7-34(a)为选择的彩色样本值区域，图 7-34(b)和图 7-34(c)分别为利用欧几里德距离和 Mahal anobis 距离得到的分割结果。通过比较可以看出，利用欧几里德距离得到的结果较为精确，利用

Mahalanobis 距离得到的结果具有一定的扩展性，但两者分割的效果均好于图 7-32(h)利用 HSI 模型得到的分割结果。

7.7.3　彩色边缘检测

正如本章所讨论的，边缘检测对图像分割是一个重要的工具。这一节比较一下以单独的分量图像为基础计算边缘和在彩色向量空间直接计算边缘的问题。

在前面介绍的梯度算子边缘检测节中，讨论的梯度对向量没有定义。这样，立刻会让人想到，分别计算图像梯度然后形成彩色图像将会导致错误的结果。一个简单的例子可帮助我们说明其原因。

考虑两幅 $M \times M$ 彩色图像(M 为奇数)，如图 7-35(d)和图 7-35(h)所示，它们分别由图 7-35(a)到图 7-35(c)和图 7-35(e)到图 7-35(g)中的 3 个分量图像合成。例如，如果计算每个分量图像的梯度，并将结果相加形成两幅相应的 RGB 梯度图像，则在点$[(M+1)/2,(M+1)/2]$处梯度值在两种情况下都将相同。直观地看，我们希望图 7-35(d)中图像那一点的梯度更强，因为 R,G,B 图像的边缘在该图像中处在相同的方向上，与图 7-35(h)的图像相反，其只有两个边缘在相同的方向上。从这个简单的例子可以看到处理 3 个独立平面形成的合成梯度图像可导致错误结果。如果问题是只检测边缘中的一个，则单独分量方法常可得到可接受的结果。然而，如果准确度是重点，则很明显需要一个可用于向量的梯度的新定义。为此，在 1986 年 Di Zenzoh 提出了一种方法。

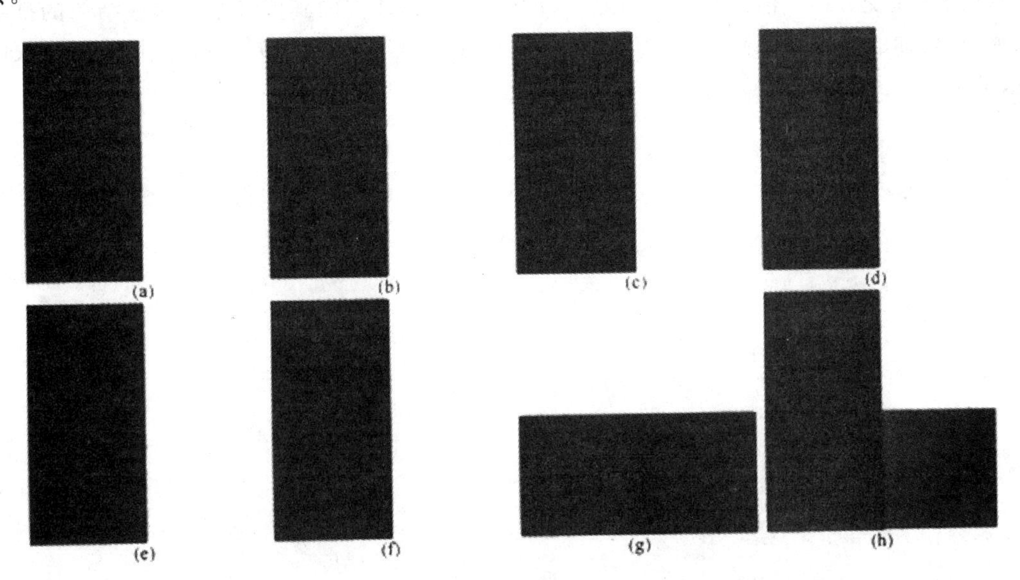

图 7-35　(a)～(c) R,G,B 分量图像；(d)产生的彩色图像；(f)～(g) R,G,B 分量图像；(h)产生的彩色图像

回忆一下标量函数 $f(x,y)$，梯度是在坐标(x,y)处指向 f 的最大变化率方向的向量。令 $\boldsymbol{r}$,$\boldsymbol{g}$ 和 $\boldsymbol{b}$ 是 RGB 彩色空间沿 R,G,B 轴的单位向量，可定义向量为：

$$\boldsymbol{u}=\frac{\partial R}{\partial x}\boldsymbol{r}+\frac{\partial G}{\partial x}\boldsymbol{g}+\frac{\partial B}{\partial x}\boldsymbol{b} \tag{7-25}$$

和

$$\boldsymbol{v}=\frac{\partial R}{\partial y}\boldsymbol{r}+\frac{\partial G}{\partial y}\boldsymbol{g}+\frac{\partial B}{\partial y}\boldsymbol{b} \tag{7-26}$$

数量 g_{xx}, g_{yy} 和 g_{xy} 定义为这些向量的点乘，如下所示：

$$g_{xx}=\boldsymbol{u}\cdot\boldsymbol{u}=\boldsymbol{u}^{\mathrm{T}}\boldsymbol{u}=\left|\frac{\partial R}{\partial x}\right|^2+\left|\frac{\partial G}{\partial x}\right|^2+\left|\frac{\partial B}{\partial x}\right|^2 \tag{7-27}$$

$$g_{yy}=\boldsymbol{v}\cdot\boldsymbol{v}=\boldsymbol{v}^{\mathrm{T}}\boldsymbol{v}=\left|\frac{\partial R}{\partial y}\right|^2+\left|\frac{\partial G}{\partial y}\right|^2+\left|\frac{\partial B}{\partial y}\right|^2 \tag{7-28}$$

$$g_{xy}=\boldsymbol{u}\cdot\boldsymbol{v}=\boldsymbol{u}^{\mathrm{T}}\boldsymbol{v}=\frac{\partial R}{\partial x}\frac{\partial R}{\partial y}+\frac{\partial G}{\partial x}\frac{\partial G}{\partial y}+\frac{\partial B}{\partial x}\frac{\partial B}{\partial y} \tag{7-29}$$

R,G,B 及由此而来的 g 是 x 和 y 的函数。利用该表示迭，$c(x,y)$的最大变化率方向可以由角度给出(Di Zenzo[1986])：

$$\theta=\frac{1}{2}\arctan\left[\frac{2g_{xy}}{(g_{xx}-g_{yy})}\right] \tag{7-30}$$

(x,y)点在 θ 方向上变化率的值由下式给出：

$$F(\theta)=\left\{\frac{1}{2}\left[(g_{xx}+g_{yy})+(g_{xx}-g_{yy})\cos 2\theta+2g_{xy}\sin 2\theta\right]\right\}^{\frac{1}{2}} \tag{7-31}$$

因为 $\tan(\alpha)=\tan(\alpha+\pi)$，如果 θ_0 是式(7-27)的一个解，则 $\theta_0\pm\frac{\pi}{2}$ 也是。因此，$F(\theta)=F(\theta+\pi)$，F 仅需对 θ 值在半开区间$[0,\pi)$计算。式(7-30)提供两个相隔 90°的值，意味着该方程涉及每一点(x,y)的两个正交方向。沿着这些方向之一，F 最大，沿其他方向其值最小。这些结果的推导相当麻烦，有兴趣的读者可参考 Di Zenzo[1986]的论文。对于执行式(7-27)到式(7-29)要求的偏导数，可用 Sobel 算子来计算。

第 8 章　图像表示与描述

8.1　表示方法

第 7 章中讨论过的分割技术在形成沿着边界或处于区域内部的像素时，依赖原始数据。尽管这些数据有时直接用于获得描述子（比如确定区域纹理时），但标准的做法是，使用确定好的方案将数据压缩为在描述子计算上相当有用的表示。在本节中将讨论各种表示方法。

8.1.1　链码

链码用于表示由顺序连接的具有指定长度和方向的直线段组成的边界线。在典型的情况下，这种表示方法基于线段的 4 或 8 连接。每一段的方向使用数字编号方法进行编码，如图 8-1 所示。其中按逆时针标注的数字分别为方向编码。

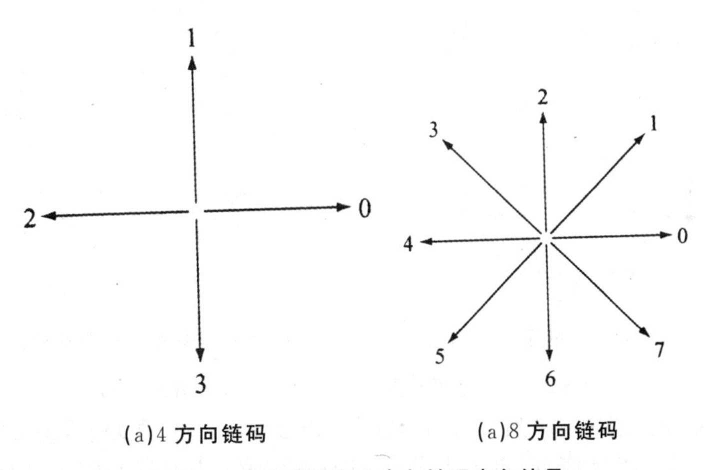

图 8-1　4 方向链码和 8 方向链码方向编号

获取或处理数字图像时，经常使用在 x 和 y 方向上大小相同的网格格式。所以，链码可以通过以顺时针方向沿着边界线，并对连接每对像素的线段赋予一个方向生成。有两个原因使我们通常无法采用这种方法：①得到的链码往往太长；②噪声或边界线段的缺陷都会在边界上产生干扰。任何沿着边界的小干扰都会使编码发生变化，使其无法和边界形状相一致。

为了防止产生上述问题而采取方法是，选择更大间隔的网格对边界进行重取样，如图 8-2(a)所示。然后，当穿过边界线时，根据原始边界点到节点的接近程度，最接近的边界点就被指定为大网格的节点，如图 8-2(b)所示。使用这种方法得到的重取样的边界可以用 4 或 8 链码表示，分别如图

8-2(c)和图 8-2(d)所示。图 8-2(c)中的起始点(任意的)是在顶部左方的点,边界是图 8-2(b)的网格中容许的最短 4 或 8 通路。图 8-2(c)中的边界表达是链码 0033…01,图 8-2(d)中的则是链码 0766…12。正如所预期的,编码表达方法的精确度依赖于取样网格的大小。

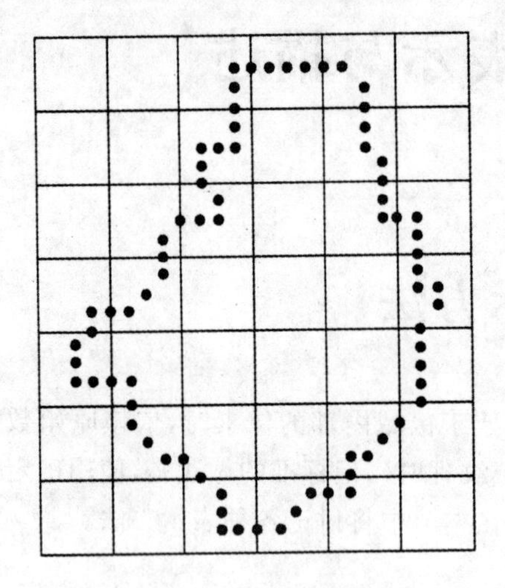

(a)叠加在数字化边界线上的重取样网格

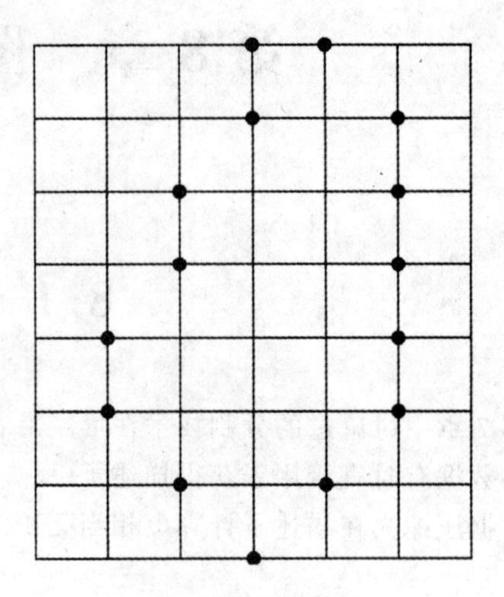

(b)重取样结果

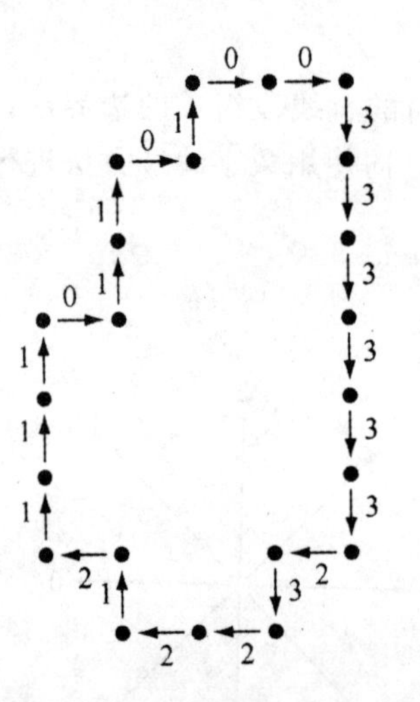

(c)4 向链码表示的重取样结果

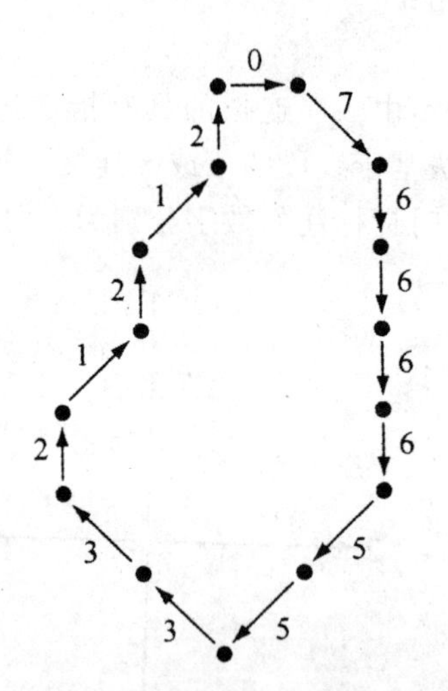

(d)8 向链码表示的重取样结果

图 8-2　边界重取样及其 4 方向琏码和 8 方向琏码

边界的链码取决于起始点。然而,此编码可以通过简单的过程实现关于起始点的归一化:将链码看成是方向编号的循环序列,并对起点进行重新定义,使得到的编号序列的整数值为最小值。也可以通过用链码的一次差分代替编码自身进行归一化,以便适应旋转变化。这一差分是通过计算相邻两个元素方向变化(逆时针方向)的数字得到的,这个变化将两个相邻元素的编码分开。例如,4 向链码 10103322 的一次差分是 3133030。如果把编码看成是循环序列,则差分的第一个元素是通过链的最后一个成员和第一个成员间的转移计算出来的。这里的结果是 33133030。尺寸的归一化可以通过改变取样网格的大小来实现。

8.1.2 多边形近似

在实际应用中，目标边界的信息具有一定的冗余度，为了用尽可能少的线段来表示目标的边界，同时又能较好的保持边界的基本形状，可以利用多边形进行近似。多边形是由一系列线段构成的封闭集合，多边形表示的优点是它可以按照任意精度逼近目标的边界，特别当线段数等于边界的点数时，多边形就可以完全准确的表达边界。在表示边界的多边形方法中，最小周长多边形、聚合技术和拆分技术是较容易实现的方法。

1. 最小周长多边

通过一种寻找最小周长多变形的方法论述多边形近似。最小周长多边形法用彼此相连的单元格将目标的边界包住，此时边界被相连的单元格组成的内外两条环带所包围，将边界看成可收缩的橡皮筋，单元格的内边缘看成是不可通过的墙壁，收缩橡皮筋可得到一个具有最小周长的多边形。图 8-3 给出了一个利用最小周长多边形表示边界的例子，其中的图 8-3(a)为目标边界和包围边界的单元格，图 8-3(b)为得到的最小周长多边形。

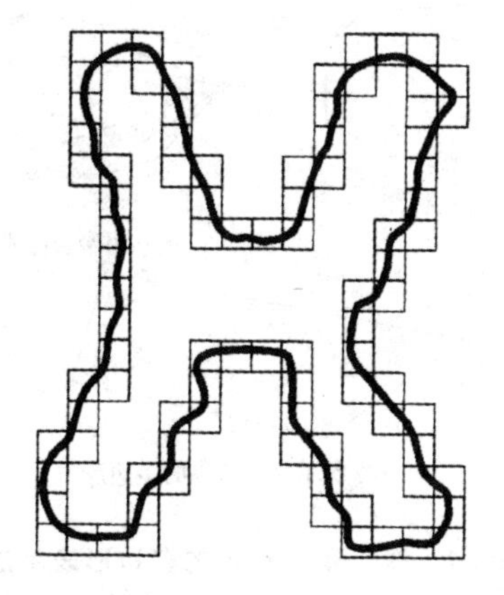

(a)目标边界和包围边界的单元格

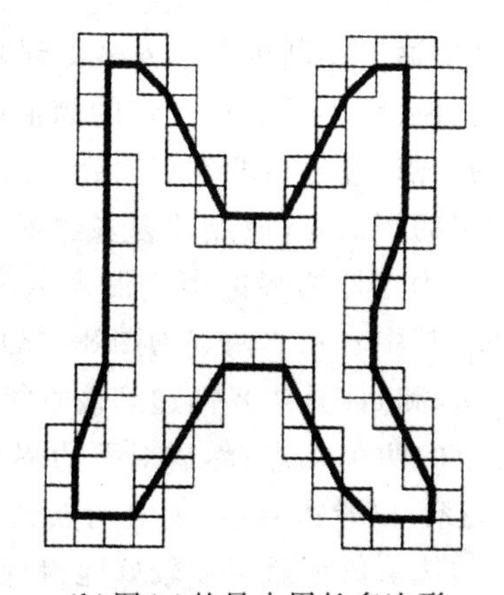

(b)图(a)的最小周长多边形

图 8-3 边界的最小周长多边形

2. 聚合技术

基于平均误差或其他准则的聚合技术已用于多边形近似问题。该方法首先选择边界上的任意一点作为直线段的起始端；然后顺次连接该点与其后的各点，并计算它们所构成的直线与对应边界的拟合误差，当某线段误差大于预先设定的阈值时，用该线段前的线段代替其所对应的边界，并将线段的另一端点设为起始点，继续以上各步直到围绕边界一周为止，这样得到的就是与原边界满足一定拟合误差的多边形。图 8-4 给出了一个利用聚合技术获得多边形表示边界的示意图，其中图 8-4(a)为目标边界；图 8-4(b)为使用聚合技术进行多边形表示的过程；a 为起始点，b、c 和 d 为其后的 3 个点。为了简化起见将各直线段到其前一边界点的距离作为误差，如图中 bm、cn 所示。假设 bm 小于预设的阈值，cn 大于预设的阈值，则 c 为多边形的一个端点，以 c 点作为直线的一个端点继续以上的步骤。假设 do 和 ep 小于阈值，fr 大于阈值，则 f 点为多边形的一个端点，同理可得 h 也为多边形的一个端点，得到的多边形如图 8-4(c)所示。通过比较图 8-4(a)的边界和图 8-4(c)的结果可以看出，由这种方法得到的多边形的顶点并不总与原边界的拐点相一致，对于这种情况还需要利用下面介绍的拆分技术加以缓解。

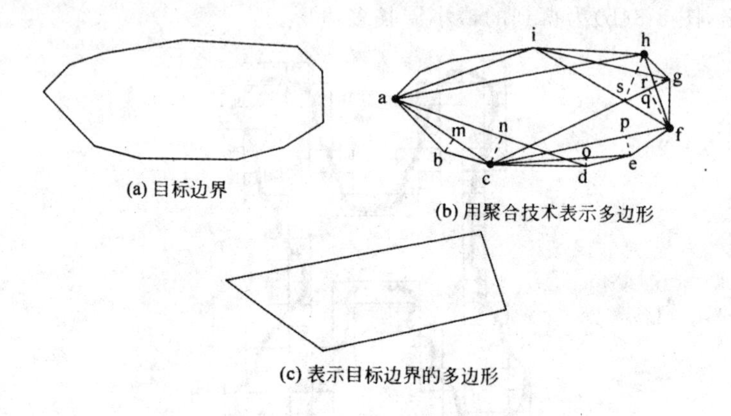

(a) 目标边界

(b) 用聚合技术表示多边形

(c) 表示目标边界的多边形

图 8-4　基于聚合技术的多边形表示法

3. 拆分技术

拆分技术是一种依据一定的准则通过不断拆分边界来得到多边形端点的方法。这里以边界点到连接边界上最远两点的直线的最大距离不超过一定的阈值的准则为例，该方法首先选择边界上距离最远的两点作为多边形的端点，并连接两端点得到一条直线；然后求边界上的点到该直线的最大距离，当距离大于预先设定的阈值时，该点即为多边形的一个顶点；接着对拆分后的边界线不断的重复上述的步骤，就可以确定原边界的多边形表示。图 8-5 给出了一个利用拆分技术获得的多边形表示边界的示意图，其中 a 和 f 两点为图 8-4(a)边界上距离最远的两点，分别求各点与 af 之间的距离，可以得到 hh_1 和 cc_1 是边界两边到该直线最远的点，假设它们均大于预设的阈值，则 h 和 c 为确定的多边形上的两个端点；然后对下边界分别求边界段 ac 上的点到直线 ac 的最大距离和它与阈值之间的关系，以及边界段 cf 上的点到直线 cf 的最大距离和它与阈值之间的关系。可以看出，通过适当的选取阈值就可以较好地得到边界线上所标示的各拐点，这正是该方法与上述基于聚合技术的方法相比具有的优势所在。

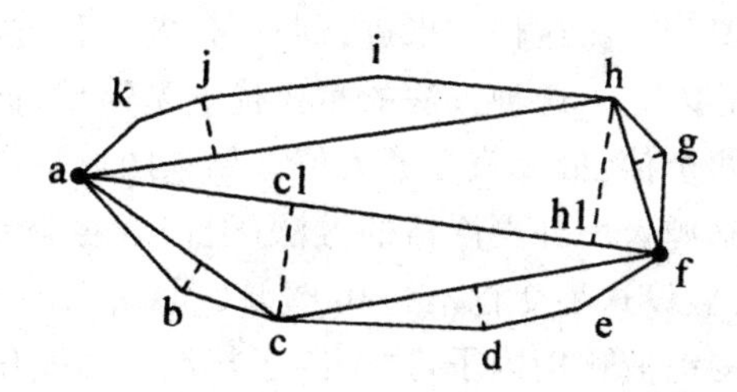

图 8-5 基于拆分技术的多边形表示法

8.1.3 标记

一幅标记图是一种一维函数的边界表达方法，它可以用各种方法生成。最简单的方法之一是将从质心到边界线的距离转化成一个角度函数，如图 8-6 所示。忽略标记图的生成，这种表达方式的基本思想是，假设一维函数表达会比原来的二维边界容易，因此使用一维函数简化边界的表达。

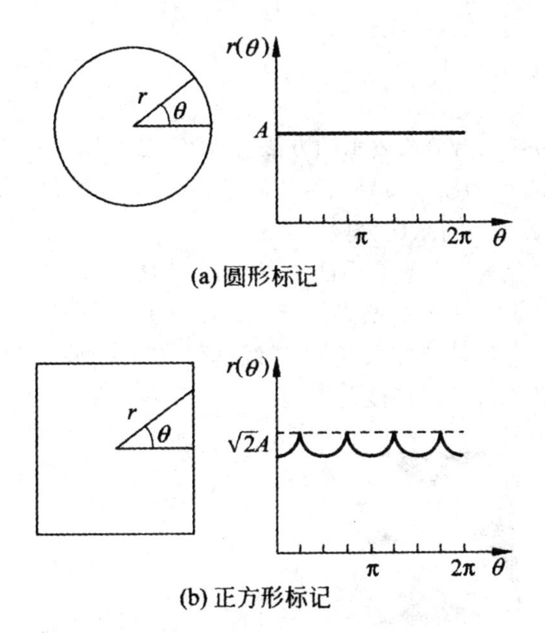

图 8-6 标记表示法

由上述的方法生成的标记图不会在转换过程中改变，但是标记图的生成依赖于旋转和比例缩放变换。通过寻找一种方法，选择相同的起点生成标记图而忽略图形的方向，可以实现旋转变换的归一化。实现这一目的的一种方法是，选择距离质心最远的点，如果这一点与我们关心的每个图形的旋转畸变无关，则选择这一点作为起点。另一种方法是在对象本征轴上，将离质心最远的一点定为起点。这种方法需要更多的计算，但更为严格，因为本征轴是由外形上的所有点决定的。

基于两轴线缩放比例的一致性和以同一个值 θ 作为间隔进行取样的假设，形状尺寸的变化导致对应标记图中的幅值的变化。将这种结果进行归一化的一种方法是，对所有函数进行换算，以便函数有相同的值域，比如[0,1]。这种方法的主要优点是简单，但它也有潜在的严重缺陷，即对整个函数的缩放仅依赖于两个值：最小值和最大值。如果图形是带有噪声的，这种依赖性就可能成为从对象到对象的误差来源。一种更严格的方法（但需要更繁重的计算）是，依据标记图的变化对每个样本进行分割，并假设这种变化不为0[图8-6(a)所示的情况]或小到造成计算困难。变化量的应用得到一个变化的缩放比例因子，这个因子与尺寸的变化是成反比的，并且像自动增益控制那样工作。无论使用什么方法，应记住的基本思想是，在保存波形的基本形状时，消除其对尺寸的依赖性。

当然，除了距离－角度生成标记图的方法外，还可以用其他方法：穿过边界线，在边界线上的每个交点处画边界线在这一点的切线和基准线。得到的标记图尽管与$r(\theta)$曲线很不同，但可以携带有关基本图形的特征信息。例如，曲线中的水平线段对应于沿着边界线的直线部分。因为在这里切线角度是常量。这种方法的变形是使用斜率密度函数作为标记图。这个函数只是简单的切线角度值的直方图。由于直方图是衡量值的密集程度的度量，斜率密度函数用恒定的切线角有利地反映了边界的各个部分（直的或近似直的线段），并且在角度变化迅速的部分（拐角或其他突然的变化）呈现陡峭的凹陷。

8.1.4 边界线段

边界线段是一种将边界进行分段表示的方法，由于它是利用一定的分段原则将边界分成若干段分别表示，因此可以较好的减少边界表示的复杂性。对于边界线含有一个或多个凹陷形状时，用凸壳概念可以对边界进行有效的分段。

一个集合的凸壳是包含该集合的最小凸集，如图8-7所示，S为一个具有凹陷形状的集合，H为包含S的最小凸集，即H为S的凸壳。$H-S$定义为S的凸残差，图中用D表示。使用凸壳对S的边界进行分段的过程是，跟踪S的边界线，标出进入凸残差D或从它出来的点，即为边界的分段点，分段的结果如图8-7(b)所示。

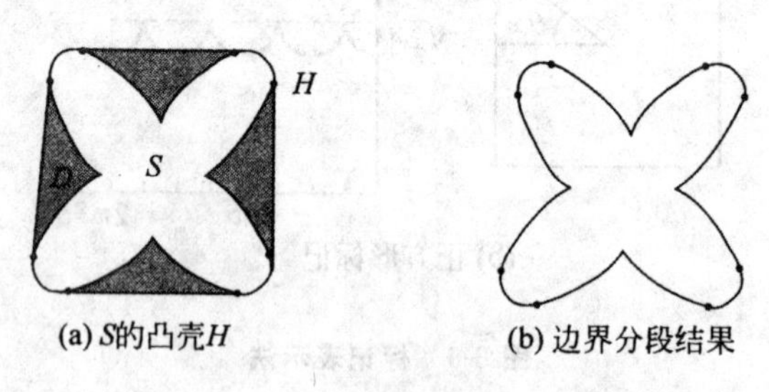

图8-7 边界线段表示方法示意图

8.1.5 骨架

骨架是一种区域表示方法，它不同于前述的边界表示方法是对边界的点或者线进行表示，而是把平面区域抽取为图的形式来表示。通常，得到区域的骨架要借助于细化算法。常用的一种获取骨架的细化算法叫做中轴变换。该算法对区域R中的每一个点p，寻找位于边界b上的离它最近的点。如果对点 p 同时找到多个这样的点，那么就称点 p 为区域 R 的中轴上的点。

虽然中轴变换是一种很直接的细化方法，但是由于它需要计算区域内部每一点到任意一个边界点的距离，所以计算量很大。现在已研究出了许多骨架计算方法来提高计算效率。

另外，图像上的一些小的干扰可能会导致骨架上的大的改变。图 8-8 给出了这样的例子，其中实线表示边界，虚线表示相应的骨架。图 8-8(a)是一个矩形边界，而图 8-8(b)则是一个有小尖刺干扰的矩形边界。从图中可以看出，虽然两个边界基本相似，但是它们的骨架却很不同。

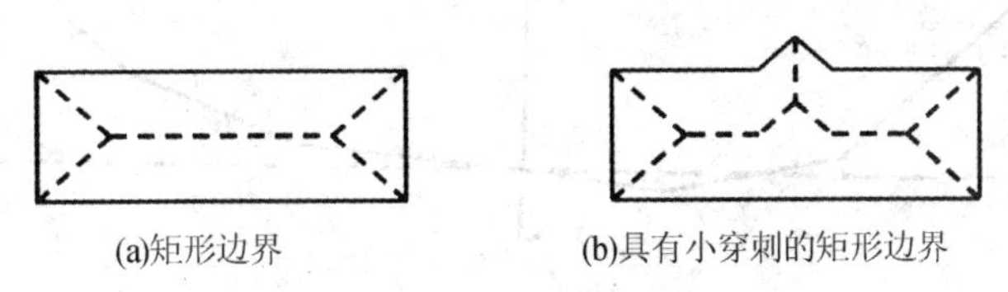

(a)矩形边界　　(b)具有小穿刺的矩形边界

图 8-8　边界的小扰动导致骨架的大变化

8.2　边界描述

8.2.1　简单的边界描述子

1. 边界长度

边界长度是最简单的边界描述子。在由单位长度定义的 xy 平面上，一条边界的长度为水平和垂直方向上边界线段的个数，加上$\sqrt{2}$倍的对角线方向上的边界线段的个数，有时为了简化计算也可以用边界上的点的个数近似表示。

2. 边界的直径、长轴、短轴和基本矩形

边界的直径为连接边界上两个距离最远点的线段的长度。边界 A 的直径定义为：

$$\mathrm{Diam}(A)=\max_{i,j}[D(di,dj)] \tag{8-1}$$

式中，di,dj 为边界 A 上的点，$D(di,dj)$表示这两点之间的距离。

边界的直径又称为边界的长轴。与长轴垂直并与边界相交的两点之间距离最长的线段称为边界的短轴。由边界的长轴和短轴与边界的 4 个交点确定的矩形称为边界的基本矩形。边界的长轴和短轴的比值称为边界线的离心率。图 8-9 给出了图 8-4(a)的边界的长轴、短轴和基本矩形，其中 ab 为长轴，ed 为短轴，基本矩形为图中虚线描述部分。

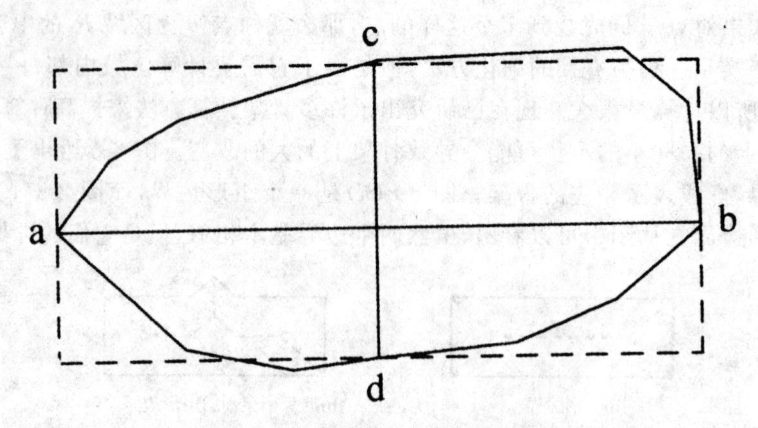

图 8-9　边界的长轴、短轴、基本矩形示意图

3. 边界的曲率

曲率是斜率的变化率。由于在数字图像中边界是离散的像素点,因此,仅根据边界上离散的像素点来获得该点的精确曲率是不可能的,通常是利用相邻边界线段的斜率差来近似代替该点的曲率。边界的曲率是边界的一个重要的描述子,通过曲率可以对边界斜率的变化情况作出判断。例如,当沿着边界顺时针移动,且该边界点的曲率为负时,该点属于凹线段;为非负时,该点属于凸线段。又如,当曲率小于 10°时,可近似判断该点属于直线段上的点;当曲率大于 90°时,该点应属于拐点。

8.2.2　形状数

正如 8.1 节所解释的,链码边界的首差取决于起点。这样的一条基于图 8-1(a)所示的 4 方向编码边界的形状数定义为最小数量级的首差。一个形状数的阶数 n 定义为其表达式中的位数。另外,凡对于闭合边界是偶数,它的值限制了可能的不同形状的数目。图 8-10 显示了阶数为 4,6 和 8 的所有形状,一起显示的还有链码表达式、首差和对应的形状数。注意,首差是通过将链码作为循环序列计算后得到的。尽管链码的首差独立于旋转变化,但从总体上说,编码边界依赖于网格的取向。将网格的取向归一化的一种途径是将链码的网格和前一节中定义的基本矩形结合起来。

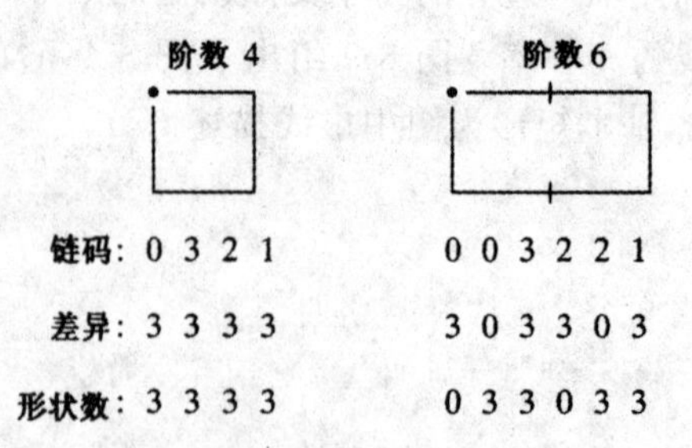

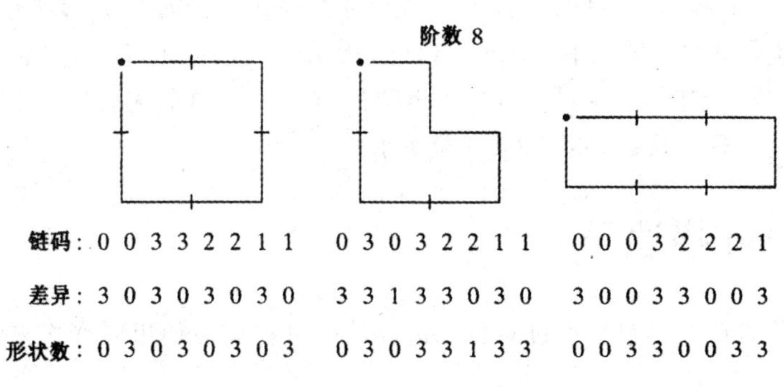

图 8-10 所有阶数为 4,6 和 8 的形状。方向与图 8-1(a)的相同,点表示起点

对于一个希望的形状数,需要找到阶数为 n 的方框。这个方框所包含的曲线离心率与基本方框的最近似,并使用这个新的方框设置网格尺寸。例如,如果,$n=12$,则所有阶数为 12 的方框(即,周长为 12)是如果 2×4,3×3 和 1×5。对于给定的边界,如果 2×4 的方框离心率最接近于此边界的基本方框离心率,就设置一个以此基本方框为中心的 2×4 网格。形状数来自于链码的首差。尽管通过选定网格空间的方法得到的形状数阶数一般等于 n,但有时相比这一间隔的边界减少,会使形状数的阶数大于 n。此时,我们指定一个阶数小于 n 的方框并重复这一过程,直到得到的形状数的阶数为 n。

［例 8.1］　计算形状数

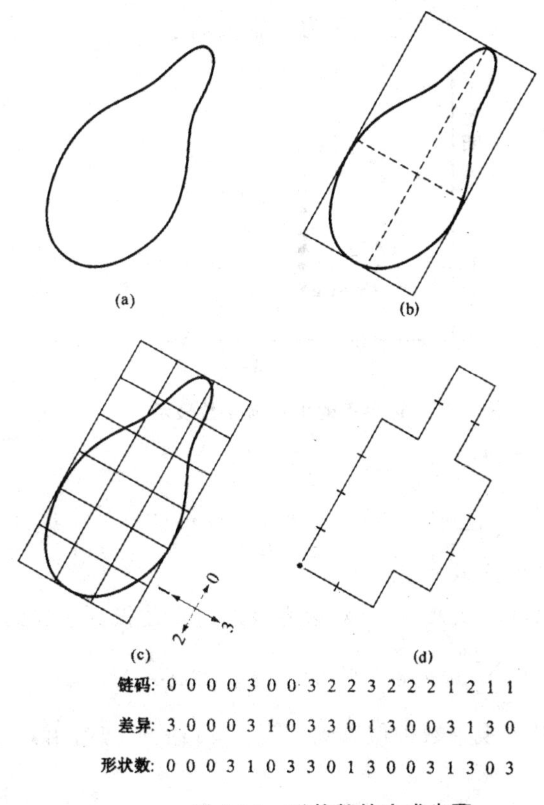

图 8-11　形状数的生成步骤

如图 8-11(a)所示,假设边界的阶数 $n=18$。为了得到这个阶数的形状数,需要遵循刚才提到的步骤。第 1 步是找到基本方框,如图 8-11(b)所示。最接近 18 阶的方框为 3×6 的方框,如图 8-11(c)所示对基本方框进一步划分,其中链码的方向依据的是选取的网格。最后一步是得到链码并用它的首差计算形状数,如图 8-11(d)所示。

8.2.3 傅里叶描述子

傅里叶描述子的基本思想是通过对目标边界轮廓进行离散傅里叶变换来定量的描述图像中目标边界的形状。

当确定了图像中目标边界的起始点和移动方向(顺时针或逆时针)后,就可以用边界点的坐标对序列来描述边界。如图 8-12 中所示,假设目标的边界上有 N 个边界点,起始点为(x_0,y_0),按照逆时针方向就可以将边界表示为一个坐标序列

$$s(k)=[x(k),y(k)],k=0,1,2,\cdots,N-1 \tag{8-2}$$

其中,$x(k)=x_k$,$y(k)=y_k$。

一般地,如果把目标边界看成是从某一点开始,沿边界逆时针方向旋转一周的周边长的一个复函数,也即将 $x-y$ 平面与复平面 $u-v$ 重合,x 轴看成是实轴与实部 u 轴重合,y 轴看成是虚轴与虚部 v 轴重合。这时,边界点可以用复数表示为:

$$s(k)=x(k)+jy(k),k=0,1,2,\cdots,N-1 \tag{8-3}$$

图 8-12 给出了边界点的坐标与复数表示之间的对应关系。虽然通过这种重新定义,边界本身没有发生变化;但边界的表示从二维表达简化为一维表达了。

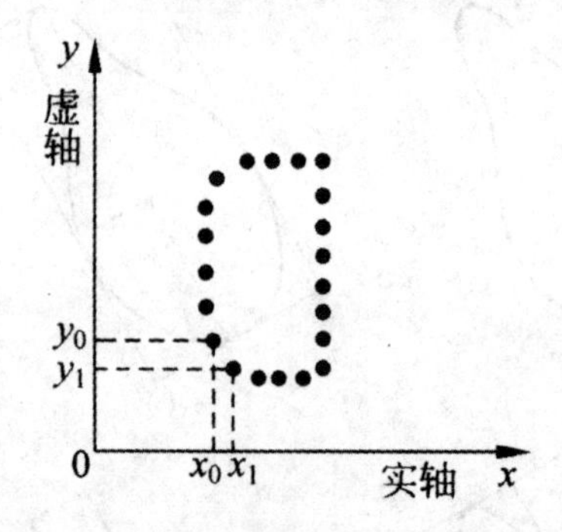

图 8-12 边界点的坐标与复数表示

计算 $s(k)$的离散傅里叶变化,得到:

$$a(u)=\frac{1}{N}\sum_{k=0}^{N-1}s(k)e^{-j2\pi ku/N},u=0,1,2,\cdots,N-1 \tag{8-4}$$

其中,傅里叶系数 $a(u)$称为边界傅里叶描述子。

通过对傅里叶描述子进行傅里叶反变换,可以对边界线进行重建得到边界的各点 $s(k)$

$$s(k)=\sum_{u=0}^{N-1}a(u)e^{-j2\pi ku/N},k=0,1,2,\cdots,N-1 \tag{8-5}$$

$s(k)$的值可利用前 L 个傅里叶变换系数近似得到。设 $s(k)$)的近似值用 $\hat{s}(k)$表示,则 $\hat{s}(k)$就可用下式计算而获得

$$\hat{s}(k)=\sum_{u=0}^{L-1}a(u)\mathrm{e}^{-\mathrm{j}2\pi ku/N},k=0,1,2,\cdots,N-1 \tag{8-6}$$

从式(8-6)可知，$s(k)$的每个近似值$\hat{s}(k)$用L项来计算，即重建边界各点时，没有包含傅里叶变换系数的全部的项，而k取从 0 到$N-1$的值，得到的近似边界与原边界相比具有相同的边界点数目。图 8-13 以一个具有 64 个边界点的方形目标的边界图像为例，首先求出各边界点的描述子，然后利用前L个系数进行边界点的重建，图中分别列出了L等于 2、4、8、16、24、32、40、48、56、61 和 62 时边界重建的结果。由重建结果可以看出，各结果随着L的增加从圆形逐渐接近方形，当L值大于 8 时，圆形接近方形，当L值在 56 左右时，拐角点已经开始变得突出，当L等于 61 时，曲线变成了直线，当L等于 62 时得到的方形与原图像基本一致。从这一变化过程可以看出，低阶系数反映了边界的大体形状，随着系数阶数的不断增高，边界的细节特征逐渐变得明显，这与傅里叶变换中低频分量能较好的反映目标的整体形状，和高频分量能够较好的反映目标的细节特征是相一致的。

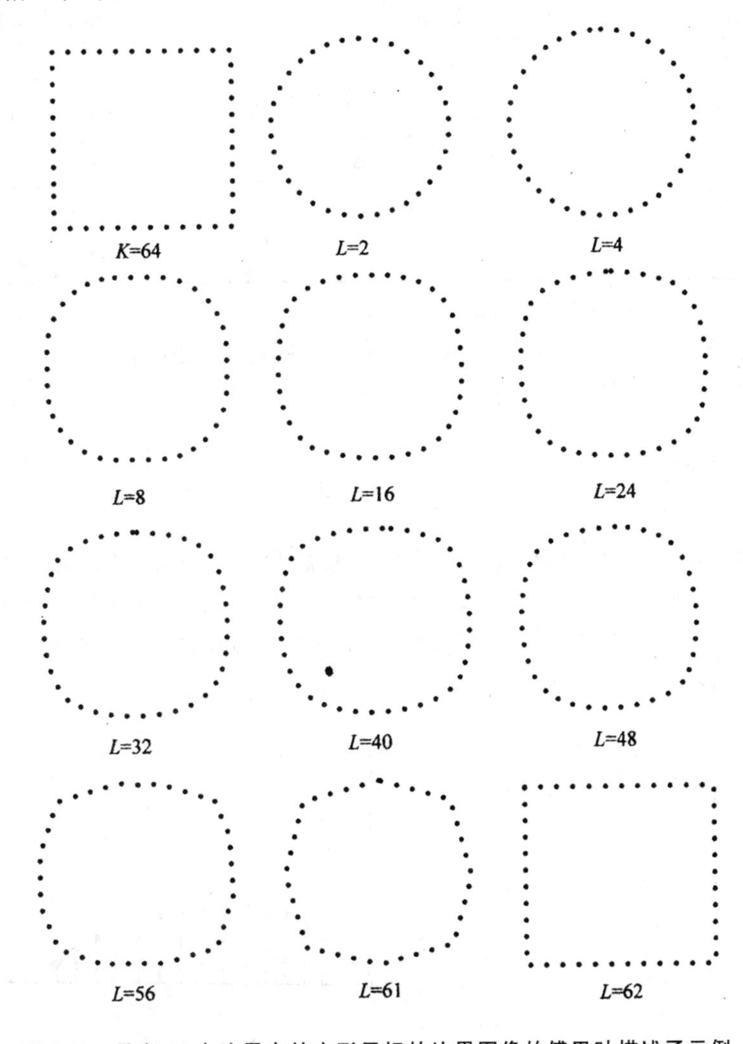

图 8-13　具有 64 个边界点的方形目标的边界图像的傅里叶描述子示例

描绘子应该对平移、旋转和比例缩放变化不敏感。傅里叶描述子在描述边界时，就具有对旋转、平移、尺度变化不敏感的特点。如边界旋转 θ 角，则边界每个点 $s(k)$ 旋转的结果可以通过乘以 $e^{j\theta}$ 来实现，此时，对应的傅里叶描述子为：

$$a_r(u)=\frac{1}{N}\sum_{k=0}^{N-1}s(k)e^{-j\theta}e^{-j2\pi ku/N} \tag{8-7}$$

$$=a(u)e^{j\theta}\quad u=0,1,2,\cdots,N-1$$

即傅里叶变换系数也发生了等量的相移 $e^{j\theta}$。因此，傅里叶描述子对平移、尺度变化不敏感。除此之外，傅里叶描述子对起始点的位置也不敏感，当边界的起始点发生变化时，只需将原序列重新定义为：

$$s_p(k)=s(k-k_0)$$

它表示边界序列的起点从 $k=0$ 移到 $k=k_0$。表 8-1 列出了傅里叶描述子的几个基本性质。

表 8-1　傅里叶描述子的基本性质

变　化	边　界	傅里叶描述子
原函数	$s(k)$	$a(u)$
旋转变换	$s_r(k)=s(k)e^{-j\theta}$	$a_r(u)=a(u)e^{j\theta}$
平移变换	$s_t(k)=s(k)+\Delta_{xy}$	$a_r(u)=a(u)+\Delta_{xy}\delta(u)$
尺度变化	$s_s(k)=\alpha s(k)$	$a_r(u)=\alpha a(u)$
起点	$s_p(k)=s(k-k_0)$	$a_p(u)=a(u)e^{-j2k_0v/N}$

注：对于符号 $\Delta_{xy}=\Delta x+j\Delta_y$，平移后可重定义为：$s_t(k)=s(k)+\Delta_{xy}=[x(k)+\Delta x]+j[y(k)+\Delta y]$

傅里叶描述子在目标边界的匹配应用中非常具有吸引力，并已在医学图像分析中得到了成功应用。但傅里叶描述子在描述具有遮挡物体时遇到了一些困难。

8.2.4　统计矩

边界线段的形状（和特征波形）可以通过简单的统计矩（如方差、均值和高阶矩）进行定量的描述。要了解如何实现这一点，可以参考图 8-14(a)和图 8-14(b)，前者显示了边界的线段，后者显示了以任意变量 r 的一维函数 $g(r)$ 描述的线段。这个函数通过连接线段的两个端点并将线段旋转至水平方向得到。点的坐标也旋转相同的角度。

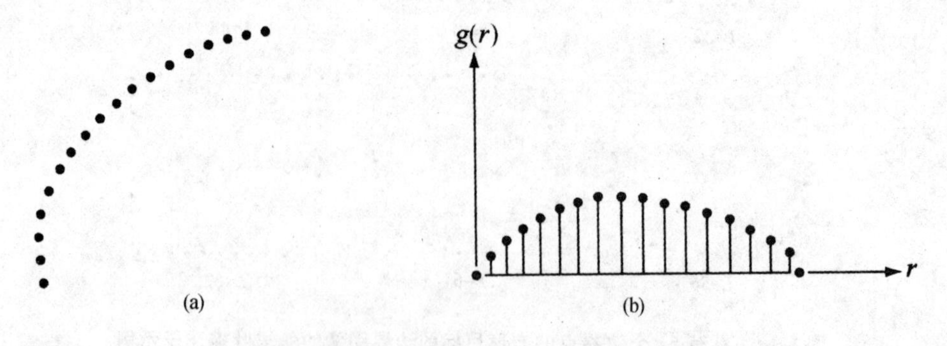

图 8-14　(a)边界线段；(b)一维函数表示法

将 g 的振幅看成是离散随机变量 v 并形成关于 $p(v_i)$ 的直方图，$i=0,1,2,\cdots,A-1$，其中

A 是分割振幅数值标尺的离散振幅增量。记住，$p(v_i)$是生成值 v_i 的概率估计值，v 的第 n 个估计值的均值为：

$$\mu_n(v) = \sum_{i=0}^{A-1}(v_i - m)^n p(v_i) \tag{8-8}$$

其中，

$$m = \sum_{i=0}^{A-1} v_i p(v_i) \tag{8-9}$$

m 是 v 的均值。

一种替代方法是将 $g(r)$归一化为单位面积下的函数并把它做成直方图。换句话说，是将 $g(r_i)$作为产生值 r_i 的概率。此时，将 r 作为随机变量，则矩为：

$$\mu_n(r) = \sum_{i=0}^{K-1}(r_i - m)^n g(r_i) \tag{8-10}$$

其中，

$$m = \sum_{i=0}^{K-1} r_i g(r_i) \tag{8-11}$$

式中，K 为边界上点的数目，$\mu_n(r)$与形状函数 $g(r)$有直接关系。

8.3　区域描述

8.3.1　某些简单的描述子

1. 区域面积

区域面积描述区域的大小特征，是区域的基本特性之一。区域面积定义为区域中像素的数目。对于区域 R，区域面积 S_R。用公式表示为：

$$S_R = \sum_{(x,y)\in \mathbf{R}} 1 \tag{8-12}$$

其中，等式右侧部分表示当像素在区域 R 中时，对其进行计数加 1。

在实际应用中，利用区域面积可以从遥感图像中提取出某地区的人口密度、森林覆盖率等有用信息。例如对于某地区森林覆盖率的计算：首先，选取适当的阈值对遥感图像进行二值化处理，从图像中提取出森林所在的区域；然后，利用式(8-12)计算该区域的面积；最后，用森林区域的面积除以总面积就可以得到该区域的森林覆盖率。

2. 区域周长

区域周长定义为该区域边界的长度。对于边界长度的计算方法见 8.2 节中的相关内容。区域的面积和周长主要在所关注的区域大小不发生改变的情况下使用。

3. 区域重心

区域重心由所有属于区域中的点计算得到，是区域的一种全局描述子，计算公式如下：

$$\bar{x}=\frac{1}{S_R}\sum_{(x,y)\in\mathbf{R}}x \tag{8-13}$$

$$\bar{y}=\frac{1}{S_R}\sum_{(x,y)\in\mathbf{R}}y \tag{8-14}$$

由公式可知,虽然区域中各点的坐标为整数,但计算得到的重心位置通常不为整数。实际应用中,当区域相对于区域间的距离很小时,可以用区域的重心作为质点来近似表示区域。

4. 区域的致密性

在定义区域周长和区域面积的基础上可以进一步定义区域的致密性。设区域 R 的长度用 L_R 表示,则区域的致密性定义为 L_R^2/S_R。由定义可以看出区域的致密性是一个无量纲的量,当周长固定时,圆形区域的致密性最小。区域的致密性对区域均匀的尺度变化不敏感,对区域的旋转变换也不敏感。

5. 区域圆形性

区域的圆形性是用区域的所有边界点定义的一个特征量,计算公式为:

$$C=\frac{\mu}{\sigma} \tag{8-15}$$

其中,μ 为区域重心到各边界点距离的平均值;σ 为区域重心到各边界点距离的方差。设区域的边界点数为 N,则 μ 和 σ 的计算公式为:

$$\mu=\frac{1}{N}\sum_{k=0}^{N-1}\sqrt{(x_k-\bar{x})^2+(y_k-\bar{y})^2} \tag{8-16}$$

$$\sigma^2=\left[\frac{1}{N}\sum_{k=0}^{N-1}\sqrt{(x_k-\bar{x})^2+(y_k-\bar{y})^2}-\mu\right]^2 \tag{8-17}$$

当区域趋向圆形时,特征量 C 是单调递增趋向无穷的,区域的圆形性不受区域平移、旋转和尺度变化的影响。

除了上述介绍的区域面积、区域周长、区域重心、区域的致密性、区域圆形性外,其他简单的区域描述子还包括灰度的均值、灰度的中值、最小灰度值、最大灰度值、大于均值的像素数和小于均值的像素数等。

8.3.2 拓扑描述子

拓扑特性对于图像平面区域的整体描述是很有用处的。简单来说,拓扑学研究的是在图像没有撕裂和连接的情况下(有时将其称为橡皮伸展变形),不受任何变形影响的图形性质。例如,图 8-15 显示了一个有两个孔的区域。如果一个拓扑描述子由区域内的孔洞数来定义,这种特性明显不受伸展和旋转变换的影响。然而,一般来讲,在区域发生分裂或聚合时,孔的数目会发生改变。注意,由于伸展影响距离量,因此拓扑特性也不依赖于距离概念和任何隐含地基于距离度量概念的性质。

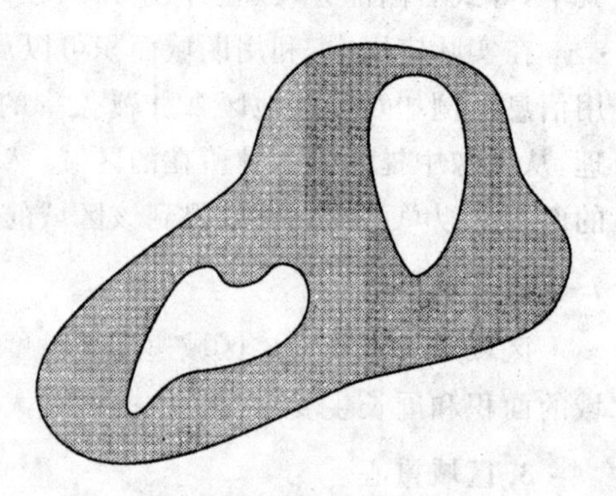

图 8-15　有两个孔的区域

对区域描述有用处的另一个拓扑特性是连通分量的数目。图 8-16 显示了一个有 3 个连通分量的区域。

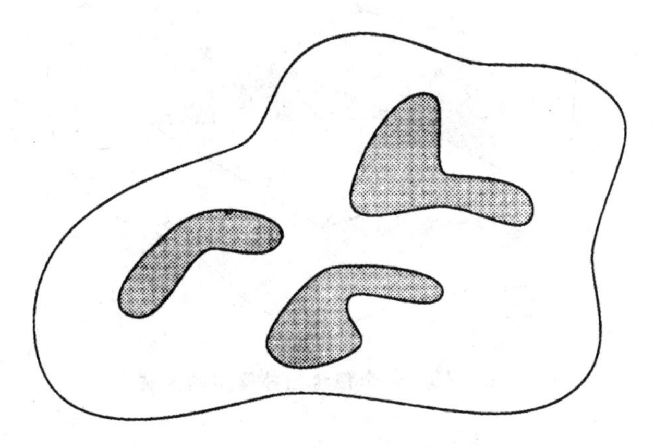

图 8-16 一个有 3 个连通分量的区域

在已知孔洞数目 H 和连通分量 C 的基础上，可以进一步定义图形的另一个重要的拓扑特性欧拉数 E 为：

$$E=C-H \tag{8-18}$$

依据欧拉数的定义，图 8-17 中显示的区域有分别等于 0 和 −1 的欧拉数，因为“A”有一个连通分量和一个孔，而“B”有一个连通分量和两个孔。

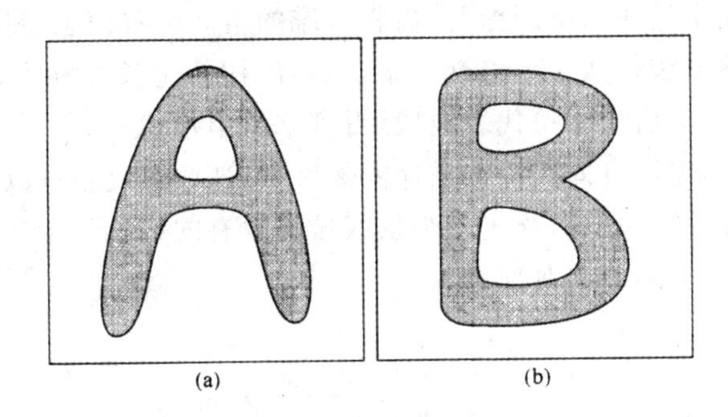

图 8-17 欧拉数分别为 0 和 −1 的区域

由直线段表示的区域(称为拓扑网络)用欧拉数解释会相当简单。图 8-18 显示了一个拓扑网络。将这样的一个网络进行内部区域分类，分成面和孔通常是很重要的。V 代表顶点数，Q 代表边数，F 代表面数，则有如下欧拉公式：

$$V-Q+F=C-H \tag{8-19}$$

由式(8-19)可以看出它等于欧拉数：

$$V-Q+F=C-H=E \tag{8-20}$$

图 8-18 显示的网络有 7 个顶点，11 条边，2 个面，1 个连通区域和 3 个孔；因此，欧拉数为 −2，如下所示：

$$7-11+2=1-3=-2$$

可以看出欧拉数解释拓扑网络较为简单。

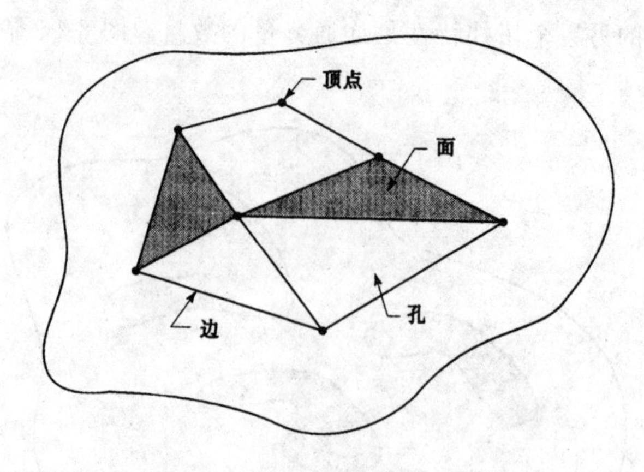

图 8-18　一个包含拓扑网络的区域

8.4　关系描述

8.4.1　字符串描述

是一种一维结构，用来描述二维图像时，需将二维的空间位置信息转换成一维形式。在描述目标边界时，一种常用的方法是从一个点开始跟踪边界，用特定长度和方向的线段表示边界(链码就是基于这一思想的)，然后用字符代表线段，得到字符串描述。

一种更通用的方法是先用有向线段来描述图像区域，这些线段除可以头尾相连接外，还可以与其他一些运算相结合。图 8-19(a)给出一个从区域抽取有向线段的示意一图，图 8-19 (b)所示是在抽取线段的基础上定义的一些典型运算。

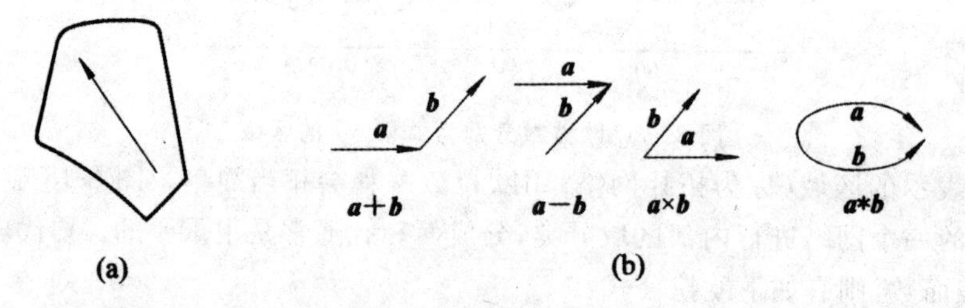

图 8-19　有向线段及典型运算

图 8-20 给出用有向线段通过不同组合描述一个较复杂形状结构的示例。设需描述的结构如图 8-20(c)所示，经分析它是由 4 类不同朝向的有向线段构成的。先定义 4 个朝向的基本有向线段，见图 8-20(a)，通过对这些基本有向线段一步一步进行如图 8-20(b)所示的各种典型的组合运算，就可以最终组成图 8-20(c)所示的结构。

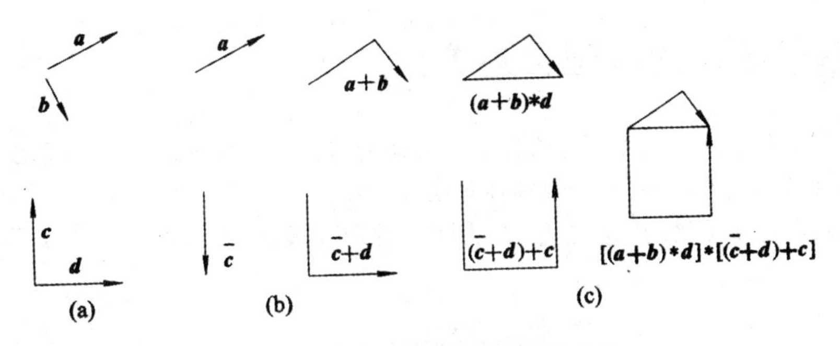

图 8-20　应用有向线段描述复杂结构

8.4.2 树结构描述

区域或边界间的关系也可以用树结构来描述。树是含一个或多个节点的有限集合，是图的一种表示方法。树结构是一种二维的结构。对每个树结构来说，它有一个唯一的根节点，其余节点被分成若干个互不直接相连的子集，每个子集都是一棵子树。每个树最下面的节点称为树叶。树中有两类重要的信息，一类是关于节点的信息，可用一组字符来记录；另一类是关于一个节点与其相连通节点的信息，可用一组指向这些节点的指针来记录。

树结构的两类信息中，第一类确定了图像描述中的基本模式元，第二类确定了各基元之间的物理连接关系。图 8-21 给出了一个用树结构描述关系的例子。图 8-21(a)所示是一个组合区域(由多个区域组合而成)，它可以用图 8-21(b)所示的树借助“内含”关系进行描述。其中根节点 R 表示整幅图。a 和 c 是在 R 之中的 2 个区域所对应的 2 个子树的根节点，其余节点是它们的子节点。由图 8-21(b)所示的树可知，e 在 d 中，d 和 f 在 c 中，b 在 a 中，a 和 c 在 R 中。

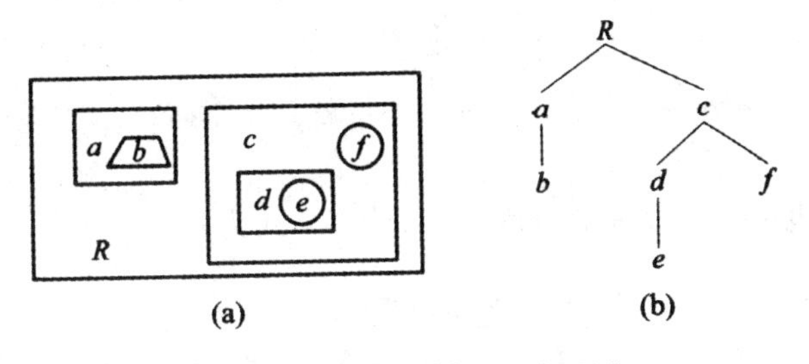

图 8-21　树结构描述组合区域

8.5 纹理描述

纹理是区域的重要特征。纹理一词最初指纤维物的外观，在图像中，它可以看作是某些相似形状的一种近似重复分布，通常表现为局部的不规则性和宏观的有规律性，它反映了一个区域中像素灰度级的空间分布属性。在一幅图像中，如果区域内部各像素点的灰度值相同，或者接近一个常数，我们就说该区域没有纹理，如果区域内部各像素点的灰度变化明显但又不是简单的阴影变化，那么该区域就有纹理。下面讨论在图像处理中用于描述纹理的几种主要方法。

8.5.1 基于统计的纹理描述方法

统计方法是利用图像的灰度级直方图的统计矩来对区域的纹理特征进行描述。利用统计法可以定量的描述区域的平滑、粗糙和规则性等纹理特征。

设 r 为表示图像灰度级的随机变量；L 为图像的灰度级数；$p(r_i)$，$i=0,1,2,\cdots,L-1$，为对应的直方图；则 r 的均值 m 表示为：

$$m=\sum_{i=0}^{L-1} r_i p(r_i) \tag{8-21}$$

r 关于均值 m 的规阶矩表示为：

$$\mu_n(r)=\sum_{i=0}^{L-1}(r_i-m)^n p(r_i) \tag{8-22}$$

注意，式(8-22)中有 $\mu_0=1$，$\mu_1=0$。对于其他 n 阶矩，二阶矩 μ_2 又称作方差，它是灰度级对比度的量度，在纹理描述中特别重要。利用二阶矩可得到有关平滑度的描述子，其计算公式为：

$$R=1-\frac{1}{1+\mu_2}=1-\frac{1}{1+\sigma^2} \tag{8-23}$$

由式(8-23)可知，图像的纹理越平滑，对应的图像灰度起伏越小，图像的二阶矩越小，求得的 R 值越小；反之，图像的纹理越粗糙，对应的图像灰度起伏越大，图像的二阶矩越大，求得的 R 值越小。

三阶矩 μ_3 是图像直方图偏斜度的量度，它可以用于确定直方图的对称性，当直方图向左倾斜时 3 阶矩为负，向右倾斜时 3 阶矩为正。

由灰度级直方图还可以推得纹理的其他一些量度，如“一致性”量度和平均熵值量度。“一致性”量度也可用于描述纹理的平滑情况，其计算公式为：

$$U=\sum_{i=0}^{L-1} p^2(r_i) \tag{8-24}$$

计算结果越大表示图像的一致性越强，对应图像就越平滑；反之，图像的一致性越差，图像就越粗糙。

图像的平均熵值，也可作为纹理的量度，它的计算公式为：

$$E=-\sum_{i=0}^{L-1} p(r_i)\log_2 p(r_i) \tag{8-25}$$

熵是对可变性的量度，对于一个不变的图像其值为 0。熵值变化与一致性量度是反向的，即一致性较大时，图像的熵值较小，反之，则较大。

图 8-22 对上述几个描述子给出一个具体的例子进行计算，其中的图(a)为原图像，图中白框标出 3 处纹理区域，截取后如图(b)、图(c)和图(d)所示。表 8-2 列出了图(b)、图(c)和图(d)的均值、标准差、平滑度描述子 R、三阶矩、一致性和熵等特征的计算结果。需要说明的是在计算平滑度描述子时，为了简化计算的结果需要将图像像素的灰度值范围从[0,25]归一化到[0,1]。

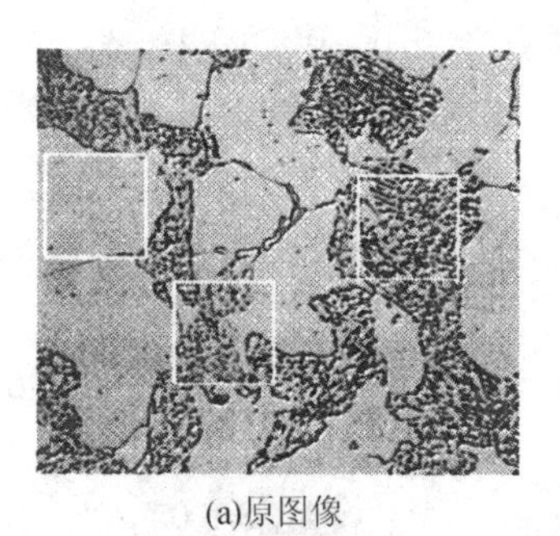

(a)原图像

(b)纹理区域1

(c)纹理区域2

(d)纹理区域3

图 8-22　区域纹理描述示例

表 8-2　图 8-22 中图(b)、图(c)和图(d)的各纹理描述子计算结果

纹理	均值	标准差	R(归一化的)	三阶矩	一致性	熵
图(b)	190.8927	17.1283	0.0045	−0.4939	0.0639	4.4521
图(c)	167.6592	49.1318	0.0358	−2.3640	0.0132	7.0354
图(d)	152.6835	66.8056	0.0642	−2.5118	0.0052	7.7865

分析表 8-2 中的各结果可知，均值的结果说明图 8-22(b)的整体灰度较亮，图 8-22(d)的整体灰度相对较暗，图 8-22(c)的整体灰度介于两者之间。由平滑度描述子 R、一致性和熵的结果可知，图 8-22(b)较平滑、一致性较强和熵值较小，图 8-22(d)较粗糙、一致性较弱和熵值较大，图 8-22(c)的各结果均介于两者之间。通过对比可以发现，这与各图像的纹理特点是相符合的。图像的三阶矩是图像直方图偏斜度的量度，它可以用于确定直方图的对称性，由计算值可知这三幅图像的直方图均向左倾斜且它们的对称性依次较差。

8.5.2　基于共生矩阵的纹理描述方法

仅使用灰度直方图计算纹理的方法，由于直方图不具有像素之间相对位置的信息而无法得到纹理的空间分布信息，对于这一问题可以使用共生矩阵来解决。共生矩阵不仅反映了图像的灰度分布，而且反映了各灰度值像素之间的位置分布情况。共生矩阵 $\boldsymbol{P}$ 的计算方法可描述为：在一幅图像中规定一个方向（如水平方向、垂直方向等）和距离（如一个像素、两个像素等），共生矩阵 $\boldsymbol{P}$ 中元素 P_{ij} 的值由灰度为 i 和 j 的两个像素沿该方向、相距该指定距离的两个像素上同时出现的次数除以 N 来求得。其中，N 为对 $\boldsymbol{P}$ 有贡献的像素对的总数。共生矩阵 $\boldsymbol{P}$ 的大小为 $L\times L$（L 是图像灰度级数目）。图像共生矩阵的具体计算方法如下所示，$\boldsymbol{I}$ 为一个图像矩阵，各像素的灰度值如下式所示，它的灰度级为 3。

$$I=\begin{bmatrix}0&0&0&1&2\\1&0&1&1&1\\2&2&0&1&0\\1&1&0&0&2\\0&0&1&0&1\end{bmatrix}$$

方向和距离规定为，右下方和一个像素，此时由沿规定的方向和距离上两个像素同时出现的次数构成的矩阵为

$$A=\begin{bmatrix}4&3&0\\2&3&2\\1&1&0\end{bmatrix}$$

其中，a_{11}（左上角）表示在图像矩阵 $\boldsymbol{I}$ 中，灰度为 0 的像素出现在有相同灰度值的像素右下方一个像素位置处的次数，这里值为 4，它对应图像矩阵中 0 像素点构成的－45°走向的条纹。这说明共生矩阵反映了图像中的空间灰度分布信息，同理可以确定矩阵中的其他元素值。

对矩阵有贡献的像素对的总数目 N 为矩阵 $\boldsymbol{A}$ 中各像素值之和，在这里 $N=16$；最后，求得图像的共生矩阵为

$$P=\frac{1}{16}\begin{bmatrix}4&3&0\\2&3&2\\1&1&0\end{bmatrix}$$

纹理的共生矩阵描述方法属于一种典型的基于统计方法的纹理描述方法。在共生矩阵的基础上，可以进一步计算和推出一些有用的描述子，分别为

(1)最大概率 $P_{\max}$

$$P_{\max}=\max_{i,j}(P_{ij})$$

(2)元素差异的 k 阶矩 μ_k

$$\mu_k=\sum_i\sum_j(i-j)^k P_{ij}$$

(3)逆元素差异的 k 阶矩 μ_k^{prime}

$$\mu_k^{prime}=\sum_i\sum_j P_{ij}/(i-j)^k,\ i\neq j$$

(4)一致性 U

$$U=\mu_k=\sum_i\sum_j P_{ij}^2$$

(5)熵 E

$$E=-\sum_i\sum_j P_{ij}\log_2 P_{ij}$$

8.5.3 基于结构的纹理描述方法

正如本节开始时提到的，纹理描述的第二个主要范畴是基于结构的概念。假设有形如 $S\to aS$ 的规则，这种形式的规则表明字符 S 可以被重写为 aS（例如，3 次应用此规则可生成字串 $aaaS$）。如果 a 表示一个圆，见图 8-23(a)，并且赋予形如 $aaa\cdots$ 的串以“向右排布的圆”的意义，则规则 $S\to aS$ 可以生成如图 8-23(b)所示的纹理模式。

假设下一步给这个方案增加一些新规则：$S\to bA$，$A\to cA$，$A\to bS$，$S\to a$，这里 b 的存在表示“向下排布的圆”，c 的存在表示“向左排布的圆”。现在可以生成一个形如 $aaabccbaa$ 的串。这个串对应一个圆的 3×3 阶矩阵。更大的纹理模式，如图 8-23(c)所示，用相同的方式可以很容易地生成(注意，这些规则也可能生成非矩形的结构)。

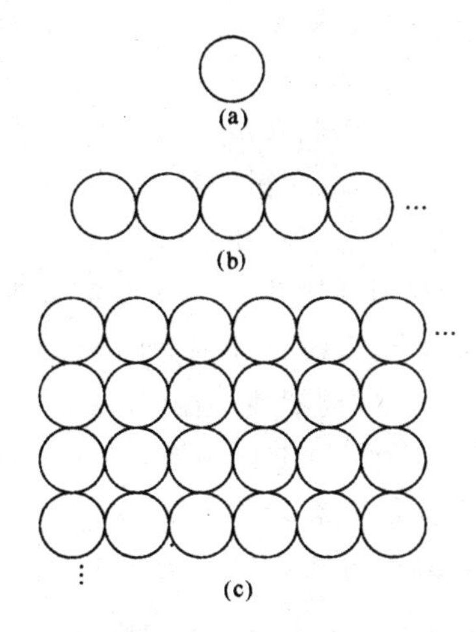

图 8-23　(a)纹理图元；(b)由规则 $S\to aS$ 生成的模式；(c)由 $S\to aS$ 和其他规则生成的二维纹理模式

8.5.4　基于频谱的纹理描述方法

频谱方法是利用傅里叶频谱进行描述的方法，它适用于描述图像中的具有一定周期性或近似周期性的纹理，它可以分辨出二维纹理模式的方向性。这些整体的纹理模式，尽管作为频谱中高能脉冲的集中区域是易于区别的，但一般来讲，由于处理技术的局部性，这些纹理模式使用空间检测方法是十分困难的。

这里，考虑对纹理描述有用的傅里叶频谱的 3 个特征：

①频谱中突起的尖峰给出了纹理模式的主要方向。

②在频率平面中尖峰的位置给出了模式的基本空间周期。

③通过过滤除去所有周期性的部分，而留下非周期性的图像元素，然后这些留下的元素可以通过统计技术进行描述。

频谱对于原点是对称的，只需考虑半面频率平面即可。因此，为了进行分析，每个周期性模式都只与频谱中的一个尖峰相联系，而不是两个。

通常，对于刚才提到的频谱特征的检测和解释，使用函数 $S(r,\theta)$ 的极坐标表达比较简单。其中，S 是频谱函数，r 和 θ 是坐标系中的变量。对于每个方向 θ，$|S(r,\theta)$ 可以看成是一维函数 $S_\theta(r)$。类似地，对于每个频率 r，$S_r(\theta)$ 也是一个一维函数。对固定的 θ 值分析 $S_\theta(r)$，可得到沿着自原点的辐射方向上的频谱所表现的特性(比如存在的尖峰)。反之，分析固定 r 值的 $S_r(\theta)$，可得到沿着以原点为圆心的圆形上的特性。

利用式(8-26)和式(8-27)对上述函数进行积分可以得到全局描述。

$$S(r)=\sum_{\theta=0}^{\pi}S_\theta(r) \tag{8-26}$$

$$S(\theta)=\sum_{r=1}^{R_0} S_r(\theta) \tag{8-27}$$

其结果为每对坐标(r,θ)组成一对值$[S(r),S(\theta)]$。通过变换这些坐标，可以生成两个一维函数$S(r)$和$S(\theta)$，从而对研究的整幅图像或所考虑的区域纹理构成一种频谱一能量描述。另述绘子是最高值的位置、均值、振幅和轴向变量两者的方差，还有函数的均值和最高值之间的距离。

图 8-24 给出了用频谱方法描述纹理的一个简单的示例，其中的图(a)、图(b)为纹理图像。在图 8-24(a)中，白色长条成周期性横向排列；在图 8-24(b)中，白色长条成杂乱排列；图 8-24(c)、图 8-24(d)分别为图 8-24(a)和图 8-24(b)的频谱图像。由于图 8-24(a) 中的白色长条成水平方向排列，边缘为垂直方向，对应频谱图像 8-24(c)中的频谱能量集中在水平轴上；由于图 8-24(b)中的白色长条为杂乱排列，对应频谱图像 8-24(d)中的频谱能量以原点为中心向四周发射。图 8-24(e)、图 8-24(f)和图 8-24(g)、图 8-24(h)分别为图 8-24(a)和图 8-24(b)的$S(r)$曲线和$S(\theta)$曲线，$S(r)$曲线可以反应图像纹理的周期性。在图 8-24(e)中可以看到，由于白色长条成周期性排列，对应$S(r)$曲线有多个峰值，而图 8-24(b)中的白色长条排列杂乱，无较强的周期分量，对应图 8-24(g)中$S(r)$曲线只在直流分量的起始位置处有一个峰值。在图 8-24(a)的$S(\theta)$曲线图 8-24(f)中，曲线说明图像在原点区域附近$\theta=90^{\circ}$和$\theta=180^{\circ}$处有较强的能量分布，这与图 8-24(c)求得的结果是一致的。同理可以看出图 8-24(h)求得的结果与图 8-24(d)也是一致的。

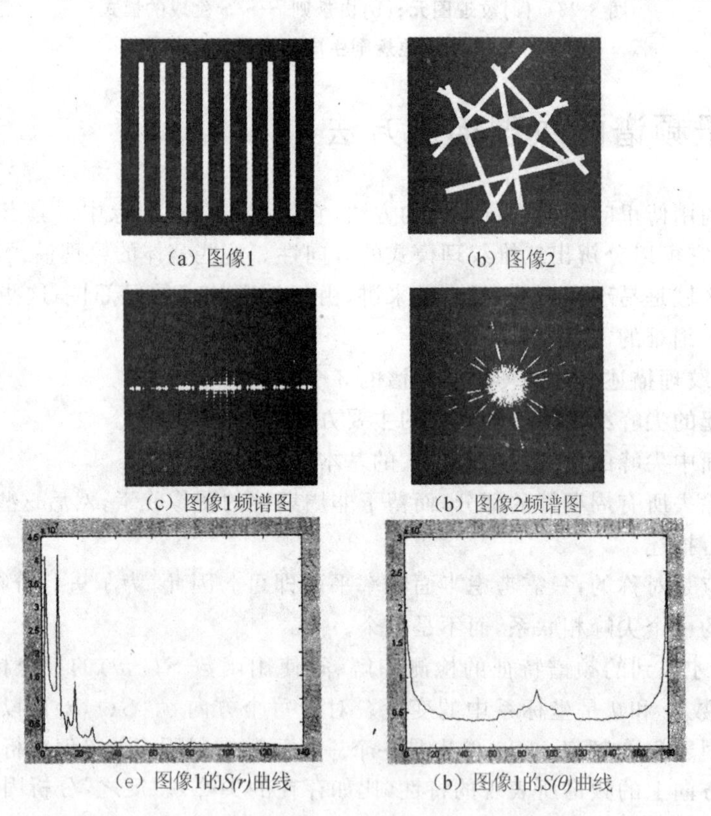

(a) 图像1　(b) 图像2

(c) 图像1频谱图　(b) 图像2频谱图

(e) 图像1的$S(r)$曲线　(b) 图像1的$S(\theta)$曲线

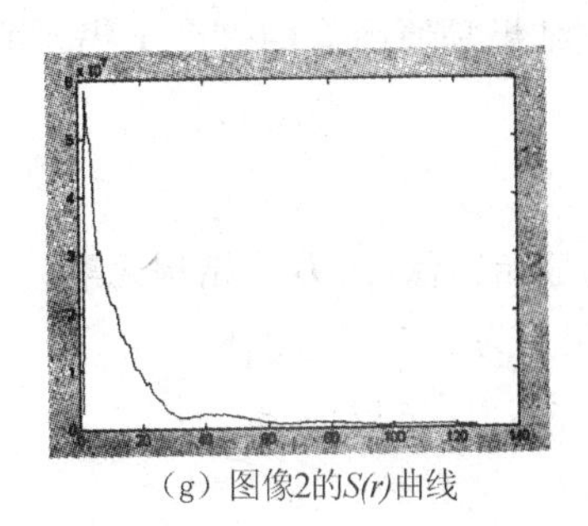
（g）图像2的$S(r)$曲线

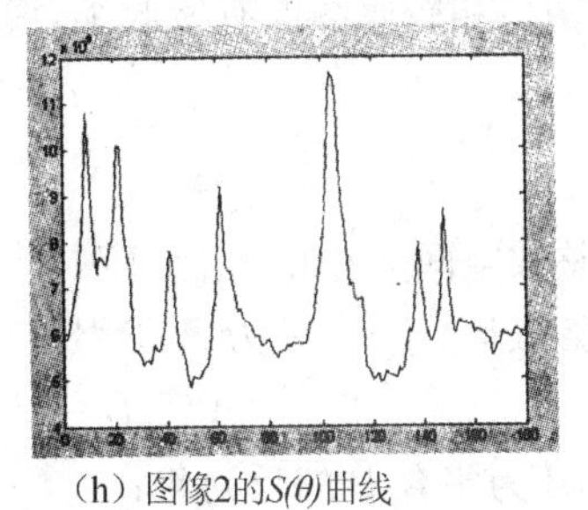
（h）图像2的$S(\theta)$曲线

图 8-24　频谱方法纹理描述

8.6　形态学描述

数学形态学以几何学为基础对图像进行分析，其基本思想是用一个结构元素作为基本工具来探测和提取图像特征，看这个结构元素是否能够适当有效地放入图像内部。数学形态学的基本运算有：膨胀、腐蚀、开启和闭合。

下面几节将讨论数学形态学的基本运算以及形态学在图像上的操作。

8.6.1　形态学的基本运算

1. 腐蚀

腐蚀和膨胀是数学形态学中的最基本的操作。

令 A 和 B 是整数空间 Z 中的集合，其中 A 为原始图像，而 B 为结构元素，则 B 对 A 的腐蚀运算——记为 $A \ominus B$——定义为：

$$A \ominus B = \{ z \mid (B)_z \subseteq A \} \tag{8-28}$$

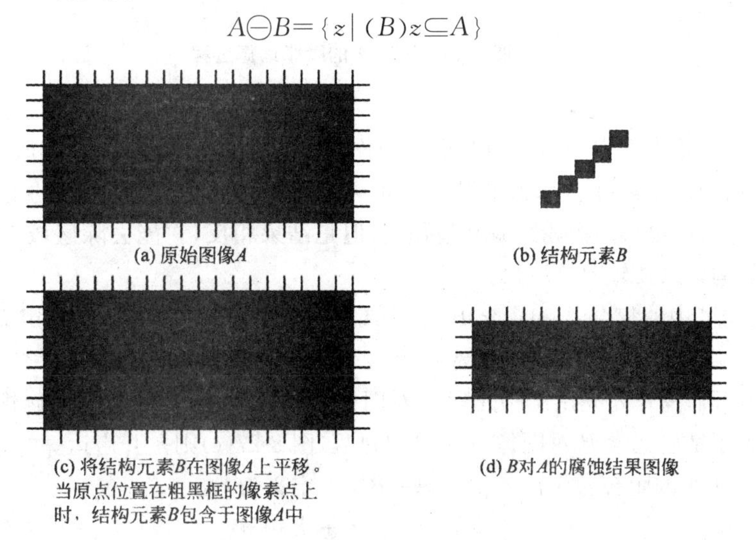

图 8-25　B 对 A 的腐蚀运算过程

可见 B 对 A 的腐蚀即为平移量 z 的集合，这些平移量满足集合 B 平移 z 之后仍然属于集合

A。腐蚀后的结果图像相较原图像有所收缩，腐蚀结果是原图像的一个子集。图 8-25 给出了一个腐蚀运算的例子。

2. 膨胀

令 A 和 B 是整数空间 Z 中的集合，其中 A 为原始图像，而 B 为结构元素。

则 B 对 A 的膨胀运算——记为 $A \oplus B$——定义为：

$$A \oplus B=\{z \mid (\hat{B})_z \cap A \neq \varnothing\} \tag{8-29}$$

式中，$\varnothing$ 表示空集，$\hat{B}$ 为集合 B 的反射集：

$$\hat{B}=\{w \mid w=-b, b \in B\}$$

根据式(8-29)可知，B 对 A 的膨胀实质上就是一个由所有平移量 z 组成的集合，这些平移量 z 满足：当 B 的反射集平移了 z 之后，与集合 A 的交集不为空。经过膨胀之后，图像将比原图像所占像素更多。膨胀运算满足交换率，即 $A \oplus B=B \oplus A$。习惯上总是将原图像放在操作符前面，而将结构元素放在操作符之后。图 8-26 给出了一个膨胀的过程。

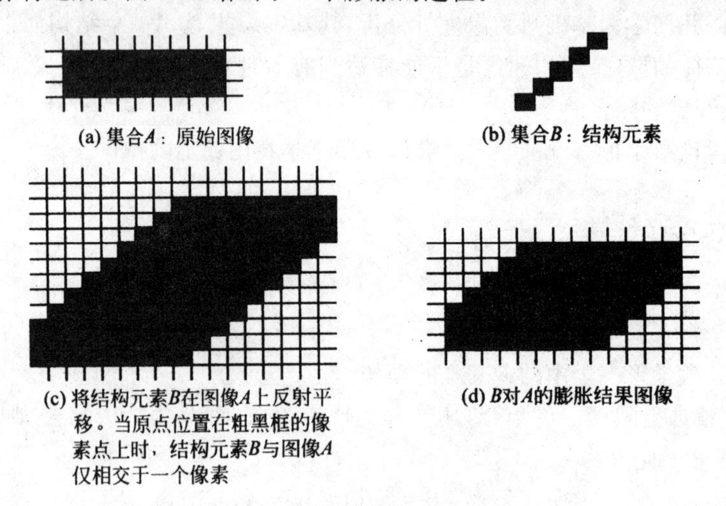

(a) 集合A：原始图像　(b) 集合B：结构元素

(c) 将结构元素B在图像A上反射平移。当原点位置在粗黑框的像素点上时，结构元素B与图像A仅相交于一个像素　(d) B对A的膨胀结果图像

图 8-26　B 对 A 的膨胀运算过程

3. 开启和闭合

开启和闭合是形态学中的另外两个重要操作，它们是由基本运算——膨胀和腐蚀组合而成的复合运算。开启操作通常可以起到平滑图像轮廓的作用，去掉轮廓上突出的毛刺，截断狭窄的山谷。而闭合操作虽然也对图像轮廓有平滑作用，但是结果相反，它能去除区域中的小孔，填平狭窄的断裂、细长的沟壑以及轮廓的缺口。

对整数空间 $\mathbf{Z}$ 中的集合 A 和集合 B，B 对 A 的开启——记为 $A \cdot B$——定义为：

$$A \cdot B=(A \ominus B) \oplus B \tag{8-30}$$

由此可知，开启操作是先用结构元素 B 对图像 A 进行腐蚀，然后用 B 对腐蚀结果做膨胀操作。图 8-27(b)给出了结构元素 B 对图像 A 的开启过程，图 8-27(c)则是开启运算的结果。

相应地，B 对 A 的闭合操作——记为 $A \cdot B$——定义为：

$$A \cdot B=(A \oplus B) \ominus B \tag{8-31}$$

即闭合操作的过程与开启操作过程相反，它是先对原图像做膨胀运算，然后对膨胀结果进行腐蚀操作。

从上面的公式可以看出，开启结果 $A^{\circ}B$ 是原图像 A 的一个子集，而原图像 A 又是其闭合结果 $A\cdot B$的一个子集。结构元素 B 对图像 A 的闭合过程如图 8-27(d)所示，其结果见图 8-27(e)。

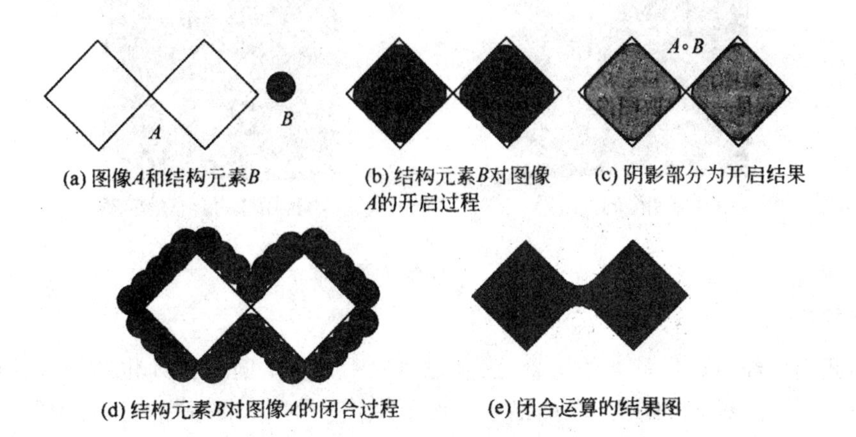

(a) 图像A和结构元素B　(b) 结构元素B对图像A的开启过程　(c) 阴影部分为开启结果
(d) 结构元素B对图像A的闭合过程　(e) 闭合运算的结果图

图 8-27　开启和闭合运算

8.6.2　形态学对图像的操作

对二值图像，可以考虑用形态学对图像进行适当的操作，以此来提取图像的描述。下面将讨论这方面的一些应用算法。

1. 边界提取

在图像处理中，边缘提供了物体形状的重要信息，因此，边缘检测是许多图像处理应用必不可少的一步。对于二值图像，边缘检测是对一个图像集合 A 进行边界提取。利用形态学进行边界提取的基本思想是：用一定的结构元素对目标图像进行形态学运算，再将得到的结果与原图像相减。依据所用形态学运算的不同，可以得到二值图像的内边界、外边界和形态学梯度三种边界。在这三种边界中，内边界可用原图像减去腐蚀结果图像得到，外边界可用图像膨胀结果减去原图像得到，形态学梯度可用图像的膨胀结果减去图像的腐蚀结果得到。内边界、外边界和形态学梯度三种边界分别用位 $\beta_1(A)$、$\beta_2(A)$和 $\beta_3(A)$表示，并可分别表示为：

$$\beta_1(A)=A-(A\ominus B) \tag{8-32}$$

$$\beta_2(A)=(A\oplus B)-A \tag{8-33}$$

$$\beta_3(A)=(A\oplus B)-(A\ominus B) \tag{8-34}$$

图 8-28 给出了利用式(8-32)、式(8-33)和式(8-34)分别对一幅简单的二值图像进行形态学运算求出的内边界、外边界以及形态学梯度的示例。

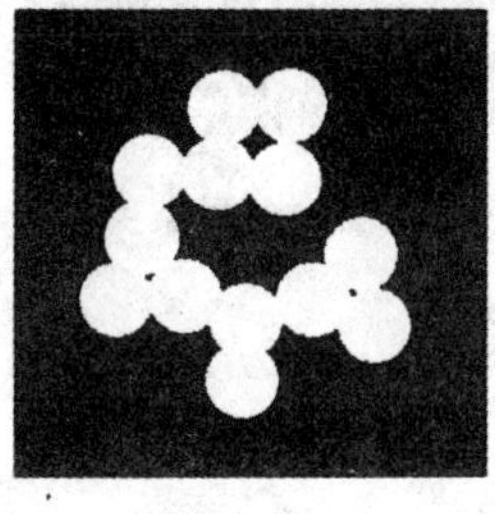
(a) 原图像

(b) 原图像的内边界

(c)原图像的外边界

(d)原图像的形态学梯度

图 8-28　二值图像边界提取示例

2. 骨架提取

在前面我们已经讨论过骨架的概念，图像处理的一个基本问题是细化结构。骨架便是这样一种细化结构，并可以用中轴来形象的描述。设想在 $t=0$ 时刻，将目标边界各处同时点燃，火的前沿以匀速向目标内部蔓延，当前沿相交时火焰熄灭，火焰熄灭点的集合就构成了中轴。骨架是图像几何形态的重要拓扑描述，在文字识别、图像压缩编码等方面具有十分广泛的应用。

二值图像 A 的形态骨架可以通过选定合适的结构元素 B，然后对 A 进行连续腐蚀和开运算来求得。设 $S(A)$ 表示 A 的骨架，则求图像 A 的骨架的过程可以描述为：

$$S(A)=\bigcup_{n=0}^{N} S_n(A) \tag{8-35}$$

$$S_n(A)=(A\ominus nB)-[(A\ominus nB)\cdot B] \tag{8-36}$$

其中，$S_n(A)$ 为 A 的第 n 个骨架子集，N 为满足 $A\ominus nB\neq\varnothing$ 和 $A\ominus(n+1)B\neq\varnothing$ 的 n 值，即 N 的大小为将 A 腐蚀成空集的次数减 1。式 $(A\ominus nB)$ 表示连续 n 次用 B 对 A 进行腐蚀，即

$$(A\ominus nB)=((\cdots(A\ominus B)\ominus B)\ominus\cdots)\ominus B \tag{8-37}$$

由于集合 $(A\ominus nB)$ 与 $(A\ominus nB)\circ B$ 仅在边界的突出点（如角）处不同，所以集合的差(AonB) $(A\ominus nB)-[(A\ominus nB)\circ B]$ 仅包含属于骨架的突出边界点。

图 8-29 给出了用形态学方法求图像的骨架的示例。图 8-29(b)为利用形态学方法提取的原图像的骨架图像。

(a)原图像

(b)提取原图像的骨架图像

图 8-29　骨架提取示例

第 9 章　图像匹配与模式识别

9.1　图像匹配

在图像分类识别过程中，通常需要把不同的传感器或者同一传感器在不同的时间、不同的成像条件下对同一物体获取的两幅或者多幅图像在空间上对准，或者根据已知模式到另一幅图像中寻找相应的模式，也就是用目标的特征集在图像中进行搜索，直接确定目标在图像中的位置，我们把这一过程称为匹配。匹配的方法包括基于模板的相关匹配和基于特征的最近匹配等。其核心思想是要确定图像中是否包括有所关心的目标物，其在图像中什么位置，进而识别目标物。

9.1.1　模板匹配

要判定搜索图像中是否存在某一目标物，可以事先将该目标物从标准图像中分割提取出来，以矩阵形式表示成代表该目标物的样板，该样板就称做模板。根据该模板与一幅图像的各部分的相似度，判定其是否存在，并求得目标物在图像中的位置，这一操作就叫模板匹配。模板匹配最基本的原则就是通过计算相关函数来找到它在被搜索图像中的坐标位置，如图 9-1 所示。

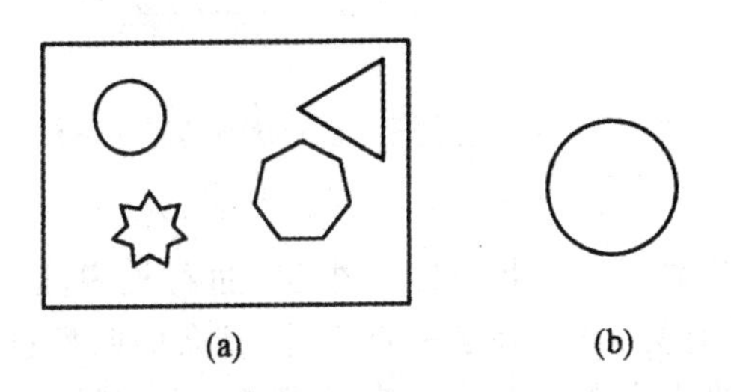

图 9-1　图像(a)与被搜索模板(b)

如图 9-2 所示，设模板为 $T(m,n)$，其大小为 $M\times N$；搜索图像为 $S(m,n)$，其大小为 $N\times N$，且 $N\geqslant M$。将模板 T 叠放在搜索图像 S 上平移，模板覆盖下的区域为子图 $S^{i,j}$，(i,j)为区域左上角点在图像 S 中的坐标，称为参考点，可以看到

$$1\leqslant i,j\leqslant N-M+1$$

比较 T 和 $S^{i,j}$ 的内容，若两者一致，则 T 和 $S^{i,j}$ 的差值为零。但实际应用中并非如此，一般可用下面的公式来描述 T 和 $S^{i,j}$ 的相似程度(相似性)：

$$D(i,j)=\sum_{m=1}^{M}\sum_{n=1}^{M}\left[S^{i,j}(m,n)-T(m,n)\right]^{2} \tag{9-1}$$

或者

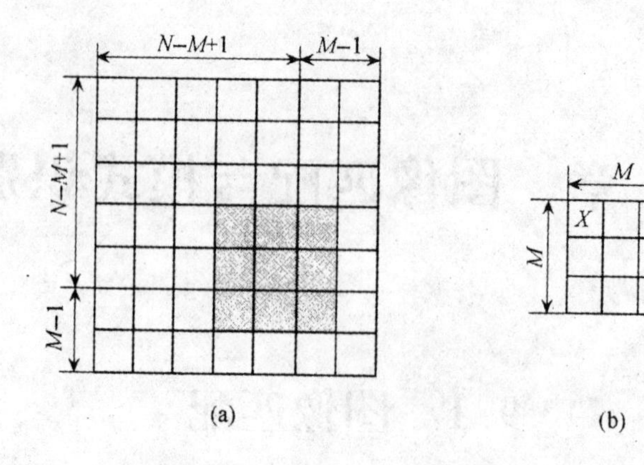

图 9-2 搜索图(a)及模板(b)

$$D(i,j)=\sum_{m=1}^{M}\sum_{n=1}^{M}|S^{i,j}(m,n)-T(m,n)| \tag{9-2}$$

展开式(9-1)则有

$$D(i,j)=\sum_{m}\sum_{n}[S^{i,j}(m,n)]^2-2\sum_{m}\sum_{n}S^{i,j}(m,n)\cdot T(m,n)+\sum_{m}\sum_{n}[T(m,n)]^2 \tag{9-3}$$

上式右边第一项是覆盖区域的子图能量,它随坐标(i,j)的变化而缓慢变化;第二项是子图和模板的互相关系熟,随坐标(i,j)的变化而变化,当T和$S^{i,j}$达到匹配时,互相关系数值取最大;第三项是常数,表示模板的总能量,它的取值与坐标(i,j)无关。因此,可以用下列的相关系数作为相似性量度

$$R(i,j)=\frac{D(i,j)\text{ 的第二项}}{D(i,j)\text{ 的第一项}}=\frac{\sum_{n}\sum_{n}S^{ij}(m,n)\cdot T(m,n)}{\sum_{n}\sum_{n}[S^{ij}(m,n)]^2} \tag{9-4}$$

或者归一化为

$$R(i,j)=\frac{\sum_{n}\sum_{n}S^{i,j}(m,n)\cdot T(m,n)}{(\sum_{n}\sum_{n}[S^{i,j}(m,n)]^2)^{1/2}(\sum_{n}\sum_{n}[T(m,n)]^2)^{1/2}} \tag{9-5}$$

上述就是模板匹配的基本原理。由于其需要逐点进行检测,因此计算量很大,要在$(N-M+1)^2$个参考位置上做相关计算,其中除了一点之外,其余的匹配过程都是在做无用功。对此,人们也提出了一些改进的快速算法,实际使用时可参考相关资料。

9.1.2 特征匹配

图像匹配的计算量很大,匹配效率和精度也比较低。而在实际应用中的多数场合,我们关心的并不是目标物所在区域的所有像素,而是目标物的特征,即要在一幅图像中找到目标物,只要进行目标物特征(特征点)的匹配,就可达到目的。常用的匹配特征有特征点、字符串、形状数、惯量等效椭圆等。

特征匹配中最常用的特征点是图像中的一些特殊点,例如边缘点、交界点和拐点等。特征点匹配主要步骤如下:

①选取特征点。

②特征点的匹配。

③对匹配结果进行插值。

特征匹配中的两种基本方法是字符串匹配和形状匹配。

字符串匹配是根据逐个符号完成的。首先将两个区域边界 A 和 B 进行分别编码，得到两个字符串。从起始点开始，如果在某个位置上编码位的数值相同，则认为这两个边界有一次匹配，设 M 为两字符串匹配的次数，则非匹配的次数为

1. 字符串匹配法

字符串匹配是根据逐个符号完成的。首先将两个区域边界 A 和 B 进行分别编码，得到两个字符串。从起始点开始，如果在某个位置上编码位的数值相同，则认为这两个边界有一次匹配，设 M 为两字符串匹配的次数，则非匹配的次数为

$$Q=\max(\|A\|,\|B\|)-M \tag{9-6}$$

其中，arg代表 arg 的字符串表达长度（符号个数），当且仅当两边界的字符串相等时，$Q=0$。

我们用一个相似性度量 R 来衡量两边界的近似程度如下

$$R=\frac{M}{Q}=\frac{M}{\max(\|A\|,\|B\|)-M} \tag{9-7}$$

则 R 越大说明两个边界的匹配程度越高。当完全匹配时 R 为无穷大。需要注意的是，起点的位置对计算量影响很大，因此通常需要对字符串进行归一化处理。

2. 形状数匹配法

形状匹配中常用的一种方法是形状数匹配法。该方法的基本原理是：通过比较两个对象边界的形状数的相似程度，来匹配对象。

首先定义两个区域边界的相似度为两形状数之间的最大公共形状数。设有闭合曲线 A 和 B，都用 4 链码表示，当 A 和 B 具有相同的相似度 k 时，则它们的相似度就是 k。

即 A 和 B 具有相似级别 k，当且仅当满足：

$$S_4(A)=S_4(B),S_6(A)=S_6(B),S_8(A)=S_8(B),\cdots,S_k(A)=S_k(B)$$
$$S_{k+2}(A)\neq S_{k+2}(B),S_{k+4}(A)\neq S_{k+4}(B),\cdots \tag{9-8}$$

这里 S 表示形状数，下标表示序号。

两个区域边界 A 和 B 形状数的距离 $D(A,B)$ 为其相似度的倒数，即

$$D(A,B)=1/k \tag{9-9}$$

则它必然满足

$D(A,B)\geqslant 0$

$D(A,B)=0$　当且仅当 $A=B$

$D(A,C)\leqslant \max[D(A,B),D(B,C)]$

利用形状数匹配法进行匹配的步骤是：

①用不同密度的网格划分边界区域，获得不同序数的形状数。

②利用相似级别 k 或相似距离 D 进行相似性判别。

- 如果使用相似级别 k，k 越大越相似。
- 如果使用相似距离 D，D 越小越相似。

9.2 统计模式识别

统计模式识别是研究每一个模式的各种测量数据的统计特性，按照统计决策理论来进行分类。统计模式识别的大致过程如图 9-3 所示。图中的上半部分是识别部分，即对未知类别的图像进行分类；下半部分是分析部分，即由已知类别的训练样本求出判别函数及判别规则，进而用来对未知类别的图像进行分类。框图右下脚部分是自适应处理（学习）部分，当用训练样本根据某些规则求出一些判别规则后，再对这些训练样本逐个进行检测，观察是否有误差。这样不断改进判别规则，直到满足要求为止。

从图 9-3 中不难看出，对量化误差和图像模糊等所采用的预处理部分已在前面做了介绍，统计模式识别部分主要由特征处理和分类两部分组成。

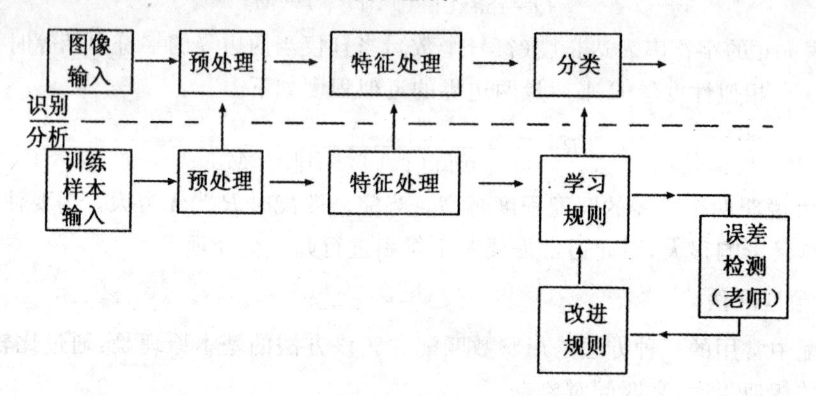

图 9-3　统计模式识别的过程

9.2.1 特征处理

1. 特征选择

特征处理包括特征选择和特征变换。

设计一个模式识别系统，首先需要用各种可能的手段对识别对象的性质进行测量，然后将这些测量值作为分类用的特征。如果将大量原始的测量数据不作分析，直接作为分类特征，不仅数据量太大，计算复杂，浪费计算机处理时间，而且分类的效果也不一定好。在具体对某一类别的识别过程中，有些原始图像所提供的信息不仅对分类没有帮助，甚至还会造成不良影响。这种由于分类特征多带来的分类效果下降现象，有人称为“特征维数灾难”。因此为了设计效果好的分类器，一般需要对原始的测量值进行分析处理，经过选择和变换组成具有区分性、可靠性、独立性好的识别特征，在保证一定精度的前提下，减少特征维数，提高分类效率。

(1)特征选择

所谓特征选择指的是从原有的 m 个测量值集合中，按某一准则选择出一个 n 维($n<m$)的子集作为分类特征。究竟选择哪些测量值作为分类特征进行分类，可使分类误差最小呢？显然应该选取具有区分性、可靠性、独立性好的少量特征。下面介绍两种选择法。

①穷举法。从 m 个原始的测量值中选出 n 个特征，一共有 C_m^n 种可能的选择。对每一种选法用已知类别属性的样本进行试分类，测出其正确分类率，分类误差最小的一组特征便是最好的选择。穷举法的优点是不仅能提供最优的特征子集，而且可以全面了解所有特征对各类别之间的可分性。但是，计算量太大，特别在特征维数高时，计算更繁。

②最大最小类对距离法。最大最小类对距离法的基本思想是：首先在 K 个类别中选出最难分离的一对类别，然后选择不同的特征子集，计算这一对类别的可分性，具有最大可分性的特征子集就是该方法所选择的最佳特征子集。

特征选择方法不改变原始测量值的物理意义，因此它不会影响分类器设计者对所用特征的认识，有利于分类器的设计，便于分类结果的进一步分析。

2. 特征变换

特征变换是将原有的 m 个测量值集合通过某种变换，然后产生 n 个（$n<m$）特征用于分类。特征变换又分为两种情况，一种是从减少特征之间相关性和浓缩信息量的角度出发，根据原始数据的统计特性，用数学的处理方法使得用尽量少的特征来最大限度地包含所有原始数据的信息。这种方法不涉及具体模式类别的分布，因此，对于没有类别分布先验知识的情况，特征变换是一种有效的方式。主分量变换常用于这种情况。另一种方法是根据对测量值所反映的物理现象与待分类别之间关系的认识，通过数学运算来产生一组新的特征，使得待分类别之间的差异在这组特征中更明显，从而有利于改善分类效果。

9.2.2　特征测量技术

对图像中区域的表达有一些对应的描述参数，也常称为特征。对图像中区域描述参数的测量也常称为特征测量，并且可分为基于边界的方法和基于区域的方法。

1. 边界基本参数及测量

（1）轮廓的长度

轮廓的长度是一种简单的边界全局特征，它是边界所包围区域的轮廓的周长。区域 R 的轮廓 B 是由 R 的所有轮廓点按 4－方向或 8－方向连接组成的。每个轮廓点 P 应满足 2 个条件：

①P 本身属于区域 R。

②P 的邻域中有像素不属于区域 R。

这里需注意，如果区域 R 的内部点是用 8－方向连通来判定的，则得到的轮廓为 4－方向连通的。而如果区域 R 的内部点是用 4－方向连通来判定的，则得到的轮廓为 8－方向连通的。

可分别定义 4－方向连通轮廓 B_4 和 8－方向连通轮廓 B_8 如下：

$$B_4=\{(x,y)\in \mathbf{R} \mid N_8(x,y)-R\neq 0\} \tag{9-10}$$

$$B_8=\{(x,y)\in \mathbf{R} \mid N_4(x,y)-R\neq 0\} \tag{9-11}$$

如果轮廓已用单位长链码表示，则水平和垂直码的个数加上$\sqrt{2}$乘以对角码的个数就是边界长度。

周长可以简单地通过计算物体边界上相邻像素的中心距的累加和得到。也就是说，对物体周长的计算可以简单地通过轮廓线的像素数而得到。但由于在倾斜方向，会产生图 9-4 所示的数字图像特有的误差，所以，要乘以$\sqrt{2}$加以修正。

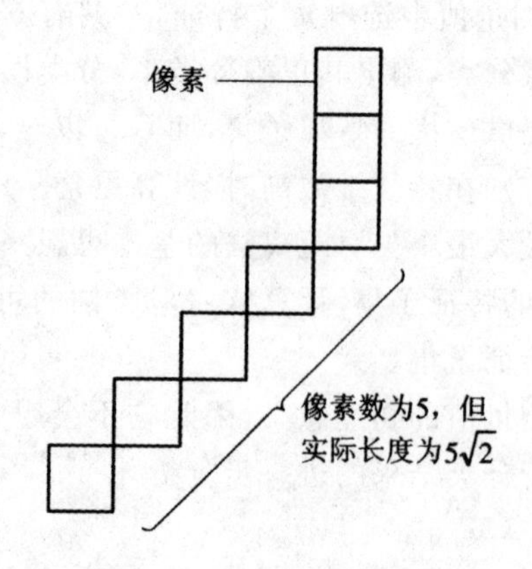

图 9-4　周长计算的修正

当然更为有效的办法是从图像的物体边界链码中计算得到周长。图 9-5(a)所示为最小周长多边形轮廓，其 4－方向连通轮廓见图 9-5(b)，其 8－方向连通轮廓见图 9-5(c)。因为 4－方向连通轮廓上共有 18 个直线段，所以轮廓长度为 18。而 8－方向连通轮廓上共有 14 个直线段和 2 个对角线段，所以轮廓长度约为 16.8。

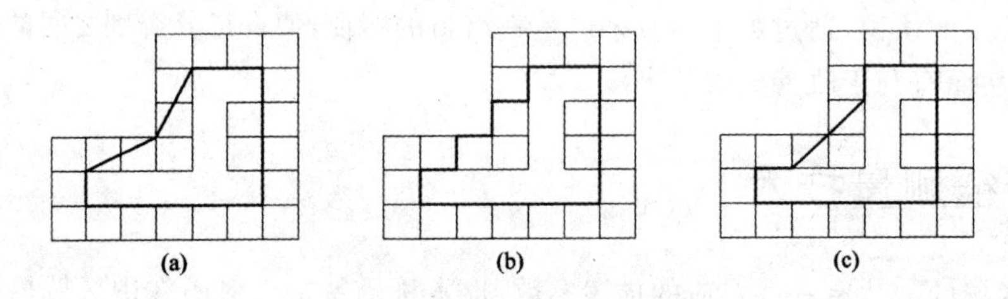

图 9-5　边界链码法计算物体边界周长

(2)边界的直径

边界的直径是边界上相隔最远的 2 点之间的距离，即这 2 点之间的直连线段长度。有时这条直线也称为边界的主轴或长轴(与此垂直且最长的与边界的 2 个交点之间的线段也叫边界的短轴)。边界 B 的直径 $\mathrm{Dia}_d(B)$可由下式计算：

$$\mathrm{Dia}_d(B)=\max_{i,j}[D_d(b_i,b_j)] \tag{9-12}$$

其中，$b_i,b_j\in B$，$D_d(\cdot)$可以是任一中距离量度，如 $D_E(\cdot)$。

(3)斜率、曲率和角点

斜率(slope)能表示轮廓上各点的指向，曲率(curvature)是斜率的改变率，它描述了轮廓上各点沿轮廓方向变化的情况。在一个给定的轮廓点，曲率的符号描述了轮廓在改点的凹凸性。如果曲率大于零，则曲线凹向朝着该点法线的正向；如果曲率小于零，则曲线凹向朝着该点法线的负方向。曲率的局部极值点称为角点。

2. 区域基本参数及测量

(1)区域面积

区域的面积描述了区域的大小。对一个区域 R 来说，设正方形像素的边长为单位长，则其面积 A 可通过对属于区域的像素个数进行计数得到：

$$A=\sum_{(x,y)\in \mathbf{R}}1 \tag{9-13}$$

（2）区域重心

区域重心点的坐标是根据所有属于区域的点计算出来的：

$$\bar{x} = \frac{1}{A}\sum_{(x,y)\in \mathbf{R}} x \tag{9-14}$$

$$\bar{y} = \frac{1}{A}\sum_{(x,y)\in \mathbf{R}} y \tag{9-15}$$

尽管区域各点的坐标总是整数，但区域重心的坐标常不为整数。

（3）区域灰度和积分光密度

目标的灰度特性要结合原始灰度图和分割图来得到。常用的区域灰度特征有目标灰度（或各种颜色分量）的最大值、最小值、中值、平均值、方差以及高阶矩等统计量，它们多也可借助灰度直方图得到。

一种常用的区域灰度参数是积分光密度（Integrated Optical Density，IOD），它可看做是对图像或目标的“质量”（mass）的一种测量。对一幅 $M\times N$ 的图像 $f(x,y)$，其积分光密度 IOD 定义为

$$\text{IOD} = \sum_{x=0}^{M-1}\sum_{y=0}^{N-1} f(x,y) \tag{9-16}$$

如果设图像的直方图为 $H(\cdot)$，图像的灰度级数为 G，则根据直方图的定义，有

$$\text{IOD} = \sum_{k=0}^{G-1} kH(k) \tag{9-17}$$

即积分光密度时直方图的灰度加权和。

（4）拓扑描述符合欧拉数

欧拉数是一种区域的拓扑描述符。拓扑学（topology）研究图形不受畸变变形（不包括撕裂或粘贴）影响的性质。区域的拓扑性质既不依赖距离，也不依赖基于距离测量的其他特性。

欧拉数描述的是区域的连通性。对一个给定的平面区域来说，区域内的孔数 H 和区域内的连通组元（其中任意两点可用完全在内部的曲线相连接的点的集合）的个数 C 可被进一步用来定义欧拉数 E（Euler number）：

$$E = C - H \tag{9-18}$$

3. 区域形状参数及测量

（1）形状参数

形状参数（form factor）F 是根据周长和面积计算出来的：

$$F = \frac{B^2}{4\pi A} \tag{9-19}$$

由上式可见，一个连续区域为原形时 $F=1$，而当区域为其他形状时 $F>1$。

形状参数在一定程度上描述了一个区域的紧凑性（compactness），它没有量纲，所以对区域尺度的变化不敏感。除掉由于离散区域旋转带来的误差，它对旋转也不敏感。

在有的情况下，仅靠形状参数 F 并不能把不同形状的区域分开。图 9-6 给出一个例子。

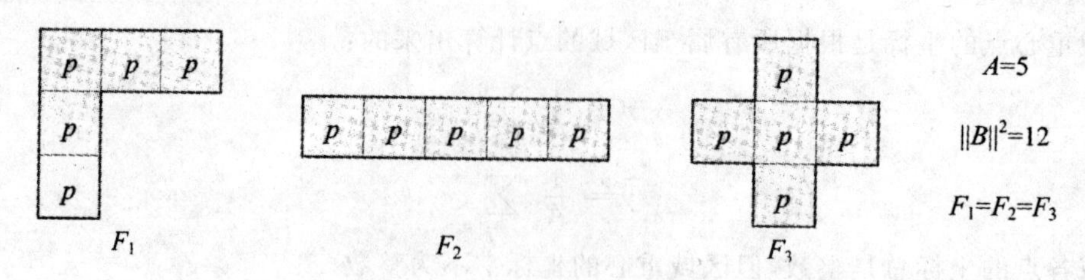

图 9-6　区域形状参数 F 相同而形状不同的实例

(2)偏心率

偏心率(eccentricity)E 也可叫伸长度(elongation),它也在一定程度上描述了区域的紧凑性。设目标区域放在 XY 平面上,区域像素点绕 X 轴的转动惯量为 A,绕 Y 轴的转动惯量为 B,惯性积为 C。目标区域长短主轴的长度分别是 p 和 q:

$$p=\sqrt{\frac{2}{(A+B)+\sqrt{(A-B)^2+4C^2}}} \tag{9-20}$$

$$q=\sqrt{\frac{2}{(A+B)-\sqrt{(A-B)^2+4C^2}}} \tag{9-21}$$

区域的偏心率可由 p 和 q 的比值得到。

(3)球状性

球状性(sphericity)S 的定义为

$$S=\frac{r_i}{r_c} \tag{9-22}$$

式中,r_i 代表区域内切圆(inscribed circle)的半径,而 r_c 代表区域外接圆(circumscribed circle)的半径。两个圆的圆心都在区域的重心上,如图 9-7 所示。

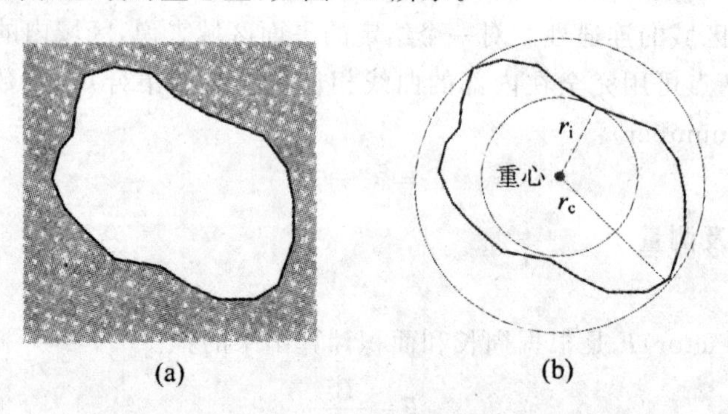

图 9-7　球状性示意图

球性状的值在区域为圆时达到最大($S=1$),而当区域为其他形状时则 $S<1$。

(4)圆形性

圆形性(circularity)C 是一个用区域 R 的所有边界点定义的特征量:

$$C=\frac{\mu_R}{\sigma_R} \tag{9-23}$$

式中,μ_R 为从区域重心到边界点的平均距离,σ_R 为从区域重心到边界点的距离的均方差:

$$\mu_R=\frac{1}{K}\sum_{k=0}^{K-1}||(x_k,y_k)-(\overline{x},\overline{y})|| \tag{9-24}$$

$$\sigma_R^2 = \frac{1}{K}\sum_{k=0}^{K-1}[\|(x_k,y_k)-(\overline{x}-\overline{y})\|-\mu_R]^2 \tag{9-25}$$

特征量 C 在区域 R 趋向圆形时是单增且趋向无穷的。

表 9-1 给出了一些简单几何形状区域描述的数值。

表 9-1　简单几何形状区域描述符的数值

物体	F	E	S	C
正方形(边长为 1)	$4/\pi(\approx 1.273)$	1	$\sqrt{2}/2(\approx 0.707)$	9.102
正六边形(边长为 1)	1.103	1.010	0.866	22.613
正八边形(边长为 1)	1.055	1	0.924	41.616
长为 2 宽为 1 的长方形	1.432	2	0.447	3.965
长轴为 2 短轴为 1 的椭圆	1.190	2	0.500	4.412

4. 区域纹理参数及测量

直观来说纹理描述可提供区域的平滑、稀疏、规则性等特性。常用的 3 种纹理描述方法是统计法、结构法和频谱法。下面仅介绍统计法。

统计法描述纹理常借助区域灰度的共生矩阵来进行。设 S 为目标区域 R 中具有特定空间联系的像素对的集合，则共生矩阵 P 可定义为

$$P(g_1,g_2)=\frac{\#\{[(x_1,y_1),(x_2,y_2)]\in S \mid f(x_1,y_1)=g_1 \,\&\, f(x_2,y_2)=g_2\}}{\# S} \tag{9-26}$$

式中，等号右边的分子时具有某种空间关系、灰度值分别为 g_1 和 g_2 像素对的个数，分母为像素对的总个数(#代表数量)。这样得到的 P 是归一化的。

5. 不变矩

函数与其矩集合一一对应。为了描述形状，假设 $f(x,y)$在物体的轮廓信息。对于规格化的中心矩，其平移、旋转和尺度变化都是不变的。

但是，由于图像中存在噪声等干扰因素，上述不变矩尤其是高阶不变矩是不稳定的，仅仅利用不变矩特征来识别物体是不可靠的。

6. 特征测量的精确度

从场景到数据的整个图像处理和分析过程中，有许多因素会对测量的精确度产生影响。实际数据和测量数据产生差异的常见原因有以下几点：

①客观物体本身参数或特征的自然变化。

②图像量化过程(从连续到离散)的影响，又可分为空间采取样和灰度量化的影响。

③不同的图像处理和分析手段(例如编码，分割)。

④不同的测量方法和计算公式。

⑤图像处理和分析过程中噪声等干扰的影响。

9.2.3　统计分类法

统计分类法可以分为监督分类法和非监督分类法。

1. 监督分类法

如图 9-8 所示，所谓监督分类的方法就是根据预先已知类别的训练样本，求出各类在特征空间的分布，然后利用它对未知数据进行分类的方法。分类如下：

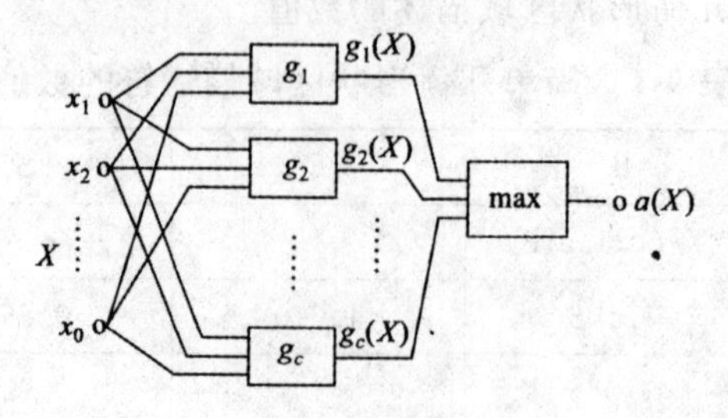

图 9-8　监督分类

①根据类别名选定的训练样本，求各类特征量矢量分布的判别函数 $g_1 \sim g_c$(c 为类别数)。这一过程称为学习。

②对于待分类的特征矢量(或称模式)$X=(x_1, x_2, \cdots, x_n)$，计算各判别函数的值 $g_1(X) \sim g_c(X)$。

③在 $g_1(X) \sim g_c(X)$中选择最大者，把模式 X 分到这一类中。

换句话说，监督分类法就是根据训练样本把特征空间分割成对应于各类的区域，如图 9-9 所示，输入未知模式，研究这一特征矢量进到哪一个区域，就将区域的类别名赋予该种模式。一般类别 i 和 j 的区域间的边界以 $g_i(X)=g_j(X)$表示。在类别 i 的区域内，$g_i(x)>g_j(X)$；在类别 j 的区域内，$g_i(x)<g_j(X)$。

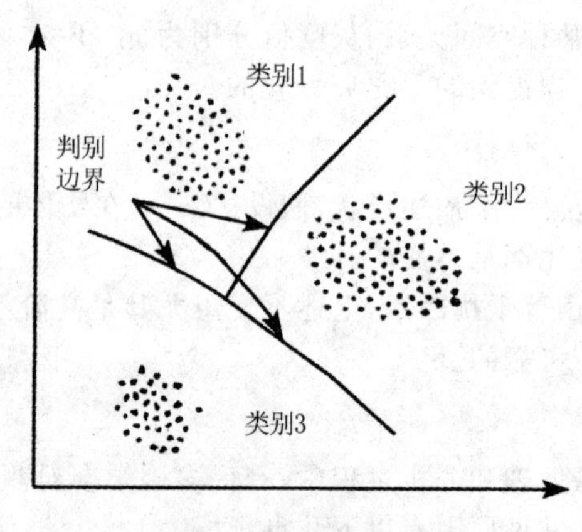

图 9-9　特征空间分割

常用的判别函数有：

(1)距离函数

使用的距离判别函数有：

$$\left| \sum_{i=1}^{n} (x_i - y_i)^2 \right|^{1/2} \tag{9-27}$$

L 距离

$$\sum_{i=1}^{n} |x_i - y_i| \tag{9-28}$$

相似度

$$X \cdot Y / \| X \| \cdot \| Y \| \tag{9-29}$$

采用距离作为判别函数的分类法是一类简单的分类法,常用的有最小距离分类法和最近邻域分类法。最小距离分类法用一个标准模式代表一类,所求距离是两个模式之间的距离。而最近邻域分类法用一组标准模式代表一类,所求距离是一个模式同一组模式间的距离。如图 9-10 所示那样,求出与模式 X 最近的训练样本或者各类的平均值,并把 X 分到这一类中。

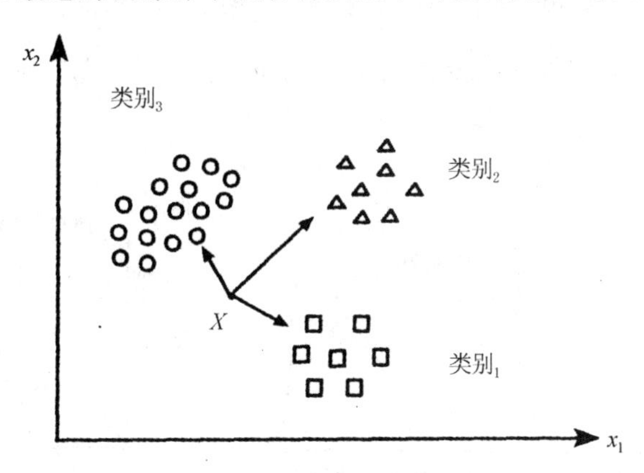

图 9-10　最近邻域分类

图 9-11(a)、(b)分别表示使用与类别的平均值和与逐个训练样本的距离的场合,可见二者判别边界的不同之处在于前者判别边界为直线,而后者则为复杂的曲线。

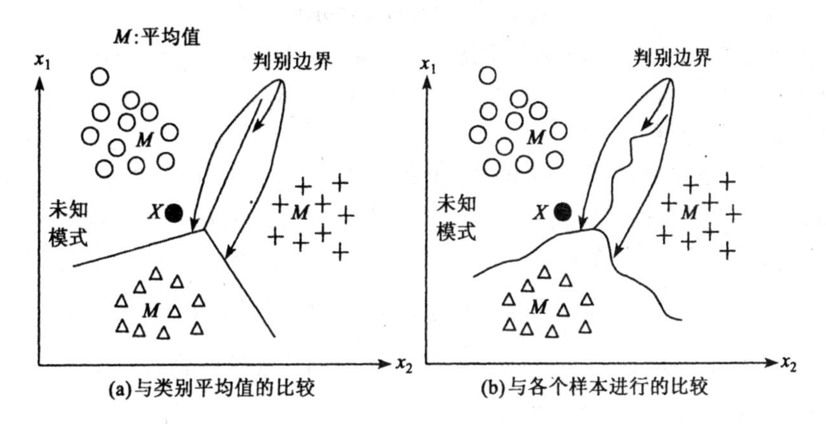

图 9-11　最近邻域分类

(2)线性判别函数

线性判别函数是应用较广的一种判别函数,它是图像所有特征量的线性组合。即

$$g(X) = a \cdot X + b \tag{9-30}$$

采用线性判别函数进行分类时,一般将 m 类问题分解成 $(m-1)$ 个 2 类识别问题。方法是先把特征空间分为 1 类和其他类,如此进行下去即可。而 2 类线性分类是最简单最基本的。其中线性判别函数的系数可通过样本试验来确定。

(3)统计决策理论

设 $p(X|\omega_i)$ 为在某一类别 ω_i 的特征矢量分布的函数,它是把模式 X 分类到

$$g_i(X) = p(\omega_i | X) = p(X | \omega_i) P(\omega_i) \tag{9-31}$$

为最大的类别中的分类方法。式中 $P(\omega_i)$ 表示类别 ω_i 的模式以多大的概率被观测到的情况,称

为先验概率。$p(X|\omega_i)$表示条件概率密度函数，$p(\omega_i|X)$表示在观测模式 X 的时候，这个模式属于类别 ω_i 的确定度(似然度)。这一方法叫做最大似然法。理论上为误差最小的分类法。例如，在一维特征空间的场合，如图 9-12 所示，用某一值 T 把特征空间分割成两个区域(类别)的时候，产生的误会分类概率可由图 9-12(b)中画有斜线的部分的面积来表示。即

$$P_E = E_{12} + E_{21} = \int_{-\infty}^{T} P(\omega_2)p(X|\omega_2)\mathrm{d}x + \int_{T}^{+\infty} P(\omega_1)p(X|\omega_1)\mathrm{d}x \tag{9-32}$$

这里，E_{12} 表示类别 ω_2 的模式误分类到类别 ω_1 的概率。E_{21} 则表示类别 ω_1 的模式误分类到类别 ω_2 的概率。

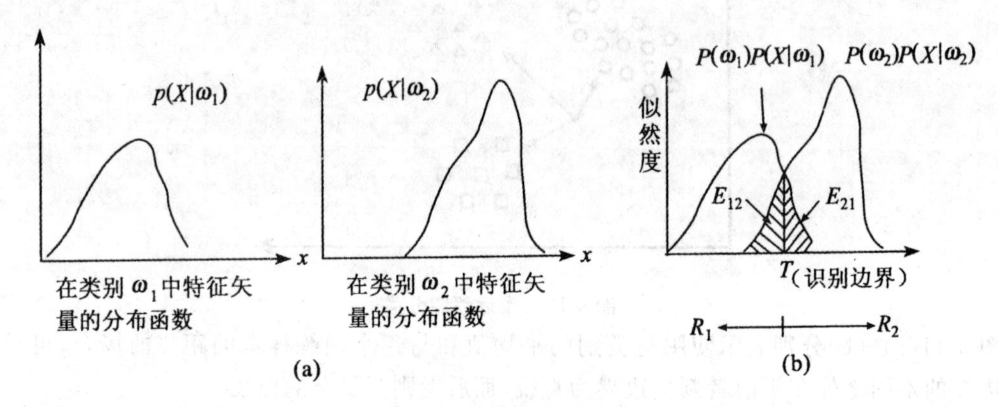

图 9-12　最大似然法分类

这一误分类概率随 T 的位置而发生变化，在 $P(\omega_1)p(X|\omega_1)=P(\omega_2)p(X|\omega_2)$的位置上确定 T 时，P_E 为最小。也就是若 $P(\omega_1)p(X|\omega_1)>P(\omega_2)p(X|\omega_2)$，则把 X 分类到类别 ω_1 中，否则分类到 ω_2 中，误分率为最小。

为了使用最大似然法，必须预先求出 $P(\omega_i)$和 $p(X|\omega_i)$。$P(\omega_i)$是类别 ω_i 被观测的概率，所以是可以预测的。另一方面，$p(X|\omega_i)$是表示在类别 ω_i 的特征矢量分布的函数，是不易求得的。因此，通常假定它为如下正态分布：

$$p(X|\omega_i) = (2\pi)^{-n/2}\left|\sum\nolimits_i\right|^{-1/2}\exp\left[-\frac{1}{2}(X-U_i)^T\sum\nolimits_i^{-1}(X-U_i)\right] \tag{9-33}$$

式中，平均值 U_i 和协方差矩阵$\sum_i$ 可从训练样本计算得到。从 n 个训练样本$\{X_1,X_2,\cdots,X_n\}$计算平均值 U 和协方差矩阵三的表达式为：

$$U = \frac{1}{n}\sum_{i=1}^{n}X_i = [\mu_1,\mu_2,\cdots,\mu_n]^T \tag{9-34}$$

$$\sum = \begin{bmatrix} \sigma_{11} & \sigma_{12} & \cdots & \sigma_{1m} \\ \sigma_{21} & \sigma_{22} & \cdots & \sigma_{2m} \\ \vdots & & & \vdots \\ \sigma_{m1} & \sigma_{m2} & \cdots & \sigma_{mm} \end{bmatrix} \tag{9-35}$$

$$\sigma_{ij} = \frac{1}{n-1}\sum_{n-1}^{n}(x_{ki}-\mu i)(x_{kj}-\mu_j) \tag{9-36}$$

$$i,j=1,2,\cdots,m$$

在假设特征矢量为正态分布的前提下，为了使最大似然法计算简化，常把似然度函数 $P(\omega_i)p(X|\omega_i)$用其对数 $\log P(\omega_i)+\log p(X|\omega_i)$来代替。因为对数函数是单调函数，所以采用对数似

然函数分类并不影响分类结果。使用最大似然法分类，在特征空间的判别边界为二次曲面。但如果不对各种类别的特征矢量是否形成正态分布进行检查，最大似然分类法多半会产生误分类，甚至出现不能使用的情况。

2. 非监督分类法

在监督分类法中，类别名已知的训练本事预先给定的。而非监督分类方法是在无法获得类别先验知识的情况下，根据模式之间的相似度进行分类，将相似性强的模式归为同一类别。正因为利用这种"物以类聚"的思想，非监督分类方法又称为聚类分析。由于这种方法完全按模式本身的统计规律分类，因此显得格外有用。此外，聚类分析还有可能揭示一些尚未察觉的模式类别及其内在硅铝层。对于模式不服从多维正态分布或者概率密度函数具有多重模态(即不止一个最大值的情况)时，聚类分析也表现出独到的价值。

9.3　结构模式识别

统计模式识别方法现已得到广泛应用，它的缺点是对已知条件要求太多，如需已知类别的先验概率、条件概率等。当图像非常复杂、类别很多时，用统计识别方法对图像进行分类将十分困难，甚至难以实现。结构(句法)模式识别注重模式结构，采用形式语言理论来分析和理解，对复杂图像的识别有独到之处。这里先简介结构模式识别的概念和基本原理，然后介绍树分类法。

9.3.1　结构模式识别原理

结构模式识别亦称句法模式识别。所谓句法，是描述语言规则的一种法则。一个完整的句子一定由主语＋谓语或主语＋谓语＋宾语(或表语)的基本结构构成；一种特定的语言，一定类型的句子，应有一定的结构顺序。无规则的任意组合，必然达不到正确的思想交流。形容词、副词、冠词等可以与名词、动词构成"短语"，丰富句子要表达的思想内容。而这短语的构成也是有特定规律的。如果用一个树状结构来描述一个句子，则如图 9-13 所示。

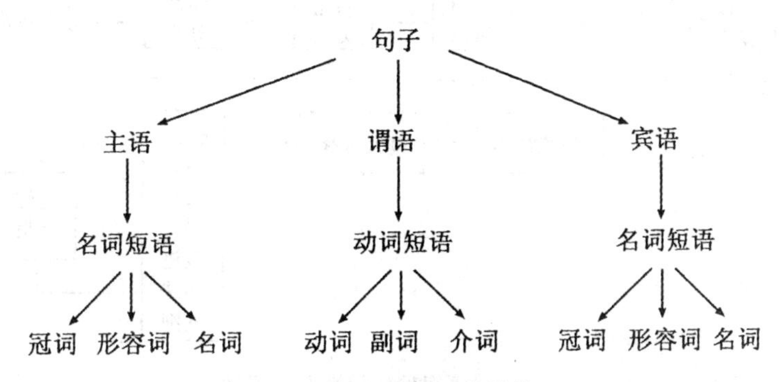

图 9-13　句子的层状结构

只有按照上述层状结构规则(或称为写作规则)才能组合成一定规则的句子，读者或听众才能正确理解你所表达的思想。

自然句法规则的思想怎样用于模式识别呢？自然界的景物组合是千变万化的，但仔细分析某一对象的结构,也存在一些不变的规则。分析图 9-14 (a)所示的一座房子。它一定是由屋顶和墙面构成的,组成屋顶的几何图像,可以是三角形、梯形、四边形、圆形等,组成墙平面的几何图像也是由矩形、平行四边形(透视效果)等构成,至少有一个墙面应该有门,而窗在高度上不低于门,等等。你还可以进一步提出一些用来刻画构成一栋房子的规则,如屋顶一定在墙面之上,且由墙面支承等。一栋房子的这些规则就像构成一个句子的句法规则一样,是不能改变的。如果将描述房子的规则(构成一栋房子的模式)存于计算机,若我们的任务是要在一张风景照照片上去识别有无房子,那么你可以按照照片上所有景物的外形匹配是否符合房子的模式(房子构成规则)。符合房子模式的就输出为"有房子",否则,输出"无房子"。如果风景照片上有一棵树,如图 9-14 (b)所示,尽管顶部有三角形存在,也能寻找到一个支撑的矩形,但却找不到有"门"存在,这不符合一栋房子的结构规则,因而不会把它当成是一栋房子。

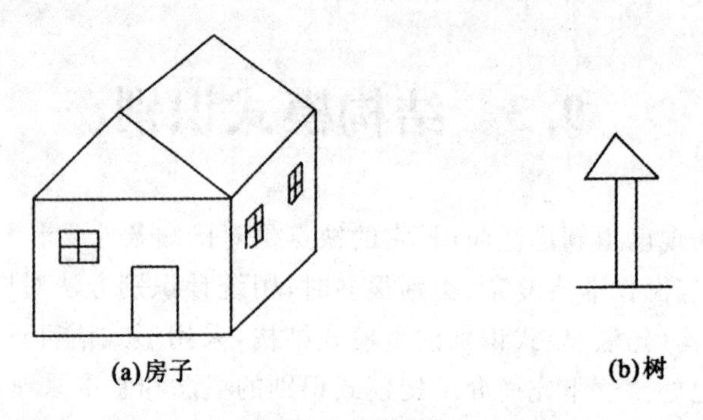

图 9-14　房子和树

可见,结构模式识别是以形式语言为理论基础的。它将一个复杂的模式分解成一系列更简单的模式(子模式),对子模式继续分解,最后分解成最简单的子模式(或称基元),借助于一种形式语言对模式的结构进行描述,从而识别图像。模式、子模式、基元类似于英文句子的短语、单词、字母,这种识别方法类似语言的句法结构分析,因此称为句法模式识别。

句法模式识别系统框图如图 9-15 所示。它由识别和分析两部分组成。

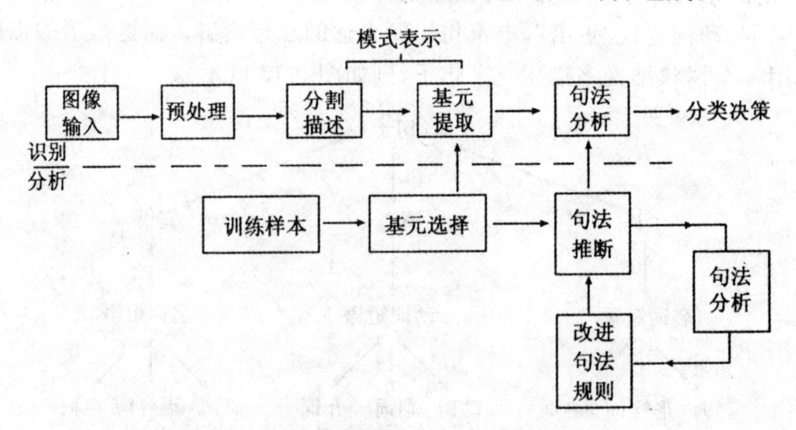

图 9-15　结构模式识别系统框图

分析部分包括基元的选择和句法推断。分析部分是用一些已知结构信息的图像作为训练样本,构造出一些句法规则。它类似于统计分类法中的"学习"过程。

识别部分包括预处理、分割描述、基元提取和结构分析。预处理主要包括编码、增强等系列操作。结构分析是用学习所得的句法规则对未知结构信息的图像所表示的句子进行句法分析。

如果能够被抑制结构信息的句法分析出来，那么这个未知图像就有这种结构信息，否则，就不具有这种结构。

9.3.2　树分类法

树分类法根据树形分层理论，将未知数据归属于某一类的分类方法，图 9-16 所示是一个 n 类问题的树分类器。首先，把集合$\{C_1, C_2, \cdots, C_n\}$根据特征 f_1 分成两组：$\{C_1, C_2, \cdots, C_{n_1}\}$和$\{C_{n_1+1}, C_{n_1+2}, \cdots, C_n\}$。然后，用特征 f_2 进一步将$\{C_1, C_2, \cdots, C_{n_1}\}$分成两组，用特征 f_3 将$\{C_{n_1+1}, C_{n_1+2}, \cdots, C_n\}$分成两组。如此不断地进行二分法处理，最终分别达到唯一的种类为止。这是基于二叉树的分类法。

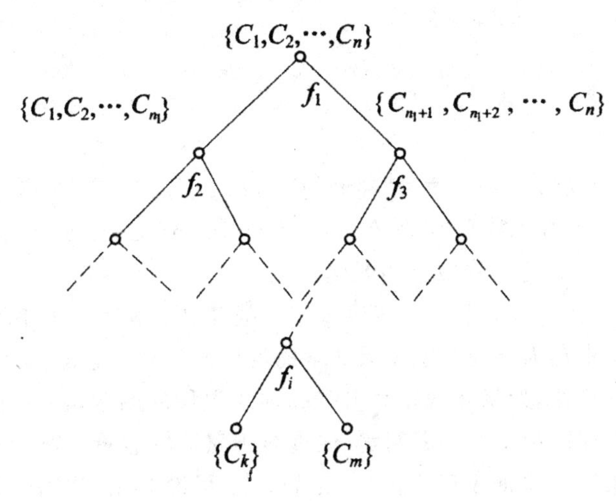

图 9-16　树分类法

树分类器对识别多类、多特征的图像的优点更为明显。其一，在识别多类、多特征图像时，总是希望用多特征来提高正确分类率。这样导致维数高、运算量大、处理困难，甚至不可能实现。但是，若用树分类器，每次判定只选用少量的特征，而不同的特征又可在不同的判定中发挥作用，维数的问题就显得不突出了。其二，树分类器每次判定比较简单，尽管判定次数增多，但判定一个样本所属类别的总计算量并不一定增加。因为有以上的优点，所以近些年对树分类器的研究愈来愈多。

设计树分类器时，必须考虑树的结构，使之用最少的特征和尽可能少的段数达到最终的判决。对出现非常多的类别，要尽可能缩短判决的段数，而出现很少的类别，判决段数可长些。但平均起来，希望判决段数最小。可是，问题的关键在于能否找到一个特征 f_n，作为分类树最终阶段区别 C_n 和 C_{n-1} 的特征。在整个分类树中能否发现这样的特征，只有根据所给定的情况试验决定。

树分类器虽然判决简单，容易用机器实现，但是，如果从“树根”就产生判决错误，则以后将无法纠正这个错误判决。它不能像统计决策理论那样，平等使用全部特征进行最佳判断。所以，在靠近树根处必须选择抗噪声的、稳定可靠的特征。

分类树做出后，便可以在序贯决策的图像识别上使用，即使用沃尔德(Wald)序贯概率比检定法(Sequential probability ratio test)。该法是图像识别中一个很有用的方法。它对图像的特征不是一次全部使用完，而是逐步地使用。每用一些特征时，就判断某一图像是属于哪一类。当判断出它属于哪一类时，判断就停止。如果在此阶段用这些特征不能做出判断，即不能判断它属于哪一类，则必须增加一些特征，再进行判断。这样不断地重复下去，一直到能做出判决为止。

使用这种方法能尽量减少使用特征的个数，从而减少计算量而增加速度。这在医疗诊断等实际问题中特别有用。例如，医生对患者的检查应该是必要的且是最小限度的，检查完一项之后，是否应该进行下面的检查，必须进行充分的判断。否则，大量的检查不但费时、费钱，而且有的检查会给患者带来巨大的痛苦。

9.4 模糊模式识别

9.4.1 概述

"模糊"一词，译自英文"Fuzzy"，意为"模糊的"、"不分明的"。1965年美国控制论专家L. A. Zadeh首先将"Fuzzy"一词引入数学界，他在"Information and Control"杂志1965年第8期中发表了"Fuzzy Sets"一文，标志着模糊数学的诞生。

作为控制论专家的Zadeh，工作性质使他多年来战斗在精确性与模糊性搏斗的战场。他认为现有的数学大多数是根据力学、物理学、天文学的发展而建立起来的。因此这些数学方法也往往只反映了这些学科的规律，如果死搬硬套去解决别的学科的问题，往往无从下手，甚至导致谬误。为了从根本上解决控制论中的许多问题，他重新研究了数学的基础——集合论，他发现了集合论实质上是扬弃了模糊性而抽象出来的，是把思维过程绝对化，从而达到精确、严格的目的。即一个被讨论的对象X，要么属于某一集合A，记作$X \in A$，要么不属于该集合，记作$X \notin A$，二者必居其一，而且二者仅居其一，绝不模棱两可。这种方法完全忽略了X对于A的隶属程度的差异，但这种差异有时是很重要的。例如命题P:张三是个学生。由于学生这一概念的内涵与外延是明确的，故此命题或取真值"1"，或取假值"0"。但若命题Q:张三的性格稳重。由于"性格稳重"是个模糊概念，其外延是不分明的，怎样判别这一命题的真假呢?

精确性与模糊性的对立，是当今科学发展面临的一个十分突出的矛盾。各门学科迫切要求数学化、定量化，但科学的深入发展意味着研究对象的复杂化，而复杂的东西又往往难以精确化。电子计算机的出现，尽管在一定程度上缓解了这个矛盾，但对于要求高度精确的情况，由于机器所执行的任务日益繁杂，往往无法实现高度的精确。例如:命令计算机从监视大厅的摄像镜头中找出一个长满大胡子的高个子，如果程序在屏幕上提出问题:身长多少以上算大个子，或许你勉强可以回答，但若计算机又问:有多少根胡子以上算大胡子? 你将会被这问题弄得啼笑皆非。

决不能将"模糊"两字看成消极的贬义词。过分的精确反而模糊，适当地模糊反而精确。人脑在计算速度、记忆能力等方面远逊于电脑。可电脑对事物的识别远不如人脑，其主要原因是电脑对模糊事物的识别和判决远不如人脑，上述的高个子大胡子，对于人脑来说远不是什么困难的问题。这两个模糊特征是人所早已掌握好了的，只要把大厅中的人群按对此种特征的隶属程度作比较，即可迅速找到此人。

模糊数学诞生至今仅二十几年的发展历程，它在模式识别这一邻域中的应用历史更为短暂，还远未成熟。本节尽可能涉及模式识别的本质，并将重点放在隶属度函数的建立上。因为针对某一模式的识别，其难点也正在于此。尽管如此，对于某一特定的模式识别课题，仍没有似乎也不可能提供一种按部就班的通用解法，但我们认为更重要的是解决问题的思路，有了这一基础，就具备了解决具体问题的前提。

9.4.2　模糊集合及其运算

设 A' 是论域 U 上的普通集合，$u \in U$，称下述映射 $X_{A'}$ 为 A' 的映射函数

$$X_{A'}: U \to \{0,1\} \tag{9-37}$$

$$u \to X_{A'}(u) = \begin{cases} 1 & u \in A' \\ 0 & u \notin A' \end{cases} \tag{9-38}$$

A' 的特征函数在 u 处的值 $X_{A'}(u)$ 叫做 u 对 A' 的隶属程度。显然，就 U 的某一个元素 u 而言，只能由 u 属于 $A'(X_{A'}(u)=1)$ 或者 u 不属于 $A'(X_{A'}(u)=0)$ 两种情况。因此，给定了一个特征函数，就等于给定了一个普通集合。

然而，在现实世界中存在大量内涵和外延都不分明的模糊现象或模糊概念，例如“多云”、“小雨”、“胖”、“瘦”、“高”、“低”等等。这些模糊现象或模糊概念不能用普通集合来刻画，而需要用 L. A. Zadeh 创立的模糊集合。

设在论域 U 上，若给定了从 U 到[0,1]的一个映射：

$$\mu_A: U \to [0,1] \tag{9-39}$$

$$u \mapsto \mu_A(u) \tag{9-40}$$

则说确定了 U 上的一个模糊集，并称 $\mu_A(u)$ 为 u 对 A 的隶属度，$\mu_A(u)$ 为 A 的隶属函数。

正如普通集合完全由特征函数所刻画的一样，模糊集合也完全由隶属函数所刻画。$\mu_A(u)$ 的值越接近于 1，u 就越属于 A；反之，$\mu_A(u)$ 的值越接近于 0，u 就越不属于 A。当 $\mu_A(u)$ 的值域变为{0,1}时，$\mu_A(u)$ 就演化为特征函数 $X_A(u)$，于是，模糊集合就演化为普通集合。因此可以说，普通集合就是模糊集合的特例，模糊集合是普通集合的扩展。

U 上所有模糊集合构成的集合类用 $F(U)$ 表示，即

$$F(U) = \{A \mid A\text{为 } U \text{ 上的模糊集合}\} \tag{9-41}$$

模糊集合有各种各样的表示方法，常用的表示方法有序偶法 Zadeh 法和向量法。

1. 序偶法

$$A = \{(u, \mu_A(u)), u \in U\} \tag{9-42}$$

这种方法明确地显示了 U 中每个元素 u 对 A 的隶属度。

2. Zadeh 法

当 $U=\{u_1, u_2, \cdots, u_3\}$ 为有限集时，则 U 上的模糊集 A 可表示为

$$A = \mu_A(u_1)/u_1 + \mu_A(u_2)/u_2 + \cdots + \mu_A(u_n)/u_n = \sum_{i=1}^{n} \frac{\mu_A(u_i)}{u_i} \tag{9-43}$$

式中加号“+”并不表示普通的加法求和，横线也不是分数的意思，其中的分母表示元素，分子表示相应的隶属度，Σ 表示对于这个 n 个带有隶属度的元素的一个总概括。

当 U 为无限集时，A 可记为

$$A=\int_U \mu_A(u)/u \tag{9-44}$$

这里“$\int$”已没有积分的意义，而是表示论域 U 上的各元素 u 与其对应的隶属度 $\mu_A(u)$ 的总体。

3. 向量法

对于有限论域 $U=\{u_1,u_2,\cdots,u_n\}$，当不特别强调论域 U 的元素时，A 也可以表示为一个 n 维行向量，即

$$A=(\mu_A(u_1),\mu_A(u_2),\cdots,\mu_A(u_n)) \tag{9-45}$$

9.4.3 隶属函数确定方法

1. 模糊统计法

在某些场合下，隶属度可用模糊统计的方法来确定。读者对于概率统计当然是熟悉的，建议在阅读下面介绍的模糊统计时，将它与概率统计的异同作一比较，以加深理解。

模糊统计试验，有四个要素：

①论域 U，例如人的集合。

②U 中的一个元素，例如李平。

③U 中一个边界可变的普通集合 A^*，例如“高个子”。A^* 联系于一个模糊集 A 及相应的模糊概念 α。

④条件 s，它联系着按概念 α 所进行的划分过程的全部主客观因素，它制约着 A^* 边界的改变。例如不同试验者对“高个子”的理解。

模糊性产生的根本原因是：s 对按概念 α 所作的划分引起 A^* 的变异，它可能覆盖了 u_0，也可能不覆盖 u_0，这就导致 u_0 对 A^* 的隶属关系不确定。例如有的试验者认为李平是“高个子”，但有的试验者认为他不是。

模糊统计试验的基本要求是在每一次试验下，要对 u_0 是否属于 A^* 作一个确切的判断，作 n 次试验（即让 n 位试验者对李平是否属于“高个子”作判断），就可算出 u_0 对 A 的隶属频率

$$u_0\text{ 对 }A\text{ 的隶属频率}\triangleq\frac{u_0\in A}{n}\text{（次数）} \tag{9-46}$$

式中$\triangleq$这一记号表示“记作”，“定义为”。

许多实验证明，随着 n 的增大，隶属频率呈现稳定性，被称为隶属频率稳定性，频率稳定所在的数值叫 u_0 对 A 的隶属度。即有

$$\mu_A(u_0)=\lim_{n\to\infty}\frac{u_0\in A}{n}\text{（次数）} \tag{9-47}$$

上例中若在 100 位实验者中有 90 位认为李平是“高个子”，则可认为 $\mu_{\text{高个子}}$（李平）$=0.9$，即李平对于“高个子”的隶属度为 0.9。

用模糊统计这一方法，对“青年人”这一概念是适宜的年龄作抽样试验，得到很好的结果。如图 9-17。

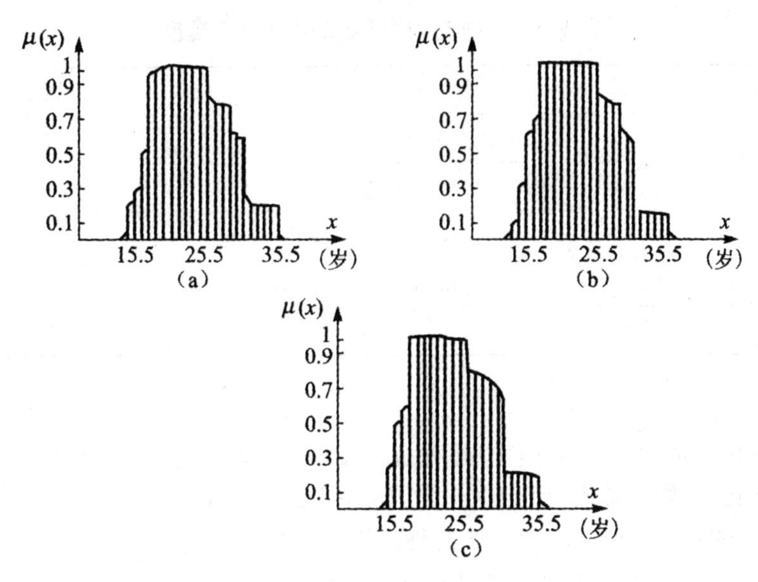

图 9-17　“青年人”的年龄隶属函数曲线

(a)抽样试验一；(b)抽样试验二；(c)抽样试验三

2. 二元对比排序法

人们习惯于从两事物的对比中，作出它们对某一概念符合程度的判断，例如说茶花比月季花好看。可惜这种判断往往不满足数学上对“序”的要求，往往不具有传递性，而出现循环的现象。例如今天认为甲花比乙花好看，乙花比丙花好看，但当明天单独将甲、丙两种花放在一起时，很可能认为丙花比甲花好看。问题恰恰是因为“好看”这一模糊概念引起的，影响“好看”与否的因素太多。

但二元对比毕竟是区别事物的重要方法，下面介绍据此建立隶属函数的途径。

(1)择优比较法

此法可以下例说明。

[例 9.1]　求茶花、月季、牡丹、梅花、荷花对“好看的花”的隶属度。

选 10 名试验者，令他们逐次对两种花作对比，并赋予优胜者 1 分，失败者 0 分，故每一试验者需作 $C_5^2=10$ 次对比，设某一试验者的对比结果如表 9-2 所示，则累计 10 位试验者的结果便可求出该种花的总得分，从而得到该种花对“好看的花”的隶属度，见表 9-3。

表 9-2　一位实验者的二元对比结果

失败 优胜	茶花	月季	牡丹	梅花	荷花	得分
茶花		1	0	1	0	2
月季	0		0	1	0	1
牡丹	1	1		1	0	3
梅花	0	0	0		0	0
荷花	1	1	1	1		4

表 9-3　5 种花对“好看的花”的隶属度

名称	总得分	隶属度
茶花	23	0.23
月季	18	0.18
牡丹	20	0.20
梅花	15	0.15
荷花	24	0.24

(2)相对比较法

设欲对论域 U 中的元素 $x,y,\cdots$,按某种特性排序,先在两两元素的对比中建立比较值,例如取元素 x,y 作比较,则得到比较值 $f_y(x),f_x(y)$,其意义为:若 x 与 y 对比,x 具有某特性的程度具有值 $f_y(x)$;则 y 与 x 对比,y 具有该特性的程度具有值 $f_x(y)$。

例如:长子与次子相比较,若把长子具有与父亲的相似程度 $f_y(x)$ 定为 0.8,则可把次子具有与父亲相似的程度 $f_x(y)=0.5$,这里 0.8、0.5 均不是他们与父亲相似程度的绝对度量,而是说若长子像父亲八分的话,则次子像父亲仅五分。当然若把长子像父亲定为九分,则次子像父亲也可能有六分。

在这种两元素相对比较取值基础上,可通过一定算法得到总体排序。

[例 9.2]　某人有长、次、幼三子(分别记作 x,y,z),且有与父亲的相对相似程度:

$$(f_y(x),f_x(y))=(0.8,0.5)$$
$$(f_z(y),f_y(z))=(0.4,0.7)$$
$$(f_x(z),f_z(x))=(0.3,0.5)$$
$$f_x(x)=f_y(y)=f_z(z)=1$$

求它们的总体排序

为此令

$$f(x/y)=\begin{cases} f_y(x)/f_x(y) & f_y(x)\leqslant f_x(y) \\ 1 & f_y(x)>f_x(y) \end{cases}$$

则可得相及矩阵

$$\begin{bmatrix} 1 & 1 & 1 \\ 5/8 & 1 & 4/7 \\ 3/5 & 1 & 1 \end{bmatrix}$$

在相及矩阵每行中取最小值,得向量

$$\begin{bmatrix} 1 \\ 4/7 \\ 3/5 \end{bmatrix}$$

则其排序为长、幼、次(按与父亲的相似程度递减排序)。

3. 推理法

在某些应用场合下,隶属度函数可作为一种推理的产物出现。例如评价一封闭曲线的圆度,可根据该封闭曲线的周长相对于内切圆周长的裕度来评价。又如根据某一线段与水平线的交角来分辨横、竖、撇、捺等。

设计者在不同的应用场合，可根据不同的数学物理知识，设计出隶属度函数，然后在实践中检验调整之。但在很多应用课题上，很难用推理法获得隶属度函数，对此必须有清醒的估计。下面提供一些实例，以供设计隶属函数时借鉴。

[例 9.3]　三角形的隶属函数。

在染色体自动识别或白血球分类等课题中，常常把问题归结为几何图形的识别，而几何图形总可近似为若干凸多边形，而凸多边形总可近似为若干三角形的合成。故有必要判断一三角形属于等腰三角形(I)，直角三角形(R)，等腰直角三角形(IR)，正三角形(E)，或不是上述三角形(T)。

设三角形三内角分别为 A,B,C 且 $A \geqslant B \geqslant C \geqslant 0$，则可规定

$$\mu_I(A,B,C)=1-\frac{1}{60}\min(A-B,B-C) \tag{9-48}$$

因为当 $A=B$，或 $B=C$ 时该三角形为等腰三角形，$\mu_I=1$；而当 $A=120,B=60,C=0$(最不等腰)，$\mu_I=0$。

$$\mu_R(A,B,C)=1-\frac{1}{90}(A-90) \tag{9-49}$$

因为当 $A=90$ 时，$\mu_R=1$；而当 $A=180,B=C=0$ 时，$\mu_R=0$。

$$\mu_E(A,B,C)=1-\frac{1}{180}(A-C) \tag{9-50}$$

因为当 $A=B=C$，$\mu_E=1$；而当 $A=180,B=C=0$ 时，$\mu_E=0$。

因 $IR=I\cap R$

故
$$\mu_{IR}(A,B,C)=\min\left[1-\frac{1}{60}\min(A-B,B-C),1-\frac{1}{90}|A-90|\right] \tag{9-51}$$

因为 $T=\overline{I}\cap\overline{E}\cap\overline{R}$　故

$$\mu_T(A,B,C)=\min[1-\mu_I(A,B,C),1-\mu_E(A,B,C),-\mu_R(A,B,C)] \tag{9-52}$$

[例 9.4]　笔画类型的隶属函数。

汉字中横、竖、撇、捺等线段的区分是根据它们与水平线的交角确定的。

设 A 为一线段，H,V,S,BS 为横、竖、撇、捺四模糊集，则

$$\mu_H(A)=1-\min\left(\frac{|\theta|}{45},1\right) \tag{9-53}$$

$$\mu_V(A)=1-\min\left(\frac{|90-\theta|}{45},1\right) \tag{9-54}$$

$$\mu_S(A)=1-\min\left(\frac{|45-\theta|}{45},1\right) \tag{9-55}$$

$$\mu_{BS}(A)=1-\min\left(\frac{|135-\theta|}{45},1\right) \tag{9-56}$$

[例 9.5]　手写体字符"U"，"V"之区别。

手写体大写字符"U"，"V"常被划分到同一类中，它们的进一步区别可用隶属度函数实现。考虑到手写字符"V"的两边总是比"U"的两边平直，故可用它们的图像所包含的面积与三角形面积 $S(\frac{1}{2}\times$底边长$\times$高)作比较，接近三角形面积者为"V"，否则为"U"。

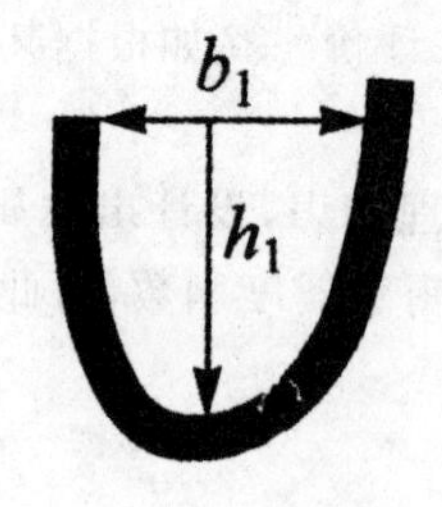

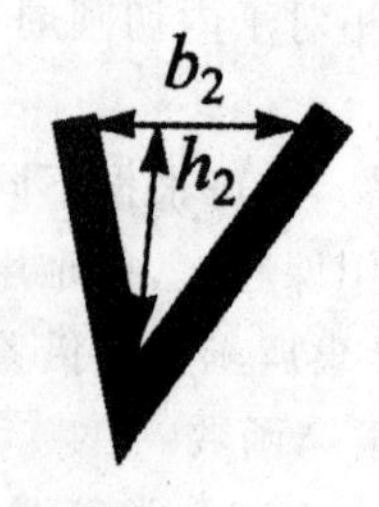

图 9-18　手写字符"U"与"V"

三角形底边长 b 与高 h 如图 9-18 所示，字符所包含的内面积 S' 定义为上述底边线与字符内侧多包含的面积。据此设计的隶属度函数 μ_U 定义式如下：

$$\mu_U=1-\left|\frac{S'}{\frac{1}{2}bh}\right| \tag{9-57}$$

统计表明，$\mu_U>0.8$ 时，应判决为"V"，否则判决为"U"。

9.4.4　模糊识别原则

1. 最大隶属原则

设论域 U 上有 n 个模糊集合

$$A_i(i=1,\cdots,n) \tag{9-58}$$

分别描述 n 个模式类 $\omega_1,\omega_2,\cdots,\omega_n$，而模糊集合 A_i 又完全由其隶属函数 $\mu_{A_i}(u)$ 所刻画。记 $u_i(u\in U)$ 对模糊集合 A_j 妇人隶属度 $\mu_{A_j}(u_i)$ 为 $\mathrm{b_{ij}}$，即

$$b_{ij}=\mu_{A_j}(u_i) \tag{9-59}$$

于是，u_i 对 n 个模糊集合的隶属向量为 B_i

$$B_i=(b_{i1},b_{i2},\cdots,b_{in})^{\mathrm{T}} \tag{9-60}$$

最大隶属原则指出：

若有 $s\in(1,2,\cdots,n)$，使

$$b_{is}=\max[b_{i1},b_{i2},\cdots,b_{in}] \tag{9-61}$$

则认为 u_i 隶属于 A_s，即未知模式 u_i 隶属于 ω_s 类。

最大隶属原则是最简单最常用的模糊识别原则。

［例 9.6］　癌细胞识别

对癌细胞的识别是一个比较复杂的问题，因为不仅涉及细胞本身，还与组织中周围的情况有关，这里所介绍的只是对细胞本身若干物理参数的量度。这些参数构成一个集合 U，

$$U=\{x\,|\,x=(NA,NL,A,L,NI,MI,ME)\}$$

其中 NA 为核(拍照)面积，NL 为核周长，A 为细胞面积，L 为细胞周长，NI 为核内总光密度，MI 为核内平均光密度，ME 为核内平均透过率。

根据某些临床经验，不正常的细胞大致有下列 6 种，它们是 U 上的模糊子集，其隶属函数为：

核增大　　$\mu_A=\left(\frac{1+a_1(NA_0)^2}{(NA)^2}\right)^{-1}$

核增深 $\mu_B=\left(\frac{1+a_2}{(NI)^2}\right)^{-1}$

核浆比倒置 $\mu_C=\left(\frac{1+a_3}{(NA)^2}\right)^{-1}$

染色质不均 $\mu_D=\left(\frac{1+a_4 ME}{(ME+\lg MI)}\right)^{-1}$

核畸形 $\mu_E=\left(\frac{1+a_5}{(NL^2/NA-4\pi)^2}\right)^{-1}$

细胞畸形 $\mu_F=\left(\frac{1+a_6}{(L^2/A-L_0^2/A_0)^2}\right)^{-1}$

式中，NA_0 为正常核面积，A_0，L_0 为正常值，$a_1,\cdots,a_6$ 为调整参数。

有人将上述各种不正常情况通过运算构成如下的模糊子集：

癌 $\mu_M=[(\mu_A\wedge\mu_B)\wedge\mu_C\wedge(\mu_D\vee\mu_E)]\vee\mu_F$

正常 $\mu_K=\bar{\mu}_M\wedge\bar{\mu}_N\wedge\bar{\mu}_R$

重度核异质 $\mu_N=\mu_A\wedge\mu_B\wedge\mu_C\wedge\bar{\mu}_M$

轻度核异质 $\mu_R=\mu_A^{1/2}\wedge\mu_B^{1/2}\wedge\mu_C^{1/2}\wedge\bar{\mu}_M\wedge\bar{\mu}_N$

给出一个具体细胞，测出其各参数值，代入上述各隶属函数公式进行计算，按最大隶属原则取 μ_M,μ_K,μ_N,μ_R 中最大的一类，即为识别结果。

必须指出，由于最大隶属原则只考虑隶属向量 B_i 中的最大分量，即最大隶属度，其他分量均置之不理，这样丢失的信息较多。也就是说，最大隶属原则对隶属向量 B_i 中的非最大分量的信息没有充分利用，因此，在实际应用中可能会出现较大的误差，甚至的到反常的结论。为此，我们提出了最大关联隶属原则识别法。

2. 最大关联隶属原则

设 F_1 为离散函数集，r 为映射，

$$r:F_I\times F_I\rightarrow[0,1] \tag{9-62}$$

若有如下三条成立，

①规范性：对任意 $f\in F_I$，有 $r(f,f)=1$；

②对称性：对任意 $f,g\in F_I$，有 $r(f,g)=r(g,f)$；

③传递性：对任意 $f,g,h\in F_I$，若 $r(f,f_0)\geqslant r(g,f_0)$，$r(g,f_0)\geqslant r(h,f_0)$，则必有 $r(f,f_0)\geqslant r(h,f_0)$；

则称 r 的值为关联度。

关联度是离散函数（或数列、向量）之间的接近测度。

设在论域 U 上有 n 个模糊集合

$$A_1,A_2,\cdots,A_n$$

$u_i\in U,(i=1,\cdots,t)$，u_i 对于这些模糊集合的隶属向量为 B_i

$$Bi=(b_{i1},b_{i2},\cdots,b_{in})^{\mathrm{T}} \tag{9-63}$$

$$i=1,\cdots,t$$

其中 b_{ik} 为 u_i 对模糊集合 A_k 的隶属度，即

$$b_{ik}=\mu_{A_k}(u_i)\quad i=1,\cdots,t;k=1,\cdots,n \tag{9-64}$$

同时，不妨假设论域U中存在n个这样的元素$u_j^0(j=1,\cdots,n)$，使得其隶属向量B_j^0如下所示

$$B_j^0=(b_{j1}^0,b_{j2}^0,\cdots,b_{jn}^0)^T \quad j=1,\cdots,n \tag{9-65}$$

其中

$$b_{jk}^0=\begin{cases}1 & j=k\\ 0 & j\neq k\end{cases} \tag{9-66}$$

换言之，u_j^0对模糊集合A_j的隶属度为1，对其余模糊集合的隶属度为0.显然，可确定地(即毫不含糊地)认为u_j^0完全隶属于A_j。

为了确定$u_i(i=1,\cdots,t)$的归属，先计算其隶属向量$B_i(i=1,\cdots,t)$与$B_j^0(j=1,\cdots,n)$之间的关联度r_{ij}，即

$$r_{ij}=\frac{1}{n}\sum_{k=1}^{n}\xi_{ij}(k) \tag{9-67}$$

$$i=1,\cdots,t;j=1,\cdots,n$$

式中，$\xi_{ij}(k)$为B_i与B_j^0在第k分量的关联系数，

$$\xi_{ij}(k)=\frac{\min_i\min_k\Delta_{ij}(k)+\rho\max_i\max_k\Delta_{ij}(k)}{\Delta_{ij}(k)+\rho\max_i\max_k\Delta_{ij}(k)} \tag{9-68}$$

$\Delta_{ij}(k)$为B_i与B_j^0在第k分量的绝对差，

$$\Delta_{ij}(k)=|b_{ik}-b_{jk}^0| \tag{9-69}$$

ρ是分辨系数，是0与1之间的数，一般取$\rho=0.5$。

必须指出，上述关联度r_{ij}的计算式只是目前常用的一种形式。在实际使用过程中，设计者完全可以根据待解决问题的性质自行定义合适的关联度计算公式，只要满足关联度定义中的规范性、对称性和传递性即可。

最大关联隶属原则指出：

若有$s\in\{1,2,\cdots,n\}$，使

$$r_{is}=\max\{r_{i1},r_{i2},\cdots,r_{in}\} \tag{9-70}$$

则认为u_i相对隶属于A_s。

按最大关联隶属原则，如果元素u_i的隶属向量B_i与完全隶属于A_s的元素u_s^0的隶属向量B_s^0的关联度r_{is}最大，则认为u_i相对隶属于A_s。

与最大隶属原则相比，最大关联隶属原则有如下特点：

①在最大关联隶属原则下，隶属向量中非最大分量所提供的信息在判别过程中起着一定的作用，各非最大分量的大小对判别结果有影响。而在最大隶属原则下，一旦比较出最大隶属度，各非最大分量的大小对判别结果毫无影响。

②最大关联隶属原则通过计算元素u_i的隶属向量B_i与n个分别完全隶属于n个类别的参考元素的隶属向量$B_j^0(j=1,\cdots,n)$的关联度，并根据最大关联度来确定元素u_i的归属，因而充分利用该元素隶属向量中各分量所提供的信息，避免出现不完全正确甚至错误的结论。

下面简要说明最大关联隶属原则识别法：

设论域U上有n个模糊子集

$A_1, A_2, \cdots, A_n$

分别代表 n 个模式类 $\omega_1, \omega_2, \cdots, \omega_n$。若对每一个 A_i 都根据训练样本集建立起了隶属函数 $\mu_{Ai}(u)$，则对于任一未知模式 $u_i \in U$ 都可以根据最大关联隶属原则来确定其类别。

设 r_{ij} 为样本 u_i 的隶属向量 B_i 与 $B_j^0 (j = 1, \cdots, n)$ 的关联度，若有

$$r_{is} = \max\{r_{i1}, r_{i2}, \cdots, r_{in}\}$$

则认为 u_i 隶属于 A_s，即样本 u_i 应属于模式类 ω_s。

3. 择近原则

在实际的图像识别问题中，被识别的对象有时不是论域 U 中的一个确定元素，而是 U 上的一个子集。这时所讨论的对象不是一个元素对集合的隶属程度，而是两个模糊子集之间的贴近程度。

设 $A, B, C \in F(U)$，若映射

$$\sigma: F(U) \times F(U) \to [0,1]$$

满足

①$\sigma(A,A)=1$；

②$\sigma(A,B)=\sigma(B,A)$；

③对于 $\forall u \in U$ 恒有 $\mu_A(v) \leqslant \mu_B(v) \leqslant \mu_C(v)$ 或 $\mu_A(v) \geqslant \mu_B(v) \geqslant \mu_C(v)$ 时，就有

$$\sigma(A,C) \leqslant \sigma(B,C)$$

则称 $\sigma(A,B)$ 为 A 与 B 的贴近度。

设在论域 U 上有 n 个模糊子集

$A_1, A_2, \cdots, A_n$

若有 $s \in \{1,2,\cdots,n\}$，使

$$\sigma(B, A_s) = \max[\sigma(B,A_1), \sigma(B,A_2), \cdots, \sigma(B,A_3)] \tag{9-71}$$

则称 B 与 A_s 最贴近。

其中，$\sigma(B,A_s)$ 为模糊子集 B 与模糊子集 A_s 的贴近度。

若 $A_1, A_2, \cdots, A_n$ 代表 n 个已知模式，B 代表未知模式，当 B 与 A_s 最贴近时，则可断言模式 B 应归入模式 A_s 所在的类别，这个原理称之为择近原则。

必须指出，不同的贴近度计算式适用于不同的模式识别情况，在运用时应根据具体问题做出不同的选择。

9.4.5 模糊关系

当论域有限时，模糊关系可用矩阵表示，这就导致讨论过程模糊矩阵的理论及其在模式分类中的应用。

1. 模糊关系的性质及其建立

(1)模糊关系的性质

设 U, V 是两论域，记

$$U \times V = \{(x,y) \mid x \in U, y \in V\}$$

为 U 与 V 的笛卡尔乘积集。

笛卡尔乘积集时两集合元素间的无约束搭配。若给搭配以约束，便体现了一种特殊关系，接受此种约束的元素对构成笛卡尔乘积集的一个子集，该子集便表现出了一种关系。因此在普通集合论中，所谓 U 到 V 的一个关系，乃是被定义为 $U\times V$ 的一个子集 R。

$$R\in F(U\times V)\text{记作 } U\xrightarrow{R}V\text{。}$$

［定义］ 称 $U\times V$ 的一个模糊子集 R 为从 U 到 V 的一个模糊关系，记作 $U\xrightarrow{R}V$。

$$\text{模糊关系 } R \text{ 的隶属函数} \qquad \mu_R:U\times V\to[0,1] \tag{9-72}$$

$\mu_R(x_0,y_0)$叫做(x_0,y_0)具有关系 R 的程度。

当论域 U,V 都是有限论域，此时模糊关系 R 可以用矩阵 R 表示，即

$$R=(r_{ij}) \tag{9-73}$$

其中 $r_{ij}=\mu_R(x_i,y_j)$

显然有

$$0\leqslant r_{ij}\leqslant 1 \qquad (1\leqslant i,j\leqslant n) \tag{9-74}$$

满足式(9-73)，式(9-74)的矩阵，称作模糊矩阵，特别地，当

$$r_{ij}\in\{0,1\} \qquad (1\leqslant i,j\leqslant n)$$

则矩阵 R 退化为布尔矩阵。布尔矩阵可以表达一种普通关系。

［例 9.7］ 用模糊关系表示苹果、乒乓球、书、足球、桃子、气球、四棱锥的相似关系，设用专家评分的办法给他们的相似程度如表 9-4 所示，显示，其相似矩阵为

$$R=\begin{bmatrix} 1 & 0.7 & 0 & 0.7 & 0.5 & 0.6 & 0 \\ 0.7 & 1 & 0 & 0.9 & 0.4 & 0.5 & 0 \\ 0 & 0 & 1 & 0 & 0 & 0 & 0.1 \\ 0.7 & 0.9 & 0 & 1 & 0.4 & 0.5 & 0 \\ 0.5 & 0.4 & 0 & 0.4 & 1 & 0.4 & 0 \\ 0.6 & 0.5 & 0 & 0.5 & 0.4 & 1 & 0 \\ 0 & 0 & 0.1 & 0 & 0 & 0 & 1 \end{bmatrix}$$

模糊关系也可用有向图表示，如苹果、乒乓球等七种物品的相似关系可用图 9-19 表示。

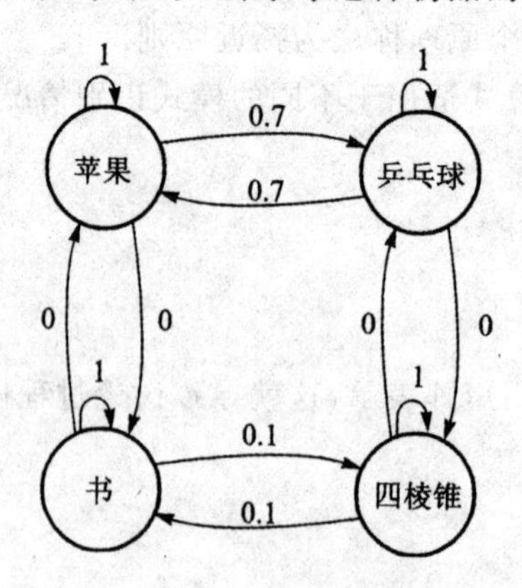

图 9-19　模糊关系图

表 9-4　苹果、乒乓球等七种物品的相似程度

相似度	苹果	乒乓球	书	足球	桃子	气球	四棱锥
苹果	1	0.7	0	0.7	0.5	0.6	0
乒乓球	0.7	1	0	0.9	0.4	0.5	0
书	0	0	1	0	0	0	0.1
足球	0.7	0.9	0	1	0.4	0.5	0
桃子	0.5	0.4	0	0.4	1	0.4	0
气球	0.6	0.5	0	0.5	0.4	1	0
四棱锥	0	0	0.1	0	0	0	1

(2)模糊关系的建立

读者从后面的介绍中将会看到模糊关系在聚类分析中的应用，但对样品分类的效果怎么样？关键是选择合理的统计指标，即被选中的指标应有明显的实际意义，有较强的分辨力和代表性。在统计指标选定后即可按下述步骤建立模糊关系，进而运用后面介绍的内容进行分类。

第一步：把各代表点的统计指标的数据标准化，以便分析和比较。这一步也称正规化。

为把标准化数据压缩为[0,1]闭区间，可用极值标准化公式

$$x=\frac{x'-x'_{\min}}{x'_{\max}-x'_{\min}} \tag{9-75}$$

当 $x'=x'_{\max}$ 时，$x=1$；当 $x'=x'_{\min}$ 时，$x=0$，否则取[0,1]之间。

第二步：算出被分类对象间具有此种关系的程度 r_{ij}（最通常是 i 与 j 的相似程度），其中 $i,j=1,2,\cdots,n$，n 为对象个数。从而确定论域 U 上的模糊关系 R

$$R=\begin{bmatrix} r_{11} & r_{12} & \cdots & r_{1n} \\ r_{21} & r_{22} & \cdots & r_{2n} \\ \vdots & \vdots & & \vdots \\ r_{n1} & r_{n2} & \cdots & r_{nn} \end{bmatrix} \tag{9-76}$$

计算 r_{ij} 的常用方法有：

①欧氏距离法。

$$r_{ij}=\sqrt{\frac{1}{m}\sum_{k=1}^{m}(x_{ik}-x_{jk})^2} \tag{9-77}$$

式中 x_{ik} 为第 i 个对象第 k 个因子的值，x_{jk} 为第 j 个对象的第 k 个因子的值。

②数量积。

$$r_{ij}=\begin{cases} 1 & \text{当 } i=j \\ \sum\limits_{k=1}^{m}\dfrac{x_{ik}\cdot x_{ij}}{M} & \text{当 } i\neq j \end{cases} \tag{9-78}$$

式中，M 为一适当选择之正数，满足

$$M\geqslant \max_{ij}\left(\sum_{k=1}^{m}x_{ik}\cdot x_{jk}\right) \tag{9-79}$$

③相关系数。

$$r_{ij}=\frac{\sum_{k=1}^{m}|x_{ik}-\bar{x}_i||x_{jk}-\bar{x}_j|}{\sqrt{\sum_{k=1}^{m}(x_{ik}-\bar{x}_i)^2}\cdot\sqrt{\sum_{k=1}^{m}(x_{jk}-\bar{x}_j)^2}} \tag{9-80}$$

式中，$\bar{x}_i=\frac{1}{m}\sum_{k=1}^{m}x_{ik}$；$\bar{x}_j=\frac{1}{m}\sum_{k=1}^{m}x_{ij}$

④指数相似系数。

$$r_{ij}=\frac{1}{m}\sum_{k=1}^{m}\exp\left(-\frac{3}{4}\frac{(x_{ik}-x_{jk})^2}{S_k^2}\right) \tag{9-81}$$

式中，S_k 为适当选择之正数。

⑤非参数法。

令 $x'_{ik}=x_{ik}-\bar{x}_i$

$n^{+}=\{x'_{i1},x'_{j1},x'_{i2},x'_{j2},\cdots,x'_{im},x'_{jm}\}$中大于0的个数

$n^{-}=\{x'_{i1},x'_{j1},x'_{i2},x'_{j2},\cdots,x'_{im},x'_{jm}\}$中小于0的个数

$$r_{ij}=\frac{|n^{+}-n^{-}|}{n^{+}+n^{-}}$$

⑥最大最小法。

$$r_{ij}=\frac{\sum_{k=1}^{m}\min(x_{ik},x_{jk})}{\sum_{k=1}^{m}\max(x_{ik},x_{jk})} \tag{9-82}$$

⑦算术平均最小法。

$$r_{ij}=\frac{\sum_{k=1}^{m}\min(x_{ik},x_{jk})}{\frac{1}{2}\sum_{k=1}^{m}(x_{ik}+x_{jk})} \tag{9-83}$$

⑧几何平均最小法。

$$r_{ij}=\frac{\sum_{k=1}^{m}\min(x_{ik},x_{jk})}{\sum_{k=1}^{m}\sqrt{x_{ik}\cdot x_{jk}}} \tag{9-84}$$

⑨绝对值指数法。

$$r_{ij}=\exp\left(-\sum_{k=1}^{m}|x_{ik}-x_{jk}|\right) \tag{9-85}$$

⑩绝对值倒数法。

$$r_{ij}=\begin{cases}1 & 当\ i=j\\ \dfrac{M}{\sum_{k=1}^{m}|x_{ik}-x_{jk}|} & 当\ i\neq j\end{cases} \tag{9-86}$$

式中，M 适当选取，使 $0\leqslant r_{ij}\leqslant 1$。

2. 基于模糊等价关系的模式分类

在模糊矩阵的运算中提出了模糊关系的自反性、对称性、传递性，并指出同时满足这三种性质的关系才是模糊等价关系。

［例 9.8］　设有 5 种矿石，按其颜色、密度等性质得出描述其“相似程度”的模糊关系矩阵如下：

$$R=\begin{matrix} & x_1 & x_2 & x_3 & x_4 & x_5 \\ x1 & 1 & 0.8 & 0 & 0.1 & 0.2 \\ x2 & 0.8 & 1 & 0.4 & 0 & 0.9 \\ x3 & 0 & 0.4 & 1 & 0 & 0 \\ x4 & 0.1 & 0 & 0 & 1 & 0.5 \\ x5 & 0.2 & 0.9 & 0 & 0.5 & 1 \end{matrix}$$

本矩阵的自反性与对称性是明显的，下面的计算也可以证明它不具有传递性，即它仅是相似矩阵，先不加改造即用来分类。

若认为彼此“相似程度”大于 0.8 的为一类，则 x_1，x_2 为一类，x_2，x_5 为一类，但 x_1，x_5 的，“相似程度”仅 0.2，故 x_1，x_5 不属于一类，这样就得到矛盾，说明模糊相似矩阵不能直接用来分类。为了得到模糊等价关系，可用 R 自乘得 R^2。即 $R\cdot R=R^2$，$R^2\cdot R^2=R^4$，…，直到 $R^{2k}=R^k$。至此，R^k 便是一模糊等价关系。此方法是由“传递闭包”而来的，此处不作证明。

在本例中 $R^2\neq R$，故 R 不是模糊等价矩阵，因

$$R^2=R\cdot R=\begin{bmatrix} 1 & 0.8 & 0.4 & 0.2 & 0.8 \\ 0.8 & 1 & 0.4 & 0.5 & 0.9 \\ 0.4 & 0.4 & 1 & 0 & 0.4 \\ 0.2 & 0.5 & 0 & 1 & 0.5 \\ 0.8 & 0.9 & 0.4 & 0.5 & 1 \end{bmatrix}$$

类似地还可以求出 R^4 与 R^8，并且他们是相等的，故 R^4 就满足模糊等价关系的性质。

［定理 9.1］$R\in M_{n\times n}$ 是等价矩阵，当且仅当任意 $\lambda\in[0,1]$，R_λ 都是等价的布尔矩阵。

根据定理 9.1 可知：若 R 为模糊等价关系，则对于给定的 $\lambda\in[0,1]$ 便可得到相应的普通等价关系 R_λ，这意味着得到了一个 λ 水平的分类。

［定理 9.2］若 $0\leqslant\lambda\leqslant\mu\leqslant1$，则 R_μ 所分出的每一类必是 R_λ 所分出的某一类的子类，或称 R_μ 的分类法是 R_λ 分类法的“加细”。

证：

$$\begin{aligned} r_{ij}^{\mu}=1 &\Leftrightarrow r_{ij}\geqslant\mu \\ &\Rightarrow r_{ij}>\lambda \\ &\Leftrightarrow r_{ij}^{\lambda}=1 \end{aligned}$$

亦即 $r_{ij}^{\mu}=1\Rightarrow r_{ij}^{\lambda}=1(\lambda<\mu)$

这说明，若 i，j 按 R_μ 能被归为一类，则按 R_λ 必被归为一类。

当 λ 自 1 逐渐降为 0，则其决定的分类逐渐变粗，逐步归并，形成一动态的聚类图。

［例 9.9］　设论域

$$U=\{x_1,x_2,x_3,x_4,x_5\}$$

给定模糊关系矩阵

$$R=\begin{bmatrix}1 & 0.48 & 0.62 & 0.41 & 0.47\\0.48 & 1 & 0.48 & 0.41 & 0.47\\0.62 & 0.48 & 1 & 0.41 & 0.47\\0.41 & 0.41 & 0.41 & 1 & 0.41\\0.47 & 0.47 & 0.47 & 0.41 & 1\end{bmatrix}$$

其自反性与对称性是显然的，经验可知 $R\cdot R\subseteq R$，故 R 为一模糊等价关系。

现根据不同的 λ 水平分类：

①当 $0.62<\lambda\leqslant 1$ 时。

$$R_\lambda=\begin{bmatrix}1 & 0 & 0 & 0 & 0\\0 & 1 & 0 & 0 & 0\\0 & 0 & 1 & 0 & 0\\0 & 0 & 0 & 1 & 0\\0 & 0 & 0 & 0 & 1\end{bmatrix}$$

此时共分为 5 类：$\{x_1\},\{x_2\},\{x_3\},\{x_4\},\{x_5\}$，即每个元素为一类，这是“最细”的分类。

②当 $0.48<\lambda\leqslant 0.62$ 时。

$$R_\lambda=\begin{bmatrix}1 & 0 & 0 & 0 & 0\\0 & 1 & 0 & 0 & 0\\1 & 0 & 1 & 0 & 0\\0 & 0 & 0 & 1 & 0\\0 & 0 & 0 & 0 & 1\end{bmatrix}$$

此时共分为 4 类：$\{x_1,x_3\},\{x_2\},\{x_4\},\{x_5\}$。

③当 $0.47<\lambda\leqslant 0.48$ 时。

$$R_\lambda=\begin{bmatrix}1 & 1 & 1 & 0 & 0\\1 & 1 & 1 & 0 & 0\\1 & 1 & 1 & 0 & 0\\0 & 0 & 0 & 1 & 0\\0 & 0 & 0 & 0 & 1\end{bmatrix}$$

此时共分为 3 类：$\{x_1,x_2,x_3\},\{x_4\},\{x_5\}$。

④当 $0.41<\lambda\leqslant 0.47$ 时。

$$R_\lambda=\begin{bmatrix}1 & 1 & 1 & 0 & 1\\1 & 1 & 1 & 0 & 1\\1 & 1 & 1 & 0 & 1\\0 & 0 & 0 & 1 & 0\\1 & 1 & 1 & 0 & 1\end{bmatrix}$$

此时共分为 2 类：$\{x_1,x_2,x_3,x_5\},\{x_4\}$。

⑤当 $0\leqslant\lambda\leqslant 0.41$ 时，R_λ 的元素全为 1，故 5 个元素合为一类，即是“最粗”的分类。

综合上述结果，可画出动态聚类图（图 9-20），这也是一个基于模糊等价关系完成聚类分析的实例。

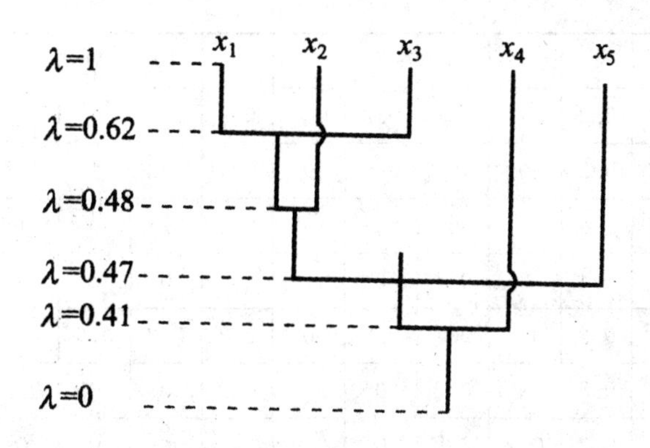

图 9-20　按 λ 的不同水平进行聚类

3. 基于模糊相似关系的分类

［例 9.10］　以一反例表明，对于仅有自反性与对称性的模糊相似关系，需改造成为模糊等价关系，才能进行正确分类。但由于多次合成操作，消耗机时很多，特别当元素个数很多时，这一问题变得更严重，为此众多学者纷纷寻找由模糊相似矩阵直接进行聚类的方法，如最大树法编网法。现仅将最大树法介绍如下。

最大树法：先画出被分类的元素集，从矩阵 R 中按 r_{ij} 从大到小的顺序依次连边，标上权重。若在某一步会出现回路，便不画那一步，直到所有元素连通为止，这样就得到一颗"最大树"(可以不唯一)。取定 λ，砍去权重低于 λ 的边，便可将元素分类，互相连通的元素归为同类。下面以日本学者 Tamura 的例子来说明。

［例 9.11］　设有三个家庭，每家 4～7 人，选每个人的一张照片，共 16 张混放在一起，请中学生对照片两两比较，按相似程度聚类，希望能把三个家庭区分开。

16 张照片的相似矩阵见表 9-5，现以此例来构造最大树：设先选顶点 $i=1$，依次连"13"标 $r_{ij}=0.8$ 于其边侧，再连"16"，$r_{ij}=16$，由"16"连接"6"，$r_{ij}=0.8$，…，依次下去得到一颗连通 16 个顶点的最大树，如图 9-21 所示。

表 9-5　16 张图片的相似矩阵

r_{ij}	1	2	3	4	5	6	7	8	9	10	11	12	13	14	15	16
1	1															
2	0	1														
3	0	0	1													
4	0	0	0.4	1												
5	0	0.8	0	0	1											
6	0.5	0	0.2	0.2	0	1										
7	0	0.8	0	0	0.4	0	1									
8	0.4	0.2	0.2	0.5	0	0.8	0	1								
9	0	0.4	0	0.8	0.4	0.2	0.4	0	1							

续表

r_{ij}	1	2	3	4	5	6	7	8	9	10	11	12	13	14	15	16
10	0	0	0.2	0.2	0	0	0.2	0	0.2	1						
11	0	0.5	0.2	0.2	0	0	0.8	0	0.4	0.2	1					
12	0	0	0.2	0.8	0	0	0	0	0.4	0.8	0	1				
13	0.8	0	0.2	0.4	0	0.4	0	0.4	0	0	0	0	1			
14	0	0.8	0	0.2	0.4	0	0.8	0	0.2	0.2	0.6	0	0	1		
15	0	0	0.4	0.8	0	0.2	0	0	0.2	0	0	0.2	0.2	0	1	
16	0.6	0	0	0.2	0.2	0.8	0	0.4	0	0	0	0	0.4	0.2	0.4	1

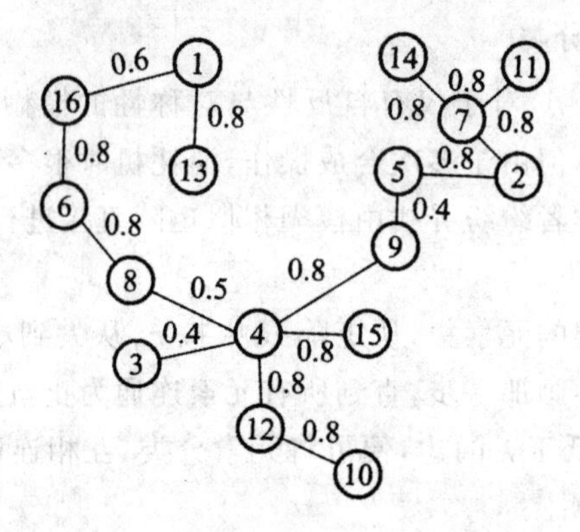

图 9-21　16 个顶点的最大树

然后对最大树取 λ 截集，即去掉那些 $r_{ij}<\lambda$ 的边，这样就可将它截成互不连通的几颗子树。现取 $\lambda=0.5$，可得三棵树，其顶点集为

$$V_1=\{13,1,16,6,8,4,9,15,12,10\}$$
$$V_2=\{3\}$$
$$V_3=\{5,2,7,11,14\}$$

由于 V_1 有 10 个元素，不合题意，再选 $\lambda=0.6$，这时截得 4 棵子树（见图 9-22）

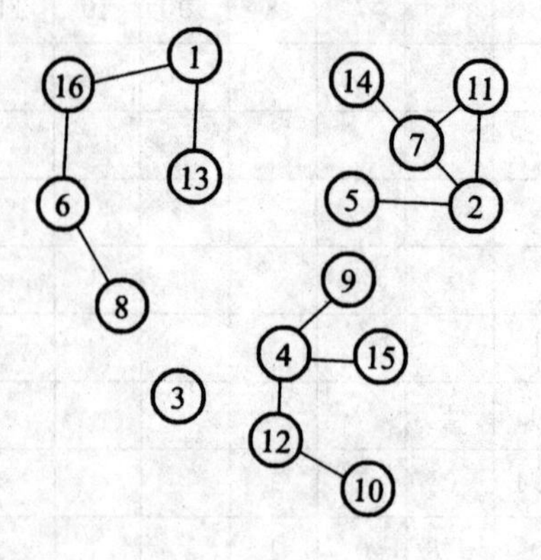

图 9-22　以 $\lambda=0.6$ 切割图 9-21 后的结果

$$V_1 = \{13,1,16,6,8\}$$

$$V_2 = \{9,4,15,12,10\}$$

$$V_3 = \{3\}$$

$$V_4 = \{11,7,14,2,5\}$$

显然 V_1,V_2,V_4 符合每家 4～7 人的要求，而“3”不是这三个家庭的成员，实际上也是实验者故意加进去的。

应该指出，虽然最大树不唯一，但取了 λ 截集合，所得的子树是相同的，这一点可通过实际画图来证实。

第 10 章　医学图像配准与融合

10.1 概　述

随着计算机技术的飞速发展，与计算机技术密切相关的医学成像技术也是日新月异。但是，各种成像技术和检查方法都有它的优势与不足，并非一种成像技术可以适用于人体所有器官的检查和疾病诊断，也不是一种成像技术能取代另一种成像技术，它们之间是相辅相成、相互补充的。如 MRI 对人体软组织的成像具有较高的分辨率，CT 和 X 线机对骨等密度较高的组织能提供高清晰的图像，而 PET 和 SPECT 则能够提供人体组织或器官的功能性代谢的图像。成像原理的不同造成了某一种成像模式所能提供的图像信息具有一定的局限性，有时单独使用某一类图像难以获得正确的诊断结论。因此，为了提高诊断准确率，需要综合利用患者的各种图像信息。图像配准与融合技术为医学图像的综合利用提供了很好的技术手段。

根据医学图像所提供的信息，可将医学图像分为两大类：解剖结构图像（CT、MRI、X 射线图像等）和功能图像（PET，SPECT 等）。这两类图像各有其优缺点：解剖图像以较高的分辨率提供了脏器的解剖形态信息，但无法反映脏器的功能情况；功能图像分辨率较差，但它提供的脏器功能代谢信息是解剖图像所不能替代的，这些信息是对疾病特别是肿瘤进行早期诊断的重要依据。

目前医学影像学的发展趋势是利用信息融合技术，将多种医学图像结合起来，充分利用不同医学图像的特点，在一幅图像上同时表达来自人体的多方面信息，使人体内部的结构、功能等多方面的状况通过影像反映出来。

10.1.1 医学图像配准与融合的关系

医学图像配准和融合有着密切的关系，特别是对多模态图像而言，配准和融合是密不可分的。待融合的图像往往来自于不同的成像设备，它们的成像方位、角度和分辨率等因子都是不同的，所以这些图像中相应组织的位置、大小等都有差异，若事先不对融合图像进行空间上的对准，那么融合后的图像毫无意义。因此，图像配准是图像融合的先决条件，必须先进行配准变换，才能实现准确地融合。

10.1.2 医学图像配准和融合在临床中的应用

在临床应用上，医学图像配准和融合具有很重要的价值。对使用各种不同或相同的成像手段所获得的医学图像进行配准和融合不仅可以用于医疗诊断，还可用于放射治疗计划的制订、外科手术计划的制订、病理变化的跟踪和治疗效果的评价等各个方面。

(1)在放射治疗中的应用

大约 70%的患者在肿瘤的治疗过程中接受放疗。放疗的目的就是最大限度地把放射能量集中在靶位上,从而使周围的正常组织的损害达到最小。放射治疗中,应用 CT 和 MR 图像的配准和融合来制订放疗计划和进行评估,用 CT 图像精确计算放射剂量,用 MR 图像描述肿瘤的结构。用 PET 和 SPECT 图像对肿瘤的代谢、免疫及其他生理方面进行识别和特性化处理,整合的图像可用于改进放射治疗计划或立体定向活检或手术。此外,放射治疗后扫描的 MRI 图像中,坏死组织往往表现为亮区,容易与癌症复发混淆。把 MRI 图像与 PET 或 SPECT 图像进行配准,可区分肿瘤复发(通常表现为高代谢)与坏死组织(没有代谢)。

(2)在外科手术中的应用

了解病变与周围组织的关系对制订手术方案,决定手术是否成功至关重要。如对脑肿瘤患者,一般是采用外科手术切除肿瘤。患者的生存时间和生活质量与病灶(如肿瘤、血肿等)的切除程度密切相关。如果对病灶过度切除,会造成对病灶周围重要功能区域的损害,而这种损害是不可逆转的,严重影响患者的生活质量;反之,如果对病灶切除不够,残余病灶会严重影响患者的生存时间。最大限度地切除病灶,同时使主要的脑功能区域(如视觉、语言和感知运动皮层等)得以保留是神经外科手术的目标。在手术前,一般要利用 CT 或 MRI 获取患者的脑肿瘤结构信息,利用 PET 或 fMRI 获取患者脑肿瘤周围的脑功能信息,通过对结构成像和功能成像的配准、融合,对脑肿瘤及其周围的功能区进行精确定位,在此基础上制订出外科手术计划,是对患者进行精确手术的基础。

10.2　医学图像配准的理论基础

10.2.1　医学图像配准的定义

对几幅不同的图像做定量分析,首先要解决这几幅图像的严格对齐问题,这就是我们所说的图像的配准。

医学图像配准是指对于一幅医学图像寻求一种(或一系列)空间变换,使它与另一幅医学图像上的对应点达到空间上的一致。这种一致是指人体上的同一解剖点在两张匹配图像上有相同的空间位置。配准的结果应使两幅图像上所有的解剖点,或至少是所有具有诊断意义的点及手术感兴趣的点都达到匹配。几幅图像信息综合的结果称作图像的融合。

图 10-1 是配准的示意图。同一个人从不同角度、不同位置拍摄的两张照片由于拍摄条件不同,每张照片只反映某些方面的特征。要将这两张照片一起分析,就要将其中的一张中的人像做移动和旋转,使它与另一幅对齐。保持不动的叫作参考图像,做变换的称作浮动图像。经配准和融合后的图像反映人的全貌。

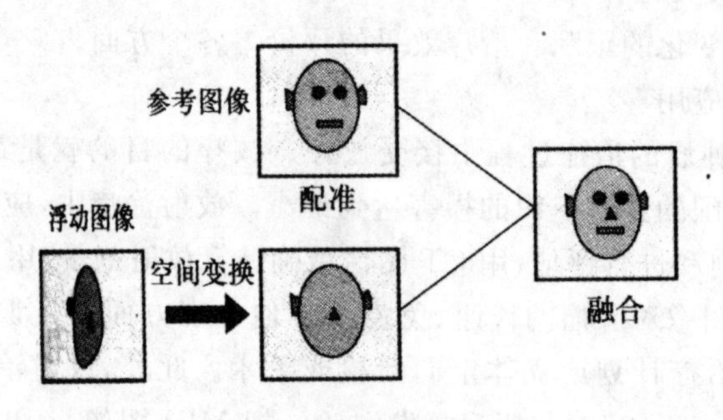

图 10-1 图像配准示意图

10.2.2 医学图像基本变换

对于在不同时间或和不同条件下获取的两幅图像 $I_1(x_1,y_1,z_1)$ 和 $I_2(x_2,y_2,z_2)$ 配准，就是寻找一个映射关系 $P:(x_1,y_1,z_1)$？(x_2,y_2,z_2)，使 I_1 的每一个点在 I_2 上都有唯一的点与之相对应。并且这两点应对应同一解剖位置。映射关系 P 表现为一组连续的空间变换。常用的空间几何变换有刚体变换、仿射变换、透视或投影变换和非线性变换（图 10-2)。

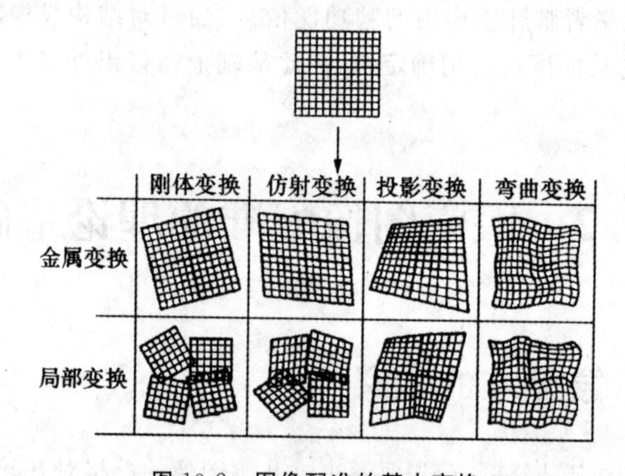

图 10-2 图像配准的基本变换

1. 刚体变换

所谓刚体，是指物体内部任意两点间的距离保持不变。刚体变换使得一幅图像中任意两点间的距离在变化前后保持不变。刚体变换可以分解为旋转和平移

$$P(x)=\boldsymbol{A}\boldsymbol{x}+\boldsymbol{b} \tag{10-1}$$

$x=(x,y,z)$ 是像素的空间位置；$\boldsymbol{A}$ 是旋转变换矩阵，$\boldsymbol{b}$ 是平移向量。

式中，矩阵 $\boldsymbol{A}$ 满足约束条件：

$$A^T\boldsymbol{A}=\boldsymbol{I},\det(\boldsymbol{A})=1 \tag{10-2}$$

A^T 是矩阵 $\boldsymbol{A}$ 的转值，$\boldsymbol{I}$ 是单位矩阵。

2. 仿射变换

当公式(10-2)的约束条件不满足时，式(10-1)描述的是仿射变换。它将直线映射为直线，并

保持平行性。具体表现可以是各个方向尺度变换系数一致的均匀尺度变换(即放大或缩小)或变换系数不一致的非均匀尺度变换及剪切变换等。均匀尺度变换多用于使用透镜系统的照相图像,在这种情况下,物体的图像和该物体与成像的光学仪器间的距离有直接的关系。一般的仿射变换可用于校正由CT台架倾斜引起的剪切或MR梯度线圈不完善产生的畸变。

3. 投影变换

与仿射变换相似,投影变换将直线映射为直线,但不再保持平行性质。投影变换主要用于二维投影图像与三维体积图像的配准。

4. 非线性变换

非线性变换是把直线变换为曲线。它反映的是图像中组织或器官的严重变形或位移。使用较多的是多项式函数,如二次、三次函数及薄板样条函数。有时也使用指数函数。非线性变换多用于使解剖图谱变形来拟合图像数据或对有全局性形变的胸、腹部脏器图像的配准。

10.2.3 医学图像配准方法的分类

根据成像模式的不同,以及配准对象间的关系等,医学图像配准可有多种不同的分类方法。图像配准方法可以按照9种不同的标准进行分类,如表10-1所示。

表10-1 图像配准方法的分类

分类标准	分类
维度	2D/3D配准、2D/3D配准、3D/3D配准
图像特征	基于外部特征的配准、基于内部特征配准、图像无关配准
变换性质	刚性变换、仿射变换、投影变换、非线性变换
变换域	全局变换、局部变换
交互性	手动配准、半自动配准、全自动配准
优化方法	参数计算法、参数优化法
配准主体	同一患者的配准、不同患者的配准、患者与图谱图像配准
模态	单模态配准、多模态配准
配准部位	头部配准、胸部配准、腹部配准等

(1)按图像维数分

按图像维数分为2D/2D、2D/3D以及3D/3D配准。2D/2D配准通常指两个断层面间的配准;2D/3D配准通常指空间图像和投影图像(或者是单独的一个层面)间的直接配准:3D/3D配准指两幅2维空间图像间的配准。

(2)按配准所基于的图像特征分

根据配准所基于的图像特征分为基于外部特征和基于内部特征的2大类。外部特征的图像配准是指在研究对象上设置一些标记点,使这些标记点能在不同的影像模式中显示,然后用自动、半自动或交互式的方法用标记将图像配准。基于内部特征的配准方法主要包括3个方面:基于分割的配准方法、基于标记的配准方法、基于像素特性的配准。基于标记的配准方法分为解剖知识的标记(如利用人体特殊的解剖结构,一般由人工直接描述)和基于几何知识的标记(如运用数学知识得到大量的点、线、面的曲率、角落特征等);基于分割的配准指通过图像分割获得一些配准标记;基于像素特性的配准方法是把图像内部的灰度信息值作为配准的依据,又可分为2种:一是把图像灰度信息简约成具有一定的尺度和方向的集合(如力矩主轴法),二是在配准过程中始终使用整幅图像的灰度信息(如互相关法、最大互信息法)。

(3)按变换性质分

根据变换的性质可分为刚性变换、仿射变换、投影变换和曲线变换四种。刚性变换只包括平移和旋转;仿射变换将平行线变换为平行线;投影变换将直线映射为直线;曲线变换则将直线映射为曲线。

(4)按配准的变换区域分

配准时的变换区域根据实际需要分为全局配准和局部配准。局部变换一般很少直接使用,因为它会破坏图像的局部连续性,且变换的双映射性会影响图像的再采样。一般刚性和仿射多用于全局变换,而曲线变换多用于局部变换。

(5)按用户交互性的多少进行分

根据用户参与的程度,分为自动配准、半自动配准和交互配准。自动配准是用户只需要提供相应的算法和图像数据;半自动配准是用户须初始化算法或指导算法(如拒绝或接受配准假设);交互配准是用户在软件的帮助下进行配准。

(6)按配准过程变换参数确定的方式分

根据配准过程中变换参数确定的方式可以分为两种:一是通过在参数空间中寻求某个函数的最优解得到变换参数的配准,二是通过直接计算公式得到变换参数的配准。前者所有的配准都变成一个能量函数的极值求解问题。后者完全限制在基于特征信息(例如小数目的特征点集、二维曲线、三维表面)的配准应用中。

(7)按配准主体分

根据主体可分为:同一患者的配准。指将来自同一个患者的待配准图像,用于任何种类的诊断中;不同患者的配准。指待配准图像来自不同患者,主要用在三维头部图像(MRI、CT)的配准中,既可基于分割也可基于灰度。变换方式多为非线性的曲线变换,有时也采用刚性变换;患者与图谱图像配准。指待配准图像一幅来自患者,一幅来自图谱,主要用于收集某些特定结构、大小和形状的统计信息。

(8)按图像模态分

根据医学图像的模态分为单模态医学图像配准和多模态医学图像配准。单模态图像配准是指待配准的两幅图像是用同一种成像设备获取的,一般应用在生长监控、减影成像等。多模态图像配准指待配准的两幅图像来源于不同的成像设备,主要应用于神经外科的诊断、手术定位及放疗计划设计等。比如将MRI、CT、DSA等解剖图像与SPECT、PET和EEG等功能信息相互结合,对癫痫进行手术定位。另外,由于MRI适于肿瘤组织的轮廓描述而通过CT又可精确计算剂量,因此在放疗中常需要将二者进行配准。多模态图像配准是医学图像配准的重点研究课题。

(9)按配准部位分

配准的部位可分为头部、胸部、腹部、骨盆和会阴、肢体(整形外科)以及脊骨和椎骨。头部又分为脑或头骨、眼和牙齿;胸部分为整个胸部、心脏及乳房;腹部分为整个腹部、肾和肝;肢体分为整个肢体、腿部、肱部和手等。

10.3　医学图像配准的主要方法

医学图像配准的方法有很多种，目前主要的配准方法大体上可以分为两类：基于特征的配准方法和基于灰度的配准方法。下面重讨论几种研究较多的配准方法。

10.3.1　基于特征的配准方法

基于特征的配准方法首先要对待配准图像进行预处理，也就是特征提取的过程，然后利用提取到的特征完成两幅图像特征之间的匹配。由于图像中有很多种可以利用的特征，因而产生了多种基于特征的方法。常用到的图像特征有点、直线段、边缘、轮廓、闭合区域、特征结构以及统计特征如矩不变量、重心等等。

1. 基于点特征的配准

点特征是图像配准中最为常用的图像特征之一，特征点有外部特征点和内部特征点之分。

(1)基于外部特征点的标配方法

外部特征点是成像时固定在患者身体上的标记物，不同成像时灌入不同的显影物质使得标记物在所有图像模态中均能清楚可视和精确检测。这种方法所求参数可用联立方程组直接计算得到，但标记物的固定对人体是侵入性的。这种方法的配准变换被限制为刚性变换，临床上常使用的基于立体框架的配准方法精度最高，它是用螺丝旋入头骨将其固定在患者的外颅表面，可作为其他配准算法评估的金标准，这种方法主要应用在神经外科手术的定位和导航(精度 1mm 之内)。目前已出现了多种对患者友好的非侵入性标记物，或是为个体定制的泡沫面具，或是用定位栓将特制的面具固定在患者头颅上，或是用特制的牙套，或是使用个体定制的鼻部支撑物和两耳的插件形成一种头部固定架，这些方法的配准误差均不超过 2mm。

(2)基于内部特征点的配准方法

内部特征点是一些有限的可明显识别的点集，标记点可以是解剖点(一般由用户识别出)，也可以是几何点(包括角点、边缘点、灰度的极值点、曲率的极值点、两个线性结构的交点或某一封闭区域的质心等)。这种方法主要求解刚体或仿射变换，如果标记点数目足够多，也能用来更复杂的非刚体变换。识别出来的标记点集与原始图像信息量相比是稀疏的，这样参数优化相对比较快。

在基于点特征的图像配准方法中，Besl 等首先将 ICP 策略引入到图像配准算法中，通过迭代过程使两点集间距离不断减小，最终实现 3D 点特征的配准。Chui 等提出一种更为通用的配准框架 TPS-RPM，能够确定特征点的对应关系并弹性地配准点特征。在国内，张煜等提出了一种通过离散轮廓半自动地提取特征点的方法，然后采用平滑的薄板样条函数对特征点进行插值，该方法能够有效地减弱特征点对应位置误差对配准结果产生的影响。张二虎等将互信息相似性测度引入到点配准算法中，首先建立起两特征点集间匹配对应关系的联合概率分布匹配矩阵，通过最大化熵和互信息最大化建立一个包含匹配矩阵和空间变换参数的能量函数，最后采用退火算法获得最优解。

2. 基于直线特征的配准

另一个易于提取的特征是图像中的线段。Hough(霍夫)变换是提取图像中直线的有效方法。Hough 变换可以将原始图像中给定形状的曲线或直线变换到变换域空间的一个点位置。它使得原始图像中给定形状的曲线或直线上所有的点都集中到变换域上的某一个点位置从而形成峰值。这样,原图像中的直线或曲线的检测问题就变成寻找变换空间中的峰点问题。正确建立两幅图像中分别提取的直线段的对应关系依然是该方法的重点和难点。综合考虑直线段的斜率和端点的位置关系,可以构造一个这些信息指标的直方图,并通过寻找直方图的聚集束达到直线段的匹配。

3. 基于轮廓与曲线特征的配准

近年来,随着边缘检测、图像分割等技术的发展,基于边缘、轮廓的图像配准方法逐渐成为配准领域的研究热点。分割和边缘检测技术是这类方法的基础,目前已报道的有很多图像分割方法可以用来做图像配准需要的边缘轮廓和区域的检测,比如 Canny 边缘提取算子、拉普拉斯-高斯算子、动态阈值技术、区域增长等。在特征提取的基础上,很多学者针对轮廓、边缘等进行了配准研究。Govindu 等采用轮廓上点的切线斜率来表示物体轮廓,通过比较轮廓、边缘的分布确定变换参数。Davatzikos 等提出了一种二阶段大脑图像配准算法,在第一阶段使用活动轮廓算法建立一一映射,第二阶段采用弹性变换函数确定轮廓的最佳变换。李登高等提出了一种对部分重叠的图像进行快速配准的方法,该方法是基于轮廓特征的随机匹配算法。通过提取轮廓上的"关键点"作为特征点,随机选择若干特征点对得到候选变换,随后的投票阶段对其变换参数进行检验和求精。

4. 基于面特征的配准

基于表面的配准方法,首先提取两幅图像中对应的曲线或曲面,然后根据这些对应的曲线或曲面决定几何变换。其中最典型的就是头帽算法。即从一幅图像中提取一个表面模型称为"头"(head),从另外一幅图像轮廓上提取的点集称为"帽子"(hat)。用刚体变换或选择性的仿射变换将"帽子"的点集变换到"头"上,然后采用优化算法使得"帽子"的各点到"头"表面的均方根距离最小。头帽法最初用于头部的 SPECT 和 CT(或 MRI)配准,参考特征是头部的皮肤表面,然后用于头部的 SPECT 图像之间的配准,参考特征是头颅骨表面和大脑表面。优化算法目前一般用 Powell 法。均方距离是 6 个待求刚体变换参数的函数,其最小时可得刚体变换参数。许多学者对该算法作了重要改进,例如用多分辨金字塔技术克服局部极值问题,用距离变换拟合两幅图像的边缘点。斜面匹配技术可有效地计算距离变换。

除了采用分割的方法提取两幅图像中脑外表面轮廓特征外,还有用多尺度算子提取脑内部几何特征,然后采用相关方法在多尺度空间结合外表面特征和内部特征进行自动配准的方法。也有采用平面变形轮廓和样条插值提取手术前 CT 图像的表面轮廓点集,通过最小化从二维轮廓到三维表面的投影线的能量而达到与手术中所获得的脊椎点集配准的目的。

5. 实用算法举例

下面给讨论一种基于特征点的刚体变换配准算法。

令在待配准的两幅图像上选择的特征点集分别为:

$Y_i=\{y_i \mid y_i=(a_i,b_i), a_i, b_i$ 为直角坐标值$\}, i=0,1,2,\cdots,N$(N 为点的个数)

$X_i = \{x_i \mid x_i = (a_i, b_i)\}$ ，$i=0,1,2,\cdots,N$

由于 X_i 和 Y_i 上的点是一一对应的，所以它们点的个数是相同的。设刚性变换 F 为待求的最佳变换，F 可以表示为一个旋转变换 R 和一个平移变换 T 的组合。R 和 T 可以表示为：

$$R=\begin{pmatrix} \cos\theta & -\sin\theta \\ \sin\theta & \cos\theta \end{pmatrix}, T=\begin{bmatrix} T_x \\ T_y \end{bmatrix} \tag{10-3}$$

可得下式：

$$y_i = F(x_i) + \varepsilon_i, i=0,1,2,\cdots,N \tag{10-4}$$

其中 ε_i 为误差矢量项。于是求取最佳变换 F 可表示为最小化下面的均方误差：

$$\min_F E = \min_F \frac{1}{N} \sqrt{\sum_{i=0}^{N} y_i - F(x_i)^2} \tag{10-5}$$

上式为代价函数。为了求得 F 变换中的刚性变换，传统的方法是应用迭代法，这种方法的时间开销比较大，并且需要较多的配准点。为此我们选用基于奇异值分解(SVD)的最小二乘算法。此算法只需较少的配准点就能快速计算出旋转变换矩阵并同时算出平移矢量。

将最小化均方误差改为对下式最小化：

$$\frac{1}{N} \sum_{i=0}^{N} y_i - R(x_i) - T^2 \tag{10-6}$$

算法过程如下：

①计算 x_i 和 y_i 的坐标中心点：

$$\overline{X} = \frac{1}{N} \sum_{i=0}^{N} x_i \tag{10-7}$$

$$\overline{Y} = \frac{1}{N} \sum_{i=0}^{N} y_i \tag{10-8}$$

②计算每个特征点相对于中心点的位移：

$$x'_i = x_i - \overline{X} \tag{10-9}$$

$$y'_i = y_i - \overline{Y} \tag{10-10}$$

③计算矩阵 H：

$$H = \sum_{i=0}^{N} x'_i (y'_i)^T \tag{10-11}$$

④求 H 的奇异值分解：

$$H = U \wedge V^T \tag{10-12}$$

其中 $U^T U = V' V = I$，$\wedge = diag(\lambda_1, \lambda_2, \lambda_3)$，且 $\lambda_1 \geqslant \lambda_2 \geqslant \lambda_3 \geqslant 0$

⑤求 R：

$$R = V diag(1, 1, \det(VU)) U^T \tag{10-13}$$

⑥求 T：

$$t = \overline{Y} - R\overline{X} \tag{10-14}$$

10.3.2　基于像素的图像配准方法

基于像素的图像配准方法是直接利用图像中的灰度信息。由于这类方法不需要提取图像的解剖特征,不需要对图像进行分割或数据缩减,而且极大地利用了图像信息,近些年成为人们最感兴趣和重视的研究方法。这类配准方法可分为两种:一种是利用图像的统计信息,典型方法是基于矩和主轴法。该方法对数据缺失较敏感,配准结果不太精确,但算法自动、快速、易实现,主要被用作预配准,以减少后续精确配准时优化算法的搜索区间和计算时间。另一种是利用图像中的所有灰度信息,这种方法是目前研究较多的方法。

基于像素的图像配准方法有很多,按时间发展顺序可分为互相关法、灰度空间熵法、相对熵法、互信息法等,这里重点讨论互信息法。

1. 互信息原理

互信息是信息论中的一个测度,主要用来测量两个随机变量之间的依赖程度。互信息和信号的熵紧密联系在一起,最早用于通信系统中对输入信号和输出信号之间的联系进行度量的一个测度。在 1995 年,互信息分别被 Colligon 等和 Viola 等首次用于医学图像配准中,随后,研究者们对它进行了大量的研究。

(1)熵

熵是用来测量一个信源所含信息量的测度,由香农(Shannon)最早提出。假设一个信源 A 输出 N 个消息,其中有 n 个不同的消息,第 $i(i=1,2,\cdots,n)$ 个消息重复 h_i 次,则忽 h_i/N 为每个输出消息的重复频率,故可用概率替换,即 $P_i=h_i/N$,则该信源的平均信息量即熵为

$$H(A)=-\sum_{i=1}^{n}P_i\log P_i \tag{10-15}$$

其中,不同对数的底对应于不同的单位:以 e 为底时,熵的单位是奈特(nit);如果以 10 为底则单位是哈特(Hart);如果对数以 2 为底时,则熵的单位是比特(bit)。熵表示的是一个系统的复杂性或不确定性。

对灰度图像来说,可以将图像的灰度看作是一个随机变量,每个点的灰度取值为该随机变量的一个事件,则可以根据图像的灰度信息计算出每级灰度发生的概率 $P_i=h_i/N$,其中 h_i 为图像中灰度值为 i 的像素点的总数,N 为图像中的像素总数。如果图像中的灰度级越多,像素灰度值分布越分散,则每级灰度的概率值很接近,或者说图像中任一点的灰度值具有很大的不确定性,我们所获得的信息量也就越大,则该图像的熵值也越大;反之,如果图像中的灰度值分布比较集中,则一些灰度的概率值较大,不确定性减少,熵值较小。

联合熵 $H(A,B)$ 是检测随机变量 A 和 B 相关性的统计量。对于两个随机变量 A 和 B,它们的概率分布分别为 $P_A(i)$ 和 $P_B(j)$,联合概率分布为 $P_{AB}(i,j)$,则它们的联合熵为:

$$H(A,B)=-\sum_{i,j}P_{AB}(i,j)\log P_{AB}(i,j) \tag{10-16}$$

联合熵是两个随机变量相关性的度量。当两个随机变量独立时,它们的联合熵为:

$$H(A,B)=H(A)+H(B) \tag{10-17}$$

当两幅图像误配准时,两幅图像的联合直方图变的离散,这时可用联合熵作为离影度的一个测度,通过最小化联合熵可对准两幅图像。

(2)互信息

两个系统间的统计相关性可以用互信息描述,或者是一个系统中所包含的另一个系统中信息的多少,它可以用熵来描述。

如果 $H(A/B)$ 表示已知系统 B 时的条件熵,那么 $H(A)$ 与 $H(A/B)$ 的差值,就代表了在系

统 B 中所包含的 A 的信息，即互信息。因此两个系统间的互信息可以用式(10-18)来描述：

$$
\begin{aligned}
I(A,B) &= H(A)+H(B)-H(A,B) \\
&= H(A)-H(A/B) \\
&= H(B)-H(B/A)
\end{aligned}
\tag{10-18}
$$

在多模态医学图像的匹配问题中，虽然两幅图像的来源不同，但是它们是基于人体同一个部位的信息，所以当两幅图像的空间位置完全一致时，它们所共有的信息应该是最大的，即两幅图像对应的互信息最大。

2. 基于互信息的图像配准步骤

互信息配准的原理就是在互信息理论基础上，通过优化算法求出两幅图像之间互信息的最大值，并搜索互信息达到最大值时对应的空间变换参数。其配准过程如下。

①在两幅待配准图像中，以一幅图像为基准图像，另一幅图像为浮动图像，计算两幅图像的互信息。

②给定一个空间变换，将浮动图像中的点变换到基准图像坐标系中，对变换后处于非整数坐标上的点进行灰度插值，计算基准图像和新的浮动图像间的互信息并建立互信息和空间变换参数间的关系。

③通过优化算法，不断改变空间变换参数的值，寻求两幅图像之间互信息的最大值，并搜索互信息达到最大值时对应的空间变换参数。

目前，基于灰度的最大互信息法直接利用图像灰度数据进行配准，避免了因分割图像带来的误差，因而具有稳定性强、精度高、无须进行预处理并能实现自动配准，是人们研究最多的方法之一。

但是，单独利用最大互信息的医学配准方法还存在不足。首先，互信息是由两幅图像的联合直方图计算出的，在直方图评价过程中很容易出现局部极小值，有碍优化过程。为此，有人提出通过改进PV插值算法来降低局部极小值，从而提高配准精度。其次，互信息法虽然考虑了两幅图像所有的灰度信息，但没有考虑到图像像素间的空间位置关系。这使得测度曲线不够光滑，对图像大小的鲁棒性差，易出现误配。有人提出基于互信息与边缘互距离信息的医学图像配准新测度，这种测度既利用了图像边缘间的互举例均值和互距离方差空间信息，又利用了待配准图像间的灰度互信息，从而改进了互信息测度，结果得到的配准参数曲线光滑且峰值尖锐，收敛范围宽，对图像大小有更强的鲁棒性。

10.4　医学图像配准的评估

医学图像配准，特别是多模医学图像配准结果的评估一直是件很困难的事情。由于待配准的多幅图像基本上都是在不同时间或(和)条件下获取的，所以没有绝对的配准问题，即不存在什么金标准。只有相对的最优(某种准则下的)配准。在此意义上，最优配准与配准的目的有关。常用的评估方法有以下几种。

10.4.1 准标配准误差

立体定向框架系统包括立体定向参考框架、立体定向图像获取、探针或手术器械导向几部分。优点是定位准确，不易产生图像畸变。使用立体定向框架系统的体积图像数据可以用来评估其他配准方法的精度。

使用人工记号作准标的方法很多。一种准标是使用 9 根棍棒组成的 3 个方向的 N 字型结构。在 CT 测试时，棒内充以 $CuSO_4$ 溶液；做 PET 测试则填充氟 18。这样，在两组图像中都可见此 N 字型准标，从而可对图像准确空间定位。例如用在人脑表面嵌螺丝作标记(每人 8 个)的方法对多个病人做 CT，MR(T1、T2 及 PD)和 PET 实测，得到多组数据。这些数据专门用于多模医学图像配准算法评估使用。准标配准误差(FRE)定义为：

$$FRE = \sqrt{\frac{1}{N}\sum_{i=1}^{N}\left|\boldsymbol{R}x_i + \boldsymbol{t} - y_i\right|^2} \tag{10-19}$$

式中，$\boldsymbol{R}$ 为三维空间变换的旋转矩阵；$\boldsymbol{t}$ 为是平移向量；x_i，y_i 为组准标在两幅图像中对应位置；N 为准数。

10.4.2 目标配准误差

与 FRE 定义相似，目标配准误差的定义为：

$$TRE = T(p) - q \tag{10-20}$$

式中，T 为三维空间变换；p，q 为组临床相关的解剖点在两幅图像中对应位置。

TRE 在两个方面优于 FRE。例如，Vanderbilt 大学的配准评估是选取 10 个神经外科手术敏感区的中心作为用于配准评估的点集，因此更适合临床应用。FRE 的准标选择受物理条件限制，只能选在颅脑表面，与临床关注区域较远。再者，FRE 经常会高估或低估配准误差。

10.4.3 配准评估数据集

配准评估数据集是临床获取并经领域专家加工设计，专门用于配准方法评估的数据集。用已知的图像信息验证新配准算法精度，典型的配准评估数据集有以下几种。

1. 回顾性图像配准评估 RIRE 数据库

美国田纳西州的 Vanderbilt 大学的“回顾性图像配准算法评估”项目，该项目受美国 NIH 支持，又称 Vanderbilt Database，基于标记的回顾式图像配准评估。J. Michael Fitzpatrick 教授是该项目的主要负责人。提供的 7 个病人的 41 套 CT 和 MR 图像的三维体积数据，包括每个病人的 1 套 CT 体数据和 6 套 MR 体数据：PD、T1、T2 和分别矫正过几何失真的 PDrectified、T1-rectified、T2rectified 图像。用于 PET-MR 配准的三维体数据共 35 套。新增 DICOM 兼容的数据格式。

2. 非刚体图像配准评估 NIREP 数据库

NIREP 配准数据集由美国爱荷华大学提供。用于个体内部或个体之间解剖变形的比较，包括 16 名正常被试的三维 MR 脑图像体数据，全部受试是右利手，其中男性 8 人，平均年龄 32.1 岁，标准差 8.8岁，年龄范围 22～49 岁；女性 8 人，平均年龄 32.6 岁，标准差 7.5 岁，年龄范围 23～47 岁。

每套数据分割出 32 个三维的灰质感兴趣区(ROI)，包括 FP，SFG，MFG，IFG，OrbG，Pre-

CG，PostCG，SPL，IPL，STG，ITG，TP 等，分别位于额叶、顶叶、颞叶和枕叶、扣带回及脑岛。不包括小脑、下丘脑和脑干部分。

由于个体解剖的差异及配准过程的复杂非线性变换，非刚性图像配准算法的评估是十分困难的，因为变换过程中一幅图像到另一幅图像中点式对应关系难以确定。NIREP 使用多种不同测度评价配准的性能，这些测度是

（1）相对覆盖率

$$RO(P,S)=\frac{\mathrm{Volume}(P\cap S)}{\mathrm{Volume}(P\cup S)} \tag{10-21}$$

相对覆盖率定义为一个在浮动图像中分割的解剖对象 P 和参考图像中对应的解剖对象 S 像素体积交集与并集之比，是一个反映三维的解剖对象之间的相似性测度。

（2）灰度方差

$$IV_j(x)=\frac{1}{M-1}\sum_{i=1}^{M}(T_i(h_{ij}(x))-ave_j(x))^2 \tag{10-22}$$

式中，$ave_j(x)=\frac{1}{M}\sum_{i=1}^{M}T_i(h_{ij}(x))$；$T_i$ 为第 i 个解剖对象的图像；$h_{ij}(x)$ 为从图像 i 到图像 j 的欧式坐标变换；M 为解剖对象总数。

（3）反向一致性误差

又称体素累积反向一致性误差。定义为：

$$CICE_j(x)=\frac{1}{M}\sum_{i=1}^{M}||h_{ji}(h_{ij})-x||^2 \tag{10-23}$$

‖·‖ 表示欧世模。

（4）传递误差

$$CTE_k=\frac{1}{(M-1)(M-2)}\sum_{\substack{i=1\\i\neq k}}^{M}\sum_{\substack{j=1\\j\neq i\\j\neq k}}^{M}X_i^2 h_{ki}(h_{ij}(h_{jk}(x)))-x^2 \tag{10-24}$$

传递误差与反向一致性误差不同（图 10-3），后者是图像 A 中的点 x 经过变换 g_{AB} 加变到图像 B 中的点 y，再通过反向变换 g_{BA} 变回到图像 A 的点 x'，x 与 x' 之间的误差，反映待配准解剖对象变换方向的可逆性。而传递误差是点 y 经过一个中间变换 g_{BC}，再通过变换 g_{CA} 得到的点 x'' 与 x 的误差，反映序列变换传递过程引起的误差。

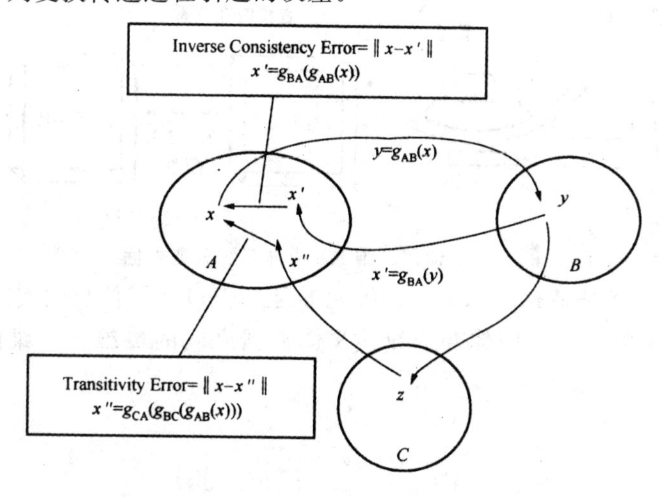

图 10-3　反向一致性误差与传递误差的关系

3. 二维一三维配准的标准评估

荷兰乌特里希大学医学中心提供一组多模态图像数据，用于对各种类型二维-三维刚性配准方法评估。数据包括2段脊椎骨(共8节椎骨，其中，第一段有3节胸腰椎骨，第二段有5节胸椎骨)的X射线图像、MR、CT和重建的三维RX图像。在X射线图像上，每节椎骨都提供一个二维蒙片，三维体数据中也对每节椎骨给出一个三维的蒙片，供配准使用。四种模式图像的参数如表10-2所示。

表 10-2　两段脊椎骨图像分辨和像素大小

模式	脊椎骨段号	像素/mm^3	图像分辨/像素
MR	1	1.00×0.75×0.75	100×256×256
	2	1.00×0.88×0.88	120×256×256
CT	1	0.31×0.49×0.31	320×260×320
	2	0.31×0.49×0.31	280×300×300
三维 RX	1	0.87×0.87×0.87	256×256×256
	2	0.52×0.52×0.52	256×256×256
X射线	1	0.63×0.63	512×512
	2	0.53×0.53	512×512

数据获取系统如图10-4所示，三维旋转式X射线成像由三维RX成像系统实现，系统在安装时即做了几何校正。C型臂经过8s绕成像对象旋转180°，采集100幅投影图像，用滤波反投影方法重建一个高分辨的三维体数据。

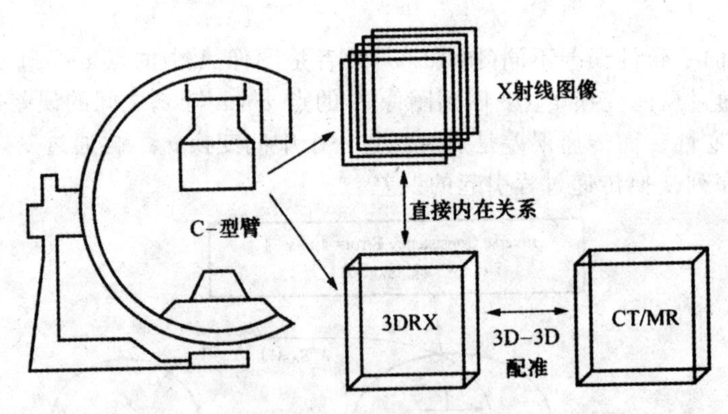

图 10-4　**使用三维 RX 成像系统获取数据**

CT/MR与三维RX体数据的二维一三维配准是基于最大互信息法实现，得到的亚像素误差的“金标准配准”参数。投影图像与三维RX体数据之间的二维一三维配准空间变换参数(T_x,T_y,T_z,R_x,R_y和R_z)如图10-5所示。

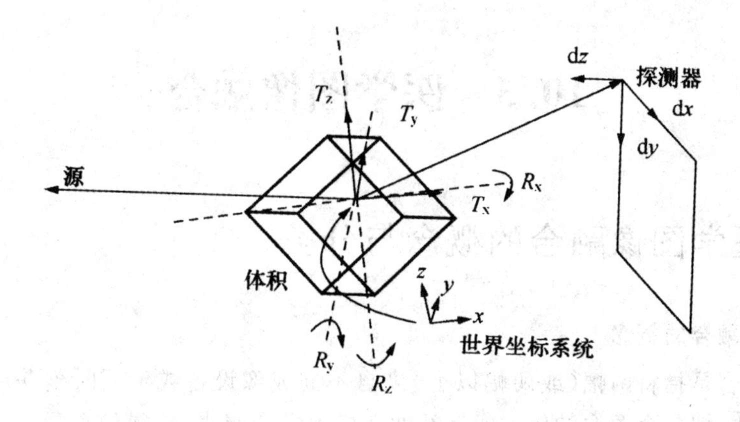

图 10-5　二维-三维刚体配准的 6 个自由度

针对不同的任务和应用，定义了多种不同的二维-三维刚性配准性能测度，如图 10-6 所示。

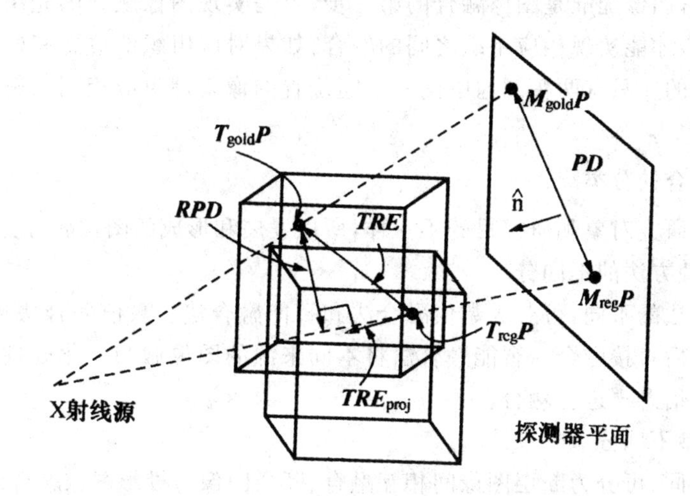

图 10-6　不同的二维-三维刚性配准性能测度之间的关系

图 10-6 中各参数的说明：

①$\boldsymbol{T}_{gold}$是从 CT/MR 图像空间到三维 RX 体数据的 4×4 金标准变换矩阵。

②$\boldsymbol{T}_{reg}$是从 CT/MR 图像空间到三维 RX 体数据的 4×4 实际配准变换矩阵。

③$\boldsymbol{M}_{gold}$是从三维 RX 体数据到 X 射线投影的二维空间的 3×4 金标准投影矩阵。

④$\boldsymbol{M}_{gold}=\mathrm{T}_{proj}\cdot\mathrm{T}_{gold}$，$\mathrm{T}_{proj}$在系统校正过程得到。

⑤$\boldsymbol{M}_{reg}$是从三维 RX 体数据到 X 射线投影的二维空间的 3×4 实际投影矩阵。

$$\boldsymbol{M}_{reg}=\mathrm{T}_{proj}\cdot\mathrm{T}_{reg}$$

10.4.4　专家目测检验

对多模医学图像配准的结果请领域专家用目测(visual inspection)方法检验，听起来有些主观，但的确是一种相当可信的方法。

10.5 医学图像融合

10.5.1 医学图像融合的概念与分类

1. 医学图像融合的概念

医学图像融合是指将两幅(或两幅以上)来自不同成像设备或不同时刻获取的已配准的图像,采用某种算法,把各个图像的优点或互补性有机地结合起来,获得信息量更丰富的新图像的技术。

在融合处理中,图像配准是图像融合的第一步,也是实现图像融合的先决条件,只有实现了待融合图像的配准,才能实现相应组织之间的融合,如果对应组织的位置有较大的偏差,那么融合的图像是不准确的。只有两幅图像中同一空间位置的像素都对应相同的解剖结构,融合起来的图像才有意义。

2. 医学图像融合的分类

因为研究者的研究对象和研究目的不一样,所以发展和形成的图像融合分类也就多种多样。

(1)按图像处理方法的不同分

按图像处理方法的不同,可分为数值融合法和智能融合法。数值融合法将不同来源的图像做空间归一化处理后直接融合。智能融合法将不同来源的图像做归一化处理后,根据需要选择不同图像中的所需信息再进行融合。

(2)按图像类型不同分

按图像类型不同,可分为断层图像间相互融合、断层图像与投影图像融合以及解剖结构图像与功能图像融合。断层图像间相互融合主要指 CT 与 MRI 图像融合;断层图像与投影图像融合主要指 CT、MRI 图像与 DSA 图像通过三维重建后进行融合;而解剖图像融合与功能图像融合主要指 CT、MRI 图像与 PET、SPECT 图像进行融合。

(3)按被融合图像的成像方式不同分

按被融合图像的成像方式不同,可把融合分为单模融合和多模融合。所谓单模融合是指待融合的图像是由同一设备获取的。简单地说,就是 CT-CT 或者 MRI-MRI 这种类似形式的融合处理。多模融合是指待融合的两幅或多幅图像来源于不同的成像设备,研究较多的是 CT 与 MRI 的图像融合和 CT 与核医学图像的融合。

(4)按融合对象的不同分

按融合对象的不同,可分为单样本时间融合、单样本空间融合和模板融合。单样本时间融合是指跟踪某个患者,将其一段时间内对同一脏器所做的同种检查图像进行融合,以助于跟踪病理发展和研究该检查对疾病诊断的特异性。单样本空间融合是指将某个患者在同一时期内(临床上视 1～2 周内的时间为同时)对同一脏器所做的几种检查的图像进行融合,以便综合利用这几种检查提供的信息(如 MRVCT 可以提供脏器的解剖结构信息,SPECT 可以提供脏器的功能信息),对病情做出更准确的诊断。模板融合是从许多健康人的研究中建立一系列模板,将患者的图像与模板图像融合，有助于研究某种疾病和确立诊断标准。

除此之外，还可以将图像融合分为前瞻性融合和回溯性融合。两者的区别在于前瞻性融合在图像采集时使用特别措施(如加外部标志等)，而回溯性融合在图像采集时则不采取特别措施。

综上所述，依据不同的分类原则，图像融合有多种分类方式，应该指出，以上分类不是绝对的、孤立的。在实际应用中，一个融合系统的设计过程往往是综合各种分类概念来实现的。

10.5.2 常用的医学图像融合方法

1. 基于空域的图像融合

基于空域的图像融合是指直接在空间域中对图像的像素点进行操作，该类方法简单直观，易于理解，但常常融合效果有限，只适用于有限的场合。

(1)图像像素灰度值极大或极小融合法

令 $g_1(i,j)$ 和 $g_2(i,j)$ 为待融合图像，$F(i,j)$ 为融合后的图像，其中 i,j 为图像中某一像素的坐标，图像大小为 $M \cdot N$，则 $i \in [0, M-1]$，$j \in [0, N-1]$

$$g_1(i,j), g_2(i,j) \in [0,255]$$

$$F(i,j) = \mathrm{Max}\{g_1(i,j), g_2(i,j)\} \tag{10-25}$$

$$F(i,j) = \mathrm{Min}\{g_1(i,j), g_2(i,j)\} \tag{10-26}$$

图像像素灰度值极大或极小融合法只需对两幅待配准图像取对应像素点灰度值较大(小)者即可。这种方法计算简单，效果有限，只适用于对融合效果要求不高的场合。

(2)图像像素灰度值加权融合法

加权法是将两幅输入图像 $g_1(i,j)$ 和 $g_2(i,j)$ 各自乘上一个权系数，融合而成新的图像 $F(i,j)$。

$$F(i,j) = a g_1(i,j) + (1-a) g_2(i,j) \tag{10-27}$$

式中，a 为权重因子，且 $0 \leqslant a \leqslant 1$，可以根据需要调节 a 的大小。该算法实现简单，其困难在于如何选择权重系数，才能达到最佳的视觉效果。

(3)TOET 图像融合方法

①首先求输入图像 $g_1(i,j)$ 和 $g_2(i,j)$ 的共同成分。

$$g_1 \cap g_2 = \mathrm{Min}\{g_1, g_2\} \tag{10-28}$$

②从图像 g_1 上扣除共同成分得到图像 g_2 的特征成分 g_1^*：

$$g_1^* = g_1 - g_1 \cap g_2 \tag{10-29}$$

同理得到 g_2 的特征成分 g_2^*：

$$g_2^* = g_2 - g_1 \cap g_2 \tag{10-30}$$

③从图像 g_1 中扣除图像 g_2 的特征成分 g_2^*，得到：

$$g_1 - g_2^* = (g_1 - g_2) + g_1 \cap g_2 \tag{10-31}$$

同理，从图像 g_2 中扣除图像 g_1 的特征成分 g_1^*，得到：

$$g_2 - g_1^* = (g_1 - g_2) + g_1 \cap g_2 \tag{10-32}$$

这项操作是为了改善图像的融合效果。

④确定图像 $g_2(i,j)$)和 $g_1(i,j)$ 的不同成分，

$$g_2^* - g_1^* = g_2 - g_1 \tag{10-33}$$

当$|g_2^*| < |g_1^*|$时，定义$g_2^* - g_1^* = 0$。

此操作的目的是将两幅图像的不同部分作为背景，突出图像$g_2(i,j)$的特征，以便准确判断$g_1(i,j)$的位置；反之也可。该成分在融合图像中的比重由权重系数决定，要突出哪个图像的特征以及判断哪个图像的位置要根据实际情况确定。

⑤将步骤③和步骤④中得到的结果按不同权重计算融合图像的灰度值：

$$F(i,j) = a(g_1 - g_2^*) + b(g_2 - g_1^*) + c(g_2^* - g_1^*) \tag{10-34}$$

式中，a,b,c为权重系数，且$a+b+c=1$，具体可根据需要选取。

图 10-7 是分别采用以上方法对已配准的 CT、MR 图像进行的融合。

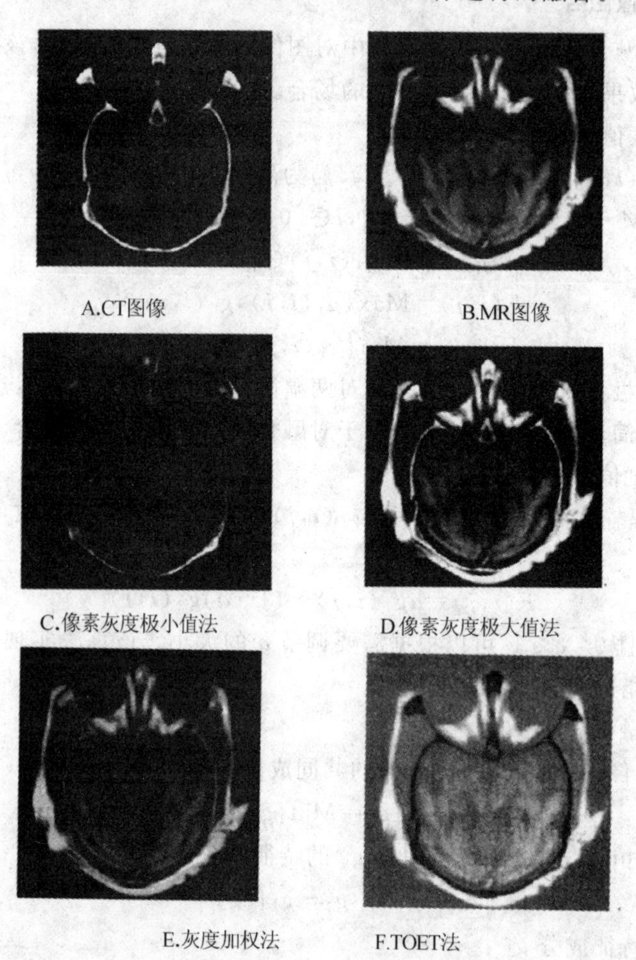

图 10-7　几种融合方法比较

2. 基于变换域的图像融合

变换域法是指将变换后的两个或多个图像进行融合，再通过反变换得到融合后图像的方法。下面介绍几种常用的基于变换域的图像融合方法。

(1)基于多分辨率的金字塔融合法

这是最早的一种基于变换域的方法。在这种方法中，原图像不断地被滤波，形成一个塔状结构。在塔的每一层都用一种算法对这一层的数据进行融合，从而得到一个合成的塔式结构，然后对合成的塔式结构进行重构，最后得到合成的图像。合成图像包含了原图像的所有重要信息。这类方法的缺点是产生的数据有冗余，且不同级的数据之间相关。

(2)基于傅立叶变换的图像融合法

数字图像处理技术的基础是傅立叶变换，其通过在时空域和频率域来回切换图像，对图像的信息特征进行提取和分析，简化了计算工作量，被喻为描述图像信息的第二种语言。基于傅立叶变换的图像融合法包括以下 3 个步骤。

①对待融合的图像分别进行二维傅立叶变换。

②对变换系数加权。

③对融合后的系数进行傅立叶反变换，得到融合图像。

(3)基于小波变换的图像融合

小波变换本质是一种高通滤波，当采用不同的小波基，就会产生不同的滤波效果。小波变换可将原始图像分解成一系列具有不同空间分辨率和频域特性的子图像，可以针对不同频带子图像的小波系数进行组合，形成融合图像的小波系数。

1)图像的二维小波分解及融合

Mallat 于 1989 年提出了图像的二维小波分解的 Mallat 快速算法，公式如下：

$$\begin{cases} C_{j+1} = HC_jH^* \\ D_{j+1}^h = GC_jH^* \\ D_{j+1}^v = HC_jG^* \\ D_{j+1}^d = GC_jG^* \end{cases} \tag{10-35}$$

$$j=0,1,2,\cdots,J-1$$

式中，h,v,d 为表示水平、垂直和对角分量；H（低通）和 G（高通）为两个一维滤波算子；H^* 和 G^* 为 H 和 G 的共轭转置矩阵；J 为分解层数。

相应的小波重构算法为：

$$C_{j-1} = H^*C_jH + G^*D_j^hH + H^*D_j^vG + G^*D_j^dG \tag{10-36}$$

图像经二维小波变换分解后，可得到 4 个不同的频带 LL、LH、HL、HH。其中低频带 LL 保留了原图的轮廓信息。LH、HL、HH 分别保留了原图水平、垂直和对角方向的高频信息，代表图像的细节部分。然后在对子图像分解得到 $LL\ 2$、$HL2$、$LH2$ 及 $HH\ 2$，依次进行多层分解。N 层小波分解后可得到$(3N+1)$个频带。基于小波分解的图像融合的本质是采用不同的滤波器，将原图像分解到一系列的频率通道中，然后针对系数特性采用不同的融合规则和融合策略。

基于小波变换的图像融合具体步骤如下。

①分解：对每一源图像分别进行小波变换，得到每幅图像在不同分辨率下不同频带上的小波系数。

②融合：针对小波分解系数的特性，对各个不同分辨率上的小波分解得到的频率分量 采用不同的融合方案和融合算子分别进行融合处理。

③逆变换：对融合后系数进行小波逆变换，得到融合图像。

整个过程如图 10-8 所示，可以看出设计合理的融合规则是获得高品质融合的关键。小波变换应用于图像融合的优势在于它可以将图像分解到不同的频率域，在不同的频率域运用不同的融合规则，得到合成图像的多分辨率分析，从而在合成图像中保留原图像在不同频率域的显著特征。

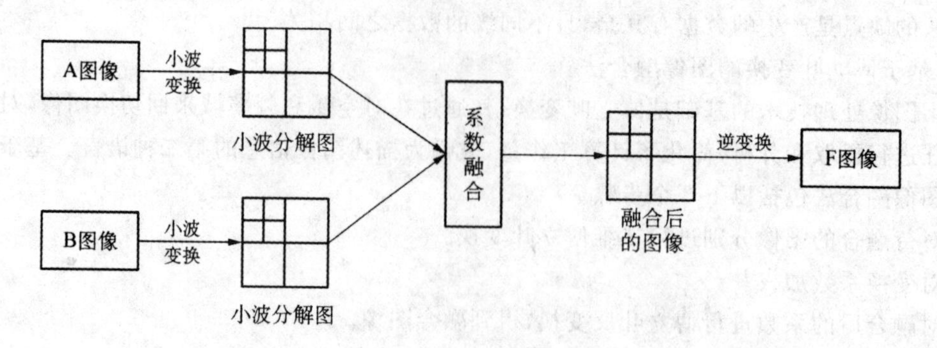

图 10-8　小波分解融合图

2)基于小波变换的融合规则

基于小波变换的图像融合方法的关键之处在于融合规则的选取。

低频系数融合规则:通过小波分解得到的低频系数都是正的变换值,反映的是原图像在该分辨率上的概貌。低频小波系数的融合规则可有多种方法,既可以取原图像对应系数的均值,也可以取较大值,这要根据具体的图像和目的来定。

高频系数融合规则:通过小波分解得到的 3 个高频子带包含了一些在零附近的变换值,在这些子带中,较大的变换值对应着亮度急剧变化的点,也就是图像中的显著特征点,如边缘、亮线及区域轮廓。这些细节信息,反映了局部的视觉敏感对比度,应该进行特殊的选择。

高频子带常用的融合规则有 3 类,即基于像素点的融合规则、基于窗口的融合规则和基于区域的融合规则(图 10-9)。

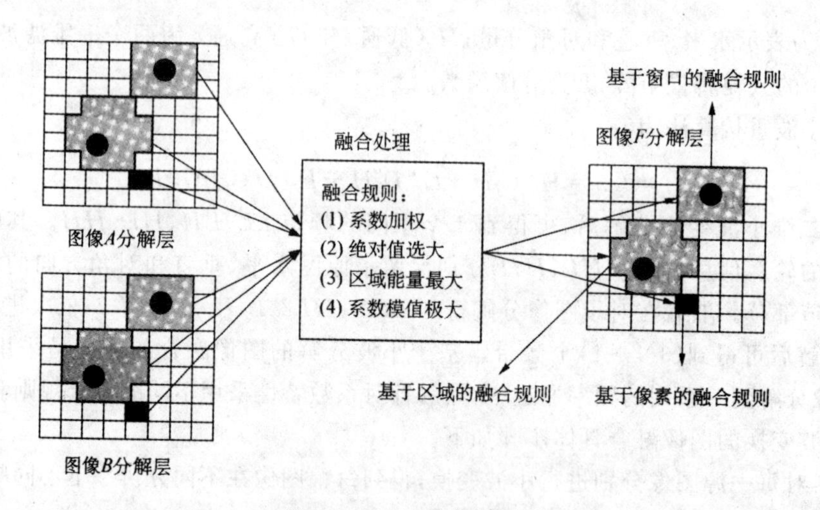

图 10-9　小波融合规则

基于像素点的融合规则是逐个考虑原图像相应位置的小波系数,要求原图是经过严格对准处理的。因为基于像素的选择方法具有片面性,其融合效果有待改善。基于窗口的融合规则,是对第一类方法的改进。由于相邻像素往往有相关性,该方法以像素点为中心,取一个 $M \times N$ 的窗口,综合考虑区域特征来确定融合图像相应位置的小波系数。该类方法的融合效果好,但是也相应地增加了运算量和运算时间。由于窗口是一个规则的矩形,而实际上,图像中相似的像素点往往具有不规则性,因此,近年来又提出了基于区域的融合规则,它常常利用模糊聚类来寻找具有相似性的像素点集。

3)常用的小波系数融合规则

小波系数加权法,如式(10-37)所示:

$$C_J(F,p)=aC_J(A,p)+(1-a)C_J(B,p),0\leqslant a\leqslant 1 \tag{10-37}$$

式中,$C_J(A,p)$,$C_J(B,p)$,$C_J(F,p)$分别表示源图像 A、B 和融合图像 F 在 J 层小波分解时,在 P 点的系数,下同。

小波分解系数绝对值极大法:

$$C_J(F,p)=\begin{cases}C_J(A,p) & |C_J(A,p)|\geqslant|C_J(B,p)| \\ C_J(B,p) & |C_J(A,p)|\geqslant|C_J(B,p)|\end{cases} \tag{10-38}$$

小波分解系数绝对值极小法:

$$C_J(F,p)=\begin{cases}C_J(A,p) & |C_J(A,p)|\leqslant|C_J(B,p)| \\ C_J(B,p) & |C_J(A,p)|\leqslant|C_J(B,p)|\end{cases} \tag{10-39}$$

在 J 层小波分解的情况下,局部区域 Q 的能量定义为:

$$E(A,p)=\sum_{q\in \mathbf{Q}} w(q)C_J^2(A,q) \tag{10-40}$$

式中,$w(q)$表示权值,q 点离 p 点越近,权值越大,且 Q 是 p 的一个邻域。同理可得 $E(B,p)$

$$C_J(F,p)=\begin{cases}C_J(A,p) & E(A,p)\geqslant E(B,p) \\ C_J(B,p) & E(A,p)< E(B,p)\end{cases} \tag{10-41}$$

以 CT、MR 两幅图像为例,进行小波融合。选择小波 db2,对所需融合图像进行小波两层分解;对小波分解后的小波低频系数采用均值法,高频系数分别采用系数加权、绝对值极大极小法、区域能量法、直接进行融合;以融合后的小波系数进行图像重构,得到融合后的图像如图 10-10 所示。

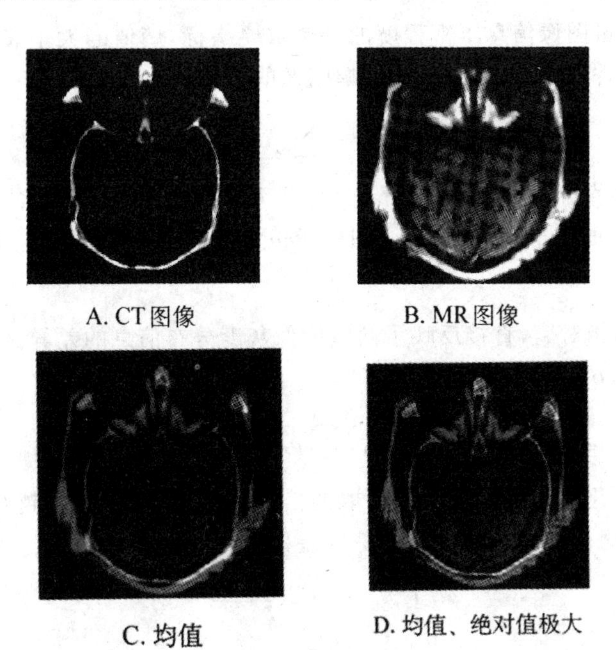

A. CT图像　　B. MR图像

C. 均值　　D. 均值、绝对值极大

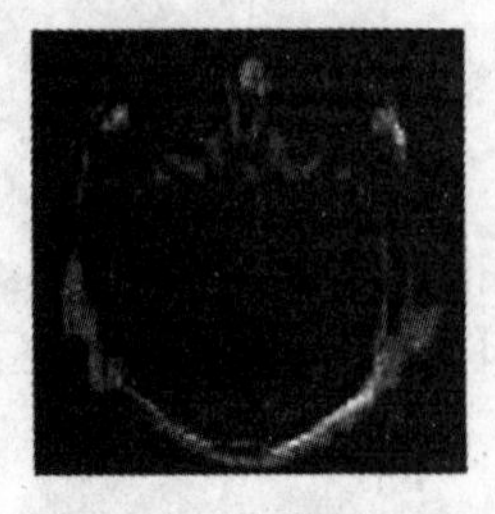

E. 均值、绝对值极小

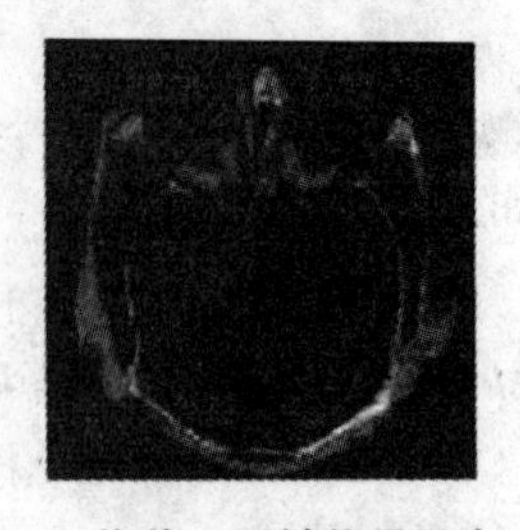

F. 均值、区域能量最大

图 10-10 原始图像及小波融合结果

对原始图像进行了不同层的小波分解，然后融合重构。实验结果显示，小波分解层数等于3、4的时候，效果最好。

10.5.3 医学图像融合效果的评价

目前，图像融合效果的评价主要有主观评价和客观评价两种。

主观评价以人作为观察者，对图像的优劣做出主观定性评价。人对图像的识别或理解不仅与图像的内容有关，而且还与观察者的心理状态有关。由于人的视觉系统很复杂，受视觉性能、环境条件、人的情绪爱好以及知识状况影响很大，因此主观评价具有主观性和不全面性，所以有必要把主观评价与客观的定量评价标准相结合，这样既便于人的观察，也便于将融合结果交于计算机进行处理。

下面是一些常用的客观评价指标。

1. 熵

图像的熵值是衡量图像信息丰富程度的一个重要指标，熵值的大小表示图像所包含的平均信息量的多少。根据香农信息论的原理，一幅图像的信息熵为：

$$H = -\sum_{i=0}^{L-1} p_i \ln p_i \tag{10-42}$$

其中 p_i 为图像的直方图，即灰度值等于 i 的像素数与图像总像素数之比。如果融合图像的熵增大，表示融合图像的信息量增加，融合图像所包含的信息就越丰富，融合质量越好。

2. 交叉熵

交叉熵(CE)也称相对熵，直接反映了两幅图像灰度分布信息的差异。设源图像和融合图像的直方图分别为 p_i 和 q_i，则交叉熵定义为：

$$CE = \sum_{i=0}^{L-1} p_i \log_2 \frac{p_i}{q_i} \tag{10-43}$$

交叉熵越小，说明融合图像从原图像提取的信息量越多，融合效果越好。在实际应用中，可以选择平均值来描述融合图像与源图像的综合差异：

$$\overline{C}_{FAB} = \frac{C_{FA} + C_{FB}}{2} \tag{10-44}$$

3. 互信息

互信息(MI)为两个变量之间相关性的量度，或一个变量包含另一个变量的信息量的量度。

假设两幅原图像 A 和 B，将它们融合得到融合图像 F，F 与 A、B 的互信息分别表示为 MI_{FA} 和 MI_{FB}：

$$MI_{FA} = \sum_{k=0}^{L-1}\sum_{i=0}^{L-1} p_{FA}(k,i)\log\frac{p_{FA}(k,i)}{p_F(k)p_A(i)} \tag{10-45}$$

$$MI_{FB} = \sum_{k=0}^{L-1}\sum_{j=0}^{L-1} p_{FB}(k,j)\log\frac{p_{FA}(k,j)}{p_F(k)p_B(j)} \tag{10-46}$$

式中，p_A、p_B、p_F 分别为 A、B、F 的灰度直方图；$p_{FA}(k,i)$、$p_{FB}(k,j)$ 分别代表两组图像的归一化联合灰度直方图。

综合考虑这两个值量，用 MI_{FA} 和 MI_{FB} 之和来表示图像融合后包含原图像 A、B 的互信息的总和：

$$MI_F^{AB} = MI_{FA} + MI_{FB} \tag{10-47}$$

互信息的值越大，表示融合图像从原图像中获取的信息越丰富，融合效果越好。

4. 图像均值

图像均值（$\bar{\mu}$）是图像像素的灰度平均值，对人眼反映为平均亮度。图像均值的定义为

$$\bar{\mu} = \frac{1}{M\times N}\sum_{x=1}^{M}\sum_{Y=1}^{N} G(x,y) \tag{10-48}$$

式中，$G(x,y)$ 表示图像中第 (x,y) 个像素的灰度，图像尺寸为 $M\times N$。如果均值适中，则目视效果良好。

5. 灰度标准差

图像的灰度标准差（δ_g）定义为：

$$\delta_g = \sqrt{\sum_{g=0}^{L-1}(g-\bar{\mu})^2 \times p(g)} \tag{10-49}$$

式中，L 为图像的总灰度级；g 为图像第 (x,y) 个像素的灰度；$\bar{\mu}$ 为图像均值；$p(g)$ 为灰度值为 g 的像素出现的概率。

标准差反映了图像灰度相对于灰度平均值的离散情况，若标准差大，则图像灰度级分布分散，图像的反差大，可以看出更多的信息。

6. 均方误差

均方误差（MSE）表示融合图像与标准参考图像之间的差异，定义为：

$$MSE = \frac{\sum_{N}^{M}\sum_{N}^{M}[F(i,j)-R(i,j)]^2}{M\times N} \tag{10-50}$$

式中，$F(i,j)$ 为融合图像，$R(i,j)$ 为标准参考图像。均方误差越小说明融合图像与标准参考图像越接近。

7. 信噪比与峰值信噪比

将融合图像与标准参考图像的差异看作噪声，而将标准参考图像看作信息。融合图像信噪比（SNR）定义为：

$$SNR = 10\lg \frac{\sum_{i=1}^{M}\sum_{j=1}^{N}[F(i,j)]^2}{\sum_{i=1}^{M}\sum_{j=1}^{N}[F(i,j)-R(i,j)]^2} \tag{10-51}$$

融合图像峰值信噪比(PSNR)为：

$$PSNR=10\lg \frac{255^2}{MSE} \tag{10-52}$$

信噪比、峰值信噪比越高，说明融合效果就越好。

8. 平均梯度

图像的平均梯度(MG)定义为：

$$MG = \frac{1}{M\times N}\sum_{x=1}^{M}\sum_{y=1}^{N}\sqrt{\Delta F_x(x,y)^2+\Delta F_y(x,y)^2} \tag{10-53}$$

式中，$\Delta F_x(x,y)$，$\Delta F_y(x,y)$分别为$F(x,y)$沿x和y方向的差分，定义如下：

$$\Delta F_x(x,y)=\frac{F(x,y+1)-F(x,y)+F(x+1,y+1)-F(x+1,y)}{2} \tag{10-54}$$

$$\Delta F_y(x,y)=\frac{F(x+1,y)-F(x,y)+F(x+1,y+1)-F(x,y+1)}{2} \tag{10-55}$$

平均梯度用来表示图像的清晰度，反映图像融合质量的改进及图像中的微小细节反差和纹理变换特征，平均梯度越大，则图像的清晰度越高，微小细节及纹理反映越好。

在以上8种指标中，其中MSE、SNR、PSNR均是通过比较融合图像与标准参考图像之间的关系来评价图像融合的实际效果。在图像融合的一些应用中很难获得标准参考图像，所以这几种方法的使用受到一定限制。

第 11 章　医学图像可视化

11.1　概　述

11.1.1　医学图像可视化的产生

传统的医学影像设备只是简单地对人体某些断层进行扫描获得相应的影像数据，然后由影像设备输出到胶片或显示屏幕供医务人员进行观察。医生通过这些二维断层图像可以分析患者的病灶部位以及病灶和周围组织之间的关系，但二维图像只表示某断层的信息，不能提供人体内部组织、器官的结构信息。因此阅片人多凭借经验估计病灶的结构、形态，以及其跟周围组织的关系，使得诊断带有一定主观判断，从而诊断结果的准确与否与阅片人的临床经验有很大关系。在此基础上，医学图像的三维可视化应运而生，它可以将医疗影像数据的真实感官效果显示给阅片人，使其准确地确定病灶的空间位置、大小、几何形状及其周围组织的空间关系，可以对患者的影像数据进行多方位、多层次的观察，减少主观判断和临床经验的不足对诊断结果造成的影响。通过重建二维数据达到重构人体器官组织及病变部位的目的，从而提高医疗诊断和治疗的精确性和科学性。医学图像三维可视化技术在提供医生诊断信息、模拟手术、临床诊断和治疗方面都发挥着至关重要的作用。

从 20 世纪 70 年代中期，三维可视化开始研究，伴随着影像技术的产生和不断进步而发展。目前已经成为计算机界中最引人注目、发展最快的领域之一。早在 1975 年，Keppel 即已提出用三角面片拟合物体表面的平面轮廓重建形体的切片级表面重建方法，1979 年 Herman 等提出立方体方法，即用边界体素的表面拼接代表物体表面的体素级表面重建方法，初步建立了体视化的基本思想。在 80 年代的体视化研究中，人们提出了大量算法：分解立方体法、移动立方体法、灰度梯度明暗计算方法等。其中最引人注目的是基于体素的显示方法，这种方法不需要构造物体的表面，而直接对体数据进行显示。在 90 年代，三维可视化及测量系统的研究走向实用，国内外出现了一批优秀的可视化软件系统，这些系统主要运行在大型机和工作站上，或者作为某些专用设备（如 CT 机、MRI 机、激光共聚焦显微镜等）的配套软件。

11.1.2　医学图像可视化的分类

目前，医学图像的可视化方法，根据绘制过程中数据描述方法的不同可分为两大类：

(1)间接绘制方法

该方法是由三维空间数据场构造出中间几何图元(如平面、曲面等),然后由传统的计算机图形学技术实现表面绘制,也称为面绘制。

(2)直接绘制方法

直接绘制方法并不构造中间几何图元,而是直接由三维数据场产生屏幕上的二维图像,所以也称为直接体绘制或体绘制,如图 11-1 所示。

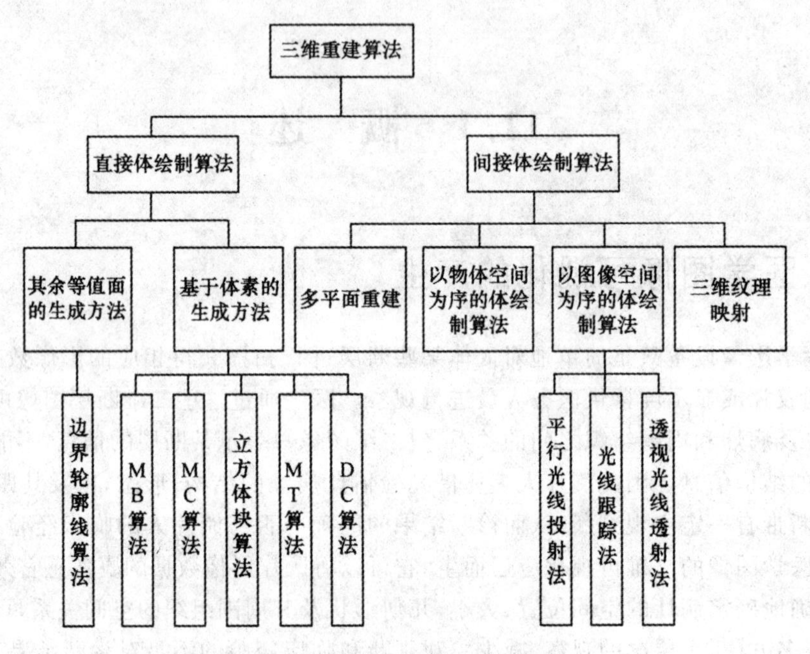

图 11-1 三维重建算法分类

11.1.3 医学图像可视化的过程

三维空间数据场的可视化是科学计算可视化技术的核心。尽管三维空间数据的类型各不相同,数据分布及连接关系相差大,但可视化的基本流程却大致相同。实现人体组织切片图像三维重建主要包括以下几个步骤,如图 11-2 所示。首先要获取目标图像序列;然后对图像序列进行预处理,以获取用于重建图像的数据;最后由可视化映射所获得的图像数据重建出人体器官的三维图像并进行显示。

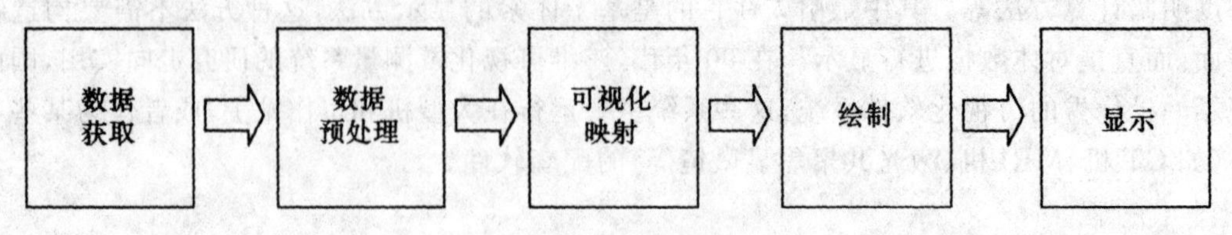

图 11-2 三维可视化流程图

(1)数据获取

由测量仪器或计算机数值模拟产生数据。计算机数值模拟的结果形成数据文件,用户自行定义文件格式,方便数据输入到计算机中。但是,有些测量仪器产生的数据文件格式是专用的,只有掌握了文件格式，才能将数据正确地输入到计算机中。目前，从测量仪器获取的数据主要有CT、MRI、UI、SPECT和PET等。各种影像检测技术和方法的成像原理各有不同，由此得到影像的层间距离、分辨率、图像尺寸等也各不相同。

(2)数据预处理

在实际应用中，可视化过程处理的数据主要包括几何数据、数值数据、和图像数据。根据原始数据的具体情况和感兴趣的数据对象的不同，应用计算机处理技术以及图形图像学技术，对原始数据进行相应的操作处理。一般对于数据量较大的原始数据场，首先对其进行格式的转变，如果灰度图像的分辨率是8比特，则图像像素点的取值范围为[0～255]。同时也可以根据兴趣区域的不同，对分类提取出的兴趣区域赋予伪彩色值。对于这些数据的处理和研究包括以下四个方面：

①数据描述语言和操作语言。

②数据格式转化及其标准化，主要根据DCIOM标准，将仪器获得的图像转换成RGB图像或灰度图像。

③数据变换技术，对原始数据的变换处理主要有滤波处理，平滑处理，网格重新划分等。

④数据压缩与解压缩技术。

同时，对原始图像准备阶段的处理也是图像处理的重要部分，包括图像匹配和图像融合。图像匹配解决断层图像之间严格对齐问题，可以对同一成像方式下获得的两次结果或者不同成像方式下获得的结果进行匹配。通过不同成像坐标系统之间的变换矩，将所有的图像变换到同一个公共坐标系统下，简化图像结果。图像融合解决了图像不同数据之间合成表示的问题，对于不同模态的图像，采用逻辑运算的方式实现图像的合成，获得图像之间不互相覆盖的结构信息，从而获得完整的组织器官信息。这样，观察者就能够对病理区域有全面了解。

(3)可视化映射

可视化映射是整个流程的核心，其目的是将经过处理的原始数据转换为可供绘制的几何图素和属性。这里“映射”的含义包括可视化方案的设计，即决定在最后的图像中应该看到什么，又如何表现出来，同时如何用形状、颜色及其他属性表示出原始数据中人们感兴趣物体的性质及特点。实现的方案多种多样，设计者可根据需要进行选择。主要包括以三类型图素：

①点图素(零维信号，如粒子等)。

②线图素(一维信号，如直线、流线等)。

③面图素(二维信号，如等值面、流面等)。

可视化技术处理的数据类型应随应用领域的不同而改变，从而对不同类型应采取不同的可视化技术。在映射过程中，通过设定的阈值或者相应的数值区间来选取图像颜色值和不透明度值，实现对数据的分类。

(4)绘制

绘制是将不同属性的几何模型以图像的形式显示出来。此过程包括利用颜色、形状、阻光度等图像属性，应用一定光照模型，显示出原始数据中感兴趣的区域和内容。

通过透视投影或者平行投影的方法，将几何图素转变为重构图像。绘制过程中通常采用雾的深度衰减、光亮度的深度衰减以及明暗处理等技术，来增强绘制图像的深度信息，增强图像真实感。

(5)显示

将绘制结果图像按照用户指定的形式显示在显示设备上,包括显示窗的大小和位置,存储格式及输出设备类型等。同时,用户可根据交互参数,通过显示驱动程序送到其他软件层中的各个功能模块中,对绘制出的结果图像进行交互操作。

具体过程如图 11-3 所示。

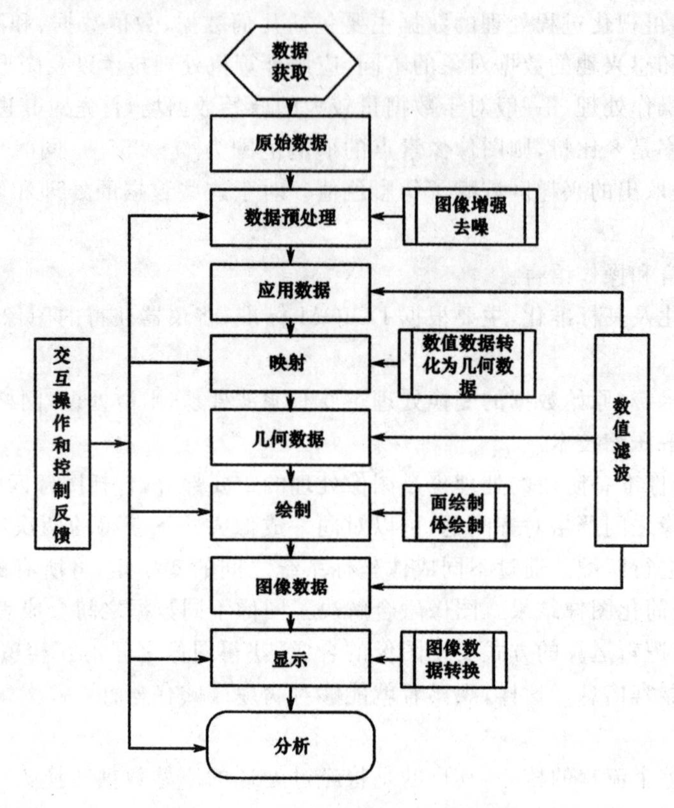

图 11-3　医学图像可视化详细过程

11.1.4　医学图像可视化的应用

医学图像可视化技术在医学领域的诊断和治疗等方面发挥着越来越重要的作用,主要体现在以下几个方面。

(1)制定手术规划

依据手术前获得的图像数据和建立的三维模型,可帮助医生制定手术规划,选择最佳手术方案,提高定位精度,减少手术损伤和临近组织损害,提高手术的成功率。

(2)辅助诊断

三维建模可以重构出人体组织和器官的解剖结构,便于医疗人员从多角度、多层次进行观察和分析,能够对病灶及其他感兴趣的组织进行定性和定量分析,并使病患人员能够有效地参与和了解诊疗过程,从而提高医疗诊断的准确性和正确性,提高治疗效果。

(3)虚拟手术

虚拟手术过程为操作者提供了极具真实感和沉浸感的虚拟临场环境,医生在虚拟手术过程中能够观察专家的处理方法,可以重复学习。除此之外,计算机还能够给出每次手术练习的评估。

(4)放射治疗

在放射治疗前,可以根据手术前获得的图像数据和建立三维模型,提高病灶的单位精度,避免正常组织遭受不必要的放射性照射。

(5)数字化解剖模型

根据一些数据重建人体的三维可视化模型,立体地显示人体、器官和组织的解剖结构,对于教学、技术培训有重要的意义。目前多个国家和研究机构均建立了大量的人体切片数据库,供研究和教学使用。

(6)数字化手术教学训练

经过图像处理和插值后的切片医学图像,根据科学计算可视化方面的知识进行计算机三维建模,能够获得人体部位的三维建模,医生可以对三维模型进行手术仿真,在虚拟环境下进行手术,既不会发生意外,又可以提高术前医生的协作能力。

(7)手术导航术中实时监测

手术过程中,通过超声、CT、MRI的实时扫描反馈,在图像的引导下进行定位,将计算机重建的三维模型和实际手术定位匹配,可以很好地引导医生进行手术等。

11.2 面绘制技术

面绘制实际上是显示对三维物体在二维平面上的真实感投影,就像当视角位于某一点时,从该点对三维物体进行“照相”,相片上显示的是三维物体形象。当然,目前的面绘制技术要求能实时交互,即提供视角变化时物体的显示,形成可以转动物体在任意视角观察的效果。

11.2.1 移动立方体法

这是一种基于体素的表面重建,即直接从体数据提取物体表面的方法。代表性的是Lorensen等人提出的移动立方体法(marching cube)。下面以人脑图像为例加以说明。在剔除大脑皮层、颅骨和其他非脑成分之后,仅剩下大脑部分。由于我们感兴趣的是脑表面的形态而不考虑其内部的细节,因此,要把位于大脑表面上的像素与大脑内部分开,这个过程称做轮廓提取。

1. 轮廓提取

在三维体数据集中,所有的采样点都位于一个立体栅格系统中。其最小的单元是以8个相邻顶点构成的立方体。三维图像的像素称做体素。一个体素可以由一个或多个这样的单元组成。

构型表对一个单元及给定的该单元点的标量值组合计算所有可能拓扑状态。拓扑状态数取决于单元顶点个数及一个顶点可能对于轮廓值内/外关系数。如果标量值大于轮廓线的标量值,则认为该顶点在轮廓之内;如果标量值小于轮廓线的标量值,则认为该顶点在轮廓之外。例如,如果一个单元有四个顶点,每个顶点可以在轮廓内部或外部。因此,轮廓通过该单元共有 $2^4=16$ 种方式(即几何交点)。

物体的表面实际上是一个闭合的灰度的等值面,其灰度值称做阈值。在该等值面的外部,所有的像素灰度值都小于这个阈值(或相反);在该等值面的内部,所有的像素灰度值都大于这个阈值，从而将物体与背景分开。显然，等值面上的体素内部灰度是不均匀的，即体素的一部分灰度大于这个阈值，另一部分灰度小于这个阈值。

举个例子说明如何寻找物体和背景的边界。令图像的体素仅由一个单元构成。先从寻找二维图像轮廓线说起。一个单元有 4 个顶点。每两个顶点连接成一条边。每个顶点的灰度就是该数据点的数值。假设我们选取了一个灰度阈值 G，根据各顶点的灰度与阈值 G 的关系这些顶点被分作两类，分别用黑、白两色圆点表示（记作 1 和 0）。对正方形的四个边逐个判断，如果某一个边的两个顶点颜色相同，该边上不存在边缘点；否则，在此边上必有一个边缘点。用直线将不同边上的边缘点连接起来。这些连接线将正方形分割为两或三部分。对于二维图像的像素，共有 16 种构型(case)，如图 11-4 所示。

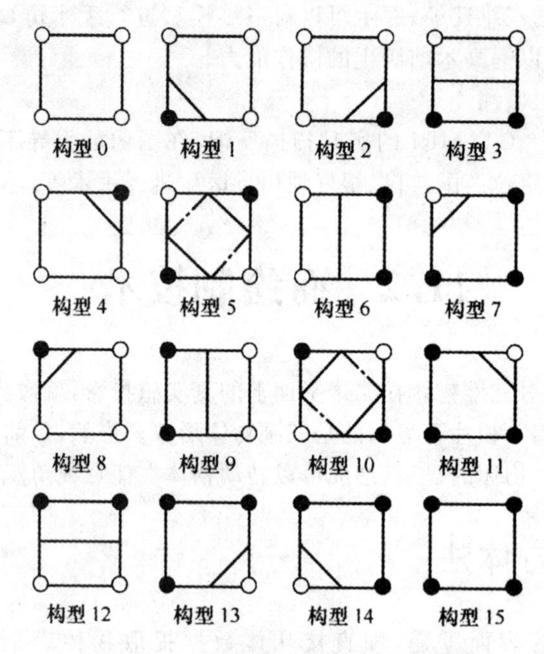

图 11-4　二维图像边缘点的 16 种构型

这里有几点需要说明：

①上述各构型只说明边缘线与哪几条边相交，并没有指明交点的具体位置。交点的位置应通过对该边的两个端点线性内插来实现。

②如果我们遍历图像中所有的小正方形，并对公共边合并，就可以得到图像中物体的轮廓线了。

③在某些构型中（例如图 11-4 中的构型 5 和构型 10），对边缘点的连接就有两种不同的方法。这种连接的不确定性称做构型的二义性。

对于图 11-4 中正方形单元的 16 种组合，构型表的索引值可对每个顶点的二进制数字编码计算。对在矩形网格表示的二维数据，用 4 位索引值表示 16 种状态。选定某一合适的状态后，可以用内插计算轮廓线与单元边缘交点。该算法处理完一个单元后，然后移动或前进到另一个单元。当所有单元都通过后，轮廓就完成了。

与步进正方形相似，三维时为步进立方体法。这时，每个像素有八个顶点。根据这八个顶点与灰度阈值的关系一共有 $2^8=256$ 种构型。二维图像的轮廓是由直线段连接而成，三维图像的轮廓则复杂得多。因为，三维图像的轮廓是由许许多多的小三角形面片镶嵌而成的。考虑到各构型的对称和互补性，图 11-5 给出简化后的 15 种基本构型。对于三维图像遍历，根据各体素的构型情况产生三角形面片镶嵌的表面轮廓的方法称作移动立方体法。实际应用中要用到全部 256 种构型，因为仅靠 15 种基本构型的组合往往会在表面轮廓上产生空洞。

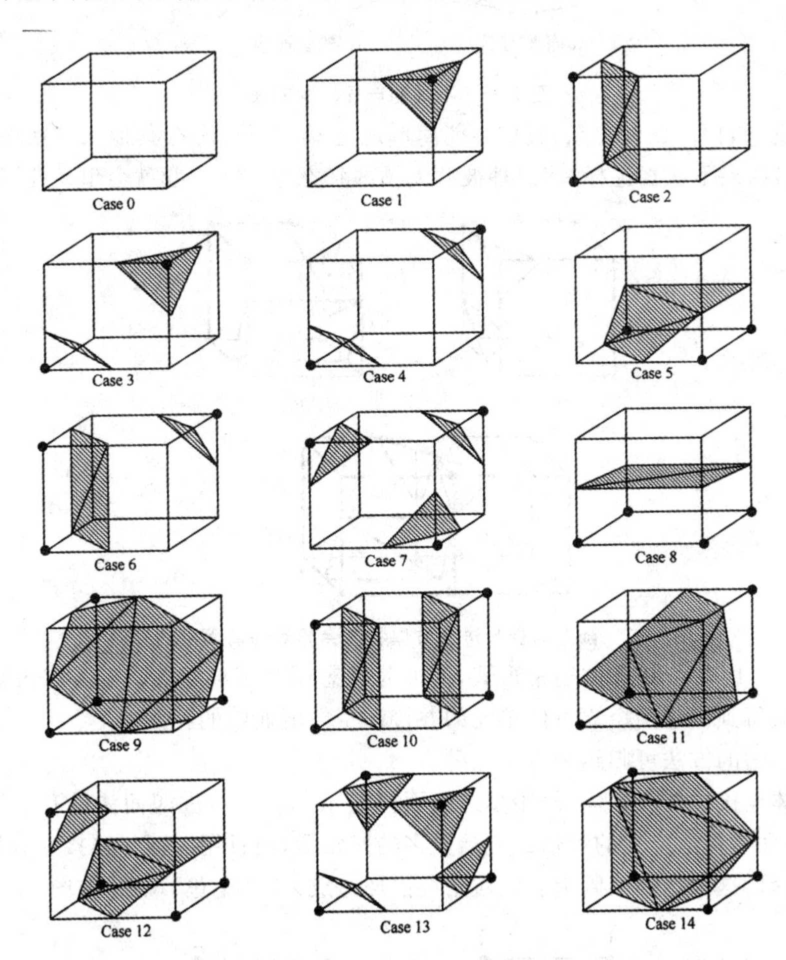

图 11-5　三维图像的 15 种基本构型

为了方便起见，实用的遍历法是对每个体素用查表法。将体素的八个顶点与灰度阈值比较所产生的逻辑值依序构成一个 8 位的二进制编码索引值，全部 256 种构型的信息组成一个“构型一三角剖分”查找表。它包含 256 个索引项，每个索引项包含索引号以及指向该种三角剖分中的一个指针。通过查表可以直接得到轮廓段的拓扑信息、哪一个边与体素相交、应当使用那些顶点内插产生交点等。对于每个体素，根据它的索引号在“构型一三角剖分”查找表中确定其三角剖分形式。还要对相邻正方形一致边合并。最终产生由小三角形面片镶嵌成的表面轮廓。

轮廓的二义性是一个重要的问题。仔细观察步进正方形的 5 号和 10 号 2 种构型，步进立方体的 3，6，7，10，12 和 13 号等 6 种构型，都是一个单元可以用多于一种方式来提取轮廓。在二维或三维中，当对角顶点是同一状态(1 或 0)，而邻边上点为不同状态时，就会发生二义性。

在二维情况下，轮廓的二义性较易解决：对每种二义情况，我们取二种可能状态之一。对某一特定状态的选择与所有其他选择无关。不同的轮廓选择方法，轮廓可能延伸或中断(如图 11-6 所示)。两种选择都可接受，因为两种情况都能得到连续的轮廓线，并且是封闭的(或在数据集边界处截止)。

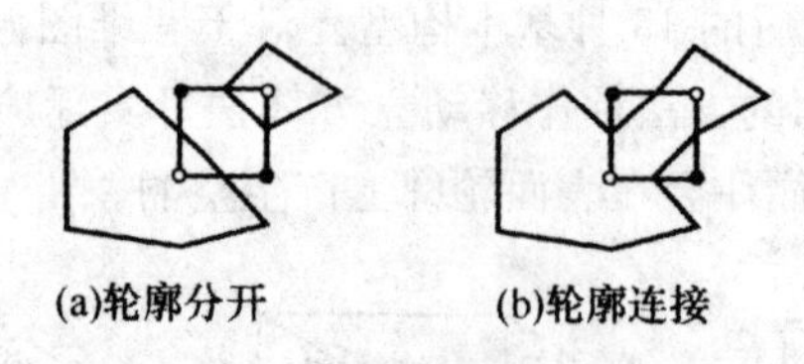

图 11-6　不同的选择轮廓方法

在三维情况下，情况比较复杂，我们不能简单地选择一种与所有其他二义状态无关的状态。由图 11-7 可知，如果不认真选择，使二种彼此无关的状态连接在一起就会出现孔洞的情况。

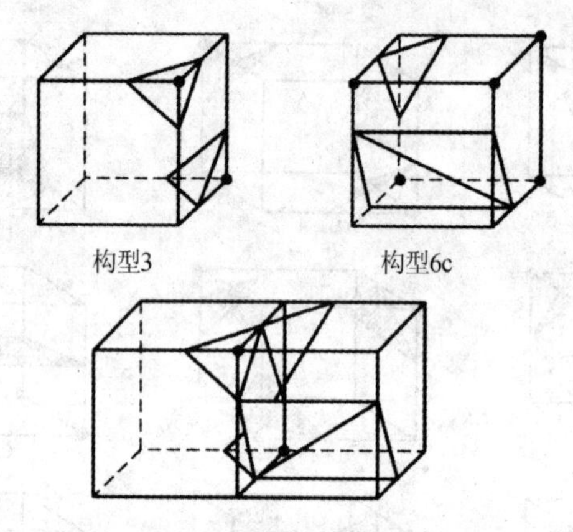

图 11-7　随意选择步进立方体状态会导致等值面中的空洞

在图 11-7 中，用 3 号状态的通常形式，而 6 号状态用其互补状态。互补状态是将“黑”顶点与“亮”顶点互换得到。这两个立方体单元的并接产生等值面中的孔洞。

解决这个问题的方法可归纳为以下几种。

①用四面体连接这些立方体，即用步进四面体技术。因为步进四面体没有二义性问题。不幸的是，不仅四面体算法产生的等值面包括更多的三角形，而且用四面体连接立方体需要对四面体的方向做抉择。这种选择会因沿表面对角线内插造成人为“起包”现象，如图 11-8 所示。

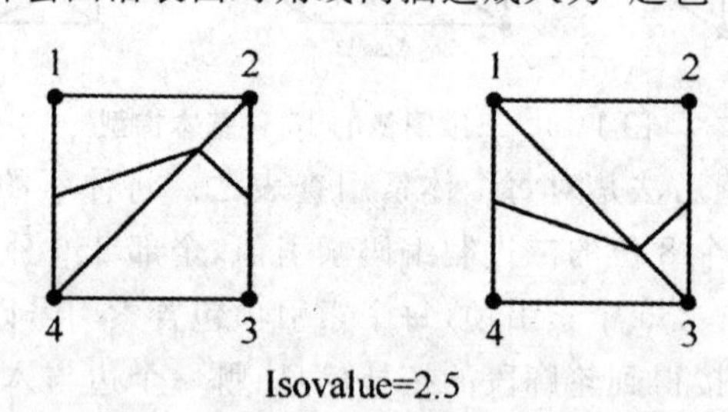

图 11-8　用步进三角形或步进四面体解决矩形网格上的二义性问题

图 11-8 仅显示立方体的一个表面。对角线方向的选择产生轮廓面上的“鼓包”。对角线方向的选择在二维情况下可以任意，但在三维情况下要受邻居约束。一种简单有效的解法是通过添加附加的互补状态扩展原有的 15 种步进立方体状态。这些状态设计得与相邻的状态相容，并防止在等值面中产生孔洞。对应于步进立方体中 3,6,7,10,12 及 13 号状态，需增加 6 种互补状态，如图 11-9 所示。

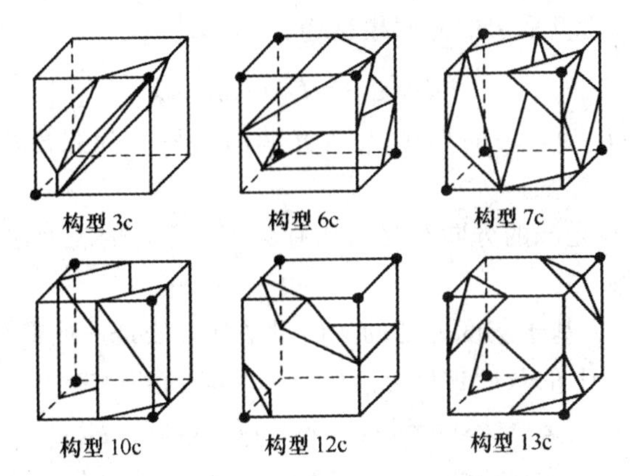

图 11-9　增加互补构型解决二义性问题

②我们还可将步进正方形及步进立方体的通用方法扩展到其他拓扑类型，例如步进线段、步进三角形和四面体等。此外，还适用于任意与立方体拓扑等价的单元类型。例如，六面体或非立方体素。

图 11-10 表明轮廓提取的 4 种应用。图 11-10 (a)是对应不同组织类型的 CT 密度值的二维轮廓线。这些线用步进正方形产生。图 11-10 (b)是用步进立方体产生的颅骨等值面。

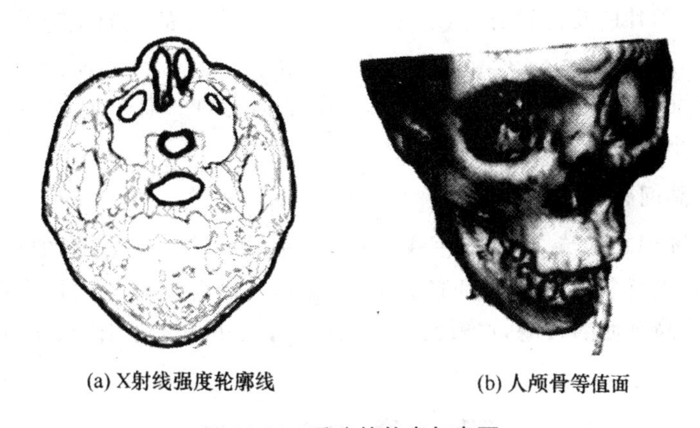

(a) X射线强度轮廓线　　(b) 人颅骨等值面

图 11-10　重建的轮廓与表面

2. 等值面的明暗显示

为真实地显示物体表面的情况，我们采用等值面的明暗显示。三角片的生成仅仅完成了等值面的构造，要真正显示出物体在一定光照条件的形态，还必须解决物体在特定的光照模型下的表面法向量的计算(图 11-11)。

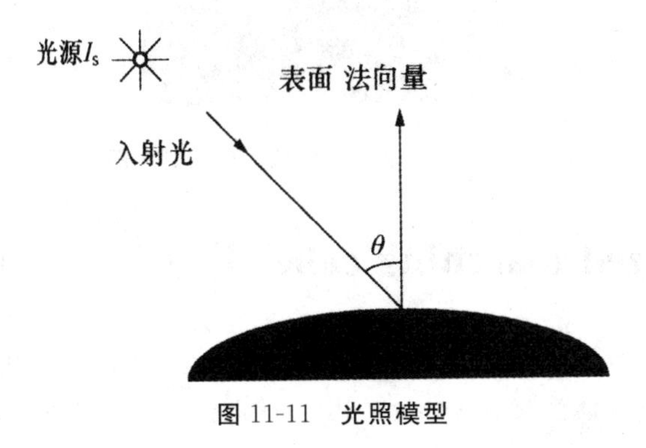

图 11-11　光照模型

首先选择光照模型。这里采用的光照模型为：

$$I=I_a+(I_s-I_a)\cos\theta \tag{11-1}$$

式中，I 为三角片的光强；I_a 为环境的光强；I_s 为光源的光强；θ 为三角片指向物体外部的法向量与光线的夹角。

显然，三角片的光强与光源的方向和强度均有关。三角片的表面法向量的计算是真实、准确显示物体表面的关键问题。

然后计算表面法向量。基于灰度梯度的法向量估计方法是一种很有效的方法，首先，用灰度差分计算体素顶点(i,j,k)上的灰度梯度 $g=(g_x+g_y+g_z)$，其中

$$\left.\begin{aligned}g_x&=[s(i+1,j,k)-s(i-1,j,k)/2]\\g_y&=[s(i,j+1,k)-s(i,j-1,k)/2]\\g_z&=[s(i,j,k+1)-s(i,j,k-1)/2]\end{aligned}\right\} \tag{11-2}$$

式中，$s(i,j,k)$为灰度值。对 g 进行归一化，得到$(g_x/|g|,g_y/|g|,g_z/|g|)$作为$(i,j,k)$上的单位法向量。然后，对体素 8 个顶点上法向量进行线性插值就可得到位于体素棱边上的三角片的各个顶点上的法向量。

设计算得到的某个三角片的三个顶点上的单位法向量分别为(x_1,y_1,z_1)，(x_2,y_2,z_2)和(x_3,y_3,z_3)，这个三角片的几何重心为(c_x,c_y,c_z)，则该三角片的法向量起始于(c_x,c_y,c_z)，终止于$(x_1+x_2+x_3)/3+c_x$，$(y_1+y_2+y_3)/3+c_y$，$(z_1+z_2+z_3)/3+c_z$。代入光照模型公式，就可计算出小三角片表面的光强(灰度)。将其投影在某个特定的二维平面上进行显示，从而显示出物体富有光感的整个表面形态。

3. 投影中的消隐问题

投影是实现三维到二维转换的有效手段，消隐是其中一个不可忽略的问题。采取的策略为遍历体素集合，相对视点采用从后至前的次序，后显示到屏幕上的三角片将覆盖先显示的三角片，这样就达到消除隐藏面的目的，这就是著名的画家算法的思想。图 11-12 是用移动立方体法重建的脚骨图像。

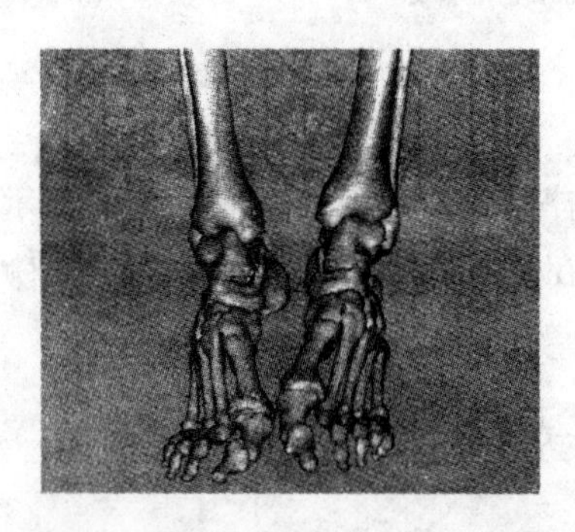

图 11-12　用移动立方体法重建的脚骨图像

11.2.2　discretized marching cubes 算法

discretized marching cubes(DiscMC)算法是 C. Montani，R. Scateni 和 R. Scopigno 在 1994 年提出的一种新型移动立方体法(Marching Cubes)的改进算法，它将三维表面的重构和简化过

程融为一体，在等值面生成过程中自适应地完成了面片的合并。与其他简化算法相比，DiscMC 具有算法效率高、简化比例高，损失精度小等优点。同时，DiscMC 还采用了非常简捷的办法解决了经典移动立方体算法中的二义性问题。

经典移动立方体算法直接根据体元顶点的内外状态构造出三角面片，这些三角面片的顶点是根据所在边的两个顶点的密度值通过插值计算得出。DiscMC 则把整个过程分成三步。

①扫描：首先，所有与等值面相交的体元被逐一扫描，根据其 8 个顶点的内外状态按照规定好的方式生成三角面片。在这一步中，所有生成的三角面片只是用它所在体元的位置和其形态的编号进行记录，并不计算其实际的顶点坐标值。即先假设所有的三角形面片的顶点只可能落在立方体体元边界的中点和体元中心点这 13 个地方，因而生成的三角形面片的形状是个数有限的。

②合并：三角面片生成后，将凡是位于同一平面并且相邻的三角面片合并，形成大的多边形。随后，大的多边形又被重新划分为三角形。

③插值：DiscMC 的最后一个步骤是通过线性插值计算出最后所得的三角面片的顶点坐标，这一步和经典的 MC 算法是相同的。

DiscMC 算法中"离散"的思想就是延后插值计算，重建过程中生成的三角面片全部用离散值来表示，即三角面片所处平面的位置、方向，在所处体元中的位置、形态全部都是离散量，仅有有限数目的可能取值。

1. 扫描

根据以上的思想，在第一个步骤——扫描的过程中，所生成的三角面片的顶点在一个体元中仅有 13 个可能位置（每条边的中点 12 个，外加体元中心点）。三角面片的可能平面方向也只有图 11-13 中列出的 13 种。当然，如果考虑平面的法向方向，则一共是 26 种。DiscMC 也同时规定了扫描在这一步中所有可能产生的三角面片都为图 11-13 中的某一个。

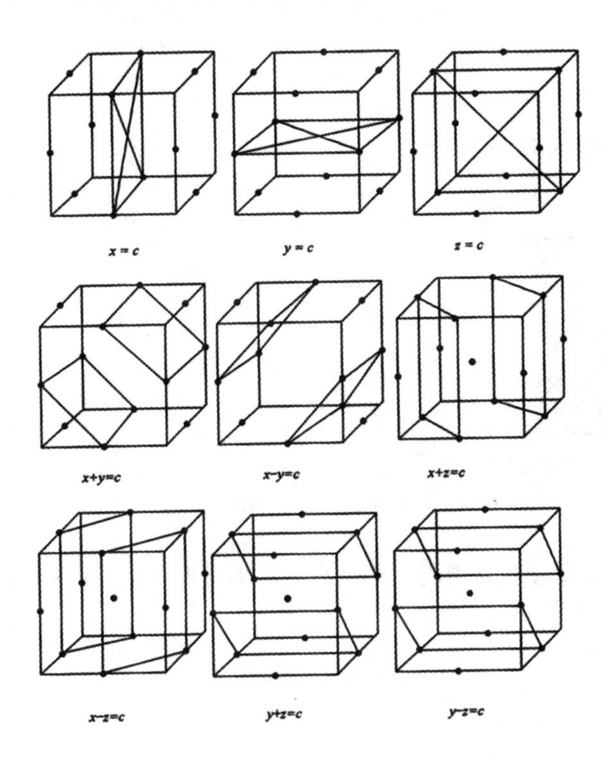

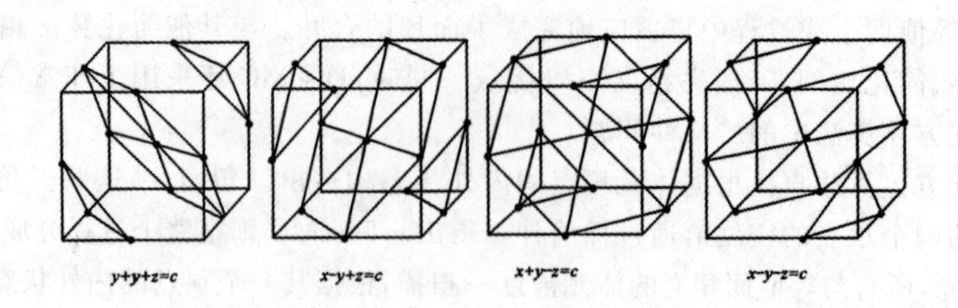

图 11-13　三角片面所有可能构型

在扫描过程中，三角面片生成后就马上根据其所处的平面方向和位置存储在一个两层的链表结构中。第一个层次存储 26 个不同的平面方向，每个元素指向另一个链表，该链表存储了这个方向上的一系列平行的平面。第二个层次上每一个元素均是一个链表，存储该平面上已生成的三角面片，存储的三角面片只须用它在该平面上的位置信息记录即可，这样也便于后面合并过程的进行。

2. 合并

DiscMC 算法的核心是三角面片合并，合并目的是将所有邻接且位于同一平面的三角面片合并成大的多边形，再将得到的多边形划分为尽可能大的凸多边形，最后将得到的凸多边形划分成三角形。这样，合并过程又可以分为合并、分割、三角形划分三个步骤。下面将以 $z=c$ 平面为例描述这一过程。

(1)合并

合并是将扫描步骤中产生的在同一平面又相邻的小三角面片进行合并，形成大的多边形，如图 11-14 所示。在合并过程中，每一个在扫描过程中形成的统一平面上的三角面片被重新以“异或”模式写入一个二维数组，这样，这些三角面片就自然而然地“合并”了，数组中仅剩下合并后多边形的边界。另外，所有三角面片的水平边也不需要记录，只需记录垂直边和斜边就足以表示多边形的边界了。

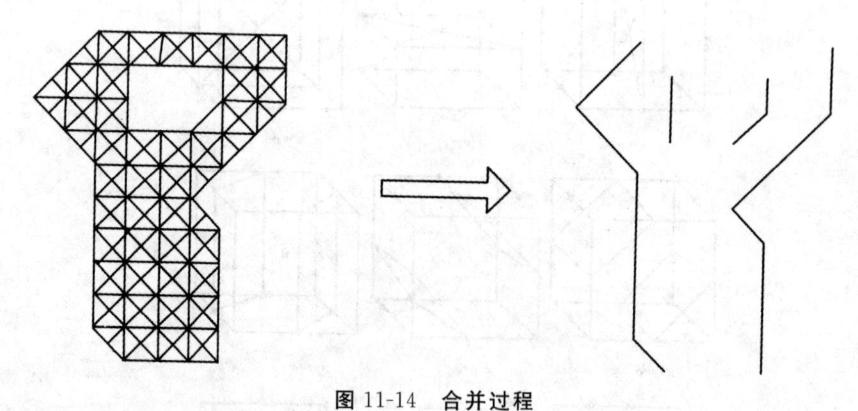

图 11-14　合并过程

(2)分割

分割是将合并得到的多边形分割成一个个小的凸多边形，以便进行下一步的三角形分割，如图 11-15 所示。

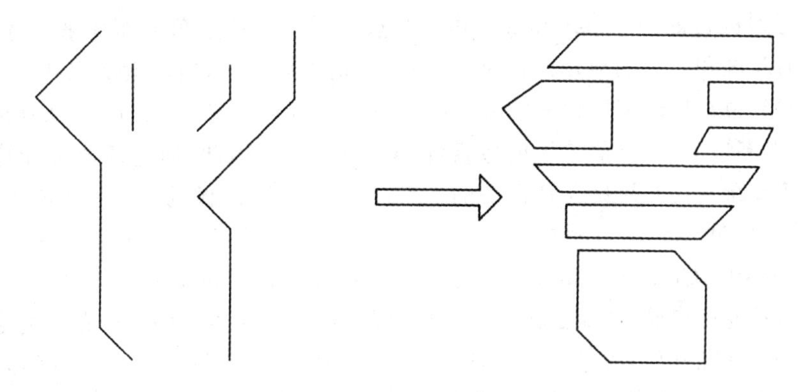

图 11-15　分割过程

为了方便起见，凸多边形的分割是按水平方向自上而下进行的。分割完成后，每个凸多边形的信息便从二维数组中提取出来，按照逆时针的顺序将其顶点存储在一个链表中。

(3)三角形划分

三角形划分是将分割得到的各个凸多边形最后划分为三角形，形成三角面片网格模型，如图 11-16 所示。

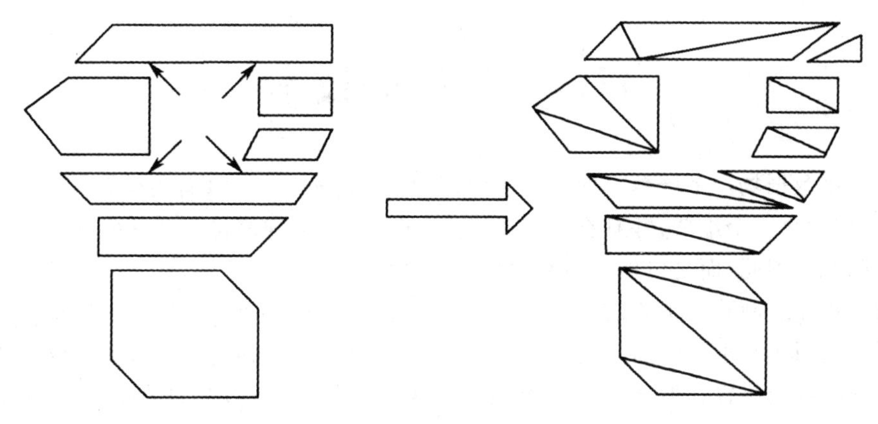

图 11-16　三角划分过程

3. 插值

节点的坐标值最终通过线性插值计算出来，这一步同经典的移动立方体算法是一样的。

从上述的算法描述中可以看出，DiscMC 具有如下特点：

①简化比例高，由于凡是位于同一平面且相邻的三角面片都进行合并，所以如果初始三维表面比较平坦，可以达到很高的简化比，并保持有限的精度损失。

②由于 DiscMC 算法的主要部分是基于离散值的，耗时的插值计算量被降至了最低，故而算法效率很高。

③可以保持细微结构，只要某细微结构在第一次的扫描中能够体现出来，则它就不会被 DiscMC 的简化过程所破坏，这也是 DiscMC 优于其他简化算法的地方。

11.2.3　剖分立方体算法

剖分立方体算法(dividing cubes，DC)和面绘制算法(marching cubes)一样，对数据场中的体元逐层、逐行、逐列进行处理。marching cubes 算法用体元上的三角形面片来逼近等值面，这种方法得到不断的改进和广泛的应用。但是，这种方法提出后不久，他们就认识到当三维数据场的密度很高时(例如，由 CT 和 MR 得来的医学图像数据)，由 marching cubes 方法在体元上产生的小三角面片，在很多情况下，比屏幕上的像素(pixel)还要小。因此，通过插值来计算小三角面片是不必要的。随着新一代 CT 及 MR 设备的产生，二维切片的图像的分辨率不断提高，断层不断变薄，已经接近并超过计算机显示的分辨率。这种情况下，常用于三维表面重建的 Marching Cubes 方法已不适用。Cline 和 Lorensen 二人在 1988 年提出了剖分立方体算法方法，该方法对数据场中每个体元进行扫描，并测试体元角点的函数值，当某一体元的 8 个角点的函数值位于等值面的一侧时，表明等值面不通过该体元，因而不予处理；当某一体元 8 个角点的函数值位于等值面的两侧，而此体元在屏幕上的投影大于像素时，则将此体元进行剖分直至其投影等于或小于像素时，再对所有剖分后得到的小体元的 8 个角点进行检测。当其角点的函数值位于等值面的一侧时，不予处理。当其角点的函数值位于等值面两侧时，投影此小体元到屏幕上，形成所需要的等值面图像。这里，称这种小体元为面点(surface. point)。可以看出，当体元尺寸远远大于屏幕像素时，其算法效率比移动立方体方法差，但当体元的投影尺寸与像素大小相当时，算法效率大大提高，还消除了移动立方体方法的二义性问题，并适合于并行实现。

11.3 体绘制技术

直接由三维数据场产生屏幕上的二维图像，称为体绘制算法。这种方法能产生三维数据场的整体图像，包括每一个细节，并具有图像质量高、便于并行处理等优点。体绘制不同于面绘制，它不需要中间几何图元，而是以体素为基本单位，直接显示图像。

目前的常用体绘制算法主要研究光线在带颜色、透明的材质中传播的数学算法，这是实际应用尤其是医学应用所要求的。面绘制的三维重建，医生可以观察到某个脏器或骨骼的外观形态，以及它们相互的解剖位置。但相对于一个三维物体，其内部的信息是没有的，我们只能观察外表，看不到内部包含的组织和内部的几何关系。而目前的体绘制技术就是力求将某一三维感兴趣区域内所有的组织(皮肤、骨骼、肌肉等)集中在一幅图中显示，同时重叠或包含的组织之间不是互相完全遮挡的，而是相互有一定的透明度，我们可以透过某种组织观察其内部，如透过肌肉观察到内部包含的骨骼。

下面首先讨论对面积、体积图形都很重要的两种技术，即用简单混合函数仿真物体透明度及纹理映射的方法，在没有过多的计算代价情况下增加图像的真实感。然后讨论体积图形绘制技术，包括按对象顺序及按图像顺序绘制技术。

11.3.1 透明度与 α 值

面绘制是绘制不透明物体。即假设物体在其表面反射、散射或吸收光线，而没有光线射入它们内部。虽然绘制不透明物体很有用，但很多应用中，绘制透明物体也很重要。透明度在体绘制中有重要的应用。

透明度及阻光度是两个互补的概念，它表示光线可以该物体或体元的程度，在计算机图形学

中常被称为 α 值。例如使用 0 到 1 的尺度，一个 50％不透明的多边形的 $\alpha=0.5$。$\alpha=1$ 代表完全不透明物体，$\alpha=0$ 代表完全透明物体。

α 是整个原色的一个重要性质，可以单独说明，也可以与三种原色等同地表示。在此情况下，颜色的 RGB 说明扩展为 RGBA，而 A 代表 a 分量。在许多图形卡上帧缓冲器将 α 值与 RGB 值一起存储。然而，加入透明度对绘制过程增加很多复杂性。按照光线跟踪过程，视线从相机投射到世界坐标，依次与每一种原色板相交。若原色板是不透明的，要绘制的颜色就是光线方程到此部得到的颜色；对于半透明原色板，必须用光照方程求解穿过这个原色板得到的结果，并且继续投射，看它是否还与其他原色板相交。最后得到的颜色是所相交全部原色板作用的合成。对每个表面相交，可用式(11-3)表示

$$\left.\begin{aligned} R&=A_sR_s+(1-A_s)R_b\\ G&=A_sG_s+(1-A_s)G_b\\ A&=A_s+(1-A_s)A_b \end{aligned}\right\}\tag{11-3}$$

式中，下标 s 为原色表面；下标 b 为原色的后面颜色；项 $1-A_s$ 称透射度，代表光线穿透该原色表面的量。

作为一个例子，考虑光线穿过三个透明度均为 0.5 的、颜色分别为红、绿、蓝的多边形平面，如果红色多边形在前，背景为黑色，得到的 RGBA 色为(0.4,0.2,0.1,.8 7 5)，如图 11-17 所示。

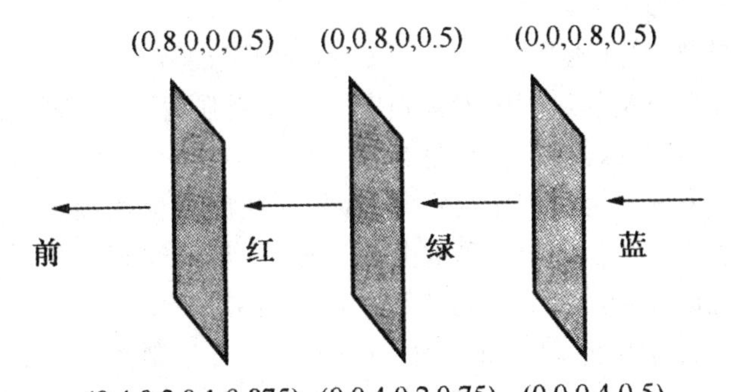

图 11-17　α 值的合成

需要注意的是，当我们交换这些多边形的顺序，结果颜色也会改变。这在使用透明度时，会产生一个技术上的大问题。因为用光线跟踪一个场景，我们是以确定的方式(从前向后)与这些表面相交。可是按现在讨论的情况，却是按相反顺序(从后向前)用式(11-3)对这些平面计算合成颜色。在按目标顺序绘制方法中，这类合成是用硬件支持的，但不保证是按某个特定顺序绘制这些多边形的，即使原色多边形是按图 11-17 位置排列，但绘制的多边形顺序也可能是蓝色、红色，最后是绿色。因此，结果颜色不正确。

让我们通过一个体素的 RGBA 值来看这个问题。当绘制蓝色多边形时，帧缓冲器及 Z 缓冲器是空的，因此 RGBA 值(0,0,0.8,0.5)与其 Z 缓冲器值一起存储。当绘制红色多边形时，Z 值与当前 Z 缓冲器比较表明，它是在前一个像素项的前边，于是，用帧缓冲器 RGBA 值代入方程式(11-3)，结果的 RGBA 值(0.4,0,0.2,0.75)写到缓冲器中。再绘制绿色多边形，对 Z 值比较表明，它是在当前像素值之后，再用这个方程，这次是表面值用的是帧缓冲器的 RGBA 值，背景值是多边形的值，得到最终的像素颜色(0.3,0.2, 0.175,0.875)与我们先前计算的值不一样。可见只要红色及蓝色多边形合成并写入到帧缓冲器之后，就没有办法将最后的绿色多边形插入到

它们中间去了。

针对这个问题，一种解决办法是从后向前对待绘制的各多边形分类，并按这一顺序逐个绘制。一般这需要附加的计算开销，用软件来完成。在混合不同原色的多边形时，必须保证每个待绘制多边形有正确的原色性质。在绘制原色多边形前，将这些性质传送给图形引擎。

另一个解法是在帧缓冲器中存放多组 RGBAZ 值。这会增加开销。因为需要附加的存储器，而且仍受可存储 RGBAZ 值位数的限制。

11.3.2 纹理映射

纹理映射是将一幅图像粘贴到一个物体表面的技术，其无需对细节建模而给图像添加细节。使用纹理映射需要两种信息：纹理映射图及纹理坐标。纹理影射图是我们要粘贴的图像，纹理坐标规定图像粘贴的位置。更一般地说，纹理映射是在对物体绘制时对其颜色、强度与(或)透明度的查表技术。纹理图及坐标大多数情况下是二维的，但三维纹理图及坐标正变得普遍起来。

以绘制一个木头桌子的简单例子来说明纹理映射值。桌子的几何形状很容易产生，但得到木纹细节是很困难的。开始先将桌子绘成棕色，但图像不够真实。要模拟木头纹理，需要在桌面有许多小的色彩变化。使用顶点着色要求对上百万个顶点处理才能得到小的颜色改变。解决的方法是给原来的多边形增加木纹纹理。

对纹理图中的每个像素(通常称为 Texel：纹理元素)可能有 1～4 个分量会影响纹理图如何粘贴到几何表面。用一个分量的纹理映射称强度图。使用强度图会使结果像素的强度(或 HSV 值)改变。如果取一个木纹灰级图像，然后将其对一棕色多边形纹理映射，会得到一个看上去很合理的桌子。多边形的强度要由纹理图决定，色度与饱和度由棕色确定。若使用彩色的木头图像可以得到更好看的桌子。这是一个 3 种成分的纹理图，每个纹理元素用一个 RGB 三值表示。使用 RGB 图可得到更真实图像，因为得到的不只是木头灰度的改变。

还可以通过增加 α 值得到 RGBA 纹理图。此时，α 值可控制几何体的透明度。计算机图形学中常用的技巧是用 RGBA 纹理绘制一棵树。不是试图对树的复杂几何形状建模，而只是采用 RGBA 纹理图绘制一个个长方形。在树枝和树叶部分，$\alpha=1$，在树隙及开空间处，$\alpha=0$。于是，可以看穿长方形的一些部分，得到看过树枝和树叶的感觉。

除了定义纹理图的不同方式外，还可选择如何与物体原来颜色相互作用。对 RGB 及 RGBA 图的常用选择是忽略原来颜色，即按规定加纹理颜色。另一种做法是用纹理图颜色(或强度)调制原来颜色产生最终颜色。

纹理映射可以是任意维的，最常用的是二维和三维纹理映射。三维纹理映射用于三维空间函数的纹理，例如，石头、木纹、X 射线强度(即 CT 扫描)。实际上，有结构点集基本上是三维纹理。可以将平面按正确顺序通过一个三维纹理，并用半透明 α 值合成，高速实现体绘制。可以用纹理映射硬件实现体绘制的技术。

纹理映射过程的基本步骤是决定如何将纹理映射到几何体上。为实现这点，每个顶点除位置、表面法线、颜色及其他点属性外，还要有相应的纹理坐标。纹理坐标将该点映射到图 11-18 所示的纹理图中。纹理坐标系统使用参数 (u,v) 及 (u,v,t) 说明二维及三维纹理值。顶点之间的点用线件内插来确定纹理图值。

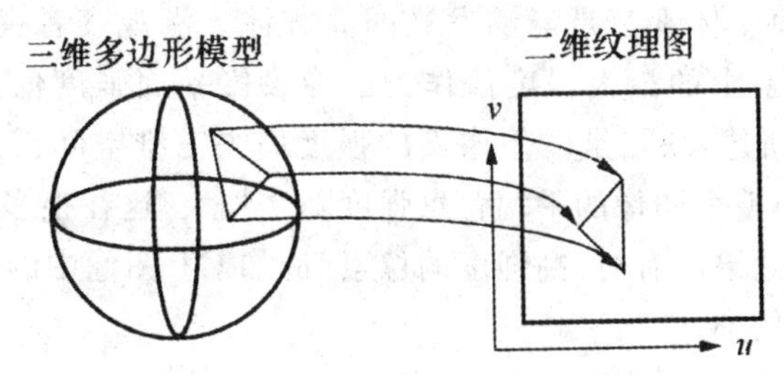

图 11-18　顶点纹理坐标

纹理映射的另一种方法是使用一个纹理定义过程。该方法中，对几何体绘制时，对每个像素调用该过程来计算一个纹理元素值。将参数传送给纹理过程，用之计算其结果。这种方法给纹理设计提供几乎无限的柔性。因此，用精密硬件实现基本上是不可能的。更常见的是，过程纹理是用在软件纹理系统中。

11.3.3　体绘制

到目前为止，我们一直讨论使用几何基元和点、线及多边形的数据可视化。对诸如结构式漫游或领域可视化的应用，这显然是最有效的数据表示法。反之，某些应用要求我们将体积中的数据(结构点集)直接可视化。例如，生物医学图像中，将 MR 或 CT 扫描仪、共聚焦显微镜或超声图像得到的数据可视化。气象分析及其他仿真计算产生大量三维或高维体积数据也对可视化技术提出更高的要求。在过去几十年体积数据的普及和应用基础之上出现人们所知的叫做体绘制的一大类绘制技术。体绘制目的是有效地传递有几种方式应用纹理数据。

过去，研究人员总试图将体绘制定义为不产生中间几何表示，而直接对数据集运算产生图像的过程。近年来，开发者已经能够使用几何基元产生用直接体绘制技术产生的相同的图像。由于这些新技术，要想得到区别于几何绘制的体绘制形式定义几乎是不可能的。因此，我们选择体绘制的广义定义，即对体积数据运算生成图像的任何方法。

体积绘制技术从原理来分有多种，这里主要介绍 2 种：最大强度投影法和三维体绘制技术。

1. 最大强度投影法

最大强度投影(MIP)是可视化体积数据最常用方法。该技术具有较好的抗噪声特性，能够产生对处理数据直观了解的图像。这种方法的缺点是不可能从一幅静止图像看出沿光线什么地方得到的最大值。例如对图 11-19 所示的神经元图像，很难从这幅静止图像完全了解神经元的结构，因为我们不能确定该神经元的某些分支是在其他分支的前面环是后面。

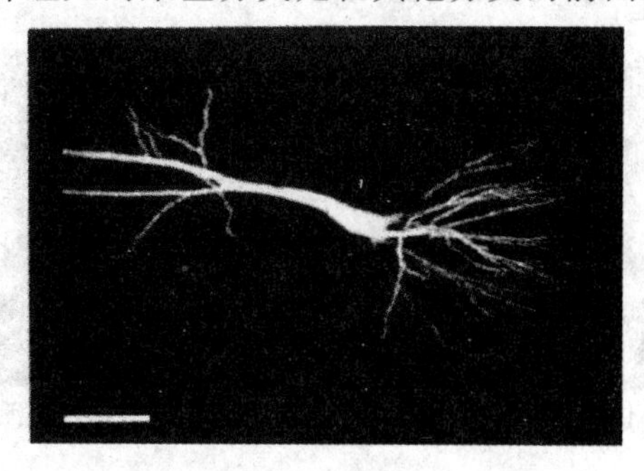

图 11-19　用光线投射技术生成的最大强度投影神经元图像

在原理上，MIP 认为每个体素都是能够发光的立方体。沿观察者视线方向，选择每条与数据体积相交直线上全部像素中的最大强度值作为图像投影平面强度值。该方法适于做 CT 或 MR 血管造影图像。如上所述，缺点是图像像素的强度失去三维空间信息。由于所有投影像素都是选取最大强度值，因而整个图像的平均背景强度随之加大，这在很多情况下（例如肝中血管）会影响对一些结构的观察效果。有时，高强度的像素（例如 CT 图像中的钙化点、骨结构）会对使用造影剂的血管图像产生伪迹。

2. 三维体绘制技术

与 MIP 不同，体绘制技术是对每条视线上每个像素强度计算加权和，将结果作为投影像素的灰度值。体绘制技术的成像原理以一个具体例子说明，如图 11-20 所示。图中中间部位带有数值的小方块表示视线通路上的各像素强度值。图上部是该直线上像素强度的直方图及阻光度曲线。强度值小于 5 的阻光度为 0，强度值大于 9 的设为 100%。中间值 6，7 和 8 的阻光度分别设为 25%，50%和 75%，图的下部是计算加权和的公式与几个计算步骤。体绘制图像的显示结果由像素强度与设定的阻光度（权重）两者共同决定。体绘制用到整个体数据的信息，因此成像更为清晰可靠，但是处理大量的像素要求有功能强大的计算机。随着计算机计算速度的不断提高，体绘制技术得到日益广泛的应用。

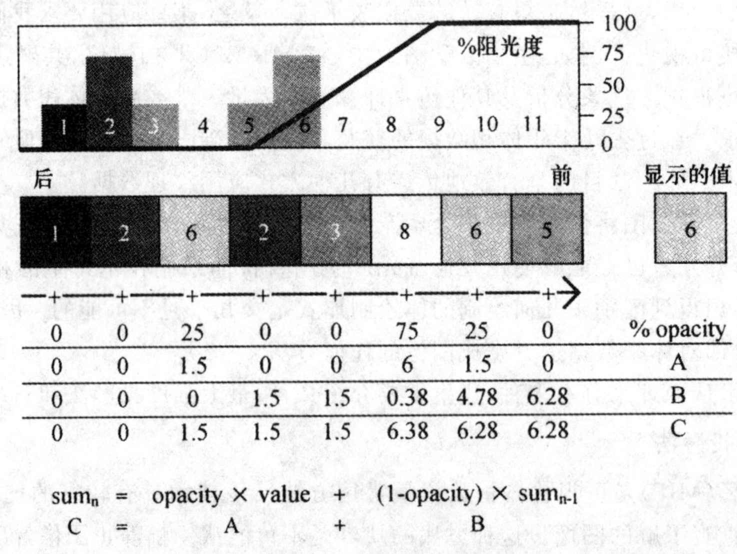

图 11-20 体绘制图像原理

图 11-21 是肺动脉的 MIP 与体绘制图像比较。

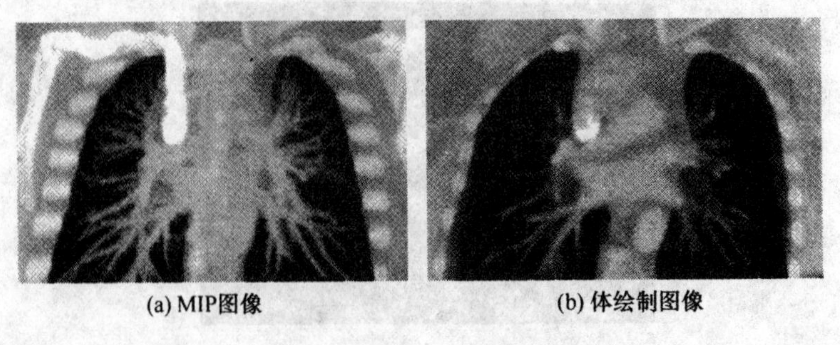

(a) MIP图像 (b) 体绘制图像

图 11-21 肺动脉的 MIP 与体绘制图像比较

MIP 实际包括了所有的血管，但不够清晰，不能看出单个结构及相互之间的空间位置关系。体绘制的图像则清楚的多。

按图像顺序及按对象顺序体绘制技术是两种基本的体绘制方法。在按图像顺序绘制方法中，光线投射是对图像平面上每个像素穿通体积的视线方向计算像素值，而在按对象顺序体绘制方法中，是从前到后或从后到前穿越体积，对每个体素处理，确定其对图像的贡献。此外，还有那些不能简单划为这二者的其他体绘制技术。例如，一种体绘制可能同时穿越图像和体积，或者图像可以在频域而非空域计算。

由于体绘制典型的是在二维图像中产生代表整个三维数据集的图像，这就引入一些新的挑战。例如，必须进行分类，给体积内部区域分配颜色及阻光度，必须定义体积照明模型以支持明暗效果。而且，由于体绘制方法的复杂性及庞大的体数据集，效率与致密性也是十分重要的。一个包括 100 万基元的几何模型一般认为是大的，而有 100 万体素的体积数据集却是很小的。典型的体积包括一千万到一亿个体素，有一亿或更多体素也是很常见的。显然，要决定存储每个体素的附加信息或要增加处理每个体素的时间都必须十分谨慎。

11.3.4 按图像顺序体绘制

按图像顺序体绘制的基本思想是要确定图像平面上某个像素值，需按照当前相机参数，射出一条穿通体数据并通过该像素的光线，然后用某一特定的函数去计算沿光线所遇到的数据，得到应显示的像素值。又称做光线投射或光线跟踪。选择的函数不同，得到的图像也不相同。光线投射是可以用于绘制任何结构点数据集的柔性技术，可以产生多种图像，缺点是基本光线投射速度很慢。因此，需要一些可以用来改进性能的加速方法，尽管需要附加的存储器可能损失一些柔性。

光线投射过程如图 11-22 所示。它使用一个标准正投影栅格投影。因此，所有光线互相平行，并与视平面垂直。沿每条光线的数据值是按一个光线函数处理的。

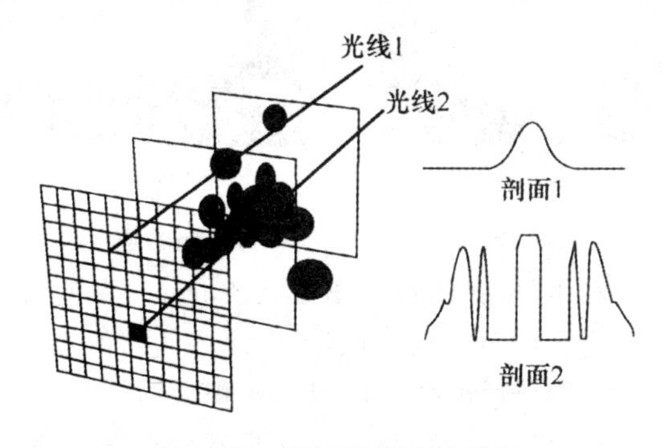

图 11-22 按图像顺序体绘制

光线投射的两个主要步骤：首先确定沿光线遇到那些数值，然后按一个光线函数处理这些数值。虽然在实现中这两步典型地是结合在一起的，但这里我们单独对待它们。由于需要按规定的光线函数来确定沿光线提取的数值，让我们通过人脑图像绘制的实例看看几种不同的光线函数对显示结果的影响。图 11-23 表示一条光线通过 8 位灰度体积数据时的数据值剖面，灰度数据值范围为 0～255。剖面的 X 轴表示到视平面的距离，Y 轴代表数据值。图 11-24 是使用 4 种不同简单光线函数转化为灰级值的显示结果。

其中,前两个光线函数分别计算光线通路上像素灰度的最大值及平均值。第3个光线函数计算沿光线首次遇到灰度值为30处的距离,第4个函数使用 α 合成技术,将沿光线的值看作按单位距离累积的阻光度样本值。

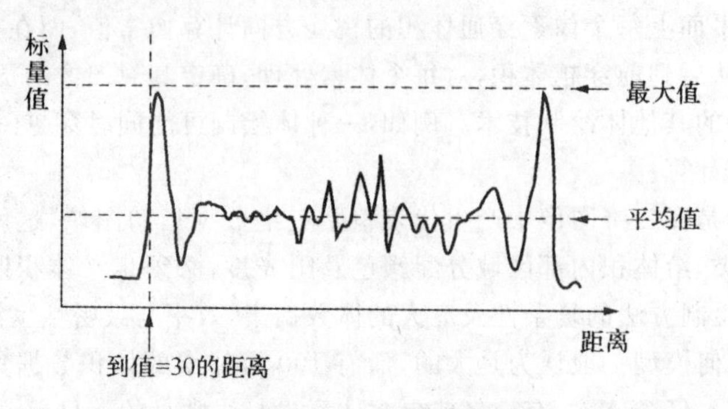

图 11-23　光线投射剖面

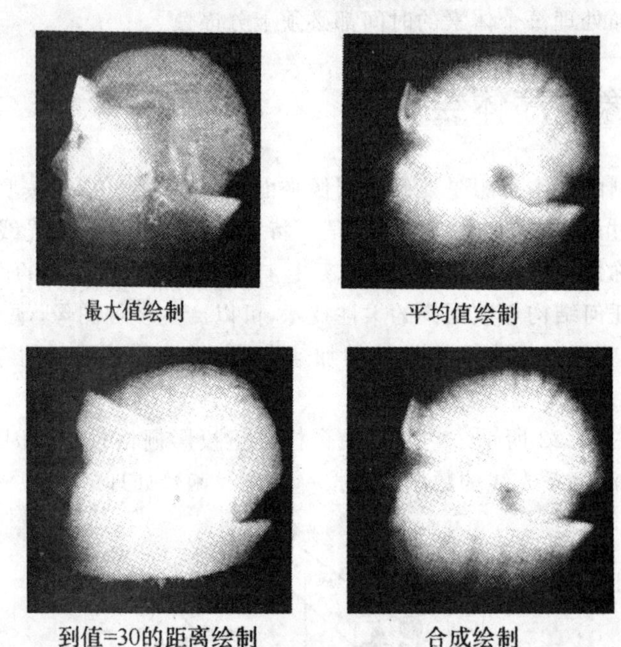

图 11-24　4种不同光线函数绘制的结果

后面部分,在讨论分类和照明时,我们将考虑更复杂的光线函数。虽然用新方法产生的彩色的、明暗的图像可能包含更多信息,但相对前边例子中简单的图像也更难解释,且很容易误解释。因此,最好是根据具体的问题选用合适的技术可视化体积数据。

由于体积用三维结构点数据集表示的,灰度值又是在规则栅格点上定义的。因此光线穿越体积就有不同的计算方法。例如,在光线通路上按均匀间隔采样。这会遇到许多非格点(任意位置)的数据如何确定的问题。一般是用插值的方法。另一种方法是不必通过采样计算沿光线通路的数据,而只需计算经过体积时所遇到的每个体素(或最近邻的体素)(图 11-25)。至于选择哪种方法取决于诸多因素,诸如内插技术,光线方程及图像精度与速度间的折中等。

光线的典型参数表达式为:

$$(x,y,z)=(x_0,y_0,z_0)+(a,b,c) \tag{11-4}$$

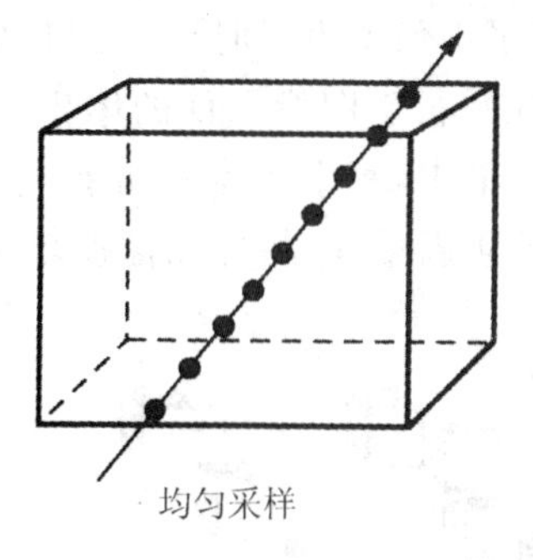

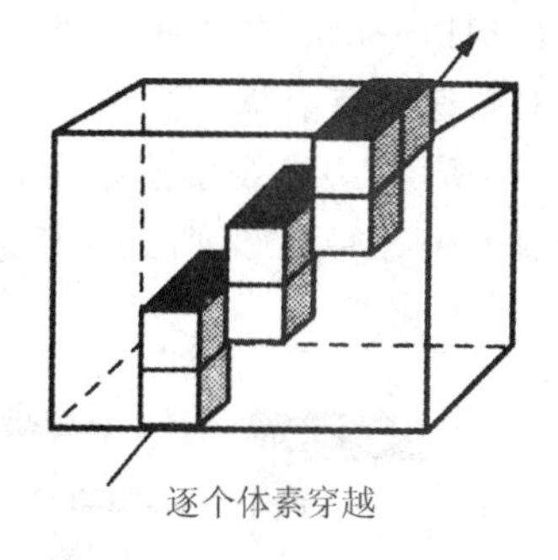

图 11-25　体绘制的两种基本光线穿越方法

式中，(x_0,y_0,z_0)为光线的原点(或平行观察变换的视平面，或做透视观察变换的相机位置)，(a,b,c)是归一化的光线方向向量。

控制步长大小是均匀距离采样方法的一个困难。如果步长太大，采样数据可能会失去数据中的特征；若步长太小的话，又会使绘制图像所需的时间显著变长。这个问题如图 11-26 所示，使用 x,y,z 轴都是一个单位距离的格点体积数据集。图像分别用步长 2.0，1.0 及 0.1 单位产生。0.1 步长的图像用了产生 1.0 步长图像近乎 10 倍长的时间，后者的绘制时间又是 2.0 图像的 2 倍。

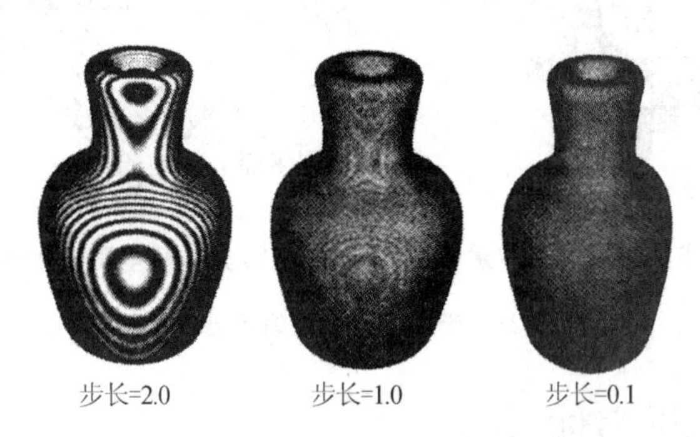

图 11-26　3 种不同步长的光线投射法得到的图像

这些图像是使用合成方法产生的。数据集内的灰度量值从透明的黑色到不透明的白色有个突变。如果步长选的太大，沿观察光线距光线原点等距离的体积图像亮区边缘就会有明显的条带效应。为了演示目的经常会将步长选大些，这样可以节省时间。但产生的条带效应很讨厌。为减小这种效应，可以将每条光线的原点沿观察方向向前移动某一个小的随机距离，这样可以消除“走样”的规则图案，使产生的图像较为悦目。

在某些情况下，沿光线计算每个体素贡献而非采样可能更有好处。如果我们用最近邻插值方法对数据可视化，就可能实现离散光路及整型计算的有效算法。

三维扫描转换技术，如修正的 Bresenham 方法，可以用来将连续的光线变换成离散的表示。离散光线是排序的体素序列 $v_1,v_2,\cdots v_n$，并可分成 6 连接，18 连接或 26 连接，如图 11-27 所示。每个体素包含 8 个顶点，1 2 条边，6 个面。沿光线方向每对体素 v_i 及 v_{i+1} 若共享一个表面，则光线是 6 连接的；若共享一个面或一条边，则是 18 连接的；若共享一个面，一条边或一个顶点，则光线是 26 连接的。扫描转换和穿越 26 连接的光线比 6 连接光线需要较少的时间，但极可能要丢失体数据集中的小的特征。如果使用平行观察变换，可以用逐个体素穿越方法对光线函数计算，然后使用 26 连接光线的模板光线投射技术产生图像。由于所有的光线方向相同，因此只需对每条光线使用该“模板”扫描一次。当这些光线从图像平面像素投射时，如图 11-28(a)所示，数据集中某些体素就可能对图像没有贡献。换种方式，若在平行于图像平面的体积的基平面的体素投射光线，如图 11-28(b)所示，则光线紧凑搭配使数据集中，每个体素只被看到一次。但是，在基平面上产生的图像看上去有些变形，所以最后还需要重新采样，将此图像投影回到图像平面。

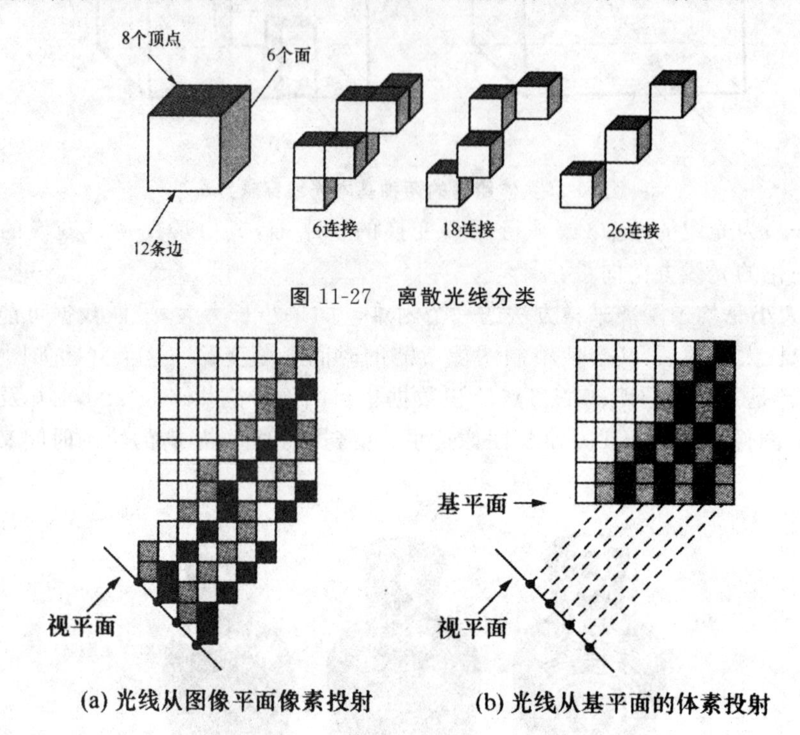

图 11-27 离散光线分类

(a) 光线从图像平面像素投射　(b) 光线从基平面的体素投射

图 11-28 带模板离散光线的光线投射

11.3.5 按对象顺序体绘制

按对象顺序体绘制方法是对体数据集逐层、逐行、逐个地计算每一个数据点对图像平面中像素的贡献，并加以合成，形成最后的图像。使用 α 合成法时，体数据可以按照距图像平面由前到后的顺序投影，也可以按照由后向前的顺序投影。若用图形硬件进行合成，从后向前顺序为好，因为无须帧缓冲器中的 α 位平面就可以完成 α 混合。

如果使用软件合成法，从前向后顺序更普遍，因为部分图像结果更具视觉意义。在一个像素接近完全不透明时，可以免除附加的处理。基于到视平面的距离的体素拊弛并不一定非做不可，因为某些体绘制操作，如 MIP 或平均法，可以按任何顺序进行，都能得到正确结果。典型的算法有溅射算法、体元投射法等。

溅射法将每一个体素的能量在图像平面投影成一个光斑，或一个痕迹，形成一个存在有限范围的核(如高斯核)。痕迹是该体素到图像平面的投影贡献，通过沿视线方向对核进行积分计算，并将结果存在二维痕迹表中。

溅射法涉及核的计算，运算量仍较大。传统算法实现不了实时计算，需要优化和硬件辅助。

11.3.6　其他体绘制方法

并非所有的体绘制方法都可分到图像顺序绘制或按对象顺序绘制两类。例如,体绘制的错切变形法(shear-warp)同时遍历图像和对象空间。

错切变形算法的平行投射法最初由 F. Klein 等提出,P. Lacroute 等人在 1994 年将该算法应用于体绘制,取得了很好的效果。它的基本思想是将三维体数据场的投影变换转换为三维数据场的错切变换(shear)和二维数据场的变形变换(warp)两步来实现。这样,应用二维平面的采样过程代替三维数据场空间的采样过程,计算数据量得到明显降低。体数据场由三维空间转换到错切空间后,其中所有的视线与基本的视线相平行。这样,得到视线方向和切片方向相垂直的空间结构,然后将数据场投影到二维图像平面上。变形过程是指,将体数据在错切空间投影得到结果,应用二维变换相关技术变换到图像空间,进而得到真实的成像结果。

医学图像三维重建的错切变形算法实现过程如图 11-29 和图 11-30 所示。一般采用平行投影法,计算简单,只需要平移就可实现错切变换,而且重建得到的生物器官图像大小和显示屏幕的大小相差不大,能够保持物体相关的比例不变。

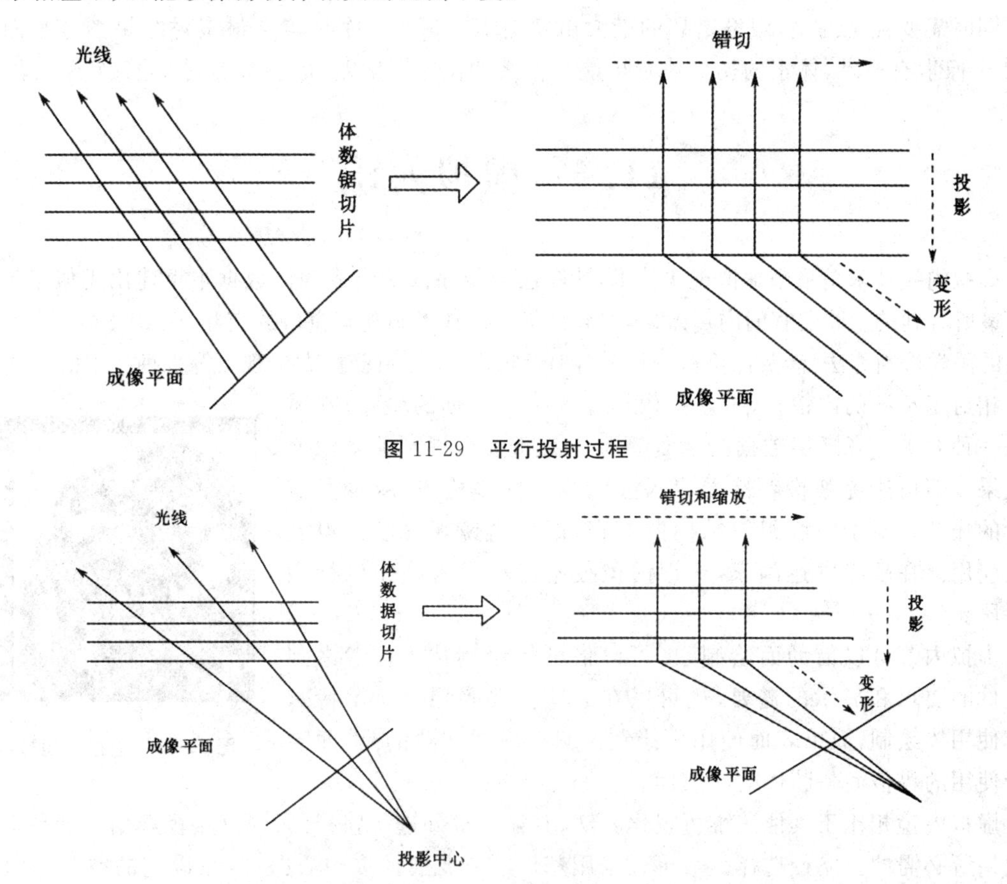

图 11-29　平行投射过程

图 11-30　透视投影过程

在透视投影过程中,错切变形包含平移和缩放两个部分。透视投影会增加计算量,却不会增加更多的可见信息和立体感,而且生成的视图不会保持相关比例不变。

在将三维物体空间的数据转换到错切空间的过程中，要保证变换后视线与切片相垂直，即错切变形使得中间图像像素的扫描行与体数据场中体素的扫描行相平行，这就可以利用体数据场的相关性通过行程编码跳过许多空体素，显著减少计算量。另外，利用中间图像体素的相关性，可用每个不透明中间图像像素存储到在同一扫描线中下一个非不透明像素的偏移量，与图像像素相关的偏移量被用来跳过大量的不透明像素，这样不用检查每一个像素，可大大减少计算量。

由于并行算法具有较高灵活性，算法的性能加速比较大，具有较高的效率，成为当前一个新的研究方向。基于流水线结构的并行体绘制算法，将 PC 机用 100M 以太网构成一个流水线结构，以切片为数据分配单位，给流水线上每个节点机分配一定连续的切片数据。利用了通信和计算在时间上的重叠，减少了节点机等待消息的开销，避免了单总线结构中大数据量通信和总线争用造成的通信阻塞。

错切变形法的特点是中间图像的像素扫描线与数据体切片上的体素扫描线平行。透视投影时，同一数据切片的全部体素具有相同的缩放因子；平行投影时，所有切片具有相同的比例因子，因此可以选择单位比例因子，使扫描线内的体素与中间图像的像素形成一一对应。这些优点使得并行算法能够得到充分的应用。需要注意的是，这个中间坐标系中的图像平面并非是所定义的最终图像平面，仅是中间图像，还需要进行一次二维图像变换，得到最终图像。

同时需要注意的是，假设错切的最大角度是 45°，那么一个体素会最多对结果图像平面上的 2×2 个像素有贡献，体素的初始位置可能与像素的位置有偏差，最多影响到 3×3 个像素。

11.4 虚拟内镜

虚拟内镜技术是采用虚拟现实技术，从断层影像序列所组成的体数据中重建出类似于传统光学内镜所看到的空腔器官的内窥效果，并允许进行操作者和观察窗口的交互（图 11-31）。它是一种新兴的医学诊断方法，涉及计算机图形学、图像处理、计算机视觉、虚拟现实等多种技术的综合。

相对于传统的内镜技术，虚拟内镜作为一种无创的检查，本质上是一种对被检者断层数据的后处理和三维重建所得到的图像处理效果。但可避免被检者接受侵入式的真实内镜检查，减少了被检者的痛苦。对于空腔组织结构的器官，虚拟内镜观察已经得到广泛应用。在欧美发达国家，虚拟内镜技术已经成为临床例行检查手段。

图 11-31　虚拟内镜重建

虚拟内镜可以借助面绘制，也可以借助体绘制技术。考虑到对硬件的要求和显示的需要，也可以在某些需要多层次显示特殊区域使用体绘制，简单表面使用面绘制。只是需要注意的是，面绘制所使用的等值面是腔体的内表面。

虚拟内镜相比于其他三维可视化方法，其需要额外进行路径的计算（路径规划），这是实现显示效果所必需的。路径选择一般可以采用基于距离变换抽取中心路径，在设定的空腔组织中计算距离两边界等宽的中心线，作为中心路径。另一种方法是拓扑法，对器官抽取骨架，通过对分割出来的器官不断去除最外层像素，直至剩下单像素宽的骨架，并以联通的骨架作为中心路径。此外，随着交互技术的发展，部分软件允许用户自己设定观察路径。

第12章　数字图像处理技术的应用

12.1　医学图像处理

近年来，图像变换、图像增强、图像压缩及图像处理模式识别等技术在医用图像处理领域的应用日益广泛，不仅涉及基础医学领域，而且还涉及临床医学领域。

医学图像处理的典型应用主要包括以下几个方面。

1. 牙齿根照片的处理

用同态滤波实行增强后，取得了很好效果。

2. 肿瘤照片的处理

照片处理后，清楚显示出肿瘤的位置与大小，以及照片中的血管等图像，这已取得成功。

3. 血细胞自动分类计数

应用图像处理与模式识别技术目前已经能使医院常规验血程序实现自动化，从玻片图片输入开始，红、白细胞被自动分类和计数。

4. 细胞图片的分析

在细胞学水平上，利用图像处理与模本识别技术将细胞图像分割，求出细胞核和细胞质区域，再计算它的几何参量和光密参量；求出表征细胞的少数最重要的参数，进而试图区分正常细胞与癌细胞。还可以把医生的一些经验做成知识模块，指导计算机进行细胞分类。

5. 染色体的自动分类

染色体自动分类技术是继X光照片处理成功后所取得的另一项较大成果。该项技术能把染色体玻片通过带摄像头的显微镜将图像输入到图像处理设备中去，通过提取染色体的轮廓，测量参数，实行自动分类。然后再把每个染色体重新按类排序，得到人类染色体自动排序的结果。随着医学技术的不断发展，人们又应用图像处理技术对分带染色体按带自动分类。

6. B超图像增强

对B型超声波图像进行图像增强、图像分析，测量有关参数，可以极大地提高图像的清晰度和图像识别的准确度，也能极大地提高整个设备的分辨率。

7. 硅肺病照片的处理

硅肺病的透视照片，经过图像增强与分析后，能更清楚地显示病灶情况，受到医生欢迎。

8. 计算机CT

计算机断层成像(computerized tomography，CT)技术的成功为医疗诊断提供了一种崭新的突破性的诊断手段。CT是本学科在医学图像领域的另一个突破性发展，它是投影数据构成图像理论和技术应用的结果。现在一般流行的CT有X射线CT与超声波CT两大类。

计算机断层扫描成像技术应用X光摄影的基本原理，根据物体表面障碍物的类型，发送不同强度的X光光束，再根据相应获取的映像对物体特征进行描述，并以切片形式进行成像。

由于CT为3D重建提供了对象的大量透视图，使基于系统组织的计算机可以执行高质量的3D图像处理，从而为诊断目标做出了突出贡献。

同时，由于采用了基于数据采集和快速并行处理算法的微处理器，与其他成像技术相比，CT还具有不可比拟的速度优势。

CT广泛使用在器官的成像中，一般用于大脑、肺、肾脏、肝脏、胰腺、骨盆和血管等的成像，还可用于结肠或支气管仿真内窥镜。随着成像技术的逐渐改善，CT也已应用在癌症检测和心脏病、中风等的诊断中。

除广泛应用于临床诊断和生命科学、材料科学外，目前CT在工业和交通等方面也有重要的应用，例如在线实时无损检测工业CT等。

9. 血流的检测与血流图的显示

多普勒血计及血流图的检测设备已成功地应用于医学的有关实验室。

总之，图像处理与模式识别技术在生物医学领域得到了十分广泛的应用。目前，供医学诊断用的几种代表性的图像处理应用见表12-1。

表12-1　医学图像处理应用

图像类别	测量方式	应用部位	临床意义	图像处理内容
CT	X光、正电子超声波、核磁共振MRI	头部、全身	脑肿瘤、脑内出血、内脏器官的肿瘤	从投影数据重建新像面、放大、平滑、增强（迭代逼近、傅里叶变换、反投影法）
X射线	X光照片、X光电视（数字电视）、激光束	胸部造影像、胃、心脏、股关节	发现结核癌、肺的功能、形态检查	边缘检测、轮廓提取、微分处理、骨骼提取、图像间运算、用化监测识别病灶
RI	RI	心脏、内脏器官、骨、全身	内脏器官功能和形态检查	功能参数计算、平滑处理和去模糊滤波、轮廓提取、生物信号同步相加、多画面显示、电影显示
显微镜	染色图像的显微镜图像	细胞诊断	癌的早期发现	细胞质、细胞核的区域提取形状、核的构造
		白血球	疾病诊断	同上，彩色处理去掉红血球
		染色体	先天性异常要害检查	灰度剖面曲线正交函数展开、细线化处理和线长检测
		组织、细菌	癌的确认	纹理分析、群落测量
超声波	超声波	胎儿、心脏、乳房	胎儿监测、功能检查、癌的发现	A型、B型、M型灰度变换（类似CT、RI处理）
热成像	用红外线测出温度分布	乳房	癌的发现	根据温度分布的图案进行等温线提取及肿瘤判别

续表

图像类别	测量方式	应用部位	临床意义	图像处理内容
条纹	通过光算出三维物体等高线	一般外科、腰部	骨骼测量肿胀、浮肿	等高线提取、条纹数的判定
眼底镜	光照	眼底	高血压、动脉硬化	根据血管边界的提取判定动、静脉的交叉现象

12.2　指纹识别

由于指纹具有终生的稳定性和惊人的特殊性，很早以来在身份鉴别方面就得到了应用，且被尊为“物证之首”。因此本节首先讨论指纹的基本特征，然后介绍指纹识别系统。

12.2.1　指纹的基本特征

指纹识别中，通常采用全局和局部两种层次的结构特征。全局特征是指那些用肉眼直接可以观察到的特征，局部特征则是指纹纹路上的节点的特征。因为指纹纹路经常出现中断、分叉或打折，所以形成了许多节点。两枚指纹可能会具有相同的全局特征，但它们的局部特征却不可能完全相同。

1. 全局特征

全局特征描述的是指纹的总体纹路结构，具体包括纹形、模型区、核心点、三角点和纹数 5 个特征。

(1)纹形

纹形可分为箕形、弓形和斗形 3 种基本类型，如图 12-1 所示，其他的指纹图案都基于这 3 种基本图案。

箕形

弓形

斗形

图 12-1　指纹的基本纹形

(2)模式区

模式区是指指纹上包括了总体特征的区域，即从模式区就能够分辨出指纹属于哪一种类型，如图 12-2(a)所示。有的指纹识别算法只使用模式区的数据，而有的指纹识别算法则需使用完整指纹而不仅仅是模式去进行分析和识别。

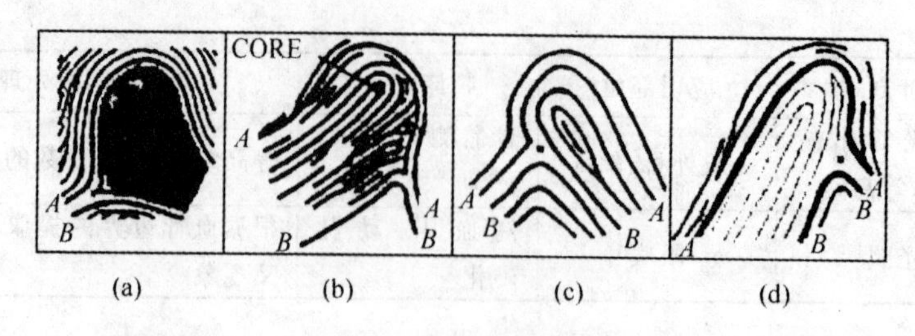

图 12-2　指纹的全局特征

(3)核心区

核心区在指纹纹路的渐进中心，在读取指纹和比对指纹时作为参考点，如图 12-2(b)所示，许多算法是基于核心点的，即只能处理和识别具有核心点的指纹。

(4)三角点

三角点在从核心点开始的第一个分叉点或者断点，或者两条纹路会聚处、孤立点、折转处，或者指向这些奇异点，如图 12-2(c)所示。三角点提供了指纹纹路计数跟踪的起始位置。

(5)纹数

纹数是指模式区内指纹纹路的数量，如图 12-2(d)所示，在计算指纹的纹数时，一般先连接核心点和三角点，这条连线与指纹纹路相交的数量即可认为是指纹的纹数。

2. 局部特征

局部特征是指指纹纹路上的节点特征。这些特征提供了指纹唯一性的确认信息。人们根据纹路的局部结构特征共定义了大概 150 多种细节特征，即分叉点和端点，其他细节特征都可以用它们的组合来表示。图 12-3 给出了 9 种特征的示意图(圈为端点，叉为分叉)。

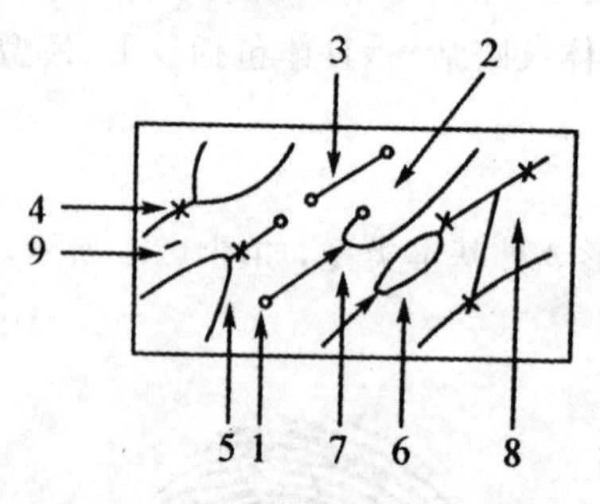

图 12-3　指纹的局部特征

①起点：一条纹路的开始位置。

②终点：一条纹路的终结位置。

③短纹：一段较短但不至于成为一点的纹路，亦称小棒。

④分叉点：一条纹路分开成为两条或更多条纹路的位置。

⑤结合点：两条或更多条纹路合并成为一条纹路的位置。

⑥环：一条纹路分开成为两条之后，又合并成为一条，这样形成的一个小环也称为小眼。

⑦小勾：一条纹路打折改变方向。

⑧小桥：连接两个纹路的短纹。

⑨孤立点：一条特别短的纹路，以至于成为一点。

12.2.2　指纹识别系统分类

自动指纹识别系统的工作模式可以分为两类：验证模式（verification）和辨识模式（identification）。验证就是通过把一个现场采集到的指纹与一个已经登记的指纹进行一对一的比对，来确认身份的过程。作为验证的前提条件，验证者的指纹必须在指纹库中已经注册。指纹以一定的压缩格式存储，并与其姓名或其标志（ID，PIN）联系起来。随后在比对现场，先验证其标志，然后利用系统的指纹与现场的指纹比对证明其标志是否是合法的。验证过程如图 12-4 所示。

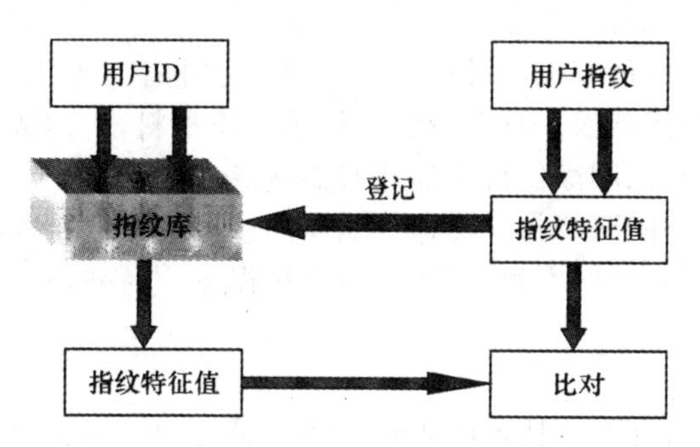

图 12-4　指纹验证过程

辨识则是把现场采集到的指纹同指纹数据库中的指纹逐一对比，从中找出与现场指纹相匹配的指纹。这也叫作“一对多匹配”。指纹辨识过程如图 12-5 所示。

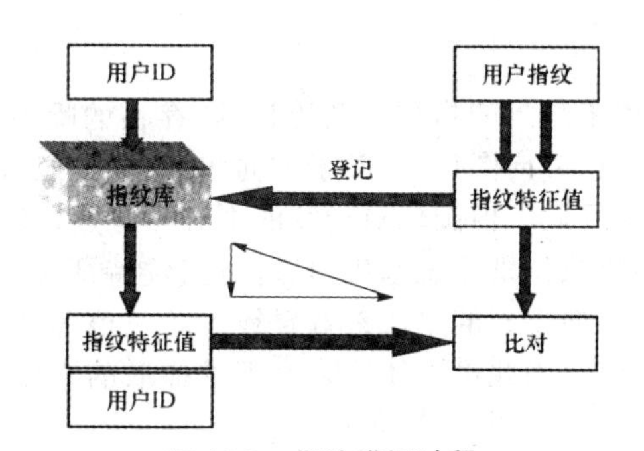

图 12-5　指纹辨识过程

12.2.3　指纹识别系统工作原理

一般来讲，自动指纹识别算法体系包括指纹图像采集、指纹图像预处理、特征提取、指纹分类和指纹比对几个部分组成。如图 12-6 所示。

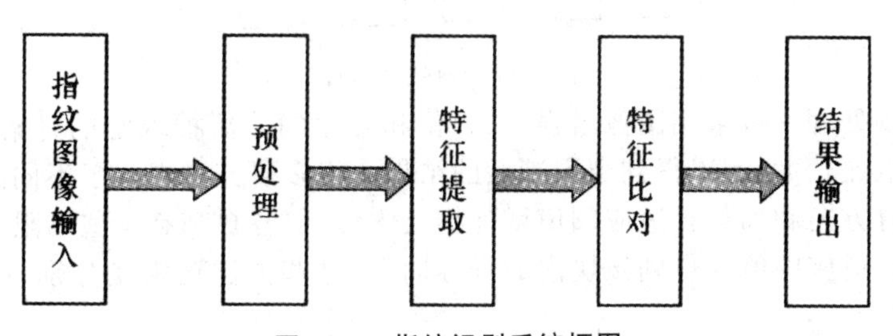

图 12-6　指纹识别系统框图

1. 指纹图像采集

现有的指纹图像获取设备包括 3 类：光学取像设备、晶体传感器和超声波扫描。

(1)光学取像设备

光学取像设备依据的是光的全反射原理。光线照到压有指纹的玻璃表面，反射光线由 CCD、CMOS 等图像传感器获得，反射光的量依赖于压在玻璃表面上指纹的脊和谷的深度以及皮肤与玻璃间的油脂和水分。经玻璃射到谷的光线在玻璃与空气的界面发生全反射，光线被反射到图像传感器，而射向脊的光线不发生全反射，而是被脊与玻璃的接触面吸收或漫反射，这样就在图像传感器上形成了指纹的图像。

(2)晶体传感器

晶体传感器有多种类型，最常见的硅电容传感器通过电子度量计来捕捉指纹。另一种晶体传感器是压感式的，其表面的顶层是具有弹性的压感介质材料，它们依照指纹的外表形状(凹凸)转化为相应的电子信号。其他的晶体传感器还有温度感应传感器，它通过感应压在设备上的脊和远离设备的谷的温度的不同获得指纹图像。晶体传感器技术最主要的弱点是它容易受到静电的影响，这使得晶体传感器有时取不到图像，甚至会被损坏。另外，它并不像玻璃一样耐磨损，从而影响了使用寿命。

(3)超声波扫描

超声波扫描被认为是指纹取像技术中非常好的一种技术。超声波首先扫描指纹的表面，紧接着接收设备获取其反射信号，最后测量它的范围，得到谷的深度。与光学扫描不同，积累在皮肤上的脏物和油脂对超声波获得的图像影响不大，所以这样的图像是实际指纹凹凸表面的真实反映，应用起来更为方便。

2. 指纹图像预处理

一般情况下，指纹采集器采集到的指纹是低质量的，存在的噪声较多。通过预处理，将采集到的指纹灰度图像通过预滤波、方向图计算、基于方向图的滤波、二值化、细化等操作转化为单像素宽的脊线线条二值图像，基于此二值图像对指纹的中心参考点，以及细节特征点特征等进行提取。指纹图像预处理是自动指纹识别系统基础，是进行指纹特征提取和指纹识别不可缺少的重要步骤。好的预处理方法可以使得到的单像素宽脊线线条二值图像更接近被提取者的指纹，更准确地反映被提取指纹的特征。因此可以使后续处理中提取的指纹特征更准确，特征提取更迅速。指纹图像预处理的一般过程如图 12-7 所示。

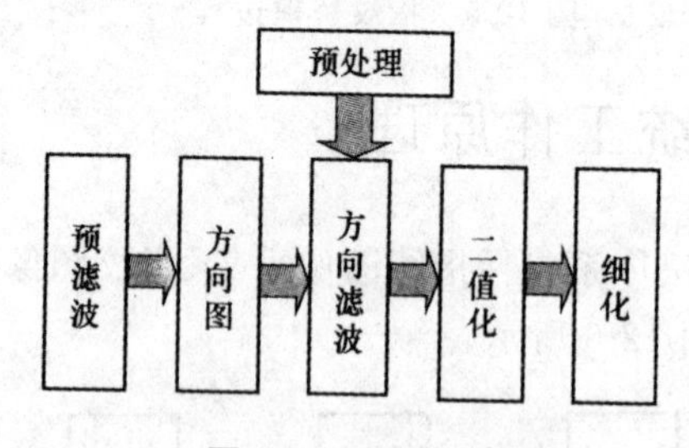

图 12-7　预处理框图

指纹图像的预处理一般采用图像增强、二值化和细化的方法抽取脊的骨架。这类方法受指纹图像质量的影响比较大，难以得到令人满意的结果。很多研究者提出了不同的预处理方法，这些方法是用局部脊方向和局部自适应阈值增强指纹图像，但各自都有一些局限性。例如，用分块的方法实现局部自适应阈值并得到该块内的脊方向等，这些方法通常是分别得到骨架和方向流结构，缺乏相关性。

3. 指纹图像特征提取

指纹的特征点分为全局特征和局部特征。在前面已经讨论过。

4. 指纹分类

指纹分类的主要目的是方便大容量指纹库的管理，减小搜索空间，加速指纹匹配过程。指纹分类技术越完善，能够划分的类型越细，样本数据库每个类别中所包含的样本数量就会越少，对一次识别任务来讲，需要比对的次数和时间开销就会越少。在大部分研究中，指纹一般分为漩涡型、左环型、右环型、拱型、尖拱型)5 类。对于要求严格的指纹识别系统，仅按此分类是不够的，还需要进一步更加细致地分类。

5. 指纹比对

指纹比对是通过对 2 枚指纹的比较确定它们是否同源的过程，即 2 枚指纹是否来源于同一手指。指纹比对主要是依靠比较 2 枚指纹的局部纹线特征和相互关系决定指纹的唯一性。指纹的局部纹线特征和相互关系通过细节特征点的数量、位置和所在区域的纹线方向等参数度量。细节特征的集合形成一个拓扑结构，指纹比对的过程实际就是 2 个拓扑结构的匹配问题。由于采集过程中的变形、特征点定位的偏差、真正特征点的缺失和伪特征点的存在等问题，即使是 2 枚同源的指纹，所获得的特征信息也不可能完全一样，指纹比对的过程必然是一个模糊匹配问题。

6. 可靠性问题

计算机处理指纹图像时，只是涉及了指纹有限的信息，而且比对算法不是精确的匹配，因此其结果不能保证 100%准确。指纹识别系统的重要衡量标志是识别率，它主要由误判率(FAR)和拒判率(FRR)2 部分组成。可以根据不同的用途调整这 2 个值，FRR 和 FAR 是成反比的，可以用 0～1 的数或百分比来表示。如图 12-8 所示的 ROC 曲线给出 FAR 和 FRR 之间的关系。尽管指纹识别系统存在可靠性问题，但其安全性也比相同可靠性级别的“用户 ID＋密码”方案的安全性高得多。例如采用 4 位数字密码的系统，不安全概率为0.01%，如果同采用误判率为0.01%指纹识别系统相比，由于不诚实的人可以在一段时间内试用所有可能的密码，因此 4 位数密码并不安全，但是他绝对不可能找到 1000 个人为他把所有的手指(10 个手指)都试一遍。正因为如此，权威机构认为在应用中 1%的误判率就可以接受。FRR 实际上也是系统易用性的重要指标。由于 FRR 和 FAR 是相互矛盾的，这就使得在实际应用系统的设计中，要权衡易用性和安全性。一个有效的办法是比对 2 个或更多的指纹，从而在不损失易用性的同时，最大限度地提高系统的安全性。

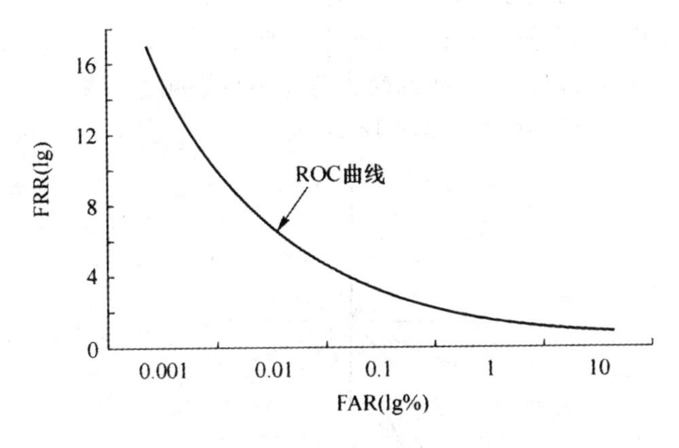

图 12-8 FAR 和 FRR 之间的 ROC 关系曲线

12.2.4 指纹识别模块算法

1. 预处理

指纹的特征是指指纹脊线的某种构型，如端点、分叉等。为了提取这些特征，必须先把灰度的指纹图处理为二值线型图，此过程即指纹图像预处理。图像预处理是指纹自动识别过程的第一步，它的好坏直接影响指纹识别的效果。图像预处理通常包括增强、分割、细化等几个步骤。增强是通过平滑、锐化、灰度修正等手段，改善图像的视觉效果；分割则是把图像划分为若干个区域，分别对应不同的物理实体；细化则是把分割后的图像转为只有一个像素点宽度的线型图，以便提取特征。

在预处理过程中，必须保证尽可能不出现伪特征，并尽量保持其真实特征不受损失。由于在指纹摄取时手指用力不均匀，在用力小的区域可能会出现纹线误断，在用力大的区域纹线可能会出现误连。在这种情况下，用通常的基于灰度的预处理方法就会产生误特征。为了避免这种情况，可以利用指纹图的局部方向特性，即在纹线的切线方向上进行平滑，在其法线方向上进行边缘锐化，以求得最接近指纹实际构型的处理结果。

2. 方向滤波算法

指纹图像获取时，由于噪音及压力等的不同影响，将会导致断裂及叉连 2 种破坏纹线的情况。这 2 种干扰必须清除，否则会造成假的特征点，影响指纹的识别。如断裂可能被认为是 2 个端点，而叉连可能被当作 2 个分叉点。为了消除干扰及增强纹线，针对指纹纹线具有较强方向性的特点，可以采用方向滤波算法对其进行增强，为此必须利用指纹图上各个像素点上的局部方向性。

(1)方向图的获取

方向图是用每个像素点的方向来表示指纹图像。像素点的方向是指其灰度值保持连续性的方向，可以根据像素点邻域中的灰度分布判断，反映了指纹图上纹线的方向。如图 12-9 所示设定 8 个方向，各方向之间夹角为$\frac{\pi}{8}$，用 1～8 表示。每个像素点上方向值的判定是在其 $N\times N$ 邻域窗口中得到的。邻域窗口的尺寸并无严格限定，但其取值与图像的分辨率直接有关。如果邻域取得过小，则难以从其中的灰度分布得出正确的方向性；若取得过大，则在纹线曲率较大的区域窗口内纹线方向不一致，会对以后的滤波操作造成不良影响。一般可取 N 为 1～2 个纹线周期。实验中取 $N=9$，该 9×9 邻域窗口如图 12-10 所示：

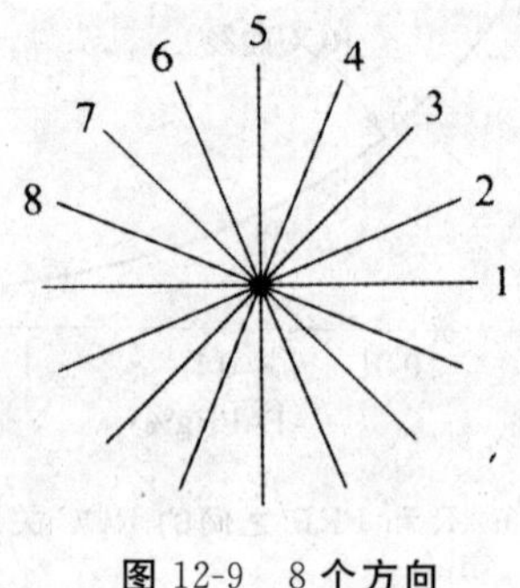

图 12-9　8 个方向

分别求出沿各个方向的灰度变化：

$$S_d = \sum_{k=1}^{4} |f(i,j) - f_{dk}(i_k,j_k)| \quad d = 1,2,3,\cdots,8 \tag{12-1}$$

$$S_{d'} = \sum_{k=1}^{4} |f(i,j) - f_{d'k}(i_k,j_k)| \tag{12-2}$$

式中，d'代表与 d 垂直的方向，即 $d'=(d+4)\bmod 8$；$f(i,j)$为点 $p(i,j)$的灰度值；i_k 为 d 方向上的 k 点；$f_{dk}(i_k,j_k)$，$f_{d'k}(i_k,j_k)$分别为点 p_{dk} 与 $p_{d'k}$ 的灰度值。

p_{71}		p_{61}		p_{51}		p_{41}		p_{31}
p_{81}		p_{72}	p_{62}	p_{52}	p_{42}	p_{32}		p_{21}
		p_{82}				p_{11}		
p_{14}		p_{13}				p_{12}		p_{22}
		p_{23}				p_{83}		
p_{24}		p_{33}	p_{43}	p_{53}	p_{63}	p_{73}		p_{84}
p_{34}		p_{44}		p_{54}		p_{64}		p_{74}

图 12-10　9×9 邻域窗口

点 $p(i,j)$的方向应该是 S_d 取值最小、$S_{d'}$ 取值最大的方向。这不仅考虑了指纹纹线的切线方向灰度变化最小，同时考虑了它的法线方向应是灰度变化最大的方向。当 $d=1,2,3,\cdots,8$ 时分别求出 $S_d/S_{d'}$ 加进一步得到其最小值 $S=\min(S_d/S_{d'})$，$p(i,j)$的方向取与 S 对应的 d。

按如上算法对指纹图中的每一像素都操作，可以得到指纹的方向图。将方向图中各像素点的方向值乘以 30，并作为该点的灰度值，根据各点的亮暗可判断其方向值。

(2)方向图的平滑算法

方向图求出后，由于背景中的细小污点、纹线中的毛刺等影响，会存在一定的噪音，需要对其进行平滑。方向图平滑的基本思想：指纹纹线的走向是连续变化的，邻近像点上的方向不应该有突然的大角度转折。平滑也是在窗口中进行的，窗口中心像点上的平滑结果由窗口中各像素点方向值及其分布确定。

设 $N(d)$是某一像素在 8 邻域中方向为 d 的像素个数，$N(d)$的最大值定义为 $N(D_1)$，次大值定义为 $N(D_2)$，其对应的方向值分别是 D_1 和 D_2，$C(i,j)$是点(i,j)校正后的方向代码，按如下算法平滑：

$$C(i,j)=\begin{cases} D_1, 5 \leqslant N(D_1) \leqslant 8 \\ (D_1+D_2)/2, 3 \leqslant N(D_1) \leqslant 5 \text{ 且 } N(D_2) \geqslant 2 \text{ 且 } N(D_1)-N(D_2) \leqslant 2 \\ D(i,j), \text{其他} \end{cases} \tag{12-3}$$

式(12-3)中的各界值由实验确定。经过以上处理后，方向图得到了平滑。

(3)方向　滤波器的设计

在得到指纹的方向图后，可以根据每个像素点的方向值利用方向滤波器对指纹进行滤波，以增强纹线，消除噪音，提高脊和谷之间的反差。一般情况下处理图像只需一个滤波器，而方向滤波器是一系列与像素点方向有关的滤波器，使用时根据某一块区域的方向特征，从一系列滤波器中选择一个相应的滤波器对这一块进行滤波。由于其应用的特殊性，决定其特殊的设计方法。

滤波器设计原则如下。

①模板边长为奇数，模板关于其朝向轴及朝向垂直方向轴均为对称。

②滤波器模板的尺寸要合适。模板过小难以达到良好的去噪音、清晰化效果；模板过大则可能在纹线曲率较大处破坏纹线构型。一般取模板边长为1～1.5个纹线周期。

③为提高脊、谷之间的灰度反差，达到边缘锐化的效果，模板应设计为在垂直于朝向方向上，中央部分系数为正，两边系数为负。

④滤波结果应与原图的平均灰度无关，因此模板中所有系数的代数和应为0。

根据以上设计原则，先求水平方向的滤波器，其他方向的滤波器可以通过旋转得到。

3. 局域自适应二值化算法

以上所得的是增强后的256级灰度图像，还需要将其进一步二值化。二值化指纹图像是将灰度图像变成0、1两个灰度级的图像，前景点(指纹脊线)取1，背景点取0，以把指纹脊线提取出来，便于后续处理。根据指纹图中脊线与谷线宽度大致相等的特点，即二值化后黑白像素的个数应大致相同，采用局部域值自适应算法。把指纹图分成$w\times w$（w为一个纹线周期）的子块，在每一子块内计算灰度均值

$$A_v=\frac{1}{w\times w}\sum_i\sum_j f(i,j) \tag{12-4}$$

式中，$f(i,j)$为子块内(i,j)的灰度值。在该块内若某一点的灰度值$f(i,j)>A_v$，则$f(i,j)=1$若$f(i,j)\leqslant A_v$，则$f(i,j)=0$。对每一块都进行这样的处理，可得到指纹的二值图像。

4. 二值化后的去噪

二值化后的指纹图像还需要进行一次二值滤波去噪，因为灰度去噪的不完全及二值化过程又可能引入噪音。二值滤波去噪可以去除或减弱图像中的噪音，增强图像中有意义的部分。这一过程可以填补二值化后纹线上的孔洞，或者删除模式上的“毛刺”和孤立的值为1的像素，即包括填充和删除2个算法。

(1)填充

填充算法把同时满足以下条件的像素p值取为1。

①p为0像素。

②p的4邻域中有3个以上的邻点为1像素。

图12-11所示为填充算法的一个实例。

1	1	1
1	0	1
0	0	0

1	1	1
1	1	1
0	0	0

图12-11　填充过程实例

(2)删除

删除算法把同时满足以下条件的像素p值取为0。

①p 为 1 像素。

②$(p_1+p_2+p_3)(p_5+p_6+p_7)+(p_3+p_4+p_5)(p_7+p_8+p_1)=0$。

③p 不是端点。

图 12-12 所示为删除过程的一个实例。

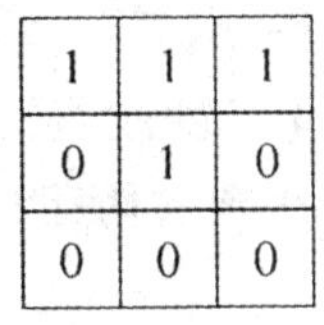

1	1	1
0	1	0
0	0	0

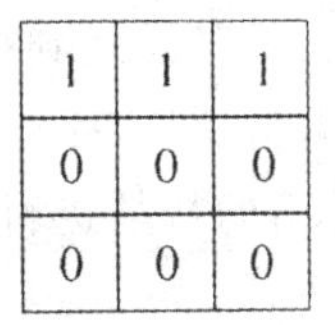

1	1	1
0	0	0
0	0	0

图 12-12　删除过程实例

图中 $p_1 \sim p_8$(值为 0 或 1)定义如图 12-13 所示。经过去噪后，有效地清除了原二值图中的大部分孔洞和“毛刺”。

p_4	p_3	p_2
p_5	p	p_1
p_6	p_7	p_8

图 12-13　模板

5. 细化及细化后的去噪处理

细化是图像分析、信息压缩、特征提取和模式识别常用的基本技术，它使图像的每条约线都变为单像素宽的“点线”，且细化后的纹线近似处于原图的“中轴”。二值指纹图在指纹的自动识别过程中进行细化，可以大大减少冗余的信息，突出指纹纹线的主要特征。从而便于后面的特征提取。

细化过程中，在判断是否删除一个前景像素点时，需要考虑其 3×3 邻域中除其自身外的 8 个像素点中的连接成分数。如果此连接成分数为 1，则说明删除当前像素点不会改变原图的连通性；若大于 1，则改变了原图的连通性。令 N_c 为 p 的 8 邻域中的连接成分数，则其由序列 $p_1 p_2 p_3 p_4 p_5 p_6 p_7 p_8 p_1$ 中 0→1 变化的次数可以得到。

这里采用逐层迭代算法。把一次迭代分作两次扫描，细化过程中由周边向中间逐层细化，使细化结果位于原图的“中轴”。

令 B_N 为 3×3 窗口内目标像素的个数，$B_N=\sum_{i=1}^{8} P_i$，2 次扫描中需满足下面条件。

①$2 \leqslant B_N \leqslant 6$(排除 p 为端点和内部像点的情况)。

②若已标记 p_i 视为 1 时，有 $N_c=1$（保证删除当前像素不会改变原图的连通性）。

③p 的值是 1(保证 p 为前景点)。

④当 p_3 或 p_5 已标记时，若视 p_3、p_5 为 0，依然有 $N_c=1$（保证宽度为 2 的线条只删除一层像点，避免其断开）。

12.2.5 指纹特征提取和比对

1. 指纹的特征提取和剪枝

由细化所得的指纹点线图，很容易找到指纹的细节特征：端点和分叉点，记录这些特征的位置、类型和方向。因为指纹预处理的不完善性，在细化后的纹线图中总存在或多或少的伪特征点。因此有必要对这些粗筛选出的特征进行剪枝，以达到去伪存真的目的。细节特征剪枝的标准主要依赖于以下3个条件。

①细节特征间的距离和角度关系。

②特征点到边缘的距离。

③指纹脊线和细节特征的空间分布。

根据以上3个条件组合各种特征剪枝的标准，凡符合标准的特征点删除，其余的给予保留。保留下来的特征点以链码方式记录它们之间的相对位置关系，用以与指纹库中的数据比对匹配。

2. 指纹的比对

在进行指纹比对之前，一定要存在指纹数据库。建立指纹数据库，一般要采集同一枚指纹的3～5个样本，分别对这些样本进行预处理和特征抽取，由特征点间的相互位置关系确定样本图像是否两两匹配，根据特征点被匹配上的次数，确定该特征点的匹配权值，从所有样本图像中找出权值大于给定阈值的特征点，以这些特征为模板建立指纹数据库样本。对于待匹配的指纹图像，经预处理和特征提取后，形成一个坐标链码记录，根据这些特征的相互位置关系与指纹数据库中的样本做图形匹配，得到最终的识别结果。图12-14展示了指纹原始图像经增强、分割和细化后的效果。

(a) 指纹原始图像　(b) 指纹分割图像

(c) 指纹增强图像　(d) 指纹细化图像

图12-14　增强、分割和细化后的效果

12.3　车辆牌照识别

智能交通系统(ITS)是 21 世纪世界道路交通管理体系的模式和发展方向。智能交通系统应用人工智能技术、全球定位系统(GPS)和检测技术、网络通信技术、电子收费技术等革新道路交通,试图有效地调整交通需求,提高道路通行能力,改善服务水平,减少环境污染和油料损耗,增加交通安全。汽车牌照自动识别系统是智能交通系统的关键技术之一,是在交通监控的基础上,引入了计算机信息管理技术,采用了先进的图像处理、模式识别和人工智能技术,通过对图像的采集和处理,获得更多的信息,从而达到更高的智能化管理程度。

近年来,汽车牌照智能识别的技术发展很快,基于图像的车牌识别系统的研究引起了许多学者的广泛兴趣,但车牌识别由于要适应各种复杂背景及不同光照条件的影响,使车牌分割及识别增加了难度。目前虽然国内外都有一些实用的车牌识别系统面世,但是,这些系统的应用都存在一定的约束,至今车牌自动识别技术尚未达到很完善的程度。图 12-15 显示了车牌识别系统的结构框图。

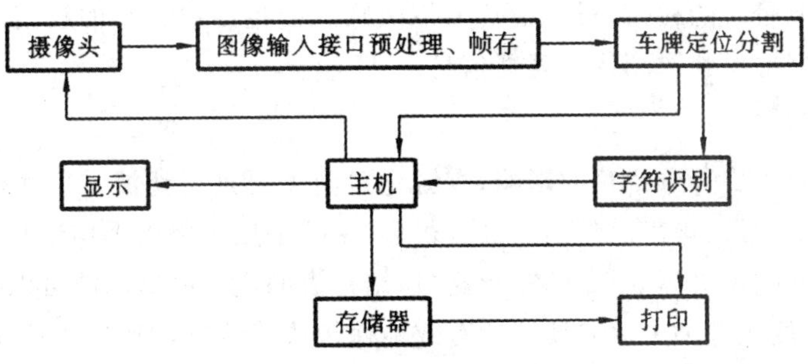

图 12-15　车牌识别系统的结构框图

整套系统实际是一个硬件和软件的集成系统。在硬件上,它需要集成可控照明灯、镜头、图像采集模块、数字信号处理器、存储器、通信模块、单片机等;在软件上,它需要包括车牌定位、车牌字符分割、车牌字符识别算法。

车牌识别系统的硬件是整个系统中的一个十分关键的组成部分,它决定了软件所摄的图像的质量。现在的硬件基本上采用了嵌入式一体化的结构形式,照明、拍摄、图像采集、车牌辨识算法及通信模块都集成在一起,作为一个整体设备加以设计和实现。它主要是基于两大关键技术,即光电耦合器件和数字信号处理器。其中,前者用于采集车辆图像;后者用于运行算法。

车牌识别过程大体可分为四个步骤,即图像预处理、车牌定位和分割、车牌字符的分割和车牌字符识别,如图 12-16 所示。而这四个步骤又可以归结为两大部分,即车牌分割和车牌字符识别。

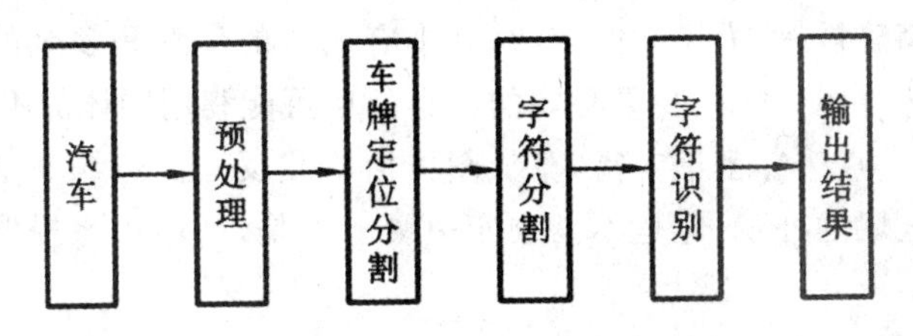

图 12-16　车牌识别系统流程图

12.3.1 车牌图像的预处理

在车牌定位算法中，第一个步骤就是图像的预处理。一般车牌识别系统中为了使系统准确可靠运行，采集的图像都是 RGB 彩色高分辨率图像，而算法主要是对灰度图像或二值图像进行处理，因此首先要把原图像转化为灰度图像。

1. 彩色图像的灰度化

彩色图像的灰度化有几种转换公式。较早的图像灰度化处理是比较简单，图像像素的灰度值一般通过直接取彩色图像三分量中最大值或三种色彩的平均值来得到。前者得到的灰度图通常会偏亮，而后者得到的图像则比较平滑，损失了原图像中的一些细节。一般较为常用的彩色图像灰度转换公式为

$$I = 0.3R + 0.59G + 0.11B \tag{12-5}$$

式中，I 为灰度图的亮度值，R 为彩色图像红色分量值，G 为色彩图像绿色分量值，B 为彩色图像蓝色分量值。三分量前的系数为经验加权值。加权系数的选取是基于人眼的视觉模型：对于人眼较为敏感的绿色取较大的权值；对人眼较为不敏感的蓝色则取较小的权值。通过该公式转换的灰度图能够比较好地反映原图像的亮度信息。

2. 滤除图像噪声

为了避免噪声对垂直边缘锐化的影响，在锐化之前需要进行滤波。这些噪声大多是随机的冲击噪声，属于高频分量。噪声消除的方法有很多，系统采用了邻域平均法和中值滤波法。

采用的中值滤波的窗口为 3×3 的矩形窗口，结果表明通过中值滤波可以很好地消除噪声点的干扰，更重要的是使用这种中值滤波还能有效地保护边界信息，如图 12-17 所示。

(a)原图像

(b)滤波后图像

图 12-17 中值滤波前后图像对比

3. 边缘提取

原始图像一般是高分辨率、大尺寸的图像，其中有大量的信息是多余的，需要从中抽取不变量，简化信息，这就意味着要去除一些不必要的信息而尽可能利用物体的不变性质。同时观察其车牌图像发现，车牌的垂直边缘密集丰富，车身图像恰恰相反。而边缘又是最重要的不变性质：光线变化会影响一个区域的外观，但是不会改变边缘。于是，利用边缘提取来压缩信息量，简化图像分析。

常用的边缘检测方法主要有以下几种。

(1)检测梯度的最大值

由于边缘发生在图像灰度值变化比较大的地方,对应连续情形就是说梯度较大,所以利用比较好的求导算子求梯度场成为一种思路。Roberts 算子、Prewitt 算子和 Sobel 算子等就是比较简单而常用的例子。

(2)检测二阶导数的零交叉点

这是因为边缘处的梯度取得最大值,也就是二阶导数的零点。这类算法有 Laplace 算子。

(3)小波多尺度边缘检测

20 世纪 90 年代,随着小波分析的迅速发展,小波开始用于边缘检测。作为研究非平稳信号的有力工具,小波在边缘检测方面具有得天独厚的优势。

另外还有 Canny 法求边缘、模糊数学的方法以及最近提出来的边缘流检测新方法。

在本系统中,对边缘检测方法的选取有特殊的要求,首先就是提取垂直方向的边缘同时尽量消除水平方向的边缘,其次就是需要保证牌照定位系统的实时性,在算法的效率和效果上达到平衡,同时希望算法得到的边缘具有良好的连续性,得到的边缘和背景相差比较大,避免后期将较多背景算在车牌区域里。系统采用了一维 Prewitt 梯度算子。

令数字图像 $f(x,y)$,则其梯度场可定义为

$$\nabla f(x,y)=\left(\frac{\delta f}{\delta x},\frac{\delta f}{\delta y}\right) \tag{12-6}$$

由于系统只注重车牌的垂直纹理,所以只取垂直方向的梯度场,选取水平方向上的一维 Prewitt 算子[−1,0,1](点 0 为窗口中心的像素)来对图像进行边缘检测。与二维算子相比,该微分算子计算更为简单快速,能较好地满足我们的实际要求。该微分算子对应的运算公式为:

$$\nabla f=|f(x+1,y)-f(x-1,y)| \tag{12-7}$$

对前面预处理后的灰度图使用上述算子进行计算,得到的结果再进行阈值处理,得到二值化图像。阈值 TH 的选取如下:

$$\mathrm{TH}=\mathrm{scale}\cdot\mathrm{mean} \tag{12-8}$$

式中,scale 为自适应的倍数,mean 为边缘图像的平均灰度值。scale 根据边缘图像的灰度来决定,如果整体灰度值较大,则 scale 提高;反之,scale 降低。

对灰度图像用本算法进行边缘提取二值化得到的图像如图 12-18 所示。

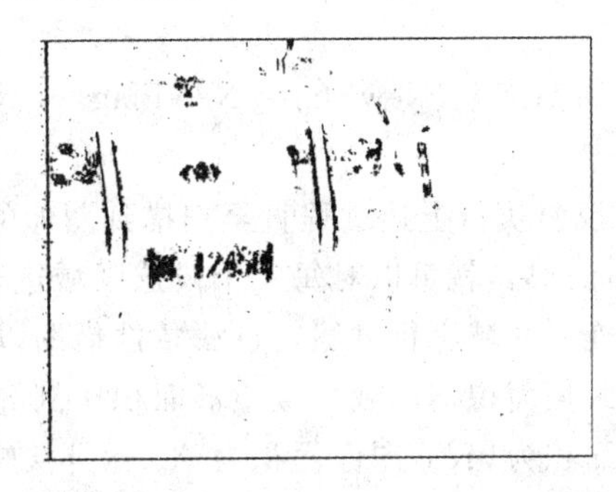

图 12-18　灰度图的 Prewitt 算子检测垂直边缘

12.3.2 基于综合特征的车牌定位技术

单纯使用垂直边缘定位,由于边缘是离散的,所以很容易丢失字符,只能得到不完整的车牌区域。所以要定位车牌区域,首先就要把没有连接的字符连接起来,其次就是去除干扰区域,这些都应该综合考虑车牌的多个特征。

1. 形态学方法形成连通域

为了连接离散字符边缘,考虑使用数学形态学的方法来进行处理。一般传统的图像处理算子都是基于解析方式描述对每个点进行处理的,而数学形态学的算子则是基于几何方式描述的,对一个区域进行处理,数学形态学更适合视觉信息的处理和分析。而在车牌定位中,车牌的几何比例都是固定的,且在现场实拍中,摄像机和地感线之间的距离是固定的,因此车牌区域在图像中的大小比例也是差不多固定的,可以利用形态学连接在一定范围内的垂直边缘,在连接后并可以滤除不符合条件的噪声区域。形态学基本运算包括膨胀运算、腐蚀运算、闭合运算、开启运算等。

2. 连通域体态分析

在图像处理中,非牌照区域的背景中存在其他的干扰纹理,经形态处理后得到的图片中会包含有多个连通区域。而经过观察可以知道,非牌照连通域的形状特性与牌照的形状特性存在较大差异,所以可以根据体态特征对候选车牌队列进行筛选。而要从形态学滤波后的结果中生成候选队列,就需要用到连通区域标记。

系统采用 8 邻域区域标记算法,并假设在二值化后的图像中,目标点为“1”,背景点为“0”,则递归标记算法如下。

步骤 1:按从左到右,从上到下,从图像的左上角开始扫描。直到发现一个没有标记的 1 像素点。

步骤 2:对此 1 像素点赋予一个新的标记 NewFlag。

步骤 3:此时按 8 邻域对此 1 像素(阴影)点的 8 个邻点进行扫描,如果遇到没有标记的 1 像素点就把它标记为 NewFlag(同第二步中的 NewFlag)。此时又要按上述次序扫描 8 个邻点中的 1 像素的 8 个邻点,如遇到没有标记的 1 像素,又将它标记为 NewFlag。此过程是一个递归,直到没有标记的 1 像素点被耗尽,才开始层层返回。同时记下连通域外接矩形四角坐标的位置,并不断更新。

步骤 4:递归结束,NewFlag=NewFlag+1,然后继续扫描没有标记的 1 像素点,然后执行步骤 2、步骤 3。

步骤 5:反复执行上述过程直至扫描到图像的右下角。

在区域标记后,就可以对每一个候选区域进行体态分析,根据牌照的一些体态几何信息初步对非牌照的连通区域进行过滤。过滤条件借助以下几个牌照体态特征:长宽比、区域面积与整体面积比例及区域面积与区域外接矩形面积比例等。

设区域面积为 area,图像面积为 Area,外接矩形面积为 Areal;区域长度为 length,区域宽度为 width,那么,通过体态分析的区域应该具有以下这些特征:

①区域面积与图像面积相比:

$$\frac{\text{area}}{\text{Area}}>r_1(0.0065)\text{（}r_1\text{ 根据具体情况选取,下同）。}$$

②区域长宽比：

$$r_{21}(1.5)<\frac{\text{length}}{\text{width}}<r_{22}(6.5)$$

③区域面积与外接矩形面积比：

$$\frac{\text{area}}{\text{Areal}}>r_3(1\sim2/3)$$

图 12-19 是某图区域标记、体态分析后的结果，采用不同的灰度值表示不同的区域。

(a)边缘二值化图像　(b)闭运算后图像

(c)开运算滤波后图像　(d)修整后图像

(e)区域标记后的图像　(f)体态分析后的图像

图 12-19　区域标记、体态分析的图像结果

3. 二值化处理

图像的二值化处理属于图像分割的一种，二值化处理中阈值 T 的选取很重要，可由下面函数表示：

$$T=T[x,y,p(x,y),f(x,y)] \tag{12-9}$$

式中，$f(x,y)$是点(x,y)的灰度级，$p(x,y)$表示这个点的局部性质。

当T取决于$f(x,y)$时，阈值就被称作是全局的。如果T取决于$f(x,y)$和$p(x,y)$，阈值是局部的。另外，如果T取决于空间坐标x和y，阈值就是动态的或自适应的。

下面列举了常用的几种二值化方法特点及实际效果。

(1)P-tile 法

P-tile 法也称 p 分位数法，使用目标或背景的像素比例等于其先验概率来设定阈值，简单高效，但是不适用于先验概率难于估计的图像。

虽然 P-tile 法的适用范围比较狭窄，但是在车牌定位中却正好适用，因为对于牌照区域，车牌字符与背景的面积比例是大致一定的，正好符合 P－tile 法使用的前提。P－tile 法效果如图 12-20 所示。

图 12-20　P-tile 阈值法

(2)迭代方法选取阈值

迭代方法是一种试探性的方法。它可以自动地得到，其效果如图 12-21 所示。

图 12-21　迭代阈值法

在测试中，利用迭代方法也得到了不错的效果，只是运行效率依据迭代的次数而定，在次数过大的时候效率较慢。

(3)最大类间方差法

最大类间方差方法(OSTU 法)是一种基于判别式分析的方法。在测试中，最大类间方差法试分割效果最好的一种方法，如图 12-22 所示。但是当光照过强或过弱的时候，会使图像的动态范围过窄，或者是由于前面的形态学处理包含了过多的车体部分，使得灰度直方图形成多峰状态，最大类间方差方法失效。

图 12-22　最大类间方差法

(4)局部动态二值化

如果考虑到车牌区域可能存在牌面有脏污、光照不均匀的情况，全局二值化的方法有可能失效，此时可以考虑使用局部二值化的方法(Bersen)，如图 12-23 所示。

图 12-23　局部动态阈值法

在测试中，局部动态阈值算法没有取得良好的效果，容易出现字符断裂及伪影，这是由该算法本身的特点所决定的，当以局部窗口内最大、最小值作为考察点的邻域，当窗口内无目标点时，个别噪声点将引起阈值的突变，当考察窗口内均为目标点时，局部阈值被拉伸，这样各种情况会使得目标或背景产生误判，从而出现所谓的字符断裂及伪影现象。而且利用局部阈值算法，效率会极其低下。

12.3.3　车牌字符分割

经过车牌定位和二值化处理后所确定的车牌是一个整体，包含了文字以及文字之间的空白，所以要想识别单个字符(包括英文字母、汉字、数字)，就必须先把字符从一行文字中分离出来，这就是字符分割(也称字符切分)。进行字符分割的目的就是要找到单个字符的外接矩形，尽可能的少含有噪声，以便进行识别。这里，并不单纯依靠字符的垂直投影特征，而是综合车牌的先验信息，采用寻找标准宽度和定位参考点的方法来进行字符切分。

1. 车牌字符规律和几何特征

标准车牌格式是 $X_1X_2X_3X_4X_5X_6X_7$，其中 X_1 是各省、直辖市和自治区的简称，X_2 是英文字母，X_3X_4 是英文字母或阿拉伯数字，$X_5X_6X_7$ 是阿拉伯数字，并且对于不同的 X_1，X_2 的取值是不一样的。X_2 和 X_3 之间有一个小圆点。标准车牌示意图如图 12-24 所示。

图 12-24　标准车牌示例

由标准示例，可以得到这样一些判别标准，设 PWid 表示牌照宽度，PHei 表示牌照的高度，则这些标准包括以下方面。

①单个有效牌照字符的宽度(非数字“1”的字符)。由于一般字符宽度为 45mm，车牌字符总长度为 409mm，那么标准字符宽度/车牌宽度 PWid 应该约等于 0.1，所以实际中的牌照字符宽度 CWid 在 0.9·(0.1·PWid)至 1.2·(0.1·PWid)之间。

②如果不考虑两个字符“1”的间距(38.5mm)，第二、三字符之间的间距最大(34mm)，是其余两个非零字符间距(12mm)的 2.8 倍左右，可以作为寻找参考点的特征。

③由图可以看出，两个铆钉的位置在第二、六字符的上下位置，实际中容易造成字符粘连而无法得到正确的字符高度，而第三、四字符基本上不会有干扰，所以应该以第三字符的宽度、高度作为标准。

④数字“1”的判别标准。字符“1”的宽度约为 13.5mm，为标准字符宽度 45mm 的 0.3 倍，即实际字符“1”的宽度 CWid1 在 0.2·(0.1·PWid)至 0.5·(0.1·PWid)之间，且与邻近的字符

间距较大。

⑤垂直边框的去除。垂直边框与相邻字符的间距比字符之间的间距要小，且垂直边框的位置在区域图像的左右两边，可以根据这两个特征去除边框。

2. 分割的实现

分割时，首先利用垂直投影图的波谷间隔分割出每一个可能字符的起点和终点；根据规律寻找字符的标准宽度，利用标准宽度和排列规律剔除干扰区域，将粘连的字符重新分割或将非连通字符例如左右结构的汉字进行合并；然后寻找最大间隔，进而找到第三字符的左边界作为字符分割的起点或者参考点，以此参考点向左向右找到 7 个字符块。

具体的算法实现过程如下。

步骤 1：对二值化图像进行垂直投影，以 Th=1 为初始阈值对投影数组进行扫描，如图 12-25 所示。

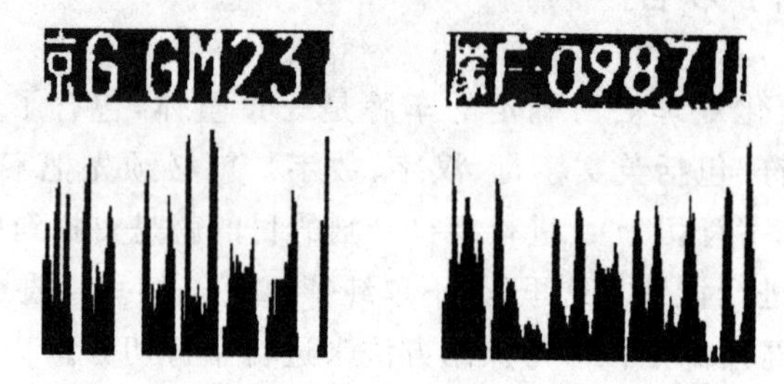

图 12-25　二值化车牌图像垂直投影

步骤 2：利用最大间隔来寻找第二、三字符。以第三字符为参考点，向左找 2 个字符，向右找 4 个字符，用一个新的链表记下位置和宽度信息，作为最后的车牌单个字符的分割结果。

图 12-26 是一系列校正后的车牌分割后的结果。

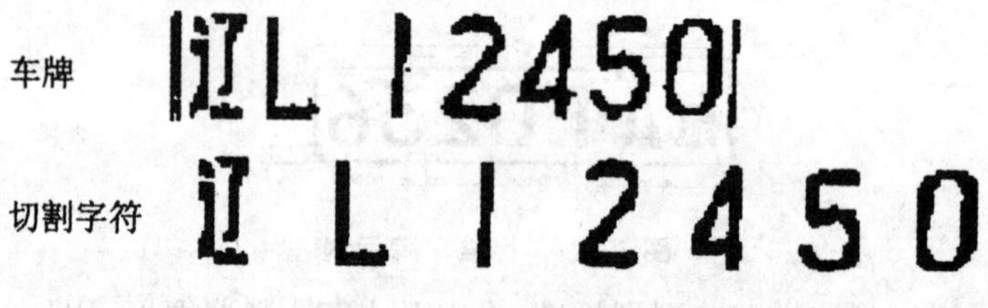

车牌

切割字符

图 12-26　字符分割结果

12.3.4　车牌字符识别算法

字符识别是模式识别领域中很活跃的一个分支。模式识别的主要方法大致可分为统计决策法、模糊判决法、句法结构法、神经网络和人工智能法 5 类。

(1)统计模式识别法

这类识别技术理论较完善，方法也较多，但从根本上讲，都是直接利用各类的分布特征，即利用各类的概率密度函数、后验概率或隐含的利用上述概念进行分类识别。其中根本的技术为判别类域代数界面法、聚类分析、最近邻域法、统计决策法等。

(2)模糊模式识别

这类技术运用模糊数学的理论和方法解决模式识别问题，因此适用于分类识别对象本身或要求的识别结果具有模糊性的场合。目前，模糊识别方法有很多。这类方法的有效性主要取决于隶属函数是否良好。有学者用基于模糊规则的方法识别车牌字符，取得了很好的效果。

（3）句法模式识别法

在许多情况下，句法模式识别（也称结构模式识别）对于较复杂的对象仅用一些数值特征已不能较充分地进行描述，这时可采用句法识别技术。句法识别技术将对象分解为若干个基本单元，这些基本单元称为基元。用这些基元以及它们的结构关系来描述对象，基元以及这些基元的结构关系可以用一个字符串或一个图来表示。然后运用形式语言理论进行句法分析，根据其是否符合某类的文法而决定其类别。

（4）神经网络法

人工神经网络（ANN）是一种模拟人脑神经元细胞的网络结构，它是由大量简单的基本元件——神经元相互连接成的自适应非线性动态系统。虽然目前对于人脑神经元的研究还很不完善，我们无法确定人工神经网络的工作方式是否与人脑神经元的运作方式相同，但是人工神经网络正在吸引着越来越多的注意力。对于车牌字符来说，子集都是有限的（最多不超过50个），人工神经网络识别字符可以在系统允许的时间内完成。近年来，采用ANN识别汽车牌照的学者越来越多。

（5）人工智能方法

众所周知，人脑具有极完善的识别功能，人工智能是研究如何使机器具有人脑功能的理论和方法，字符识别从本质上讲就是如何根据对象的特征进行类别的判断，因此，可以将人工智能中有关学习、知识表示、推理等技术用于字符识别。

但是对于以上的模式识别方法并不能直接僵硬的应用到车牌识别系统的字符识别上。因为车牌识别系统有着自己的特点。

1. 车牌字符识别的特点

车牌识别系统中的汉字和其他的汉字识别系统中的汉字字符相比，有其自身的特点。

（1）字符集小

车牌上出现的汉字字符只包括全国各省、市、直辖市和部队、武警、公安的简称，再加上26个英文字母以及10个数字，字符类别不超过100类。与其他的OCR系统相比，只是其中的很小的一部分。

（2）字符点阵分辨率低

由于是在一幅汽车图像中分割出牌照，受摄像机分辨率的限制，字符所占的像素就比较少，而且受字符倾斜等因素的影响，通常字符拥有的像素更少。这样的分辨率对于英文字母和数字字符而言还比较容易处理，但对于汉字来说，则导致汉字特征信息丢失太多，并造成笔画的粘连，给识别带来困难。

（3）环境影响大

车牌识别系统需要在室外全天候工作，受天气状况的影响，且光照条件经常变化，各种干扰也不可预测，导致实际取到的牌照的图像由于光照度、触发位置的不同，字符的大小、粗细、位置及倾斜度都不一样。另外，牌照的清洁度、清晰度、新旧底色及光照背景等因素，可能会造成采集到的图像干扰严重，如字符模糊、畸变甚至断线等，因而要求所采用的识别方法具有很强的抗干扰性和环境适应性。

(4)实时性要求

鉴于牌照自动识别系统的应用场合是智能交通管理,它要求能对驶过的车辆进行及时的采集图像、处理图像、牌照识别和自动数据库登录等一系列操作,实时性的要求高于其他 OCR 系统。

2. 车牌字符识别的方法

人类的视觉感知系统是一个鲁棒性很强的、能抵御实际中可能遇到的各种变形和噪声干扰的文字和字符识别系统。人们的认识过程实际上是对汉字和字符的整体形象的把握,是对其图像全局的处理过程。因而,汉字和字符的整体信息在无笔顺识别中起着无法替代的重要作用。

目前人们正致力于研究一个类似于人类视觉的鲁棒性很强的车牌字符识别系统。通常的字符识别方法可分为两类:基于字符结构(笔画特征)的结构识别和基于字符统计特征的统计识别。这 2 种方法的优缺点的对比如表 12-2 所示。

表 12-2　结构模式识别与统计模式识别对比

方法	缺　点	优　点
结构模式识别方法	需要进行笔画特征的提取,在输入图像质量不佳的情况下,这一点往往难以做到	可以识别复杂的模式
统计模式识别方法	需要得到字符集的稳定特征,且在字符笔画较多时要求的特征量非常大	特征提取方便,识别速度与识别对象无关

统计模式识别借助概率论的知识,判断或决策对象的特征类别,使得决策的错误率达到最小。基于统计特征的识别方法先抽取识别对象的稳定特征,组成特征矢量,然后在字符集的特征空间中进行特征匹配。

二值化的图形模板在实际研究中发现,其虽然直观,但匹配计算过程过于简单直接,对倾斜、形变、残损、模糊的待识别字符匹配误差较大,因此鲁棒性较差。而灰度模板由于光照、色彩等因素影响,难以找到普遍适用的模板形式实现直接的匹配计算。综合以上两方面的问题,在引入统计模式识别思想的基础上,采用了基于二值图形变动分析的模糊模板匹配方案。图 12-27 所示 11 给出了一个识别系统识别字符的例子。

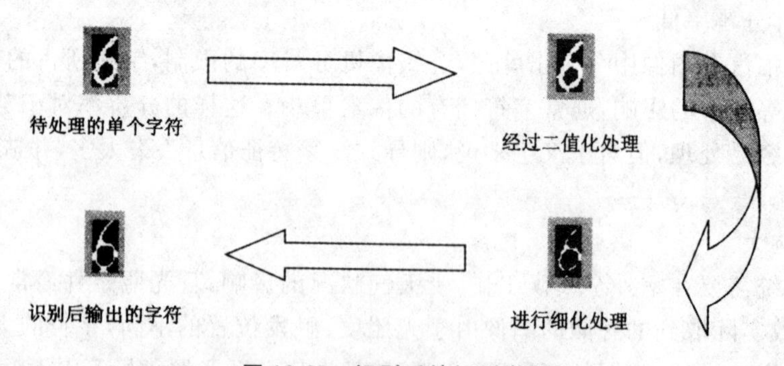

图 12-27　识别系统识别举例

在含有汽车牌照的图像中,即使是相同的字符,由于车牌倾斜、模糊,特别是由于每次定位不可能完全精确一致等诸多因素的影响,导致在二值图中字符的形状、大小都会不同,字符位置也会发生不同程度的偏移。将这种二值图形的不规则现象称为图形的变动。在字符识别的分析过程中,希望对图形变动的大小进行量化处理。因此,使用了求图形整体变动量的统计方法,其优点是不需要参照标准图形,可以进行客观评价,并构造出用于匹配识别的模糊模板。

12.4　数字图像水印技术

12.4.1　概述

计算机技术的快速发展和计算机网络的普及加速了媒体的数字化进程,使数字媒体如数字文本、数字图像、数字视频和数字音频等的制作、发布、传播、获取和复制变得更加容易。在当今的信息社会,数字媒体正在取代传统媒体改变人们日常生活的很多方面,因而具有十分重要的地位。

在数字媒体给社会带来进步、改善人们日常生活和工作的同时,数字媒体的非法篡改、复制和盗版现象也非常普遍,严重阻碍了媒体数字化进程和数字媒体的正常合法使用。因此,对数字媒体进行合法保护,如有效阻止非法复制、非法篡改、盗版跟踪和版权保护,以及维护数字媒体所有者和消费者的合法利益变得十分迫切。传统的加密技术只能保证媒体从发送到接收的安全传输,不能对媒体进行最终有效的保护,因为数据一旦被接收和解密,数字媒体的篡改、复制和传播就无法得到控制。另一方面,对媒体加密不利于媒体的发布,同时加密也限制了数字信息的交流。

目前,数字水印技术(digital watermarking)是信息安全领域研究的前沿方向,弥补了传统加密技术的不足,为数字媒体的版权保护和合法使用提供了一种新的解决思路,引起了人们的广泛关注。数字水印技术的基本思想是将具有防拷贝、防篡改、产品跟踪和版权保护等作用的数字信息作为水印信号嵌入到图像、文本、视频和音频等数字媒体中,并且在需要时,能够通过一定的检测或提取方法检测或提取出水印信息,以此作为判断数字媒体的版权归属和跟踪起诉非法侵权的证据。数字水印技术为数字媒体在版权保护、认证、防拷贝、防篡改、保障数据安全和完整性等方面提供了有效的技术手段。

为判断媒体的版权归属和跟踪起诉非法侵权的证据。数字水印为多媒体数据文件在认证、防伪、防篡改、保障数据安全和完整性等方面提供了有效的技术手段。

数字水印研究成果主要应用于媒体所有权的版权认定和保护、防止非法拷贝、盗版跟踪、基于内容的真伪鉴别、隐蔽通信及其对抗,以及多语言电影系统和电影分级这几个方面。

12.4.2　数字图像水印的特性与分类

1. 数字水印的特性

数字水印特性与其具体应用密切相关,不同用途和类型的数字水印具有不同的特性要求。

(1)鲁棒性

鲁棒性是指水印信号在经历多种无意或有意的信号处理后,仍能保持其完整性,或仍能被准确鉴别的特性。可能的信号处理过程包括信道噪声滤波、数/模与模/数转换、重采样、剪切、位移、尺度变化，以及有损压缩编码等。

(2)内嵌信息量(水印的位率)

数字水印应该能够包含相当的数据容量，以满足多样化的要求。

(3)知觉透明性

数字水印的嵌入不应引起数字作品的视觉/听觉质量下降，即不向原始载体数据中引入任何可知觉的附加数据。

(4)实现复杂度低

数字水印算法应该容易实现，在某些应用场合(如视频水印)下，甚至要求水印算法的实现满足实时性要求。

(5)安全性

水印嵌入过程(嵌入方法和水印结构)应该是秘密的，嵌入的数字水印是统计上不可检测的，非授权用户无法检测和破坏水印。

(6)可证明性

数字水印所携带的信息能够被唯一地、确定地鉴别，从而能够为已经得到版权保护的信息产品提供完全和可靠的所有权归属证明的证据。

2. 数字水印的分类

(1)按水印所附载的媒体分

按此方法分类，数字水印可分为图像水印、音频水印、视频水印、文本水印，以及用于三维网格模型的网格水印等。

(2)按水印的特性分

按此方法分类，数字水印可分为鲁棒数字水印和脆弱数字水印。鲁棒数字水印要求嵌入的水印能够抵抗各种有意或无意的攻击；脆弱水印主要用于完整性保护，要求对信号的改动敏感，人们根据脆弱水印的状态可以判断数据是否被篡改过。

(3)按数字水印的内容分

按数字水印的内容分类，数字水印可分为有意义水印和无意义水印。有意义水印是指水印本身也是某个数字图像(如商标图像)或数字音频片段的编码；无意义水印则只对应于一个序列号。

(4)按水印的检测过程分

按水印的检测过程分类，数字水印可分为有源提取水印和无源提取水印。有源提取水印在检测过程中需要原始数据；无源提取水印只需要密钥，不需要原始数据。

(5)按水印的主观形式分

按水印的主观形式分类，数字水印可分为可见数字水印和隐形数字水印两种。更准确地说，应该是可觉察数字水印和不可觉察数字水印。

(6)按数字水印的嵌入位置分

按此方法分类，数字水印可分为时(空)域数字水印、频域数字水印和时/频混合域数字水印3种。

12.4.3　数字水印原理

无论哪种水印应用都离不开水印算法的设计。不同媒体的水印算法设计都基本相同，即水印媒体的制作过程基本相同，包含水印生成、水印嵌入、水印攻击和水印提取及验证 4 个方面。下面以数字图像水印算法设计为例，对它们进行讨论。

1. 水印生成

数字水印结构对水印算法的复杂性和水印的鲁棒性都有影响。按表现形式数字水印可分为一维水印和二维水印，一维水印有伪随机序列、产品所有者 ID 号、产品序列号和文本等；二维水印有二维随机阵列、二值图像、灰度图像和彩色图像等。按内容又可将数字水印分为无意义水印和有意义水印两种。无意义水印是指用各种二进制或十进制随机序列或阵列作为水印。该类水印的产生较简单，一般用相关检测的方法进行检测，检测结果只能给出一位信息，即水印媒体中是否含有所加的水印信号，由于这种原因，其应用范围十分有限；有意义水印包括产品所有者 ID 号、产品序列号、文本、公司标志和数字签名等各种有意义的符号和图像（包括二值图像、灰度图像和彩色图像），该类水印的产生相对较复杂，给出的信息较多，可以满足不同应用的需要，且不同的水印对算法的鲁棒性要求不一样。例如，当用产品序列号作为水印时，就要求水印算法有极强的鲁棒性，不允许提取的水印发生任何错误，否则会得出错误的判断；而公司标志等图像水印（包括二值图像、灰度图像和彩色图像），由于图像存在大量视觉冗余，部分像素发生错误不会影响水印的正确识别，因此对算法的鲁棒性要求相对较低，换句话说，水印中的冗余信息可提高水印的鲁棒性。水印信号生成的典型过程如图 12-28 所示。图中，水印信号产生过程的输入是被保护的原始图像 I 和一个可选择的密钥 K_1，过程的输出为要产生的水印信号 W，G 表示水印产生函数，可用式(12-10)表示。

$$W=G(K_1,I) \tag{12-10}$$

密钥的选择可提高水印的安全性，但这两个参数不是必不可少的，水印信号可由图像所有者或用户根据需要产生或提供。

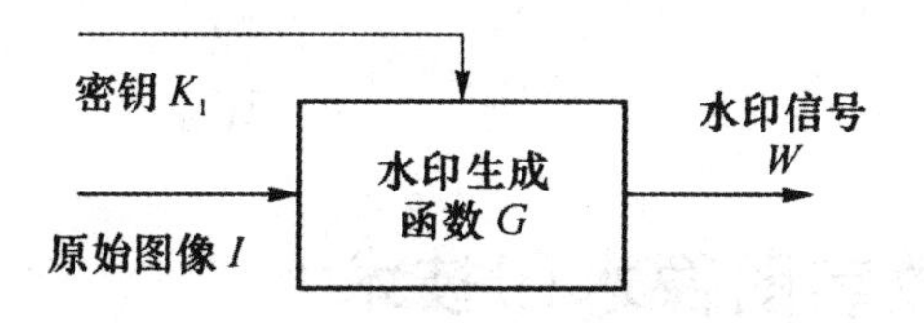

图 12-28　水印信号产生的过程框图

2. 数字水印的嵌入

数字水印的嵌入过程就是将水印信号加载到数字图像中，通常包括水印嵌入和水印信号预处理两个方面，如图 12-29 所示。

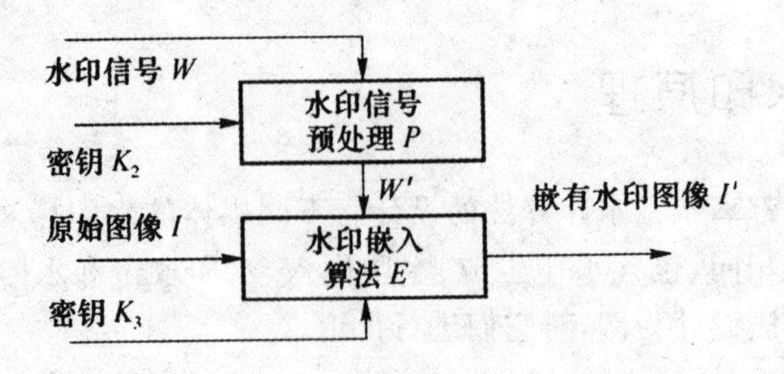

图 12-29　水印嵌入过程框图

3. 水印提取及检测

水印提取及检测是从加有水印的图像中提取水印信号，或检测水印图像中是否含有所加入的水印信号。水印提取及检测过程如图 12-30 所示，系统的输入是待检测的图像、密钥 K_4 及原始水印和/或原始图像。系统的输出是提取的水印信号，或衡量待检测图像中存在给定水印可能性的度量值。

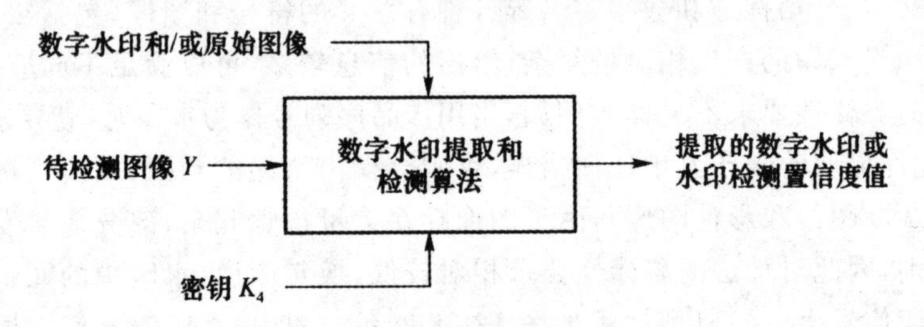

图 12-30　水印提取及检测过程框图

对于视觉可区分的数字水印，如二值、灰度或彩色图像等有意义的图像水印，通过人眼就能判断水印图像中是否含有已知的水印信号。对于不能由人作出判断的水印信号，需用数学方法对提取水印进行验证。水印验证通常使用相似检验法，其过程如下：计算提取的水印信号 W' 与嵌入的水印信号 W 的相似性 sim，设定一门限值 T_k，当 $\text{sim} \geqslant T_k$ 时，则表示图像中嵌有水印信号 W；否则表示没有嵌入水印信号 W。

$$\text{sim}(W, W') = \frac{WW'}{\sqrt{WW}} \tag{12-11}$$

12.4.4　DCT 域数字图像水印技术

基于 DCT 的数字水印方法计算量小，且与国际数据压缩标准（JPEG、MPEG、H261/263）兼容，便于在压缩域中实现。DCT 域数字图像水印嵌入和提取原理如图 12-31 和图 12-32 所示。

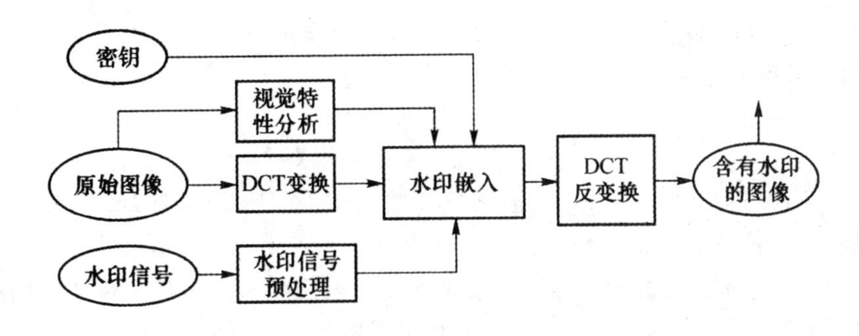

图 12-31　DCT 域数字图像水印嵌入原理图

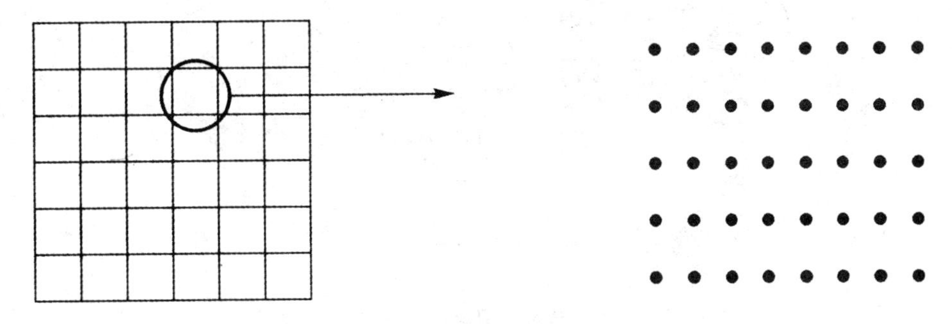

图 12-32　图像分块示意图

基于 DCT 的数字水印算法，首先将原始图像分成 8×8 的块，根据 HVS 特性将图像块进行分类；然后，对所有图像块做 DCT 变换。在 DCT 域，根据块分类的结果，不同强度的水印分量被嵌入到图像块的 DCT 系数中。图像分块示意图如图 12-32 所示，每一个 8×8 块的 DCT 系数排列顺序如表 12-3 所示。

表 12-3　8×8 DCT 系数排列顺序

DC	C(0,1)	C(0,2)	C(0,3)	C(0,4)	C(0,5)	C(0,6)	(0,7)
C(1,0)	C(1,1)	C(1,2)	C(1,3)	C(1,4)	C(1,5)	C(1,6)	C(1,7)
C(2,0)	C(2,1)	C(2,2)	C(2,3)	C(2,4)	C(2,5)	C(2,6)	C(2,7)
C(3,0)	C(3,1)	C(3,2)	C(3,3)	C(3,4)	C(3,5)	C(3,6)	C(3,7)
C(4,0)	C(4,1)	C(4,2)	C(4,3)	C(4,4)	C(4,5)	C(4,6)	C(4,7)
C(5,0)	C(5,1)	C(5,2)	C(5,3)	C(5,4)	C(5,5)	C(5,6)	C(5,7)
C(6,0)	C(6,1)	C(6,2)	C(6,3)	C(6,4)	C(6,5)	C(6,6)	C(6,7)
C(7,0)	C(7,1)	C(7,2)	C(7,3)	C(7,4)	C(7,5)	C(7,6)	C(7,7)

如表 12-2 所示，DCT 系数按 Zig-Zag 顺序排列，左上角第一个系数是直流系数，接着排列的是低频系数，随着序号的增大频率增高，右下角对应最高频系数。因此，DCT 变换能够将图像的频谱按能量的大小进行区分，有利于进行相应的频谱操作。

由人类视觉系统的特性可知，水印嵌入到原始载体信号的高频系数中，其视觉不可见性较好，但其鲁棒性较差；反之，由于直流和低频分量携带了较多的信号能量，在图像失真的情况下，仍能保留主要成分。因此，将数字水印嵌入低频系数中，其鲁棒性较好，但是其数字水印的不可见性较差。所以,一般的水印算法将水印信号嵌入原始图像的中频系数中。

最常用的嵌入规则为:

$$X'=\begin{cases}X+\alpha W & \text{加法规则}\\ X+\alpha WX & \text{乘法规则}\end{cases}$$

式中,X'为嵌入水印后的载体系数;X 为被保护的原始图像载体的 DCT 变换系数;α 为根据不同情况而变化的比例因子,表示嵌入水印的强度,具体可由试验确定;W 为水印信号。

基于人类视觉系统的自适应数字水印,其基本原理就是利用人类视觉特性中的视觉门限阈值 JND 决定是否加入水印及加入水印的强度,其原理如图 12-33 所示。

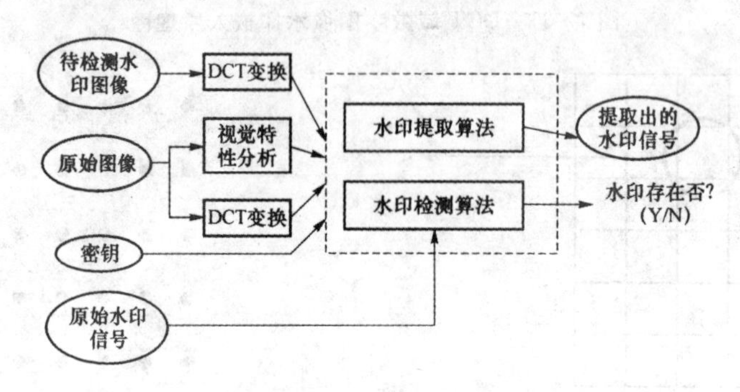

图 12-33　DCT 域数字图像水印提取或检测原理

图像二维 DCT 变换有许多优点。图像信号经过变换后,变换系数几乎不相关,经过反变换重构图像,信道误差和量化误差将像随机噪声一样分散到块中的各个像素中,不会造成误差积累,并且变换能将数据块中的能量压缩到为数不多的几个低频变换系数中(即 DCT 矩阵的左上角)。

在水印提取和检测阶段,首先对可能受到攻击的水印化图像或待检测图像进行 DCT 或分块 DCT 变换,使用与水印嵌入相同的方法和密钥确定嵌有水印的 DCT 系数并提取水印信号;然后对提取的水印信号进行验证,判断是否与所加入的水印信号相同,或者使用相关检测方法检测所加入的水印信号是否存在于待检测图像中。在水印提取过程中,如果需要原始未加水印的图像,则该方法称为有源提取方法,否则称为无源提取方法。

图 12-34 示出了一个数字水印的仿真实例。从图可见,在不受任何攻击时,提取出的水印与原始水印图像基本一样,人眼分辨不出它们的差别。

(a) 原始图像

(b) 原始水印图像

(c) 嵌入水印后的图像

(d) 提取出的水印图像

图 12-34　不受攻击时嵌入和提取过程

1. 剪切攻击

图 12-35 所示为一个经剪切攻击后提取水印的实例，从图可见，嵌入水印后的图像被剪切掉一部分后，仍能提取出水印图像。另外还可以进行其他的抗攻击实验，一个水印算法的抗攻击能力越强，说明该算法的鲁棒性越好；同时还应该兼顾良好的不可见性。

(a) 剪切后的嵌入水印的图像

(b) 提取出的水印图像

图 12-35　剪切攻击和提取效果

2. 噪声攻击

对于椒盐噪声，选择不同的控制参数 0.01、0.02、0.03、0.04 和 0.05 对嵌有水印的图像进行攻击后，再从中提取水印，其仿真实验结果如图 12-36 所示。

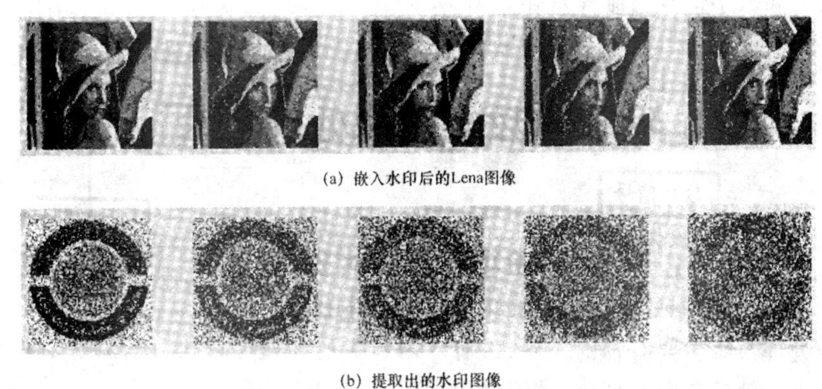

(a) 嵌入水印后的Lena图像

(b) 提取出的水印图像

图 12-36　不同强度的椒盐噪声攻击和提取

3. JPEG 压缩

由于 JPEG 压缩标准采用分块 DCT 的思想，所以该算法具有较强的抵抗 JPEG 压缩的能力。质量压缩系数的取值分别为 100、95、90、85 和 80 时，仿真实验结果如图 12-37 所示。

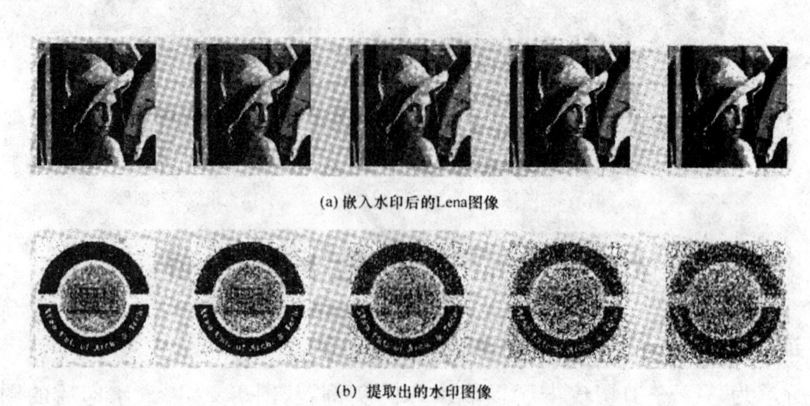

(a) 嵌入水印后的Lena图像

(b) 提取出的水印图像

图 12-37　不同质量压缩系数时各种攻击和提取

12.5　动态图像处理

动态图像，即视频图像，简称视频(VIDEO)。它是一组静态图像在时间轴上的有序排列，其中每一幅画面称为帧。

动态图像处理的对象是视频信号，其信号类型分为模拟信号和数字信号两种。模拟信号存储介质主要为磁带；数字信号存储介质有磁带、硬盘及各种光存储介质。由于信号类型的不同，其处理流程和处理结果也会不同，即使采用的计算处理方法相同，结果也会不同。其关键的原因在于模拟信号中的隐含信息较多，自采集和采样的过程中可以进行信号的放大处理，处理的空间相对较大；而数字信号一般都采用了压缩算法，其压缩比越大，图像信息越少，图像质量也越差，处理的空间也越小。但计算机内部处理的只能是数字信号，虽然同样是数字信号，其信息的含量是不同的，处理结果也必然存在差异。这就是为什么录像带录像和硬盘录像的处理结果不同的原因。模拟信号和数字信号的流程差异见图 12-38。

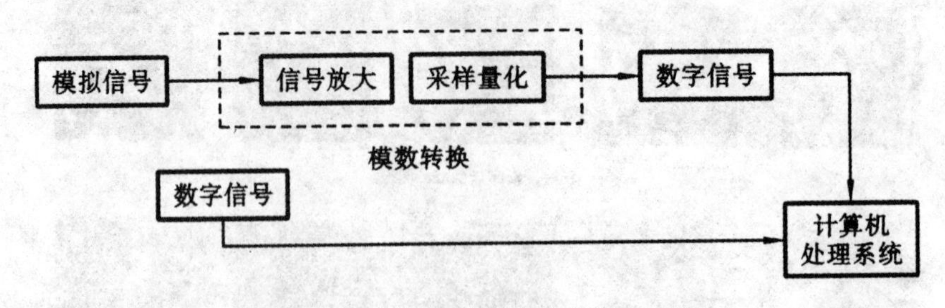

图 12-38　模拟信号和数字信号的流程差异

动态图像处理系统主要有辅助光源、带有专用镜头的高速摄像机、图像采集卡、计算机处理系统和图像输出存储设备等五部分，其组成原理图如图 12-39 所示。

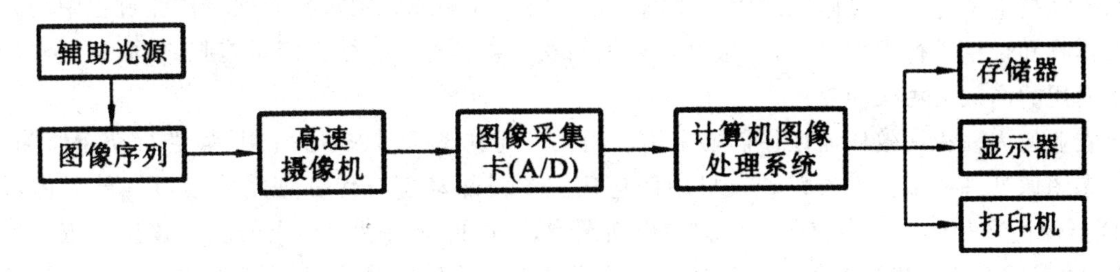

图 12-39　动态图像处理系统的组成

实质上，动态图像采集系统的主要部件就是高速摄像机，高速摄像的核心部件是一个图像传感器，目前常用的高速摄像机主要有两大类，即基于 CMOS 技术的摄像机和 CCD 阵列摄像机。CCD 摄像机内的图像传感器是一个电耦合器件的光电传感器，其每个像素都有一个光电检测器，它将反映对象、背景的光信号以电信号的形式记录下来。但随着 CMOS 技术的发展，CCD 在图像处理中的主导地位正被逐步取代。CMOS 摄像机内部的图像传感器是互补金属氧化物半导体传感器，CMOS 图像传感器能够将光敏单元阵列、控制与驱动电路、模拟信号处理电路、模数转换电路高度集成在一块芯片上。从 CMOS 摄像机得到的图像数据已经被数字化，可以直接用于数字图像处理。CMOS 技术相对于 CCD 技术而言具有很明显的优点：CMOS 摄像机具有结构简单、集成度高等特点，大大改善了图像的质量，而且其功耗低、价格低廉，并集成了大部分图像处理功能，如图像数字化、自动增益控制、速度优化的 D2EF 算法压缩、图像格式和帧速率可调等功能。

计算机图像处理系统在处理环节上基本包括以下几个方面：视频捕捉、图像增益、稳定重建、多帧融合、滤波处理、结果输出等，其工作流程如图 12-40 所示。

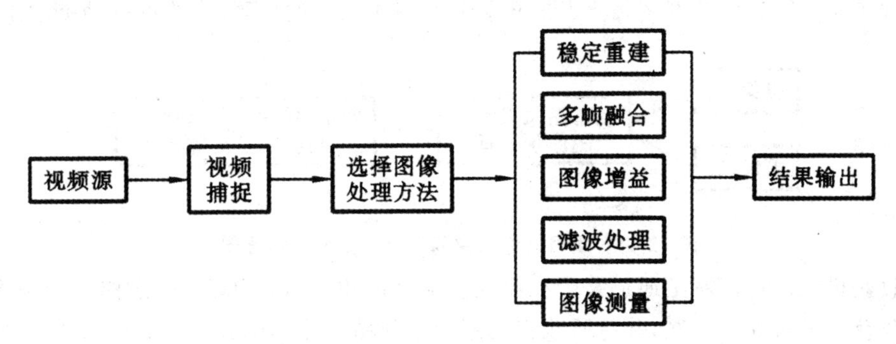

图 12-40　计算机图像处理系统的工作流程

虽然各系统在功能上基本相似，但在算法实现、文件管理、信号处理方法上却不尽相同，硬件质量也存在差距。

基于帧间信息研究的动态图像处理技术兴起于 20 世纪 80 年代，近几年发展较快，目前主要应用在医学影像、农业工程及军事等领域中。

动态图像处理技术在农业工程中的应用起步较晚，但其应用前景却很广泛。动态图像处理技术在农业工程中涉及的领域包括视觉模拟、农业作业过程在线检测、农产品分级、自动收获机械、农机的性能测试与研究等诸多方面。

1. 精细农业作业与农产品长势监测

农业的生产已经由传统的农业生产方式发展成为精细农业作业，根据作业处方图，采用动态图像处理技术来进行变量施肥或农药喷洒。自动喷洒农药或施肥机械必须在作业过程中动态地对农作物和杂草进行识别,然后对杂草定量喷洒农药或者对作物植株定量施肥,从而达到农药和化肥使用的高效无污染的要求。

农业的大面积高效作业往往需要采用农用无人驾驶飞机对农产品的长势进行动态监测,目前动态图像处理技术在无人驾驶飞机中的应用主要是靠动态图像处理系统通过红外成像仪或CCD摄像机来获取飞机当前所处位置的地面图像,然后再调用事先输入的图像数据库进行模式匹配,动态地检测飞机当前位置并完成飞机飞行轨迹的跟踪。利用动态图像处理和图像数据库检索技术进行模式匹配,对运动目标动态定位技术在西方发达国家的军事中已经得到了广泛的应用。但是在精确农业作业中,利用全球定位系统(GPS)来对农用无人驾驶飞机进行定位与轨迹跟踪仍占主导地位。由于GPS的成本较高和图像检索技术的不断成熟,这就决定了动态图像处理技术在今后的大面积农业作业中更为经济实用。

自动收获机械通常适用于大面积的农产品收获作业,自动收获机械主要分为收获机构、行走机构和视觉系统。动态图像处理在自动收获机械中的应用主要分为两个方面,即对果实等目标物体的识别和三维空间的定位、利用动态图像处理系统来控制行走机构避让障碍物。

对果实的识别主要是静态图像处理与人工智能的模式匹配问题。利用动态图像来进行果实的定位时,自动收获机械首先通过图像处理系统对获得的果实图像信息进行处理并判断果实是否成熟,然后通过单个摄像机加上激光装置或多个摄像机来对成熟的果实进行空间定位,常用的有双目(两台摄像机)系统确定果实等目标在某一时刻的三维空间位置。双目结构是仿人眼功能,利用两台摄像机与目标之间形成一定的空间几何关系,经过摄像机的标定和坐标转换从而对目标物体的三维空间位置进行定位及目标的三维重构,如图12-41所示。收获机械手根据摄像机拍摄的基于时间序列的动态图像来及时更新其相对于果实的位置,最终准确地摘取果实。

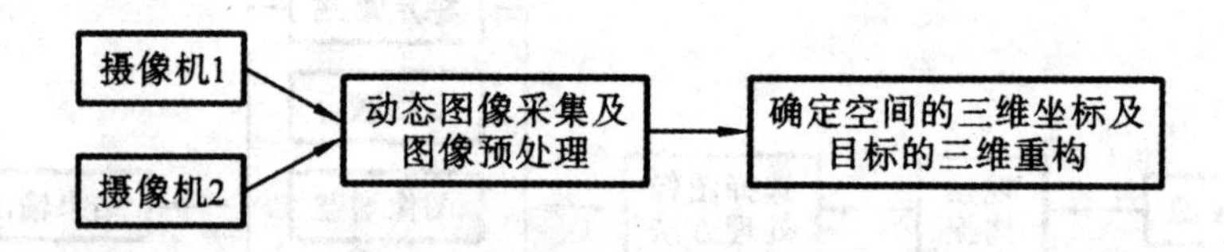

图12-41 双目摄像机空间三维定位系统示意图

自动收获机械进行避障是通过装配在收获机械上的单一或多个CCD摄像机来动态地获取当前自动收获机械所处的路况,并将所获得的图像序列输入计算机进行一般的图像处理,判断前面是否有障碍物,从而动态地规划自动收获机械的行走路径以达到避障的功能。农业自动收获机械通常需要在较复杂景物的环境中工作,其视觉导航系统必须具备实时地将障碍物与背景分开的功能,高速图像处理硬件和合理的算法是保证实时性要求的基础。

2. 产品产后品质分级及包装

随着高速摄像机技术和数字信号处理技术的快速发展,人们开始将动态图像处理技术应用于农产品的产后处理及包装等领域。其中最为典型的例子就是水果品质智能化检测和分级生产线。该系统主要分为水果输送系统、图像采集系统、计算机视觉系统、水果分级系统。由于水果品质智能化检测和分级系统需要满足实时、快速、准确等性能要求,所以在计算机视觉识别系统部分可以采用高速摄像机动态地监控水果输送系统,同时对输送系统上的水果图像进行动态地实时采集、识别与检测。例如,利用计算机视觉技术和人工神经网络技术,建立以果实形状、颜色和缺陷为判别依据的苹果外观品质综合分析系统，以实现对苹果外观的正确检测和分级。

3. 动态图像处理在农业机械性能研究和评定中的应用

农业的发展离不开农业机械化与自动化研究。以往对农机具性能参数的测试研究很难做到对动态过程进行观测与研究，动态图像技术的发展为此提供了技术基础。例如，旋耕机作为主要的农业机械，如何对旋耕机主要的性能参数进行动态测试和定量分析是提高旋耕机性能的关键，研究逆转旋耕机的抛土性能与其机构参数和运动参数的关系，确定优化的结构参数和运动参数是提高潜土逆转旋耕工作质量、降低能耗的关键，但用常规手段难以精确测量抛土率。李伯全等人利用基于时间序列的动态图像处理技术定量地描述了抛土率，并对抛土率理论模型进行了验证，还利用摄像机对潜土逆转旋耕机工作过程进行动态拍摄，以获得潜土逆转旋耕机抛土过程中土垡的运动参数，为进一步提高逆转旋耕机的性能研究提供了基础。

由于精确农业的兴起，变量喷雾技术的应用也越来越广泛。喷雾装置中的喷头是变量喷雾的重要部件，其参数的不同对于整个变量喷雾的效果有着重要的影响。如何对喷头的形状、口径等性能参数进行研究已经成为变量喷雾装置技术研究的热点。喷头的形状、口径等参数与喷雾雾滴的空间位置、飞行轨迹、均匀程度、瞬态速度、质量分布有着密切的关系，在以往的分析研究中通常采用真空棉在距离喷头的不同位置处分别对雾滴进行取样，然后通过带有标尺的显微镜读取分布在真空棉上的雾滴的直径和相应的数量以了解雾滴均匀程度及空降分布情况。这样的人工取样和读数的测量方法不仅步骤烦琐，效率较低，而且测量精度也不高，往往很难准确地反映雾滴的空间分布及各自速度信息。如果采用摄像机对喷雾图像进行动态拍摄，通过专用的动态图像处理软件就可以对雾滴的空间质量分布、速度矢量场进行精确测定。现在应用于喷头研究的 DPIV 技术和 SPIV 技术，可以通过高速摄像机直接记录粒子图像运动序列，并实施测量粒子速度和进行粒子三维速度的测量。研究人员通过对拍摄到的图像序列的处理可以精确地了解不同结构的喷头在一定的压力下进行喷雾的情况，为改善喷头的性能参数提供了依据。

12.6　图像型火灾探测技术

12.6.1　概述

当前室内火灾报警技术已经比较成熟。通过对光、烟、湿度等参考量加以判断，然后直接实施灭火措施，进行断电、喷水等并报警。而对于室外的或大面积的监控对象（如高层建筑、船舶码头、油库、大型仓库等），相对来说可以使用的探测方式较少，利用图像进行火灾监控是目前主要的研究方向。由于图形包含的数据量很大，所以首先需要对图像进行预处理，通常包括图像增强、滤波、细化等几个方面，然后对图像进行分割。

分割的目的是把图像空间分成一些有意义的区域，可以以像素为基础去研究图像分割，也可以利用在指定区域中的某些图像信息去分割。分割可以建立在相似性和非连续性两个基本概念上，其目的就是为下一步的图像识别打下坚实的基础。精确地分割处理是提高整个探测系统准确性、健壮性的前提条件，但同时由于各种环境下光照亮度的变化，以及经常存在的干扰光源的影响，实现精确分割的难度较大。

12.6.2 火灾图像的分割处理

所谓图像分割是指将图像中具有特殊含义的不同区域分开,这些区域是互不相交的,每一个区域都满足特定区域的一致性。

均匀性一般是指同一区域内的像素点之间的灰度值差异较小或灰度值的变化较缓慢。

图像分割方法很多,其中最常用的图像分割方法是将图像分成不同的等级,然后用设置灰度门限的方法确定有意义的区域或欲分割的物体的边界,这种方法也称为阈值分割法。阈值分割法就是简单地用一个或几个阈值将图像的灰度直方图分成几个类,并且认为图像中灰度值在同一个灰度类内的像素属于同一个物体。

1. 二维最大熵阈值法图像分割技术

要从复杂的景物中分辨出目标并将其提取出来,阈值的选取是图像分割技术的关键。如果阈值选得过高,则过多的目标点将被误归为背景;阈值选得过低,则会出现相反的情况,这将影响分割后图像中的目标大小和形状,甚至会使目标丢失。从最近几年有关的文献资料看,最大熵阈值法是一种颇受关注的方法。

熵定义为:

$$H=-\int_{-\infty}^{+\infty}p(x)\log p(x)\mathrm{d}x \tag{12-12}$$

式中,$p(x)$ 是随机变量 x 的概率密度函数。对于数字图像,x 可以是灰度、区域灰度、梯度等特征。根据最大熵大批量,用灰度的一维熵求取阈值就是选择一个阈值,使图像用这个阈值分割出的两部分的一阶灰度统计的信息量最大,即一维熵最大。一维最大熵阈值法基于图像的原始直方图,仅仅利用了点灰度信息而未充分利用图像的空间信息,当信噪比降低时,分割效果并不理想。Abutaleb 提出的二维最大熵阈值法,利用图像中各像素的点灰度及其区域灰度均值生成二维直方图,并以此为依据选取最佳阈值。

若原始灰度图像的灰度级为 L,则原始图像中的每一个像素都对应于一个点灰度——区域灰度均值对,设 f_{ij} 为图像中点灰度为 i 及其区域灰度均值为 j 的像素点数,p_{ij} 为点灰度——区域灰度对 (i,j) 发生的概率,即 $p_{ij}=f_{ij}/(N\times N)$,其中 $N\times N$ 为图像大小,那么 $\{p_{ij}\mid i,j=1,2,3,\cdots,L\}$ 就是该图像的关于点灰度——区域灰度均值的二维直方图。图 12-42 是一幅海上目标图像的二维直方图的 XOY 平面图,点灰度——区域灰度均值对 (i,j) 的概率高峰主要分布在平面 XOY 的对角线附近,并且在总体上呈现出双峰和唯一波谷的状态,这是由于图像的所有像素中,目标点和背景点所占比例最大,而目标区域和背景区域内部的像素灰度级比较均匀,点灰度及区域灰度均值相关不大,所以都集中在对角线附近。偏离平面 XOY 对角线的坐标处,峰的高度急剧下降,这部分所反映的是图像中的噪声点、边缘点。

沿对角线分布的 A 区和 B 区分别代表目标和背景,远离对角线的 C 区和 D 区代表边界和噪声,所以应该在 A 区和 B 区上用点灰度——区域灰度均值二维最大熵法确定最佳阈值,使真正代表目标和背景的信息量最大。

设 A 区和 B 区各自具有不同的概率分布,如果阈值设为 (s,t) 则

$$P_A=\sum_i\sum_j p_{ij}\quad i=1,2,3,\cdots,L;j=1,2,3,\cdots,L \tag{12-13}$$

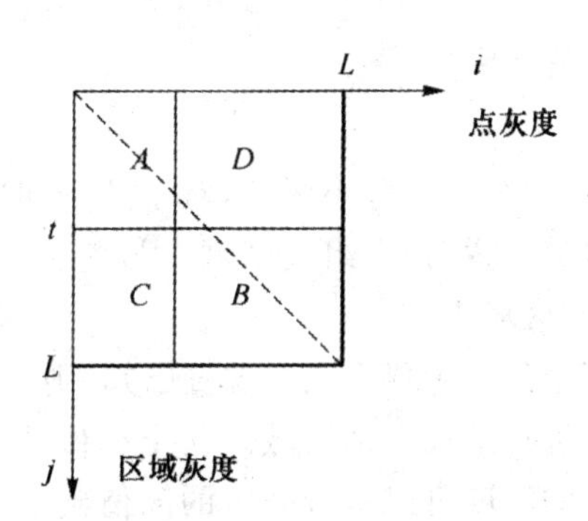

图 12-42　二维直方图的平面图

$$P_B = \sum_i \sum_j p_{ij} \quad i = s+1,\cdots,L;j = t+1,\cdots,L \tag{12-14}$$

定义离散二维熵如下：

$$H = -\sum_i \sum_j p_{ij} \log p_{ij} \tag{12-15}$$

则 A 区和 B 区的二维熵分别为：

$$\begin{aligned} H(A) &= -\sum_i \sum_j (p_{ij}/P_A)\log(p_{ij}/P_A) \\ &= \log P_A + H_A/P_A \end{aligned} \tag{12-16}$$

$$\begin{aligned} H(B) &= -\sum_i \sum_j (p_{ij}/P_B)\log(p_{ij}/P_B) \\ &= \log P_B + H_B/P_B \end{aligned} \tag{12-17}$$

式中，

$$H_A = -\sum_i \sum_j p_{ij} \log p_{ij} \quad i = 1,2,3,\cdots,L;j = 1,2,3,\cdots,L \tag{12-18}$$

$$H_B = -\sum_i \sum_j p_{ij} \log p_{ij} \quad i = s+1,\cdots,L;j = t+1,\cdots,L \tag{12-19}$$

由于 C 区和 D 区所包含的是关于噪声和边缘的信息，所以可以将其忽略不计。假设 C 区和 D 区的 $p_{ij} \approx 0$，$i = s+1,\cdots,L;j = 1,\cdots,t$ 以及 $i = 1,\cdots,s;j = t+1,\cdots,L$；可以得到：

$$P_B = 1 - P_A \tag{12-20}$$

$$H_B = H_L - H_A \tag{12-21}$$

式中，

$$H_L = -\sum_i \sum_j p_{ij} \log p_{ij} \quad (i,j = 1,\cdots,L) \tag{12-22}$$

则

$$H(B) = \log(1 - P_A) + (H_L - H_A)/(1 - P_A) \tag{12-23}$$

熵的判别函数定义为：

$$\varphi(s,t) = H(A) + H(B) = \log[P_A(1 - P_A)] + H_A/P_A + (H_L - H_A)/(1 - P_A) \tag{12-24}$$

选取的最佳阈值向量 (s^*, t^*) 满足：

$$\varphi(s^*, t^*) = \max\{\varphi(s,t)\} \tag{12-25}$$

式(12-25)就是二维最大熵的表达式。

2. 区域生长法分割图像

分割的目的是要把一幅图像划分成一些小区域，对于这个问题的最直接的方法是把一幅图像分成满足某种判据的区域；也就是说，把点组成区域。与此相对应，数字图像处理中存在一种分割区域的方法称为区域生长或区域生成。

假定区域的数目，以及在每个区域中单个点的位置已知，则可推导出一种算法。从一个已知点开始，加上与已知点相似的邻近点形成一个区域。这个相似性准则可以是灰度级、颜色、几何形状、梯度或其他特性。相似性的测度可以由所确定的阈值判定。它的方法是从满足检测准则的点开始，在各个方向上生长区域。当其邻近点满足检测准则就并入小区域中，当新的点合并后再用新的区域重复这一过程，直到没有可接受的邻近点生成过程终止。

当生成任意物体时，接受准则可以以结构为基础，而不是以灰度级或对比度为基础。为了把候选的小群点包含在物体中，可以检测这些小群点，而不是检测单个点，如果它们的结构与物体的结构充分并已足够相似时就接受它们。另外，还可以使用界线检测对生成建立“势垒”，如果在“势垒”的邻近点和物体之间有界线，则不能把该邻近点接受为物体中的点。

3. 最大方差自动取阈法

最大方差自动取阈法一直被认为是阈值自动选取方法的最优方法。该方法计算简单，在一定条件下不受图像对比度与亮度变化的影响，因而在许多图像处理系统中得到了广泛的应用。

图 12-43 所示为包含有 2 类区域的某个图像的灰度直方图，设 t 为分离 2 区域的阈值。

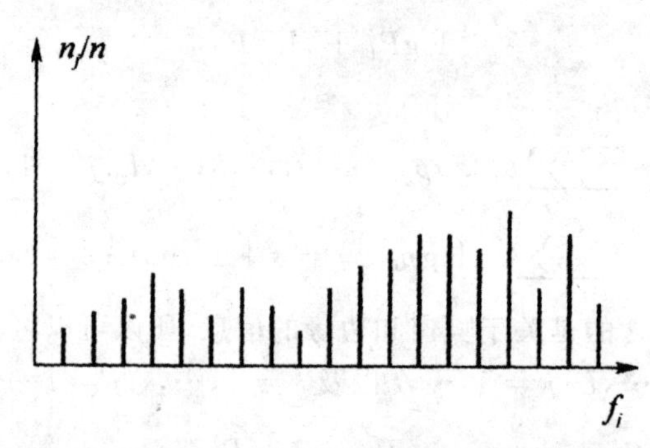

图 12-43　灰度直方图

由直方图经统计可得被 t 分离后的区域 1 和区域 2 占整幅图像的面积比为：

$$\left.\begin{aligned}\text{区域 1 面积比}\quad \theta_1 &= \sum_{j=0}^{t}\frac{n_j}{n}\\ \text{区域 2 面积比}\quad \theta_2 &= \sum_{j=t+1}^{G-1}\frac{n_j}{n}\end{aligned}\right\}\tag{12-26}$$

整幅图像、区域 1、区域 2 的平均灰度为：

$$\left.\begin{aligned}&\text{整幅图像的平均灰度} && \mu = \sum_{j=0}^{G-1}\left(f_j \times \frac{n_j}{n}\right)\\&\text{区域 1 的平均灰度} && \mu_1 = \frac{1}{\theta_1}\sum_{j=0}^{t}\left(f_j \times \frac{n_j}{n}\right)\\&\text{区域 2 的平均灰度} && \mu_2 = \frac{1}{\theta_2}\sum_{j=0}^{G-1}\left(f_j \times \frac{n_j}{n}\right)\end{aligned}\right\} \tag{12-27}$$

式中，G 为图像的灰度级数。

整幅图像平均灰度与区域 1 和区域 2 平均灰度值之间的关系为：

$$\mu = \mu_1\theta_1 + \mu_2\theta_2 \tag{12-28}$$

同一区域常常具有灰度相似特性，而不同区域之间则表现为明显的灰度差异，当被阈值 t 分离的两个区域间灰度差较大时，两个区域的平均灰度 μ_1、μ_2 与整幅图像平均灰度 μ 之差也较大，区域间的方差就是描述这种差异的有效参数，其表达式为：

$$\sigma_B^2 = \theta_1(t)[\mu_1(t) - \mu]^2 + \theta_2(t)[\mu_2(t) - \mu]^2 \tag{12-29}$$

式中，σ_B^2 表示了图像被阈值 t 分割后 2 个区域之间的方差。显然，不同的 t 值，就会得到不同的区域间方差；也就是说，区域间方差、区域 1 的均值、区域 2 的均值、区域 1 面积比、区域 2 面积比都是阈值 t 函数。

经数学推导，区域间方差可表示为：

$$\sigma_B^2 = \theta_1(t)\cdot\theta_2(t)[\mu_1(t) - \mu_2(t)]^2 \tag{12-30}$$

被分割的 2 区域间方差达最大时，是 2 区域的最佳分离状态，由此确定阈定值 T，如图 12-44 所示。

$$T = \max[\sigma_B^2(t)] \tag{12-31}$$

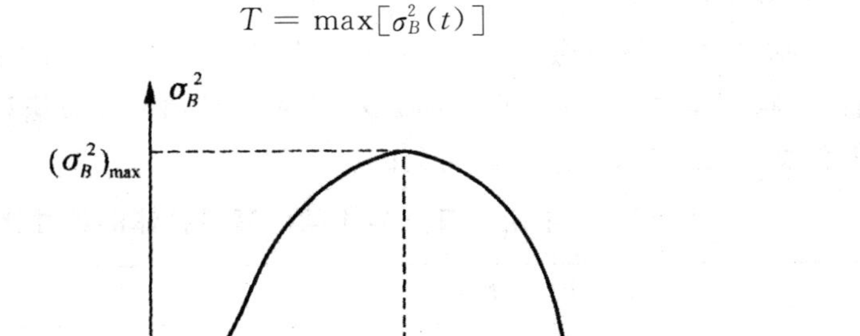

图 12-44　区域间方差仃刍与阈值 t 的关系

以最大方差决定阈值不需要人为设定其他参数，是一种自动选择阈值的方法，它不仅适用于 2 个区域的单阈值选择，也可扩展到多区域的多阈值选择中。

12.6.3　火灾图像识别

火灾中的燃烧过程是一个典型不稳定过程。由于可燃物、几何条件、环境和气候的影响，火灾燃烧过程要比一般动力装置中的燃烧过程更为复杂。同时，火灾现场存在各种干扰因素，如阳光、照明灯等。图像型火灾探测方法立足于早期火灾图像的基本特性，可以排除各种干扰，使火灾探测快速、可靠。

在早期火灾阶段，由于火焰从无到有，是一个发生发展的过程。这个阶段火焰的图像特征就更加明显。早期火灾火焰是非定常的，不同时刻火焰的形状、面积、辐射强度等都在变化。抓住火灾的这些特点可以为火灾的识别打下良好的基础。图像型火灾探测中的图像处理是动态图像的连续处理，对图像上的每个目标，根据一定的算法确定它们同前一帧中目标的匹配关系，从而得到各个目标的边界变化规律。

1. 火焰面积增长判据

火灾早期是整个火灾过程的重要环节。所谓火灾早期，从安全的观点来看，它是指轰燃发生前的阶段。火灾的早期特性描述参量通常包括：①热释放速率；②烟气释放量及成分分析；③火焰影像面积；④烟气毒性分析；⑤熔点和滴点。严格地划分，②和④可合并为一类。

火灾现象的物理化学特征主要包括了光(火焰)、热(辐射)、声(燃烧音)、烟(燃烧产物)等。火焰形状是火焰的重要特征之一，其在摄像机中的影像即可称为火焰影像。对于普通的CCD摄像机来说，它是一种平面成像器件，通过上万个具有不同灰度值的像素点的有序组合，形成被摄物体的平面影像。对于CCD摄取的火焰影像，由于其影像灰度值固定在某个阈值范围内，因此首先利用分割方法获得火焰目标，然后扫描火灾窗口以获得的像素点数目的多少描述火焰的影像面积。火焰是一个立体，影像只是反映该立体在某个观察方位上的投影。常用的算法是计算连续几帧图像的火焰面积，并计算其比值，以此判断是否满足面积增大判据。

在图像处理中，面积是通过取阈值后统计图像的亮点(灰度值大于阈值)数实现的。当其他高温物体向着摄像头移动，或者是从视野处移入时，探测到的目标面积也会逐渐增大，极容易造成干扰，致使系统产生误报警。因此，面积判据需要配合其他图像特性使用。

2. 火焰的边缘变化分析

早期火灾的火焰是一种不稳定且不断发展的火焰，图像型火灾探测系统正是通过对早期火灾火焰特有的形状及辐射特征进行识别的。表12-4是早期火灾火焰和其他高温物体的特性比较，是根据图像型火灾监控系统的实验得到的。

表12-4　早期火灾火焰和其他高温物体的特性比较

特性	早期火灾火焰	稳定火焰	电灯
面积连续增大	√	×	×
边缘抖动	√	×	×
闪动	√	×	×
整体移动	√	×	×

由表12-4可知，单独使用面积判据是不理想的，“边缘抖动”是早期火灾火焰的重要特征，它与“面积判据”联合工作就可以克服面积判据不足，使火灾监控更加可靠和准确。这个判据实现的最大困难是算法复杂，判别时间长。

不稳定火焰本身有很多尖角，火焰边缘抖动时一个明显的表现就是火焰的尖角数目呈现无规则的跳动。由此，基于“边缘抖动”的火灾判据——尖角判据得以研究。实现尖角判据的核心问题有尖角的识别；如何确定尖角跳动的阈值，即找出早期火灾火焰与其他发光物体尖角跳动的区别。

(1)尖角的识别

判别尖角的过程为分割、特征提取、识别。

①分割。分割的目的是把目标图像从背景中分离出来。

②边缘增强与提取。边界或轮廓一般对应于景物的几何或物理性质的突变处(例如高度、深度的突变等),边界提取或定位已成为图像处理技术研究中的一个重要课题。对分割后的图像进行边缘增强,将真实轮廓勾勒出来,可大大减少数据量,便于进行进一步的处理。通常,微分算子是考察函数变化特征的有效手段。

③特征点的提取和尖角的判别。提取的目标特征主要是几何形状特性,即目标的高度、宽度、体态比及面积等,由于火焰的识别是一种动态的目标识别,每一个几何形状特征都没有固定的值,而只能给出一个合适的范围。

④特征点首先应该是它的顶点。对火焰尖角来说,顶点是局部的极值点,尖角的顶点可能是多个点,则都取为特征点。

尖角的另一个特征就是“尖”,给人的视觉效果是狭而长,这要求尖角的体态要符合一定的标准。尖角左右两边的夹角应满足一定的条件。在计算机中尖角是由一个个点组成的。令尖角中某一行的亮点数为 $f(n)$,上一行的亮点数记为 $f(n-1)$,要求尖角狭长可以通过控制 $f(n)/f(n-1)$ 的值来实现。

对尖角的宽度和高度也有限制。尖角的高度应该有一个下限。CCD 在监测时往往因为某种原因使图像发生微上的变动,随机地产生一些小突起,高度一般在 3 个像素点以下,这些干扰都应消除。

尖角的宽度应该有一个上限,以避免重复记数,提高尖角检测的精度。

(2)尖角的比较和尖角判据的检验

表 12-5 记录了早期火灾火焰和其他干扰情况下的尖角数目。数据均取自每一序列的连续 5 帧图像,取数据时遵循一个前提,即该目标的变化特征满足面积连续增大判据。

表 12-5　火灾火焰及其他干扰情况下的尖角数目统计

序列图像编号	1	2	3	4	5
早期火灾火焰尖角个数	5	7	13	8	24
水银灯尖角个数	1	1	0	0	0
移动的电筒	1	2	1	0	0
晃动的蜡烛	2	1	1	1	0

针对表 12-5 的试验结果可以得到以下结论:

①火灾火焰的尖角数目随着时间推移呈现不规则变化的规律。

②水银灯、蜡烛等干扰物体即使向着摄像头方向运动,其尖角数目也基本不变。

为了得出具体的阈值,设在实验中通过第 i 帧计算得到的尖角数为 J_i,则在连续取 N 幅图像后,考察尖角数目的表达式如下:

$$\sigma = \sum_{i=1}^{N} |J_i - J_{i+1}| \tag{12-32}$$

3. 火焰的形体变化分析

对人的视觉系统而言，物体的形状是一个赖以分辨和识别的重要特征。用计算机图像处理和分析系统对目标提取形状特征的过程就称为形状和结构分析。

形状和结构分析的结果有 2 种形式，一种是数字特征，主要包括几何特征（如面积、周长、距离、凸性等）、统计特性（投影等）和拓扑性质（如连通性、欧拉数等）；另一种是由字符串和图等所表示的句法语言，这种句法语言既可刻画某一目标不同部分间的相互关系，又可描述不同目标间的关系，从而可对含有复杂目标的景物图像进行描绘，为识别打下基础。

对目标进行形状和结构分析，既可以基于区域本身，也可以基于区域的边界。有时区域的骨架也包含了有用的结构信息，所以也可以基于区域的骨架。对于区域内部或边界来说，由于只关心它们的形状特征，其灰度信息往往可以忽略，只要能将它与其他目标或背景区分来即可。

早期火灾的形体变化反映了火灾火焰在空间分布的变化。在早期火灾阶段，火焰的形状变化、空间取向变化、火焰的抖动及火焰的分合等，具有自己独特的变化规律。在图像处理中形体变化特性是通过计算火焰的空间分布特性，即像素点之间的位置关系实现的。为提高系统的运算速度，增强对火灾的反应能力，在计算目标的形体变化之前，要将目标图像二值化。考虑到火灾火焰特有的形状不规则变化的特殊物质，同时能够区分其他的干扰现象，常采用图像的矩特性描述法和计算相邻帧变化相似度的办法标识火灾火焰的形体变化特征。

(1)火焰图像的矩特性

矩是一种基于区域内部的数字特征，对于给定的二维连续函数 $f(x,y)$，其 pq 阶距可表示为：

$$M_{pq}=\int_{-\infty}^{+\infty}\int_{-\infty}^{+\infty}x^{p}y^{q}f(x,y)\mathrm{d}x\mathrm{d}y \quad p,q=0,1,2,\cdots \tag{12-33}$$

对于一幅灰度图像 $f(x,y)$ 来说，其 pq 阶距为：

$$M_{pq}=\sum\sum f(x,y)x^{p}y^{q} \tag{12-34}$$

从矩出发可定义几个数字特征，即质心、中心矩、Hu 矩组、扁度等；从火焰识别的角度出发，采用了火焰图像的质心和中心矩特性。对一幅火焰图像，首先计算其质心，表达式为：

$$(\bar{x},\bar{y})=(M_{10}/M_{00},M_{01}/M_{00}) \tag{12-35}$$

得到目标的质心后，再计算 $\bar{x}$ 和 $\bar{y}$ 方向的一阶矩 (M_{10}/M_{01})，对于二值图像来说，可以将其简化为 $\bar{x}$ 和 $\bar{y}$ 方向上的目标点的个数。计算图像矩特性的目的，是因为考虑到火焰的形状不断变化这一独特的性质反映在图像的数字特征上，即表现为其一阶也应该是无序的变换，与此对应，如果 M_{10} 、M_{01} 同时有规律的变化（如同时增大），则证明有高亮度的物体向摄像机方向移动，这样就可以将干扰现象排除。具体实验数据见表 12-6。

表 12-6　火灾火焰及干扰物体的矩特性统计

序列图像编号	1	2	3	4	5
火灾火焰矩特性	(11,14)	(13,11)	(9,16)	(11,15)	(14,19)
电筒矩特性	(70,76)	(70,76)	(72,78)	(73,78)	(76,81)
煤气火焰矩特性	(58,70)	(57,55)	(58,59)	(53,65)	(46,67)

表中的数据可看出，火灾火焰的一阶矩呈现不规则的跳动；而电筒的矩特性则在水平和垂直方向呈现出扩张的趋势；煤气炉火焰的矩特性与火灾火焰类似也呈现无规则波动。

(2)火焰图像的形状的相似特性

图像的相似性描绘通常要借助于与已知描绘子的相似度进行,这种方法可以在任何复杂的程度上建立相应的相似性测度。它可以比较两个简单的像素,也可以比较两个或两个以上的景物。

图像相似性通常包括距离测度、相关性和结构相似性。一般来说,结构相似性难以实现公式化,可以用作相似测度的典型结构描述子,包括线段的长度、线段之间的角度、亮度特性、区域的面积,以及在一幅图像中一个区域相对于另外一个区域的位置等。

火焰的序列图像从其几何性质上看,具有相邻帧图像的边缘不稳定、整体稳定的相似性,以及图像的相似度在一定的区间内变化等特点。常见的干扰信号模式包括快速移动的固定亮点或者大面积的光照变化等。因此,在火焰的识别中,可以考虑利用早期火灾的火焰形体相似度的变化规律。这种变化规律实际上就是火灾火焰相对于其他常见的干扰现象来说具有形状变化的无规律性,但这种无规律性从其形体变化、空间变化、空间分布来说均具有一定的相似性,特别是对于间隔较短的连续帧图像来说,每幅连续帧图像的火焰形状特性有着一定程度的相似性,因此,可用连续图像的结构相似性描述这种规律,这是考虑到虽然火灾火焰呈现不断发展变化的趋势,但可以采用计算连续帧互帧差相似度的方法描述这一特征。

12.6.4　仿真及结果

1. 图像预处理

(1)灰度变换

一般成像系统只具有一定的亮度响应范围,常出现对比度不足的弊病,使人眼观看图像时视觉效果很差;另外,在某些情况下,需要将图像的灰度级整个范围或者其中某一段扩展或压缩到记录器件输入灰度级动态范围之内。对比度调整前后的图像及其直方图如图 12-45 所示。

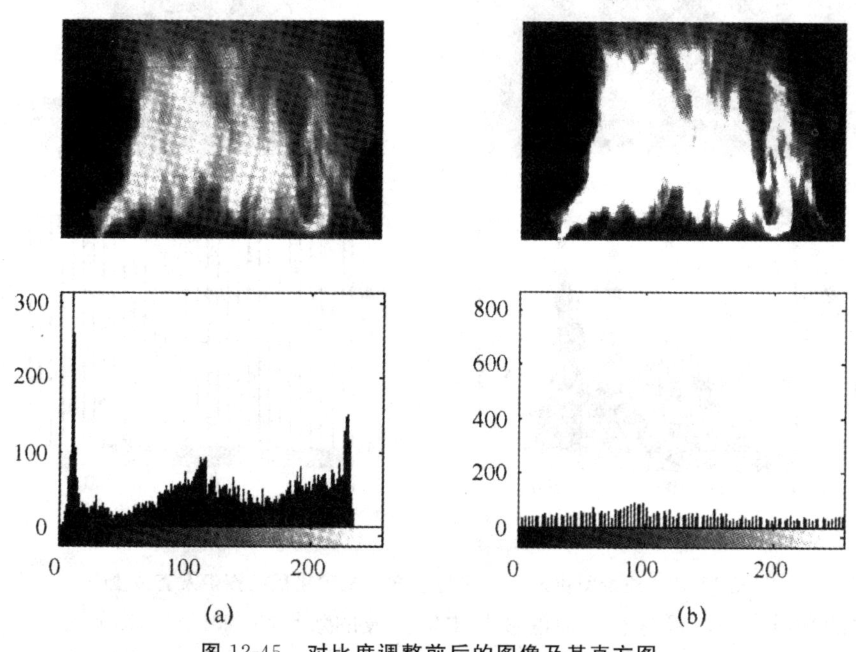

图 12-45　对比度调整前后的图像及其直方图

(2)直方图修正

①直方图均衡化。原始图像及直方图与直方图均匀化后的图像及直方图,如图 12-46 所示。

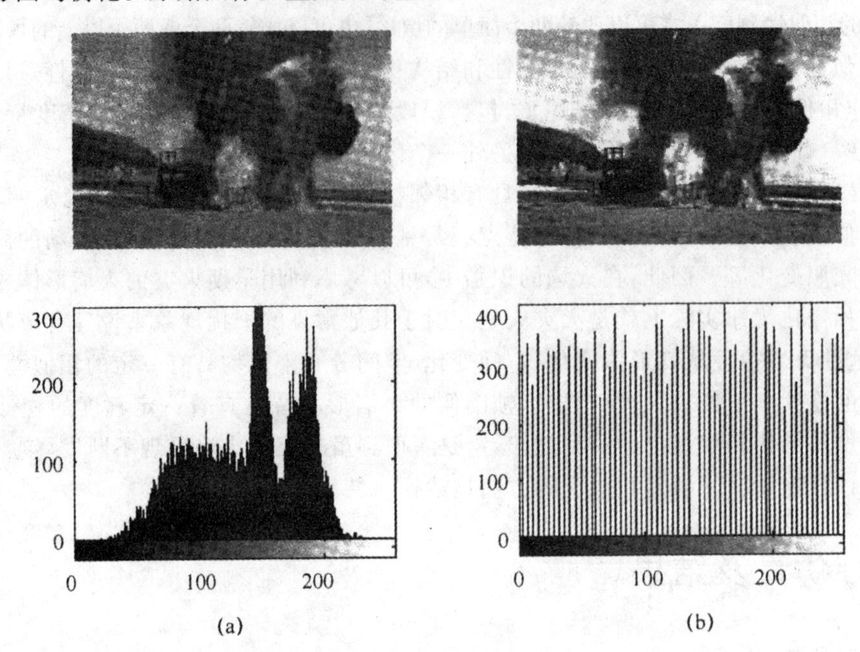

图 12-46　原始图像及直方图与直方图均匀化后的图像及直方图

②直方图规定化。原始图像及其直方图与直方图规定化后的图像及直方图,如图 12-47 所示。

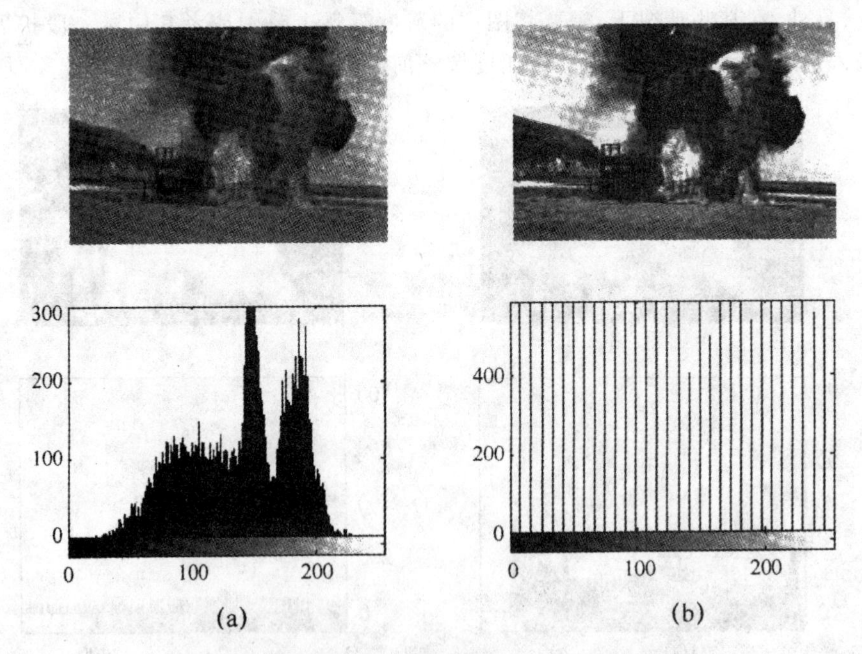

图 12-47　原始图像及直方图与直方图规定化后的图像及直方图

③图像的平滑。对图像进行低通滤波和中值滤波的效果图,如图 12-48 所示。

④图像的锐化。图像在传输和变换过程中会受到各种干扰而退化,比较典型的就是图像模

(a) 原始图像

(b) 加入椒盐噪声后的图像

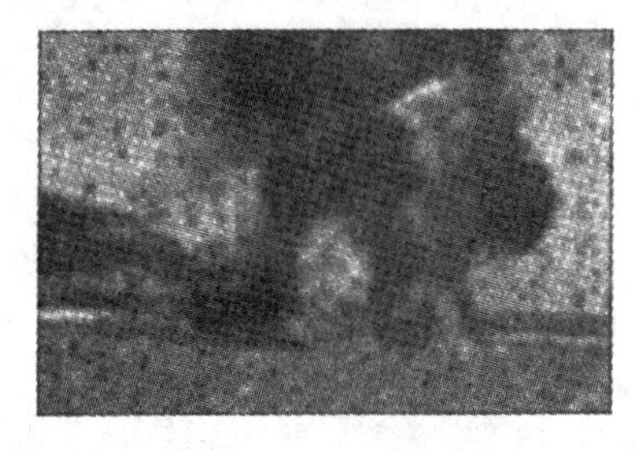

(c) 低通滤波后的图像

(d) 中值滤波后的图像

图 12-48　对图像进行低通滤波和中值滤波

糊。图像锐化的目的就是使边缘和轮廓线模糊的图像变得清晰,并使其细节清晰,如图 12-49 和 12-50 所示。

图 12-49　Sobel 算子对图像锐化结果

图 12-50　拉氏算子对图像锐化结果

2. 图像分割与特征提取

利用边缘检测方法的检测效果,如图 12-51 所示。

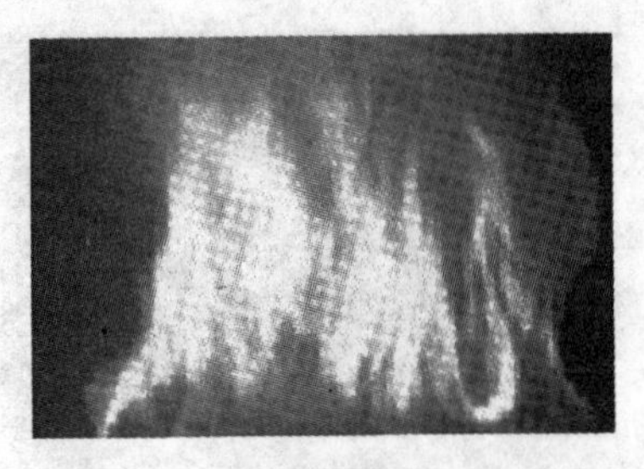

原始图像

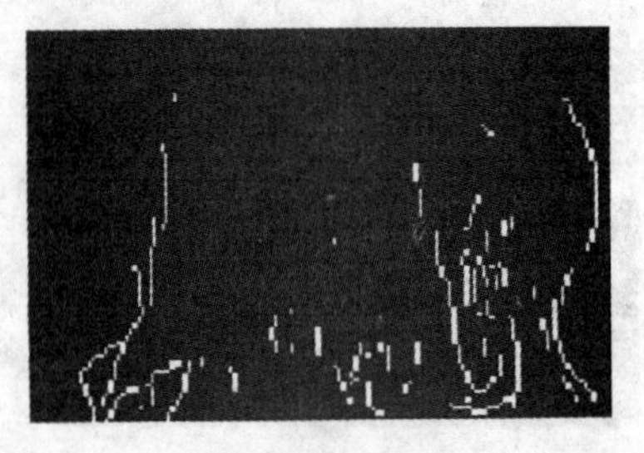

Sobel边缘检测

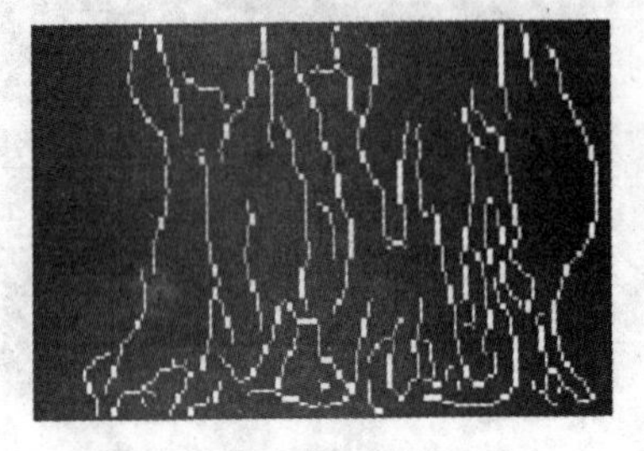

Canny边缘检测

图 12-51　边缘检测结果

3. 灰度阈值分法

利用灰度阈值分割法截取分割后的图像，如图 12-52 所示。

(a) 原始图像

(b) 阈值截取分割后的图像

图 12-52　图像阈值分割

12.7　多源遥感影像像素级融合技术

12.7.1　基本概念

多源遥感影像像素级融合是指采用某种算法将覆盖同一地区(或对象)的两幅或多幅空间配准的影像生成满足某种要求的影像的技术。它是多源遥感影像数据融合的内容之一，是富集多源遥感影像信息的重要技术手段之一。

从所用影像类型划分，多源遥感影像像素级融合包括：单一传感器的多时相影像融合、多传感器的多时相影像融合、单一平台多传感器的多空间分辨率影像融合、多平台单一传感器的多时相影像融合和同一时相多传感器影像融合。

12.7.2　像素级影像融合过程与特点

多源遥感影像像素级融合首先必须根据实际应用目的、融合方法和相关技术从现有影像数据中选取合适的影像数据，并进行预处理。预处理主要包括影像辐射校正、影像几何校正、高精度空间配准和重采样。其中空间配准是多源遥感影像融合非常重要的一步，其误差大小直接影响融合结果的有效性。低空间分辨率影像和高空间分辨率影像融合之前的空间配准，一般以高分辨率影像为参考影像、对低分辨率影像进行几何校正并重采样，使之与高分辨率影像的地面分辨率匹配。一般要求配准误差限制在高分辨率影像 1 个像素范围内，或低分辨率多光谱影像像素大小的 10%～20%内。其次，根据实际应用目的选择合适的融合方法。最后还需对融合的影像进行评价。

以上是基于像素的多源遥感影像融合的大致过程。从融合过程来看，多源遥感影像融合成败的关键在于：

①根据实际应用目的选择合适的影像数据。

②对影像数据有效地进行预处理，尤其是要高精度空间配准。

③寻求合适的融合方法。

一般来说，像素级融合的优点是对原始的观测数据处理，融合的影像保留了尽可能多的原始影像信息，避免了特征提取过程中信息损失。

12.7.3　多源遥感影像的空间配准方法

多源遥感影像融合的基础是影像间的空间配准。一般的方法是先进行人工选点，然后进行多项式校正。这一方法的缺点是人工选点的数目有限，影响了配准的精度和融合的效果，效率也较低。下面讨论一种基于 SIFT 特征点的小面元微分纠正法，流程如图 12-53 所示。

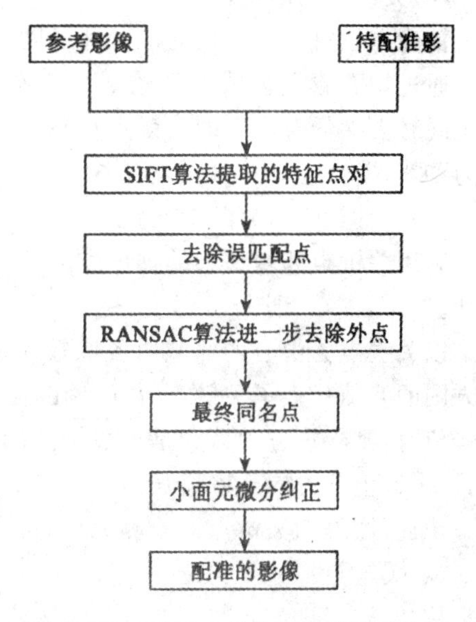

图 12-53　SIFT 点特征的影像配准流程

SIFT 算法是 David Lowe 于 1999 年提出的局部特征描述子。它是一种通过在高斯差分尺度空间寻找极值点作为关键点，提取尺度、亮度、旋转不变量的算法。SIFT 算法主要步骤如下：

(1)尺度空间构建

在构建的高斯金字塔影像基础上，相邻图层相减构造高斯差分尺度空间 DOG(difference of gaussian)。

为了有效地在尺度空间检测到稳定的关键点，David Lowe 提出了在高斯差分尺度空间(DOG scale-space)中检测极值点。高斯差分尺度空间利用不同尺度的高斯差分核与图像卷积生成。

(2)构建 DOG

其过程为:首先构建高斯金字塔影像。假设金字塔共 O 组(octave),每组 S 层,由于极值点的检测需要与相邻上下层图像进行比较,因此若要在这 S 层中完整检测极值点,需在每个 octave 中建立 $S+3$ 层图像。利用不同尺度矿对图像高斯卷积建立。金字塔影像。然后在建好的金字塔每层图像上,每个 octave 中相邻图像相减,即生成高斯差分图像序列 DOG。如图 12-54 所示。

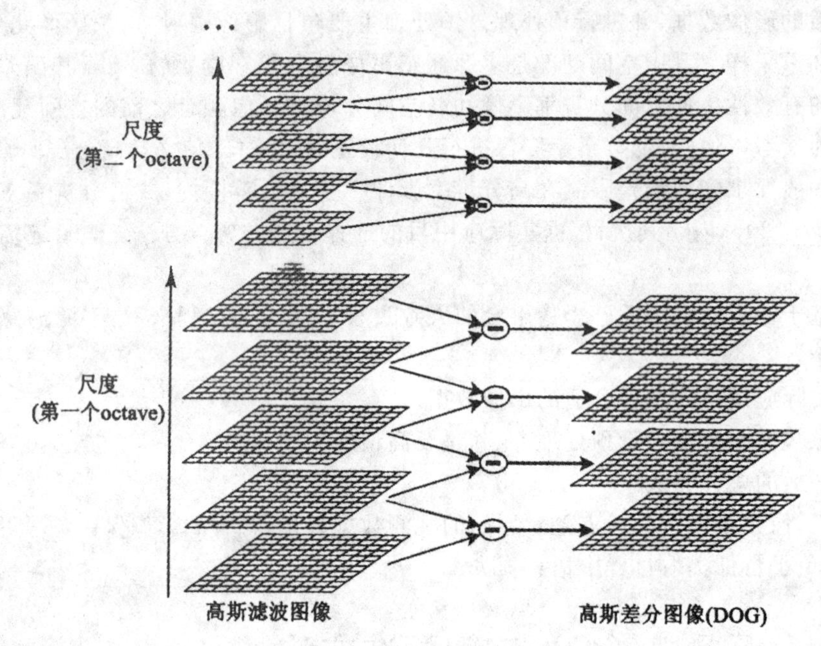

图 12-54　高斯差分影像 DOG 的构建

(3)关键点精确定位

精确定位每个候选点的位置和尺度,删除不稳定的候选点。

通过拟合泰勒公式展开的三维二次函数,精确定位关键点的位置和尺度,以达到亚像素精度。同时去除低对比度的关键点和不稳定的边缘响应点,以增强匹配稳定性,提高抗噪声能力,因为 DOG 算子会产生较强的边缘响应。

(4)关键点方向分配

利用关键点邻域像素的梯度方向分布特性为每个关键点分配方向参数,使算子具备旋转不变性。

以关键点为中心的邻域内各像素计算梯度值和梯度方向,统计邻域像素的梯度方向直方图。直方图的峰值代表了关键点方向。在梯度方向直方图中,当存在另一个相当于主峰值 80% 能量的峰值时,则将该方向认为是该关键点的辅方向。一个关键点可能会被指定多个方向(一个主方向,一个以上辅方向),以增强匹配的稳健性。

至此,图像的关键点已检测完毕,每个关键点包含三个信息:位置、所处尺度、方向。

(5)关键点描述子构造

构造具有尺度、旋转不变性的 128 维描述子。当两幅图像的 SIFT 特征向量生成以后,下一步就可以采用关键点特征向量的欧式距离作为两幅图像中关键点的相似性判据。取参考图像的某个关键点,通过遍历找到待配准图像中的距离最近的两个关键点。在这两个关键点中,如果次近距离除以最近距离小于某个阈值，则判定为一对匹配点。

最后构建三角网进行小面元微分纠正，实现多源遥感影像的配准。

12.7.4　像素级影像融合方法及其特点

对于高空间分辨率全色影像和低空间分辨率多光谱影像的融合而言，目的是获取空间分辨率增强的多光谱影像。理论上要求融合的影像不仅具有高空间分辨率影像的分辨率，而且不应使原多光谱影像的光谱特性产生变化。但实际上，通过融合增强多光谱影像分辨率，必然会产生多光谱影像光谱特性或多或少的变化。为保证地物在原始影像数据的光谱可分离性经融合后仍保持不变，即融合影像仍具有可分离性，适于计算机影像判读和分类等后续处理，应该在保持原多光谱影像的光谱特性变化小，以致人眼察觉不到或不影响计算机后续处理的前提下，将高空间分辨率全色影像和低空间分辨率多光谱影像融合，尽量增强多光谱影像的分辨率，改善后续处理效果，达到预期目的。

现有多源遥感影像像素级融合方法很多，从作用域出发，作者提出将像素级遥感影像融合法分为空间域融合和变换域融合两类，图 12-55 为现有像素级融合方法。

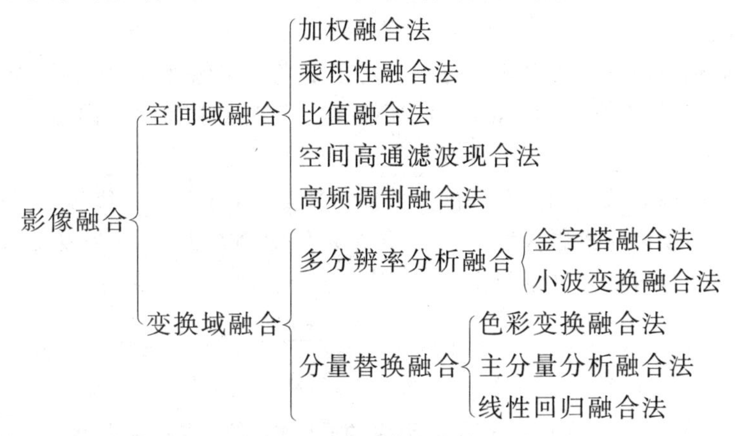

图 12-55　像素级融合方法

空间域融合法是指采用某种算法直接对空间配准的高空间分辨率影像和低分辨率多光谱影像在空间域进行处理，获得融合影像。

变换域融合法是指对低分辨率影像或高、低分辨率影像进行变换，并按一定规则在变换域进行融合处理，然后经逆变换获得融合的影像。

1. 空间域融合法

(1)加权融合法

为了将高空间分辨率影像的空间信息传递给低空间分辨率的多波段影像上，获取空间分辨率增强的多光谱影像，加权融合法采用下式进行融合：

$$I_{\text{fused}} = A \cdot (P_H I_H + P_L I_L) + B \tag{12-36}$$

式中，I_{fused} 为融合影像灰度值；A 、B 为常数；P_H 、P_L 是权系数，I_H 、I_L 分别是高空间分辨率影像和低分辨率多波段影像的像素灰度值。

该方法融合影像效果与权系数 P_H 、P_L 和比例系数的选取有关。可用于 TM 和 SPOT 全色影像的融合,但融合影像与原多光谱影像的光谱特征有较大差异。

(2)乘积性融合法

Cliche(1985)提出了三种乘积性融合方法对 SPOT 全色影像和多光谱影像融合,表达式如下:

$$I_{\text{fused}} = A \cdot (I_H + I_L^i)^{\frac{1}{2}} + B \tag{12-37}$$

$$I_{\text{fused}} = A \cdot (I_H + I_L^i) + B \tag{12-38}$$

$$\begin{cases} I_{\text{blue}} = A_1 \cdot (I_H \cdot I_L^1)^{\frac{1}{2}} + B_1 \\ I_{\text{green}} = A_2 \cdot (I_H \cdot I_L^2)^{\frac{1}{2}} + B_2 \\ I_{\text{red}} = A_3 \cdot (I_H \cdot I_L^3)^{\frac{1}{2}} + B_3 \end{cases} \tag{12-39}$$

式中,I_H 代表全色影像;I_L^i 代表第 i 波段多光谱影像。

式(12-37)的融合方法由于能保证融合影像像素灰度在灰度许可范围内且近似为反射率的线性函数,红、绿波段同全色影像融合效果较好,而红外波段因与全色影像相关性小,效果并不理想;式(12-38)的融合方法会导致融合的影像反差变小;式(12-39)的融合方法对红外波段采用加权融合,且权值大,因此能得到较满意的视觉结果。

(3)比值融合法

比值处理是遥感影像处理中常用的方法。对于多光谱影像而言,比值处理可将反映地物细节的反射分量扩大,不仅有利于地物的识别,还能在一定程度上消除太阳照度、地形起伏阴影和云影等的影响。

高空间分辨率影像和低空间分辨率的多波段影像融合,针对不同影像类型提出了诸多比值融合法。如一种常用于多光谱影像增强的 Brovey 比值融合方法,该方法假设高分辨率全色影像的光谱响应范围与低分辨率多光谱影像相同,则其融合表达式如下:

$$I_{\text{fused}} = \frac{XS_i \cdot PAN}{\sum_{j=1}^{n} XS_j} \tag{12-40}$$

式中,n 为多光谱波段数。其优点在于增强影像的同时能够保持原多光谱影像的光谱信息,但没解决波谱范围不一致的全色影像和多光谱影像融合的问题。该方法可用于 SPOT 全色与其多光谱影像、SPOT 全色与 TM 多光谱影像的融合。

(4)空间高通滤波融合法

提高多光谱影像空间分辨率的方法之一,是将较高空间分辨率影像的高频信息(细节和边缘等)逐像素叠加到低空间分辨率的多光谱影像上。根据对高频信息分量的叠加方式可分为不加权和加权高通滤波融合法两种。

①不加权融合法。不加权融合法是采用一个较小的空间高通滤波器对高空间分辨率影像滤波,直接将高通滤波得到的高频成分依像素地加到各低分辨率多光谱影像上,获得空间分辨率增强的多光谱影像。常称为空间高通滤波融合法。融合表达式如下:

$$F_k(i,j) = M_k(i,j) + HPH(i,j) \tag{12-41}$$

式中,$F_k(i,j)$ 表示第 k 波段像素 (i,j) 的融合值;$M_k(i,j)$ 表示低分辨率多光谱影像第 k 波段像素 (i,j) 的值;$HPH(i,j)$ 表示采用空间高通滤波器对高空间分辨率影像 $P(i,j)$ 滤波得到的高频影像像素 (i,j) 的值。该方法将较高空间分辨率影像的高频信息与多光谱影像的光谱信息融合,获得空间分辨率增强的多光谱影像，并具有一定的去噪功能。问题的关键是设计滤波器。合理的办法是用低通滤波器去匹配多光谱影像的点扩散函数，但精确测定多光谱影像的点扩散函数是很困难的，而且与点扩散函数匹配的低通滤波器受瞬时视场、传感器类型和重采样函数的影响。

根据成像系统点扩散函数特性和 Heisenberg 测不准原理，采用高斯滤波器对高分辨率影像滤波来获取低频成分和高频成分，然后进行融合，得到令人满意的融合影像。因为一般成像系统的点扩散函数呈正态分布，因此采用高斯正态分布函数作为滤波器对高分辨率影像滤波是合理的。若假定成像系统为线性不变系统，那么二维高斯滤波器可转化为一维高斯滤波器形式表示。对于一维高斯滤波器而言，只要给出方差矿参数，高斯滤波器也就可以确定了。根据 Heisenberg 测不准原理，采用高斯滤波器能保证滤波得到的高频成分产生的空间位置误差小，因而融合的影像对后续分类、边缘检测和分割处理都是有效的。

②加权融合法(高频调制融合法)。加权融合法，亦即高频调制融合法，是将高分辨率影像 $P(i,j)$ 与空间配准的低分辨率第尼波段多光谱影像 $M_k(i,j)$ 进行相乘，并用高分辨率影像 $P(i,j)$ 经过低通滤波后得到的影像 $LPH(i,j)$ 进行归一化处理，得到增强后的第庇波段融合影像。其公式为：

$$F_k(i,j) = M_k(i,j) \cdot P(i,j)/LPH(i,j) \tag{12-42}$$

高分辨率影像 $P(i,j)$ 经过低通滤波后分解成 $LPH(i,j)$ 和 $HPH(i,j)$ 两部分。即

$$P(i,j) = LPH(i,j) + HPH(i,j) \tag{12-43}$$

将上式代人式(12-42)，得：

$$F_k(i,j) = M_k(i,j) + M_k(i,j) \cdot HPH(i,j)/LPH(i,j) \tag{12-44}$$

令 $K(i,j) = M_k(i,j)/LPH(i,j)$，则有

$$F_k(i,j) = M_k(i,j) + K(i,j) \cdot HPH(i,j) \tag{12-45}$$

可见式(12-45)对高分辨率影像高频部分 $HPH(i,j)$ 以权 $K(i,j)$ 调整，然后加到多光谱影像上。因此称为加权融合法。该方法的技术关键也在于设计合适的低通滤波器。

高通滤波融合法虽然简单，对波段数没有限制。但不加权融合法对高分辨率影像进行滤波后，滤波得到的高频分量会丢失高分辨率影像重要的纹理信息。对于负相关情形会产生人工效应，尤其在植被/土壤边缘附近。加权融合法的优点是在提高低多光谱影像的空间分辨率的同时，能够有效保护原始多光谱影像的光谱信息，并且对参加融合的多光谱影像的波段数没有限制。融合的影像对于农业区农作物识别与分类尤其适用。

在以上空间域融合法中，高频调制融合法简单、效果好，是一种应用较广的影像融合法。

2. 变换域融合法

变换域融合法是指对低分辨率影像或高、低分辨率影像进行某种变换，并按一定规则在变换域进行融合，然后经逆变换获得融合影像的方法。它可分为多分辨率分析融合法和分量替换融合法两类。

(1)多分辨率分析融合法

多分辨率分析融合法包括金字塔融合法和小波分析融合法。

1)金字塔融合法

影像金字塔提供了一种灵活的、简便的反映多尺度处理的多分辨率分层框架。对以金字塔

形式表示的影像处理往往从粗分辨率向精分辨率进行或反向进行，能提高处理效率。

在影像融合方面，Burt 发展了基于拉普拉斯金字塔的融合方法。在此基础上 Burt 和 Kolczynski 提出了基于区域的选择准则，在影像梯度金字塔上计算活性测度进行融合；Toet 则探讨了基于影像反差金字塔的融合方法用于反差增强。S. Richard 等对基于高斯金字塔、拉普拉斯金字塔、反差金字塔和梯度金字塔的影像融合进行了比较；L. Alparone 等对基于小波变换和基于通用金字塔的融合法进行了比较，认为基于通用金字塔的融合方法具有较好的灵活性、适用性；当影像空间分辨率之比为有理数时，不必像使用小波变换融合法那样，要设计烦琐的滤波器。

实验结果表明，由 Toet 提出的基于反差金字塔融合的影像视觉效果最好；基于梯度金字塔对光谱扭曲较小，但会产生方块效应。

以上影像金字塔融合方法都是基于高斯线性滤波器进行金字塔分解的，线性滤波器常用来弥补传统的采样取值方法的缺陷。但线性滤波不能很好地定位图像的边缘，并可能损失局部的边缘信息。相对而言，用形态学非线性滤波方法得到的边缘定位则比较准确，边缘信息更丰富。因此提出了基于形态学的金字塔融合方法。

与高斯滤波器不同，形态滤波器由一个滤波器和一个结构元素决定。经典的形态学滤波理论中，开运算是一个抗衰减的操作，而闭运算是一个产生衰减的操作。若 I_{open} 和 I_{close} 分别表示开运算和闭运算，则 $(I_{open}+I_{close})/2$ 具有无偏平滑的性质，可构成形态低通滤波器。结构元素可用欧氏距离法则生成，则影像形态金字塔分解如图 12-56 所示。

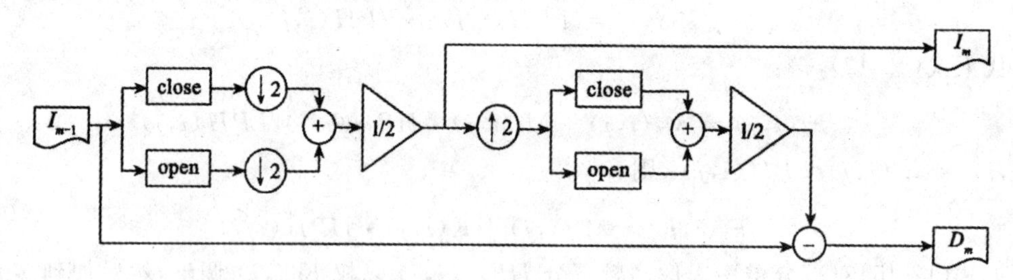

图 12-56 影像形态金字塔分解

为完整地重建图像，用下面的公式来计算每一级残差：

$$D_{i+1}=I_i-\mathrm{Expand}(I_{i+1}) \tag{12-46}$$

这里 $\mathrm{Expand}(I_{i+1})$ 表示对 I_{i+1} 上采样并进行滤波插值的结果，插值滤波器采用的是开、闭运算的组合。通过对 I_{i+1} 进行上采样插值后，$\mathrm{Expand}(I_{i+1})$ 与影像 I_i 具有同样的尺寸。

在采样中，对图像的每两行两列只取一个像素，因此第 $i+1$ 级图像的长和宽都是第 i 级图像的 1/2。

由式(12-46)可知：

$$I_i=D_{i+1}+\mathrm{Expand}(I_{i+1}) \tag{12-47}$$

设金字塔层数为 N，则形态金字塔重建影像可写成：

$$I=D_1+\mathrm{Expand}(D_2+\mathrm{Expand}(D_3+\cdots+\mathrm{Expand}(I_N))) \tag{12-48}$$

基于形态学金字塔的影像融合法与拉普拉斯金字塔融合法的过程相似，区别在于塔形分解与重构不同。

与拉普拉斯金字塔、对比度金字塔的融合法相比，试验结果表明基于形态金字塔的融合方法更有效。

2)小波分析融合法

很多国外内学者都对小波变换融合法进行了研究，并给出了应用实例。图 12-57 是基于 Mallat 小波变换的融合法的流程图。具体融合的过程为：首先，基于小波变换的多分辨率分析分别用于计算影像 A 、B 的小波系数和近似数据，每级分解的小波系数根据融合模型计算融合后的小波系数；其次，对影像 A 、B 小波分解后的最低分辨率层的基带数据进行加权融合处理；最后将融合后的基带数据与融合后的小波系数一起作小波逆变换得到融合影像。带采样的 Mallat 塔式算法在求小波系数时，必须进行二进制采样，这不仅会引起相位失真，而且不能很好地处理影像分辨率之比 $1/M$ 不为(1/2)的情况。因此一般改用不带采样的多进制 Mallat 算法，从而既解决任意整数分辨率之比的情况，又不产生相位失真。但要设计具有紧支撑特性的 $1/M$ 带低通线性滤波器。

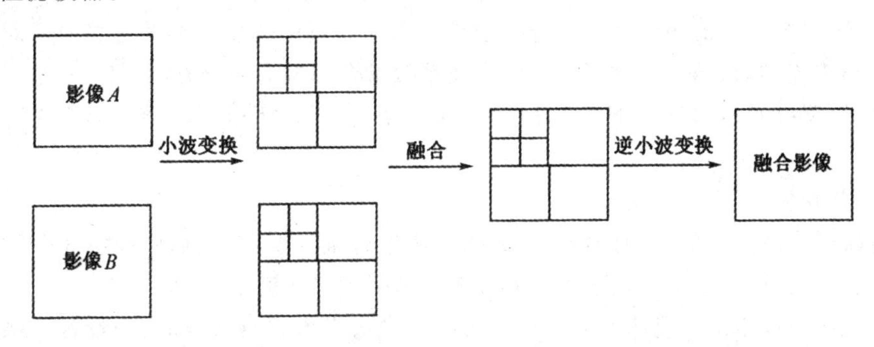

图 12-57　基于 Mallat 小波的影像融合

多分辨率分析影像融合中所用小波变换的选择和滤波器的设计是很重要的，其中最短正交滤波器效果最好。Mallat 算法就是采用的这种滤波器，因而基带数据的融合模型和影像 A 、B 的小波系数之间的融合模型研究是提高融合影像质量的关键。基带数据的融合模型往往对影像 A 、B 最低分辨率的基带数据采用加权方式融合，并进行一致性检验。下面主要讨论影像 A 、B 的小波系数之间的融合模型。

①“标准”模型。该模型仅用影像 A 的小波系数作为融合的小波系数，而不顾及影像 B 的小波系数(被抛弃)，即没有顾及影像 A 、B 的光谱差异。采用这种融合模型融合得到的影像空间分辨率提高了，但会导致小目标的光谱信息丢失，效果较差。这主要是因为仅采用影像 B 直接作为近似影像和没顾及 A 、B 影像光谱差异的缘故。

②加法模型。融合的小波系数是取影像 A 、B 的小波系数的和。采用这种融合模型融合，得到的影像在提高空间分辨率的同时，能在很大程度上保持光谱信息，比采用“标准”的小波融合模型融合效果好。

③基于局部方差的模型。小波面局部区域方差的大小作为活性测度来确定融合的小波系数，即融合的小波系数取当前像素局部区域方差较大的系数。结果表明，采用该模型进行融合，融合的影像更加清晰，但在边缘附近可见振铃效应。

④基于局部绝对值的模型。该模型采用局部区域内小波系数绝对值的最大值作为区域中心的活性测度，即融合的小波系数取当前像素局部区域小波系数绝对值的最大值中较大的系数，其融合效果与基于局部方差的模型融合的结果相似。

⑤基于尺度自适应的融合模型。根据小波变换同时具有时一频局部化特性，使融合的信息能自适应于不同传感器影像的局部信息。在大尺度下，同一子带抑制能量较大者，保护能量较小

者;在小尺度下,同一子带保护能量较大者,即保护高频成分,使图像细节得到保护。这种有向竞争融合准则,可以提高融合影像的空间分辨率。

⑥基于 Wallis 变换的模型。融合的小波系数是将影像 A 的小波系数拉伸成具有影像 B 的小波系数的均值和方差的小波系数。该方法既利用了影像 A 的高分辨率特性,又顾及了光谱特性。融合影像在提高空间分辨率的同时,整体上保持了光谱信息。

⑦基于最小二乘拟合的模型。该模型假定影像 B 的小波系数与影像 A 的小波系数为线性关系,采用最小二乘拟合得到影像 B 的小波系数拟合值作为融合的小波系数。该方法利用了影像 A 的高分辨率特性,在最大程度上保持了光谱信息,融合的影像在提高空间分辨率的同时,保持了光谱信息最佳。其结果要比基于 Wallis 变换的融合模型的结果好。因此 Ranchin 这种融合方法称为 ARSIS 概念,其含义是增加结构信息提高空间分辨率。

综上所述,选择合适的小波系数融合模型是获取高质量融合影像的关键之一。对高空间分辨率的影像与多光谱影像融合,选择合适的小波系数融合模型的融合方法,可获得空间分辨率增强且保留光谱特性的影像,优于 HIS 变换融合的多光谱影像,所得到的融合影像更适用于研究植被。

(2)分量替换融合法

分量替换融合法是将低空间分辨率多光谱影像进行某种变换,然后由高空间分辨率影像代替与其高度相关的分量,经逆变换获得空间分辨率增强的多光谱影像。

对空间配准的高空间分辨率影像与低分辨率多光谱影像进行融合时,分量替换融合法的基本思想是:把多光谱影像看做由空间和光谱两分量组成,为此首先将多光谱影像进行某种变换,试图分离两分量,得到与高分辨率影像高度相关的空间分量和光谱信息分量;其次,为增强空间信息,用高分辨率影像或高分辨率影像经灰度直方图匹配得到的影像代替多光谱影像变换后的空间分量(称替换分量),而保持光谱信息不变;然后进行逆变换至原始影像空间,得到融合影像。其目的是经过融合处理在保持原始光谱信息不变的同时,将高空间分辨率影像的空间信息传递到多光谱影像中,获得高分辨率多光谱影像。

下面给出分量替换融合法的数学形式。

设 $X_i(i=1,2,\cdots,n)$ 表示第 i 波段多光谱影像,I_i 表示变换后影像,n 为波段数,则将 X_i 变换成 I_i 可以写成:

$$I_i = f(X_1, X_2, \cdots, X_n) \tag{12-49}$$

式中,f 是标准正交变换函数,假设 I_1 是与高空间分辨率影像最相关的分量,用高分辨率影像或高分辨率影像经灰度直方图匹配得到的影像 P 替换 I_1,并进行逆变换可得:

$$X'_i = f^{-1}(P, I_2, \cdots, I_n) \tag{12-50}$$

X'_i 就是采用分量替换融合法得到的高分辨率多光谱影像。其中 f_i^{-1} 是 f_i 的反函数。

显然,要保持原始多光谱信息,即要使 X'_i 与 X_i 非常相似,则要求 P 与 I_1 接近相同或高度相关。P 与 I_1 的相似程度决定了分量替换融合法保持原始多光谱信息的能力。因此一般在分量替换之前,常对 P 进行直方图匹配、局部直方图匹配或灰度拉伸处理等预处理。

由于 I_1 由变换函数决定,不同的变换得到不同的 I_i,因而会产生不同的融合效果。主要包括 HIS 彩色变换融合法、主分量变换 PCA 融合法和线性回归分量替换融合法等。

采用主分量变换对低分辨率多光谱影像与高空间分辨率影像融合时,首先对多光谱影像进行主分量变换。在进行主分量变换前，一般不用多光谱影像间的协方差矩阵而是用相关矩阵求特征值和特征向量，然后求得各主分量。采用相关矩阵求特征值和特征向量的理由是在相关矩阵中各波段的方差都归一化，从而使各波段具有同等的重要性。若采用协方差矩阵求特征值和特征向量，由于各波段影像的方差不同，则会导致各波段重要程度不一致。试验结果表明，对相关矩阵采用主分量变换融合的效果更好。

采用 PCA 融合法对低分辨率多光谱影像与高空间分辨率影像融合的流程如图 12-58 所示。

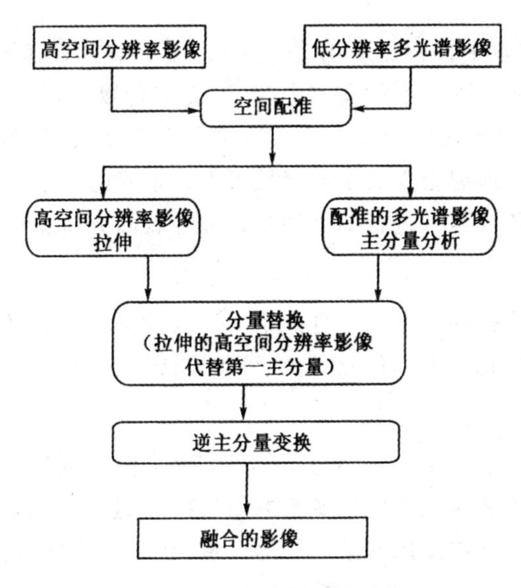

图 12-58　主分量变换融合

采用主分量变换融合法融合的影像不仅清晰度和空间分辨率比原多光谱影像提高了，而且在保留原多光谱影像的光谱特征方面优于 HIS 融合法，即光谱特征的扭曲程度小。因而可增强多光谱影像的判读和量测能力。此外，主分量变换法克服了 HIS 变换只能同时对 3 个波段影像融合的局限性，它可以对 2 个或 2 个以上多光谱波段进行融合。因此是一种使用范围较广的融合方法。

采用像素级影像融合技术，融合影像不仅清晰度和空间分辨率增强，而且能提高判读水平、分类精度、多时相监测能力和制作专题图的精度等，因此能广泛用于测绘、土地利用、农业、森林、海岸/冰/雪、地质、洪涝监测和军事等方面。

12.8　OCR 文字识别技术

OCR(optical character reader)指的是光学文字读取装置。OCR 装置主要由图像扫描仪和装有用于分析、识别文字图像专用软件的计算机构成。通用的 OCR 是先用图像扫描仪将文本以图像方式输入，计算机对该图像进行版面分析后提取出文字行，最后进行文字识别并把识别结果以文字代码形式输出。OCR 技术在过去仅用于一些专门领域，随着个人计算机性能的提高，现在在市场上已经可以买到低价位的通用 OCR 软件。这些软件通过版面分析技术来实现高精度的文字识别。图 12-59 为一般的文字图像处理流程图。

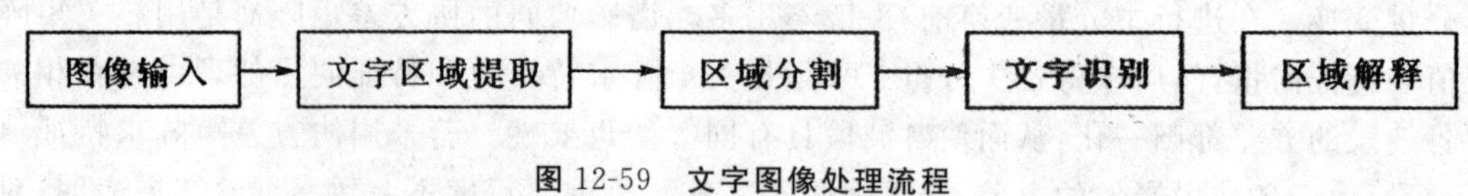

图 12-59 文字图像处理流程

12.8.1 版面分析方法

OCR 的功能是先从文本中按行提取出文字序列，接下来再对其进行文字识别处理，最后按照文字的行序输出文字编码。在一般的文本中，除了文字行以外，还有图、表、公式等内容，要求各文字行从这些内容中分离出涞。卣于在文字行中包含有正文、注音文字、脚注、图表标题、题目、页码等属性不同的文字，所以根据文字的属性可得到正确的文字行。

提取包含在文本中的各要素并进行解释的过程称为版面分析。版面分析一般包括：

1. 图像的输入

文字图像一般可由图像扫描仪输入。分辨率可以按输入对象的不同进行调整，其通常范围为 200～400dpi，图像扫描仪都带有二值化功能，可很方便二值化。

2. 文字区域的提取

输入的文本限定在输入图像中的一部分，所以需要去除其周围的非文字部分，限定文字区域。用边界跟踪法和贴标签法将包围黑色像素的矩形区域提取出来，检测输入的文本是否有倾斜。倾斜的检测方法是对于文本图像的某一局部区域，在某一角度方向上将黑色像素进行投影并统计其分布，则分布起伏的大小可用 $\sum(h(i)-h(i-1))^2$ 或 $h(i)$ 的方差来衡量。按 1 度的间隔在 ±5 度的范围内观测该起伏量，将观察值进行插值处理后求其最大值。据此估计出该最大值对应的方向即为文字序列的正确方向。最后对图像旋转可实现倾斜的校正。将图像按顺时针方向旋转 θ 角度的计算公式如下：

$$\begin{bmatrix} x' \\ y' \end{bmatrix} = \begin{bmatrix} \cos\theta & -\sin\theta \\ \sin\theta & \cos\theta \end{bmatrix} \tag{12-51}$$

这里以图像的左上角为原点，x 为横坐标方向，y 为纵坐标方向，$[x,y]^T$ 为旋转前的坐标，$[x',y']^T$ 为旋转后的坐标。

3. 区域分割

区域分割是指将文字图像分割为几个相对独立的部分。文本的构成要素中既有图表、照片这种占有较大面积的部分，也有由文字集合组成的文字行部分。

(1)图表、照片的提取

在文本图像中，先找出包围各连接成分的最小矩形区域，大面积矩形对应的部分是图表或照片区域。将这些大面积区域从图像中消除之后，剩下的便是由文字构成的矩形群。对提取出的大面积矩形进行图、表、照片的判断时，利用矩形内黑色像素所占面积的比率、连续的黑色像素的长度(黑线段)、白色像素的长度(白线段)的直方图等统计判别方法进行区分。

(2)文字行的提取

文字行的提取通常采用合并方式和分割方式。所谓合并方式，是当黑色像素块与块之间的空白部分(白线段长)小于某一指定阈值时，将这些白色像素用黑色像素来替代，将近邻的连接黑色像素块进行合并，由此生成文字行的方式。分割方式是利用格线或空白带求分割点，对文字反复进行二分割的方法。

对于提取出的各文字行，由行的起始位置、结束位置、行幅、行间距等行属性来确定出行属性集合，形成一个行块。由各行块的位置决定各个行的顺序。

另外，为了使文字行的提取更具有一般性，要求它也能处理纵排的文本、横排的文本以及纵横混排的文本。纵排文本旋转 90°后，按横排文本处理定出各文字行。

4. 文字区域的分割与文字识别

求得文字行后，需要将其中的每个文字区域一个一个地分割提取出来并对其进行文字识别。通常，文字区域的提取与文字识别分别属于不同的处理，但是由于文字区域的提取处建本身很难判定其结果的正确性，所以通常是利用文字识别的评价值来判断单个文字区域合割的正确性。

5. 区域解释

区域解释是指利用生成的各对象的关系结构和文字识别的结果，对归为同一处理对象赋予属性的过程。例如，文本由标题、作者、所属、正文、图、页码等逻辑要素构成，把文本作为一个整体来看时，需要找出这些逻辑要素与各对象之间的对应关系。该方法的设计思想是：先将逻辑要素的特征作为知识存储起来，再将其与观测到的特性进行匹配比较。如果一个对象区域与多个要素都有关系，则需要利用逻辑要素的关系结构来去除其中具有矛盾关系的部分。

12.8.2　文字识别技术

文字识别的思想始于 20 世纪 30 年代左右，因为当时还没有计算机，所以无法具体实现，依据的原理就是模板匹配。1970 年左右开始，随着计算机韵小型化和高性能化的发展，计算机在研究所和大学实验室得到普及，到 20 世纪 80 年代，文字识别技术得到了广泛的研究。该期间发表的研究论文在模式识别研究领域中所占的比重很大。欧美等使用罗马字母的国家，文字种类少，对印刷文字的识别显得容易些。汉字是历史悠久的中华民族文化的重要结晶，闪烁着中国人民智慧的光芒。汉字数量众多，仅清朝编纂的《康熙字典》就包含了 49000 多个汉字，其数量之大，构思之精，为世界文明史所仅有。由于汉字为非字母化、非拼音化的文字，所以在信息技术及计算机技术日益普及的今天，如何将汉字方便、快速地输入到计算机中已成为关系到计算机技术能否在我国真正普及的关键问题。

由于汉字数量众多，汉字识别问题属于超多类模式集合的分类问题。汉字识别技术可以分为印刷体识别及手写体识别技术。而手写体识别又可以分为联机与脱机两种。这种划分方法可以用图 12-60 来表示。

从识别技术的难度来说，手写体识别的难度高于印刷体识别，而在手写体识别中，脱机手写体的难度又远远超过了联机手写体识别。到目前为止，除了脱机手写体数字的识别已。有实际应用外，汉字等文字的脱机手写体识别还处在实验室阶段。联机手写体的输入，是依靠电磁式或压电式等手写输入板来完成的。20 世纪 90 年代以来，联机手写体的识别正逐步走向实用，方兴未艾。中国大陆及台湾地区的科研工作者推出了多个联机手写体汉字识别系统，国外的一些大公司也开始进入这一市场。脱机手写体和联机手写体识别相比，印刷体汉字识别已经实用化，而且在向更高的性能、更完善的用户界面的方向发展。

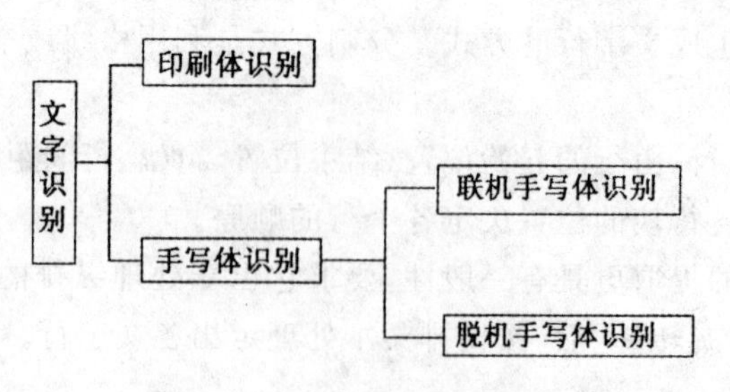

图 12-60　文字识别的分类

文字识别系统很多,文字识别的大致步骤包括文字图像的预处理、特征提取和分类。

1. 文字图像的预处理

在版面分析基础上,分割出的单个文字所构成的文字图像为二值图像。需对其进行尺寸规格化处理和细线化处理等预处理。尺寸规格化处理时,常将一个文字规格化为 32×32～64×64 的图像。细线化处理是为了提取构成文字线的像素特征。所谓的像素特征是指端点、文字线上的点、分支点、交叉点等,可根据像素的连接数来判断。另外,由细线化处理后的图像中也能提取出线段的方向。

2. 文字图像的特征提取

特征提取的目的是从图像中提取出有关文字种类的信息,滤掉不必要的信息。特征提取方法虽然很多,但常用的有网格特征提取、周边特征提取、方向特征提取三种方法。当手写文字作为识别对象时,有关于文字线方向特征、线密度特征等提取方法。另外,还有注重背景而不是文字线的构造集成特征的提取方法。

3. 识别

识别方法是整个系统的核心。识别汉字的方法可以大致分为结构模式识别、统计模式识别及两者的结合。

(1)结构模式识别

汉字是一种特殊的模式,其结构虽然比较复杂,但具有相当严格的规律性。换言之,汉字图形含有丰富的结构信息,可以设法提取结构特征及其组字规律,作为识别汉字的依据,这就是结构模式识别。结构模式识别是早期汉字识别研究的主要方法。其主要出发点是依据汉字的组成结构。从汉字的构成上讲,汉字是由笔画(点、横、竖、撇、捺等)、偏旁部首构成的;还可以认为汉字是由更小的结构基元构成的。由这些结构基元及其相互关系完全可以精确地对汉字加以描述,在理论上是比较恰当的。其主要优点在于对字体变化的适应性强,区分相似字能力强。但抗干扰能力差,因为实际得到的文本图像中存在着各种干扰,如倾斜、扭曲、断裂、粘连、纸张上的污点和对比度差等。这些因素直接影响到结构基元的提取,假如结构基元不能准确地得到,后面的推理过程就成了无源之水。此外,结构模式识别的描述比较复杂,匹配过程的复杂度因而也较高。所以在印刷体汉字识别领域中,纯结构模式识别方法已经逐渐衰落,方法正日益受到挑战。

(2)统计模式识别

统计决策论发展较早,理论也较成熟。其要点是提取待识别模式的一组统计特征,然后按照一定准则所确定的决策函数进行分类判决。常用于文字识别的统计模式识别方法有:

①模板匹配。模板匹配以字符的图像作为特征,与字典中的模板相比,相似度最高的模板类即为识别结果。这种方法简单易行,可以并行处理。但是一个模板只能识别同样大小、同种字体

的字符，对于倾斜、笔画变粗变细均无良好的适应能力。

②特征变换方法。对字符图像进行二进制变换(如 Walsh，Hardama 变换)或更复杂的变换(如 Karhunen，Loeve，Fourier 变换等)，变换后的特征的维数大大降低。但是这些变换不是旋转不变的，因此对于倾斜变形的字符的识别会有较大的偏差。二进制变换的计算虽然简单，但变换后的特征没有明显的物理意义。K-L 变换虽然从最小均方误差角度来说是最佳的，但是运算量太大，难以实用。总之，变换特征的运算复杂度较高。

③投影直方图法。利用字符图像在水平方向及垂直方向的投影作为特征进行文字识别。该方法对倾斜旋转非常敏感，细分能力差。

④几何矩特征。M. K. Hu 提出利用矩不变量作为特征的想法，引起了研究矩的热潮。研究人员又确定了数十个移不变、比例不变的矩。我们总希望找到稳定可靠的、对各种干扰适应能力很强的特征，在几何矩方面的研究正反映了这一愿望。以上所涉及的几何矩均在线性变换下保持不变。但在实际环境中，很难保证线性变换这一前提条件。

⑤Spline 曲线近似与傅立叶描绘子法。两种方法都是针对字符图像轮廓的。Spline 曲线近似是在轮廓上找到曲率大的折点，利用 Spline 曲线来近似相邻折点之间的轮廓线。而傅立叶描绘子则是利用傅立叶函数模拟封闭的轮廓线，将傅立叶级数的各个系数作为特征的。前者对于旋转很敏感。后者对于轮廓线不封闭的字符图像不适用，因此很难用于笔画断裂的字符的识别。

⑥笔画密度特征法。笔画密度的描述有许多种，这里采用如下定义：字符图像某一特定范围的笔画密度是在该范围内，扫描线沿水平、垂直或对角线方向扫描时的穿透次数。这种特征描述了汉字的各部分笔画的疏密程度，提供了比较完整的信息。在图像质量可以保证的情况下，这种特征相当稳定。在脱机手写体的识别中也经常用到这种特征。但是在字符内部笔画粘连时误差较大。

⑦外围特征。汉字的轮廓包含了丰富的特征，即使在字符内部笔画粘连的情况下，轮廓部分的信息也还是比较完整的。这种特征非常适合于作为粗分类的特征。

⑧基于微结构特征的方法。这种方法的出发点在于：汉字是由笔画组成的，而笔画是由一定方向、一定位置关系与长宽比的矩形段组成的。这些矩形段则称为微结构。利用微结构及微结构之间的关系组成的特征对汉字进行识别，尤其是对于多体汉字的识别，获得了良好的效果。其不足之处是，在内部笔画粘连时，微结构的提取会遇到困难。

当然还有许多统计特征识别法，诸如图描述法、包含配选法、脱壳透视法、差笔画法等。

统计特征的特点是抗干扰性强，匹配与分类的算法简单，易于实现。不足之处在于细分能力较弱，区分相似字的能力差一些。

(3)统计识别与结构识别的结合

结构模式识别与统计模式识别各有优缺点，这两种方法正在逐渐融合。网格化特征就是这种结合的产物。字符图像被均匀地或非均匀地划分为若干区域，称之为“网格”。在每一个网格内寻找各种特征，如笔画点与背景点的比例，交叉点、笔画端点的个数，细化后的笔画的长度、网格部分的笔画密度等。特征的统计以网格为单位，即使个别点的统计有误差也不会造成大的影响，增强了特征的抗干扰性。这种方法正得到日益广泛的应用。

(4)人工神经网络

在英文字母与数字的识别等类别数目较少的分类问题中，常常将字符的图像点阵直接作为神经网络的输入。不同于传统的模式识别方法，在这种情况下，神经网络所“提取”的特征并元明显的物理含义,而是储存在神经物理中各个神经元的连接之中,省去了由人来决定特征提取的方法与实现过程。从这个意义上来说,人工神经网络提供了一种“字符自动识别”的可能性。此外,人工神经网络分类器是一种非线性的分类器,它可以提供我们很难想象到的复杂的类间分界面,这也为复杂分类问题的解决提供了一种可能的解决方式。

目前,对于像汉字识别这样超多类的分类问题,人工神经网络的规模会很大,结构也很复杂,还远未达到实用的程度。其中的原因很多,主要的原因在于对人脑的工作方式以及人工神经网络本身的许多问题还没有找到完美的答案。

下面以识别数字 0～9 为例,给出一种具体的识别方法。识别过程包括数字端点数提取、数字编码、识别三个阶段。

①数字“端点数”的计算。

像素为端点的条件是在其 8 邻域中白色像素的个数只有一个。计算数字满足端点条件的像素个数即为该数字的端点数。端点数为 0 的数字包括 0、8;端点数为 1 的数字包括 6、9;端点数为 2 的数字包括 1、2、3、4、5 和 7。

②数字的编码。

数字的编码采用方向链码表示方法。数字编码的起始点为从上向下扫描时最先遇到的端点。对于没有端点的数字(0,8),以最上面的像素作为起始点。编码后的数字在后续的识别阶段,用来与事先准备好的局部模式进行匹配。

③识别。

将经过编码的数字与事先存储好的局部模式进行匹配,就可确定出该编码数字对应的数字。

12.9 运动图像分析

我们感知的场景是三维的,而且常随时间变化,即动态场景。前面讨论的单幅静态图像(单色或彩色)处理与分析技术,用于动态场景运动特性估计、目标识别、跟踪、监测等是不够的。需要以不同时间、不同波谱、不同位置、不同空间分辨率、不同传感器来获取多时相、多光谱、多角度、多空间分辨率、多传感器图像,综合地分析这些多幅图像,以获取场景目标更丰富、更精确的信息。

图像序列分析经常指的是分析用一个传感器或传感器组采集的一组随时间变化的图像。目的是从图像序列中检测出运动信息,估计三维运动和结构参数,识别和跟踪运动目标等。根据采集序列图像传感器的数目多少,图像序列分析可分为单目、双目和多目图像序列分析。根据摄像机和场景是否运动将序列图像分析划分为三种模式:摄像机静止-物体运动、摄像机运动-物体静止和摄像机运动-物体运动。每一种模式需要不同的分析方法和算法。摄像机静止-场景运动是一类非常重要的动态场景分析,包括运动目标检测、目标运动特性估计等,主要用于预警、监视、目标跟踪等场合。摄像机运动-物体静止是另一类非常重要的动态场景分析,包括基于运动的场景分析与理解、三维运动分析等,主要用于移动机器人视觉导航、目标自动锁定与识别、三维场景分析等。在动态场景分析中,摄像机运动-物体运动是最一般的情况,也是最难的问题,目前对该问题研究的还很少。

常常把时间间隔比较短的序列图像叫做运动图像。运动图像分析包括运动特性检测、运动矢量分析、目标形变或三维形状识别、运动目标跟踪等。

对许多应用来说，检测图像序列中相邻两帧图像的差异是非常重要的步骤。检测图像序列相邻两帧之间变化的最简单方法是直接比较两帧图像对应像素点的灰度值，帧 $f(x,y,j)$ 与帧 $f(x,y,k)$ 之间的变化可用一个二值差分图像 $DP_{jk}f(x,y)$ 表示：

$$DP_{jk}f(x,y)=\begin{cases}1, & \text{如果}\ |f(x,y,j)-f(x,y,k)|>T \\ 0, & \text{其他}\end{cases} \tag{12-52}$$

式中，T 是阈值。

在差分图像中，取值为 1 的像素点被认为是物体运动或光照变化的结果，这里假设帧与帧之间已配准，图 12-61 和图 12-62 给出了两种图像变化情况，一种是由于光照变化造成的图像变化，另一种是由于物体的运动产生的图像变化。需要指出，阈值在这里起着非常重要的作用，对于缓慢运动的物体和缓慢光强变化引起的图像变化，在一个给定的阈值下可能检测不到。

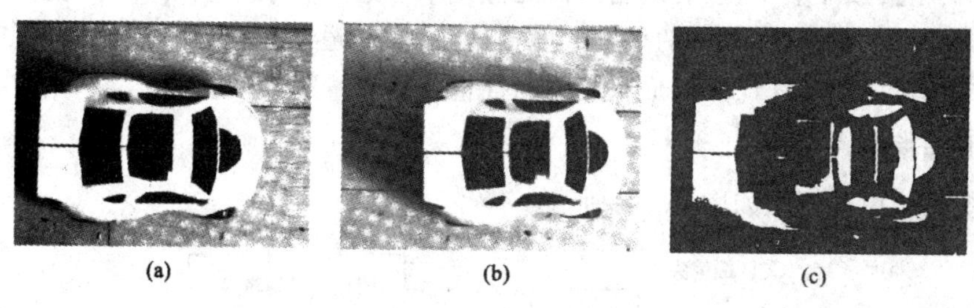

(a)　(b)　(c)

图 12-61　(a)和(b)是取自一个运动玩具车场景图像序列的两帧图像，(c)是它们的差分图像($T=62$)

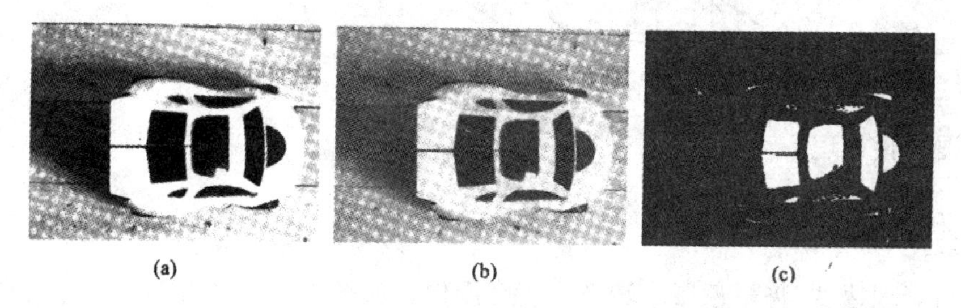

(a)　(b)　(c)

图 12-62　(a)和(b)是取自光照变化的图像序列的两帧图像，(c)是它们的差分图像($T=54$)

运动图像分析最根本的是从多帧图像寻找对应同一目标的匹配方法，可以使用上面最简单的图像差分法，一直到求出图形结构之间的匹配这样较复杂的方法。场景中任何可察觉的运动都会体现在场景图像序列的变化上，动态场景分析的许多技术都是基于对图像序列变化的检测。检测图像变化可以在不同的层次上进行，如像素、边缘或区域。在检测这种变化后，就可以分析其运动特性。

一旦检测出目标运动信息或估计出三维运动和结构参数，可以通过目标的形状、运动等属性，根据目标模型的先验知识，识别出目标，确定并预测目标当前与未来的位置，亦即解决了目标识别与跟踪问题。图像运动估计是动态场景分析的基础，现在已经成为计算机视觉新的研究热点。感兴趣的读者可以查阅有关文献。

12.10 批量产品数量自动统计

1. 工程背景分析

计数系统以卷烟厂产品数量统计为例。在卷烟厂生产过程中，成品烟从传送带上最终到达一个盒子中统计数量，然后分装。传统的方法是人工统计数量，由于装成品的盒子很大，而且烟的形状看起来又都一样，这就给计数工作带来许多不便。通常经过一段时间人工计数后效率开始降低，并出现计数错误。这道工序是制约产品生产速度的一个瓶颈，不利于实现产品自动化生产，这个实例应用图像空间域处理技术和图像测量算法实现了自动统计产品数量的功能。首先用CCD摄像头拍摄成品盒子，然后采用图像处理技术经过计算机分析即可得到香烟根数，方便快捷。应用这个计数系统，计算机的处理速度相当快，使这道工序能够准确完成，生产效率随之提高。这种方法可以用于任何几何形状相同的批量产品数量的自动统计。

2. 系统原理框图

计数系统构成原理框图如图12-63所示。

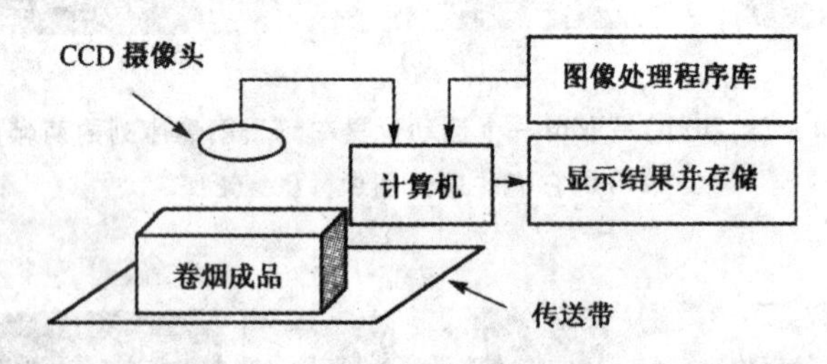

图12-63 计数系统构成原理框图

3. 产品图像预处理

(1)彩色图像转换为灰度图像

1)基本算法

为了提高处理速度，将彩色图像转换为灰度图像。如图12-64左侧所示为产品彩色图像，它由红(R)、绿(G)、蓝(B)三基色组合而成，每种基色可取0到255的值，因此由三基色可组成1677万种颜色，每种颜色都有其对应的R、G、B值，数据量巨大，计数的准确性和速度都受到影响。如果变换成灰度图像，图像变为单色，压缩了信息量，则有利于对图像的进一步处理和传输。将彩色图像转换为灰度图像的算法表示为：

$$R = C = B = 0.299R + 0.587G + 0.114B \tag{12-53}$$

2)算法实现

①打开图像，读取图像数据。

②彩色图像转换成灰度图像像。

③存储灰度图像。转换结果如图12-64右侧所示。

(2)图像目标分割

为了提高计数速度，进一步压缩图像信息量，利用灰度图像直方图技术，通过合理选择阈值，将灰度图像转换成仅有黑白两种颜色的二值图像，更好地区分图像中的目标和背景。阈值是一

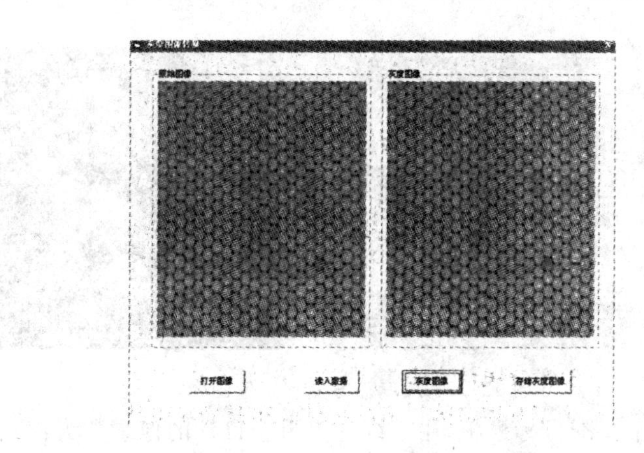

图 12-64　彩色图像转换为灰度图像

种区域分割技术，它对物体与背景有较强对比的景物分割特别有用，而且总能用封闭并连通的边界定义不交叠的区域。使用阈值规则进行图像分割时，所有灰度值大于或等于某阈值的像素都被判断属于背景，相反的部分则属于物体。于是边界就成为了这样一个内部点的集合，这些点都至少有一个相邻点不属于该物体。

根据 Otsu 提出的类判别分析法寻找阈值。用该阈值得到的二值图像，可以较好地分离目标和背景。计算步骤如下：

①计算输入图像的灰度级直方图，用灰度级的概率函数 Phs(i)来表示。

②计算灰度均值 Ave：

$$\mathrm{Ave} = \sum_{i=0}^{255}(i-1)\mathrm{Phs}(i) \tag{12-54}$$

③计算灰度类均值 $\mathrm{Aver}(k)$ 和类直方图和 $W(k)$ ：

$$\mathrm{Aver}(k) = \sum_{0}^{k}(i+1)\mathrm{Phs}(i) \tag{12-55}$$

$$W(k) = \sum_{i=1}^{k}\mathrm{Phs}(i) \tag{12-56}$$

④计算类分离指标：

$$Q(k) = \frac{[\mathrm{Aver} \times W(k) - \mathrm{Aver}(k)] - 2}{W(k) \times [1 - W(k)]} \tag{12-57}$$

⑤求使 Q 最大的 k ：

最佳阈值：

$$T = k - 1 \tag{12-58}$$

⑥图像二值化的阈值处理方法：

$$\begin{cases} f(i,j) = 1 & f(i,j) \geqslant T \\ f(i,j) = 0 & f(i,j) < T \end{cases} \tag{12-59}$$

$f(i,j)=1$ 表示目标，$f(i,j)=0$ 表示背景，T 作为分割阈值。卷烟图像的目标和背景很明显，直方图具有双峰特性，直方图和二值图像如图 12-65 所示。

(3)数量统计方法

为了观察清晰，将产品目标和背景反色处理，然后统计所有属于黑色的像素集合，采用式(12-61)给出的算法。

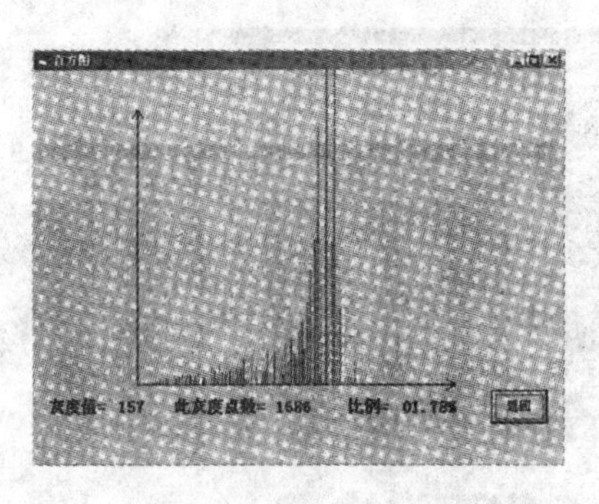

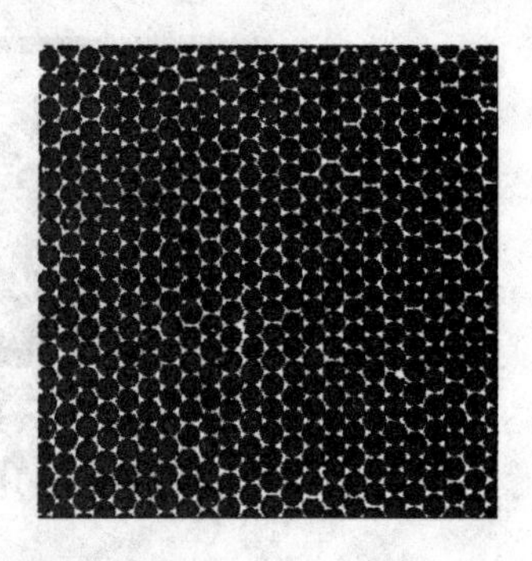

图 12-65　灰度直方图和二值图像

用图像方法构造一个标准目标模板，用于统计出单个目标的像素数为：

$$\text{object} = \sum_{r=1}^{x}\sum_{k=1}^{t} g(r,k) \tag{12-60}$$

则数量计算方法表示为：

$$\text{AM} = \frac{\text{backdrop}\sum_{i=0}^{N-1}\sum_{j=0}^{N-1} f(i,j)}{\text{object}\sum_{r=1}^{x}\sum_{k=1}^{y} g(r,k)} \tag{12-61}$$

(4)结果及显示

应用 VB 制作一个界面显示，统计结果如图 12-66 所示。

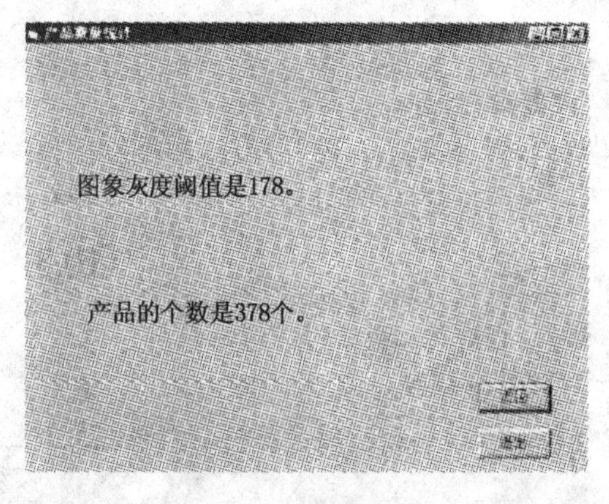

图 12-66　结果显示图

应用数字图像处理技术，根据工程背景的需求，以卷烟计数为例，将输入的产品图像进行灰度变换和二值化等预处理，压缩了原始图像的数据信息量，为在线计数的实时性打下了基础。利用产品几何形状相同的特点统计像素，设计面积法计算出批量产品的数量，克服了人工计数的缺陷，完成了批量产品数量的自动统计。

12.11　焊接图像预处理

焊接是金属加工和制造的重要工艺，是一种精确可靠并且采用高科技连接材料的方法。焊缝自动跟踪是现代焊接技术的一个重要方面。近年来，尽管焊缝跟踪技术得到了很大的发展，但由于焊接是一个非常复杂的过程，焊接生产中工件的加工误差、热变形等干扰因素的影响，使研究成果的实用化过程十分缓慢。研究和发展自动化、智能化焊接过程控制系统是保证焊接质量、提高生产效率、改善劳动条件的重要手段，是未来焊接技术的发展方向。目前世界上许多著名的焊接设备研究和制造机构都在努力开发这一领域。

1. 彩色图像转换成灰度图像

对于焊接图像，为了压缩数据量同样需要将彩色图像转换为灰度图像，即图像的灰度化，然后进行二值化和反色处理。这些处理过程在编写程序时所用到的算法原理比较相近。图 12-67 所示为处理过程的程序流程图。

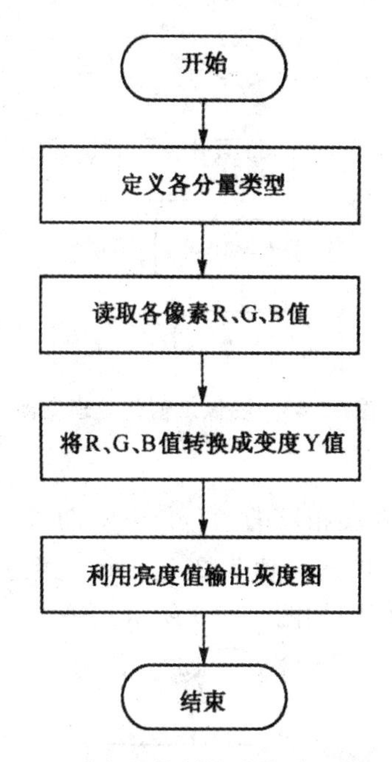

图 12-67　彩色图像转换成灰度图像流程图

灰度化、二值化和反色处理，这三个操作都需要提取每一个像素的 R、G、B 分量，然后再进行各自的操作。在提取 R、G、B 分量时，三个操作都用到 GetPixel，它的作用是在指定的设备场景中取得一个像素的 R、G、B 值，使用时的格式为 c=GetPixel(hdc,I,j)，其中，i,j 分别是图像中要检查的点的坐标值，c 为提取后的 RGB 值，hdc 为一个设备场景的句柄。接下来提取 R、G、B 各分量值所用的语句是：r=(cAnd&HFF)(获取红色分量值)；g=(cAnd65280)/256(获取绿色分量值)；b=(cAnd&HFF0000)/65536(获取蓝色分量值)。然后运用 R、G、B 转换为亮度 Y 的算法来完成灰度图像的转换，表示为：

$$Y = 0.299 * R + 0.587 * G + 0.114 * B \tag{12-62}$$

最后在显示图像时用到 SetPixelV，它是在指定的设备场景中设置一个像素的 R、G、B 值，格式为 SetPixelV hdc,I,j,c。与 GetPixel 一样，作为全局变量，两者都需要在所有代码之前进行函数声明，否则无法在程序中使用。

2. 图像二值化

为了进一步压缩图像数据，利用图像二值化技术对焊接图像进行二值化处理，处理过程框图如图 12-68 所示。

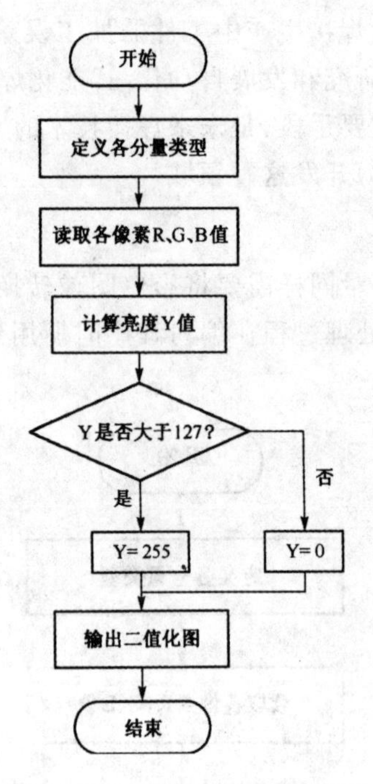

图 12-68　图像二值化处理框图

3. 图像反色处理

反色就是将每一像素的颜色变成相反的颜色。针对图像灰度范围是 0～255 的灰度值，如果原来像素的灰度值为 m，则反色后的灰度值为 $255-m$。经过反色处理后的焊接图像对于焊缝的观测更清晰。反色处理的算法框图如图 12-69 所示。

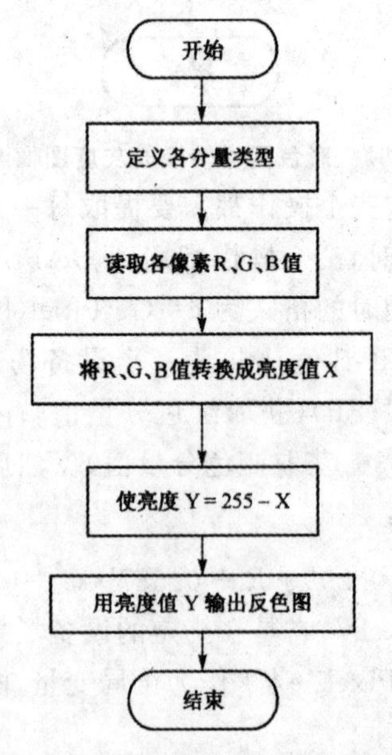

图 12-69　图像的反色处理框图

4. 焊接图像预处理结果图

焊接图像预处理的结果如图 12-70 所示。

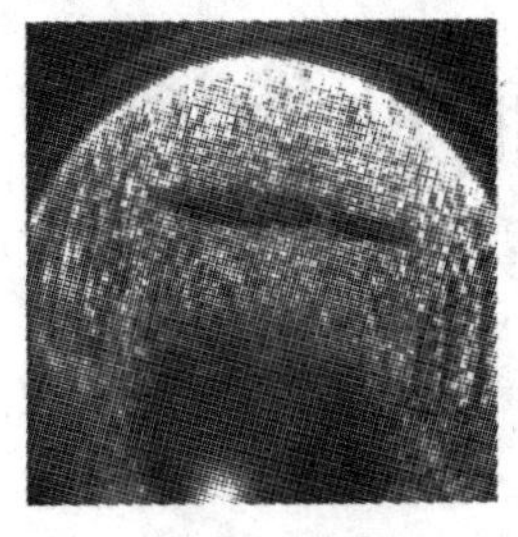

(a)原始图像

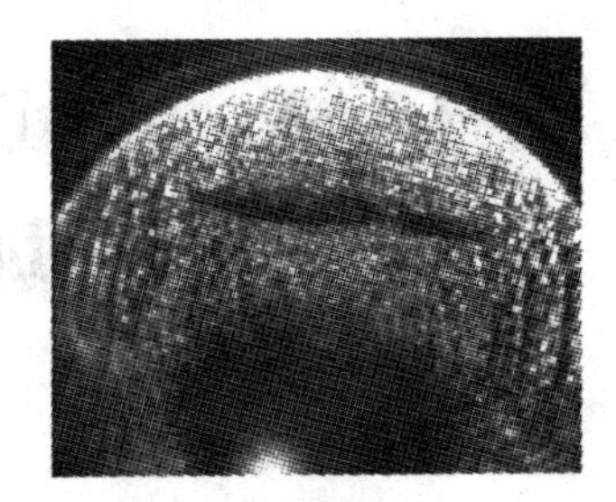

(b)灰度图像

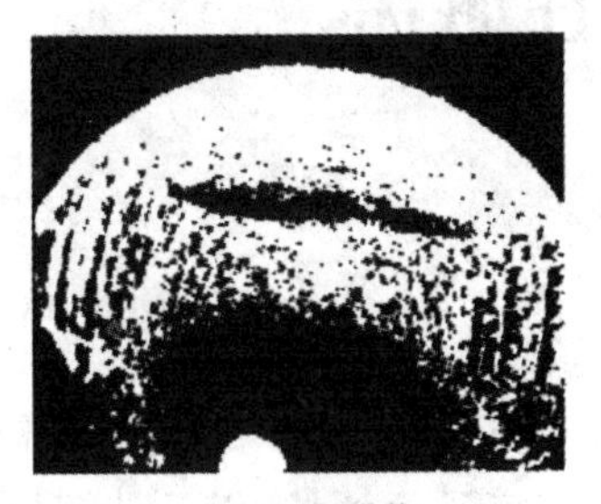

(c)二值图像

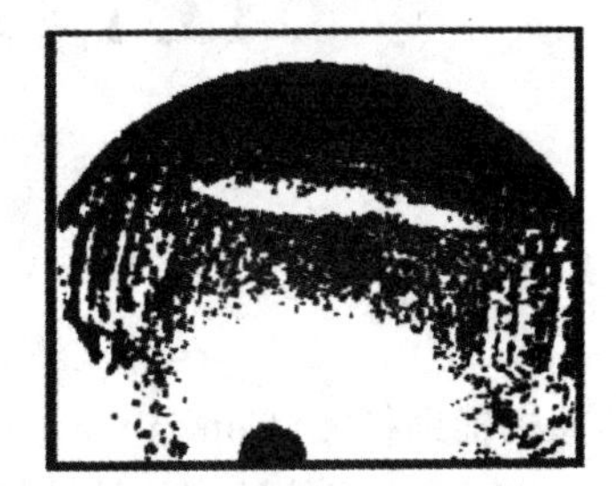

(d)反色图像

图 12-70　焊接图像预处理

第13章 计算机辅助检测与计算机辅助诊断(CAD)

13.1 CAD概述

13.1.1 CAD简介

CAD是指计算机辅助检测(Computer-aided Detection,CADe)和计算机辅助诊断(Computer-aided Diagnosis,CADx),此外还包括计算机化的癌症风险评估,以及计算机化的肿瘤治疗评估。自从100多年前X线被发现并生产各类放射医学图像以来,放射科医生几乎依然维持着对医学图像的定性判读。目前医学图像的定性判读方式不仅费力费时,而且造成医生之间的检测和诊断的很大差别。在这种情况下,医学图像的诊断精确度就很大程度上取决于医生个人的经验。因此,发展医学图像计算机辅助检测与计算机辅助诊断技术的目的就是:第一,帮助放射科医生改善检测效果(包括提高检测敏感性和特异性,以及读片的效率);第二,提供医生定量分析的工具以便更准确地判断肿瘤以及其他疾病的严重程度。

CAD是一个相对年轻的跨学科的技术,将人工智能、数字图像与放射学的图像处理相结合。在20世纪60年代和70年代,包括物理学家在内的研究人员与临床医生开始调研计算机化的图像分析,目的在于对异常的自动检测或分类,包括分析乳房图像和胸部X光照片。关于人工智能的潜能,研究人员持乐观态度,尤其是在医学图像的计算机分析方面。从缩写FACD(Fully Automatic Computer Diagnosis,全自动的计算机诊断),ICD(Interactive Computer Diagnosis,交互式计算机诊断)代表了一些研究人员的目标。但是几十年之后,人们仍然没有接近该目标。80年代中期,芝加哥大学放射学系的一支由医学物理学者和放射线学者组成的研究队伍开始了他们在计算机辅助检测或者计算机辅助诊断方面的研究努力,也就是说,以计算机输出作为对放射线学者的一个帮助——不是完全自动的计算机解释。目前,一个公认的对CAD的定义是由美国芝加哥大学提出的"一个放射科专家做出诊断时把计算机对医学图像的分析的输出作为发现损伤、估定疾病的程度,以及作出诊断决策的一个"第二意见"(second opinion)来考虑"。预期借此改善对医学图像的解释。虽有CAD,但最后的诊断还是由放射科专家来进行。随着新的计算机技术、新的成像模式和新的解释任务的快速成长,以及CAD在疾病筛查、图像检测、癌风险评估等方面的重要贡献,关于CAD的研究必将更加活跃。CAD正在慢慢地得到认同。目前已经有一些商品化产品提供使用。1998年,第一个用在乳房X光片中发现微钙化点和肿块的CAD产品得到了美国食物药品管理局(FDA)的核准。它由位于加州的R2公司研制,名字是Image-

Checker。该系统在例行乳癌筛查程序中发挥了重要作用，能成功地在乳房 X 光片中标记出恶性损伤的位置。

除了对检测乳房 X 线图像的 CAD 系统的广泛研发之外，全世界也有许多研究实验小组正在从事研发针对其他肿瘤和疾病的 CAD 计算程序和系统。这些 CAD 计算机程序和系统主要针对检测肺部二维的 X 线图像和三维的 CT 图像上的肺结节，检测 CT 虚拟结肠镜检查图像上的结肠息肉，检测 CT 肺部血管造影术图像上的肺柱塞等等。通常，CAD 计算程序使用 2 种不同的方法。随着近年来数字图像探测器和计算机技术的迅速发展，医学图像设备和应用在过去的 20 年内也得到了快速发展。许多新的放射医学成像方法得到发展并在医学临床实践中得到广泛应用。比如，为了提高传统的乳房 X 线图像方法在检测乳腺肿瘤的精确度(特别是针对 50 岁以下的妇女)，一系列新的图像技术，包括全场数字乳房磁共振图像，已经被发展和用于作为传统乳房 X 线图像、数字立体乳房 X 线图像、数字乳房 X 线断层图像、圆锥 X 线乳房 CT 图像和乳房磁共振图像，已经被发展和用于作为传统乳房 X 线图像的辅助检测工具。新的和更加复杂的医学图像设备提高医学图像的质量以及提供三维的组织结构的成像，由于图像数目的增加，主观定性的判读医学图像方法事实上变得更加复杂和费时。所以发展 CAD 计算程序和系统用于这些新的医学图像检测和分析已经和正在激发着广泛的研发热情。

总而言之，尽管在 CAD 的研发领域，研究人员已经研发了许多种不同的 CAD 计算程序和系统，但它们的基本原理是相通的。对于如何研发 CAD 程序和系统以及如何评估 CAD 的精确和它们对放射科医生判读医学图像的影响以及对 CAD 未来的发展方向在本章的后面几节中会详细介绍到。

13.1.2　计算机辅助检测(CADe)

在计算机辅助检测(CADe)系统中，计算机将数字影像数据作为输入，指出可疑损伤的图像位置的说明作为输出。CADe 系统通常限于在可疑的或异常的图像区域上作标记。特性描述、诊断和病人的管理留给放射线学家去做。CADe 系统最有用的是在图像检测筛查程序中。例如，乳腺癌筛查，吸烟者的低剂量胸部 CT 筛查、结肠癌筛查。这种情况下数据量很大，且大多数病案是正常的。

CADe 系统所作的标记可以被长期地或暂时地存储。后者的好处是只有被放射科专家核准的标记被存储。因为今天的 CAD 系统不能 100％地发现病理的变化。把错误的标记点(假阳性)也存储下来的话，会使随后的考察变得更困难。

在 CADe 中较活跃的研究包括将荧屏/胶片 X 光片转换为数字 X 光图像，CADe 筛查乳腺 X 光片以及 FFDM(Full-field Digital Mammography)，进一步扩展到结肠 CT 图像和心脏 CT 三维图像。作为被核准的结合进筛查程序的附加模式，CADe 已可实用。目前，美国和其他国家许多医院将 CAD 系统用于普查妇女乳癌。

13.1.3　计算机辅助诊断(CADx)

当一个潜在的异常被发现后，它的特性必须由放射科专家进行评估，以估计恶性肿瘤的可能性，并产生关于病人管理的决定(例如，是否进行活检)。CADx 通过计算机＋图像分析产生关于一个感兴趣区或损伤的描述性输出。感兴趣区最初由人或计算机检测系统定位。计算机也可能输出数学的描述符描述损伤和/或估计恶性的或其他异常的可能性,把最后的诊断和病人的管理留给医生去做。最后,CAD的目标是减少搜寻错误,减少解释错误,而且减少观察者之间或观察者本人多次观察的差异。最终改善特定疾病的诊断,并改善活组织切片检查建议的正确预测值。

CADx算法包括损伤分割算法,损伤特征提取,依据特征判断恶性损伤可能性的模型,以及输出信息给用户的方法。

13.1.4 CAD系统的一般结构

CAD系统的典型结构包含4个主要的模块(图13-1):图像预处理、定义感兴趣区(ROI)、特征的提取和选择和对所选取的ROI分类。

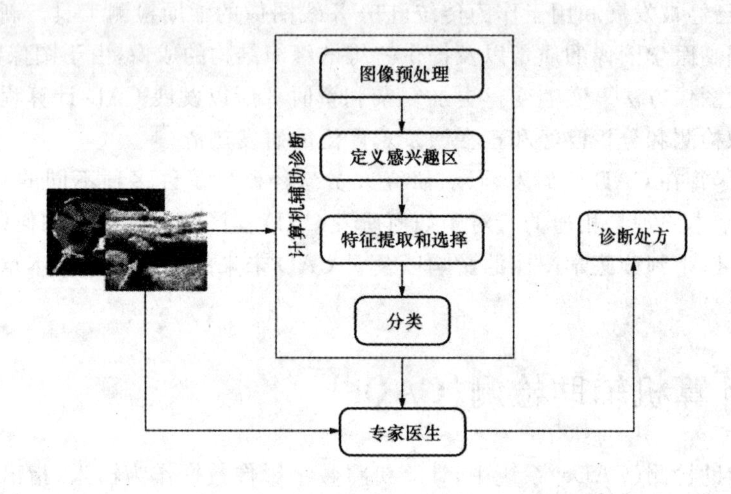

图13-1 CAD结合医疗诊断原理示意图

图像预处理的目的是为改善图像的质量,可应用以下方法消除噪声:均值滤波器、中值滤波器、拉普拉斯滤波器和高斯滤波器,图像结构的边缘增强(钝化,小波变换),增强图像对比度(直方图均衡);图像规范化是另外一种预处理方法,也就是使用线性的或者非线性的灰度变换,它允许对使用不同的设备和/或不同的机器装置所获得的图堡进行比较。预处理至关重要,因为后继任务的效果,包括ROI的定义以及特征提取等,高度地依赖于所使用图像的质量。

对于病人图像中的解剖学结构,包括正常的和不正常的,可使用手工、半自动方法或全自动方法确定。基于种子的区域生长是一个半自动方法的例子,广泛地应用在医学图像中定义ROI。而活动轮廓模型用在二维医学图像中自动定义和追踪解剖结构的轮廓,具有近似地接近任意形状的器官边界的能力。特征提取是指医学图像的各种不同定测量,典型的用于关于结构或组织的病理学的决策。特征提取可以在频谱或空域进行。在特征提取后,选择一个最强健的特征的子集是必要的,目的在于改良分类准确性并减少总体复杂性。特征选择方法使用搜寻策略。搜寻策略分为穷举式、启发式以及非决定性。例如,应用启发式技术从血液显微镜图像选择最适当的特征来区别5种类型白血球。非决定性技术,如遗传算法(GAs)已经被应用于肺结节检测中的特征选择。

在医学图像分析中应用模式识别的一个最普通的问题是如何对一组特征进行适当的分类。

给定一组特征，它的分类可以是有监督的或者无监督的。在有监督的分类方面，训练样本的类型及其特征向量值是已知的，而在无监督的分类方面，所有的特征向量值对应的类型在分类之前都是未知的。

有监督的分类可以是基于统计分类器，例如决策树、k 近邻和贝叶斯分类器以及神经网络(NN)分类器。最近，又提出一些更为复杂的有监督分类方法，在 CT 结肠 X 光片中检测结肠息肉的分类器中应用。C-均值和自组织映射方法(C-Means and Self-Or-ganizing Map)、Kohonen 映射等也是较常用的无监督的分类方法的例子。

13.2　CAD 计算程序的基本步骤及实例

13.2.1　图像分割、滤波和搜寻可疑区域

CAD 计算程序的第一步骤应用图像滤波、图像相减或图像分割方法去分辨图像上的哪些像素(或区域)属于可疑的不正常组织或者肿瘤区域。这个步骤的目标是获得最大的检测敏感性(sensitivity)。任何被这一步骤所遗漏的真阳性肿瘤就不可能被 CAD 以后的步骤所检测到。尽管这一步骤不可避免地产生大量的假阳性区域，依然需要尽可能地在保持高灵敏度的前提下去减少假阳性区域的数量。这样就可以帮助减轻 CAD 下面的步骤在去除和减少假阳性区域方面的负担以及获取 CAD 整体较高的精确度。由于医学图像经常包含需要被检测器官之外的其他器官或组织背景，为了防止 CAD 在背景区域产生假阳性的检测结果，CADj 经常首先把需要被检测器官从其他器官或组织背景中分割出来。比如，为了在肺部 CT 图像上检测肺结节和其他肺部病症，分割出肺部区域是一项重要的步骤，它可以避免 CAD 计算程序在肺部之外区域检测到肺结节。阈值(threshold)方法是一种最常用的和最简单有效的方法去分割肺部区域。如图 13-2 所示，基于在一张 CT 图像上的像素直方图，CAD 计算程序搜索一个直方图中最小值所代表像素值并且以此作为分割肺部区域的阈值。使用阈值分割之后，肺部内部的遗缺或“小洞”将被进一步检测出来和填满。但是，传统的阈值分割法会遗漏那些紧贴着胸膜或者其他肺部边界的肺结节(如图 13-3 所显示的近胸膜结节)。为了包含这些近胸膜肺结节在分割的肺部区域内，最常用的方法是采用滚动球(rolling-ball)算法。即让一个二维的圆圈(滚动球)沿着肺部的边界滑动去发现和填补小的凹陷区域。这个算法通常是通过采用形态学中的闭操作(morphological closing operation)来实现的。关键在于确定滚动球的直径。

被分割的肺部区域的轮廓线(由白线标示)显示这个肺结节被排除在肺部区域之外。在完成把需要被检测的器官从其他器官或组织背景中分割出来以后，CAD 程序继续检测和判断哪些像素或区域可能会与可疑的肿瘤相关联。因为肿瘤通常具有和正常细胞组织所不同的密度分布和较高的空间频率分量(比如微钙化点和肺结节)，许多不同的图像处理方法已经被研究和用于增强这些不正常形态和区域，同时压制正常的组织信号和于滑起伏变动的图像背景。在这一方面，常用的图像处理技术包括基于傅立叶分析的图像滤波、小波变换(wavelet transform)、形态学滤波(morphological tiltering)和差别图像(difference image)滤波技术。下面讨论的例子就是一个使用差别图像滤波算法去搜索和判断哪个图像区域含有可疑的肿瘤。

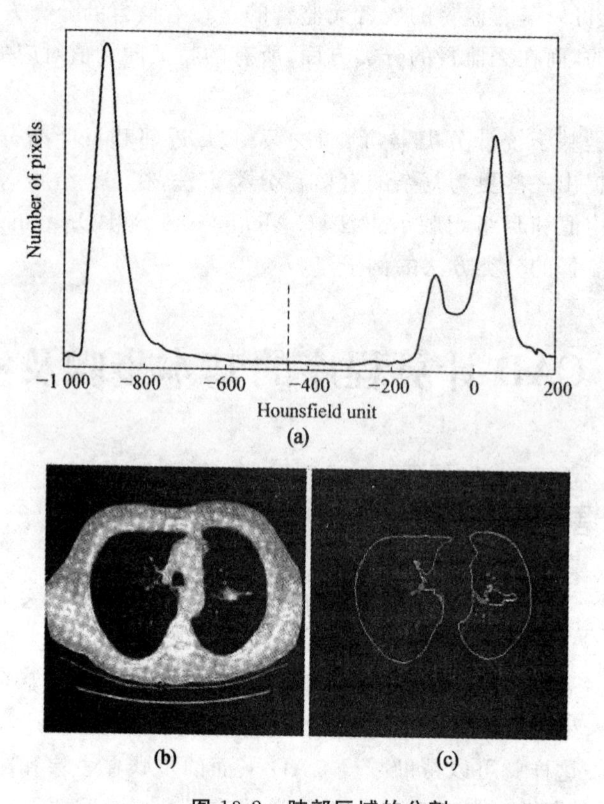

图 13-2　肺部区域的分割

(a)像素的直方图和分割阀值得选择；(b)一张原始的肺部 CT；

(c)被分割的肺部区域包括边界轮廓线

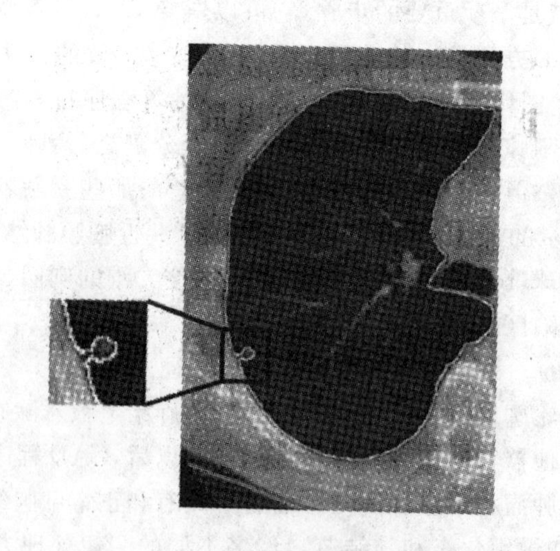

图 13-3　一个连接于胸膜的肺结构

一个简单并且非常有效的方法是使用高斯差(DOG)的滤波算法。使用这种方法时，两个具有不同核宽尺寸(kernel sizes)的低通高斯滤波器被用于过滤同一张原始的医学图像。使用高斯滤波器的优点是二维的图像滤波(卷积)可以被分解成二个串行的一维滤波。当二个滤波之后的图像相减,相减之后的图像压制和平缓了起伏变动的正常组织背景。但是它增强了所瞄准的目标信号。比如,微钙化点群是一个很典型的症状,可能会与乳腺癌有关:因为微钙化点通常小于几百个微米,两个均值为零($\mu=0$),均方差分别是 $\sigma_1=0.083$mm 和现 $\sigma_2=0.117$mm(或相应的核宽尺寸分别是 0.5mm 和 0.7mm)的高斯滤波器[$G(0,\sigma_1)$和 $G(0,\sigma_2)$]被用于过滤原始的图像[$F_1(x,y)$]并产生二个低通滤波图像。然后二个低通滤波图像相城:

$$F_S(x,y)=G(0,\sigma_1)*F_1(x,y)-G(0,\sigma_2)*F_1(x,y) \tag{13-1}$$

为了初步检测到所有的对比度高于一个事先确定的阈值(比如 5%)的微钙化点,同时降低特别是在低密度图像区域内的假阳性像素的数量,一个以像素值[$F_1(x,y)$]为基础的线性阈值函数,$T(x,y)=A\times F_1(x,y)+B$,被用来将相减后的高斯低通滤波图像转换成一个二进制图像。比如,$A=0.015$、$BB=4.27$。经过这个转换之后,所有同微钙化点和其他高频组织结构以及与图像噪声相关的像素都在新图像中被设定为 1[$F_B(x,y)=1$]。高斯差(DOG)滤波算法还可以用于搜索和初步识别其他形态的可疑肿瘤包括肺部结节或乳腺肿块。但在不同的应用中,高斯核宽尺寸必须做出相应的调整。

$$F_B(x,y)=1, if F_S(x,y)>T(x,y) \tag{13-2}$$

$$F_B(x,y)=0, if F_S(x,y)\leqslant T(x,y) \tag{13-3}$$

13.2.2　确定可以肿瘤区域边界和计算相关图像特征

CAD 程序的第一步骤通常检测出大量的可疑像素和区域,其中的绝大多数都是假阳性。为了使 CAD 计算程序可以有效地分辨哪个可疑区域是真阳性和哪个区域是假阳性,CAD 的

第二步骤的目的是尽可能准确的测定出可疑肿瘤区域的边界轮廓。以便为精确的计算肿瘤区域的图像特征奠定基础。所以,CAD 的第二步骤通常使用一个区域增长和标记(1abeling)算法去确定每一个可疑肿瘤区域的边界轮廓线。但是,精确的分割肿瘤或病变区域依然是一项发展 CAD 所面临的困难的和具有挑战性的工作。研究人员已经试验过许多的算法来分割肿瘤区域。这里我们介绍其中的一种算法。它首先使用一个多层地形测量学的(topographic)区域增长算法。在任何一个初步检测到的可疑区域内,该算法搜索位于该可疑区域内一个具有最小数值(I_0)的像素并用它作为一个区域增长的种子。因为肿瘤的对比度在医学图像中变化很大,我们无法使用一个固定的阈值来实行区域增长。于是,该算法计算在一个初步检测到的可疑区域内所有像素的平均值($\bar{I}_R$)。然后用以下的公式来计算第一层的增长阈值:$T_1=\alpha(\bar{I}_R-I_0)$,其中 α 是一个常数(比如,$\alpha=0.15$)。所以,增长阈值是基于在每一个可疑区域内的所有像素值的分布来作自适应性的(adaptively)调整。在用此增长阈值产生可疑肿瘤的第一地形测量层后,该算法计算以下 3 个图像特征。

①增长层的面积($A=S\times N_{GR}$):计算程序测量增长层内所包含的像素数目(N_{GR})再乘以每个像素所代表的实际面积大小(比如,当像素的尺寸是 400μm×400μm,$S=0.16\text{mm}^2$)。

②增长层的圆度($C=\frac{N_{GR}\cap N_C}{N_{GR}}$):为计算增长层的圆度,首先通过已知的增长层内所包含的像素数目(N_{GR})计算程序定义一个等同的圆圈,其中包含相同的像素数目($N_C=N_{GR}$)。将增长层和圆圈的中心对齐重合,然后计算在增长层和圆圈的交集中的像素数目,再除以增长层内所包

含的像素数目。

③增长层的形状因子($F_8=\frac{P^2}{A}$):其中 P 和 A 分别是由计算机程序所计算出来的增长层的边界周长和面积。

多层地形测量学的区域增长算法继续计算在第一增长层内所有像素的平均数值($\bar{I}_1$)和周围背景像素的平均数值($\bar{I}_B$)。其中周围背景范围的定义会影响到$\bar{I}_B$ 的计算结果。通常周围背景范围可以定义为一个长方形区域,其四周边界都离开增长层最外边界点 10mm(比如,当图像的像素尺寸是 400μm×400μm,则背景范围需离开 25 个像素)。于是,第二地形测量层的增长阈值就可以确定为 $T_2=\alpha(\bar{I}_B-\bar{I}_1)$。完成第二地形测量层的增长之后,计算程序则计算与第一层同样的 3 个图像特征以及两层(第一和第二)之间特征的变化。比如,区域面积增长率就可以计算出 $G=\frac{A_2}{A_1}$。同时,计算程序用一组基于以上图像特征的分辨规则去逐步排除假阳性区域。对于没有被排除的区域,计算程序继续计算下一个增长层的自适应性增长阈值[$T_i=\alpha(\bar{I}_{Bi}-\bar{I}_i)$,$i=2,\cdots,n$]。这个多层地形测量学的区域增长算法就依此循环进行直到它被事先设定的分辨定律所终止。实验显示使用这种多层地形测量学的区域增长算法可以排除大约 80%被 CAD 第一步骤所检测出来的可疑区域,并且维持对真阳性肿瘤相当高的敏感性。当最后一层可疑肿瘤边界轮廓确定之后,计算程序就会计算一组代表该区域的形态学的和像素数值(密度)分布的图像特征。

因为下一步 CAD 程序将依据可疑区域的图像特征来分辨真阳性和假阳性区域,精确的检测可疑区域的边界轮廓对改善 CAD 的精确度起着重要的作用。尽管多层地形测量学的区域增长算法可以成功地检测出多数典型肿瘤区域的边界轮廓,但它还不能最优化的和稳定的检测出相当一部分明显的具有边界毛刺和与其他高密度组织相连的肿瘤区域的边界轮廓。为了改善检测可疑肿瘤区域的边界轮廓,其他一些区域增长方法,比如两种比较典型的基于高斯模型和动态轮廓(dynamic contour)模型的方法就被广泛地用于测定可疑肿瘤区域的边界轮廓。如果一个可疑肿瘤同其他高密度的组织所相连(比如一个乳腺肿块被纤维腺的组织所包围和一个肺结节同肺动脉相连接),使用传统的区域增长算法就很难确定在沿着许多径向增长时的终结点。为了防止增长区域蔓延到其他正常组织中去,计算程序可以首先在可疑区域[$f(x,y)$]增长的起始点(x_0,y_0)乘以一个高斯函数。每一个像素(x,y)就有了一个新的数值 $h(x,y)=f(x,y)N(x,y,x_0,y_0,\sigma^2)$。用这样一种方法,离增长起始点远距离的像素就被比较多的压制并且整个增长区域的圆度和平滑性就得到增强。于是,增长区域就比较不容易渗透进入其他组织区域。但是,使用这种方法需要事先选定一个优化的高斯函数的系数(σ)。这个系数的选定需要事先对可疑肿瘤的大小有一个比较正确的评估。同时,当图像中包含有某些低圆度的可疑肿瘤时,这种区域增长方法就会失效。另外一个常用的区域增长方法是采用离散的动态轮廓(蛇形)模型。动态轮廓是一种可变形的曲线。曲线的形状是由内部和外部两个控制力的平衡所确定的。内部控制力施加压力来确保边界轮廓的平滑性,而外部控制力是通常由图像的梯度场所决定并且强迫边界轮廓移向图像中具有最大梯度场量的像素(位置)。使用离散动态轮廓模型的假设是肿瘤边界与正常组织之间会存在比较明显的像素值变化,因此造就比较强的梯度场。在使用动态轮廓模型时,内部和外部控制力的比例是用特定的权重来平衡的。一般来说,动态轮廓模型对图像噪声是很敏感的,增长曲线很容易陷入图像中具有局部最小值的区域。所以,这种区域增长方法的成功很大程度上取决于如何选择起始的轮廓曲线和终止增长的分辨条件。

一种将多层地形测量学的区域增长算法和高斯函数模型或者动态轮廓模型相结合的混合式区域增长方法也许可以改进测定可疑肿瘤的边界轮廓。在这种混合方法中，地形测量学区域增长算法所完成的最后一层可疑肿瘤的边界轮廓将起重要的作用。在应用以高斯模型为基础的区域增长算法时，最初估计的肿瘤大小可以自动地由多层地形测量学区域增长算法的结果来确定。比如假设一个可疑肿瘤最后的一个增长层(第 N 层)的面积大小是 A_N，它的实际面积则可以初步估算为 $A_T=A_N\times G_N$，其中 G_N 是第 $N-1$ 至第 N 层的区域增长率。于是使用 A_T 作为初步估算的区域面积，高斯函数的参数(σ^2)就可以自动的确定。使用同样的方法，地形测量学区域增长算法所完成的最后一层可疑肿瘤的边界轮廓曲线也可以作为动态轮廓模型区域增长算法的初始增长曲线。因为这个初始的增长曲线应该是比较接近可疑肿瘤的真实边界。这样即可以有效地避开肿瘤内部的许多区域性的“陷阱”而且可以加快动态轮廓算法的收敛步伐。一旦初始的增长曲线选定之后，动态轮廓算法就可以循环地搜索“最优化,，的变形轮廓曲线直到起源于内部和外部控制力的能量趋于最小。至于如何选择终止增长的分辨条件将在以下的一个 CAD 实例中讨论。遗憾的是由于各类肿瘤和其周围组织的多变性，高斯和动态轮廓两种算法模型都有各自的局限性。精确的测定可疑肿瘤区域的边界轮廓和计算边界相关的特征(比如边界毛刺程度)依然是 CAD 计算程序的研发中的一项技术挑战。

13.2.3 分辨真阳性和假阳性肿瘤区域

CAD 计算程序的第三步骤运用各种以图像特征为基础的机器学习(machine learning)的分类器将 CAD 的第二步骤所检测到的可疑区域分辨成真阳性和假阳性的肿瘤或者疾病区域。具体的来说，CAD 将给每一个可疑区域打一个可能是真阳性的概率分数，比如从 0 到 1，分数越高则该可疑区域是真阳性的可能性也越高。许多不同的分类器包括比较常用的人工神经网络(artificial neural network)、贝叶斯信任网络(Bayesian belief network)、决策树(decision tree)、支持向量机(support vector machine)和以知识背景为基础的专家识别系统(knowledge based expert system)，已经被广泛的应用在 CAD 计算程序中来分辨真阳性和假阳性的肿瘤区域。从大量独立的实验结果中我们可以得出一个结论，即尽管研究人员做了很大的努力去训练和优化这些分类器，但是它们的优化后的检测精确度都是非常的接近。所以，提高 CAD 的精确度和通用性并不主要依赖于 CAD 计算程序中选用了哪一个特定的分类器，而是主要取决于图像优化特征的选择，以及训练图像数据库的大小和多样性。

CAD 程序通常提取和计算大量的图像特征(比如包括像素密度值的、几何的、形态学的和纹理学的特征)。每一个特征都同时包含着有用的信号和噪声。许多提取的图像特征还可能是高度相关和互相累赘的。在分类器内使用累赘的图像特征也许会给分类器带来少许的信息，但更多的是噪声。基于统计学的原理，任何一个受监督的训练的机器学习分类器使用太多的自由变量都会造成过度的拟合(over-fitting)问题。应用一个使用太多自由参数的曲线拟合会跟踪和拟合一些很小的细节并被图像的噪声所误导，从而导致优化结果在以后的插值和推测(interpolation and extrapolation)实验中产生很大的误差(图 13-4)。一个贝叶斯信任网络使用两个独立的训练和测试数据组。当选择的图像特征数量逐渐增加时，这个贝叶斯信任网络用于测试数据组的精确度开始也逐渐提高。当图像特征的数量增加到 11 时，贝叶斯信任网络的测试精确度达到了顶峰。继续增加图像特征的数量，贝叶斯信任网络的测试精确度则开始单调下降。所以，在设计和优化机器学习分类器时，一个非常重要的任务就是对于一个特定的应用任务选择一组优化的图像特征和控制分类器的大小。一组优化的特征应该满足下列准则。

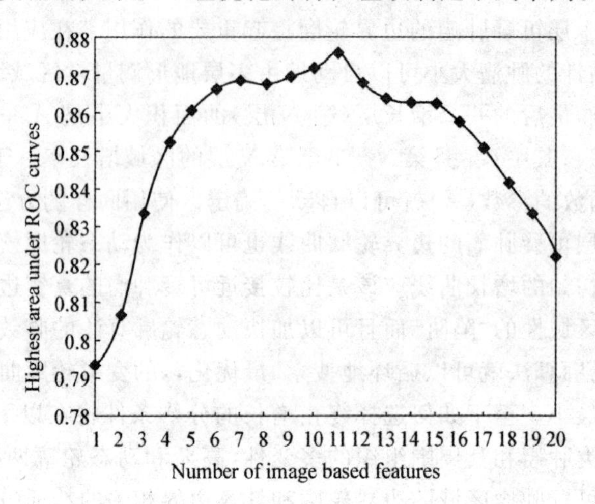

图 13-4　一个以贝叶斯信任网络为基础的 CAD 的最高检测精确度与图像特征数量之间的关系

①辨别性(discrimination)：发图像特征属于两个不同的组别中的检测对象应该具有显著的数值差别。

②可靠性(rebliability)：该图像特征对属于同一组的检测对象应该具有较小的数值差别。

③相关性(correlation)：被选择的图像特征之间应该具有较小的相关性(比如相关系数小于0.5)。

④独立性(independence)：当改变分类器中其他图像特征时，该图像特征对分辨能力的贡献应该基本维持不变。

许多 CAD 从医学图像中计算的特征是无法用人眼观察和解释的，所以我们无法直接地以目视的方法去选定一组优化的图像特征。为此，一些计算方法被应用于图像特征的选择。使用这些优化计算方法的目的是选择一组少量的图像特征来产生最优化的分辨精确曲线的最大面积为依据。本节将讨论两个在发展 CAD 程序中常用的方法，即分段搜索方法(Stepwise serching)和遗传算法(genetic algorithm)。

1. 分段搜索方法

是一种比较管饭的使用的统计学方法。该方法的第一步骤是从原始的特征库中选择小数量的特诊作为起始的特征模型。可以用许多方法来定义这个初步的特征模型。比如，一些研究着采用一个专业的额统计学程序(SPSS)来选择图像特征。因为在发展 CAD 程序时只牵涉真阳性和假阳性两个类别的分辨，SPSS 程序计算当每一个特征单独使用时两个类别之间的 Wilks′λ 值，然后优先将产生最小的 Wilks′λ 值的特征选入特征模型。一旦初步的特征模型选定之后，分段搜索方法通过两个称之为 F-进入(F-to-enter)和 F-去除(F-to-remove)的参数来控制下一步特征的选择。在分段搜索方法中特征加入和删除的步骤是在循环中交替中进行的。在特征加入的步骤中，每一个尚未被选入模型的特征都会被逐一的选择和尝试加入到模型中去。在这些待选的特征中最后选出一个具有最小 Wilks′λ 值(或者能够取得最显著的测试精确度的提高)的特征。如果它的 F-进入数值比 F-去除数值大的话，它就会被正式选入下一轮的特征模型。在特征删除的步骤中，分段搜索程序进行一系列新的测试，以评估将已被选入这一轮特征模型的每一个特征逐一从模型中删除对分类器的测试精确度带来的影响。如果删除某一个特征不会对分类器的测试精确度带来显著的影响(或者是 F-去除数值是小于 F-去除的设定阈值)，这一特征就会被从特征模型中永远删除。这个分段搜索的过程循环地进行直到满足以下两个条件。第一，所有被选入模型中的图像特征的 F-进入和 F-去除数值都大于事先设定的阈值。第二，所有未被选入模型的图像特征的 F-进入和 F-去除数值都小于另一组事先设定的阈值。很明显，使用分段搜索的方法选择优化特征的结果主要取决于优化 F-进入和 F-去除两个参数和相关的阈值。但是，F-进入和 F-去除两个参数的优化阈值通常是事先无法知道的。所以，研究人员需要经过一系列的实验来确定这些参数的优化阈值。

2. 遗传算法

遗传算法是另一个在发展 CAD 程序中常用来选择优化特征以及分类器的形态(比如选定在人工神经网络中的隐蔽神经元的数量)的方法。遗传算法已经普遍地用于优化许多不同类型的机器学习分类器包括人工神经网络、贝叶斯信任网络和距离加权的 K 最近邻(K-nearest neighbor)算法。遗传算法的基本原理是基于适者生存的自然选择的原理。具体来说，用计算机程序来实现遗传算法时，它将包括如下 5 个步骤来训练和优化分类器。

①初始化(initialization)：遗传算法开始于任意选择一群有一组二进制或者一组灰度等级的数字排列而成的计算染色体(chromosomes)。每个计算染色体所包含的一组基因(genes)或数字排列就代表着一种问题可能的答案。在发展 CAD 程序中，使用二进制编码是最常用的进化计算染色体的方法。比如每一个计算染色体包括一组固定长度的($N+M$)的基因。前面的 N 个基因通常代表着 N 个所提取的图像特征，其中 1 代表该特征被选用了，而 0 代表该特征没有被选用。后面的 M 个基因通常可用于代表其他所需优化的分类器的参数(比如人工神经网络中的隐蔽神经元的数量和 K 个最近邻居算法中的邻居数量)。

②评估(evaluation)：在这一步骤中，遗传算法用一个适应性函数(fitness function)来评定每个计算染色体的适应性。适应性函数或者评估标准通常是需要根据不同的应用课题所决定的。在发展 CAD 程序中，ROC 曲线之下的面积(A_z 值)是最常用的计算染色体的适应性评估标准之一。计算得到的 A_z 值越高表明分类器的精确度越高。

③选择(selection)：这一步骤采用选择的方法[比如转轮法(roulette wheel)选择，竞赛(tournament)选择和精华法(elite)选择]去奖励那些高适应性(比如具有较高 A_z 值)的计算染色体和删除那些低适应性的计算染色体。于是，那些具有较高适应性水准的计算染色体就会得到扩张并且在被选择的计算染色体群中占据更大的比例，而那些低适应性水准的计算染色体在被选中的计算染色体群中的数量就会逐步减少。

④搜索(search)：当被选择的计算染色体群通过不断自身调节和选择来吸收更多的具有较高适应性水准的计算染色体后，遗传算法的搜索步骤就开始通过采用交叉(crossover)和变异(mutation)两种方法来进化新一代的计算染色体。交叉的方法采用互相交换两个计算染色体之间的基因去进化出下一代的两个新的计算染色体。变种的方法则是随意地变换新的计算染色体中的基因(比如在采用二进制编码的计算染色体中将 1 改成 0 或者将 0 改成 1)来减小在优化过程中遗传算法的结果被陷入局部最大的危险性。

⑤终止(termination)：遗传算法将依上述法则持续演化直到特定的终止条件获得满足。在

CAD 发展中常用的条件包括：遗传算法已经搜索到了一个达到事先设定的适应值的计算染色体；遗传算法的演化代数已经超过了事先设定的最大演化代数；遗传算法在新产生的一代计算染色体群中已经无法找到一个计算染色体，那么是优于上一代中的最佳计算染色体。

具体应用遗传算法来优化被监督式的机器学习分类器的实例将在下节中继续讨论。这里需要特别强调的是在优化被监督式的机器学习分类器时常会遇到的一个难题即过度拟合（over－fitting）。因此，可靠稳定性（robustness）是在优化和评估 CAD 程序过程中一个非常重要的因素。通常由于图像数据库大小的限制，研究人员在训练和优化 CAD 计算程序时经常采用摺刀切割法（jackknifing）、N 折交叉证实（N－fold cross validation）和 bootstrapping（步步为营法）来优化被监督式的机器学习分类器。一般来说，增加训练图像的数据（案例）将改善 CAD 在测试新图像时所得到结果的可靠性和稳定性。如果有比较大的图像数据库，CAD 应该用两个相互独立的训练和测试数据子库进行优化。最佳的测试 CAD 可靠稳定性的方法是用一组从未涉及过训练 CAD 计算程序过程的新数据。如果第一次测试的结果不够理想并且 CAD 计算程序需要被重新优化时，训练和测试数据子库中的数据（案例）应该被重新随意的再分配以避免和减小训练的偏差。否则，同样的测试数据子库被多次重复的使用也会逐渐的变成了训练分类器的一部分，于是 CAD 计算程序的可靠稳定性就会被降低。

13.2.4　CAD 计算程序的实例

在这一节中，我们列举一个用于检测乳腺肿块的 CAD 计算程序的设计和优化步骤。数字化的乳腺 X 线片的像素尺寸一般是 $100\mu m \times 100\mu m$。在检测乳腺肿块时，为了增加计算效率和降低图像噪声的影响，首先，采用子采样的方法缩小原始图像的尺寸。比如，用 4×4(16)个像素的平均值去取代这一组像素。于是，子采样图像的每个像素的尺寸就变成是 $4\times 400\mu m \times 400\mu m$。然后，CAD 计算程序的下一步是用高斯差分图像滤波和相减的方法在这个子采样图像上搜索可疑的乳腺肿块。由于乳腺肿块的面积要比微钙化点大许多，两个高斯滤波器的参数相应的调整为 $\mu_1 = \mu_2 = 0$ 以及 $\sigma_1 = 0.117mm$ 和 $\sigma_2 = 0.85mm$。在相减的过滤图像上应用加阈值和标记算法测定初始的可疑肿块区域。一般来说，这一步骤在一张乳腺 X 线图像上会检测到 10～20 个可疑的肿块区域。

经过上述处理步骤后，CAD 计算程序下一步要做的是分割和测定每个可疑肿块的面积尺寸和边界轮廓线。为了取得较高的肿块分割精度，CAD 计算程序使用一个前面讨论过的混合型区域增长算法去分割和测定乳腺肿块的区域。图 13-5 用一个图像实例显示了应用这个混合算法的步骤和结果。

第一，对于每一个被 CAD 计算程序的第一步骤所检测到的可疑肿块区域，这个区域增长算法在这个可疑区域内搜索一个具有最小数值的像素作为区域增长的种子（起点）。然后多层地形测量学的区域增长算法被用手测定肿块的初步边界轮廓。为了减小过度分割的危险（即防止增长区域渗透到周围正常的乳腺组织中去），目前每一层的增长阈值都是经有对局部对比度的测量来比较保守控制的。于是，被分割的肿块区域通常是比在图像上所显示出来的实际肿块区域小一些。对一部分乳腺肿块，多层地形测量学的区域增长算法所分割的肿块区域还可能被陷入在肿块内部的局部结构（比如气囊）中以造成部分分割的现象。图 13-5A 所显示的图像中含有一个恶性乳腺肿块；图 13-5B 则标识出由多层地形测量学的区域增长算法所分割的该肿块的边界轮廓。

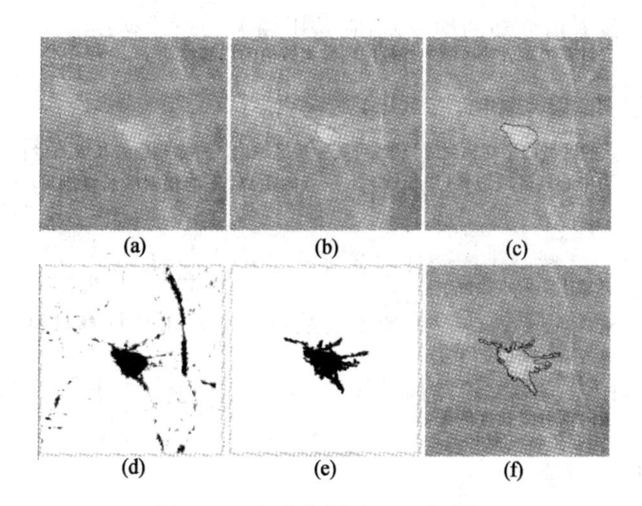

图 13-5　自动分割乳腺肿块的演示

(a)一个把含有乳腺肿块的区域;(b)由多层地形测量学的区域增长算法产生的肿块边界轮廓;(c)由动态轮廓算法啊产生的肿块边界轮廓;(d)采用了一个逻辑"和"的功能器去选择同时被梯度矢量流程图和正对比图所包含的像素;(e)在使用了形态学的闭关操作和标记算法后得出

第二,混合区域增长算法应用一个动态轮廓算法进一步改进肿块的分割结果。如上所述,当使用动态轮廓算法去分割可疑肿块时如何自动选择最初的增长边界轮廓和确定循环增长的终止条件是两个关键点。在这个 CAD 计算程序中由多层地形测量学的区域增长算法所分割的肿块边界轮廓作为动态轮廓算法的初始轮廓。与其他普通的动态轮廓算法的应用不同,在这里 CAD 程序只允许动态轮廓的扩张但不允许动态轮廓的收缩以减小新一轮的动态轮廓被困在肿块内部的危险。一般来说,内部能量主要是强迫肿块边界有一个比较平滑的轮廓,而外部能量则力图使肿块边界轮廓向图像中的最大梯度场靠拢。但是,由于在二维的 X 线投影图像上不可避免的组织重叠,乳腺肿块与正常乳腺组织的分界线在图像中并不一定具有最大的梯度场量。由于被高密度的和起伏变动的乳腺组织所包围,相当大一部分难检测的肿块区域具有模糊的或者定义不清的边界。因此,如何决定动态轮廓算法的终止条件是一项难题。

为了解决这一难题,研究人员采集了一个图像数据库,包括一组真阳性和 CAD 检测的假阳性肿块区域。其中真阳性的肿块区域的边界轮廓是由参与研究的放射科医生目视手工标出的。假阳性的肿块区域的轮廓则是由 CAD 计算程序所决定的。基于这些数据库中所包含的肿块区域的已知轮廓,CAD 计算下列 14 个图像特征。其中包括 3 个从整个乳房区域中所计算出来的"整体",特征和 11 个从被分割的肿块和它的临近区域中所计算出来的"局部"特征。这 14 个特征的定义和计算方法总结如下。

①乳房区域内的像素平均值:$F_1=\frac{1}{N}\sum_{i=1}^{N}I_i$,其中 N 是乳房区域内所检测出来的像素,I_i 是像素(i)的数值。

②乳房区域内平均局部像素值的变动:计算程序用一个 5×5 的正方形卷积核去扫描图像,然后逐个计算中心像素(i)和核内其他像素(k)的数值差别并且计算出最大差别值,$pf_i=|\max(I_i-I_k)|$。于是,乳房区域内中心像素(i)的平均局部数值变动就定义为:$F_2=\frac{1}{N}\sum$

$\sum_{i=1}^{N} pf_i$

③乳房区域内局部像素值变动的均方差：它是用以下公式计算：

$$F_3 = \sqrt{\frac{1}{(N-1)}\sum_{i=1}^{N}(pf_i - F_2)^2}$$

④肿块区域的明显度(region conspicuity)：这个图像特征定义为区域的对比度除以区域之外周围像素数值的局部波动。区域之外的范围一般可用一个在 4 个方向均离开可疑肿块边界轮廓 10mm 的窗口来定义。区域对比度的计算公式是 $C = \frac{1}{m}\sum_{k=1}^{m} I_k - \frac{1}{n}\sum_{i=1}^{n} I_i$，其中 n 和 m 分别是在可疑肿块内和肿块之外的临近范围内的像素的数量。在使用和计算特征 2 时相同的方法去计算可疑肿块区域之外范围内像素数值的局部波动 $\left(LF = \frac{1}{m}\sum_{i=1}^{m} pf_i\right)$ 之后，肿块区域的明显度就可以用如下公式计算：$F_4 = \frac{C}{LF}$。

⑤归化的区域内平均辐射线长度：可疑肿块区域内任一条辐射线长度(r_i)是定义为从区域自然重力中心到区域边界(周长线)上一点的距离。平均辐射线长度则可计算为：$\bar{r} = \sum_{i=1}^{n_B} r_i$，其中，$n_B$ 是区域边界上的像素的数目。于是，这个特征就被定义为平均辐射线长度除以可疑肿块区域内的像素数目(n)，$F_5 = \frac{\bar{r}}{n}$。

⑥区域内辐射线长度的均方差：$F_6 = \sqrt{\frac{1}{(n_B-1)}\sum_{i=1}^{n_B}(r_i - \bar{r})^2}$

⑦区域内辐射线长度的偏差度(Skew)：$F_7 = \frac{n_B}{(n_B-1)(n_B-2)}\sum_{i=1}^{n_B}\left(\frac{r_i - \bar{r}}{s}\right)^3$，其中 $s = F_6$。

⑧区域形状因子比：$F_8 = \frac{P^2}{A}$，其中，P 和 A 分别是可疑肿块的周长(mm)和肿块区域的面积(mm^2)。

⑨区域内像素数值的均方差：$F_9 = \sqrt{\frac{1}{(n-1)}\sum_{i=1}^{n}(I_i - \bar{I})^2}$，其中，$\bar{I}$是区域内像素的平均数值。

⑩区域边界像素点梯度的均方差：对每一个位于区域边界的像素点，它的梯度可以计算成 $G_i = I_i - I_{i+1}$，其中，I_i 和 I_{i+1}，分别是一个边界像素点(i)和沿着从区域中心点到该像素点的辐射线上向外跨一步的像素点 ($i+1$)的数值。$F_{10} = \sqrt{\frac{1}{(n_B-1)}\sum_{i=1}^{n_B}(G_i - \bar{G})^2}$，其中$\bar{G}$是平均梯度值。

⑪区域边界像素点梯度的偏差度：$F_{11} = \frac{n_B}{(n_B-1)(n_B-2)}\sum_{i=1}^{n_B}\left(\frac{G_i - \bar{G}}{s}\right)^3$，其中，$s = F_6$。

⑫区域边界周围像素值的均方差：$F_{12} = \sqrt{\frac{1}{(m-1)}\sum_{i=1}^{m}(I_i - \bar{I}_m)^2}$，其中 $\bar{I}_m$ 是肿块区域边界外周围像素值点的平均数值。

⑬区域边界外周围像素数值局部波动的平均值：$F_{13}=\frac{1}{m}\sum_{i=1}^{m}|\max(I_i-I_k)|$。

⑭归化的区域中心点的移动：这个特征测量肿块区域内自然重力的中心像素点和区域内具有最小数值的像素点之间的距离(d_s)。$F_{14}=\frac{d_s}{A}$，其中 A 是可疑肿块区域的面积。

然后，用已有的图像数据库去训练一个用这 14 个图像特征作为输入神经元的人工神经网络来分辨真阳性和假阳性肿块区域。人工神经网络会对每一个可疑肿块区域产生一个检测概率分数(从 0～1)。分数越高则表明该区域是真阳性的可能性就越大。这个事先优化的人工神经网络就被用于控制动态轮廓算法的终止条件。具体来说，当动态轮廓算法完成一个新的增长循环，计算程序则计算这个增长区域相对应的 14 个如上所述的图像特征并且用人工神经网络计算这个新增长区域的检测分数。如果这个新的检测分数大于前一层增长区域的检测分数，表示新增长的区域比前一层增长区域更接近于一个真阳性肿块区域。于是，动态轮廓算法继续下一轮的增长循环。否则，动态轮廓算法的下一轮增长循环就被终止。可疑肿块区域的最后边界轮廓就有前一层的增长区域所决定。如图 13-5B 和图 13-5C 所示，应用动态轮廓算法后，测定的肿块区域边界轮廓比仅使用多层地形测量学的区域增长算法所测定的边界轮廓涵盖更大的区域范围。其结果更明显地接近由目视所测定的肿块边界。

第三，边界毛刺是检测和分辨乳腺肿块和其他恶性肿瘤(比如肺结节)的一个重要的图像特征。CAD 计算程序进一步检测围绕着所分割出来的肿块边界的线性结构或可疑的毛刺射线。与前面使用区域增长算法不同，为了提高检测边界毛刺的精确度，计算程序使用原始的高分辨率图像。计算程序通常截取一个中心位于被检测肿块中心的 512×512 像素的观察区域。这个观察区域的尺寸应该足够涵盖大多数被检测的乳腺肿块。对于特别大的乳腺肿块，观察区域的尺寸就会自动地从肿块区域的边界四周向外扩张 5mm。计算程序将被动态轮廓区域增长算法所分割的肿块区域从低分辨率图像(比如图像的像素尺寸是 400μm×400μm)投射到高分辨率图像(比如图像的像素尺寸是 100μm×100μm)，然后计算两个新的地形图。一张是被动态轮廓算法所分割的肿块区域外的通用梯度矢量流(generalizedgradient vector flow)图，另一张则是“正对比度”图。计算程序选用一个阈值将第一张图转换成一个二进制的梯度矢量流图。在第二张图中，像素的对比度是定义成中心像素(I_i)和在一个 1.5 mm×1.5 mm 的卷积窗口内任一像素(I_n)之间的最大的数值差($C_i=\max[I_n-I_i]$，$n=1$ 至 N)。计算程序检测和选用所有其对比度值大于一个事先选定的阈值的像素(比如>150)并删除其他的像素。然后，计算机程序使用一个逻辑“和”的功能器去选择同时被梯度矢量流图和正对比度图所包含的像素。其他对应于低对比度的像素就被从梯度矢量流图中删除。这一图像处理和计算所产生的检测结果就如图 13-5D 所示。

第四，计算程序先应用形态学的关闭算子(morphological closing operator)去连接在上一处理步骤中所分割开来的邻近小区域(比如，断开的毛刺线)。然后，计算程序用一个标记算法去检测每一个独立的区域。因为所有的毛刺线都必须与被分割的肿块边界相连，计算程序就只选用一个其中心位于被分割的肿块内部的标记的区域并且删除其他标记的区域。其结果如图 13-5E 所示。

第五，计算程序最后将所检测到的可疑肿块的边界轮廓投射到原始的图像中(图 13-5F)。根据这一肿块分割的结果，CAD 计算程序就可以更准确计算反映和代表该被检测肿块的图像特征。

这个 CAD 计算程序的第三个步骤是用一个 3 层结构的人工神经网络去分辨真阳性和假阳性肿块区域。这个人工神经网络是用遗传算法来训练和优化的。从每一个被分割的肿块区域内和它临近的周围区域,计算程序可以计算和提取许多图像特征值。为了寻找一组有效的图像特征,我们可以把每一个图像特征和遗传算法染色体中的一个基因挂钩。具体来说,我们使用二进制编码的方式来建立遗传算法染色体。每个染色体包括 $N+M$ 个基因。其中 N 个基因代表 N 个图像特征,M 个基因代表 M 个人工神经网络中的隐蔽神经元的数量。在前面的 N 个基因中 1 代表该图像特征被选中用作一个人工神经网络的输入神经元,而 0 则意味着该图像特征没有被选人。后面的 M 个基因所代表的二进制数可以被转换成十进制数。比如 $M=4$ 并且排列成 0110,这就表示在人工神经网络的第二层有 6 个隐蔽神经元。在遗传算法的软件中一般可以设定染色体的总数量是 100 个。这 100 个初始染色体可以用随机的方法来设定或者其中部分染色体也可以根据某些已知的特征搭配规律来设定。常用的交叉和变种交换率可以分别设定为 0.6 和 0.001。于是,一个包含有同等数量的真阳性和假阳性肿块区域的训练数据库被用来计算连接 3 层人工神经网络中各个相关神经元之间的权重。为了减小过度的训练,我们可以限制训练循环的次数以及采用较大的动量(momentum)和学习比率(1earning rate)之间的比例。比如,训练循环的次数固定在 1.000,而动量和学习比率分别为 0.9 和 0.01。人工神经网络的输出结果(每个训练肿块区域的真阳性概率分数)用 ROC 方法分析计算。计算得到的 ROC 曲线下的面积就是遗传算法的适应性指标。经过遗传算法的大量的循环搜寻、比较和分析,最终可以得到一组最佳组合的图像特征和一个被优化的人工神经网络。该人工神经网络就被用作这个 CAD 计算程序第三步中的特征分类器。

13.3 CAD 的主要应用

13.3.1 CAD 的一些主要应用

1. CAD 乳癌筛查

CAD 被用于筛查乳房 X 光片,作为乳癌的早期发现手段。在美国和荷兰,除了人类专家的评估之外,也用 CAD 系统作为放射科专家评估的辅助手段。芝加哥大学开发了第一个用于筛查乳房 X 光片的 CAD 系统。1998 年,该 CAD 产品得到了 FDA 的核准,现在已经有商业产品出售,由 iCAD 和 R2 公司提供。现在,还有一些非商业的正在开发的课题,例如,Ashita 课题,在研究一个基于梯度扫描的筛查软件。

2. 肺癌(支气管癌)

在肺癌的诊断中,已经开发了带有专用的三维 CAD 系统的计算机断层扫描设备,用做肺癌诊断的金标准。该设备对一个含有 3000 幅图像的大容量数据库进行分析。可以检测 1mm 直径的损伤(肺癌,转移瘤以及良性的变化)。

肺癌的早期发现是有价值的。肺癌患者比乳腺癌、前列腺癌、结肠癌患者加起来还要多。这是由于这种癌的无症状生长。在多数情形中,如果病人发现了第一个症状(举例来说,慢性的声音嘶哑或咯血),则对于一种成功的治疗已经太晚。但是如果肺癌早(大概偶然)被发现,依照美国防癌协会的说法可能有47%存活率。在X光图像中随机检测到早期肺癌(第1期)是很困难的。事实上,5~10mm的损伤改变是很容易被忽略的。CAD胸片检测系统的例行应用可帮助在没有初始的怀疑下发现小的变化。菲利浦(Philips)公司是第一家提供在X光图像上早期检测肺部损伤的CAD系统的厂商。计算机辅助诊断技术业内领先的制造商R2 Technology 2007年7月宣布,其产品ImageChecker(R)CT计算机辅助诊断软件系统获得FDA认证。ImageChecker(R)CT是FDA批准的首个多层螺旋CT胸部扫描用以检测肺结节的CAD软件。

3. 结肠癌

CAD系统可用来检测结肠和直肠息肉。息肉是从结肠的内部衬里生长的。CAD检测息肉主要是识别结肠的小突出物的形状特性。要避免过度的假阳性,CAD忽略正常的结肠内壁,包括结肠袋的皱褶。在早期临床实验中,CAD帮助放射科专家找到比使用CAD之前较多的结肠内息肉。

4. 核医学

CADx可用于核医学图像。商业CADx系统用于扫描全身骨头以诊断骨转移瘤,以及用在心肌灌注图像中诊断冠状动脉疾病。乳房MR在乳癌的诊断中使用造影剂GdDTPA显示出巨大的优越性。正在开发用于乳房MRI的计算机辅助诊断程序,以改善放射科专家的效率。

13.3.2　计算机化的癌症风险评估

目前正在开发评估女人发生某种特定疾病的危险的方法,如像乳癌或骨质溶解。在许多情况下,该项分析是通过对医学图像上一个特定区域的纹理分析来实现,因为潜在的疾病本身还没有什么表现。

许多年来,许多研究人员已经显示出用乳房X光照相的模式的主观(视觉的)评估作为危险的指示器的作用。研究显示密集的组织超过乳房的60%~75%的妇女比那些没有明显的乳房组织密集的妇女患乳癌的危险高出4~6倍。乳房X光照相的密度模式的视觉评估由于人类评估的主观性质依然存在争论。然而,计算机视觉方法能产生对密度和纹理的客观衡量。计算机化的乳房X光照相图像的密度分析方法已经被许多研究人员所应用。但要扩展X光片标记与临床标记结合起来作为新的危险指示器,还需进一步的研究。

芝加哥大学正在开发计算机化的方法用于测量乳房结构,这可以与临床风险测量一起用在定量地描述乳房实质和癌的危险。对X光图像数字化之后,在乳房范围之内(在乳头后面,在密集的和脂肪的部分之内)的区域选择感兴趣区(ROIs),将ROI图像数据输入到计算机化的纹理分析方案中,确定个体的乳房图像中纹理的变异。

计算机提取的乳房X光照相的特征,如偏斜度和从傅里叶分析中的均方根变异,表示致密度,也用粗糙度和对比度等数学描述符描述在胸部实质纹理模式的异质性。通过对3个不同类型的数据库,3种类型病人分组的乳房X光片的模式的定量分析,指出高危险的妇女倾向于带有粗糙的和低对比度纹理模式的较密集的胸部实质。

13.3.3 CAD用于超声图像的研究

在过去的10余年间,超声诊断乳房损伤或异常的应用日益增加。研究表明,乳房超声图像在囊肿的诊断方面有96%~100%的准确性,而且在区分不同类型的实体损伤方面的应用也越来越普遍。这引发了积极开发在超声图像上的计算机辅助诊断系统作为乳癌的一个诊断工具的兴趣。

在乳房超声图像CADx系统中,将可疑损伤的超声波筛查图像输入到系统,而输出是计算机评估的恶性可能性的表格。给定近似的损伤中心,计算机算法自动地执行损伤分割,特征提取和分类。提取的特征定量地描述损伤的4个特性:形状、边缘、纹理和后继声行为。超声波计算机化的检测/诊断方法已经通过不同机构和多个图像获取厂商评估。在自动检测阶段之后,基于计算机提取的损伤特征,使用贝叶斯神经网络对候选损伤分类。神经网络在包含数百个病案的数据库上训练,数据库包含有复杂的囊肿以及良性和恶性的损伤,又在另一个独立数据库上进行测试。研究结果报道,在区分所有实际的损伤与假阳性的检测中,对于训练数据集和测试数据集AUC(ROC曲线下的面积)值分别达到了0.94和0.91。

现有的超声诊断胸部图像使用传统的手持探头获得。检查的结果依赖于操作员水平,重复性较差。而且,用这种方法扫描整个胸部,过程是冗长的。目前,日本已经有自动的全胸扫描仪(ASU-I 004,Aloka Co.公司)可用于获取和检查胸部图像。扫描仪能彻底扫描整个胸部。在工作站上从最初的扫描数据重建三维全胸体积数据。该工作站带有CAD功能的图像观察器。

使用Canny检测器,超声图像中的边缘信息被增强和分析。乳房超声图像中正常的记得够典型地不包含垂直的边缘,在图像中检测到垂直边缘指示不正常的结构。基于全胸超声图像的CAD系统,使用双侧剪影技术来减少在肿块检测方案中产生的假阳性。研究发现,基于双侧剪影技术减少假阳性的方案能有效地减少假阳性。

13.3.4 CAD对于脑疾病的应用研究

1.颅内的动脉瘤

脑的健康检查的目的之一是使用MR血管造影(MRA)检测无症状未破裂的颅内动脉瘤。颅内动脉瘤的破裂引起次蛛网膜出血(SAH),在北美每年超过10000病人因此而死亡。有动脉瘤的家族史或者患有多囊的肾、主动脉狭窄或胶原蛋白脉管的疾病的人群,患动脉瘤的危险增加。在这些人群中,尽早地发现动脉瘤并给以处理或追踪观察非常重要。然而,让放射线学者发现小动脉瘤是很困难的,而且很消耗时间,因为它们与毗连的血管重叠或在最大强度投影(MIP)的MRA图像中的异常的位置。因此,开发了一些CAD系统帮助放射线学者进行颅内动脉瘤的检测。

2.在血管性痴呆中的白质高亮度

次外皮的血管性痴呆(VaD)是神经退行性血管紊乱,导致记忆和认知功能的进行性衰退。缺血性损伤在VaD病人中表现为在脑白质中的高亮度区域,也就是,在MR成像的FLAIR(流体衰减反转恢复)图像或者T2加权图像上脑室周围高亮度区域(PVH)和白质高亮度(White

Matter Hyperintense,WMH)区域。研究表明,VaD的症状的程度与白质高亮度区域与整个的脑区域的比率有关(称作WMH区域比率),这可为VaD的治疗提供诊断的信息。因此,估计WMH区域比率对于评估VaD的程度非常重要。还有研究报告使用MR图像检测WMH(包括腔隙性梗塞)的CAD系统,提出不同的WMH的自动分割方法。

3. 阿尔茨海默氏症

阿尔茨海默氏症(AD)是一种不可恢复的,进行性的思维紊乱,慢慢地恶化记忆和思考能力的疾病。AD的发生与年龄关系密切,AD在具有较长的平均寿命的国家是公共卫生主要问题之一。AD与脑外皮层中灰质的萎缩有关,这导致脑外皮的体积减少,或者在脑回和侧脑室(LVs)的脑脊液(CSF)的体积增加,这些能在磁共振(MR)图像中被测量。为了提供对AD病人的适当照料,在AD早期定量地评估脑外皮中萎缩的程度是非常重要的。有些自动化方法可以在大量患有痴呆的病人之中鉴别AD病人。近年来,研究了一种基于体素的形态测量学(VBM)的全脑无偏差技术,使用MR成像描述脑组织的局部构成的不同,能在逐个体素的基础上客观地映射灰质损失。

4. 多发性硬化症

多发性硬化症(MS)是由中央的神经系统中轴突和它们的髓磷脂鞘结构损伤所引起的进行性神经学紊乱。MS损伤的形状、位置和面积因人而异,而且随时间改变。放射线学者应能正确地发现并且评估MS损伤。然而,在磁共振(MR)图像中发现并正确评估每个损伤会是一件要求高且耗时的事情。因此,一些基于二维或三维MR图像的识别和/或分割MS损伤的半自动化或自动化方法应运而生。

5. 脑胶质瘤

脑瘤的精确非侵入放射学诊断对适当的治疗计划是很需要的。脑瘤的诊断通常由放射科医生使用MR图像主观地完成,准确性可能因非典型病例的出现或该放射科医生的有限临床经验而受限制。计算机化的处理方法能提供一个图像的客观信息,协助放射科专家对脑瘤分类。已经有报道应用人工神经网络方法在脑瘤诊断改善了放射科专家的诊断。

13.3.5 CAD对于胸部疾病的应用研究

1. 肺结节的自动检测

肺结节的自动检测是胸部X光片的计算机分析中研究最多的问题。结节在肺部区域里面显示为相对低对比度的白色圆形物体。对于CAD方案的困难是要区别开真的结节还是血管和肋骨交叠的阴影。几乎所有的结节检测方法都是两个步骤:在第一个阶段中,检测出初始的候选结节;第二个阶段除去尽可能多的假阳性候选结节,尽量不要牺牲太多真阳性结节。肺结节的检测是当前第一个重要的应用领域,工业界已经有些计算机辅助诊断的产品。这个问题是困难的,还远远没有解决,有时会发生肺结节漏检。Deus技术公司、Rockville MD发明的Rapidscreen已经得到FDA行销批准。

2. 心脏肥大症检测

前面已经提及,心脏肥大症的检测是通过测量CTR(心胸比率),心的最大水平直径除以胸的最大水平直径。诊断的信息能直接从分割获得。对于分割出来的感兴趣区进行大小尺寸测量即可。另一个相关例子是测定总的肺容量(TLC)。在这种情况，必须检测在胸部 PA(后一前向的)和一个侧面的 X 光照片上边界点。假设肺是一个简单的形状，体积的估计使用一个经验公式。

3. 间质疾病的检测

肺的许多疾病在胸 X 光照片中具有漫射模式的特点。这些疾病常被称为漫射肺疾病或者间质疾病。肺的间质是血管和肺泡之间的连接组织，是一些极小的气囊。对一个胸片放射科医生来说，对间质疾病分类是最困难的任务之一。分析的线索包括其模式(线状、网状、小结节、蜂巢形)的类型、受感染区域的位置、形状和对称性等，这些区域的边界(良好定义的或不清楚的)以及它们随着时间的变化。从图像处理的观点，纹理分析对于分析这种类型的异常是一种适当的方法。为检测间质疾病，应对肺部的所有区域检查以确定是否存在间质疾病。

13.4 系统性能评估

13.4.1 诊断的准确性和 ROC 方法学

诊断的“准确性”通常是指某些案例中医师判定是“正确的”，而“正确性”是将诊断结果与某些已定义的“标准”比较来决定。此外，准确性的定义还要考虑两个方面：首先，它强烈地受疾病患病率的影响，对一种在小于1%的人口中出现的疾病，一个扫描测试很可能是以超过99%的正确性忽略该疾病所有的迹象，而宣布这种疾病不存在；其次，“不正确”这个概念不能区别两种主要类型的错误，即判定为阳性的一个病例实际上是阴性的，或判定为阴性的一个病例实际上是阳性的。这两种类型的错误的相关代价通常是不一样的。

假设存在一个“金标准”，在一组图像中定义了所有实际存在的损伤及其位置的“准则”。对于在金标准中鉴别的每一处损伤，一个放射科专家或者能够正确判断(真阳性，TP)或错判(假阴性，FN)。另一方面，一个放射科专家所判定的每个损伤，或者它与金标准一致(真阳性，TP)或不一致(假阳性，FP)。

1. 灵敏度与特异性

灵敏度(sensitivity)定义为真阳性率(又称真阳性分数 TPF—True Positive Fraction)，是一个损伤实际存在且被判定它存在的概率 P_{TP}

$$\text{灵敏度}=P_{TP}=\frac{\#TP}{\#TP+\#FN} \tag{13-4}$$

与灵敏度互补的是假阴性率 $P_{FN}=1-P_{TP}$，即一个损伤实际存在而被判定不存在的概率。

类似的，特异性(specificity)定义为真阴性率，是一个实际不存在的损伤且被判定它不存在的概率 P_{TN}

$$\text{特异性}=P_{TN}=\frac{\#TN}{\#TN+\#FP} \tag{13-5}$$

与特异性互补的是假阳性率 $P_{FP}=1-P_{TN}$(又称假阳性分数 FPF—False Positive Fraction),即一个实际不存在的损伤而被判定存在的概率。

然而关于特异性,除非当检测问题是二元的时候,也就是说,每个图像只能有一个单一类型损伤,或全然没有损伤。否则,不可能给 P_{TN} 一个有意义的定义。在二元的情况下,仅当图像中 0 个损伤在时才可以确定一个损伤不存在,定义一个真阴性 TN。因此,如果有 N 个图像,则相对频率变成

$$\text{特异性}=\frac{\#TN}{N-\#TP} \tag{13-6}$$

在二元的情形中,即一个图像指包含一个损伤或全然没有损伤,我们可以用一个 2×2 表来说明以上定义(表 13-1)

表 13-1　二元情况

测试结果	损伤存在	损伤不存在
测试结果阳性	真阳性(TP)	假阳性(FP)
测试结果阴性	假阴性(FN)	真阴性(TN)

在表 13-1 所示的二元的情况,特异性与灵敏度有同等重要性,因为完全靠灵敏度不能排除众多的错误报警,而特异性接近 1 时确保不漏检肿瘤并不以错误报警为代价。

统计学方法中对于非二元的情况给出定义,它就是预报值阳性(Predictive ValuePositive,PVP),也称作阳性预报值(Positive Predicted Value,PPV)。这是指一个损伤存在,并假设它被判定存在的概率

$$\text{PVP}=\text{正确标出的异常数/所标出的异常总数} \tag{13-7}$$

PVP 很容易由相对频率来估计

$$PVP=\frac{\#TP}{\#TP+\#FP} \tag{13-8}$$

灵敏度、PVP,还有特异性(当它的定义有意义时)提供了检测质量的指示,其值可以从临床的诊断数据来估计。下面的论题是:

①如何设计和执行临床的实验来估计这些统计学结果?

②如何应用这些统计学结果来判断有关诊断的准确性?

这些问题的总体形成一个用来评估诊断的准确性,以及为比较各种图像处理技术的优缺点作出结论的协议草案。在具体介绍关键性的方法学之前,需了解以下原则:

①协议应该尽可能接近地模拟平常的临床实践。参与评分的放射科专家应该以他们平常习惯的方式执行任务。病例诊断应该对临床参加者有很少的或甚至没有特别训练的要求。

②临床实验应该包括包含整个范围(所有的但不是稀有的情况)可能的异常的图像例。

③调查结果应该是可以使用美国放射线学学院(ACR)的标准化辞典来报告的。

④病例的统计学分析应该基于一个假设,即误差及其来源忠实于临床实况和诊断任务。

⑤病人的数量应该足够多,以确保满足感兴趣的主要统计学测试的样本含量和功效的要求。

⑥用于评估各种算法的同等性或优越性的"金标准"必须清楚地定义,并与实验的假设一致。

⑦实验设计应小心地排除或尽量减小任何由于实验的情形和平常的临床实践不同而在数据中引起的偏差。例如,在实验中考察一幅曾经看过的相似的图像而自然引起的学习效应。

2. 接收器操作特性(ROC)

接收器操作特性(Receiver Operating Characteristic,ROC)分析是评估放射学技术对于实际应用的适用性的占主导地位的技术。ROC分析源自信号检测理论。信号的一个滤波的版本加上高斯噪声被取样并且与一个阈值比较。如果取样值比阈值大,则认为信号存在;否则,认为信号不存在。当阈值沿着一个方向改变时,一个信号实际存在而被错误地宣布不存在(错误的漏报)的概率下降,而信号不存在却被错误地宣布存在(错误报警)的概率上升。ROC曲线是灵敏度(或真阳性率,True Positives Rate)相对于1的一特异性(或假阳性率,False Positives Rate)的随着二元分类器的阈值改变而变化的图形描绘。ROC曲线也可以等效地表示为真阳性分数TPF相对于假阳性分数FPF而描绘的曲线。假如有一个大的波形数据库,一些波形实际上包含信号,而另一些波形不包含信号。进一步假设对每个波形,信号是否存在的"事实"是已知的。则可以设定一个阈值,测试各个波形宣布信号存在与否。每个阈值将会产生一对(TPF,FPF),对许多不同的阈值可以将这些点画出曲线来。ROC曲线是一个过这些点拟合的平滑的曲线。ROC曲线总是通过点(1,1),因为如果阈值的取值比任何的波形最低的值还低,则所有的取样值都会高于阈值,这样将会声明信号对所有的波形都存在。这时,真阳性分数是1。而假阳性分数也等于1,因为没有真阴性判定。相似的推论表明,ROC曲线必定也总是通过点(0,0),因为阈值可以被设置得非常大,则所有的情况都会被判定是阴性。各种求和统计,例如计算和解释在ROC曲线之下的面积,可用于比较不同检测技术的质量。大体上,在ROC曲线之下的面积越大则结果较好。图13-6是ROC曲线的例子。ROC曲线在X轴显示假阳性分数FPF,Y轴显示真阳性分数TPF。

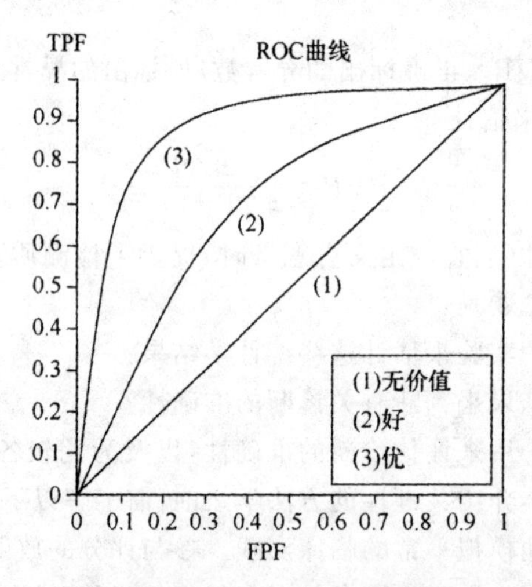

图 13-6 ROC 曲线比较示例

在将ROC方法应用于医学诊断测试中时,测试结果的分布常常在实际上的病人和健康人之间互相重叠。必须选择一个切点(cut point)阈值将二者清楚地分开。切点阈值的每一个可能的选择将会产生不同频数的两种类型误差。通过改变切点阈值并且对应每个切点阈值计算错误的报警率和错误的漏报率,得到一个ROC曲线。

3. 灵敏度和特异性的组合测度

使用一个简单数字来表示测试的准确性时常是有用的;举例来说,当比较两个诊断测试时,比较一个数字比比较测试的灵敏度和特异性的值容易。有一个简单的方法:使用表 13-3 的第二个切点,我们可以计算准确性为整个的样本的正确诊断的百分比,即

$$(48+18)/100=0.66 \text{ 或 } 66\%$$

这种衡量准确性的优点是计算简单。

然而,该方法有一些局限性,当疾病的患病率在样本中改变时,计算结果的大小也会改变。该方法只根据一个切点来计算,而且假阳性、假阴性的结果都不被考虑。作为这个局限性的一个例证,注意在表 13-4 中疾病的患病率是 5%而非在表 13-2 中的 50%。灵敏度和特异性的值在表 13-2 和表 13-4 中是一样的,然而估计的准确性的值在表 13-4 下降到

$$(48+342)/1000=0.39 \text{ 或 } 39\%。$$

注意:给出的数据基于对于 1000 个病人的乳腺 X 光照相的虚拟研究。在这个数据集中癌症患病率为 5%。表 13-2 中说明的切点 2 用于这个数据集。估计的灵敏度为

$$(10+18+20)/50=0.96$$

特异性为

$$(285+57)/950=0.36$$

二者的值与表 13-2 中的数据集相同。然而,按正确诊断的百分比来估计准确性结果为 39%,即

$$(10+18+20+285+57)/1000=0.39$$

这个结果与表 13-2 给出的数据集结果不同。

表 13-2　100 个病人乳腺 X 光片检测结果

阈值 / 参考标准		放射学专家的解释					
		正常	良性	或许良性	可疑	恶性的	总数
切点 1	癌症患者	2	0	10	18#	20#	50
	健康组	15	3	18	13**	1**	50
切点 2	癌症患者	2	0	10#	18#	20#	50
	健康组	15	3	18**	13**	1**	50

表 13-3　构造关于乳腺 X 光片研究的实验 ROC 曲线

切点	灵敏度(sensitivity)	FPR(假阳性率)
在正常和良性之间	0.96(48/50)	0.70(35/50)
在良性和或许良性之间	0.96(48/50)	0.64(32/50)
在或许良性和可以良性之间	0.76(38/50)	0.28(14/50)
在可以良性和恶性之间	0.40(20/50)	0.02(1/50)

表 13-4 疾病患病率对测试准确性的影响

参考标准 \ 阈值	放射学专家的解释					
	正常	良性	或许良性	可以	恶性的	总数
癌症患者	2	0	10	18	20	50
健康组	285	57	342	247	19	950

要点：需要一个结合灵敏度和特异性但是不依赖于疾病的患病率的对测试准确性的测度。

诊断精度一般可由 ROC 曲线下的面积来测量。面积为1代表一个完美的测量。面积为 0.5 表示测量无意义。面积在 0.80 以上表示测量结果优良。用于计算面积的程序有以下一些：Lotus,SAS,ROCKIT,CORROC 等。ROC 曲线比灵敏度和特异性的单一测量占优势。曲线的刻度—即灵敏度和假阳性率 FPR—是对准确性的基本衡量而且很容易从绘图中被读出；切点的值也时常在曲线上被标出。不像前面所定义的准确性的测度，ROC 曲线显示所有可能的切点。因为灵敏度和特异性与疾病患病率无关，ROC 曲线也是如此。最后，通过 ROC 曲线能对在一个公共数据集上的两个或较多测试结果在所有可能的切点上进行直接视觉比较。

ROC 分析广泛地用在考查计算机处理对医学图像诊断效果的影响。被评估的那些处理类型包括图像压缩和增强(钝化蒙片，直方图均衡化，和减少噪声)。

13.4.2 CAD 系统性能评估的常用方法

CAD 系统的性能评估使用与一般的模式识别系统类似的测试方法。测试的目的是评价系统的推广性和鲁棒性。主要的测试方法有再替换测试、k 重交叉确认测试和自举法(bootstrap method)等方法。再替换测试一般是 CAD 系统的初始测试，其训练数据与测试数据相同。K-交叉确认测试也叫 Round－robin 测试，常用于分类器的训练和测试，所有的候选损伤或病案被随机地均分到 k 个数据组。k－1 个数据组被用于 CAD 系统的训练，而留出一个数据组用作测试。训练和测试被重复 k 次，每次留出一个不同的数据组用于测试，直到每个数据组都被用于测试。当数字 k 和候选损伤或者病案的数字相等时，称该测试是“leave－one－out”(留一法)测试。使用该方法分组时要确保同一次扫描的所有损伤(或感兴趣区)全部都被用于训练组或全部都在测试组。然而，在交叉确认测试方法中可能包含大的偏差或大的方差。要减少偏差或者方差可使用自举法(bootstrap method)，是一种再取样方法，迭代式地训练和评价一个分类器以改善它的性能。

分类器将检测到的损伤进行分类。例如，一个在脑肿瘤的 CAD 系统中，人工神经网络(ANN)分类器被设计来将损伤区分为 4 个肿瘤类别：高级别胶质瘤、低级别胶质瘤、转移瘤和恶性淋巴瘤。Round－robin 测试的结果可直接用于绘制 ROC 曲线。

接收器操作特性(ROC)曲线分析允许对一个诊断系统或工具比较真阳性分数(TPF 或者灵敏度，或一个实际上的阳性病案被归类为阳性的可能性)和假阳性分数(FPF 或者 1－特异性，或一个实际的阴性病案被归类为阳性的可能性)之间的可能的折中。TPF 和 FPF 之间的操作关系在一定程度上定义了 ROC 曲线而且描述系统的性能。用这种方法描述性能便于与其他系统做有意义的性能比较。一般用 ROC 曲线下的面积(Area under the ROC curve－AUC)大小来比较性能优劣。面积越大则性能越好。图 13-7 是用 ROC 曲线进行性能评估的例子。该图显示

Sluimer 等人关于在高分辨率胸部 CT 图像中区分肺部异常和正常组织的计算机辅助诊断研究中,用 ROC 比较计算机和放射科专家的诊断性能的例子。

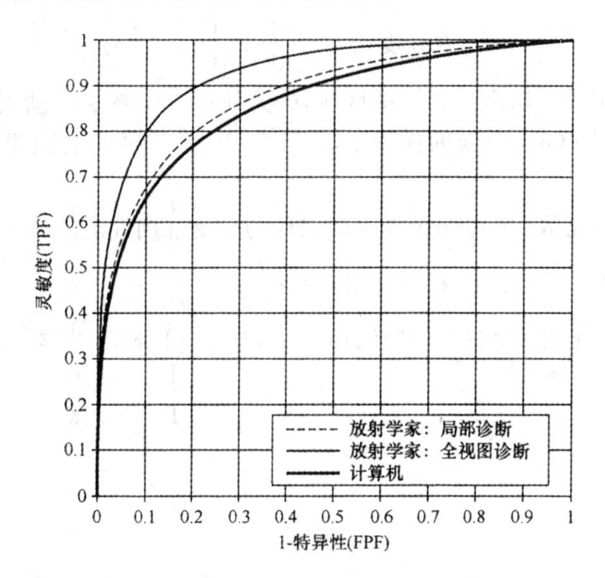

专家检测:只能看到分离的感兴趣区(AUC=0.877);专家检测:可看到整个扫描图像

图 13-7 ROC 曲线测量计算机性能(AUC=0.862)

13.4.3 灵敏度和特异性

CAD 系统试图标记出可疑的结构。目前的 CAD 系统不能 100%地发现病理的变化。取决于系统和应用,命中率(灵敏度)可能达到 90%。一个正确的命中被称为真阳性(True Positive, TP),而对于健康部位的不正确标记构成假阳性(False Positive, FP)。FP 愈少,特异性(specificity)愈高。低的特异性将减少对 CAD 系统的接受度,因为使用者必须鉴别所有这些错误的标记点。

在评估测试之前,候选损伤应该使用一个基于"事实"的标准被分成真阳性和假阳性两组。例如,在检测颅内动脉瘤的 CAD 系统中,可使用如下标准,即如果在候选区内具有最大体素值的像素集合落在神经放射学家测量的动脉瘤的直径范围内,则判定一个动脉瘤正确地被检测。另一个设定标准的例子是如果候选区域的形心在一个被神经放射学家确定的"真阳性"区域内,则候选区域被分类为真阳性。否则,候选区域被认为是假阳性。真阳性、假阳性的判断标准可根据放射科转节的判断、或活检证实的结果或随访结果得出。

13.4.4 重叠度和相似指数

对某些 CAD 系统不只评估损伤检测的灵敏度,同时也评估损伤分割的准确性是非常重要的。举例来说,多发性硬化症(MS)损伤呈现病人之间的在形状、位置和面积方面的时间性改变。因此,神经放射学专家需要知道在两项研究之间的形状、位置和面积的不同,这应该是由为 MS 开发的 CAD 系统提供。对于这种 CAD 系统,应该使用一些指示器对分割准确性予以评估。如重叠度(overlap measure),这意味着在被计算机算法获得的候选区域和由人工方法给出的金标准区域之间符合的程度。定义如下

$$重叠度(\%)=\frac{n(T\cap C)}{n(T\cap C)}\times 100 \tag{13-9}$$

式中,T 为放射科专家用手工给出的金标准区域,C 为使用一个算法自动测定的区域,$n(T\cap C)$ 为 T 和 C 之间逻辑"或"(OR)得到的像素数,$n(T\cap C)$ 为 T 和 C 之间逻辑"与"(AND)的像素数。

此外,下列的相似性指数(similarity index)也作为分割准确性的评估

$$相似性指数=\frac{2n(T\cap C)}{n(T)+n(C)} \tag{13-10}$$

这里 $n(T)$ 是金标准标出的损伤区域数,而 $n(C)$ 是候选区域的数字。

参考文献

[1]陈天华.数字图像处理.北京:清华大学出版社,2007.
[2]朱虹.数字图像处理基础.北京:科学出版社,2005.
[3]李俊山,李旭辉.数字图像处理.北京:清华大学出版社,2007.
[4]马平.数字图像处理和压缩.北京:电子工业出版社,2007.
[5]余松煜,周源华,张瑞.数字图像处理.上海:上海交通大学出版社,2007.
[6]贾永红.数字图像处理(第2版).武汉:武汉大学出版社,2010.
[7]许录平.数字图像处理.北京:科学出版社,2007.
[8]韩晓军.数字图像处理技术与应用.北京:电子工业出版社,2009.
[9]王慧琴.数字图像处理.北京:北京邮电大学出版社,2006
[10]冈萨雷斯(Gonzalez,R.C.)等著;阮秋琦等译.数字图像处理.北京:电子工业出版社,2007.
[11]郭文强,侯勇严.数字图像处理.西安:西安电子科技大学出版社,2009.
[12]刘直芳,王云琼,朱敏.数字图像处理与分析.北京:清华大学出版社,2006.
[13]沈庭芝,方子文.数字图像处理及模式识别.北京:北京理工大学出版社,2005.
[14]陈书海,傅录祥.实用数字图像处理.北京:科学出版社,2005.
[15]贾永红.多元遥感影像数据融合技术.北京:测绘出版社,2005.
[16]贾云得.机械视觉.北京:科学出版社,2003.
[17]李朝辉,张弘.数字图像处理及应用.北京:机械工业出版社,2004.
[18]邱建峰,聂生东.医学影像图像处理实践教程.北京:清华大学出版社,2013.
[19]刘慧.医学影像和医学图像处理.北京:电子工业出版社,2013.
[20]姚敏.数字图像处理.北京:机械工业出版社,2006.
[21]沈庭芝,王卫江,闫雪梅.数字图像处理及模式识别.北京:北京理工大学出版社,2007.
[22]陈家新.医学图像处理及三维重建技术研究.北京:科学出版社,2010.
[23]罗述谦,周果宏.医学图像处理与分析(第2版).北京:科学出版社,2010.
[24]聂生东,邱建峰,郑建立.医学图像处理.上海:复旦大学出版社,2010.
[25]赵荣椿,赵忠明,赵歆波.数字图像处理与分析.北京:清华大学出版社,2013.